U0237657

# 中国核科学技术进展报告
## （第七卷）

### ——中国核学会 2021 年学术年会论文集

## 第 1 册

铀矿地质分卷

铀矿冶分卷

中国原子能出版社

图书在版编目（CIP）数据

中国核科学技术进展报告. 第七卷. 中国核学会 2021
年学术年会论文集. 第一分册, 铀矿地质、铀矿冶/中
国核学会主编. — 北京：中国原子能出版社,2022.3
　　ISBN 978-7-5221-1910-6

　　Ⅰ. ①中… Ⅱ. ①中… Ⅲ. ①核技术－技术发展－研
究报告－中国 Ⅳ. ①TL-12

　　中国版本图书馆 CIP 数据核字(2021)第 279493 号

## 内 容 简 介

中国核学会 2021 学术双年会于 2021 年 10 月 19 日—22 日在山东省烟台市召开。会议主题是"庆贺党百年华诞
勇攀核科技高峰"，大会共征集论文 1400 余篇，经过专家审稿，评选出 573 篇较高水平论文收录进《中国核科学技术进
展报告（第七卷）》，报告共分 10 册，并按 28 个二级学科设立分卷。

本册为铀矿地质和铀矿冶分卷。

中国核科学技术进展报告（第七卷）　第 1 册

出版发行　中国原子能出版社（北京市海淀区阜成路 43 号　100048）
策划编辑　付　真
责任编辑　潘玉玲　刘　佳
特约编辑　徐若珊　朱彦彦
装帧设计　侯怡璇
责任校对　宋　巍
责任印制　赵　明
印　　刷　北京卓诚恒信彩色印刷有限公司
经　　销　全国新华书店
开　　本　890 mm×1240 mm　1/16
印　　张　26.75　　字　　数　806 千字
版　　次　2022 年 3 月第 1 版　2022 年 3 月第 1 次印刷
书　　号　ISBN 978-7-5221-1910-6　　定　　价　120.00 元

网址：http://www.aep.com.cn　　E-mail：atomep123@126.com
发行电话：010-68452845

# 中国核学会 2021 年
# 学术年会大会组织机构

**主办单位**　中国核学会

**承办单位**　山东核电有限公司

**协办单位**　中国核工业集团有限公司　　国家电力投资集团有限公司
　　　　　　中国广核集团有限公司　　　　清华大学
　　　　　　中国工程物理研究院　　　　　中国科学院
　　　　　　中国工程院　　　　　　　　　中国华能集团有限公司
　　　　　　中国大唐集团有限公司　　　　哈尔滨工程大学

**大会名誉主席**　余剑锋　中国核工业集团有限公司党组书记、董事长

**大会主席**　王寿君　全国政协常委　中国核学会理事会党委书记、理事长
　　　　　　祖　斌　国家电力投资集团有限公司党组副书记、董事

**大会副主席**　（按姓氏笔画排序）
　　　　　　王　森　王文宗　王凤学　田东风　刘永德　吴浩峰
　　　　　　庞松涛　姜胜耀　赵　军　赵永明　赵宪庚　詹文龙
　　　　　　雷增光

**高级顾问**　（按姓氏笔画排序）
　　　　　　丁中智　王乃彦　王大中　杜祥琬　陈佳洱　欧阳晓平
　　　　　　胡思得　钱绍钧　穆占英

**大会学术委员会主任**　叶奇蓁　邱爱慈　陈念念　欧阳晓平

**大会学术委员会成员**　（按姓氏笔画排序）
　　　　　　王　驹　王贻芳　邓建军　卢文跃　叶国安
　　　　　　华跃进　严锦泉　兰晓莉　张金带　李建刚
　　　　　　陈炳德　陈森玉　罗志福　姜　宏　赵宏卫
　　　　　　赵振堂　赵　华　唐传祥　曾毅君　樊明武
　　　　　　潘自强

**大会组委会主任**　刘建桥

**大会组委会副主任**　王　志　高克立

**大会组织委员会委员**　（按姓氏笔画排序）
　　　　　　马文军　王国宝　文　静　石金水　帅茂兵
　　　　　　兰晓莉　师庆维　朱　华　朱科军　伍晓勇

|  |  |  |  |  |
|---|---|---|---|---|
| 刘　伟 | 刘玉龙 | 刘蕴韬 | 孙　晔 | 苏　萍 |
| 苏艳茹 | 李　娟 | 李景烨 | 杨　辉 | 杨华庭 |
| 杨来生 | 张　建 | 张春东 | 陈　伟 | 陈　煜 |
| 陈东风 | 陈启元 | 郑卫芳 | 赵国海 | 郝朝斌 |
| 胡　杰 | 哈益明 | 昝元锋 | 姜卫红 | 徐培昇 |
| 徐燕生 | 桑海波 | 黄　伟 | 崔海平 | 解正涛 |
| 魏素花 |  |  |  |  |

**大会秘书处成员** （按姓氏笔画排序）

|  |  |  |  |  |  |
|---|---|---|---|---|---|
| 于　娟 | 于飞飞 | 王　笑 | 王亚男 | 朱彦彦 | 刘思岩 |
| 刘晓光 | 刘雪莉 | 杜婷婷 | 李　达 | 李　彤 | 杨　菲 |
| 杨士杰 | 张　苏 | 张艺萱 | 张童辉 | 单崇依 | 徐若珊 |
| 徐晓晴 | 陶　芸 | 黄开平 | 韩树南 | 程　洁 | 温佳美 |

**技术支持单位**　各专业分会及各省核学会

**专业分会**　核化学与放射化学分会、核物理分会、核电子学与核探测技术分会、核农学分会、辐射防护分会、核化工分会、铀矿冶分会、核能动力分会、粒子加速器分会、铀矿地质分会、辐射研究与应用分会、同位素分离分会、核材料分会、核聚变与等离子体物理分会、计算物理分会、同位素分会、核技术经济与管理现代化分会、核科技情报研究分会、核技术工业应用分会、核医学分会、脉冲功率技术及其应用分会、辐射物理分会、核测试与分析分会、核安全分会、核工程力学分会、锕系物理与化学分会、放射性药物分会、核安保分会、船用核动力分会、辐照效应分会、核设备分会、近距离治疗与智慧放疗分会、核应急医学分会、射线束技术分会、电离辐射计量分会、核仪器分会、核反应堆热工流体力学分会、知识产权分会、核石墨及碳材料测试与应用分会、核能综合利用分会、数字化与系统工程分会、核环保分会（筹）

**省级核学会**　（按照成立时间排序）

上海市核学会、四川省核学会、河南省核学会、江西省核学会、广东核学会、江苏省核学会、福建省核学会、北京核学会、辽宁省核学会、安徽省核学会、湖南省核学会、浙江省核学会、吉林省核学会、天津市核学会、新疆维吾尔自治区核学会、贵州省核学会、陕西省核学会、湖北省核学会、山西省核学会、甘肃省核学会、黑龙江省核学会、山东省核学会、内蒙古核学会

# 中国核科学技术进展报告
## （第七卷）

## 总 编 委 会

# 前　言

　　《中国核科学技术进展报告(第七卷)》是中国核学会 2021 学术双年会优秀论文集结。

　　2021 年中国核科学技术领域发展取得重大进展。中国自主三代核电技术"华龙一号"全球首堆福清核电站 5 号机组、海外首堆巴基斯坦卡拉奇 K-2 机组相继投运。中国自主三代非能动核电技术"国和一号"示范工程按计划稳步推进。在中国国家主席习近平和俄罗斯总统普京的见证下,江苏田湾核电站 7 号、8 号机组和辽宁徐大堡核电站 3 号、4 号机组,共四台 VVER-1200 机组正式开工。江苏田湾核电站 6 号机组投运;辽宁红沿河核电站 5 号机组并网;山东石岛湾高温气冷堆示范工程并网;海南昌江多用途模块式小型堆 ACP100 科技示范工程项目开工建设;示范快堆 CFR600 第二台机组开工建设。核能综合利用取得新突破,世界首个水热同产同送科技示范工程在海阳核电投运,核能供热商用示范工程二期——海阳核电 450 万平方米核能供热项目于 2021 年 11 月投运,届时山东省海阳市将成为中国首个零碳供暖城市。中国北山地下高放废物地质处置实验室开工建设。新一代磁约束核聚变实验装置"中国环流器二号 M"实现首次放电;全超导托卡马克核聚变实验装置成功实现 101 秒等离子体运行,创造了新的世界纪录。

　　中国核学会 2021 双年会的主题为"庆贺党百年华诞 勇攀核科技高峰",体现了我国核领域把握世界科技创新前沿发展趋势,紧紧抓住新一轮科技革命和产业变革的历史机遇,推动交流与合作,以创新科技引领绿色发展的共识与行动。会议为期 3 天,主要以大会全体会议、分会场口头报告、张贴报告等形式进行,同期举办核医学科普讲座、妇女论坛。大会现场还颁发了优秀论文奖、团队贡献奖、特别贡献奖、优秀分会奖、优秀分会工作者等奖项。

　　大会共征集论文 1 400 余篇,经专家审稿,评选出 573 篇较高水平的论文收录进《中国核科学技术进展报告(第七卷)》公开出版发行。《中国核科学技术进展报告(第七卷)》分为 10 册,并按 28 个二级学科设立分卷。

　　《中国核科学技术进展报告(第七卷)》顺利集结、出版与发行,首先感谢中国核学会各专业分会、各工作委员会和 23 个省级(地方)核学会的鼎力相助;其次感谢总编委会和

28 个(二级学科)分卷编委会同仁的严谨作风和治学态度;再次感谢中国核学会秘书处和出版社工作人员,在文字编辑及校对过程中做出的贡献。

《中国核科学技术进展报告(第七卷)》编委会

2022 年 3 月

# 铀矿地质
# Uranium Geology

# 目　录

# 二连盆地准宝力格凹陷古河谷型铀成矿控制因素与找矿方向

杨文杰，戈燕忠

（核工业二〇八大队，内蒙古 包头 014010）

**摘要：**准宝力格凹陷找矿是建立在"古河谷型"砂岩铀成矿模式指导背景下，从"凹陷中央"开展勘查，圈出了赛汉组上段古河古砂体分布范围，并发现了铀矿化，实现了该区砂岩型铀矿找的历史性突破。文章从凹陷沉积构造背景着手，深入分析了古河谷形成背景；结合下白垩统赛汉组沉积地层、砂体的展布与变化规律，对古河谷沉积特征进行了总结；研究区铀矿体主要分布在辫状河、辫状河三角洲前缘相沉积砂体中，受潜水及潜水-层间氧化控制，产于潜水氧化界面下部的过渡带内，或氧化带前锋线附近，铀矿体呈层状、透镜体状。笔者从铀源、古河谷沉积组合、铀储层空间、后生蚀变、水动力机制及水化学环境等角度进行分析，总结了该区古河谷型铀成矿的控制因素，提出了下一步找矿方向。

**关键词：**准宝力格凹陷；古河谷型；铀矿体；控制因素；找矿方向

　　二连盆地准宝力格凹陷铀矿找矿工作始于 20 世纪 90 年中后期，核工业二〇八大队开展一系列编图及专题研究。进一步了解了盆地的构造构架、基底结构及目的层发育特征；系统地梳理了盆地各类地质资料，应用层间氧化带前锋线、潜水氧化带界面控矿原理，开拓了找矿思路，拉开了寻找地浸砂岩型铀矿的序幕。2000 年以后，随着勘查力度的加大，创新性"古河谷型"砂岩铀成矿理论的应用，在乌兰察布坳陷相继发现了努和廷超大型、哈达图大型、赛汉高毕中型、苏崩中型、查干小型等铀矿床[1]，矿床的赋矿层位为下白垩统赛汉组和上白垩统二连组。矿床的主要类型为古河谷砂岩型，矿床位于古河谷内赛汉组河流相砂体中，受潜水、潜水-层间氧化带控制[2]。近年来，研究区内随着勘查项目的相继启动，找矿突破势在必行。本文通过已有铀矿床成矿特点，对其铀成的控制因素展开分析讨论，进一步开为找矿突破提供依据。

## 1　地质背景

　　准宝力格凹陷位于二连盆地乌兰察布坳陷的北东部，属三级构造单元。由北部巴音宝力格隆起和塔木钦隐伏隆起及南部的苏尼特隆起所夹持，西部与齐哈日格图凹陷衔接，东部与马尼特坳陷相连通；凹陷长约 70 km，宽约 5～15 km，呈北东向展布（见图 1），面积约 600 km²，受 NE 向断裂构造的控制，基底具凹凸相间，埋深 200～1 500 m。凹陷在阿尔善组沉积时被凸起分隔形成孤立的山间盆地，在腾格尔组沉积时相连通统一接受沉积，在赛汉组沉积时，不受次级构造分区的影响，形成稳定的构造单元，为铀成矿提供较好的构造环境。研究区处于"巴—赛—齐"古河谷成矿带的中下游，古河谷沉积砂体沿凹陷中央分布。揭遇地层至下而上分别为下白垩统赛汉组下段（$K_1s^1$）、赛汉上段 $K_1s^2$），始新统伊尔丁曼哈组（$E_2y$），中新统通古尔组（$N_1t$）和第四纪风成砂。其中，赛汉组上段为主要含矿层，赛汉组下段次之。

**作者简介：**杨文杰（1984—），男，甘肃天水人，工程师，学士，现主要从事区域地质调查与矿产勘查（资源勘查）工作

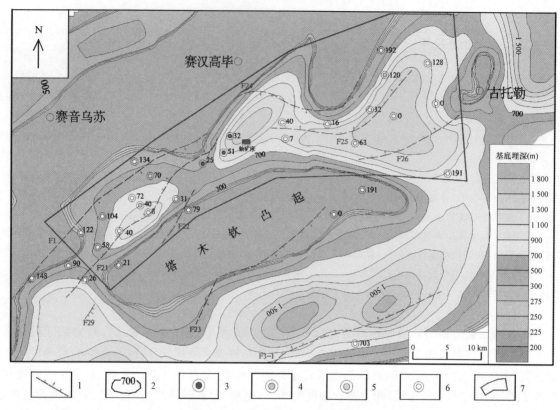

图 1　研究区基底埋深图(附构造分区)

1—盖层断裂;2—基底埋深等值线;3—工业铀矿孔;4—铀矿化孔;
5—铀异常孔;6—无铀矿孔;7—研究区范围

## 2　古河谷沉积特征

### 2.1　赛汉组下段

　　赛汉组下段在该坳陷分布广泛,主要为扇三角洲、辫状河三角洲-滨浅湖沉积体系(见图2)。辫状河三角洲在赛汉高毕地区发育一个较大的朵体,呈"舌状"或"扇状"分布;由辫状河三角洲平原、三角洲前缘和前三角洲泥组成;砂体厚度为 20～40 m,平均为 29.40 m;最厚 129.60 m,最小值仅 1.50 m;砂体呈北东-南西向展布,倾向上砂体从辫状河三角洲平原相-前缘相-前三角洲相厚度逐渐变薄。砂体厚度高值带对应于赛汉组下段底板埋深较大处和地层厚度最大的区域。其中辫状河三角洲前缘是赛汉组下段成矿有利相带;该层位主体由绿、红色泥岩、粉砂岩,夹灰色泥岩构成,顶部见褐煤、黄铁矿结核,向下穿过褐煤层后,为灰色粉砂岩、砂质砾岩夹泥岩;底部为灰绿、含砂泥质砾岩及稳定的湖相泥岩。扇三角洲分布于塔木钦隐伏凸起的两侧,平原相主要为泥、砂、砾混杂堆积;前缘相主要由含砂、砾层泥岩、含砂泥岩组成;湖泊相分布在凹陷中心部位。物源补给来自盆缘与盆地内部的凸起向盆地中心推进的沉积特征。

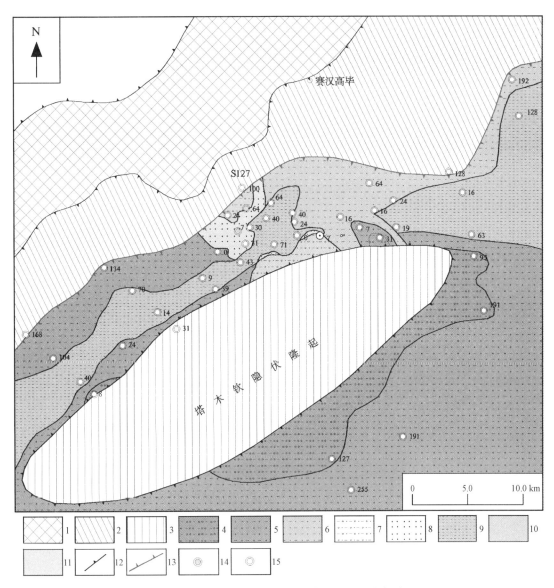

图 2　研究区赛汉组下段岩性-岩相及后生蚀变图

1—蚀源区；2—剥蚀区；3—隐伏隆起区；4—扇三角洲平原相；5—扇三角洲平原前缘相；6—泛滥平原相；
7—辫状河三角洲平原；8—辫状河三角洲前缘；9—滨浅湖；10—绿色氧化；11—氧化—还原过渡带；
12—蚀源区边界线；13—盆地边界线；14—铀矿化孔；15—无铀矿孔

## 2.2　赛汉组上段

赛汉组上段为古河谷的主要赋矿层位，主要为冲积扇—河流沉积[2]，而赛汉组上段在该凹陷主要发育的河流类型为辫状河(见图 3)，地震剖面表现为强振幅，电阻率曲线表现为多旋回指状箱型或齿状钟型。可识别出主干河道充填、边缘相和泛滥平原沉积组合特征。古河谷沿"塔木钦—赛汉高毕—古托勒"一带发育，呈北东向展布，在下游发育三角洲沉积，准棚地段形成汇水区，发育湖泊沉积。砂体厚度 12～242 m，平均 53 m，含砂率在砂体厚度相对应，含砂率在 30％～50％以上可分为 4 个各异区域，被 10％～20％含砂率值边界阻隔，呈不连续的带状展布。垂向上以正韵律为主，具多旋回叠加沉积，表现为下粗上细，底部具冲刷，单韵律层厚 15.0～40.0 m，最厚达 60 m，其沉积由下至上发育板状交错层理、不规则楔状交错层理、小形交错层理和波状交错层理，反映河水能量自下而上变小的趋势。赛汉组上段由浅灰、灰、灰绿、黄色砂质砾岩、含砾砂岩、砂岩夹薄层灰、灰绿色泥岩组成。

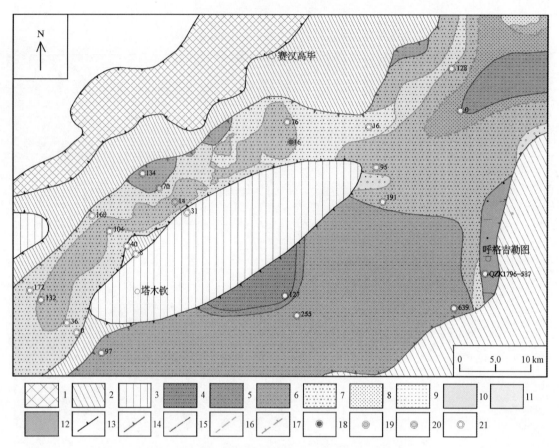

图 3　研究区赛汉组上段岩性-岩相及后生蚀变图

1—蚀源区；2—剥蚀区；3—隐伏凸起区；4—扇三角洲平原相；5—扇三角洲前缘相；6—洪泛平原相；7—辫状河充填沉积组合；
8—辫状河三角洲前缘相充填组合；9—湖相沉积；10—黄色氧化带；11—绿色氧化带；12—氧化—还原过渡带；13—蚀源区边界；
14—盆地边界；15—沉积成因相界线；16—灰色砂体边界线；17—氧化带前锋线；18—工业铀矿孔；
19—矿化孔；20—异常孔；21—无铀矿孔

# 3　铀矿体特征

## 3.1　矿体特征

　　矿体主要赋存在赛汉组上段,赛汉组下段次之;目前已发现的工业铀矿体集中分布于赛汉组上段古河谷砂岩内,受潜水、潜水-层间氧化带界面控制。平面上主矿体由东、西两个矿带组成(见图4),呈北东向展布,断续长约 8 km,宽约 50～400 m,单个矿体最长约 1.4～3.6 km。剖面上,矿体处于辫状河砂体的中下部,位于氧化-还原界面以下的灰色砂体中,呈板状或似层状产出,以单层为主,产状平缓。矿体形态受氧化界面及目的层底板形态控制,多平行于含水层底板形态,呈板状或似层状。在倾向上连续性较差,铀矿体之间多被铀矿化体、铀异常体断开。西矿带主含砂体厚度 7.20～48.80 m,平均 41.50 m,矿体顶界埋深 57.20～108.00 m,平均 84.30 m,矿体底界埋深 73.50～114.20 m,平均 94.40 m,矿体厚度 1.37～3.43 m,平均 2.09 m,品位 0.022 2%～0.130 8%,平均 0.053 7%,平米铀量 1.06～6.95 kg/m²,平均 3.35 kg/m²。东矿带主含矿砂体厚度 10.60～46.50 m,平均 28.20 m,矿体顶界埋深 126.54～157.03 m,平均 140.85 m,矿体底界埋深 129.89～158.43 m,平均 144.21 m。矿体厚度 1.40～4.60 m,平均 3.02 m,品位 0.011 3%～0.073 3%,平均 0.033 2%,平米铀量 1.05～2.67 kg/m²,平均 1.54 kg/m²。铀矿体位于潜水、潜水-层间氧化界面以下的灰色砂体中,产状平缓,以层状、板状为主,少数呈透镜状(见图5)。

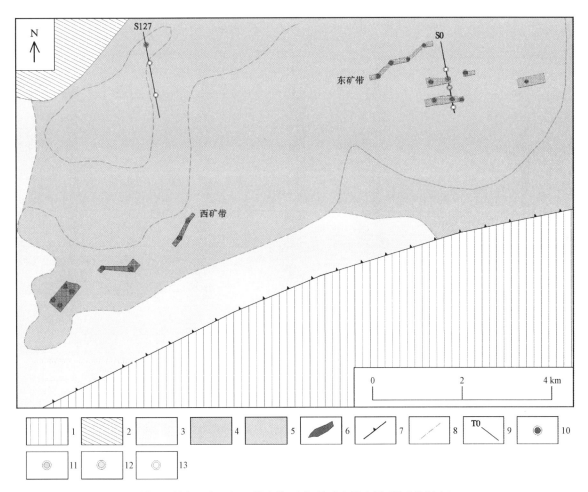

图 4　研究区赛汉组上段岩性 岩相及后生蚀变图(附矿体展布)

1—隐伏凸起；2—洪泛沉积；3—黄色氧化带；4—绿色氧化带；5—氧化—还原过渡带；6—铀矿体；

7—隐伏凸起区边界；8—灰色砂体边界线；9—勘探线及编号；10—工业铀矿孔；

11—铀矿化孔；12—铀异常孔；13—无铀矿孔

赛汉组下段内铀矿体分布于辫状河三角洲前缘砂体与泥岩中,受潜水-层间氧化带控制,矿体规模小,与三角洲前缘砂体展布方向一致。平面上由单孔控制,圈出砂岩型、泥岩型矿体各1个。砂岩型铀矿体呈北东东向展布,长180 m、宽100 m,厚度3.01 m,矿体埋深在128.94～135.24 m(见图6),品位0.023 3%,平米铀量1.42 kg/m²。泥岩型铀矿体长400 m、宽200 m,矿体埋深在138.35～140.95 m,厚度2.10 m,品位0.096 1%,米百分数0.202。含矿岩性为灰色、深灰色、灰黑色泥岩、泥质粉砂岩,矿石中多见炭屑及细晶状黄铁矿富集。

## 3.2　矿石特征

赛汉组中矿石物质碎屑含量高,占全岩的72%～93%,填隙物含量在7%～28%,杂基以水云母、高岭石为主,胶结物以褐铁矿、黄铁矿为主。碎屑成分以石英(45%～80%)、长石(10%～20%)为主,岩屑含量较低(<12%),云母少见。重矿物可见绿帘石、榍石、钛铁矿、普通角闪石、石榴子石等。矿石主要为灰色长石砂岩和长石石英砂岩,成岩度低,结构疏松;其中$SiO_2$含量66.73%～81.66%,平均73.90%;$Al_2O_3$含量5.90%～14.54%,平均10.79%,属于硅酸盐和铝硅酸盐型。铀赋存形式主要为吸附态铀和铀矿物,铀矿物主要为沥青铀矿和铀石存在。吸附态铀的吸附剂主要为杂基(黏土矿物),次为有机碳、黄铁矿。

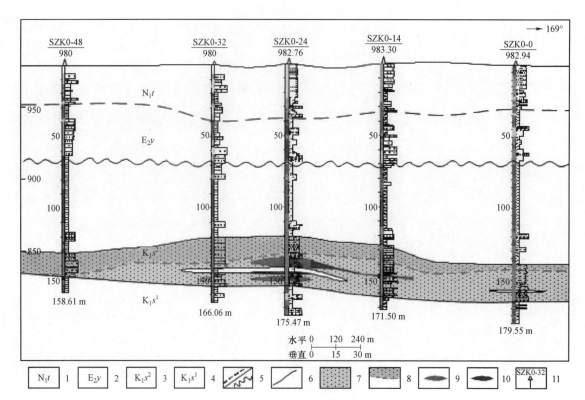

图 5　研究区 S0 线地质剖面略图

1—通古尔组；2—伊尔丁曼哈组；3—赛汉组上段；4—赛汉组下段；5—地层平行/角度不整合接触界线；6—岩性分界线；7—灰色砂体；
8—潜水—层间氧化带及氧化—还原界面；9—工业铀矿体；10—铀矿化体；11—以往项目施工钻孔位置及编号

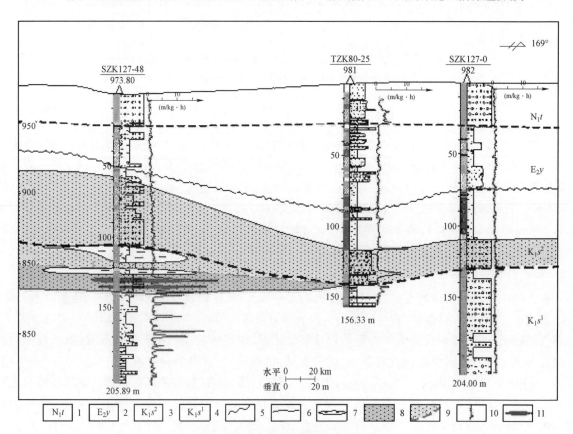

图 6　研究区 S127 线地质剖面图

1—通古尔组；2—伊尔丁曼哈组；3—赛汉组上段；4—赛汉组下段；5—地层角度不整合；6—岩性分界线；
7—泥岩夹层；8—灰色砂体；9—潜水-层间氧化带及界面；10—伽马测井曲线；11—工业铀矿体

## 4　铀成矿控制因素

### 4.1　受蚀源区及基底岩性的含铀性制约

研究区北部出露大面积的华力西期本巴图岩体,岩性主要为黑云母花岗岩、花岗闪长岩,铀含量为$5.50×10^{-6}$;其次为侏罗纪、白垩纪富铀花岗岩体,出露面积在$80～200$ km²;以及古河谷上游华力西晚期的卫镜花岗岩体,岩性为黑云母花岗岩、二长花岗岩,其铀含量为$4.7×10^{-6}$;在赛汉组沉积期,赛乌苏、塔木钦隐伏隆起的花岗岩体,经钻孔揭示其风化壳厚达百米,埋深小于100 m,为本区提供丰富的铀源。出露地层主要为元古代、古生代地层。其中,元古界的艾力格庙群是一套滨海-浅海相类复理石建造;岩性主要为石英岩、石英片岩、大理岩、磁铁石英岩、千枚岩、变粒岩、炭质板岩、凝灰质板岩和变质凝灰岩等组成,含炭地层较发育,铀含量在$(4.3～9.9)×10^{-6}$,特别是黑色绿泥片岩、黑色炭质板岩的铀含量更高,可形成富铀层位。

### 4.2　沉积构造演化控制了古河谷沉积组合

早白垩世裂陷活动是盆地拗陷发展的鼎盛时期,在盆地内部形成了一系列北东向和北北东向的凹陷和凸起,并具有凹凸相间展布的特点。从断陷充填($K_1a$)、拗陷沉降($K_1t$)和回返收缩($K_1s$)构成一个完整的"粗-细-粗"沉积旋回;赛汉组($K_1s$)为早白垩世晚期盆地收缩回返期的沉积,自下向上是湖泊衰亡到河流发育的过程,为半潮湿-半干旱气候条件下的湖盆萎缩阶段的半深湖-滨浅湖-河流沉积体系。进入新生代,盆地处于整体抬升萎缩期,白垩纪地层遭受剥蚀,在干旱、炎热为主的古气候条件下,经受后生氧化改造,是砂岩型铀矿的主要后生改造成矿期。已发现的铀矿化自然类型有砂岩型、泥岩型;研究区赛汉组下段沉积时主要发育扇三角洲、辫状河三角洲及湖泊沉积,铀矿化主要赋存在辫状河三角洲前缘亚相河道间,找矿类型以同沉积叠加后生改造型为主;赛汉组上段沉积时期主要发育河流、洪泛沉积,铀矿化主要赋存在古河谷辫状河砂岩中,找矿类型为古河谷型。

### 4.3　古河谷的规模控制了铀成矿储存空间

在赛汉组上段圈出了沿凹陷长轴方向发育的古河谷,长约70 km,宽5～15 km;河谷中心厚度较大,河谷边部变薄,砂带宽约2～12 km,厚度为12～242 m,平均53.3 m,呈北东向带状展布,受基底形态制约,凹陷中央砂体沉积厚度大。河谷的上游(T575线~T63线)由2个沉降中心组成,砂体厚度在26～192 m,平均厚度114 m;中部(T47线~S32线)受后期构造抬升形成了阶段差异,砂体厚度在12～117.5 m,平均33 m。下游(S92线~S512线)存在1个沉积沉降中心,砂体厚度在16.0～242.0 m,平均54.0 m。垂向上,由多旋回河道充填沉积和两侧的洪泛沉积构成。下部河道充填由砾质、砂质辫状河沉积组成,为亮黄色、灰白色、灰色砂质砾岩、含砾砂岩,砾径较大,多含卵石,砾石含量较高,砂体成分成熟度中等偏低,以岩屑砂岩和岩屑长石砂岩为主。底板为赛汉组下段湖相沉积的灰色泥岩,顶板为赛汉组上段和古近系洪泛沉积的红色泥岩,垂向上组成细-粗-细的地层结构,有利于铀成矿。

### 4.4　受不同的水动力机制、水化学环境制约

研究区处于地下水的迳流-排泄区,补给来源为上游同层地下水的迳流补给,其次,来自邻区基岩裂隙水和隐伏隆起内基岩裂隙水的补给;塔木钦一带存在的"天窗"直接接受大气降水的补给。目的层赛汉组含水层总体为一层,上部为赛汉组上段泥岩,局部夹有薄层状和透镜状砂岩,砂质砾岩含水层,富水性较差,构成稳定隔水顶板,下部为赛汉组下段泥岩,构成稳定隔水顶板。但在T0线以西和东部S256线局部隔水顶板缺失部位,赛汉组含水层和古近系含水层连为一体,塔木钦一带存在的"天窗"直接接受大气降水的补给。地下水总体迳流方向由南向北、南西向北东方向缓慢迳流。其水化学分带明显,由南东向北东依次为$HCO_3·Cl(Cl·HCO_3)$、阴离子多组分型水-Na型→$SO_4$-Na(Ca、Mg)型→$Cl·SO_4$-Na型水,水中$HCO_3^-$含量逐渐减小,$Cl^-$、$SO_4^{2-}$含量增加,矿化度由1 g/L±增高到3 g/L±,pH 6.6～7.0,多呈弱酸性或中性。地下水溶解氧含量4.1～10.3 mg/L,Eh值+163～

+30 mV,但在排泄源、铀矿化集中区地下水溶解氧含量、Eh 值降低，并出现 $H_2S$，氧含量明显减小，分别 1.6 mg/L、3.0 mg/L，Eh 值分别为－140 mV、－121 mV，地下水具还原特征；铀矿化区及附近出现水中氡浓度异常。

### 4.5 受潜水、潜水-层间氧化带界面控制

研究区古河谷砂体中发育潜水及潜水-层间氧化带。氧化岩石以红色、黄色、浅黄色、绿色为主，发育褐铁矿化、黄铁矿化、高岭土化等，氧化砂体呈厚层状分布，下部为氧化-还原过渡带灰色砂体。铀矿体主要受氧化界面和前锋线控制，分布在氧化界面下侧及前锋线附近。

赛汉组下段氧化由南东、北西两侧向凹陷中央方向氧化的特征，以绿色潜水氧化为主。铀矿化位于绿色砂岩与灰色砂岩突变的界面上。氧化深度在 120～180 m 之间。局部受三角洲前缘砂体非均质性的影响，氧化方向改变，见有多层氧化现象。赛汉组上段氧化岩石以黄色和绿色为主，黄色完全氧化在倾向上表现为氧化埋深小，氧化底界标高相对较高，向陷凹中央氧化埋深变深的特征；在走向上黄色潜水氧化受地层埋深与砂体的渗透性制约，氧化强度为河谷中部氧化埋深小，河谷东西两端埋深大的特体厚度 10～25 m；局部受河道分叉及砂岩非均质性的影响，氧化方向改变。垂向上可识别出氧化带、氧化-还原过渡带、还原带三种类型；铀矿化主要分布于氧化带下部的过渡砂岩内，且黄色、绿色氧化叠加控制。

### 4.6 受后生还原改造作用控制

研究后生还原改作主要分布在赛汉组地层内，因受北西向断裂构造的影响，含水层被切割，并造成差异性抬升，使断层北侧形成低洼地形，地下水沿着断裂构造向上部导通。沿断裂构造上升的含 $H_2S$、$CO_2$ 的油气、煤成气，表现为矿化段及外围分布有一套蓝灰色、绿灰色中粗砂岩，砂质砾岩，其中长石蒙皂石化、高岭土化强烈，常见微小的星点状、胶状黄铁矿、白铁矿[3]。在部分钻孔施工过程中，具有恶臭味的 $H_2S$ 气体外逸，表明沿断层方向上的 $S^{2-}$ 浓度在明显增高，并且在断层附近有较好的铀矿化产出，$H_2S$ 还原气体上升，在适当的机制下还原 $Fe^{3+}$ 形成细晶状、粉末状黄铁矿。铀矿化集中区正处于该宝力格诺尔-赛汉高毕局部排泄区（源）的南侧。

## 5 找矿方向

研究区内铀成矿与其赋矿层的沉积背景关系密切，在不同的地质背景下古河谷发育不同的沉积组合，不同的氧化类型与规模等特征，控制了铀矿体的形成与分布，具有明显的规律与找矿方向。

（1）赛汉组下段主要产出有同沉积叠加潜水、潜水—层间氧化改造型铀矿，铀矿体赋存在辫状河三角洲平原与前缘过渡部位的灰色、灰黑色泥岩、炭质泥岩、褐煤和泥质砂岩中。研究区构造斜坡带或中央潜山主要发育在北西缘，具备形成同沉积叠加后生氧化改告型铀矿的有利条件。

（2）赛汉组上段主要产出有古河谷砂岩型铀矿，铀矿体受潜水氧化-还原界面或侧向发育的层间氧化带前锋线控制，铀矿体产在潜水氧化-还原界面或层间氧化带前锋线附近的灰色砂岩中。研究区古河谷规模巨大，具有"泥-砂-泥"结构，特别是在砂体沉积厚度较大部位具有较好的找矿空间。

（3）赛汉组上段中的铀矿（化）体在平面上总体呈 NE 向不规则带状展布，主要集中在河流相中，铀矿体大多集中在河道转弯、河床相对低洼、河道由宽变窄的变异部位，以及河流相砂体中岩性复杂化的沉积亚相中。研究区古河谷的下游存在分支变易特征，且沉积相变复杂，为下一步重点找矿方向。

参考文献：

[1] 核工业二〇八大队．二连盆地巴赛齐铀矿资源远景调查报告[R]．2014．

[2] 核工业二〇八大队．内蒙古二连盆地铀矿调查与勘查[R]．2015．

[3] 核工业二〇八大队．内蒙古二连盆地乌兰察布坳陷 1∶25 万铀矿资源评价地质报告[R]．2010．

[4] 刘武生，康世虎，贾立城，等．二连盆地中部古河道砂岩型铀矿成矿特征[J]铀矿地质，2013，26(6)：328-335．

［5］ 聂逢君,陈安平,彭云彪,等. 二连盆地古河道砂岩型铀矿［M］,北京:地质出版社,2010.

［6］ 康世虎. 二连盆地乌兰察布坳陷东部古河道型氧化带发育特征及铀成矿模式［J］.采矿技术,2011,11(2).

# Controlling factors and prospecting direction of paleo-valley uranium metallogenesis in Zhunbaolige Sag, Erlian Basin

## YANG Wen-jie, GE Yan-zhong

(CNNC Geological Party NO. 208, Baotou Inner Mongolia, 014010 China)

**Abstract:** The prospecting of Zhunbaolige sag is based on the background of the "paleo-valley type" sandstone uranium metallogenic model, and the exploration was carried out from the "centre of the sag", from that we circled the distribution range of paleo-valley sand bodies in the upper sagment of Saihan formation, it also discovered uranium mineralization and realized the historic breakthrough of sandstone-type uranium deposits in this area. This paper starts from the background of the sag sedimentary structure and deeply analyzes the formation background of the paleo-valley; Combined with the sedimentary stratum, sand distribution and its changing laws of Saihan Formation, we summarized the sedimentary characteristics of the paleo-valley Uranium ore bodies in the study area are mainly distributed in front of braided rivers and braided river delta sedimentary sand bodies, controlled by phreatic interlayer oxidation zone, and are produced in the transition zone below the phreatic oxidation or near the weathering fronts line of the oxidation zone, and the uranium ore bodies are layered and lens-shaped. The author analyzes from the uranium source, depositional combination of paleo-valley, uranium storage space, epigenetic alteration, hydrodynamics and hydrochemical environment, summarizes the control factors of paleo-valley type uranium mineralization in this area. Proposed the next direction of prospecting.

**Key words:** Zhunbaolige sag; The type of paleo-valley; Uranium ore body; The controlling factor; The prospecting direction

# 西藏尼木—南木林地区煌斑岩地球化学特征及其构造环境分析

刘云鹤[1,2]，刘志鹏[1]，刘秀林[1]，范永宏[1]，杨　航[1]

(1. 核工业 280 研究所,四川 广汉 618300;2. 成都理工大学,四川 成都 610059)

**摘要:**尼木至南木林地区位于西藏雅鲁藏布江北缘,前人在区内发现了大量的火山岩型铀矿点,其间伴有中基性岩脉出露,以煌斑岩脉常见,这些煌斑岩脉往往与铀矿化关系密切。尼木南木林地区出露煌斑岩属于钾镁钙碱性煌斑岩和钾质钙碱性煌斑岩;尼木南木林煌斑岩稀土元素总量相对较高($\sum REE = 271.27 \times 10^{-6} \sim 964.07 \times 10^{-6}$),稀土配分模式为右倾轻稀土富集型$(La/Yb)_N = 31.02 \sim 81.61,(La/Sm)_N = 2.04 \sim 3.25,(Gd/Yb)_N = 1.73 \sim 10.03$,显示煌斑岩脉轻、重稀土元素分馏明显,且分馏程度基本一致;微量元素显示区内煌斑岩富集 U、Th、Nd、La,亏损元素 Nb、Zr、Ti 等元素,经动力学分析,尼木南木林地区与铀矿化有关的煌斑岩属于后碰撞造山环境岛弧岩浆岩型。

**关键词:**煌斑岩脉;地球化学;构造环境;尼木-南木林地区

## 1　区域地质背景

　　尼木至南木林地区位于的雅鲁藏布江北缘,属于冈底斯－喜马拉雅成矿带中段,该成矿带从晚古生代以来经历了多期次的弧火山岩浆侵入活动和叠加构造运动,使其具有良好的区域成矿地质背景和成矿地质条件(见图 1)。同时区内特别是雅江两侧发现了大量的以煌斑岩脉为主的暗色岩脉,这些

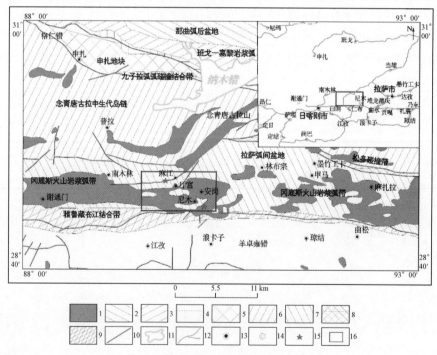

**图 1　工作区大地构造位置及工作区简图**

1—冈底斯火山岩浆弧带;2—那曲弧后盆地;3—班戈－嘉黎岩浆弧;4—九子拉弧弧碰撞结合带;5—申扎地块;
6—念青唐古拉中生代链;7—拉萨弧间盆地;8—松多碰撞带;9—雅鲁藏布江结合带;10—断层;11—水系;
12—公路;13—省级市;14—县级市;15—取样位置;16—工作区位置

**作者简介:**刘云鹤(1987—),男,四川广汉人,工程师,硕士,主要从事铀矿地质勘查

暗色岩脉与铀多金属矿化的关系一直备受国内外学者的重视。通过实地调查,区内发现的脉岩型铀钍矿化点与煌斑岩脉往往关系密切,本文以煌斑岩脉为主要研究对象,进行系统取样,通过对其主、微量元素地球化学特征进行分析,判断其地质构造环境。

尼木南木林地区大地构造位置主要位于冈瓦纳北缘特提斯构造域,雅鲁藏布江结合带之内,区内经历了晚白垩世至始新世雅鲁藏布江洋壳向北俯冲、消减和弧陆碰撞作用而形成弧火山岩带,构成了展布于冈底斯构造带南缘、规模宏大、东西延伸达 2 000 km 以上的冈底斯陆缘火山岩浆弧的主体。

区内侵入岩主要为中酸性复式花岗岩、花岗斑岩为主,火山岩主要以中基性—中酸性岩为主,整体呈近东西向展布,与区域构造方向基本一致。区内出露有元古界前震旦系念青唐古拉岩群、中生界的白垩系、新生界的古近系、新近系及第四系地层,其中古近系和新近系发育齐全。

区域上断裂构造以近 EW 向为主,NW 向和 NE 向次之。受同波—唐巴—热木杠—冬古拉逆冲断裂和雅鲁藏布江结合带(深断裂)夹持的影响,发育有多条次级断裂。

## 2 煌斑岩岩相学特征

通过对南木林麻江西侧芒热乡沉凝灰岩中煌斑岩脉(异常点),坐标:N:29°48′34″;E:89°39′49″;以及对尼木县沿雅江边花岗闪长岩中煌斑岩脉(异常点),坐标:N:29°20′04.1″;E:90°14′35.7″,进行取样鉴定,认为区内主要存在两种煌斑岩:含磁铁矿云斜煌斑岩和含辉石云斜煌斑岩(见图 2 和图 3)。

含辉石云斜煌斑岩,细晶结构,无定向构造。岩石主要由云母、帘石等矿物组成。黑云母,自形长条状、板状,杂乱分布,多色性明显,部分已白云母化,多色性减弱,有时见横切面六边形,干涉色低或全消光,含量约 40%。辉石呈粒状或他形粒状,大小为 0.1~0.6 mm,纵断面对称消光,高凸起,干涉色高鲜艳,偶尔可见不完整八边形和聚片双晶,多见一组解理,偶见环带构造,含量约 25%。长石呈他形粒状或条状,大小为 0.1~0.3 mm,土化显脏,凸起低,总见纤状轮流消光,应为斜长石,未见完整晶形,含量约 30%。不透明矿物呈粒状,大小为 0.05~0.1 mm,见自形多边形晶,为磁铁矿,含量约 5%。

图 2 含磁铁矿云斜煌斑岩

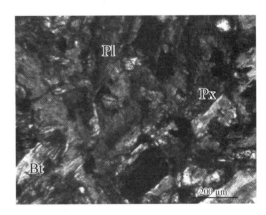

图 3 含辉石云斜煌斑岩

含磁铁矿云斜煌斑岩,煌斑结构,无定向构造。由斜长石、黑云母、碳酸盐组成。斜长石,长条板状杂乱分布,粒径大小约 0.05~0.15 mm×0.1~0.6 mm,自形双晶,为接近基性的斜长石,局部见到绢云母和碳酸盐蚀变,但长石轮廓清楚,含量约 30%。黑云母,长条状自形晶或六边形片状,大小为 0.1~0.3 mm(横断面),杂乱与长条状长石混生,蚀变弱,含量约 30%。碳酸盐充填于其他矿物粒间或三角孔中,无固定形态,含量约 20%。绢云母团,大小为 0.3~2 mm,具斑晶外形,内部为纤状绢云母(白云母雏晶)充填,纤长可达 0.1 mm 以上;部分团粒内由亮晶碳酸盐和绢云母共同充填,外形圆粒或板状,是否为长石斑晶蚀变而来不能确定,含量约 15%。不透明矿物呈自形—半自形晶,见四边形、五边形粒状,大小约 0.04~0.08 mm,星散分布,为磁铁矿,含量约 5%。

## 3  地球化学特征

通过对尼木南木林地区煌斑岩脉进行系统取样,结合查阅相山矿田与铀矿化密切的煌斑岩脉的地球化学数据,对工作区煌斑岩脉地球化学特征进行重新分析认识。

### 3.1  常量元素地球化学特征

经数据整理,尼木地区的煌斑岩脉 $SiO_2$ =50.76%~59.49%,平均54.68%;南木林地区煌斑岩脉 $SiO_2$ =44.62%~45.44%,平均45.03%;均属超基性-基性岩类;尼木地区的煌斑岩脉 $TiO_2$ =0.55%~1.16%,平均0.95%;南木林地区的煌斑岩脉 $TiO_2$ =1.23%~1.29%,平均1.26%;尼木地区煌斑岩脉 $Na_2O+K_2O$ =6.78%~9.46%,平均8.34%;南木林地区煌斑岩脉 $Na_2O+K_2O$ =3.18%~3.11%,平均3.09%;如图4(a)所示,相山矿田煌斑岩位于碱性、钙碱性交汇区域(黑点);南木林煌斑岩主要位于碱性、钙碱性区域附近(三角形);而尼木地区煌斑岩脉主要位于钾镁、钙碱性交汇区域(方形)。尼木地区 $SiO_2$ 和 $Na_2O+K_2O$ 含量的异常,可能与后期煌斑岩脉的强蚀变有关(部分已砂化、绿帘石化)。如图4(b)所示,相山煌斑岩主要分布在钠质煌斑岩区域;而尼木、南木林地区煌斑岩属于钾质煌斑岩。综上所述,尼木地区煌斑岩主要属于钾镁钙碱性煌斑岩;南木林地区煌斑岩主要属于钾质钙碱性煌斑岩;而相山煌斑岩为钠质碱性煌斑岩(见图4)。

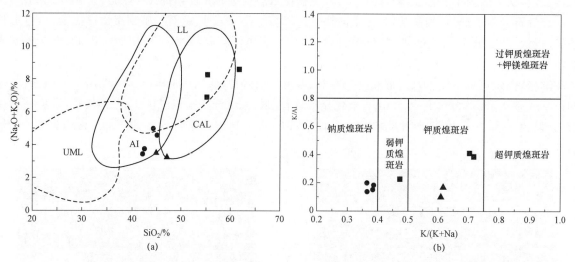

图4  常量元素、地球化学特征(a)煌斑岩脉( $Na_2O+K_2O$ )- $SiO_2$ (据 Rock,1987);
(b)K/Al-K/(K+Na)(据路凤香等,1991)
CAL—钙碱性煌斑岩;UML—超基性煌斑岩;AL—碱性煌斑岩;LL—钾镁煌斑岩

注:黑点为相山矿田煌斑岩脉;三角形为南木林矿点煌斑岩脉;方形为尼木煌斑岩脉,相山煌斑岩数据来源于《相山铀矿田西部煌斑岩年代学、地球化学及来自幔源流体的证据》一文,下同

### 3.2  微量元素地球化学特征

尼木至南木林地的煌斑岩,除部分大离子亲石元素含量大于原始地幔值(Sun S S,McDonough,1989)以外,过渡元素绝大多数低于原始地幔值,其中 Ti:( $0.332\times10^{-6}$ ~ $0.696\times10^{-6}$ );Ni:( $3.78\times10^{-6}$ ~ $311\times10^{-6}$ );Pb:( $49.8\times10^{-6}$ ~ $116\times10^{-6}$ );Cr:( $4.14\times10^{-6}$ ~ $358\times10^{-6}$ );相山矿田煌斑岩的大离子亲石元素含量明显高于原始地幔[11],过渡元素含量具有较宽的变化范围,其元素的富集往往与矿化有关。

在原始地幔标准化蛛网图(见图5)中,可见相山矿田煌斑岩脉总体上具有相似的右倾特点,并表现为大离子亲石元素相对富集和高场强元素相对亏损,相对于尼木南木林地区出露的煌斑岩脉,其右倾特征不明显;但两者在 U、Th、Nd、La 等高场强元素上明显增高,在 Nb、Zr、Ti 等元素负异常具有一致性,Nb、Zr 等元素在低温热液蚀变及风化作用过程相对稳定,与岛弧火山岩的微量元素特征类似;

而相山矿田 Ba 和 Sr 的负异常可能是与强烈地壳混染的结果[11];而尼木南木林地区中 Ti 的明显负异常可能与煌斑岩中主要寄主矿物黑云母(Ti 的富集矿物)的退变质作用有关。

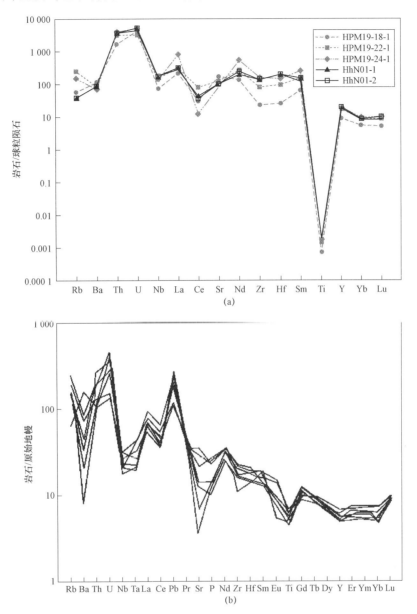

图 5　煌斑岩原始地幔标准化微量元素蛛网图(标准化数据值据 Sun and McDonough,1989)
(a) 尼木南木林地区煌斑岩脉;(b) 相山矿田煌斑岩脉

### 3.3　稀土元素地球化学特征

工作区及南木林地区发育的煌斑岩稀土元素总量 $\sum REE = 271.27 \times 10^{-6} \sim 964.07 \times 10^{-6}$,轻重稀土比值 $LREE/HREE = 16.86 \times 10^{-6} \sim 24.40 \times 10^{-6}$,平均 16.64,表现为轻稀土强烈富集,重稀土亏损,这种不相容元素强烈富集现象为超钾质岩的普遍特征。

从球粒陨石标准化稀土配分模式图(见图 6)可以看出,尼木南木林地区发育的异常煌斑岩脉与相山矿田中煌斑岩脉,表现为相似的 LREE 相对富集、HREE 相对亏损的右倾型稀土配分模式;尼木南木林中煌斑岩 $(La/Yb)_N = 31.02 \sim 81.61$,平均 44.34,轻稀土富集,煌斑岩有一定分异;$(La/Sm)_N$ 和 $(Gd/Yb)_N$ 分别为 $2.04 \sim 3.25$ 和 $1.73 \sim 10.03$,反映轻稀土相对于重稀土有较大的分馏。$\delta Eu = 0.52 \sim 0.82$,平均 0.64;$\delta Ce = 0.77 \sim 1.96$,平均 0.89,相山矿田中煌斑岩脉相对 Eu 亏损强烈,负铕异常更加明显,尼木南木林煌斑岩脉 Eu 的亏损不明显、弱负 Eu 异常,与 Eu 的寄主矿物斜长石有关,推测后期发生黏土化等蚀变作用关系密切。

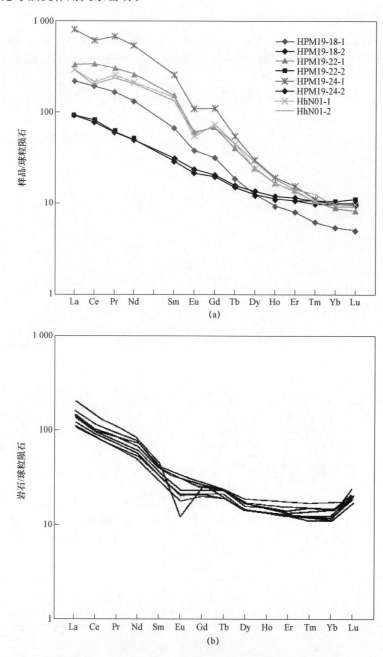

图 6　球粒陨石标准化 REE 配分模式图（标准化数据值据 Boynton，1984）
（a）尼木南木林地区煌斑岩脉（实线），花岗岩闪长岩（虚线）；（b）相山矿田煌斑岩脉

## 4　煌斑岩脉成因分析及环境判别

　　此次调查所取煌斑岩样品均为脉体中成分，能够反映工作区云斜煌斑岩的地球化学特征。从稀土配分图中，南木林尼木地区的煌斑岩脉对比花岗岩闪长岩围岩，均强烈富集轻稀土而亏损重稀土，但花岗岩闪长岩围岩轻重稀土分馏相比不明显且未出现负销异常。

　　通过微量元素对比，相山矿田和南木林、尼木地区煌斑岩脉后期均经历了不同程度的混染，而相山矿田微量元素中其大离子亲石元素的富集更明显，负 Eu 异常明显；南木林、尼木地区轻稀土更富集，Eu 异常相对较弱，推测与后期淋滤和氧化蚀变有关。

　　通常认为，原始地幔的 Zr/Nb＝18，富集地幔和过渡地幔的 Zr/Nb 比值均小于 18，而亏损地幔的

Zr/Nb>18。尼木煌斑岩脉的 Zr/Nb 比值范围为 4.76~19.4,平均为 10.97,暗示其主要热源来源于过渡型或富集型地幔,岩石中 Th/Yb 比值在 53.55~69.46,Ta/Yb 比值在 3.68~4.97,如此高的比值反映了岩浆来自富集型地幔源区,在 Th/Nb-Nb/Yb 中显示,所有研究样品具有较高的 Th/Nb 比值,落在 MORB-OIB 演化线 OIB 一端(见图 7(a)),说明其源区未受到陆壳的混染,由过渡型地幔或富集型地幔部分熔融产生。

从 Pr/La-Ce/La 岩石同源性判别图解(见图 7(b))中,我们可以看出尼木、南木林地区煌斑岩岩浆具有一定的同源性,而相山地区的煌斑岩与围岩花岗闪长岩均来自独立的源区,印证了上述地球化学特征。从尼木、南木林地区的构造环境判别图中(见图 8~图 10),煌斑岩脉均落在活动造山环境岛弧钙碱性岩浆中。

通过分析区内岩体和煌斑岩脉放射性特征,无论是尼木还是南木林地区煌斑岩脉中 U 含量均大于 3 倍均方差背景值,岩体中的铀含量主要向煌斑岩脉和构造破碎带发育地段富集,煌斑岩脉作为区内铀的主要载体脉体,与华南地区出露的煌脉岩脉具有相近的富集特征[12],指示了铀的活化迁移方向。

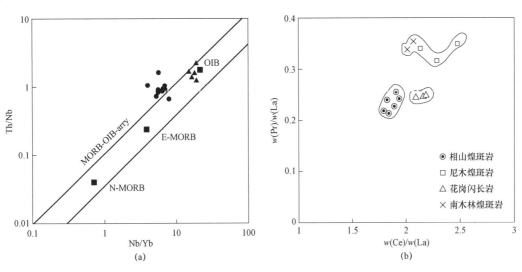

图 7　同源性判别图解

(a) 相山矿田与尼木南木林煌斑岩 Th/Nb-Nb/Yb 图解;(b) 煌斑岩 Pr/La 与 Ce/La 图解

注:三角形代表尼木南木林煌斑岩脉;黑点代表相山煌斑岩脉

数据来源:N-MORB 和 OIB(据 Sun and McDonough,1989);上地壳(据 Taylor and Mclenman,1985)

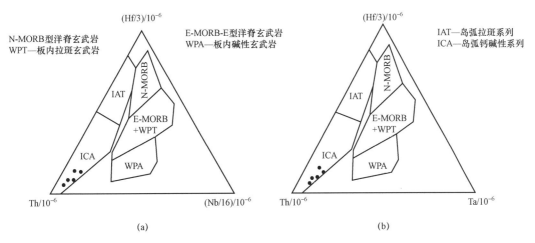

图 8　尼木和南木林地区煌斑岩构造环境判别图解

(a) Hf/3($10^{-6}$)-Th($10^{-6}$)-Nb/16($10^{-6}$)图解(据 Wood,1980);

(b) Hf/3($10^{-6}$)-Th($10^{-6}$)-Ta($10^{-6}$)图解(据 Wood,1980)

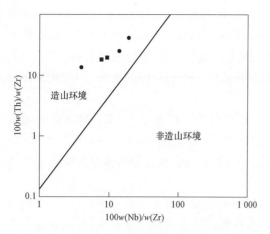
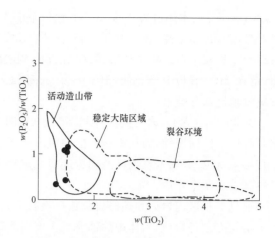

图9　尼木和南木林地区 Nb/Zr-Th/Zr 图　　　　图10　尼木和南木林地区 TiO₂-P₂O₅/TiO₂

南木林—尼木地区主要位于雅鲁藏布江北侧,属于印度大陆与欧亚大陆碰撞的缝合带内,该带发育大量的中基性岩脉包括煌斑岩脉,通过地球化学特征对比,无论是稀土元素、还是微量元素均具有相似的地球化学特征,反应具有相似的成矿物质来源和岩浆演化过程。

综上所述,本文认为尼木—南木林的煌斑岩脉均主要为后碰撞造山环境岛弧岩浆岩源,该地区煌斑岩的来源可能为俯冲带根部受俯冲板片释放的流(熔)体交代的地幔楔,继承了俯冲—交代过程改造的地幔源区特征,煌斑岩脉体源源不断的将成矿物质和热源从源区带入上地壳,同时它们的侵入使构造裂隙进一步发育、张开,成为含矿溶液运移和沉淀的有利空间,为铀的富集成矿创造有利条件。

## 5　结论

(1)尼木—南木林地区发育煌斑岩属于低钛、钾质钙碱性煌斑岩,未受到陆壳的混染;而相山煌斑岩为钠质碱性煌斑岩,经历了不同程度的混染。

(2)尼木—南木林地区煌斑岩具有相似的微量元素地球化学特征和同属独立的源区特征,具有相近的成矿物质来源和相似的岩浆演化过程,由过渡型地幔或富集型地幔部分熔融产生。

(3)尼木—南木林地区的与铀矿化相关煌斑岩脉均为后碰撞造山环境岛弧岩浆岩,煌斑岩的源区可能为雅江俯冲带根部受俯冲板片释放的流(熔)体交代的地幔楔上涌形成,该阶段的中基性岩浆上侵为铀的活化提供了一定的流体来源和热动力条件。

**参考文献:**

[1]　杨毓红,等.黔东南钾镁煌斑岩地球化学特征及指示意义[J].矿物学报,2021.41(56):1-14.

[2]　党飞鹏,等.鹿井矿田小山区段煌斑岩特征及其与铀矿化关系[G].中国核科学技术进展报告铀矿地质分卷6(上),2019:62-66.

[3]　王凯,等.北秦岭西段普洛河地区煌斑岩脉地球化学特征及成岩构造环境[J].矿产勘查,2019.10(12):2906-2911.

[4]　李宏博.峨眉山大火成岩省地幔柱动力学:基性岩墙群、地球化学及沉积地层学证据[D].北京:中国地质大学,2012.

[5]　王秉璋,等.青藏高原北部全吉地块白垩纪煌斑岩脉群的发现及意义[J].地球科学,2020.45(4):1137-1150.

[6]　杨庆坤.江西相山矿田岩浆作用与铀多金属成矿[D].北京:中国地质大学,2015.

[7]　黄永高,等.西藏南木林盆地发现早侏罗世火山作用—来自锆石 U-Pb 年龄的证据[J].中国地质,2020.47(4):1266-1267.

[8]　马绪宣,等.大陆弧岩浆幕式作用与地壳加厚:以藏南冈底斯弧为例[J].地质学报,2021.95(1):107-118.

[9]　吕文祥.西藏邹郁盆地铀矿化特征及远景评价[D].成都:成都理工大学,2013.5.

[10]　李宏涛.西藏邹郁盆地砂岩型铀成矿条件分析[J].四川地质学报,2013.5(33)增刊:18-23.

［11］ 刘龙,等. 相山铀矿田西部煌斑岩年代学、地球化学及幔源流体的证据[J].中国地质,2020.11(67):1135-1167.

［12］ 胡鹏,等."交点"型铀矿有关的铀活化、迁移、富集特征—以广东荷泗地区为例[J].地质与勘探,2020.03(56):
478-490.

# Geochemical characteristics of lamprophyre in Nimu-Nan Mulin area, Tibet and Analysis of tectonic setting

LIU Yun-he[1,2], LIU Zhi-peng[1], LIU Xiu-lin[1],
FAN Yong-hong[1], YANG Hang[1]

(1. Research Institute No. 280, China National Nuclear Corporation, Guanghan, Sichuan 618300, China;

2. Chendu University of Technology, Chengdu, Sichuan 610059, China)

**Abstract**: The Nimu-NanMulin area is located in the northern of the Yarlung Zangbo River in Tibet. A large number of volcanic rock type uranium mine have been found in the area, accompanied by a large number of lamprophyre dykes, which are often closely related to uranium mineralization. The Nimu lamprophyres belongs to K-Mg calc-alkaline series, and the NanMulin lamprophyres belongs to K calc-alkaline series. The total REE of Nimu-NanMulin area is relatively high($\Sigma REE = 271.27 \times 10^{-6} \sim 964.07 \times 10^{-6}$), and distribution pattern is right-leaning type of LREE enrichment: $(La/Yb)_N = 31.02 \sim 81.61$, $(La/Sm)_N = 2.04 \sim 3.25$, and $(Gd/Yb)_N = 1.73 \sim 10.03$, The REE features indicated that the fractionation of LREE and HREE in lamprophyres is obvious, and the degree of fractionation is consistent. The trace elements show that our samples are rich of U, Th, Nd and depleted Nb, Zr and Ti Geodynamic shows that it belong to the island arc magmatic rocks in the post-collision orogenic background.

**Key words**: Lamprophyres; Geochemical characteristics; Tectonic setting; Nimu-NanMulin area

# 航空电磁法在道伦达坝地区铜多金属勘查中的应用

王培建[1,2]，孟祥宝[1,2]，胡国民[1,2]，周子阳[1,2]，郑圻森[1,2]，占美炎[1,2]

(1. 核工业航测遥感中心，河北 石家庄 050002；2. 中核集团铀资源地球物理勘查

技术中心重点实验室，河北 石家庄 050002)

**摘要**：道伦达坝铜多金属矿床是大兴安岭南段西坡的典型矿床，含矿岩石与围岩具有明显的电性差异。本文根据在该区开展的大比例尺航空电磁测量资料，综合分析了航空电磁特征并选编了 8 处航电异常，其中 2 处航电异常位置与道伦达坝铜多金属矿床吻合，航电异常反演电阻率与矿体空间展布特征吻合。在已知铜矿的航电异常特征进行分析的基础上，结合地质在道伦达坝地区圈定 4 片找矿靶区。航空电磁法在该地区应用效果明显，可为寻找同类型矿床提供方法参考。

**关键词**：航空电磁法；铜多金属矿；道伦达坝地区；应用

作为我国北方重要的有色多金属成矿区带之一，大兴安岭南段处于古亚洲及太平洋成矿域叠加地段，多金属成矿地质条件优越[1-2]。自 20 世纪 70 年代，该区已发现了多个超大型、大型、中型及众多小型多金属矿床，较著名的超大型矿床有拜仁达坝与双尖子山银矿床，以及黄岗铁锡、大井子银铜、白音诺尔铅锌、道伦达坝铜、浩布高铅锌、维拉斯托银铅锌、花敖包特铅锌、维拉斯托西铜、敖伦花斑岩型钼等大型矿床，已有找矿成果十分显著[3-4]。但随着勘查开发程度的增加，浅部矿产已基本查明，矿产勘查难度不断增大，探寻覆盖区及已知矿外围的快速找矿方法成为重要研究方向。随着基础工业的发展，航空电磁勘查技术不断走向成熟，已在全世界范围内开始规模化生产应用[5-6]。

本文以大兴安岭南段西坡的西乌珠穆沁旗道伦达坝地区为研究区，对 1∶2 万～1∶4 万的航空电磁测量数据进行处理，分析了研究区航空电磁特征，研究典型矿床异常特征，并筛选了具有较好找矿意义的航电异常。同时结合地质分析成矿条件，并圈定 4 处找矿靶区，为道伦达坝地区寻找隐伏铜多金属提供重要信息。

## 1　航空电磁测量简介

### 1.1　测量原理及数据采集

采用航空瞬变电磁法，该方法是基于地下岩石的电性差异，根据电磁波的地下传播原理，利用机载线圈发射一次磁场，同时测量经地下岩石感应产生的二次磁场。根据二次场随时间的衰减变化规律，分析地下地质体的异常信息[7-9]。

测量采用 VTEM 航空电磁测量系统(加拿大 Geotech 公司)，该系统包括航电系统(发射机与接收机)、导航定位仪(GPS)、高度计及数据收录系统。航电系统的发射线圈与接收线圈在同一平面上，发射线圈的半径为 13 m(其有效面积为 530.9 m²)，发射 25 Hz 基频的多边形脉冲(宽约 7.32 ms)，电流峰值可高达 310 A，其偶极矩能达 62.5 万 A·m²；接收线圈半径为 0.6 m，有效面积为 113 m²。测量电磁线圈离地高度为 39.7 m，测量飞行速度为 79 km/h。

### 1.2　数据处理

采集的基础数据为感应电动势(dB/dt)，数据处理主要包括基本处理(天电噪声修正、补偿、背景场调平和滤波)，B 场、视电阻率、时间常数计算和航电异常反演等。其中视电阻率是通过反褶积方法将电磁响应信号快速转化为电阻率(基于 TEM 响应原理)。视电阻率能够提供地下导体的深度及空

作者简介：王培建(1986—)，男，硕士，主要从事航空物探、铀及多金属矿产勘查研究工作

间展布等三维参考信息。时间常数($\tau$)是目标体导电性和几何形态的函数,地下良导体初始$\tau$信号振幅较小,但随时间衰减慢;地下不良导体初始$\tau$信号振幅较大,且随时间衰减快。有多种方法可求取时间常数$\tau$,"移动$\tau$"法较为常用,该方法根据衰减曲线$dB/dt$,寻找晚期(4个时间道)数据求取时间常数,可从平面上较直观地分析深部的不同电性地质体分布规律[10-12]。

## 2　研究区地质概况及岩(矿)石电性特征

### 2.1　区域地质概况

　　研究区大地构造位置位于锡林浩特中间地块与乌力吉至林西中-晚华力西-印支造山带过渡部位,达青牧场断裂呈北东向由该区通过。区内大面积为第四系覆盖,中部大面积出露二叠系林西组砂板岩(见图1)。区内岩浆活动非常强烈,大规模出露黑云母花岗闪长岩,局部夹酸性脉岩[13]。从元古代到中生代,该区经历了多期次构造岩浆活动,印支期以前构造形迹以东西向为主,燕山期以后构造形迹方向有北东、北北东和北西向,其中北东向构造控制着区内铜多金属矿产的分布。

　　区内中部的道伦达坝铜多金属矿床,矿(化)体成群于侵入北东向褶皱层间破碎带花岗岩与地层接触带内,矿床类型为热液型。矿(化)体长达3.47 km,宽达1.92 km,已知矿带有76个(矿体136条)。矿石主要为铜多金属硫化物,矿物主要有磁黄铁矿(局部含量高达90%)、黄铜矿(局部含量高达30%)、黑钨矿(局部含量为5%)、锡石、毒砂等[14]。围岩蚀变主要有硅化、黄铁矿化、萤石化和绿泥石化,局部见钾长石化、云英岩化等[14-15]。

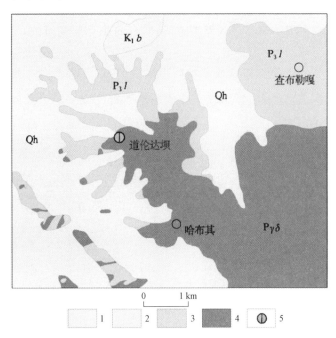

图1　道伦达坝地区地质简图

1—全新统;2—下白垩统白音高老组;3—上二叠统林西组;4—黑云花岗闪长岩;5—道伦达坝铜多金属矿床

### 2.2　岩(矿)石电性特征

　　根据收集的研究区岩(矿)石电性参数可知:区内黄铜矿电阻率极低,值一般在0.001~0.089 $\Omega \cdot m$;含黄铜矿花岗岩及矿化变质砂岩电阻率较低,值一般在0.008~69.1 $\Omega \cdot m$;矿化花岗岩、钻孔中变质砂岩电阻率相对较低,值一般在29.1~790 $\Omega \cdot m$;含碳变质砂岩、黑云母花岗岩、花岗细晶岩电阻率较高,值一般在107~1 937 $\Omega \cdot m$(见表1)。研究区矿化蚀变岩石与围岩存在电性差异,为航空电磁法在铜多金属找矿中应用提供了电性基础。

表 1　道伦达坝地区岩(矿)石电性参数统计表

| 岩(矿)石 | 数量 | 电阻率/(Ω·m) |
|---|---|---|
| 块状黄铜矿 | 11 | 0.001～0.089 |
| 含矿花岗岩 | 15 | 0.015～69.1 |
| 矿化变质砂岩 | 13 | 0.008～63.35 |
| 矿化花岗岩 | 10 | 29.1～790 |
| 黑云母花岗岩 | 12 | 111～1 937 |
| 花岗细晶岩 | 15 | 322～1 053 |
| 钻孔中变质砂岩 | 9 | 17～217 |
| 含碳变质砂岩 | 6 | 107～949 |

# 3　研究区航电特征分析

　　求取了研究区的时间常数参数,可以看出区内航电特征总体表现为南部高阻、北部低阻的特征。南部呈近似扇形的时间常数低值区(高阻区),背景场值一般为 0.015～0.02 ms,与地质上黑云花岗闪长岩体吻合,总体反映了岩体的分布范围;该区航磁也表现为低值区,值一般为 −145～−120 nT,反映了该岩体呈弱磁性的特征。南部时间常数扇形低值区(高阻区)外围叠加团块状、带状高值区(低阻区),值一般为 0.6～2 ms,主要为岩体侵入周围地层,形成的矿化蚀变所致,是较好的找矿有利地段;航磁总体表现为环状异常带,值一般为 −67～20 nT,显示岩体侵入周围地层接触带发育磁性矿物。北部时间常数总体呈背景场上叠加块状或点状高值区(低阻区),背景值一般为 0.3～0.4 ms,总体为上二叠统林西组或第四系的反映,叠加的大规模块状高值区与林西组发育含碳变质砂岩有关(见图 2)。

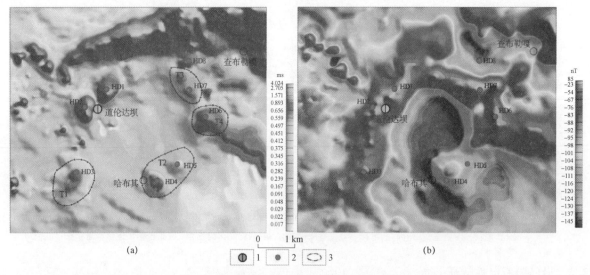

图 2　道伦达坝铜多金属矿区航电航磁综合信息显示图
(a)航电时间常数影像图;(b)航磁 ΔT 化极影像图
1—铜多金属矿;2—航电异常;3—居民点

　　中部道伦达坝矿区航电特征总体表现为背景上两个团块状的高值区(低阻区),背景值一般小于 0.2 ms(呈高阻特征),为花岗闪长岩体的反应;叠加的两个团块状高值区(HD1、HD2 航电异常),时间常数值一般为 0.6～1.8 ms,最大为 2.3 ms(低阻),与矿体分布范围吻合,是铜多金属矿体的综合反应(见图 2)。

## 4 研究区航电异常分析

根据航电 dB/dt 数据,在研究区筛选具有较好找矿意义的航电异常 8 个,即 HD1~HD8(见图 2)。这些航电异常主要分布在南部扇形高阻体(岩体)的边缘,其中 HD1、HD2 航电异常与道伦达坝铜矿床吻合。

### 4.1 矿床航电异常特征

道伦达坝铜多金属矿床,规模较大的矿体有 3 条,包括 3 号矿体、10 号矿体、16 号矿体,这些矿体主要赋存于层间侵位花岗岩与砂板岩(上二叠统林西组)的接触带(沿破碎带产出),产状与地层展布方向一致,向下延伸超过 500 m[14]。矿床与 HD1、HD2 航电异常对应,时间常数图上,上述航电异常均呈北东向展布的长轴状,长轴长约 800 m,短轴长约 300 m,值为 1.8~2.3 ms(见图 2);在过矿区的断面上,航电异常 dB/dt 呈双峰特征,电阻率呈向下延伸的团块状,值为 0.5~2 Ω·m(见图 3)。该电阻率特征与岩体侵位多层砂板岩成矿吻合,是矿化体的综合反应。电阻率断面同时显示低阻体深部具有较好的延伸,深部同样具有铜多金属找矿潜力。

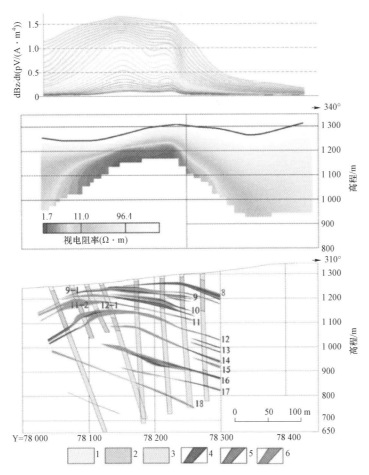

图 3　道伦达坝铜多金属矿矿体综合信息显示图

1—第四系;2—黑云母花岗岩;3—粉砂质板岩;4—铜矿体;5—锡矿体;6—矿化蚀变带

### 4.2 其他航电异常特征

南部岩体边缘还存在与道伦达坝铜多金属矿床地质条件类似的航电异常,包括 HD3~HD8。

HD3 航电异常位于道伦达坝矿床西南约 1.3 km 处,时间常数呈长轴状的高值,值为 0.5~0.73 ms,dB/dt 呈单峰特征,电阻率呈块状(向深部有延伸),值为 6~8 Ω·m(见图 4)。电阻率断面显示低阻体为由深向浅倾斜的低阻体,与东南部的岩体顺层侵位多层砂板岩成矿的地质模式一致,表明深部具有寻找铜多金属矿的潜力。

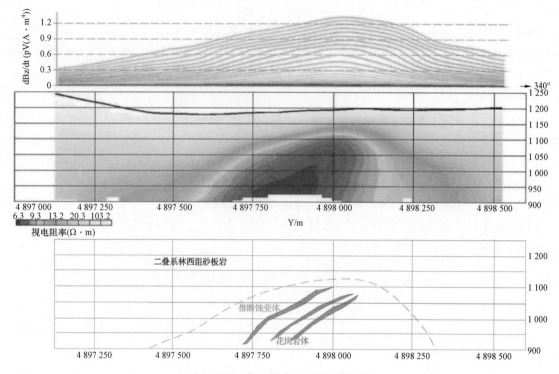

图4 HD3航电异常视电阻率断面图

HD4航电异常位于哈布其东北约1.1 km处,时间常数呈等轴状,轴长约200 m,值为0.4~0.8 ms,电阻率呈块状(向深部有延伸),值为5~7 Ω·m(见图5);HD5航电异常位于哈布其,时间常

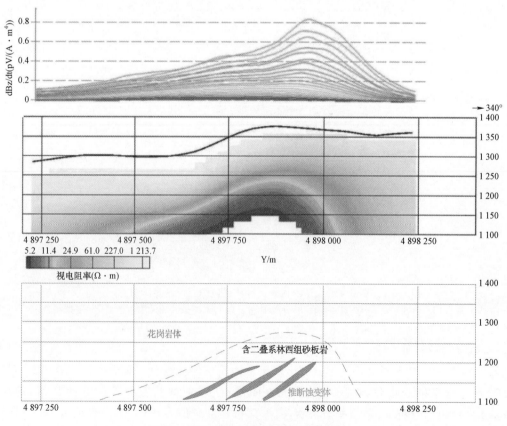

图5 HD4航电异常视电阻率断面图

数呈等轴状,轴长约 500 m,值为 0.4～0.5 ms;HD6 航电异常位于道伦达坝矿床东约 3 km 处,时间常数呈等轴状,轴长约 800 m,值为 0.8～1.5 ms;HD7 航电异常位于道伦达坝矿床东约 2.8 km 处,时间常数呈长轴状,长轴长约 1.1 km,值为 0.5～0.8 ms;HD8 航电异常位于 HD7 异常北约 600 m 处,时间常数呈点状,值为 0.6～1 ms。

上述航电异常总体上均位于花岗岩体与林西组砂板岩的接触部位,成矿地质条件与已知矿类似,因此这些航电异常是寻找深部隐伏铜多金属矿藏、查明道伦达坝找矿潜力的重要线索。

## 5　找矿靶区圈定

在道伦达坝地区地质、物性参数、航电及航磁资料综合解释的基础上,重点剖析了已知铜多金属矿的航电异常特征,同时综合筛选并解释的航电异常信息、成矿地质条件分析,在研究区圈定建议开展进一步工作的铜多金属找矿靶区 4 片,即 T1～T4(见图 2)。T1～T4 找矿靶区在空间上均位于花岗岩体与上二叠统林西组砂板岩的接触带部位,成矿地质背景与已知矿类似,时间常数呈明显的高值(即低阻特征),电阻率均显示深部具有一定延伸的低阻体,结合道伦达坝地区南部大规模的花岗岩体侵入活动,T1～T4 靶区是地下深部寻找隐伏矿的有利部位。

## 6　结论

综合道伦达坝地区航空电磁、航磁、已知矿床及成矿地质资料,综合分析取得认识如下:

(1)研究区道伦达坝矿床具有明显的航电异常显示,异常呈双峰状,电阻率呈低阻体,与矿体产于多层岩体及其侵位砂板岩破碎带吻合。

(2)根据航空电磁资料,结合地质、航电异常等圈定的找矿靶区是道伦达坝地区寻找隐伏矿藏的有利地段。

(3)航空电磁法在道伦达坝铜多金属矿的应用效果明显,航电异常与已知矿区吻合度高,该方法可作为国内同类型矿产勘查的选择之一。

参考文献:

[1] 徐志刚,陈毓川,王登红,等.中国成矿区带划分方案[M].北京:地质出版社,2008.10.

[2] 王京彬,王玉往,王丽娟.大兴安岭南段中生代伸展成矿系统[J].矿床地质,2002,21(S1):241-244.

[3] 王春女,王全明,于晓飞,等.大兴安岭南段锡矿成矿特征及找矿前景[J],地质与勘探,2016,52(2):220-227.

[4] 陈公正,武广,李铁刚,等.内蒙古道伦达坝铜钨锡矿床 LA-ICP-MS 锆石和锡石 U-Pb 年龄及其地质意义[J].矿床地质,2018,37(2):225-245.

[5] 王培建,江民忠,全旭东,等.航空电磁法在深部铀矿勘查的应用前景探讨[J].铀矿地质.2017.33(5):302-307.

[6] 王培建,江民忠,王志宏,等.甘肃省龙首山成矿带新水井—芨岭地区航空电磁法测量试验成果报告[R].石家庄:核工业航测遥感中心,2016.

[7] 殷长春,任秀艳,刘云鹤,等.航空瞬变电磁法对地下典型目标体的探测能力研究[J].地球物理学报.2015,58(9):3370-3379.

[8] 雷栋,胡祥云,张素芳.航空电磁法的发展现状[J].地质找矿论丛,2006,21(1):40-53.

[9] 彭莉红,江民忠,程莎莎,等.航空瞬变电磁法在新疆阿奇山地区铅锌多金属找矿中的应用研究[J].地质与勘探.2019,55(5):1250-1260.

[10] 骆燕,曾阳,石岩等.航空电磁法在火山岩型块状硫化物矿区的试验.物探与化探[J].2014,38(4):840-845.

[11] 殷长春,黄威,贲放.时间域航空电磁系统瞬变全时响应正演模拟[J].地球物理学报,2013,56(9):3153-3162.

[12] 王亚冉.时间域航空电磁数据的 Tau 域分析与研究[D].长春:吉林大学,2014.

[13] 陈公正,武广,武文恒等.大兴安岭南段道伦达坝铜多金属矿床流体包裹体研究和同位素特征[J].地球前缘,2018,25(5):202-221.

[14] 潘小菲,王硕,侯增谦,等.内蒙古道伦达坝铜多金属矿床特征研究[J].大地构造与成矿学.2009,33(3),402-410.

[15] 周振华,欧阳荷根,武新丽,等.内蒙古道伦达坝铜钨多金属矿黑云母花岗岩年代学、地球化学特征及其地质意义[J].岩石学报,2014,30(1):79-94.

# Application of aeromagnetic method in copper polymetallic ore prospecting in Daoludaba area

WANG Pei-jian[1,2], MENG Xiang-bao[1,2], HU Guo-min[1,2],
ZHOU Zi-yang[1,2], ZHENG Xin-sen[1,2], ZHAN Mei-yan[1,2]

(1. Airborne Survey and Remote Sensing Center of Nuclear Industry, Shijiazhuang 050002, China;

2. Key Laboratory of Uranium Resources Geophysical Exploration Technology,

China Nuclear Industry Group Company, Shijiazhuang 050002, China)

**Abstract**: The Daolundaba copper-polymetallic deposit is a typical deposit in the western slope of the southern section of Daxing anling, There are obvious electrical differences between ore-bearing rocks and surrounding rocks. Based on the large scale airborne electromagnetic survey data in this area, This paper analysis the characteristics of airborne electromagnetic and select 8 avionics anomalies. The positions of 2 airborne electromagnetic anomalies are consistent with the Daolundaba copper-polymetallic deposit, and the resistivity inversion of avionics anomalies is consistent with the spatial distribution characteristics of orebodies. Based on the analysis of the geological and avionics anomaly characteristics of the deposit, four prospecting target areas were delineated in Daolunda dam area. The application effect of airborne electromagnetic method in this area is obvious, which can provide a method reference for searching the same type of deposits.

**Key words**: Aeromagnetic method; Copper-polymetallic ore; Daolundaba area; Application

# 二连盆地巴—赛—齐古河谷氧化带发育
# 控制因素与铀成矿模式

秦彦伟，董续舒，郝　朋

（核工业二〇八大队，内蒙古 包头 014010）

**摘要：** 巴—赛—齐古河谷位于二连盆地中部，形成于早白垩世晚期盆地断坳转换阶段，古河谷砂岩型铀矿的成矿构造背景、氧化带和矿体形态特征独特。本次以野外岩心观察、钻孔对比分析和环境地球化学参数分析等为手段，从构造、地层结构、古河谷特征、砂体非均质性、古水动力条件、古气候条件因素等方面分析了氧化带发育的控制因素，认为含矿层形成之后的构造反转、泛连通的带状古河谷砂体、古水动力、古气候条件的转变等为氧化作用发育提供了有利条件，而受区域构造演化控制的大规模、多期次的潜水、层间氧化作用促使铀的沉淀富集。根据氧化带类型、展布及其与矿体空间就位关系等特征探讨了典型古河谷砂岩型矿床的成因，并在此基础上初步总结了成矿模式，认为古河谷内氧化带展布及氧化作用方式复杂，不同矿床受不同类型、方向氧化作用影响，矿体产出部位各不相同。

**关键词：** 二连盆地；古河谷；氧化带；控制因素；成矿模式

　　近年来，二连盆地砂岩型铀矿勘查成果突出，自盆地中部圈出了一条长约 360 km 的北东向带状砂体，并先后落实了巴彦乌拉大型、赛汉高毕小型和哈达图大型古河谷砂岩铀矿床[1-5]。铀矿化主要受发育于古河谷砂体中的潜水、潜水—层间氧化作用控制[6-8]，氧化带和矿体形态特征独特，总结氧化带发育控制因素，建立成矿模式，具有重要的理论和找矿意义。

## 1　区域地质概况

　　二连盆地位于华北板块与西伯利亚板块的缝合线部位，是在兴　蒙海西期褶皱基底上发育起来的中新生代断-坳复合型盆地。由 6 个二级构造单元组成，分别为川井坳陷、乌兰察布坳陷、马尼特坳陷、腾格尔坳陷和乌尼特坳陷。盆地沉积盖层主要有白垩系、古近系、新近系和第四系，其中白垩系为沉积主体，可进一步分为下白垩统（$K_1$）和上白垩统二连达布苏组（$K_2e$），下白垩统自下而上由"粗—细—粗"三套碎屑岩建造组成，分别为阿尔善组（$K_1a$）、腾格尔组（$K_1t$）和赛汉组（$K_1s$）。其中赛汉组属古河谷沉积。

　　二连盆地白垩世构造演化可以划分为 3 个阶段，分别为断陷期、断坳转换期和坳陷期[9]。其中断坳转换期—坳陷早期形成了赛汉组古河谷砂体，坳陷中后期（$K_2$-N）发育的构造及其演化对氧化带形成及铀成矿非常有利，尤其晚白垩世-古近纪是古河谷砂体发育氧化作用及铀成矿的主要时期。

## 2　研究区地质

### 2.1　构造

　　巴—赛—齐古河谷位于二连盆地中部，夹持在巴音宝力格隆起及苏尼特隆起之间，产于二连盆地两大构造单元—乌兰察布坳陷和马尼特坳陷[10]。古河谷所属层位赛汉组沉积时盆地处于断坳转换期，此时断陷活动已经基本停止，盆地进入到坳陷发育阶段，但先期形成的构造格局依然控制着赛汉组的沉积作用。赛汉组主要沿北东向次级凹陷的边缘（或中央）发育由南西向北东的河流沉积，南西起自乌兰察布坳陷脑木根凹陷，经齐哈日格图、呼格吉勒图、古托勒等次级凹陷，北东至马尼特坳陷西部的塔北凹陷，河谷内断裂不发育，地层从河谷两侧向中心缓倾斜。其中，巴彦乌拉铀矿床产于马尼

---

作者简介：秦彦伟（1990—），男，工程师，现从事砂岩型铀矿勘查工作

特坳陷西部的塔北凹陷,赛汉高毕铀矿床产于乌兰察布坳陷东部的准宝力格凹陷,哈达图铀矿床产于乌兰察布坳陷北东部的齐哈日格图凹陷(见图1)。

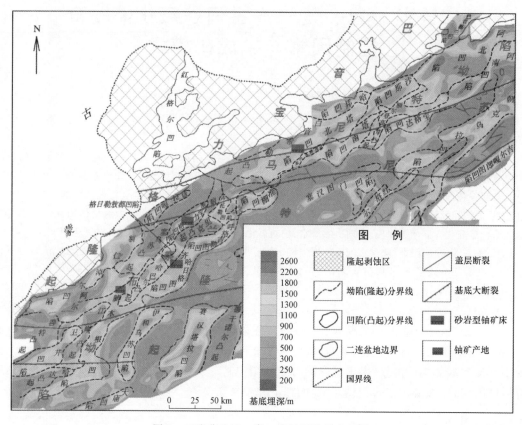

图1　二连盆地巴—赛—齐地区构造分区图

## 2.2　砂体

巴—赛—齐地区古河谷砂体大都分布于"U"型河谷内,且多表现为沿河谷中央分布的朵状砂体。砂体在平面上跨越乌兰察布坳陷与马尼特坳陷,沿脑木根—乔尔古—哈达图—赛汉高毕—古托勒—巴彦乌拉—那仁呈北东向带状展布,砂带的长度达 360 km,宽约 3~30 km,;砂体的平面分布具有分段性,发育多个北东向展布的厚度高值带,砂体最厚可达 180 m。砂体总体具有西厚东薄的特点,厚度变化大。不同地段砂体厚度变化特征见表1。

表1　二连盆地巴—赛—齐古河谷不同地段参数对比表

| 古河谷分段 | 脑木根 | 乔尔古 | 哈达图 | 赛汉高毕 | 古托勒 | 巴彦乌拉 | 那仁 |
|---|---|---|---|---|---|---|---|
| 古河谷长度/km | 40 | 40 | 100 | 80 | 40 | 120 | 50 |
| 古河谷宽度/km | 3~6 | 3~8 | 5~30 | 5~10 | 3~6 | 5~20 | 5~20 |
| 古河谷埋深/m | 350~550 | 300~780 | 360~610 | 80~150 | 150~300 | 100~350 | 100~350 |
| 砂体厚度/m | 20~120 | 20~140 | 40~180 | 10~80 | 10~100 | 20~100 | 10~100 |
| 含砂率/% | 30~80 | | | | | | 0~40 |
| 赛汉组上段地层厚度/m | 300~400 | 300~500 | 250~400 | 100~150 | 100~150 | 20~240 | 150~350 |
| 构造位置 | 脑木根凹陷 | 脑木根凹陷 | 齐哈日格图凹陷 | 呼格吉勒图凹陷 | 古托勒凹陷 | 塔北凹陷 | 塔北凹陷 |
| 展布方向 | 北东向 | 北东向 | 北北东向 | 近东西向 | 近东西向 | 北东向 | 北东向 |
| 沉积体系 | 辫状河 | 砾质辫状河 | 砾质—砂质辫状河 | 曲流河—辫状河砂质河道 | 砂质辫状河 | 砾质辫状河 | 辫状河—辫状河三角洲 |

## 2.3　氧化带

沉积盆地在构造反转抬升过程中灰色渗透性岩石中可发育多种类型的氧化带,不同地质背景条件形成的氧化带的特点往往存在较大差异。按成因,可将沉积盆地内发育的氧化带分为三种类型,即潜水氧化带、层间氧化带和潜水－层间氧化带。研究区不同地段具有不同的氧化带类型,巴彦乌拉铀矿床主要发育潜水－层间氧化带,赛汉高毕铀矿床主要发育潜水氧化带,哈达图铀矿床主要发育层间氧化带。

## 2.4　铀矿化特征

巴—赛—齐地区由南西向北东依次分布有哈达图、赛汉高毕和巴彦乌拉铀矿床。平面上,铀矿化主要分布于氧化—还原过渡带中,垂向上,矿体呈层状、板状或透镜状。矿体产于板状氧化界线的下部或者层间氧化带前锋线附近的灰色砂体中。赋矿岩性为多粒级砂岩组合体,砂岩的均质性、成分成熟度和结构成熟度均较差,矿石中多含炭化植物碎屑和黄铁矿。铀的存在形式主要有铀矿物和吸附状态铀两种,且以铀矿物中的沥青铀矿单矿物为主要存在形式,沥青铀矿主要产于裂隙中、颗粒间以及黄铁矿表面或周边。吸附态铀是铀的次要存在形式,铀呈分散吸附态分布于片絮状、似蜂巢状蒙皂石和有机质的表面。

# 3　氧化带主要控制因素分析

## 3.1　构造因素

### 3.1.1　构造对古河谷形成的控制

沉积期构造控制了含矿砂岩的形成,从而间接控制氧化带的形态、规模等。早白垩世强烈的裂陷活动在盆地内形成了一系列北东—北北东向的凸起和凹陷。其中沿乌兰察布坳陷和马尼特坳陷中央部位多个凹陷以串联形式组合,形成了一条北东向展布的狭长断陷带,在此基础上发育了赛汉组古河谷。从铀成矿的地质背景条件看,该阶段对含铀建造的形成具有关键性的作用,它实际上反映了盆地由断陷到坳陷较完整的演化过程。

### 3.1.2　有利的大地构造特征为区域性的砂岩型铀成矿提供条件

赛汉组沉积后,二连盆地整体处于缓慢抬升阶段,形成了 $K_2/E_2$ 的沉积间断(也有人称之为晚白垩世末—古新世构造反转),造成赛汉组古河谷砂体长时期暴露地表,遭受风化剥蚀,有利于河道周边含氧水的渗入并形成潜水、潜水－层间氧化带,形成矿化异常或为后期成矿提供铀的预富集。始新世及中新世地壳两度沉降,在古河谷砂体上部形成稳定的隔水层,为后期层间氧化作用发育创造条件。

### 3.1.3　构造反转对后生蚀变的控制作用

晚白垩世末—古新世的构造反转对二连盆地古河谷砂岩铀成矿作用非常重要,在研究区的不同地段构造反转作用强弱有别,导致氧化作用类型和强度不同。构造反转强烈地区含矿层被抬升至地表,部分遭受剥蚀,主要发育潜水氧化成矿作用,以赛汉高毕矿床为代表,目的层赛汉组上部整体剥蚀,古河谷砂体出露地表,含氧含铀水持续渗入,在砂体中下部形成潜水氧化型铀矿化。构造反转较强烈地区含矿层遭受差异抬升,部分暴露地表,主要形成潜水－层间氧化成矿作用,以巴彦乌拉矿床为代表,受矿床北侧北东向F1断裂反转影响,赛汉组整体向南倾斜,有利于北部含氧水下渗,发育由北西向南东的侧向氧化作用,铀矿化受侧向潜水－层间氧化作用控制。构造反转中等程度地区含矿层一端抬升至地表,另一端向凹陷内倾斜,主要形成层间氧化铀成矿作用,以哈达图矿床为例,含矿层保存完整,上部被古近系泥岩覆盖,主要发育层间氧化作用,氧化方向为沿中央主河道由南向北发育,河道内则由中央向两侧帮发育,属典型的层间氧化带控矿。

## 3.2　地层结构

含矿层赛汉组上段下部层位赛汉组下段为滨浅湖－沼泽沉积,岩性主要为厚层泥岩、炭质泥岩夹煤层,属非渗透性岩石,泥岩中富含还原介质,构成赛汉组上段稳定的隔水底板,也是目的层砂体下部稳定的地球化学还原障;赛汉组上段上部层位为古近系始新统伊尔丁曼哈组($E_2y$),为干旱条件下的河湖相沉积,其下部岩性主要为(含砂)泥岩,此外,赛汉组顶部还发育红色泥岩层,这些非渗透性岩石共同构成了赛汉组含水层良好的区域隔水顶板。因此,上述沉积环境的叠加与复合构建了宏观上的"泥-砂-泥"地层结构(见图2),为层间氧化带的形成创造良好的地层条件。

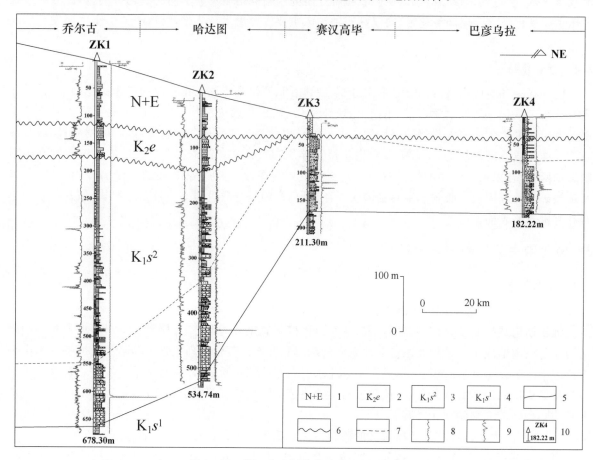

图2 巴—赛—齐古河谷各地段地层对比图

1—新近系+古近系;2—二连组;3—赛汉组上段;4—赛汉组下段;5—整合界线;6—角度不整合界线;
7—岩性界线;8—视电阻率测井曲线;9—定量伽马测井曲线;10—钻孔编号及孔深

### 3.3 砂体

#### 3.3.1 砂体规模及连通性

古河谷规模与铀成矿密切相关,河流相宽一般 $n \sim (10+n)$ km,最宽可达几十千米;长一般为 $(10+n) \sim n \times 10$ km,最长达一百多千米,砂体厚度一般为 $15 \sim 80$ m,砂体埋深以 $0 \sim 500$ m 最佳,$500 \sim 1\,000$ m 次之。巴—赛—齐古河谷长约 360 km,宽 $5 \sim 20$ km,砂体厚度 $10 \sim 180$ m,埋深一般 $100 \sim 500$ m,最深 780 m,古河谷及砂体规模适中,有利于氧化作用及砂岩型铀成矿。

古河谷砂体并非一期河道充填沉积,而是由多期河道持续垂向叠加、侧向迁移形成,沉积物也并非全部来源于顺河道搬运,侧向的物源补给在沉积物来源中占了很大的比例。这些河流相沉积,主要由河道充填沉积组成(占70%以上),砂体平面上呈带状,剖面上呈宽缓透镜状,为由以多个正韵律层叠加组成厚层的板状砂带,在平面及剖面上均具有很好的泛连通性,为含氧水的渗入及层内迳流创造了极为有利的条件。

#### 3.3.2 砂体的还原能力

古河谷砂体原生地球化学类型以灰色类为主,富含炭化植物碎屑、黄铁矿等还原介质,具备较强的还原能力;另外,后期的断裂活化可使深部层位的还原性流体、煤成气扩散、运移,并沿断裂、微裂隙上升,进入赛汉组上段砂体中发生次生还原作用,致使砂体的还原能力进一步增强。砂体的还原能力越强,地下水迳流过程中溶解氧消耗越快,溶解氧的急剧减少和消失,伴随着氧化作用强度的减弱和停止,导致氧化带的尖灭。可见,砂体还原能力过强,不利于氧化带的发育和铀的迁移;相反,太弱或无还原能力,可使砂体全部氧化,形成完全氧化带,难以形成衬度较高的地球化学障,不利于铀的沉淀。研究区砂体还原能力适中,有利于氧化带的发育。

### 3.3.3 砂体的非均质性

砂体的平面非均质性是指砂体的几何形态、规模、连续性以及砂体内孔隙度、渗透率的平面变化所引起的非均质性。一般来讲,砂体非均质性较强部位是有利成矿部位。巴—赛—齐古河谷砂体在横向和垂向上均具有较好的泛连通性,构成成矿流体快速运移的通道,也为氧化带的大规模发育提供了空间。但是,在河道内水动力条件变异部位,如河道的交汇、变窄、拐弯部位,通常也是沉积微相相变部位,砂体开始出现分岔、隔挡层增多,以及沉积物粒度变细时,含矿流体运移阻力增加,流体状态发生变化(分流和减速),会抑制氧化作用的发育。这也是铀矿化多分布于河道亚相内沉积微相变换部位的主要原因。

砂岩型铀成矿环境地球化学参数主要指含矿砂体中标志成矿环境的特征参数,包括还原容量、氧化还原能力、酸碱度、黏土含量。成矿环境特征参数是砂体非均质性的重要体现,砂体形态和成因的变异部位同样是成矿环境特征参数的变化部位,而由沉积环境相变导致的还原容量变化是形成铀矿化的重要控制因素。典型古河谷铀矿床从氧化带到氧化-还原过渡带到还原带,砂体中的还原容量、氧化还原能力、黏土含量均呈现由低—高—略低的变化规律,以氧化-还原过渡带最高;砂体中的酸碱度呈现氧化带为弱碱性,氧化—还原过渡带呈现中性—弱酸性,还原带回返弱碱性的变化规律。

## 3.4 古水动力条件

古水动力循环机制是含氧含铀水得以持续不断地卸载赋集铀的必备条件。古水动力条件与构造和砂体非均质性关系密切。研究区在赛汉期后经历了多期构造抬升,形成了有利于氧化作用发育的水动力机制。以巴彦乌拉矿床为例,赛汉组沉积后,矿床北侧 F1 断裂反转,造成赛汉组向南东侧掀斜,含氧水沿构造及裸露砂体渗入,形成了由北西向南东发育的侧向氧化作用。此外,沉积期与成矿期流体运移方向一致与否也从一定程度上影响氧化带的发育程度。哈达图矿床赛汉组上段沉积期水流方向为由南向北,后期共发育两期氧化作用,含氧含铀水主要接受南部同层地下水的补给,顺层从南向北迳流,期间未发生古水动力条件改变,至今仍然保持了由南向北迳流的水动力特征。从沉积期到氧化作用发生期,古水动力条件均保持了非常好的继承性,而这种继承性正是层间氧化带砂岩型铀矿形成的重要条件,砂体中大规模发育的氧化作用和铀矿化富集就是例证。

## 3.5 古气候条件

古气候条件对砂岩型铀矿的形成起着举足轻重的作用。二连盆地赛汉组下部沉积了一套灰色粗碎屑岩建造,而顶部则被红色泥岩层覆盖,这是赛汉晚期古气候条件由温暖潮湿逐渐向半干旱、干旱转变的体现;进入晚白垩世及之后则持续以半干旱—干旱气候为主,赛汉组砂体暴露地表部分可以充分遭受氧化淋滤,且地下水中的溶解氧在运移过程中不易损耗,可以在砂体中运移较远或到达较深部位,有利于形成大规模的氧化作用。

## 4 成矿模式

巴—赛—齐地区古河谷砂岩型铀矿床是国内最早发现的该类型铀矿床,同中亚、外蒙等典型矿床具有较明显差异。笔者通过系统研究,建立了二连盆地巴—赛—齐地区典型古河谷砂岩型铀矿床成矿模式:

(1) 巴彦乌拉矿床控矿氧化带为侧向的潜水—层间氧化带,这与赛汉组沉积后矿床北侧 F1 断裂逆冲造成河谷北部不断抬升有关,氧化作用由北、北西向南、南东不断推进,矿体在平面上呈带状,剖面上则以板状为主,其形态受潜水—层间氧化带控制(见图 3(a))。

（2）赛汉高毕矿床控矿氧化带为垂向的潜水氧化带，铀矿（化）体大多呈板状、层状，少数呈透镜状。矿体呈似水平状，受潜水氧化面控制（见图3(b)），且矿（化）体位于当地侵蚀基准面以下。

（3）哈达图矿床控矿氧化带为由南向北顺河道发育的层间氧化带，河道内沿中央向两侧帮发育，氧化作用持续时间长，矿体规模大，品位较高。铀矿体平面上呈带状，剖面上为板状、层状，局部透镜状，其形态受层间氧化前锋线控制（见图3(c)）。

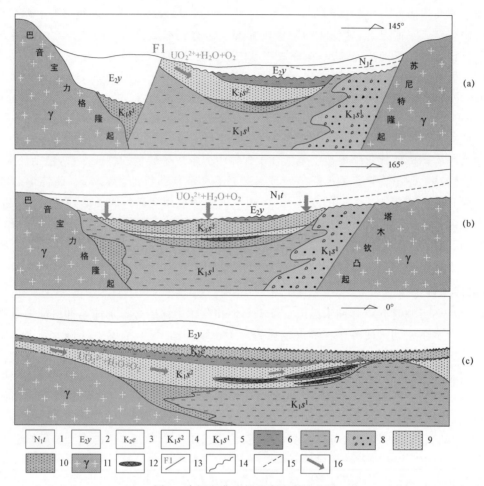

图3　古河谷典型铀矿床成矿模式图

1—通古尔组；2—伊尔丁曼哈组；3—二连组；4—赛汉组上段；5—赛汉组下段；6—红色泥岩；7—灰色泥岩；8—冲积扇砂体；

9—黄色砂岩；10—灰色砂岩；11—花岗岩；12—铀矿（化）体；13—断层；14—角度不整合界线；

15—平行不整合界线；16—含氧含铀水运移方向

## 5 结论

巴—赛—齐地区赛汉组上段古河谷氧化带发育控制因素与国内、外同类型矿床相比，有自己的特点。其主要受构造、地层结构、古河谷规模、砂体非均质性、古水动力条件、古气候条件等因素控制。沉积期构造控制了古河谷带状谷地的形成，为铀成矿提供了场所，而古河谷所处的有利的大地构造特征为区域性的砂岩型铀成矿提供条件，赛汉组上段的宏观"泥—砂—泥"地层结构，大规模古河谷带状砂体，砂体中丰富的还原介质，都为氧化带的形成提供了空间。砂体非均质性通过对含氧含铀流体运移状态的影响控制了氧化带形态和展布。这些因素相互作用，多因耦合形成了独特的古河谷砂岩型成矿作用，单个因素在此过程中并不起决定性作用，但是对于单个矿床或某一矿床的特定地段，肯定存在一到两个主控因素控制该矿床（地段）的氧化带发育和铀成矿作用。

参考文献：

[1] 申科峰,等．内蒙古中新生代主要含铀沉积盆地找矿突破技术思路及其成果扩大方向[J].中国地质,2014,41 (4):1304-1313.

[2] 焦养泉,等．中国北方古亚洲构造域中沉积型铀矿形成发育的沉积—构造背景综合分析[J].地学前缘,2015,22 (1):189-205.

[3] 聂逢君,等．内蒙古二连盆地砂岩型铀矿目的层赛汉组分段与铀矿化[J].地质通报,2015,34(10):1952-1963.

[4] 张金带,等．我国铀矿勘查的重大进展和突破——进入新世纪以来新发现和探明的铀矿床实例[J].地质出版 社,2015.2.

[5] 林效宾,等．二连盆地铀矿床放射性水文地球化学异常特征研究[J].世界核地质科学,2017(2).

[6] 刘波,等．二连盆地中东部赛汉组古河谷砂岩型铀矿床控矿成因相研究[J].地质与勘探,2016,52(6): 1037-1047.

[7] 刘波,等．二连盆地中东部含铀古河谷构造建造及典型矿床成矿模式研究[J].矿床地质,2017,36(01):126-142.

[8] 康世虎,等．二连盆地中部古河谷砂岩型铀成矿特征及潜力分析[J].铀矿地质.201 7.33(4):206-214.

[9] 鲁超,等．二连盆地马尼特坳陷西部砂岩型铀矿成矿的沉积学背景[J].铀矿地质,2013,29(6):351-356.

[10] 刘波．二连盆地巴赛齐含铀古河谷构造建造与铀成矿模式研究[D].吉林大学,2018.

# Controlling factors and uranium metallogenic model of oxidation zone in Basaiqi paleo-valley of Erlian Basin

QIN Yan-wei，DONG Xu-shu，HAO Peng

(Geolgical Brigade No. 208,Burea of Nuclear Industry,Inner Mongolia 014010,China)

**Abstract**：The Basaiqi Paleo-valley is located in the middle of the Erlian Basin and was formed during the transition stage of the basin fault in the late Early Cretaceous,is unique in tectonic setting, oxidation zone and ore body morphology of sandstone type uranium deposits. In this paper,we analyzed the controlling factors of the development of oxidation zone from the aspects of structure, stratigraphic structure, characteristics of Paleo-valley, heterogeneity of sandstone, paleohydrodynamic conditions and Paleoclimatic conditions. We took the means of observation core in field,comparative analysis of boreholes and analysis and test of environmental geochemical parameters. It was concluded that the structural inversion,connected banded paleo-valley sandstone and paleohydrodynamic conditions after the formation of ore bearing beds. Large-scale,multi-phase phreatic water and interlayer oxidation controlled by regional tectonic evolution promote the enrichment of uranium mineralization. According to the distribution of oxidation zone, its spatial relationship with the ore body, and the mineralization period,we discussed the formation of the deposit,and on this basis, summarized a preliminary metallogenic model. It is considered that the distribution of oxidation zone and the mode of oxidation in paleo-valley are complicated,different deposits arc affected by different types and directions of oxidation,and the ore body location is different.

**Key words**：Erlian Basin；Paleo-valley；Oxidation zone；Controlling factors；Metallogenic model

# 地面高精度磁法与激电中梯测量在寻找隐伏金矿中的应用

隆兆笃，王战永，张　凯

（核工业二八〇研究所，四川 广汉 618300）

**摘要：**利用地面高精度磁法和大功率激电中梯测量对坦桑尼亚某金矿区开展矿产勘查工作，获得了矿区内清晰的地磁场结构和岩石的电性特征，揭露了该区地层、岩性的空间分布特征、构造蚀变带及地下某一深度处地质体等引起的异常特征，圈定了较大规模的地面磁测异常 5 个，低阻异常带 5 条，视极化率异常 4 处，成矿有利地段 2 处。研究结果表明：综合运用高精度磁法与激电中梯测量在本地区寻找金矿具有明显的效果，为本矿区进一步开展金矿勘查提供了良好的指导作用。

**关键字：**坦桑尼亚；高精度磁法；激电中梯；隐伏金矿床

世界上最重要的铁矿床类型是条带状含铁建造（Banded Iron Fm，BIF）类型，该类型主要分布于前寒武纪，但是与 BIF 相伴生的金矿在全球也有重要地位，黄金产量约占世界总产量的 13％；坦桑尼亚是世界重要黄金产地之一，位于坦桑尼亚北部环维多利亚湖太古界绿岩带属于世界级金矿成矿带，其中条带状含铁建造型（BIF）金矿是太古界绿岩带型金矿中的主要类型。

坦桑尼亚某金矿探矿权位于坦桑尼亚北部维多利亚湖南辛阳嘎省与姆万扎省交界部位，紧邻坦桑尼亚布里扬胡鲁（Bulyanhulu）超大型金矿床，该地区成矿背景以及成矿地质条件较为优越，区内民采金行业盛行，具有较好的找矿前景，但由于区内地势较为平缓，基岩出露较少，大部分为第四系风化土覆盖，常规地质手段（化探、填图）难以达到发现金矿床的地质目的，给找矿工作带来一定难度，而磁法勘查及大功率激电则不受此影响，是解决这一问题行之有效的方法。本次在该地区采用 1：10 000 地面高精度磁法扫面测量及大功率激电中梯剖面测量工作。目的是寻找与金矿有关的构造蚀变带和金矿体引起的异常，为下一步钻探工程布置提供地球物理依据。

## 1　地质概况

研究区区域上位于坦桑尼亚克拉通北部（见图 1），环绕克拉通东、西、南三面分布着一系列带状展布的元古宙活动带，与矿区布里扬胡鲁（Bulyanhulu）金矿床同属环维多利亚湖 I 级成矿带，卡哈马（Kahama）II 级成矿带。

研究区紧邻布里扬胡鲁（Bulyanhulu）金矿床，矿区与布里扬胡鲁地质特征类似，属同一成矿亚带，区内出露地层主要为太古宙尼安萨超群（Nyanzian），主要由铁镁质火山岩、燧石、变质火山岩、变质沉积岩、条带状含铁建造组成（2.8～2.65 Ga），被一系列花岗斑岩所分割（广泛的花岗岩浆作用发生在 2.5 Ga 左右），与花岗斑岩一起构成典型的花岗斑岩—绿岩地体（绿岩带）（见图 2），浅表发育次生铁帽（铁质砖红壤）及钙质结核层。所有岩石单元经历了绿片岩相变质作用，岩层总体走向为 315°～320°，倾向北东，倾角 80°～85°。区域上出露的多条绿岩带是太古代绿岩型金矿及铂族金属矿床的主要成矿物质来源，太古代绿岩是该地区绿岩带型金矿、构造蚀变带型金矿、韧性剪切带型金矿最为重要的含矿层位及赋矿层位之一。

---

**作者简介：**隆兆笃(1983—)，男，工程师，现主要从事铀资源地球物理勘查、铀矿地质生产科研管理等工作

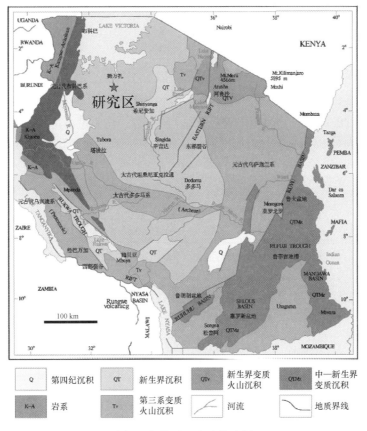

图 1　坦桑尼亚大地构造图

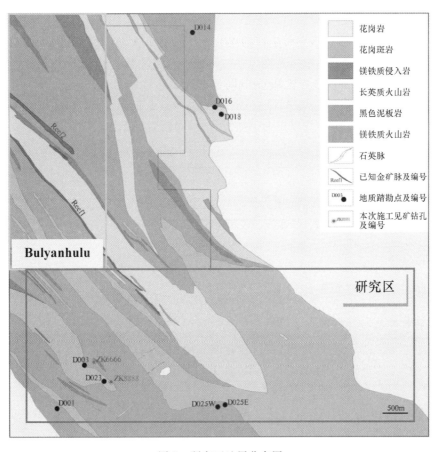

图 2　研究区地层分布图

## 2 数据采集

### 2.1 测线部署

根据矿区已知地层、构造方向及航空磁测圈定的隐伏构造方向,矿区测线方向定为北东向(230°～50°),结合工作目的、区内地形,该矿区采用正规网布置测线。地面高精度磁测测网网度100 m×20 m,面积为 28.99 km²。根据矿区已知地层、构造方向及航空磁测圈定的隐伏构造方向,矿区测线方向定为北东向(230°～50°)与高精度磁法测线方位一致。测线基本上与区内构造或地层走向垂直。

### 2.2 高精度磁法

磁法勘探是利用地壳内各种岩(矿)石间的磁性差异所引起的磁异常来寻找矿产、查明地下地质构造的一种地球物理勘探方法。

本次数据采集采用的是捷克 Satisgeo 公司生产的 PMG-2 型高精度核旋质子磁力仪,仪器精度为1 nT,分辨率为 0.1 nT。

本次高精度磁法工作中采用连续测量模式。测点位置及测线方位与大功率激电中梯剖面测量相同。连续测量的优势是在沿剖面测量过程中利用仪器的高采样率特点获得大量数据,使得整条剖面上都分布有实测的总磁场强度 $T$,进而实现全剖面无间断测量的目的,避免了在火山岩地区发生的磁异常突变现象。

### 2.3 大功率激电中梯

激发极化法是以不同岩、矿石激发极化效应的差异为基础,通过观测和研究大地激电效应,来探查地下地质情况的一种直流电法。在金属和非金属固体矿产勘查方面,尤其对不含磁性矿物,且矿石多呈浸染状结构的矿床具有良好的效果,故激发极化法成为寻找铜、铅、锌、金等有色金属矿的主要方法。

本次工作采用重庆奔腾数控研究所生产的 WDFZ-5T/10T 大功率发射机及 WDJS-3 接收机,供电时间为 8 s,断电延时为 100 ms,取样宽度为 40 μs,叠加测量次数 3～5 次。该仪器特点支持多种同步方式,软件同步方式、石英钟同步方式和 GPS 同步方式。

本次采用中间梯度装置(见图3),AB 极距定为 1 200 m,点距为 40 m,MN 极为 40 m,剖面线号以 0 开始,0 线以西为奇数线号,0 线以东为偶数线号,线间距为 200 m。

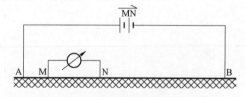

图3 大功率激电中梯装置示意图

## 3 物探异常特征及推断解释

### 3.1 岩(矿)石物性参数统计特征

强硅化玄武岩、辉绿岩为磁性较强岩石,磁化率具中磁性特征,数值相对较高花岗岩、玄武岩磁化率次之,具弱磁性;其余岩石(如长石斑岩等)具无—微磁性,一般引起的是平稳场或背景磁场(见图4)。

原生玄武岩及黄铁矿化、碳酸盐化玄武岩的电阻率呈相对高阻低极化特征。黄铁矿化、碎裂化的花岗斑岩及其余蚀变作用后的玄武岩呈相对低阻高极化特征(见图5)。

图 4 岩石磁化率统计特征图

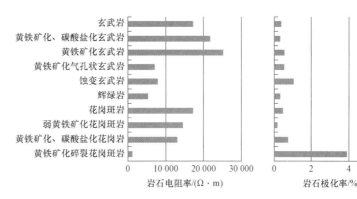

图 5 岩(矿)石电阻率、极化率统计特征图

## 3.2 高精度磁测异常特征及推断解释

研究区位于南半球(处在地埋南纬 $3°\sim4°$ 附近),并处于磁赤道以南的地磁南纬地区,地磁倾角 $I_0=-29°$。通过对所取得的磁测数据经过日变改正、正常场改正及高度改正后,进行网格化处理,绘制成 $1:10\ 000$ 地面 $\Delta T$ 磁场等值线平面图(见图 6)。由于处在以水平磁化为主的环境下,磁性体产生的 $\Delta T$ 异常主要由水平分量 $Ha$ 构成,因而负磁异常是其主导异常,磁异常总体上呈北西—南东向线性串珠状展布,呈现平行排列分布特征,基本上与区域内地层及构造的方向相一致,根据异常形态、强度等特征,结合区域、矿区地质特征及岩石物性特征,此带状磁异常推测为线性构造(剪切带或构造破碎蚀变带)所引起;矿区内其余地段 $\Delta T$ 磁场无异常变化,表现为平稳场特征,推测为无-弱磁性的绿岩带地层或岩性(长石斑岩、变质玄武岩等)的反映,具区域性构造异常特征。

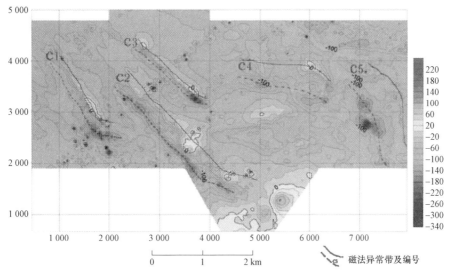

图 6 研究区地面高精度磁测 $\Delta T$ 异常图

根据磁测 $\Delta T$ 异常分布特征,可将其划分为 C1、C2、C3、C4、C5 五个磁异常带,各个异常带特征及推断分析如下:

(1) C1 磁异常带位于本次物探测区的西部,为一正负伴生异常,异常带呈北西向展布,异常带长度约 $1\ 500\ m$,宽度约 $600\ m$,正负异常浓集中心明显,$\Delta T$ 最高值为 $80\ nT$,$\Delta T$ 最低值为 $-60\ nT$,磁

异常带在异常浓集中心处反生扭转,异常带转为近东西向展布,结合矿区地质特征分析,推断该处为区域性构造蚀变带或断裂带的异常反映。

同时根据邻近矿区构造特征,该异常与 Kakola 北断裂构造带方向一致,异常北西向延伸与 Kakola 北断裂构造带重合,规模也相近,推断其为 Kakola 北断裂构造带在矿区内延伸的磁异常反映。

(2)C2 磁异常带位于本次物探测区的西部,为一正负伴生异常,正负异常浓集中心明显,负异常中心曲线未闭合,$\Delta T$ 最高值为 120 nT,$\Delta T$ 最低值为 -60 nT,异常带长度约 2 100 m,宽度约 800 m。由西向东,异常带开始呈北西向串珠状展布,随后在矿区南部边界处反生扭转,方向转为近东西向展布,结合矿区地质特征分析,推断该处为北西向构造蚀变带或断裂带的磁异常反映。

同时根据邻近矿区构造特征,该异常与布里扬胡鲁(Bulyanhulu)矿脉方向一致,异常北西向延伸与布里扬胡鲁(Bulyanhulu)矿脉重合,推断其为布里扬胡鲁(Bulyanhulu)矿脉在矿区内延伸的磁异常反映。

(3)C3 磁异常带位于本次物探测区的中部,紧临 C2 磁异常带,方向一致,同样为一正负伴生异常,正负异常浓集中心较明显,$\Delta T$ 最高值为 80 nT,$\Delta T$ 最低值为 -40 nT,该磁异常规模和大小与 C2 磁异常相比,明显较弱,且在测区南部发生东西向偏转,方向转为近东西向,结合矿区地质特征分析,推断该处为北西向构造蚀变带或断裂带的磁异常反映。

同时根据邻近矿区构造特征,该异常与金矿脉布里扬胡鲁(Bulyanhulu)Reef1(M1)方向一致,异常北西向延伸与金矿脉布里扬胡鲁(Bulyanhulu)Reef1重合,推断其为金矿脉 Reef1 在矿区内延伸的磁异常反映。

(4)C4 磁异常带位于本次物探测区的东部,为一正负伴生异常,磁异常呈近东西向串珠状展布,正负异常浓集中心较明显,$\Delta T$ 最高值为 100 nT,$\Delta T$ 最低值为 -20 nT,与 C3 磁异常带比较,C4 磁异常带长度更短、规模更小,结合矿区地质特征分析,推断该处为小型构造蚀变带或构造剪切带的磁异常反映。且断裂带中后期充填的岩石成分与 C3 异常带相同,但规模偏小,埋深较浅。

(5)C5 磁异常带位于本次物探测区的东部,为一正负伴生异常,磁异常呈近北北西向展布,负异常浓集中心明显,$\Delta T$ 最低值为 -80 nT,异常带长度较长,约为 2 400 m,负异常宽度为 700 m,结合矿区地质特征分析,推断该处为区域性隐伏花斑岗岩脉的异常反映。

地面磁测 $\Delta T$ 异常经向上解析延拓 300 m 处理后,其异常形态发生了较大变化(见图 7),随着延拓高度的增加,浅部磁异常被压制,磁异常强度变得越来越小。

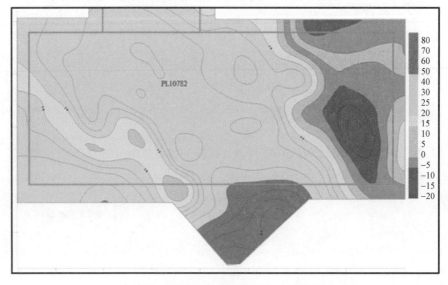

图 7 研究区地面磁测向上延拓 300 m 等值线平面图

可以看出原先圈定的 C1、C2 磁异常带显现为一个磁异常带,圈定的 C3 磁异常带消失,圈定的

C4,C5 磁异常带仍然存在,上述这些特征表明 C1、C2 磁异常带反映的构造在深部为同一个构造,构造呈 NW-SE 向展布,且延伸较大,在浅地表处则发生了分枝,C4、C5 磁异常带反映的构造(或隐伏花斑岗岩脉)在深部也延伸较大。

### 3.3 激电异常特征及解释

#### 3.3.1 视电阻率异常特征及解释

本次激电中梯测量共布置测线 14 条全部位于研究区西部。激电中梯测量数据经过室内整理,得到物探激电中梯测量视电阻率异常图(见图 8)。

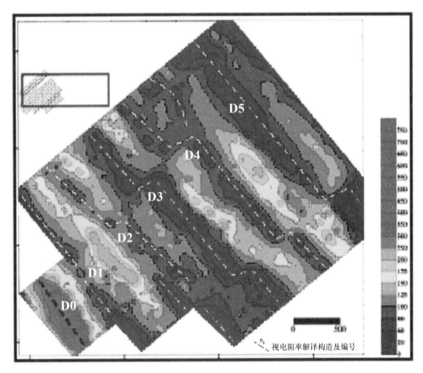

图 8 研究区激电中梯测量视电阻率异常图

测区共存在 5 条低阻异常带(D1~D5),低阻带呈北西-南东向展布,低阻带同高阻带具有平行分布特征,基本上与地面磁测推测的构造带方向一致,与区内中高阻异常带相间分布。单个低阻异常带宽度明显比高阻异常带要窄。且无一例外,每条北西向低阻异常带均具有被切错拐弯的特征。结合矿区地质特征分析,推断该组低阻异常带为区域性构造剪切带或断裂带的低阻异常特征反映,同时该异常在形态、方向和规模与磁异常基本相吻合,应为同源异常。其中,低阻带拐弯处,推测其可能为被后期北东向断裂措断所致。

#### 3.3.2 视极化率异常特征及解释

激电中梯测区内视极化率参数值整体偏低(见图 9),将视极化率 $\eta s=1\%$ 作为异常下限,圈定出了四个视极化率异常区,分别编号为:$J_1$、$J_2$、$J_3$ 和 $J_4$。四个异常中视极化率 J4 异常规模最大,$J_2$ 异常强度最强。

(1)$J_1$ 异常位于测区西部,由 $\eta s=1\%$ 等值线圈定,异常中心 $\eta s$ 最高值为 2%,整体为片状异常,与南西角民采石英脉高阻异常套合较好,推测该异常系由石英脉中硫化物引起。

(2)$J_2$ 异常位于测区南部,异常中心 $\eta s$ 最高值为 5%,整体为片状异常,未见明显异常排列走向,同时该处位于低阻异常带 D1 部位,地质活动强烈,受断裂构造的影响,视极化率整体表现为高极化特性。

(3)$J_3$ 异常位于测区南部,异常中心 $\eta s$ 最高值为 4%,异常呈等轴状,同样该处位于 C1 磁异常构造拐角处(或构造交汇部位),但异常规模较小,结合矿区地质特征、地面磁测异常特征,推测为地下隐伏断裂构造带的高极化特征反映。

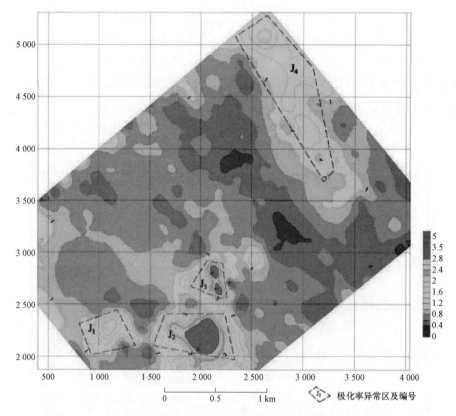

图 9  研究区激电中梯测量视极化率异常图

（4）$J_4$异常位于测区北部，异常呈条带状，走向为近北西向，长轴长度约1 900 m左右，宽度约600 m。受研究区范围影响，以$\eta s=1‰$为异常下线的等值圈在研究区北部未闭合，该极化异常J4与地面磁测C3异常和低阻D5异常套合较好，该异常表现出相对"低阻高极化"特征，结合矿区地质特征、地面磁测异常特征，推测该异常系由隐伏断裂构造引起。

### 3.4  综合异常特征及解释

本次研究区内运用了综合物探手段，地面高精度磁测和大功率激电中梯，将两种方法的成果展绘于一张图上（见图10），根据异常套合、交集情况，进行综合分析解释。

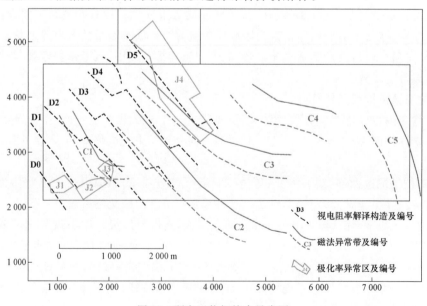

图 10  研究区物探综合异常图

从综合异常图上,可以看出,综合物探异常套合比较好的位置有两处:

(1)南西部综合异常区由地面磁测 $\Delta T$ 异常 C1,$\rho s$ 低阻异常 D2 组成,高极化率 $\eta s$ 异常 J3,异常套合性好,结合矿区地质特征分析,推断为北西向隐伏断裂构造带的异常反映,且与布里扬胡鲁(Bulyanhulu)矿脉方向一致,异常北西向延伸与布里扬胡鲁(Bulyanhulu)矿脉重合,推断其为布里扬胡鲁(Bulyanhulu)矿脉在矿区内延伸的磁异常反映,同样为找矿有利地段。

(2)北部综合异常区由地面 $\Delta T$ 异常 C3、$\rho s$ 低阻异常 D5 和高极化率 $\eta s$ 异常 J4 组成,该异常规模较大,形态特征明显,总体表现为"低阻高极化"特征,结合矿区地质特征分析,推断为近北西向隐伏断裂构造带的异常反映,且异常走向与相邻矿区布里扬胡鲁(Bulyanhulu)Reef1 金矿脉重合,该处综合异常区域为找矿有利地段。

## 4 钻探工程验证

根据物探圈定综合异常区,在研究区南西部综合异常区中施工了两个地质钻孔 ZK6666 及 ZK8888(见图 2),并揭露到工业金矿体,其中将 ZK6666 与前人施工的 BURC0227 钻孔进行了对比研究(见图 11)。

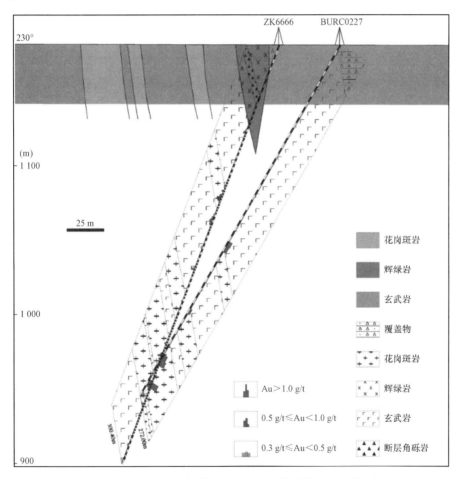

图 11 本次 ZK6666 与前人 BURC0227 钻孔综合对比剖面图

通过对比发现,前人与本次施工钻孔所揭露的地层岩性、见矿层位及埋深高度吻合,金矿化主要产于构造蚀变带内花岗斑岩,以及花岗斑岩与绿岩接触带附近。矿石构造较为复杂,主要有脉状构造、细脉状构造、网脉状构造、浸染状构造、块状构造、气孔状构造、片状构造、斑点状构造、星点状构造、薄膜状构造等。其中,石英—硫化物脉矿石主要为块状构造,见细-中粒含砷黄铁矿、黄铁矿呈块状集合体出现;蚀变岩型矿石多呈细脉状、微细网脉状、细脉浸染状、气孔状构造,石英、碳酸盐、金属硫化物等与成矿相关的矿物多沿微细裂隙或气孔充填形成上述构造。

## 5 结论

（1）地面高精度磁法测量能客观地反映本区地层或岩性的空间分布特征、断裂构造特征或构造破碎蚀变带等引起的异常特征,推测的北西向构造,将成为下一步寻找构造蚀变岩型金矿的目标和方向。

（2）激电中梯测量工作反映了地下某一深度处地质体的地电阻率分布特征,其中低阻和高阻异常呈近北西向平行分布,与磁异常长轴方向一致,同时位置相近,形态相似、规模相当,应当为同源异常,即为同一构造断裂带或地质体引起。

（3）本次采用的综合物探方法圈定有利成矿地段2处,其中南西部物探综合异常区得到了钻探验证。认为这两种方法为本矿区开展金矿勘查提供了良好的指导作用,方法可行有效。

**参考文献:**

[1] 程华,李水平,等.坦桑尼亚 Meheiga 金矿区航空、地面磁力异常特征与找矿研究[J].2015,23(4):24-28.

[2] 李水平,王建光,等.坦桑尼亚 Meheiga 金矿地球物理特征与找矿标志,地球物理学进展[J].2014,29(5):2395-2400.

[3] 曹杰,李水平,等.坦桑尼亚恩泽加地区辉长岩地球物理特征及构造意义[J].物探与化探,2018,42(05):93-98.

[4] 龚鹏辉,刘晓阳,等.坦桑尼亚盖塔(Geita)绿岩带型金矿矿床地质特征[J].地质找矿论丛,2015,v.30(S1):99-103.

[5] 高小光,张勇.低纬度地区磁法勘探工作体会[J].资源环境与工程,2011,25(003):269-271.

[6] 杜汉卿,刘占途,等.高精度磁法在苏丹红海州佛地宛铁矿找矿中的应用[J].地质找矿论丛,2011,26(3):322-327.

[7] 郄卫东.激发极化法在忻州某地金矿普查中的应用[J].华北国土资源,2012(5):55-59.

[8] 李水平,白德胜,等.坦桑尼亚某金矿的磁力、激电异常特征,物探与化探[J].2012,36(5):736-739.

# Application of high precision magnetic method and IP intermediate gradient in prospecting the concealed gold deposit

LONG Zhao-du, WANG Zhan-yong, ZHANG Kai

(No. 280 Research Institute, SiChuan 61830, China)

**Abstract:** By applying high precision magnetic method and IP intermediate gradient to prospecting a concealed gold deposit at a certain survey area in Tanzania, it obtained the clear magnetic field structure and the electrical characteristics of the rock, reveal the spatial distribution and the abnormal characteristics of the strata, lithology, tructural fractures, altered zones and geological bodies at a certain depth, delineate 5 large-scale terrestrial magnetic anomalies, 5 zones of low resistivity anomaly, 4 anomalies of apparent polarization and 2 favorable sites for mineralization. The result show that the comprehensive application of high precision magnetic method and IP ladder measurement has obvious effect on gold prospecting in this area and provides a good guidance for further exploration of gold deposits in this area.

**Key words:** Tanzania; High precision magnetic method; IPintermediategradient; Concealed gold deposit

# 苏台庙地区直罗组下段上亚段铀储层非均质性特征与铀成矿关系研究

秦培鹿[1]，苗爱生[2]

(1. 核工业二〇八大队，内蒙古 包头 0140101；2. 核工业二〇八大队，内蒙古 包头 014010)

**摘要**：苏台庙地区直罗组下段上亚段为其主要含矿层，本文通过对苏台庙地区含矿钻孔的直罗组下段上亚段砂体及隔挡层的数据统计，分别从平面及垂向两方面入手，对这一地区直罗组下段上亚段铀储层的非均质性特征进行研究，寻找其与铀成矿的关系。研究发现，铀矿体通常位于砂体由厚变薄的部位，且多是砂体分叉处，也就是河道边缘的相变地带；研究区成矿砂体最佳厚度为 30～50 m，最佳含砂率为 50%～70%；在铀成矿过程中，隔挡层是必不可少的条件。而满足铀成矿的泥岩隔挡层累计厚度最佳为 20～50 m，泥岩格挡层数最佳为 4～5 层；成矿砂体最佳粒度为中砂岩，其次为粗砂岩与中细砂岩。

**关键字**：苏台庙地区；直罗组下段上亚段；砂体；含砂率；泥岩隔挡层

鄂尔多斯盆地北部东胜地区砂岩型铀矿资源量丰富，苏台庙地区位于鄂尔多斯盆地北部，紧邻巴音青格利铀矿床，具有找矿潜力，直罗组下段上亚段($J_2z^{1-2}$)为其主要含矿层，本文通过对苏台庙地区 75 个钻孔的砂体数据进行统计，研究铀储层的非均质性特征，并寻找其与铀成矿的关系，确定铀成矿有利部位及有利条件，为区内下一步勘查提供可参考的依据。

## 1　研究区地质概况

研究区处于鄂尔多斯中新生代盆地北部的伊盟隆起带上。伊盟隆起北邻河套断陷，南接伊陕斜坡。印支运动造就了盆地由西向东、由北向南倾斜的大型斜坡带—伊陕斜坡，并在此基础上沉积了延安组、直罗组，特别是直罗组稳定展布的河流相砂带，为后期铀成矿提供了良好的储层空间。燕山运动造成盆地多次抬升并总体向西掀斜，同时西缘逆冲带褶皱成山，成为盆地西缘新的物源与铀源区，而在盆地北部河套古隆起依然起着主导作用，提供长期稳定的含氧含铀水的补给，是盆地北部铀成矿物质的重要来源。

东胜地区铀矿主要产自中侏罗统直罗组下段($J_2z^1$)。这一地区控矿因素包括河道砂体、构造运动、油气、有机质以及地下水流方向等，矿化类型为层间氧化带砂岩型，主要矿体多位于古层间氧化带前锋线（灰色砂岩与灰绿色砂岩过渡部位）附近[1]。

## 2　研究区地层划分

在苏台庙地区，目的层识别出四个主要的岩相转换面，即直罗组上段/白垩系、直罗组上段/直罗组下段，直罗组下段下亚段/上亚段（见图 1）。

（1）直罗组上段与下白垩($J_2z^2/K_1$)

直罗组顶部为一套紫红色粉砂岩，粉砂质泥岩，与上覆下白垩统紫红色砾岩层区别明显，两者呈不整合接触，下白垩统底部通常表现为冲刷面。

（2）直罗组下段/直罗组上段($J_2z^1/J_2z^2$)

直罗组下段以粗碎屑岩为主，岩性以灰色、灰绿色粗砂岩和中砂岩为主，局部夹粉砂岩、泥岩和煤线；直罗组上段为细碎屑岩段，其主要发育灰绿色、砖红色、棕红色泥岩、粉砂岩、细砂岩等。直罗组上

---

**作者简介**：秦培鹿(1993—)，男，工程师，学士，现主要从事铀矿地质勘查工作

图 1　研究区地层分界图

段为一套湖泊相沉积,初始湖泛面可以标定为直罗组上段和下段的界线,界线位于富砂低位域的顶界即富砂与富泥的突变处,研究区的泥岩表现为向上厚度加大的退积式准层序叠加样式,在此界面上下的沉积物在岩性、粒度、颜色、古生物组合上都会发生变化。这预示着该时期存在较大规模的湖泊扩张事件。

(3)直罗组下段下亚段/直罗组下段上亚段($J_2z^{1-1}/J_2z^{1-2}$)

直罗组下段下亚段和上亚段岩性上均以砂泥互层为主,沉积旋回以正韵律为主,但是下亚段砂体粒度普遍偏粗,其中在下亚段顶部发育薄层的灰绿色泥岩、粉砂质泥岩等细粒沉积物,在泥岩层中局部发育薄煤线。该泥岩层是识别直罗组下段下亚段与上亚段的重要标志层。

(4)延安组/直罗组下段下亚段($J_2y/J_2z^{1-1}$)

直罗组和延安组之间存在着不整合,直罗组下段下亚段底部为区域展布的厚层状砂体,岩性主要为浅灰色粗砂岩、中细砂岩和含砾粗砂岩,并且普遍可见相对较多的黄铁矿和镜煤碎屑;延安组的顶部发育一套深灰色炭质泥岩(见星点状黄铁矿)、粉砂岩、煤层等细粒沉积物,是重要的标志层。

## 3 非均质性与铀成矿关系研究

储层非均质性最早是由石油地质学家提出的,是指油气储层各种属性在三维空间上分布的不均匀性,其目的在于揭示由于砂体非均质性而导致的油气勘探开发的复杂性。这一概念同样适用于砂岩型铀矿储层的研究[2]。

### 3.1 平面非均质性与铀成矿关系

铀储层平面非均质性主要通过砂体在平面上的展布来体现,其是砂体走向改变和横向相变的结果。研究区位于大营铀矿北西部,为巴音青格利铀矿产地的西延部分,其直罗组下段沉积特征与巴音青格利铀矿产地西部相同。直罗组下段下亚段和上亚段的沉积特征有明显差异,下亚段砂体厚度变化大,主要表现为辫状河三角洲沉积体系;上亚段砂体以层状为主,但侧向迁移明显,河道间细粒沉积物广泛发育,表现为曲流河沉积体系向(曲流河)三角洲沉积体系的过渡。研究区目的层为直罗组下段上亚段,上亚段砂体具有发育稳定、成岩固结程度低、孔隙性较好等特征,构成研究区主要的储矿空间。

根据前面所述的地层划分原则对该地层进行划分,统计了 75 口钻孔的砂体数据及计算结果,作出砂体厚度等值线图。从图 2 中可以看出,直罗组下段上亚段砂体厚度高值区发育稳定,低值区(<30 m)呈孤岛分布。直罗组下段上亚段砂体厚度多在 20~50 m 之间,整体呈北东南西向展布,多处分叉呈"人"字形,砂体厚度为 40~60 m;砂体厚度低值区(<30 m)位于南北两侧,呈带状展布。

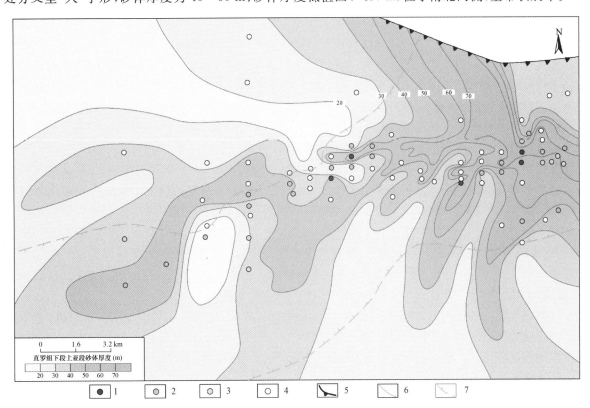

图 2 苏台庙地区直罗组下段上亚段砂体厚度等值线图

1—工业矿孔;2—矿化孔;3—异常孔;4—无矿孔;5—直罗组剥蚀边界;6—砂体厚度等值线;7—古层间氧化带前锋线

东胜地区层间氧化带砂岩型铀矿的成矿主要受古层间氧化带前锋线控制,而古层间氧化带前锋线则与砂体厚度及形态有着一定的联系。规模大且厚度大的砂体具有很好的连通性和渗透性,有利于含铀地下水的渗流,形成层间氧化带。砂体由厚变薄的地区,由于沉积环境的改变,砂含量逐渐减少,泥质沉积物逐渐增多,这就阻碍了含铀地下水的渗流,使其开始减速,且沉积物中所含还原性物质的增加又为形成古层间氧化带前锋提供了良好的地球化学条件,为铀的沉淀富集奠定了基础。因此,砂体非均质性对铀成矿起着一定的控制作用。

图 2 可以看出,铀矿体都是位于砂体由厚变薄的部位,且多是砂体的分岔处,也就是河道边缘的相变地带。因此,沉积环境也是铀成矿的制约因素之一。

经过对研究区含矿钻孔的直罗组下段上亚段砂体厚度与含砂率进行了统计,研究区砂体厚度为 30～50 m 时,铀成矿的几率最大,尤其是砂体厚度为 40～50 m 时,出现工业孔的几率达到最高;含砂率为 50%～70% 时,铀成矿几率较高,含砂率 60%～70% 时,出现工业孔的几率达到最高(见表 1 和表 2)。

表 1　含矿钻孔直罗组下段上亚段砂体厚度与钻孔数量统计

| 砂体厚度/m | 10～20 | 20～30 | 30～40 | 40～50 | 50～60 |
|---|---|---|---|---|---|
| 统计钻孔个数 | 2 | 2 | 6 | 5 | 2 |
| 所占百分比/% | 11.76 | 11.76 | 35.29 | 29.41 | 11.76 |

表 2　含矿钻孔直罗组下段上亚段含砂率与钻孔数量统计

| 含砂率/% | 30～40 | 40～50 | 50～60 | 60～70 | 70～80 |
|---|---|---|---|---|---|
| 统计钻孔个数 | 2 | 3 | 5 | 6 | 1 |
| 所占百分比/% | 11.76 | 17.65 | 29.41 | 35.29 | 5.88 |

### 3.2　垂向非均质性与铀成矿关系

铀储层的垂向非均质性主要是通过砂体中的隔挡层及沉积物粒度的变化体现的[3]。隔挡层主要是对流体渗流起着隔挡作用的低渗透层,如泥岩、粉砂岩、钙质胶结的砂岩等,隔挡层可以使砂体被分为多个流体流动单元[4]。隔挡层在铀成矿过程中起着至关重要的作用,如果隔挡层厚度太大,影响了地下水在砂体中的渗流,则不易形成古层间氧化带的前锋线,无法使铀沉淀富集;如果隔挡层太薄,则容易使沉淀富集的铀再次被流经的地下水氧化带走,不利于铀的富集成矿。因此,隔挡层与铀成矿关系的研究对铀矿的空间定位预测起着必不可少的作用。

苏台庙地区直罗组下段上亚段砂体垂向上发育多个旋回,与巴音青格利地区相比,砂体中的隔挡层明显增多,厚度明显变大,但钙质隔挡层较少,因此对砂体非均质性的研究主要集中在对泥岩隔挡层特征的研究上。根据对直罗组下段上亚段泥岩隔挡层的统计,直罗组下段上亚段泥岩隔挡层累计厚度在 11.00～62.55 m 之间,普遍为 20～40 m 之间,平均值 32.66 m。根据泥岩隔挡层累计厚度等值线图(见图 3),上亚段泥岩隔挡层累计厚度呈现出北高南低的总体趋势,北部高值区泥岩隔挡层累计厚度普遍大于 30 m,呈近东西向面状展布,面积较大。南部高值区一般呈透镜状状产出,面积较小,厚度最大达到 62.55 m。

从隔层厚度与砂体厚度关系图(见图 4 和图 5)中可以看出,通过对隔层厚度与砂体厚度、含砂率关系的研究,发现含砂率、砂体厚度与隔层厚度都具有负相关性,即:随着隔层厚度的增加,砂体厚度、含砂率均逐渐降低。这也侧面反映了沉积环境与隔层的关系,即:随着隔层厚度的增加,沉积环境逐渐由河道中心向河道边缘或分流间湾转变。

本次研究通过对含矿钻孔直罗组下段上亚段泥岩隔挡层的统计(见表 3 和表 4),研究区泥岩隔挡层层数为 4～5 层时,铀成矿几率高,尤其 5 层时出现工业孔的几率高。泥岩隔挡层累计厚度为 20～50 m 时,成矿几率高,尤其厚度为 30～40 m 时,出现工业孔的几率最高。

表 3　含矿钻孔直罗组下段上亚段泥岩隔挡层数与钻孔数量统计

| 泥岩隔挡层数 | 2 | 3 | 4 | 5 | 6 | 7 |
|---|---|---|---|---|---|---|
| 统计钻孔个数 | 3 | 2 | 5 | 5 | 1 | 1 |
| 所占百分比/% | 17.65 | 11.76 | 29.41 | 29.41 | 5.88 | 5.88 |

表4 含矿钻孔直罗组下段上亚段泥岩隔挡层数累计厚度与钻孔数量统计

| 泥岩隔挡层数累计厚度/m | 10~20 | 20~30 | 30~40 | 40~50 |
|---|---|---|---|---|
| 统计钻孔个数 | 2 | 4 | 7 | 4 |
| 所占百分比/% | 11.76 | 23.53 | 41.18 | 23.53 |

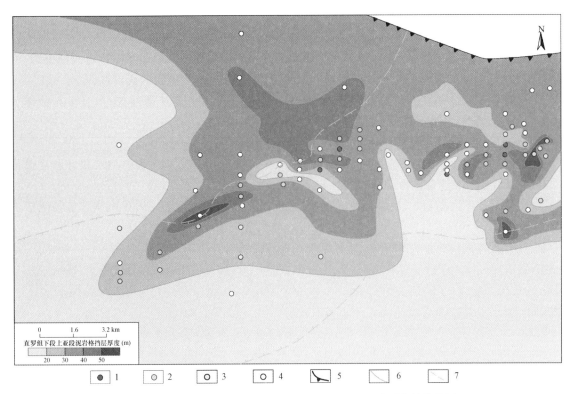

图3 苏台庙地区直罗组下段上亚段泥岩隔挡层累计厚度等值线图

1—工业矿孔;2—矿化孔;3—异常孔;4—无矿孔;5—直罗组剥蚀边界;

6—泥岩格挡层厚度等值线;7—古层间氧化带前锋线

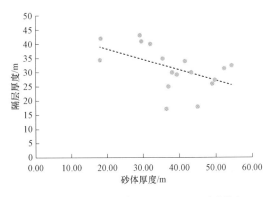

图4 苏台庙地区直罗组下段上亚段隔层
厚度与关系图

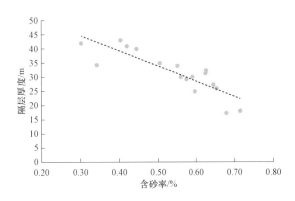

图5 苏台庙地区直罗组下段上亚段隔层厚度与
含砂率砂体厚度关系图

而通过对研究区含矿钻孔矿段粒度数据的统计发现,含矿岩性主要为中砂岩,占41.94%,其次为粗砂岩,占29.39%,中细砂岩占15.77%。这说明了成矿最好的是中砂岩,其次是粗砂岩与中细砂岩(见表5)。

表 5　含矿钻孔直罗组下段上亚段矿段粒级与矿段累计厚度统计

| 粒级 | 细 | 中细 | 中 | 中粗 | 粗 |
|---|---|---|---|---|---|
| 矿段统计累计厚度/m | 0.7 | 4.4 | 11.7 | 2.9 | 8.2 |
| 所占百分比/% | 2.51 | 15.77 | 41.94 | 10.39 | 29.39 |

## 4　结论

通过对地区直罗组下段上亚段($J_2z^{1-2}$)含矿钻孔泥岩格挡层数据及砂体数据进行归纳整理,从平面及垂向两方面对铀储层非均质性及其与铀成矿的关系进行研究,获得如下认识:

(1)铀成矿受砂体厚度及形态的制约,铀矿体通常位于砂体由厚变薄的部位,且多是砂体分叉处,也就是河道边缘的相变地带。

(2)研究区成矿砂体最佳厚度为30～50 m,最佳含砂率为50%～70%。

(3)在铀成矿过程中,隔挡层是必不可少的条件。而满足铀成矿的泥岩隔挡层累计厚度最佳为20～50 m,泥岩格挡层数最佳为4～5层。

(4)随着隔层厚度的增加,砂体厚度、含砂率均逐渐降低。这也侧面反映了沉积环境与隔层的关系,随着隔层厚度的增加,沉积环境逐渐由河道中心向河道边缘或分流间湾转变。

(5)成矿砂体最佳粒度为中砂岩,其次为粗砂岩与中细砂岩。

参考文献:

[1]　韩效忠,张字龙,姚春玲,等.鄂尔多斯盆地东北部砂岩型铀矿成矿模式研究[J].矿床地质,2008,27(3):415-422.

[2]　焦养泉,陈安平,杨琴,等.砂体非均质性是铀成矿的关键因素之——鄂尔多斯盆地东北部铀成矿规律探讨[J].铀矿地质,2005,21(1):8-14.

[3]　焦养泉,李思田.碎屑岩储层物性非均质性的层次结构[J].石油与天然气地质,1998,19(2):89-92.

[4]　焦养泉,吴立群,杨生科,等.铀储层沉积学——砂岩型铀矿勘查与开发的基础[M].北京:地质出版社,2006.

# The relationship between the heterogeneity of uranium reservoirs in the lower and upper submember of Zhiluo Formation and uranium mineralization in Sutaimiao area

QIN Pci-lu[1], MIAO Ai-sheng[2]

(1. CNNC Geological Party NO. 208, BaoTou, Inner Mongolia, China;

2. CNNC Geological Party NO. 208, BaoTou, Inner Mongolia, China)

**Abstract:** Sutaimiao area, group under straight section on the section for the main ore-bearing bed, this article through to Sue a temple see mine drilling straight ROM group of the segment and the period of sand body and the data of the spacer layer, respectively from the two aspects of plane and vertical, straight in this region, group under section in the period of uranium reservoir heterogeneity characteristics are studied, to find its relationship with uranium mineralization. It is found that uranium ore bodies are usually located at the thickening and thinning part of sand bodies, and they are mostly at the bifurcation part of sand bodies, which is the phase transition zone at the channel edge. The optimum thickness of ore-forming body in the study area is $30 \sim 50$ m, and the optimum sand content is $50\% \sim 70\%$. In the uranium mineralization process, the barrier layer is an essential condition. The best accumulative thickness of mudstone baffle that meets uranium mineralization is $20 \sim 50$ m, and the best number of mudstone baffle is $4 \sim 5$. The optimal granularity of ore-forming sand body is medium sandstone, followed by coarse sandstone and medium fine sandstone.

**Key words**: Sutaimiao area; The lower and upper subsegment of the Zhiluo formation; Sand body; Sand ratio; Mudstone barrier.

# 鄂尔多斯盆地北部伊和乌素地区沉积特征

刘　璐，戴明建

（核工业二〇八大队，内蒙古 包头 014010）

**摘要：**鄂尔多斯盆地北部下白垩统作为重要的铀矿找矿层位，通过本次综合研究，以区域地层发育特征为基础，厘定了伊和乌素地区下白垩统层位划分标志。本次研究共识别出 5 种岩相类型：块状层理砂砾岩相(Gm)；槽状交错层理中粗砂岩相(St)；流水沙纹细砂岩粉砂岩相(Sr)；纹层状或块状粉砂岩、泥岩相(Fsc)；生物扰动泥岩相(Fcf)。在不同的层位发育不同的岩相组合，下部洛河组岩相组合为块状层理砂砾岩相(Gm)＋槽状交错层理中粗砂岩相(St)＋流水沙纹细砂岩粉砂岩相(Sr)；中部环河组岩相组合主要以槽状交错层理中粗砂岩相(St)＋块状层理砂砾岩相(Gm)为主；上部罗汉洞组岩相组合主要以槽状交错层理中粗砂岩相(St)和块状层理砂砾岩相(Gm)为主。并在本次研究区内下白垩统中识别出三种沉积相类型：辫状河/冲积扇、砂质辫状河及曲流河。其中罗汉洞组主要发育辫状河/冲积扇，环河组发育砂质辫状河，钻孔所钻遇的洛河组上部可识别出曲流河沉积。并识别了下白垩统各层位测井曲线特征、沉积物特征等。

**关键字：**鄂尔多斯盆地北部；下白垩统；层位划分；岩相

　　鄂尔多斯盆地是我国主要的产铀盆地之一，学者针对盆地内主要产铀层位—中侏罗统直罗组($J_2z$)开展了大量的铀矿地质工作和科研工作，积累了丰富的成果和经验，为鄂尔多斯盆地铀矿找矿工作打下了坚实的基础。近年来，鄂尔多斯盆地下白垩统，包括洛河组($K_1l$)、环河组($K_1h$)、罗汉洞组($K_1lh$)和泾川组($K_1j$)，成为新的找矿层位，拓展了鄂尔多斯盆地铀矿找矿的空间并扩大了找矿潜力，因此，及时相应的开展针对下白垩统的基础地质研究显得至关重要。精确划分和识别岩相、沉积相、沉积微相，是含铀盆地分析的一个重要研究内容，是产铀盆地评价和预测的一个重要基础。并且鄂尔多盆地北部下白垩统层位划分依据不统一、不明确，因此本次研究基于鄂尔多斯盆地北部伊和乌素地区铀矿钻孔岩心、测井曲线等资料，结合野外地质工作，研究钻孔中沉积特征，并选取部分钻孔作为精细研究的对象，结合测井曲线特征，识别岩相、沉积相特征、沉积物特征，并研究沉积序列及岩相组合特征等，初步厘定下白垩统层位划分标志，为下一步鄂尔多斯盆地北部地层的精细研究提供基础依据，并为鄂尔多斯盆地北部下白垩统区域上沉积演化过程研究及预测铀成矿有利区域提供更为充分的理论依据和基础支撑。

## 1　区域地质背景

　　鄂尔多斯盆地位于华北陆块西部，北邻内蒙—大兴安岭褶皱带，南接秦岭—祁连山褶皱带，东与山西地块相接，西与阿拉善地块毗邻，是一个在古生代地台基础上发展起来的具双重基底结构的不对称状叠合盆地[1-4]。主要二级构造单元有天环拗陷（向斜）、陕北斜坡、伊盟隆起。研究区位于鄂尔多斯盆地西北部，构造位置上为天环坳陷与伊盟隆起的交界过渡位置，断裂构造发育。

　　盆地出露地层较全，从老到新，除缺失志留系、泥盆系外均有出露。鄂尔多斯盆地西北部下白垩统从洛河组到泾川组均为连续沉积，并构成了两大沉积旋回[5]（见表 1）。

　　研究区鄂尔多斯盆地北部伊和乌素地区下白垩统地层发育良好，沉积厚度大，砂体发育。下白垩统地层厚度整体大于 600 m，中心位置可达到 1 000 m，局部大于 1 000 m，目的层砂体主要以中粗砂岩为主，平均厚度 200～600 m。

---

**作者简介：**刘璐(1987—)，女，高级工程师，主要从事铀矿地质工作

表 1   鄂尔多斯盆地北部下白垩统地层表

| 统 | 组 | 代号 | 厚度/m | 岩性特征 | 沉积旋回 |
|---|---|---|---|---|---|
| 下白垩统 | 泾川组 | $K_1j$ | 115～360 | 灰绿、砖红色泥岩夹细砂岩、泥灰岩、化石较丰富 | 上部旋回 |
| | 罗汉洞组 | $K_1lh$ | 100～337 | 桔红、紫红、灰紫色细砂岩,具小型斜层理,下部为红色砾岩。含介形类、鳄类化石 | |
| | 环河组 | $K_1h$ | 400～932 | 灰绿、兰灰色砂岩具中小型斜层理,上部砂岩以橙红色为主,产大量脊椎动物化石 | 下部旋回 |
| | 洛河组 | $K_1l$ | 100～290 | 红色砂岩,具大型斜层理 | |

## 2   伊和乌素地区沉积特征及层位划分

本次研究铀矿钻孔均位于鄂尔多斯盆地西北部伊和乌素地区,从该地区施工钻孔情况看,该地区下白垩统地层残留厚度 600～850 m,上部泾川组剥蚀严重或剥蚀殆尽,下伏地层为侏罗系地层,为角度不整合接触。钻孔内下白垩统沉积物为陆相(陆源)沉积物,主要由砾岩、砂岩、泥岩组成,沉积物分选性较好,沉积物颜色以绿色、灰色、褐色及黄色为主。研究区钻孔取芯较完整,钻孔钻遇下白垩统地层自下而上为下白垩统洛河组($K_1l$)、环河组($K_1h$)、罗汉洞组($K_1lh$),泾川组已被剥蚀。

### 2.1   沉积物岩性特征

通过对孔内岩石粒度分析,岩性及粒度整体上呈一定的规律。下白垩统沉积物为典型的陆缘碎屑沉积物,以冲积扇、河流相的砾岩和巨厚砂岩为特点,砂岩的主要类型为长石石英砂岩、石英砂岩。垂直剖面上总体都具有"粗细分化"的特点,具有较大的砂岩/泥岩比值,上部的局部可见湖相细碎屑沉积。地层岩性剖面中沉积物的颜色以绿色及褐红色为主,有机质及古生物化石含量较少。

研究区环河组沉积物主要以砂砾岩为主,且含量高,泥岩含量较少。其中钻孔揭遇中部环河组下段和上段具有明显的岩石粒度分异,表现为下粗上细的特点。同时,根据不同钻孔粒度分异数据统计,其中下段粗砂岩比例为 44.61%,上段粗砂岩比例为 14.84%。泥岩百分含量下段为 5.96%,上段为 3.34%。砂岩百分含量下段为 94.04%,上段为 96.66%(见表 2)。

表 2   研究区环河组岩性特征统计表

| 层位 | 厚度/m | 粗砂岩厚度/m | 粗砂岩百分比/% | 泥岩厚度/m | 泥岩百分比/% | 砂岩百分比/% |
|---|---|---|---|---|---|---|
| 上段 | 391.9 | 58.15 | 14.84 | 13.10 | 3.34 | 96.66 |
| 下段 | 238.95 | 106.60 | 44.61 | 14.23 | 5.96 | 94.04 |

### 2.2   测井曲线特征

通过分析三侧向测井曲线特征,该地区测井曲线齿化程度较大,说明沉积物分选性较差或者砂岩中含有较多的砾石,这与岩心中含砾中、粗砂岩较多相符合。以 2019-5 孔为例,测井曲线整体上根据齿化程度及最大值和最小值变化区间,自下而上可明显区分三段,结合钻孔岩心编录情况,推测其可一一对应下白垩统洛河组($K_1l$)、环河组($K_1h$)、罗汉洞组($K_1lh$)。研究区整体上可见如下规律:下段测井曲线变化区间最大,齿化程度大,形态以复合钟型-漏斗形为主;中段测井曲线齿化程度大,曲线形态主要以箱型和复合钟型为主;上段齿化程度减弱,曲线形态主要以箱型和钟型为主,最小值和最大值区间相对较小。

## 2.3 岩相特征及沉积相特征

### 2.3.1 岩相特征

通过进行钻孔岩心观察,结合区域地层剖面分析,鄂尔多斯盆地西北部伊和乌素地区下白垩统主要识别出5种岩相类型:块状层理砂砾岩相(Gm);槽状交错层理中粗砂岩相(St);流水沙纹细砂岩粉砂岩相(Sr);纹层状或块状粉砂岩、泥岩相(Fsc);生物扰动泥岩相(Fcf)。

块状层理砂砾岩相(Gm)特征为沉积物以中、粗砂岩和砾岩为主,交错层理不发育或不明显,为辫状河河道沉积或曲流河河道或边滩沉积的产物。槽状交错层理中粗砂岩相(St)以发育槽状交错层理为特征,为辫状河心滩沉积或曲流河河道沉积的产物。流水沙纹细砂岩粉砂岩相(Sr)为泛滥平原沉积的细粒沉积物或为辫状河边滩沉积。纹层状或块状粉砂岩、泥岩相(Fsc)和生物扰动泥岩相(Fcf)为漫滩沼泽沉积的泥岩或者粉砂岩(见表3)。

表3　研究区下白垩统岩相特征表

| 岩相代码 | 岩相 | 成因推测 |
| --- | --- | --- |
| Gm | 块状层理砂砾岩相 | 辫状河河道沉积或曲流河河道或边滩沉积 |
| St | 槽状交错层理中粗砂岩 | 辫状河心滩沉积或曲流河河道沉积 |
| Sr | 流水沙纹细砂岩粉砂岩相 | 泛滥平原沉积(或辫状河边滩沉积) |
| Fsc | 纹层状或块状粉砂岩、泥岩相 | 漫滩沼泽沉积 |
| Fcf | 生物扰动泥岩相 | 漫滩沼泽沉积 |

### 2.3.2 岩相组合特征及沉积相识别

根据铀矿钻孔内沉积物特征、岩性岩相及其组合特征、测井曲线特征,识别出三种沉积相:环河组砂质辫状河、洛河组曲流河和罗汉洞组辫状河/冲积扇。

洛河组($K_1l$)为下白垩统的底部层位,在鄂尔多斯盆地北部几乎均有沉积,在盆地东部有较完整的出露。岩性为绿色、紫红色、橘黄色粗、中粗粒砂岩夹泥岩。岩相组合为块状层理砂砾岩相(Gm)＋槽状交错层理中粗砂岩相(St)＋流水沙纹细砂岩粉砂岩相(Sr)为主,夹纹层状或块状粉砂岩、泥岩相(Fsc)。测井曲线形态主要以复合钟型-漏斗形为主,齿化较强,幅度变化较大。从上述这些沉积构造的组合和测井曲线特征来看,区内揭露的洛河组上部为曲流河沉积为特征。局部见分成沉积的特征。

环河组($K_1h$)为本孔目的层位的重要部分,也是鄂尔多斯盆地北部分布较广的一套地层,在钻孔内其表现形式为:沉积物颜色主要为绿、灰绿为主,夹棕红色、黄褐色及浅灰色,沉积物为含砾中、粗砂岩沉积为主,具大型交错层理、波纹层理细粉砂岩和具水平层理的泥岩层,岩相组合主要以槽状交错层理中粗砂岩相(St)和块状层理砂砾岩相(Gm)为主,测井曲线形态主要以箱型、钟型为主,齿化较强。从上述这些沉积构造的组合和测井曲线特征来看,本孔内环河组为砂质辫状河沉积,距离物源相对较近。并且,大部分钻孔内该层位下部局部发育风成沉积。

罗汉洞组($K_1lh$)位于环河组之上,沉积物在伊和乌素地区以氧化环境沉积产物为主,岩石总体以红色为主,钻孔揭露到的岩石以灰紫红、褐红色砂岩夹红色泥岩为主,说明罗汉洞组以红色岩石原生地球化学类型为主。从钻遇情况来看,沉积物为含砾中、粗砂岩沉积,具大型交错层理,底部见多层砾岩沉积,岩相组合主要以发育槽状交错层理中粗砂岩相(St)和块状层理砂砾岩相(Gm)为特征,测井曲线形态主要以箱型、钟型为主,齿化一般。从上述这些沉积构造的组合和测井曲线特征来看,本孔内罗汉洞组为辫状河及冲积扇沉积,沉积物粒度较粗,分选相对较差,距离物源较近。

## 2.4 伊和乌素地区下白垩统层位划分标志

基于研究区铀矿地质钻孔岩心和测井曲线综合研究,结合盆地区域地层发育情况,根据钻孔钻遇情况,通过沉积物特征、测井曲线特征、沉积相特征、岩相及组合特征研究,研究区下白垩统地层由下至上可划分出三个组分:洛河组($K_1l$)、环河组($K_1h$)和罗汉洞组($K_1lh$)。其中环河组分为2段:下段

($K_1h^1$)和上段($K_1h^2$)(图 1)。基于前述岩性岩相特征、沉积特征、测井曲线特征，各组、段识别特征如下：

洛河组（$K_1l$）：沉积物主要为绿色、紫红色、橘黄色粗、中粗粒砂岩、砾岩，夹棕红色、少量灰色泥岩；岩相组合为块状层理砂砾岩相（Gm）、槽状交错层理中粗砂岩（St）、流水沙纹细砂岩粉砂岩相（Sr）为主，顶部见多层泥岩细砂岩互层；测井曲线形态主要以复合钟型-漏斗形为主，曲线齿化较强，幅度相对较大。区域上洛河组以发育红色具大型交错层理的砂岩为特征，研究区位于盆地的北部，相对靠近盆地边部，所以钻孔揭遇的沉积物以砾岩/砂砾岩为特征，显示出了冲积扇沉积的特征。推测在盆地靠近沉积中心的位置，仍应以红色的风成沉积为主要特征。

环河组（$K_1h$）：沉积物主要为黄绿、灰绿为主的含砾中、粗砂岩沉积为主，岩相组合主要以槽状交错层理中粗砂岩（St）和块状层理砂砾岩相（Gm）为主，测井曲线形态主要以箱型、钟型为主，齿化较强。根据沉积物特征等条件，该组可分为上下两段，环河组下段（$K_1h^1$）和环河组上段（$K_1h^2$）。上段以砂质辫状河沉积为特征，下段风成沉积特征较明显，与下部洛河组上不冲积扇沉积区分开来。

罗汉洞组（$K_1lh$）：沉积物灰紫红、褐红色含砾中、粗砂岩夹红色泥岩为主，底部见一层或多层相对稳定的砾岩沉积（见图 1），或者为变相的砂砾岩或含砾（中）粗砂岩，岩相组合主要以发育槽状交错层理中粗砂岩（St）和块状层理砂砾岩相（Gm）为特征，测井曲线形态主要以箱型、钟型为主，齿化一般。

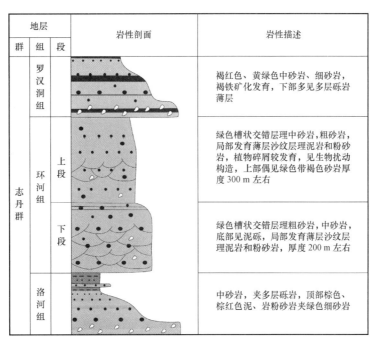

图 1　鄂尔多斯盆地北部伊和乌素地区下白垩统地层柱状示意图

## 3　伊和乌素地区下白垩统地层沉积特征对铀成矿作用影响

鄂尔多斯盆地在白垩纪沉积时，与侏罗纪沉积时的构造背景明显不同。盆地东部受山西台隆抬升作用的影响，西缘受逆冲断裂带构造活动的控制，区域构造运动和局部断裂活动联合作用，同时伊陕斜坡已形成，所以盆地在白垩纪沉积时期呈现北东部相对抬升、南西部相对下降的掀斜性，这一同沉积掀斜构造运动贯穿了白垩纪沉积过程的始终，造成了沉积中心西移至天环向斜一带，与沉降中心基本相吻合，控制了白垩系岩性、岩相的空间发育和分布规律，为有利铀成矿的岩性、岩相的形成起到了积极作用，研究区下白垩统地层的砂体相当发育，并且各时期沉积形成的可地浸砂岩型铀矿的河道相砂岩体、三角洲相砂岩体及风积砂岩体很发育，是后生铀成矿的良好空间。推测向研究区外向西南部的毛盖图南西地区有可能发育大规模泥岩发育地段,砂体的厚度、层数均对形成可地浸砂岩铀矿有利。

## 4 结论

通过本次研究,在伊和乌素地区下白垩统地层中主要识别出 5 种岩相类型:块状层理砂砾岩相(Gm);槽状交错层理中粗砂岩相(St);流水沙纹细砂岩粉砂岩相(Sr);纹层状或块状粉砂岩、泥岩相(Fsc);生物扰动泥岩相(Fcf)。以及三种沉积相类型:辫状河/冲积扇、砂质辫状河、曲流河。结合测井曲线综合研究,以区域地层发育特征为基础,初步厘定了伊和乌素地区下白垩统层位划分依据,研究认为伊和乌素地区下白垩统地层由下至上可划分出三个组分:洛河组($K_1l$)、环河组($K_1h$)和罗汉洞组($K_1lh$),泾川组($K_1j$)未残留。其中环河组分为 2 段:下段($K_1h^1$)和上段($K_1h^2$)。不同的层位特征为:下部洛河组岩相组合为块状层理砂砾岩相(Gm)+槽状交错层理中粗砂岩(St)和流水沙纹细砂岩粉砂岩相(Sr)为主,上部可识别出曲流河沉积,二元结构明显,沉积物为绿色、紫红色、橘黄色粗、中粗粒砂岩夹泥岩,顶部为红色泥岩夹多层细砂岩,测井曲线形态主要以复合钟型-漏斗形为主,齿化较强,幅度变化较大;中部环河组岩相组合主要以槽状交错层理中粗砂岩相(St)和块状层理砂砾岩相(Gm)为主,主要发育砂质辫状河,沉积颜色主要为黄绿、灰绿为主,沉积物以含砾中、粗砂岩为主,测井曲线形态以箱型、钟型为主,齿化较强;上部罗汉洞组岩相组合主要以槽状交错层理中粗砂岩相(St)和块状层理砂砾岩相(Gm)为主,辫状河/冲积扇沉积,沉积物颜色以灰绿色、灰紫红、褐红色为主,岩性以含砾中、粗砂岩夹红色泥岩为主,具大型交错层理,底部见多层砾岩沉积或含砾较多的粗砂岩,测井曲线形态以箱型、钟型为主,齿化一般。上述划分依据为后续鄂尔多斯盆地北部下白垩统铀矿地质工作提供了基础支撑。

**参考文献:**

[1] 曹珂,中国陆相白垩系沉积特征与古地理面貌[D].北京:中国地质大学(北京),2010:56-78.

[2] 狄永强,试论鄂尔多斯北部中新生代盆地砂岩型铀矿找矿前景[J].铀矿地质,2002,18(6):340-347.

[3] 内蒙古自治区地质矿产局,内蒙古自治区区域地质志[M].北京:地质出版社,1991:271-287.

[4] 张抗,鄂尔多斯断块构造和资源[M].西安:陕西科学技术出版社,1989:5-394.

[5] 郭庆银等,鄂尔多斯盆地西北部白垩系沉积特征[J].铀矿地质,2006,22(3):143-150.

# Sedimentary characteristics of Zhidan group, lower cretaceous in Yihewusu area, northern Ordos basin

LIU Lu, DAI Ming-jian

(CNNC Geological Team No. 208, Baotou Nei Mongol 014010, China)

**Abstract:** Zhidan Group of the Lower Cretaceous in the northern Ordos Basin is an important sandstone-type uranium exploration horizon. Based on this study, the stratigraphic subdivision mark in Zhidan Group of Lower Cretaceous from studied area is identified. Five types of lithofacies are identified: Massive stratified glutenite facies(Gm); In-channel cross-bedding coarse sandstone facies (St); Flowing fine sandston & siltstone facies (Sr); Laminaceous or massive siltstone, mudstone facies(Fsc); Biodisturbed mudstone facies(Fcf). Different lithofacies associations are developed in different Formations. The lithofacies association in Luohe Formation is dominated by the Gm, St, and Sr. The lithofacies association in Huanhe Formation is dominated by St + Gm. The lithofacies association in Luohandong Formation is dominated by St and Gm. Moreover, three sedimentary facies types are recognized: braided river/alluvial fan in Luohandong Formation, sandy braided river in Huanhe Formation, and meander river in Luohe Formation. The Characteristics of Logging data and sediments are also identified.

**Key words:** Northern Ordos Basin; Zhidan Group of Lower Cretaceous; Stratigraphic Subdivision; Lithofacies; Sedimentary Facies

# 内蒙古二连盆地腾格尔坳陷沉积体系与铀成矿关系的研究

杨　勇,李天瑜,李东鹏

(核工业二〇八大队,内蒙古 包头 014010)

**摘要:**本文在现有资料基础上,对腾格尔坳陷赛汉组铀成矿条件、沉积体系及铀成矿特征进行了分析研究。研究认为,研究区内赛汉组上段发育辫状河—辫状河三角洲—滨浅湖沉积体系,局部发育冲积扇、泛滥平原沉积体系;赛汉组下段发育冲积扇、扇三角洲和湖泊沉积体系。赛汉组上段发育高位体系域和低位体系域,具有完整的进积—退积型准层序组,与赛汉组下段湖侵体系域构成"细-粗-细"粒序结构。研究区内主要控矿沉积体系为赛汉组上段辫状河沉积体系及赛汉组下段扇三角洲沉积体系,受潜水-层间氧化带前锋线控制,找矿潜力巨大。

**关键字:**赛汉组;沉积体系;铀成矿;腾格尔坳陷

腾格尔坳陷为二连盆地"五大坳陷"之一,呈近东西向展布,是在晚华力西褶皱带基础上发育的中新生代内陆坳陷,面积约 27 000 km²,基地埋深 200～4 500 m。铀矿工作起始于 20 世纪 80 年代,以编图、调查评价及研究性工作为主,21 世纪开展了带钻查证和区域评价等工作,区内砂岩型铀矿地质工作进入了新的阶段。本文是以上述资料为基础,对找铀目的层下白垩统赛汉组的沉积环境与铀成矿的关系进行初步探讨和分析,以便为进一步工作提供参考性依据和认识。

## 1　区域地质背景

腾格尔坳陷位于二连盆地的东南缘,北西邻苏尼特隆起,北东缘为大兴安岭隆起,南为温都尔庙隆起(见图 1)。周缘隆起出露岩性主要为华力西期花岗岩和燕山期花岗岩,铀含量高达 $2.60 \times 10^{-6}$～$13.70 \times 10^{-6}$,钍含量 $17.00 \times 10^{-6}$～$70.00 \times 10^{-6}$,钍铀比值为 4.26～10.83,铀浸出率高,一般为 10.25%～33.90%,最高可达 51.73%,为坳陷铀成矿提供了丰富的铀源。

腾格尔坳陷是一个呈东西向展布的北断南超型箕状坳陷,自中生代以来,坳陷经历了挤压隆升、拉张裂陷、坳陷期、回返抬升及整体下沉坳陷、整体抬升六处构造演化阶段,形成了一系列北东向拉张凹陷。其中赛汉组下段处于断陷末期,但是仍然具有断陷期的特点,受边界断层和基地构造控制较为明显;赛汉组上段已经由断陷转换为坳陷初期,基本不受边界断层和基地构造控制,坳陷内部的分割性明显减弱,各凹陷和凸起已连为一体或存在水力沟通,接受沉积的单个区域面积明显扩大,从而为形成较大规模的有利相带奠定了基础。

## 2　赛汉组沉积体系分析

本区主要找矿目的层为赛汉组,找矿空间的定位主要就是对沉积环境的分析,即离不开沉积体系特征的分析。各个砂体的结构特征和规模由于沉积环境的不同而不同,它们对铀成矿的影响也差异巨大。由此对本区沉积体系的分析,将有助于砂岩型铀成矿规律的总结和铀成矿空间的定位。

本次沉积体系研究利用岩心、测井曲线(电阻率、伽马)、岩石矿物学分析以及砂分散体系形态等进行。在单孔垂向上识别出单孔沉积亚(微)相,而在平面上只划分到沉积相。沉积体系展布研究采用由点到线,再到面的研究方法,即从岩心描述出发,再进行单孔沉积相、测井相划分,最后进行剖面与平面的沉积相对比。

### 2.1　赛汉组上段沉积体系

腾格尔坳陷赛汉组上段是在盆地坳陷阶段沉积的产物,在研究区表现为辫状河及辫状河三角洲

---

**作者简介:**杨勇(1990—),男,回族,学士,工程师,长期从事铀矿勘查工作

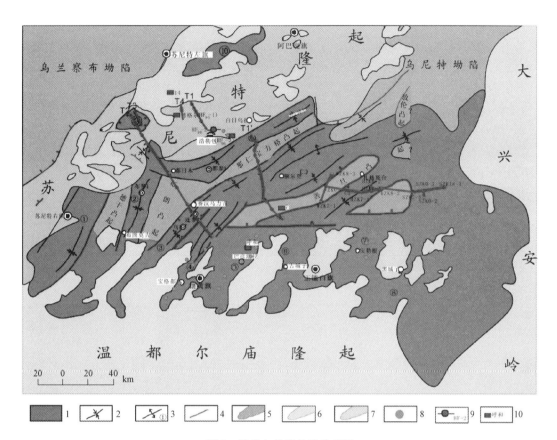

图 1　腾格尔坳陷构造位置图

1—腾格尔坳陷;2—凹轴;3—凸轴;4—断层;5—凸起;6—隆起;7—岩体;8—钻孔;9—航放异常点;10—异常点

快速进积,充填并淤浅湖盆,为辫状河—辫状河三角洲—滨浅湖沉积体系,局部发育冲积扇及泛滥平原沉积(见图2)。

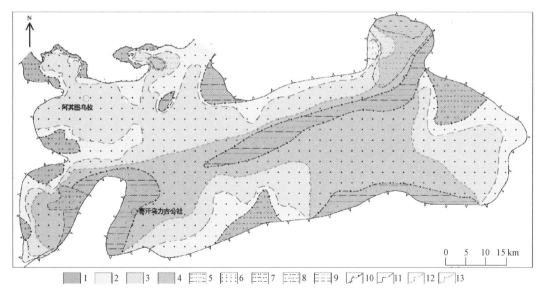

图 2　腾格尔坳陷赛汉组上段沉积体系与岩石地球化学图

1—原生氧化岩石区;2—完全氧化带;3—氧化还原过渡带;4—还原带;5—冲积扇相;6—辫状河相;7—辫状河三角洲相;
8—泛滥平原相;9—滨浅湖相;10—赛汉组上段剥蚀界线;11—岩相分界线;12—黄色完全蚀变带界线;13—氧化带前锋线

辫状河沉积体系分布范围广,在布图莫吉凹陷-都日木凹陷的长轴方向以及额尔登苏木凹陷大片区域均有发育,另外北部山间盆地阿其图乌拉同样发育辫状河沉积,其最大特征是辫状河道砂体以大的宽/厚比值,河道宽度为 5~15 km,厚度为 10~90 m。测井曲线为巨大齿状箱形曲线,主要反映了含砾砂岩组成辫状河沉积,砂多泥少,颗粒较粗,沉积厚度较大。

剖面纵向上发育辫状河道微相、心滩坝、泛滥平原微相,整体上具有向上变细的正粒序层理,并发育水进体系域和水退体系域,由进积型准层序组转为加积型准层序组,向上水体变浅,局部发育褐铁矿化(见图3)。平面上,布图莫吉-都日木凹陷最为典型,砂体厚度可达 130 余米,垂向砂体呈切叠状,该条河道宽度为 6~20 km,长度约 206 km,为铀成矿提供了有利的铀储层空间。此外,坳陷南部的额尔登苏木凹陷辫状河道延伸及宽度多为推测,长约 160 km,宽度约 6~22 km,砂体厚度一般 20~60 m,在河道两侧凸起区发育泛滥平原沉积。

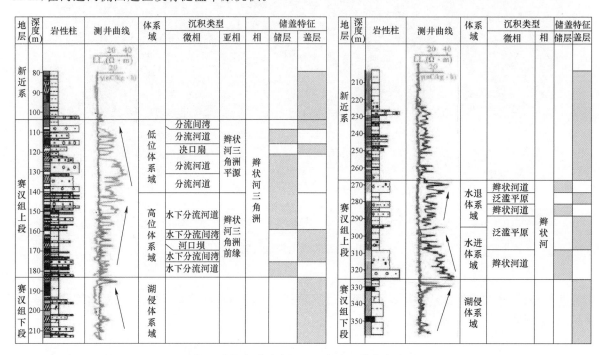

图 3 腾格尔坳陷赛汉组上段地层综合柱状图

辫状河三角洲沉积主要分布于坳陷北部布朗沙尔凹陷。垂向上由辫状河三角洲平原和辫状河三角洲前缘组成,其中辫状河三角洲平原可识别出分流河道、分流间湾和决口扇等沉积微相,辫状河三角洲前缘可识别水下分流河道、河口坝和水下分流间湾等沉积微相,测井相呈漏斗状,具有细—粗—细的粒序特征,发育低位体系域和高位体系域,由进积型准层序组转为加积型准层序组,水体变浅。平面上,赛汉组上段沉积时主要接受来自西侧的物源供给,与都日木凹陷处于连通状态,后期受区域构造应力作用影响,坳陷东部大幅度抬升、遭受剥蚀,使布朗沙尔凹陷与都日木凹陷割断,处于"孤立"状态。

湖泊沉积在区内遭受严重剥蚀,坳陷内已剥蚀殆尽,仅在北部山间盆地区有残留;冲积扇沉积体系主要见于坳陷西部边缘,由泥石流和阵发性水流提供物源,其中以布图莫吉凹陷最发育,沉积物以红色、褐色砾、砂、泥混杂堆积为主,分选、磨圆极差,以砾石为主,有少量的砂、粉砂,缺少化石;泛滥平原沉积体系主要见于布图莫吉—都日木辫状河道及额尔登苏木辫状河道两侧,沉积物为红色、褐色等泥岩、含砂泥岩夹薄层砂岩组成。

新近系泥岩、赛汉组上段砂岩与赛汉组下段顶部泥岩,构成"泥—砂—泥"结构,构成区内铀成矿的有利地层储集结构。

## 2.2 赛汉组下段沉积体系

赛汉组下段在研究区分布广泛,是区内主要的含煤层,在坳陷内各凹陷和北部山间盆地区均有发育。由于研究区内对赛汉组下段研究程度极低,已施工大部分钻孔未揭穿或没有揭露到,故本次只作简单介绍。

腾格尔坳陷赛汉组下段是在盆地断陷末期(断坳转换期)沉积的产物,沉积受凹陷边界和基底构造控制明显,断陷盘发育的砂体规模小、相变快、成熟度低且不稳定;在构造斜坡带、凹陷长轴方向或顺中央潜山带往往发育规模较大砂体,横向上较稳定且成熟度较高。以砂分散体系、测井资料、岩心资料和典型沉积剖面等对其沉积体系域进行重建,在腾格尔坳陷赛汉组下段识别出的主要沉积体系类型为冲积扇、扇三角洲和湖泊三种沉积体系。其中冲积扇主要分布于各凹陷周边,湖泊沉积体系分布于各凹陷中心,扇三角洲沉积体系分布范围广,主要分布于前两者之间或凹陷边缘,呈带状分布。以目前的工作程度来看,扇三角洲沉积体系主要分布在都日木凹陷北西缘、额尔登苏木凹陷南东缘、阿其图乌拉凹陷等均发育构造斜坡带地带及额尔登苏木凹陷等内部发育有构造潜山地带,这些部位发育规模较大且稳定的砂体。

### 2.3 氧化带特征

根据现有的钻孔资料及剖面对比,赛汉组上段辫状河沉积体系中发育氧化带、氧化还原过渡带及还原带,其主要发育在阿其图乌拉、布图莫吉—都日木、额尔登苏木地区。氧化带类型为潜水—层间氧化带,其中辫状河沉积氧化带一般呈单层,部分地段有薄层泥岩但呈透镜状产出,未改变氧化带的整体结构,即呈"面状"向下、向前延伸。氧化岩石以黄色、亮黄色为主,见黄绿色、浅绿色、黄褐色等,岩性多为砂质砾岩、含砾砂岩、砂岩等。辫状河三角洲沉积中氧化带在辫状河三角洲平原部位一般呈单层,部分地段有薄层泥岩但呈透镜状产出,在辫状河三角洲前缘,随着砂体层数增多,氧化带也随之变为多层,呈舌状向前延伸,氧化岩石为亮黄色、黄色砂砾岩、含砾中粗砂岩、含泥砂岩、细砂岩等。

赛汉组下段扇三角洲沉积体系中发育氧化带,以潜水转层间氧化作用为主,氧化带一般在近源区呈单层发育在三角洲平原砂砾岩中,向坳陷内发育在三角洲前缘砂体中,并呈舌状向前延伸,氧化岩石为黄色、浅黄色砂砾岩、中粗砂岩、细砂岩夹红色、褐红色泥岩、粉砂岩。

## 3 铀成矿特征

腾格尔坳陷内铀矿化归纳起来有两种类型:同生沉积型及潜水—层间氧化带型。

### 3.1 同生沉积型

该类型铀矿化成矿时期与成岩时期一致或相近,大量 $U^{6+}$ 以水溶液形式随水系从蚀源区进入湖泊水体,由于干旱古气候条件下蒸发作用强烈,湖泊缩小变浅,蒸发作用以及泥岩吸附作用使铀发生沉淀富集成矿。该类铀矿化多位于各凹陷赛汉组上段氧化砂体之间的灰色泥岩、粉砂岩夹层中,或位于赛汉组下段顶部的灰色泥岩、细砂岩中,厚度不大,品位不高。

### 3.2 潜水—层间氧化带型

该类型目前是区内主要找矿类型,是指目的层沉积以后,来自蚀源区的含氧地下水或大气降水将蚀源区富铀岩体中的铀或地层中预富集的铀活化,并向盆地沉降中心迁移,在潜水—层间氧化带前锋线附近使其携带的铀被还原而沉淀富集成矿。该类型目前主要产于都日木凹陷及北部山间盆地阿其图乌拉凹陷中。

都日木凹陷西缘潜水—层间氧化带前锋线附近发现砂岩型工业孔1个,矿体赋存于赛汉组上段辫状河沉积体系复合砂体中,铀矿化受潜水—层间氧化带控制,位于层间氧化带上部灰色砂岩中,赋矿岩性为灰色泥质细砂岩及深灰色细砂岩,受岩性岩相、还原介质以及潜水—层间氧化带前锋线的控制,铀矿化产于潜水—层间氧化带的上翼,具有厚度薄、品位低的特点,矿石中多见细小的炭化植物碎屑及黄铁矿颗粒。

阿其图乌拉凹陷内赛汉组上段及赛汉组下段均发现有砂岩型工业孔。赛汉组上段铀矿化赋存于辫状河砂体中的灰色残留砂体,所发现的砂岩矿化段均处于同一砂层中,含矿层砂体层数多,呈透镜状,泥岩夹层较发育,赋矿岩性为灰色泥质细砂岩、中砂岩和砂质砾岩,受潜水—层间氧化带前锋线的控制;赛汉组下段铀矿化赋存于扇三角洲沉积体系砂体中,含矿层砂体特征与赛汉组上段相似,多为透镜状,砂体层数多,矿体层数多,铀矿段位于氧化带界面之下或其前端的灰色砂体中,层间氧化带控矿特征明显。

## 4 沉积环境与铀成矿关系

研究发现,区内控矿沉积体系为赛汉组上段辫状河沉积体系及赛汉组下段扇三角洲沉积体系。

赛汉组上段辫状河沉积体系铀矿化一般赋存于河道边缘相砂体中或沿河道中心在氧化带前锋线上。由于辫状河道砂体中心沉积砂体粒度较粗,岩石渗透性好,氧化作用往往沿侧帮或顺河道中心发育,而在河道边缘由于其砂体粒度较细,富含有机质、黄铁矿等还原介质,使得铀元素沉淀富集,形成侧向氧化的前锋线。在含氧含铀水沿河道横向或纵向延伸过程中,遇到富含还原介质,还原能力强的砂体,在辫状河道中央就会形成铀元素的富集,而部分地段由于部分构造的影响,深部地层中油气顺着断层通道向上到达目的层,使河道中氧化砂体还原,使铀元素富集,形成铀矿化。富矿岩性主要为河道边缘的灰色、深灰色中砂岩、细砂岩以及河道中央氧化带前锋线的含砾砂岩、砂质砾岩。综上所述,辫状河沉积体系中的铀矿化主要受氧化带前锋线控制,在腾格尔坳陷内的都日木凹陷西缘、额尔登苏木凹陷中部及阿其图乌拉凹陷内探索河道边缘及沿河道中央纵向探索氧化带前锋线,寻找切穿目的层的断裂构造,来寻找铀矿化。

赛汉组下段扇三角洲沉积体系由于目前工程揭露程度低,只在阿其图乌拉凹陷内见有铀矿化显示,受层间氧化带控制,铀矿段位于氧化带界面之下或其前端的灰色砂体中,砂体多层,呈泥砂间互。而在都日木凹陷北西缘、额尔登苏木凹陷南东缘、阿其图乌拉凹陷的构造斜坡带及额尔登苏木凹陷内部的构造潜山地带,目前均有见到赛汉组下段扇三角洲沉积砂体,部分地段发育潜水-层间氧化带,且见有煤层,砂体还原性强。故在上述地区探索氧化带前锋线位置,具有良好的砂岩型铀矿成矿的前景。

## 5 结论

(1)研究区主要找矿目的层为赛汉组,其赛汉组上段处于盆地坳陷期,发育辫状河—辫状河三角洲—滨浅湖沉积体系,局部发育冲积扇及泛滥平原沉积;赛汉组下段处于盆地断陷末期(断坳转换期),发育冲积扇、扇三角洲和湖泊三种沉积体系。

(2)从赛汉组下段到赛汉组上段依次发育低位体系域、湖侵体系域、水进体系域、水退(高位)体系域特征,垂向上具有细—粗—细粒序结构,有利于良好储层发育。

(3)研究区主要找矿类型为潜水—层间氧化带型。

(4)研究区内控矿沉积体系为赛汉组上段辫状河沉积体系及赛汉组下段扇三角洲沉积体系。赛汉组上段辫状河沉积体系中的铀矿化主要受氧化带前锋线控制,在都日木凹陷西缘、额尔登苏木凹陷中部及阿其图乌拉凹陷内探索河道边缘及沿河道中央纵向探索氧化带前锋线,寻找切穿目的层的断裂构造,来寻找铀矿化;在都日木凹陷北西缘、额尔登苏木凹陷南东缘、阿其图乌拉凹陷的构造斜坡带及额尔登苏木凹陷内部的构造潜山地带地区发育赛汉组下段扇三角洲沉积体系,铀矿化受氧化带前锋线控制,具有良好的找矿前景。

参考文献:
[1] 陈戴生,李胜详,蔡煜琦. 我国中、新生代盆地砂岩型铀矿沉积环境研究概述[J].沉积学报,2011,24(2):223-228.
[2] 李洪军,申科峰,聂凤军,旷文战,何大兔. 二连盆地中新生代沉积演化与铀成矿[J].东华理工大学学报(自然科学版),2012,35(4):301-308.
[3] 李田思,王华,焦养泉,任建业,庄新国,陆永潮. 沉积盆地分析基础与应用[M].北京:高等教育出版社,2004.

［4］　刘波，杨建兴，乔宝成，张锋．腾格尔坳陷砂岩型铀矿控矿成因相特征及远景预测［J］.地质与勘探，2015，51（5）：870-878.

［5］　童波林，刘波．腾格尔坳陷建造与铀矿找矿模式［J］.四川地质学报，2017，37（3）：409-412.

［6］　旷文战，蔡彤，严兆彬．内蒙古二连盆地乌兰察布坳陷白垩系特征及铀成矿类型［J］.东华理工大学学报（自然科学版），2014，37（2）：111-121.

［7］　张文军，李洪军，旷文战，任全，何大兔．二连盆地巴音都兰凹陷沉积体系与铀成矿［J］.矿物学报，2013：286～287.

［8］　戴明建，彭云彪，苗爱生，杨建新，刘璐，等．二连盆地隆起带阿其图乌拉凹陷铀成矿环境与远景预测［J］.沉积与特提斯地质，2014，34（4）：48-53.

［9］　王俊林、杨俊伟、李喜彬，等．内蒙古二连盆地腾格尔坳陷西部铀矿资源远景调查成果报告．包头：核工业二〇八大队，2017.

［10］　焦养泉、旷文战，等．二连盆地腾格尔坳陷构造演化、沉积体系与铀成矿条件研究成果报告．武汉：中国地质大学（武汉），包头：核工业二〇八大队，2012.

# Study on sedimentary system and uranium mineralization in Tengger depression, Erlian basin, Inner Mongolia

YANG Yong, LI Tian-yu, LI Dong-peng

(CNNC Geologic Party NO. 208, Baotou City, Inner Mongolia 014010, China)

**Abstract**: On the basis of the existing drilling data, this paper analyzes and studies the uranium ore-forming conditions, sedimentary systems and uranium ore-forming characteristics of the Saihan Formation in Tengger depression. It is concluded that the braided river-braided river delta-shallow lake sedimentary system, partially developed alluvial fan and floodplain sedimentary system were developed in the upper part of Saihan Formation. The alluvial fan, fan Delta and lake sedimentary system were developed in the lower part of Saihan group. The complete prograde-retrogradation parasequence sets developed in the upper Saihan Formation, forming a highstand system tract and lowstand system tract. The highstand system tract, lowstand system tract and lacustrine transgressive system tract ( lower Saihan Formation ) constitute a "fine-coarse-fine" graded sequence. The main ore-controlling sedimentary system in the research area is the braided river sedimentary system in the upper part of the Saihan Formation and the fan Delta sedimentary system in the lower part of the Saihan Formation. It is controlled by the front line of the submersible and inter-layer oxidation zone, and has great prospecting potential.

**Key words**: Saihan Formation; Sedimentary System; Uranium Mineralization; Tengger Depression

# 小波分析在乌兰察布地区层序划分中的应用研究

高峥嵘，李荣林，吕永华

(核工业二〇八大队，内蒙古 包头 014010)

**摘要：**层序划分是地质勘探至关重要的一步，研究探讨能满足实际生产要求的层序分层物探解释技术意义重大。目前，物探工作者能利用测井资料较好的进行岩性识别，地层划分及沉积相的判定，但是针对地层中微小的层序的划分还是存在标准不明确、人为干扰因素大等缺点。所以，常规通过分析曲线之间的相关性及观察曲线的相互依托关系来进行地层属性的判定和层序划分的方法越来越不能满足地质生产和科研的要求。小波分析可通过提取测井曲线的时域信息来解释其信号特征，且测井信号曲线的极值、过零点等特征可用来表征测井信号的变化规律(对应地质演变过程)，并可以利用所得奇异点(过零点)对地层进行划分。因此，研究小波分析在测井相以及层序划分中的应用十分重要，本文立足于乌兰察布坳陷层序特征对应测井资料展开相关研究，总结得出测井资料通过小波分析能较好地反映层序及沉积相特征，对测井曲线分层研究有显著的理论与实践意义。

**关键词：**小波分析；层序划分；测井曲线；时域

小波分析的概念是 1984 年地球物理学家 Morlet 在分析处理地球物理信号时首先提出的，后称之为小波变换(Wavelet Transform)[1,2]，并成功地运用到地震信号分析之中[3]。小波分析是数学领域中近半个世纪来的重要发展成果，也是 Fourier 分析发展史上的一个重要里程碑。小波分析理论发展得很快，目前出现了一种新的小波变换处理方法，即光学小波变换，这种新的小波变换方法正在日益完善。小波分析的应用研究是与其理论研究紧密地结合在一起的，经过数十年的发展和完善，它已经在科技信息产业领域取得了令人瞩目的成就。但是小波分析在地质勘探开发分形科学中的应用还有很大的发展空间[4-6]，还需要加强小波分析理论和应用方面的研究。可以确信的是，小波分析作为一种时间－尺度分析和多分辨分析的新技术，在地质勘探开发领域有很大的科学意义和应用价值(见图 1)[7,8]。

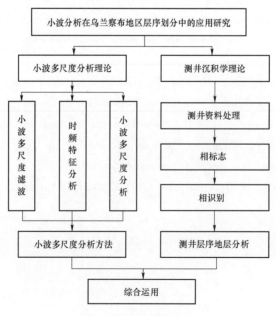

图 1　技术路线示意图

**作者简介：**高峥嵘(1994—)，男，硕士，助理工程师，现主要从事铀矿地球物理测井、测井沉积学等研究工作

常规的测井相分析方法主要有以下三种：一是测井曲线形态法，二是地层倾角法划分微相，三是声—电成像划分沉积微相。测井曲线形态法是铀矿地质勘查中应用较为普遍成熟的测井相分析方法，其主要过程是，① 了解区域地质地球物理背景；② 选取相曲线组合(例如 GR、GR＋SP、SP＋LL3、AC＋SP)提取测井曲线要素；③ 按照曲线形态划分测井相；④ 依据岩心资料和完井资料，刻度测井相确定各个测井相到沉积相的映射关系，建立沉积模型。但是曲线形态法受人为主观因素干扰较大，不同物探工作者其建立的沉积相—测井相对应关系一般不同，这就为我们现实生产运用带来了一定困扰。测井曲线形态法只是定性的评判了测井相的变化，难以精准定位地质单元界面以及沉积旋回变化，而测井曲线是不规则变化曲线，其变化的频率、幅值特性与地层单元信息息息相关，而小波分析方法可以利用小波函数这根"尺子"，精准定位和有效表达信号中信息的各种成分，故而本文主要以曲线形态法为基础，辅以小波多尺度分析方法进行层序地层划分相关研究。

# 1 小波分析基本理论

## 1.1 傅里叶变换

信号分析常采用时域和频域两种形式对信号进行表征。时域是将信号的时间或空间位置作为自变量，将对应的信号某一数字化特征作为因变量用以刻画信号。对性质随时间稳定不变的信号，处理的理想工具仍然是傅里叶分析，通过傅里叶变换可方便地分析信号的各个频率分量。

设 $f(t)$ 为原始信号，Fourier 变换定义为：

$$F(\omega) = \int_{-\infty}^{+\infty} f(t) e^{-iwt} dt \tag{1}$$

## 1.2 小波变换

### 1.2.1 小波母函数

如果函数 $\psi(t)$ 满足如下条件：① $\psi(t) \in L^2(R)$，其中 $L^2(R)$ 表示平方可积的测度空间；② $\psi(t)$ 的傅里叶变换满足条件：$C_\psi - \int_{-\infty}^{+\infty} |\omega|^{-1} |\psi(\omega)|^2 d\omega < \infty$，即 $C_\psi$ 有界，则函数 $\psi(t)$ 是小波母函数。

### 1.2.2 小波基函数

将 $\psi(t)$ 进行伸缩和平移之后，得到一系列的函数 $\psi_{\alpha,\beta}(t) = \frac{1}{\sqrt{a}} \psi\left(\frac{t-\beta}{\alpha}\right)$，其中 $\alpha > 0$，$\beta < 0$，$\beta$ 为平移因子，$\alpha$ 为尺度因子。$\psi_{\alpha,\beta}(t)$ 称为小波基函数，因为 $\alpha$，$\beta$ 是连续变化的，所以 $\psi_{\alpha,\beta}(t)$ 又称连续小波。

综上，连续小波变换的定义式为：

$$W_f(\alpha,\beta) = <f(t), \psi_{\alpha,\beta}(t) = \frac{1}{\sqrt{a}} \int_R f(t) \psi_{\alpha,\beta}\left(\frac{t-\beta}{\alpha}\right) dt \tag{2}$$

由式(2)可看出，时间函数 $f(t)$ 经过小波变换到了时间—尺度空间上，既包含时间信息，又包含了频率的信息，对应函数的特征更容易体现出来。$W_f(\alpha,\beta)$ 表示原信号 $f(t)$ 与 $\psi_{\alpha,\beta}$ 的相像程度，当 $\alpha$ 增大时，相当于把波形伸展开去观察原信号的整体概貌，当 $\alpha$ 减小时，则压缩波形来观测原信号的局部特征。

# 2 多尺度小波分析在层序划分中的应用

采用小波多尺度分析方法对乌兰察布地区某典型钻孔的 GR、LL3、SP 和 AC 曲线进行相关处理。图 2 所示为处理结果，图中曲线依次为 GR 原始曲线、CAL 原始曲线、AC 原始曲线、LL3 原始曲线、SP 原始曲线以及经小波多尺度重构后的 GR、AC、LL3 以及 SP 曲线。由图可得，小波滤波后的 GR 曲线经多尺度处理后放大了低频信息(一方面压制高频干扰，一方面保留了原始曲线变化特征)，可以帮助物探解释人员更为准确地确定高值泥岩层段。

根据所要达到的目的，选择合适的小波基函数对测井曲线进行多尺度分解，不同的小波基具有不同的时频特征,用不同的小波基分析同一测井曲线会有不同的结果,应用时应择优选择。

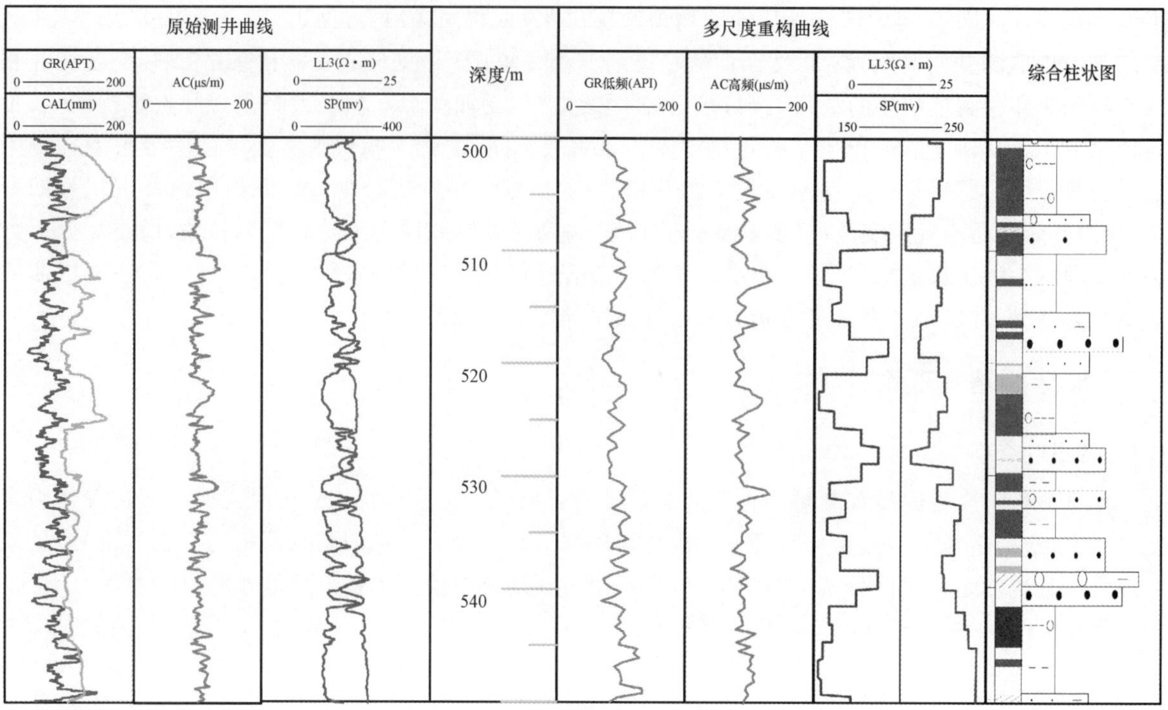

图 2    各测井曲线小波多尺度分析综合示意图

　　测井曲线正交小波多尺度分解后,其大尺度(尺度因子在 3～5 之间)上的低频小波系数曲线能够较好地反映测井曲线的概貌特征(例如,低频多尺度重构后的视电阻率、自然电位曲线其形态、幅度变化与钻孔岩性粒级对应良好),本文利用零通小波对自然电位 SP 曲线进行多尺度分层,结果如图 2 所示。在研究过程中发现,随着小波尺度 a 增大,其所分地层的规模也逐渐增大(如,划分地层的规模由单砂岩(单泥岩)到砂岩层(泥岩层)的组合),而地层不同级别的旋回变化正是由这些单砂层和泥岩层在纵向上的堆叠变化所构成的,多尺度分析重构后的 LL3 视电阻率曲线与 SP 自然电位曲线依然大致呈现镜像关系,可见小波多尺度重建对测井曲线形态没有很大影响。

　　图 3 所示为对乌兰察布地区某钻孔自然电位(SP)曲线利用模极值算法进行边界检测示意,由图可知,极值点对应于测井曲线的局部最大突变点(原信号拐点),其幅值反映了对应点局部梯度大小。极值点正负反映了曲线边缘方向特性,正大极值点对应于测井曲线上升沿,负大极值点对应于测井曲线下降沿。极值点随尺度变化的幅值大小反映了曲线的边缘变化特性,幅值较大对应于测井曲线较剧烈的变化趋势(如较陡的边缘),幅值较小反映了对应于测井曲线较平缓的变化趋势(如较缓的边缘)。由图 3 可以看出,模极值算法检测到的模量突变点与钻孔岩心柱地层单元界面对应良好,模极值幅度变化与对应深度岩性粒径变化也对应良好,所以利用模极值法检测地层单元界面有很切实的实用意义。

　　通过小波变换划分沉积旋回和层序界面,不是随意划分的,存在一定的原则。首先识别出层序界面,然后在层序内部划分出准层序组界面,依次从准层序组内部识别出次级层序界面,最后再根据岩心资料对划分出的界面位置加以适当校正,达到准确划分不同级别层序界面的目的。本文以乌兰察布地区某典型钻孔作为研究目标,对其 4 种测井相进行连续小波变换分析,进而可以得到一系列与尺度和深度相对应的小波变换系数值。

　　4 种测井相中,自然伽马(GR)测井相是以研究岩层或矿体天然放射性为基础的,能最敏感地反映泥质含量变化,用它进行高频地层旋回性研究比较有效。乌兰察布地区赛汉组上段地层沉积相类型主要是河流相沉积为主,发育辫状河沉积体系。由地层划分资料可知,这 664.50 m 孔段内存在三个

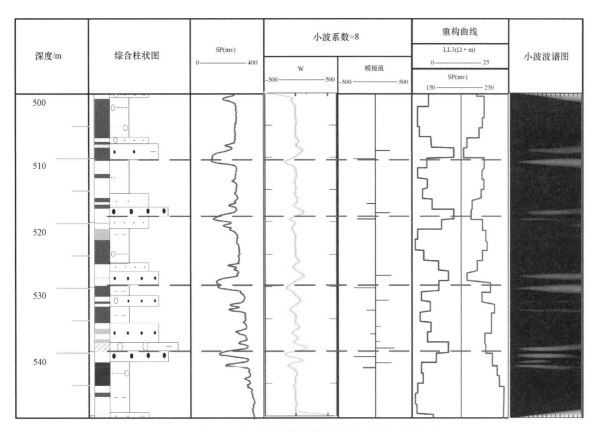

| 深度/m | 综合柱状图 | SP(mv) 0——400 | 小波系数=8 | | 重构曲线 | 小波波谱图 |
|---|---|---|---|---|---|---|
| | | | W -500——500 | 模极值 -500——500 | LL3(Ω·m) 0——25 / SP(mv) 150——250 | |

图 3　利用 SP 曲线小波模极值检测进行岩性地层分层

三级层序界面。在自然伽马(GR)测井相上泥质含量的变化反映了岩性的变化,曲线的突变点代表岩性突变,可能对应于不整合面。在曲线形态法中,识别出自然伽马(GR)测井相上不同尺度的突变点是沉积旋回和层序划分的关键,在同级和不同级的层序界面之间也存在不同的泥质含量的突变,所以次级层序界面反映在 GR 曲线上的突变点会很大程度上干扰层序界面的划分,再者判别层序界面的级别时人为因素干扰较大,小波时频分析把信号分解到不同主频的频率区间,通过寻找模极大值点可以比较准确地确定旋回和界面位置和级别,通过分析模极值幅度大小可以确定沉积旋回的属性。

另外从图 4 所示的时频色谱图可以很直观地看出在不同的尺度和深度域显示出不同的周期性,如在浅部主要表现为大尺度的周期,在中部中尺度的周期较明显,并有两处具有明显的小尺度周期性。另外,从小波变换系数曲线和小波变换系数最大曲线更加清楚地反映了不同孔段在相应尺度上由不同测井相所反映出的旋回性或周期性的存在与否。还可看出在深部孔段的小波变换系数峰值延伸范围最大,说明该深度测井相的变化在各种时间(深度)尺度上均表现为突变,同时也说明它是各种周期振荡的振幅最大点,称其为一级突变,同一界面在多种尺度上均表现出明显的周期性振荡。

对比本文通过小波多尺度分析方法的解释结果与钻孔资料处理结果有较好的一致性,利用小波多尺度方法辅助进行层序地层划分有很大的研究意义,建议进行深入研究。

## 3　结论

本文基于小波多尺度分析方法进行层序地层划分研究,并结合的地层划分资料进行了对比研究。得到的结论和认识如下:

(1)测井相小波分析方法能够在多种尺度下以多分辨率特性对测井信号中的周期成分进行探测,可以用于划分层序地层;

(2)4 种测井相中,自然伽马测井相能敏感地反映泥质含量变化,用它进行高频地层旋回性研究比较有效;

| 钻孔 | 沉积旋回 | 自然伽马（GR）小波色谱图 | $\alpha=13,\ \alpha=64$ | 声波时差（AC）小波色谱图 | 密度（DEN）小波色谱图 | 自然电位（SP）小波色谱图 |
|---|---|---|---|---|---|---|

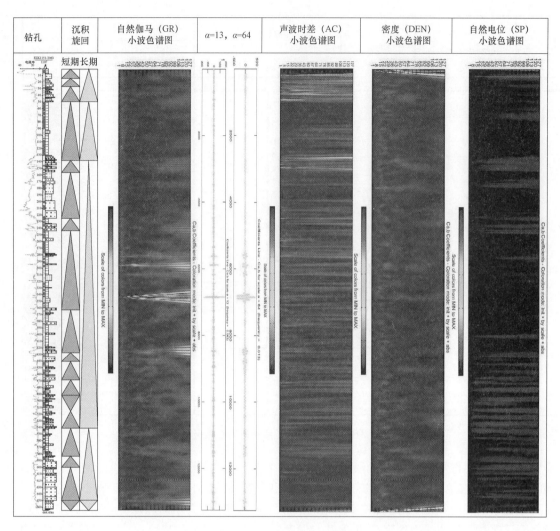

图 4　典型孔层序划分示意图

（3）利用模极值法确定层序界面切实有效，处理所得模极值幅度大小与方向与层序粒径变化对应良好，是一种很好的定性定量解释岩性粒径的方法；

（4）声波时差与自然单位测井相曲线多尺度分解得到的小波系数变化曲线所反映的位置信息与小层序界面有较为很好的对应关系，进一步研究后可为短期沉积旋回的划分提供一定借鉴。

**参考文献：**

[1] 黄维婷．多尺度小波分析及其在测井曲线自动分层中的应用研究[J].煤炭技术，2010，8.

[2] 宋子齐，等．利用自然电位与自然伽马测井曲线划分沉积相带及储层分布案[J].中国煤炭地质，2008，12.

[3] 李文亮，等．自然电位测井参数方法的影响因素分析[J].石油大学学报，2004.

[4] 徐书山，等．自然电位法在层间氧化带砂岩型铀矿的应用研究[J].西部探矿工程，2017，1.

[5] 侯连华．自然电位基线偏移影响因素的实验研究[J].石油大学学报，2001(25).

[6] 张豫宏．自然电位曲线在测井施工中所受影响因素分析[J].科技论坛，2001.

[7] 张成勇，等．二连盆地巴彦乌拉地区砂岩型铀矿目的层电测井曲线响应分析[J].铀矿地质，2010.

[8] 方战杰．测井相综合分析在岩性气藏沉积相及储层预测中的应用[D]中国地质大学(北京)，2012.

# Research in wavelet analysis on the application of sequence division in Wulanchabu area

## GAO Zheng-rong, LI Rong-lin, LV Yong-hua

(CNNC Geologic Party NO. 208 Baotou of Inner Mongolia Prov. 014010,China)

**Abstract**:Stratigraphic division is indispensable for geological exploration,which makes research on geophysical interpretation technology is extremely meaningful. So far, geophysicists can use well logging data to identify lithology,divide stratigraphy and judge sedimentary facies,but there are many shortcomings such as unclear standards and human factors. Wavelet analysis can extract the time-domain information of the logging curves to explain its signal characteristics,such as extreme value and singular points can be used to characterize the change rule(corresponding to the geological evolution process) and classify the strata. This paper describes and analyzes geological and geophysical materials for stratigraphy division and sedimentary judgment in the west Wulanchabu. Results provide wavelet transform can divide stratigraphy and judge sedimentary facies well. These mean that this technology can support prominent theory and practically significant for the future research.

**Key words**:Wavelet analysis; Sequence classification; Well logging curves; Time-domain

# 二连盆地巴彦乌拉铀矿床水文地质条件与铀成矿关系

任晓平[1]，刘晓敏[2]，黄锚俯[1]，彭瑞强[1]

(1. 核工业二〇八大队,内蒙古 包头 014010;2. 中核内蒙古矿业有限公司,内蒙古 呼和浩特 010020)

**摘要:**本文在系统分析巴彦乌拉铀矿床地质特征、水文地质特征的基础上,通过对前人的工作总结及野外现场勘查,结合该地区水系的补给、迳流、排泄条件及铀矿床成矿地质规律,分析总结出了巴彦乌拉砂岩型铀矿成矿与水文地质条件的关系,并得到了对该区铀成矿水文地质条件的认识,认为该区地下水补-迳-排系统完整,其赛汉组上段古河谷砂体展布稳定、厚度适中,砂体赋存承压水,构成的含水层、隔水层配置完好,具有稳定的隔水-含水-隔水水文地质结构,层间含水层渗透性好,富含有机质,是形成砂岩型铀矿的最佳层位。

**关键词:**巴彦乌拉铀矿床；水文地质条件；铀成矿

## 1 矿床地质特征

巴彦乌拉铀矿床位于塔北凹陷的中西部,为二连盆地马尼特坳陷的西部,其北西以白音 希勒隐伏凸起与巴音宝力格隆起相隔,南西侧与苏尼特隆起相邻;从西到东划分为芒来、巴润、巴彦乌拉、白音塔拉和那仁宝力格 5 个地段(见图 1)。

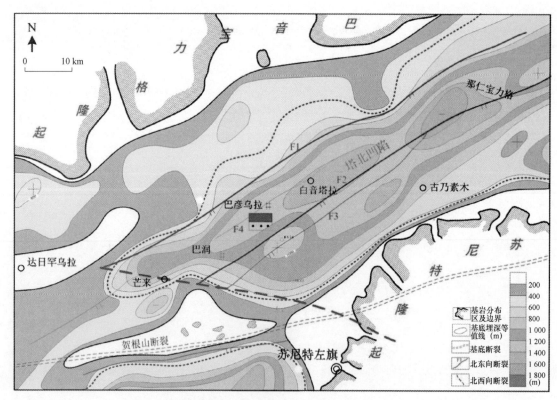

图 1　内蒙古苏尼特左旗巴彦乌拉地区下白垩统基底结构略图

---

**作者简介:**任晓平(1989—),男,工程师,主要从事砂岩型铀矿研究

## 1.1 构造特征

塔北凹陷内以下白垩统为充填主体,其在早白垩世不同时期具有不同的盆地类型,早白垩世早期,塔北凹陷呈北东向展布,东西长约 75 km、南北宽约 15～28 km,面积 1 850 km²。凹陷内基底由三个低凹区组成(见图 1),其中西部两个低凹区基底埋深均为 1 600 m,但西北部低凹区面积大,东部低凹区埋深 1 800 m,总体组成狭长的负地形区,也构成下白垩统阿尔善期和腾格尔期主要沉积中心。

## 1.2 地层特征

巴彦乌拉铀矿床及附近地表出露地层为古近系伊尔丁曼哈组,且大面积被第四系(Q)植被覆盖。根据钻孔揭遇资料,自上而下地层有:古近系伊尔丁曼哈组、下白垩统赛汉组上段、下白垩统赛汉组下段。含铀层位主要为下白垩统赛汉组上段。

## 2 矿床水文地质特征

### 2.1 含水岩组及其特征

巴彦乌拉铀矿床含水岩组单一,主要为碎屑岩类含水岩组,根据含水岩石的时代、埋藏条件、水力特征等不同可进一步划分出古近系始新统伊尔丁曼哈组碎屑岩含水岩亚组、下白垩统赛汉组碎屑岩含水岩亚组。

#### 2.1.1 古近系始新统伊尔丁曼哈组碎屑岩含水岩亚组

该含水岩组矿床范围内均有分布,局部被第四系覆盖,南西部厚度相对较薄,为 20～75 m,向北东方向逐渐增厚,为 60～100 m,局部可达 170 m;主要为一套河流、洪泛沉积的砂岩、砂质砾岩、泥质砂砾岩等,赋存孔隙潜水和承压水;

#### 2.1.2 赛汉组碎屑岩含水岩亚组

该含水岩组埋藏于伊尔丁曼哈组之下,由赛汉组上段组成,主要赋存孔隙承压水。岩性以辫状河沉积的砂岩、砂质砾岩组成,总厚度 20～160 m,分布稳定连续,构成含矿含水层(体),水位埋深 3～70 m,承压水头 2～93 m,富水性、渗透性好,单孔涌水量 >120 m³/d,渗透系数 1.8～13.2 m/d。

### 2.2 含矿含水层空间展布及变化特征

巴彦乌拉铀矿床赋存于赛汉组上段下部砂岩、砂质砾岩中,从芒来—巴润—巴彦乌拉 白音塔拉—那仁宝力格构成长达 120 km、宽 5～12 km、厚 20～160 m 北东向展布含矿含水层(体)。含水层(体)砂体结构疏松,连通性较好,产状总体较为平缓,局部略有起伏,分布稳定连续,其厚度变化规律是横向上从河道两侧向中心增厚,纵向上沿河道中轴线从南西向北东逐渐增厚(见图 2),与河道砂体变化规律相一致。

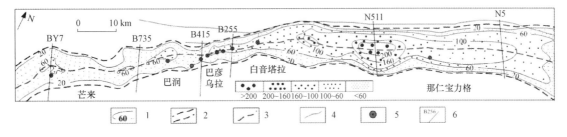

图 2 巴彦乌拉矿床赛汉组上段含矿含水层厚度等值线图

1—含矿含水层等厚线及数值(m);2—河道边界;3—河道中心线;4—断层;5—工业矿孔;6—勘探线及编号

赛汉组上段含矿含水层顶板埋深一般 23～150 m,底板埋深 50～300 m,总体呈现出从南西向北东逐渐加深的特征,仅在芒来—巴润、巴润—巴彦乌拉之间因抬升局部缺失隔水顶板,出现"天窗"。水位埋深芒来地段 3～15 m,局部低洼处出现自流,巴润地段 10～20 m,巴彦乌拉地段 19～26 m,白音塔拉地段 40～70 m,那仁宝力格地段 25～45 m;地下水(除透水"天窗"部位外)具承压性,承压水头

$2\sim93$ m。单孔涌水量一般 $120\sim960$ m³/d，渗透系数 $1\sim10$ m/d。

### 2.3 地下水的补给、迳流、排泄条件

矿床地下水主要来自北东邻区地下水的侧向补给，另外，还有北西和南东的侧向微弱补给及"天窗"部位大气降水的补给，总体呈北东向南西缓慢迳流，最终泄于矿床南西部的准达来、巴润达来一带。含矿含水层地下水主要来自北东邻区的侧向补给，沿河道砂体从北东向南西缓慢迳流（见图3），水力梯度 $0.3‰\sim1.4‰$，迳流速度 $0.7\sim2.9$ m/a，在南西部芒来地段的准达来一带排泄。

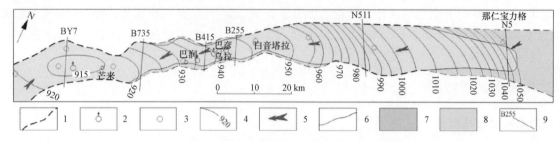

图 3　巴彦乌拉铀矿床赛汉组上段水文地质略图

1—赛汉组上段河道边界；2—水文地质孔；3—收集水文地质孔；4—含矿含水层承压水等水位线及标高(m)；

5—含矿含水层承压水流向；6—含矿含水层富水性分区界线；7—单孔涌水量 >120 m³/d；

8—单孔涌水量 <120 m³/d；9—勘探线及编号

### 2.4 地下水水化学特征

地下水主要为碎屑岩孔隙水，由伊尔丁曼哈组碎屑岩孔隙潜水、承压水和赛汉组上段碎屑岩孔隙承压水组成，水化学类型主要有 $HCO_3\cdot Cl$-Na、阴离子多组分-Na、$Cl\cdot SO_4$-Na、$Cl(Cl\cdot HCO_3)$-Na 型水，矿化度 $1\sim3$ g/L，其整体上变化特征是从北东向南西由 $HCO_3\cdot Cl$-Na 型水、阴离子多组分-Na 型水过渡为 $Cl\cdot SO_4$-Na 型水进而过渡为 $Cl$-Na($Cl\cdot HCO_3$-Na) 型水，矿化度逐渐增高。

## 3　水文地质条件与铀成矿关系

巴彦乌拉铀矿床铀矿体赋存于下白垩统赛汉组上段下部古河谷砂体中，赛汉组上段现代地下水沿古河谷砂体从北东向南西迳流（见图3），但在地质历史的演化过程中铀成矿时期地下水运移方向并非如此。

早白垩世晚期，构造活动已由断陷期转为坳陷期，虽已起到了一定的填平补齐的作用，但赛汉组上段沉积时的底板形态仍继承了基底形态的特征，巴彦乌拉地区地势依然为南西高、北东低，南北两侧高、中间低，从现代基底埋深图及赛汉组上段底板等高线图上仍可反映出来（见图1和图4），这为巴彦乌拉地区沿塔北凹陷轴部方向从南西向北东发育大型古河谷砂体创造了有利的构造条件。

早白垩世晚期为赛汉组上段沉积期，主要水源及物源来自南西部，同时亦有南、北两侧侧向水源及物源的补充，汇入主干河道后水流携带的沉积物沿塔北凹陷的长轴方向从南西向北东依次发育辫状河—辫状河三角洲—湖泊沉积（见图5）。当时气候温暖潮湿，水量充沛，水流携带沉积物在运移过程中逐步接受沉积的同时，亦可携带大量蚀源区的铀进入沉积物中，形成含铀层，并在沉积物中形成丰富的有机质（还原介质），有利于沉积物中铀元素的保存，同时在沉积物中形成同生沉积水。

晚白垩世，构造运动使该区整体抬升，发生沉积间断，赛汉组上段接受长期的风化剥蚀和淋滤入渗作用，并发生渗入水对同生沉积水的更替及沉积物的改造。因古地势基本保持原貌，其水流方向与沉积时基本相同，但气候已转为干旱—半干旱，使得蚀源区含铀含氧水及含氧大气降水沿古河谷南西部及南北两侧帮入渗，沿古河谷从南西向北东迳流，开始发生后生氧化作用和铀元素的初始富集。

古近纪—新近纪—第四纪更新世，构造运动以隆升为主，并持续伴随发生从北西向南东的掀斜作用，仅在古近纪始新世及新近纪上新世接受了厚度不大的短暂沉积，但古地形地貌只是北侧有所抬升之外，其渗入水主水流方向并未改变，仍然沿古河谷砂体（含水体）从南西向北东迳流，只是由于掀斜

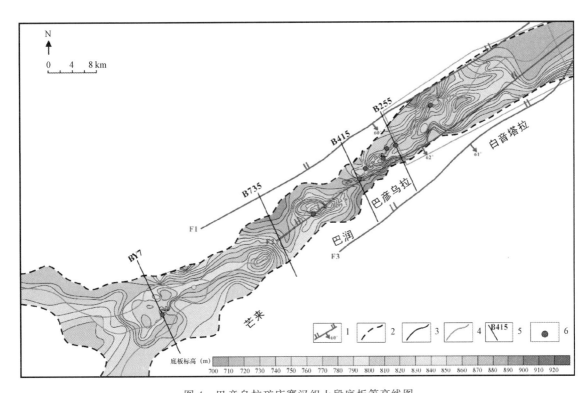

图 4　巴彦乌拉矿床赛汉组上段底板等高线图

1—盖层断层；2—河道边界；3—底板标高等值线；4—河道主流线；5—勘探线及编号；6—工业矿孔

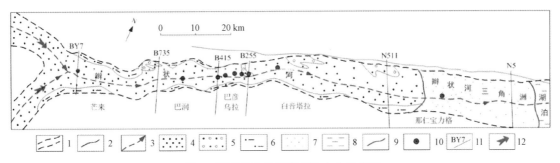

图 5　赛汉组上段沉积相及主水流向图

1—赛汉组上段河谷边界；2—沉积相分界；3—河道中心线及主水流方向；4—主干河道充填；5—侧向河道充填；
6—泛滥平原；7—辫状河三角洲；8—湖泊；9—断层；10—工业矿孔；11—勘探线及编号；12—主要物源方向

作用使得北侧水动力持续加强，侧向水流以北侧为主。该时期气候更加干旱，蚀源区含氧含铀水及含氧大气降水的入渗，使得沿古河谷纵向方向的氧化作用依然持续，而侧帮氧化作用则以北西侧的氧化作用为主，形成铀元素的再次富集。

第四纪全新世，锡林浩特—阿巴嘎旗发生大面积的火山喷发，伴随火山活动，使巴彦乌拉东部大幅度抬升，造成地势北东部高于南西部，这时地下水流方向彻底改变，演化为沿古谷砂体从北东向南西迳流的特征。

## 4　结论

综上所述，从晚白垩世—第四纪更新世，地下水动力系统始终保持纵向上从南西向北东迳流、横向上以河谷北西侧补给为主的特征，地下水补—迳—排系统完整，砂体赋存承压水，具有稳定的隔水—含水—隔水水文地质结构，为层间氧化带的发育与形成提供了有利条件。晚白垩世—第四纪更新世是赛汉组上段古河谷砂体发生后生氧化改造及铀迁移、沉淀、富集成矿的有利时期，其砂体展布稳定、厚度适中,构成的含水层、隔水层配置完好,层间含水层渗透性好,富含有机质,是形成砂岩型铀矿的最佳层位。

**参考文献:**

[1] 核工业二〇八大队. 内蒙古苏尼特左旗巴彦乌拉铀矿床及外围普查报告[R].2019.

[2] 史维浚. 铀水文地球化学原理[M].北京:原子能出版社,1990.

[3] 高俊义. 因格井盆地塔木素地段水文地质条件与铀成矿关系的研究[G].中国核科学技术进展报告,2009: 421-424.

[4] 王福东,魏显珍. 伊犁盆地南缘铀成矿与水文地质条件研究[J].科学技术与工程,2015,15(4):5-10.

[5] 张全庆,张新科,任满船. 托斯特地区砂岩型铀成矿水文地质条件分析究[J].新疆地质,2008,26(3):288-291

# The relationship between hydrogeological conditions and uranium mineralization of Bayanwula uranium deposit in Erlian basin

REN Xiao-ping[1], LIU Xiao-min[2], HUANG Qiang-fu[1],
PENG Rui-qiang[1]

(1. CNNC Geologic party NO. 208 Baotou Inner Mongolia. 014 100,China;

2. CNNC Inner Mongolia Mining company Limited,Huhehaote Inner Mongolia. 010020,China)

**Abstract:**Based on the systematic analysis of the geological and hydrogeological characteristics of Bayan Wula uranium deposit,through the previous work summary and field investigation,combined with the supply,runoff and discharge conditions of the water system and the metallogenic geological rules of the uranium deposit,this paper analyzes and summarizes the relationship between the metallogenic and hydrogeological conditions of Bayan Wula sandstone type uranium deposit,and obtains the understanding of the uranium metallogenic water in this area The understanding of cultural and geological conditions. It is considered that the groundwater recharge runoff drainage system in this area is complete,the sand body in the upper part of Saihan formation is stable and moderately thick,the sand body contains confined water,the aquifer and aquifuge are well arranged,and the interlayer aquifer has a stable water resisting water bearing water resisting hydrogeological structure,good permeability and rich in organic matter,which is the best horizon for forming sandstone type uranium deposits.

**Key words:**Bayanwula uranium deposit;Hydrogeological conditions;Uranium mineralization

中国核科学技术进展报告(第七卷)
铀矿地质分卷　　Progress Report on China Nuclear Science & Technology (Vol.7)　　2021 年 10 月

# 巴音戈壁盆地哈日凹陷巴音戈壁组上段层序
# 地层特征及砂岩型铀成矿作用

李曙光,彭瑞强,任晓平,刘国安

(核工业二〇八大队,内蒙古 包头 014010)

**摘要**:层序地层学已经被广泛应用于油气勘探与开发且取得了丰硕的成果,但在巴音戈壁盆地砂岩型铀矿床勘探方面的应用还只是刚刚起步。本文应用层序地层学理论,以典型钻孔为例对哈日凹陷含矿建造巴音戈壁组上段进行了沉积旋回的划分和剖面对比,识别出三个体系域,在此基础之上结合该地区砂岩铀矿化特征,提出层间氧化带主要发育高位体系域中,矿体主要赋存于低可容纳空间下形成的河道砂体中,且认为这类砂体厚度适中(10~20 m),并空间上具有一定的连通性,自身渗透性好,富含有机质,有利于层间氧化带的发育。

**关键词**:体系域;层间氧化带;砂岩型铀矿;层序地层学

## 1 区域地质背景

巴音戈壁盆地为我国北方中新生代六大含铀沉积盆地之一,处于华北板块、西伯利亚板块、塔里木板块和哈萨克斯坦板块的交接部位,构造属性复杂,隶属于特提斯构造域,发育单断与双断式的沉积盆地呈近东西向展布,整体具有"5 坳 8 隆"特征,其中 5 个坳陷包括拐子湖坳陷、苏红图坳陷、查干德勒苏坳陷、因格井坳陷和银根坳陷(见图 1)。

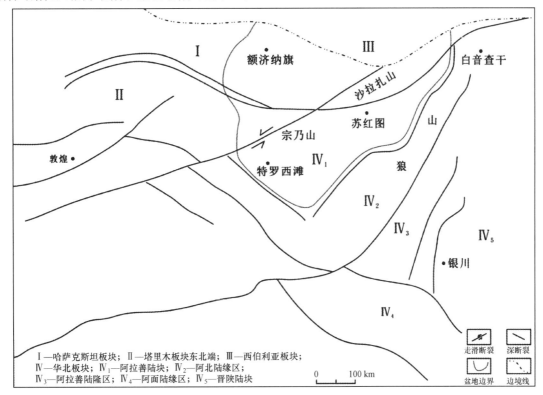

图 1　巴音戈壁盆地位置及板块构造图

作者简介:李曙光(1992—),男,工程师,现主要从事铀矿勘查工作

哈日凹陷位于盆地北部,属于盆地"5坳8隆"构造单元中的拐子湖坳陷西北部,该地区呈北东向带状展布,宽80~100 km,长200~230 km。研究区基底由太古界乌拉山群深变质岩,下元古界阿拉善群中深变质岩,寒武—泥盆系碎屑岩、碳酸盐岩及浅变质岩,石炭系中酸性火山岩、碎屑岩,二叠系碎屑岩、火山岩、碳酸盐岩和华力西中晚期及印支期花岗岩、花岗闪长岩组成,厚度<3 000 m。

该区盖层为中新生代陆相沉积,主要由下白垩统巴音戈壁组扇三角洲—湖泊沉积体系和上白垩统乌兰苏海组洪泛沉积组成,局部为第四系浅层覆盖。下白垩统巴音戈壁组上段为内主要含矿层位,岩性由砖红色、紫红色、黄色砂砾岩、砂岩,灰色、黄色砂岩与砖红色粉砂岩、灰色泥岩、粉砂岩不等厚互层组成,为一套细碎屑岩沉积。

## 2 巴音戈壁组上段层序地层特征

在形成沉积层序的沉积作用过程包括了侵蚀作用、过路冲刷作用、沉积作用、非补偿性沉积或无沉积间断,不同沉积作用过程反映了基准面在地表的升降变化趋势,从而产生了不同性质和规模的层序界面及层序上下地层构型和规模的差异,为界面的识别提供了重要依据[2-6]。在研究区,主要层序界面类型有:冲刷面、湖泛面、沉积相转换面、岩相转换面[6]。断陷湖盆的层序由低位体系域、湖扩展体系域和高位体系域组成[2,4],它们与构造关系密切。通过对钻孔 ZKG2-1 巴音戈壁组基准面旋回的划分,可识别出三种体系域。

### 2.1 湖侵体系域(EST)

巴音戈壁组上段湖侵体系域形成于构造活动较剧烈、气候较湿润、湖平面相对上升的时期,形成了前扇三角洲沉积亚相(见图2)。一个湖侵体系域沉积序列厚100~200 m,多由下部的前扇三角洲及沼泽环境演化为半深湖环境,常由2~3个向上砂岩减薄、泥岩加厚、砂泥比增大的退积准层序组叠置构成,单个准层序厚5~20 m,响应于自然电位曲线的齿化钟形—箱形组合。其沉积多为灰色、浅灰色粉砂岩、泥质粉砂岩、泥岩、砂质泥岩及薄层分选较好的砂岩。砂岩发育小型波状层理,纹层厚1~3 mm,泥岩和砂质泥岩发育微细水平层理,可见双壳纲类古生物化石。

### 2.2 低位体系域(LST)

低位体系域沉积厚58~210 m,形成于构造活动较弱、气候干旱、物源供给不断减少、蒸发量较大、湖平面相对下降的时期,由多个向上砂岩增多、泥岩减少、砂泥比加大的进积式准层序组或砂泥比变化不大的加积式准层序组叠置而成(见图3),单个准层序厚5~20 m,主要发育浅灰色粉砂岩、泥质粉砂岩、灰色泥岩、炭质泥岩。砂岩发育纹层厚3 mm的小型波状层理以及小型板状、槽状交错层理,可见垂向潜穴和螺蚌化石碎片;泥岩发育水平层理,可见少量双壳纲类化石。由于物源供给不足,主要沉积环境为浅湖、滨湖、沼泽,形成了大面积分布的滨湖沼泽相炭质泥岩和灰色泥岩。

### 2.3 高位体系域(HST)

高位系统沉积厚100~150 m,形成于构造活动较弱、气候较干旱、物源供给减少、湖平面相对上升的时期,由多个向上泥岩增多、砂岩减少的进积转退积式准层序组叠置而成,单个准层序厚5~15 m,主要发育褐红色砂岩、浅灰色粉砂岩、泥质粉砂岩及薄层细砂岩。砂岩发育纹小型槽状交错层理及平行层理,由于物源供给不足,主要沉积环境为扇三角洲前缘,形成了大面积分布的砂岩与泥岩互层。

## 3 层序与铀成矿作用

该地区的层间氧化带主要发育在扇三角洲平原及前缘亚相沉积中。氧化带岩石颜色主要表现为红色、黄色;过渡带岩石颜色表现为灰绿色、灰色,该带内含大量炭化植物碎屑、黄铁矿等还原介质;还原带颜色以灰色、深灰色为主,炭化植物碎屑和硫化物不如过渡带丰富。根据纵2号剖面中地层旋回对比结果,发现哈日凹陷层间氧化带主要发育在高位体系域中(HST),沉积环境主要为扇三角洲前缘

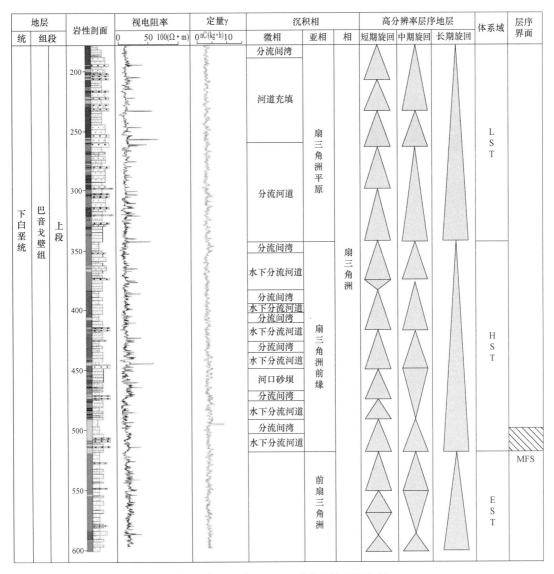

图 2  哈日凹陷 ZKG2-1 基准面旋回划分图

亚相中。区内目前发现的铀矿化(异常)主要位于分流河道砂体中,分流河道砂体岩性主要为粗砂岩、中砂岩及薄层细砂岩。测井曲线形态上表现为钟形、箱形、齿化箱形,岩性上主要表现为砂岩沉积直接覆盖在泥岩沉积之上,垂向上表现为由下粗上细的正韵律叠置层组成,单韵律层厚一般为 8～20 m,整体砂厚为 90～120 m。整个层间氧化带发育于低可容纳空间、低 A/S 值形成的短期旋回中。这类砂体自身的渗透性也比较好。单砂体厚度 10～15 m,泥岩夹层厚度一般 3～20 m,含砂率一般为 50%～70%。

## 4  结论

(1)通过层序地层学研究,识别出三个体系域,砂体主要发育于高位体系域及低位体系域中,主要为分流河道以及河口砂坝微相。

(2)长期旋回层序 A/S 比值和古地形控制着本区扇三角洲沉积微相和砂体的分布模式,亦约束了本区层间氧化带的发育。

(3)结合该地区层间氧化带发育特征及目标层位巴音戈壁组上段层序地层学的研究结果,认为层间氧化带主要发育在高位体系域中,目前发现的铀矿化(异常)均位于该体系域分流河道砂体中,结合已有的勘探成果,该区具有很大的找矿前景。

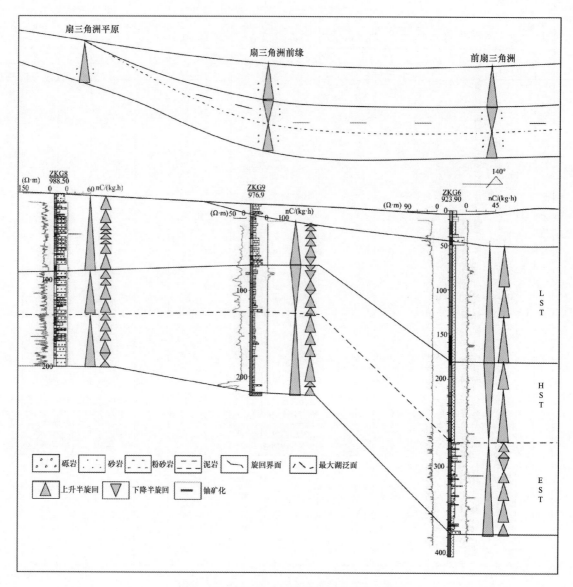

图 3　哈日凹陷纵 2 号剖面地层旋回对比图

**参考文献:**

[1]　李思田,林畅松,解习农,等.大型陆相盆地层序地层学研究[J].地学前缘,1995,2(4):133-136.

[2]　顾家裕.陆相盆地层序地层学格架概念及模式[J].石油勘探与开发,1995,22(4):6-10.

[3]　解习农,李思田.陆相盆地层序地层研究特点[J].地质科技情报,1993,12(1):22-26.

[4]　徐怀大.层序地层学理论用于我国断陷盆地分析中的问题[J].石油与天然气地质,1991,55(4):52-87.

[5]　李胜祥,陈肇博,陈祖伊,等.层序地层学在陆相沉积盆地内砂岩型铀矿找矿中的应用前景[J].铀矿地质,2001,
17(4):204-208.

[6]　邓宏文,王洪亮,李熙姬,等.层序地层基准面的识别、对比技术及应用[J].石油与天然气地质,1996,17(3):
176-184.

[7]　钱奕中,等.层序地层学理论和研究方法[M].成都:四川科学技术出版社,1994.

[8]　C K 威尔格斯.层序地层学原理[M].徐怀大,等译.北京:石油工业出版社,1993.

# Sequence stratigraphic characteristics and sandstone-type uranium mineralization of the upper member of Bayingebi Formation in Hari Sag, Bayin Gobi Basin

LI Shu-guang, PENG Rui-qiang, REN Xiao-ping, LIU Guo-an

(CNNC Geologic party NO. 208　Baotou Inner Mongolia. 014 100, China)

**Abstract:** Sequence stratigraphy has been widely used in oil and gas exploration and development and has achieved great results, but its application in the exploration of sandstone-type uranium deposits in the Bayin Gobi Basin is still in its infancy. In this paper, applying the theory of sequence stratigraphy, taking typical boreholes as an example, the sedimentary cycle division and profile comparison of the upper part of the Bayin Gobi Formation in the Hari Sag are carried out, and three system tracts are identified, and on this basis, the area is combined The characteristics of sandstone uranium mineralization suggest that the interlayer oxidation zone is mainly developed in the high-stand system tract, and the ore bodies mainly occur in the channel sand bodies formed under the low containment space, and the thickness of this kind of sand body is considered to be moderate (10-20 m). It has a certain degree of connectivity in space, has good permeability and is rich in organic matter, which is conducive to the development of the interlayer oxidation zone.

**Key words:** System tract; Interlayer oxidation zone; Sandstone-type uranium deposit; Sequence stratigraphy

# 关于音频大地电磁法在相山地区铀矿勘查
# 应用中几点问题的讨论

张濡亮，王　恒，胡英才

（核工业北京地质研究院，北京 100029）

**摘要：**研究表明，相山铀矿田主要有界面控矿、断裂构造控矿、次火山岩体控矿等关键控矿要素。这些要素多伴随明显的电性差异，可以用音频大地电磁测深法（AMT）来识别这要素。针对在相山铀矿田开展 AMT 工作时遇到的数据处理过程中影响反演结果的三种情况，本文开展了三组不同的实验。通过对比找到了造成影响的原因，总结了实验结论并给出了解决问题、提高反演结果准确性的办法。其中，连续缺点实验表明，当反演剖面上存在较多的缺失点时，会对整条剖面的反演结果造成一定的影响。边界效应的对比试验表明，边界上的点在近地表存在高阻异常时通常会导致反演结果得到假异常，且阻值越高，假异常越明显。横抽实验表明，该区多数地段地下三层结构稳定，二维性较好，界面展布范围较大。上述三组试验的结论为 AMT 方法在该区应用效率和准确性的提高提供了依据。

**关键词：**相山铀矿田；音频大地电磁法；二维反演；边界效应

　　相山铀矿田是我国目前最大的火山岩型铀矿田，随着"攻深找盲"工作的进一步开展，能够探测深部信息的物探方法的作用越来越重要。前人研究认为，相山地区主要有界面控矿、断裂构造控矿、次火山岩体控矿等关键控矿要素[1]。最近几年 AMT 方法在相山铀矿基地的应用效果表明该方法能够解决相山铀矿田的关键控矿要素，但是在数据反演过程中常会遇到影响结果准确性的情况，本文针对三个主要问题进行了模拟对比。

## 1　相山地质概况

　　相山铀矿田位于赣杭构造火山岩铀成矿带的南西端[2]，受相山大型塌陷式火山盆地控制，区域上是 NE 向遂川深大断裂与 NNE 向宜黄安远深断裂交汇复合地带。其东与华夏地块的桃山—诸广岩浆弧毗邻，北接扬子陆块区下扬子陆块的江南古岛弧。相山及其邻区的中生代岩浆活动强烈，铀矿田受铀含量较高的中酸性火山-侵入杂岩系控制。相山火山盆地基底地层为中元古界片岩、千枚岩；盖层为上侏罗统打鼓顶组、鹅湖岭组中酸性、酸性火山熔岩，火山碎屑岩，局部夹陆相碎屑沉积岩。矿田构造主要为火山环状构造及 NE 向断裂构造，此为近 SN 向断裂构造与近 EW 向推覆构造，其中火山环状构造及 NE 向断裂构造为矿田内主要控矿构造[3-5]。

## 2　方法应用基础

　　音频大地电磁法（AMT）是基于麦克斯韦尔电磁感应原理，利用岩石导电性差异的一种频率域电磁勘探方法[6]。而相山地区的主要岩性的岩石间存在明显的电性差异，这为该方法的应用提供了物性基础。陈越对相山地区主要岩石-流纹英安岩、碎斑熔岩、花岗斑岩、变质岩等的电阻率进行了调查研究[7]。四种主要岩石的电阻率变化范围都很大，但还是能够区分出电阻率的差异，其中碎斑流纹岩和花岗斑岩的电阻率的算术平均值相对较高，流纹英安岩则表现为低阻（见表1）。

---

**作者简介：**张濡亮（1980—），男，山东寿光人，高级工程师，硕士，现主要从事电磁法勘探工作

表 1 研究区主要岩石电阻率[8]

| 岩性 | 样品数 | 常见值(平均值)/(Ω·m) | 最大值/(Ω·m) | 最小值/(Ω·m) |
|---|---|---|---|---|
| 变质岩 | 39 | 5 011(5 791) | 55 779 | 392 |
| 花岗斑岩 | 100 | 31 622/2 511(8 166) | 255 300 | 570 |
| 流纹英安岩 | 352 | 1 584(2 808) | 399 784 | 198 |
| 碎斑熔岩 | 887 | 12 589(24 389) | 95 468 | 90 |

通过表中数据分析可知,深部变质岩为相对高阻,打鼓顶组的流纹英安岩为低阻,鹅湖岭组的碎斑流纹岩为高阻,电性差异较明显,利用 AMT 方法通过反演能够区分出不同岩性的界面,而不同岩性的组间界面正是相山铀矿田的控矿要素之一。经实际应用证明,AMT 方法对于确定组间界面效果明显。

## 3 方法参数对比试验

在 AMT 数据处理过程中,经常遇到影响反演结果的情况,针对这些情况,下面设置了三个实验用于模拟这些干扰因素并找出问题的原因。

### 3.1 连续缺点实验

相山地区农业较发达,人口密集,居住区较多,在测量过程中因为房屋或者地形原因会舍弃许多测点,当舍弃的点数量较多时会对反演结果造成较大的影响,本实验针对缺失点个数与反演结果的真实性之间的关系展开。图 1 显示的是该地区某条剖面上连续删除点个数不同时的反演结果对比图,图 1(a)是全部测点参与反演时测线的电阻率反演断面图,点距是 50 m,图 1(b)~图 1(f)是该剖面上从 7 号点开始依次连续舍掉 1、3、5、7、9 个点时反演得到的结果,图 1(a)与图 1(b)、图 1(c)两者非常相似,特别是与图(b)几乎一样,推断出的组间界面的深度显示,两者界面几乎重合,可以看出偶尔的舍掉 一个测点对结果影响不大,随着舍弃点数的增加,从图 1(c)、图 1(d)到图 1(e)与原剖面的差距越来越明显,推测出的组间界面的深度差别也越来越大,图 1(f)与图 1(a)两者的差别更明显,推测出的组建界面的深度差别可以达到三、四百米,非常不准确。

通过该实验表明:采用的反演方法比较稳定,从图 1(a)与图 1(b)的结果一致上可以看出,从图 1(a)到图 1(f)的渐变也可以证明该方法的稳定性。同时该实验表明,当反演剖面上存在较多的舍弃点时,会对整条剖面的反演结果造成一定的影响,缺失的点越多,反演结果越不真实,但特殊原因导致极个别的一个点丢失时,对结果的影响不大(上述结论基于 50 m 点距时,当点距更小时可以丢掉 1-3 个点的情况下保证结果的准确性)。

### 3.2 边界效应

音频大地电磁法的边界效应一直是影响该方法反演结果的一个重要因素,在 AMT 的实际应用过程中发现许多剖面的反演结果存在剖面两端电阻率上翘的现象,与实际地质认识存在差别,本实验针对此情况展开。

图 2 是两个工区的两条剖面,两条剖面重合 1 300 m,图 2(a)、图 2(c)是将两条剖面分别反演计算得到的结果,图 2(b)是将两条剖面联合反演得到的结果,从图中可以看出,图 2(a)所示剖面起始点存在的电阻率等值线上翘的现象在综合图 2(b)中对应位置并没有上翘,在图 2(c)所示剖面的相应位置也不存在上翘现象,或者显示很不明显,此处的电阻率等值线上翘是一假象,并不是地下真实信息的反应,而图 2(c)剖面末端的电阻率等值线上翘在图 2(b)中对应位置虽有反应,但是反应很不明显,说明此处的上翘现象夸大了真实的地下信息。通过进一步的对比试验得出,边界上的点在近地表存在高阻异常时通常会得到明显假异常,而阻值越高,得到的假异常就越明显,当边界阻值较剖面内侧阻值一致时,通常不存在假异常或者假异常不明显。因此在进行野外测量时跨过目标体适当的延长

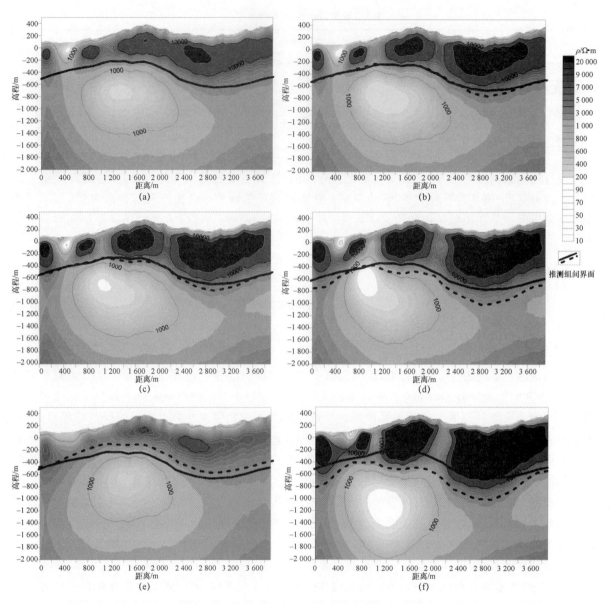

图 1　连续删除点个数不同时反演结果对比图

测线一定距离是很有必要的。

### 3.3　横抽实验

相山地区的 AMT 测量已经进行到三维测量的尺度,测线方向多垂直构造或者大角度与构造相交,部分地区数据点是 $50 \times 100$ 的网格,在对剖面进行沿测线反演的同时,从工区中选择垂直于测线方向的测点组成了一条剖面,对此剖面进行反演,与从原测线反演结果中抽出的这些点的数据组成的结果进行了对比,验证采用的反演方法的二维稳定性,对比结果如图 3 所示。

图 3(a)是从所有剖面的反演结果中抽出的对应测点的结果组成的等值线图,图 3(b)是将对应测点原始数据组成剖面后反演得到的结果,可以看出,两者在形态上非常相似,只是因为图 3(a)是直接抽出的测点的值组成的图,未进行平滑,因此曲线变化比较剧烈,但整体上的形态与图 3(b)非常相似,同时结合相山地区该剖面处地下组间界面和基底界面深度与电阻率的关系推测出的组间界面与基底界面在两图上反应非常吻合。说明了该地区 AMT 二维反演结果的准确性及稳定性,对其他剖面进行类似的实验,结果表明多数剖面两个结果能够吻合较好,少数剖面变化剧烈地方吻合不够好。

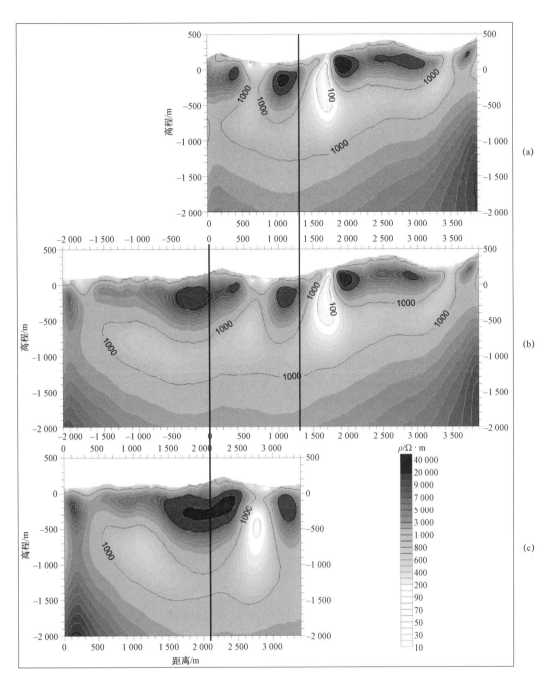

图 2　剖面长度不同时反演结果对比图

## 4　结论

通过在相山开展上述实验并对结果进行分析得出：

（1）流纹英安岩电阻率较低，碎斑熔岩、碎斑流纹岩电阻率较高，两者电阻率差异明显，AMT 探测这两者组间界面深度较准确，对于流纹英安岩与基底变质岩之间的基底界面，因为两侧的电性差异不明显，同时因为深度增加带来的垂向分辨率的降低，AMT 在探测基底界面时通常会存在一定误差。

（2）当反演剖面上存在较多的删除点时，会对整条剖面的反演结果造成一定的影响，缺失的点越多，反演结果越不真实，但特殊原因导致极个别的一个点丢失时，对结果的影响不大。

（3）边界上的点在近地表存在高阻异常时通常会得到明显假异常，而阻值越高，得到的假异常就越明显，当边界阻值较剖面内侧阻值一致时，通常不存在假异常或者假异常不明显。因此在进行野外

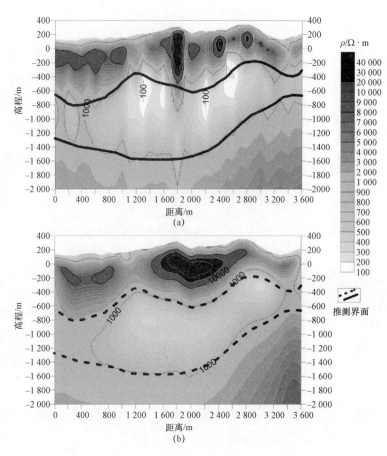

图 3　不同方式反演结果对比图

测量时跨过目标体适当的延长测线一定距离是很有必要的。

（4）该地区 AMT 二维反演结果的准确性及稳定性较好,通过对其他剖面进行类似的实验,结果表明多数剖面两个结果能够吻合较好,少数剖面变化剧烈地方吻合不够好。

**致谢:**

　　感谢胡英才博士在本文计算反演计算过程中的帮助,胡博士用不同的算法对本文的结果进行了计算,验证了本文结果的准确性。感谢王恒对本文题目修改提出的宝贵建议,使题目与内容更加贴近。

**参考文献:**

[1]　林锦荣.相山铀矿田深部找矿标志及找矿方向[J].铀矿地质,2013,29(6):321-327.

[2]　范洪海.江西相山铀矿田成矿物质来源的 Nd、Sr、Pb 同位素证据[J].高校地质学报,2001,7(2):139-145.

[3]　邵飞.相山铀矿田成矿物质来源探讨[J].东华理工大学学报(自然科学版),2008,31(1):39-44.

[4]　陈贵华.相山铀矿田成矿条件分析[J].铀矿地质,1999,15(6):329-337.

[5]　邵飞.江西省相山铀矿田成矿模式探讨[J].地质力学学报,2008,14(1):65-73.

[6]　李金铭.地电场与电法勘探[M].北京:地质出版社,2007.

[7]　陈越.相山铀矿田地球物理特征及深部地质结构研究,北京:核工业北京地质研究院,2014.

[8]　刘祜.AMT 和高精度磁测方法解决相山铀矿田关键控矿要素中的应用效果[J].铀矿地质,2015,31:308-313.

# Discussion on some problems in application of AMT method to uranium exploration in Xiangshan area

## ZHANG Ru-liang, WANG Heng, HU Ying-cai

(Beijing Research Institute of Uranium Geology, Beijing 100029, China)

**Abstract:** The results show that the key ore-controlling factors of Xiangshan uranium ore field are interface ore-controlling, fault structure ore-controlling, subvolcanic rock ore-controlling and so on. Most of these elements are accompanied by significant electrical differences, which can be identified by the Audio Magnetotelluric Soundings (AMT). In this paper, three groups of experiments are carried out for the three conditions that affect the inversion results during AMT data processing. Through comparison, the causes of the influence are found, and the methods to solve the problems and improve the accuracy of the inversion results are given. Among them, continuous defect experiment shows that when there are many missing points, the inversion result of the whole section will be affected to some extent. The contrast test of boundary effect shows that when the point on the boundary has high resistance anomaly near the surface, it usually leads to false anomaly in the inversion results, and the higher the resistance value is, the more obvious the false anomaly is. The experimental results show that the structure of underground three stories is stable in most areas, and the two-dimensional property is good. The conclusions of the above three groups of experiments provide a basis for improving the efficiency and accuracy of the AMT method in this area.

**Key words:** Xiangshan uranium ore field; AMT; Inversion; Boundary effect

# 针对井中瞬变电磁实测资料的矢量交会及其在热液型铀多金属勘查中的应用

段书新,刘　祜,汪　硕,李淮阳,胡跃彬

(核工业北京地质研究院,北京 100029)

**摘要**:针对热液型铀多金属勘查领域井中瞬变电磁弱异常的特点,开展了针对井中瞬变电磁实测资料的矢量交会技术研究。引入多项式拟合思想对纯异常进行近似处理,以减小测量误差、外界噪声等干扰因素对矢量交会结果的影响,增强了矢量交会技术对小倾角板体的适用性,使其可用于对井中瞬变电磁实测数据的处理。经模型验证,根据矢量交会算法所推断良导体的空间位置与实际一致,表明该方法理论可行,计算准确。利用该技术,对诸广热液型铀成矿区 ZK71-2 井中瞬变电磁实测数据进行了处理,推断了孔旁赤铁矿(化)中心和铀矿化蚀变带的延伸方向,增强了井中瞬变电磁方法在热液型铀多金属勘查中的应用效果。

**关键词**:井中瞬变电磁;弱异常;矢量交会;热液型铀多金属

作为 20 世纪 70 年代提出的井中物探方法,井中瞬变电磁(bore hole transient electromagnetic method,简称 BHTEM)已在良导电矿体勘查领域取得了一系列的应用效果[1-5]。核工业于 2015 年引入该方法,认为井中瞬变电磁能够识别钻孔附近的破碎蚀变带等铀成矿、控矿要素[6]。但是,探测目标体与围岩之间较小的电性差异造成热液型铀多金属勘查领域井中瞬变电磁异常弱,后续解释难度大。针对此问题,笔者开展了针对井中瞬变电磁实测资料的矢量交会技术研究,并简述了其在热液型铀多金属勘查中的应用。

## 1　井中瞬变电磁研究现状

井中瞬变电磁在地面布设发射回线以产生交变一次场,利用探头在钻孔中逐点接收感应二次场,从而实现探测井旁、井底盲矿的目的[7]。国外 Woods D. V.[8]采用 Crone PEM 系统进行了模型试验,P. A. Eaton 和 G. W. Hohmann[9]、Richard. C. West 和 S. H. Ward[10]通过正演计算展示了导电围岩影响的特征;国内戴雪平利用 Maxwell 软件开展了数值模拟[11],较好的总结了目标体不同状态下井中瞬变电磁三分量响应特征,为良导电矿体井中瞬变电磁资料常规定性解释奠定了基础。

井中瞬变电磁应用主要集中在导电矿体勘查领域。国内有限的勘探资料中,井中瞬变电磁异常均较弱,常规解释技术适用性差。对此,张杰[12]率先提出地—井瞬变电磁矢量交会技术,并在新疆小热泉子铜矿区取得应用效果;杨毅[13]采用遗传算法实现了基于等效涡流的地—井 TEM 纯异常反演;王鹏[14]以水平电流环各分量空间指向性为基础,开发出地—井瞬变电磁法浮动系数空间交会算法。

热液型铀矿勘查的目标体是与铀成矿密切相关的破碎蚀变带等,其井中瞬变电磁异常更弱。因此,笔者在前人基础上,对井中瞬变电磁矢量交会技术进行了研究与完善,增强了该方法在热液型铀矿勘查领域的适用性。

## 2　矢量交会的原理及实现

张杰[15]以自由空间中的导电球体为例,论证了二次场的矢量方向与二次场的时间特性、一次场强度无关,而只与感应涡流状态及观测点与等效涡流中心的相对位置有关。即:在感应涡流状态已知的情况下,通过研究井中各测点二次场矢量的方向,就可以达到确定"等效涡流中心"位置的目标。其方

---

**作者简介**:段书新(1987—),男,湖北随州人,高级工程师,硕士,主要从事电磁法勘探研究与应用工作

法原理如图 1 所示，左侧黑色实线和蓝色虚线分别是 $Z$、$X$ 分量的二次场响应，通过在各测点位置绘制合成矢量，即可达到定位"等效涡流中心"的目的。

图 2 是 200 m×200 m 电流环（图中粉色直线）在 $XOZ$ 主断面上产生的感应二次场（粉色箭头），以及位于 $X＝－150$ m 处钻孔所产生的井中瞬变电磁响应（$Z$ 分量：黑色实线，$X$ 分量：蓝色实线）。以 $Z＝0$ 处的测点为例，此时 $Z$ 分量响应幅值最大、方向向下，$X$ 分量响应为零，将两者分别逆时针旋转 90°再合成，则合成矢量（红色箭头）的方向指向涡流中心。实际矢量交会过程中，将 $Z$ 分量幅值放大一定倍数，则必然使得各深度位置处的合成矢量交于一点，即为异常体中心。

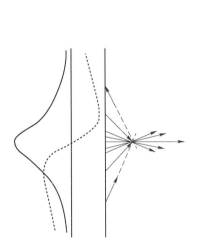

图 1　井中瞬变电磁矢量交会原理示意图　　　　图 2　矢量交会方法示意简图

## 3　针对实测资料的井中瞬变电磁矢量交会技术

上述矢量交会的原理和实现均是以自由空间中水平板体为研究对象的，其井中瞬变电磁响应为板体所引起的纯异常。实际测量过程中，导电围岩产生的感应二次场在总场中占据一定比例，且不可忽视。同时，测量过程中不可避免地存在外界干扰及测量误差，致使针对实测资料的井中瞬变电磁矢量交会需要开展一系列处理，主要有以下几个方面。

### 3.1　纯异常提取

热液型铀矿井中瞬变电磁的探测目标体与围岩之间的电性差异较小，致使围岩二次场响应在总响应中占比较高。因此，为利用上述基于板体纯异常响应的矢量交会技术，需开展针对井中瞬变电磁实测资料的纯异常提取。

根据测点距离目标体的远近，在深度上将实测曲线划分为背景区—异常区—背景区，其中背景区的实测值可近似看作是导电围岩的响应，异常区实测值则是围岩响应与纯异常响应的叠加。由于导电围岩产生的感应二次场是连续、渐变的，因此可利用背景区围岩响应构建全孔段围岩二次场响应 $yi$ 关于深度 $hi$ 的函数 $yi＝f(hi)$，即可计算出异常区的围岩二次场响应。将其从实测总响应中剔除，即可得到仅有探测目标体引起的井中瞬变电磁纯异常[13]。

### 3.2　纯异常的多项式拟合

前文已经提到，井中瞬变电磁矢量交会主要适用于水平板体，其 $Z$ 分量响应呈对称的负异常特征，水平 $XY$ 分量则呈现反对称的正 S 或反 S 特征。实际测量过程中，地质体很难处于完全水平且外界干扰因素不可避免，实测曲线难以完全对称。此时，若直接对实测数据纯异常进行矢量交会，易产生合成矢量不汇聚等问题。同时，为了让矢量交会对小倾角板体同样适用，需对纯异常数据进行曲线拟合，通过这种近似处理，可进一步增强矢量交会技术的适用性。

具体来讲,针对反对称的正 S 和反 S 异常,可利用高阶奇次多项式进行拟合,即

$$Y=ax+bx^3+cx^5+dx^7+o(x^7)$$

其中 Y 为纯异常响应,x 为测点与异常深度中心的距离。考虑到正弦函数的对称性特征,在 Matlab 中设定 a、b、c、d 初始系数分别为 1、−1/3!、1/5!、−1/7! 并进行自动拟合。拟合过程中,用户可实时查看数据拟合情况选择合理的阶数,一般 7 阶以下即可满足要求。

与正(反)S 曲线拟合相似,针对轴向对称异常的曲线拟合可通过高阶偶次多项式来完成,即

$$Y=a+bx^2+cx^4+dx^6+o(x^6)$$

其对称特性与余弦函数相似,故设定 a、b、c、d 初始系数分别为 1、−1/2!、1/4!、−1/6!。

利用上述方法对理论响应进行拟合的效果如图 3 和图 4 所示,图中 * 点为响应值,实线为拟合曲线。

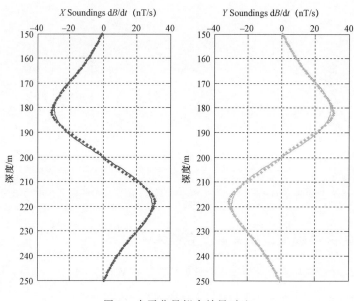

图 3　水平分量拟合效果对比

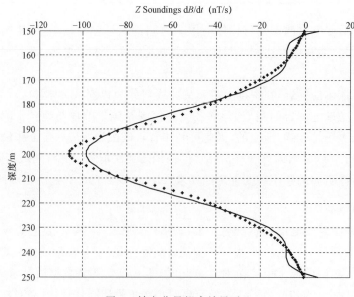

图 4　轴向分量拟合效果对比

### 3.3 异常参数计算及矢量交会

井中瞬变电磁异常参数包含异常中心埋深、相对钻孔的方位、与钻孔的距离,其中异常中心埋深可通过寻找响应曲线中的对称中心来简单识别,而方位和距离则需具体测算。

建立以钻孔为原点的直角坐标系(见图5),假设感应涡流中心在平面上的投影位于 $P$,则水平分量的合成矢量 $V_{xy}$ 一定位于 OP 所在的直线上。此时,根据水平 $X$、$Y$ 分量的响应,结合三角函数相关知识,即可求取出 $V_{xy}$ 相对 $X$ 轴的方位,进而换算出异常体相对钻孔的方位。

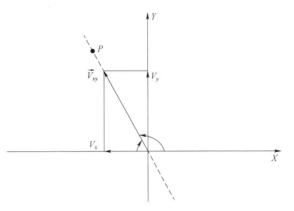

图5 涡流中心在 $XY$ 平面上的投影及水平分量示意图

以任一道井中瞬变电磁响应为例,其在某一深度位置处的合成矢量必交 $X$ 轴于一点,该点相对原点的距离即为该时间道、该深度位置处矢量交会产生的目标体距离。测点深度位置不同,同一时间道将交会出多个距离值,实际交会过程中可优选异常深度附近的交会距离作为该时间道异常体相对钻孔的距离。

### 3.4 理论模型验证

利用 Maxwell 建立典型井中瞬变电磁模型,模型参数为:发射回线 400 m×400 m、钻孔坐标 $(-50,-50,0)$、孔深 400 m、电流强度 1 A、导体中心坐标 $(0,0,-200)$,模型的平面投影如图6所示。

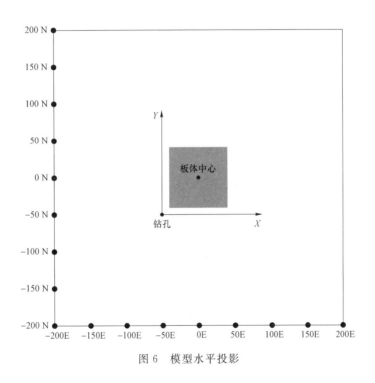

图6 模型水平投影

通过对模型产生的井中瞬变电磁响应进行纯异常提取、多项式拟合及矢量交会,得到第13道响应的矢量交会结果如图7所示。由图可知,矢量交会出的异常埋深为 200 m、方位为 45°、距离钻孔约 74 m,与模型实际情况较吻合较好。

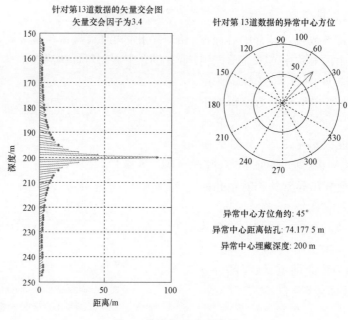

图7　模型矢量交会结果

## 4　应用实例

ZK71-2位于诸广热液型铀成矿区,孔深403 m,开孔方位75°。钻孔所揭露的岩性主要为中粒黑云母花岗岩,在106 m深度位置处有较弱的伽马异常,铀含量为$47.6 \times 10^{-6}$。

采用Crone PEM系统对该孔进行了中心方位的井中瞬变电磁三分量测量,得到60～395 m深度段井中瞬变电磁三分量响应及其与放射性测井、岩性对比如图8所示。

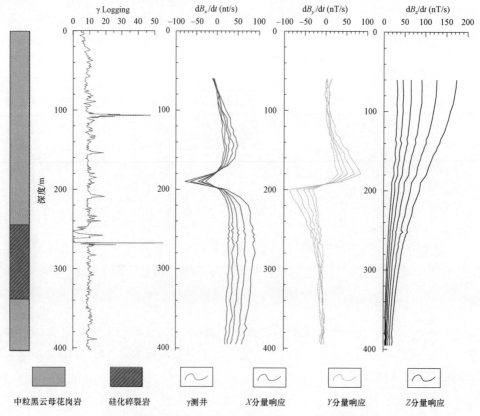

图8　ZK71-2井中瞬变电磁三分量响应与γ测井及钻孔岩性对比简图

由图 8 可知:轴向 $Z$ 分量未见明显异常,其原因在于围岩二次场响应在综合响应中占比高,对目标体响应形成压制。水平 $XY$ 分量在 190 m 深度位置处异常幅值较大,推测为良导电矿体所致。结合钻孔在该深度段揭露到的少量赤铁矿化,认为孔旁存在盲赤铁矿(化)。$Y$ 分量呈反 S 特征,表明该赤铁矿(化)位于钻孔南部。

对上述 190 m、106 m 深度位置处的井中瞬变电磁实测响应进行纯异常提取,得到纯异常响应曲线分别如图 9 和图 10 所示。图 9 中 $Z$ 分量的井旁负异常特征得到凸显,进一步证实了钻孔旁存在良导电的赤铁矿(化)。纯异常提取后,106 m 深度段的异常也变得明显,水平分量呈现 S 特性,表明孔旁目标体是以近水平状态而存在,位于钻孔北西西方位(见图 10)。

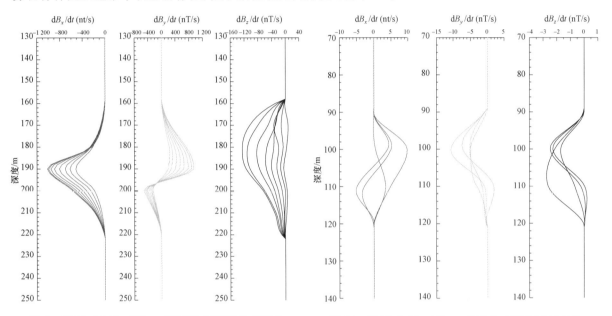

图 9　ZK71-2 160~220 m 深度段 BHTEM 纯异常　　　图 10　ZK71-2 90~120 m 深度段 BHTEM 纯异常

对图 9 中的纯异常进行多项式拟合、矢量交会,得到第 4 道矢量交会结果如图 11 所示。根据交会结果,低阻的赤铁矿(化)中心位于钻孔 165°方位,埋深 190 m,距钻孔约 45 m。

对图 10 中 106 m 深度处纯异常进行多项式拟合、矢量交会,得到第 13 道矢量交会结果如图 12 所示。根据交会结果,控制铀矿化的蚀变带中心位于钻孔 327°方位,埋深 105 m,距钻孔 5.8 m。将该矿化蚀变带中心与钻孔放射性测井最大值对应的异常位置相连,可推测该铀矿化蚀变带在空间上以较小的倾角向北西方向延伸。

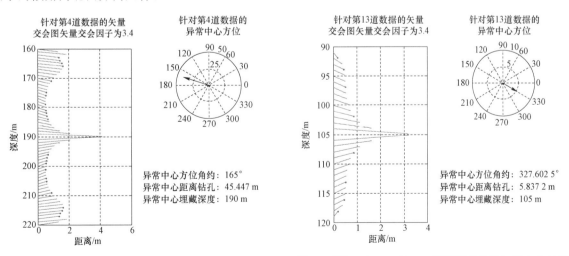

图 11　ZK71-2 160~220 m 深度段纯异常矢量交会结果　　　图 12　ZK71-2 90~120 m 深度段纯异常矢量交会结果

## 5 结论

通过开展针对实测资料的井中瞬变电磁矢量交会及其在热液型铀多金属勘查中的应用研究,取得如下成果:

(1)引入了多项式拟合思想对纯异常数据进行近似处理,增强了矢量交会技术对小倾角板体的适用性,使其可用于对井中瞬变电磁实测数据的处理,达到定位异常中心的目的。

(2)经模型验证,矢量交会算法所推断良导体的空间位置与实际一致,证明了矢量交会的方法理论可行,计算准确。

(3)通过开展针对诸广热液型铀成矿区 ZK71-2 井中瞬变电磁实测资料的矢量交会,推断了孔旁赤铁矿(化)中心和铀矿化蚀变带的延伸方向,增强了井中瞬变电磁在热液型铀多金属勘查中的应用效果。

**参考文献:**

[1] J. R. Bishop, R. J. G. Lewis, J. C. Macnae. Down-Hole Electromagnetic Surveys at Renison Bell, Tasmania[J]. Exploration Geophysics,1987,18:265-277.

[2] N. A. Hughes, William R. Ravenhurst. Three component DHEM surveying at Balcooma[J]. Exploration Geophysics, 1996,27:77-89.

[3] Irvine R J. Drillhole TEM surveys at thalanga,queensland[J].Exploration Geophysics,1987,18:285-293.

[4] 蒋慎君,陈卫.井中脉冲瞬变电磁法在苏皖地区寻找深部隐伏金属矿产中的应用效果[J].江苏地质,1987,2: 46-52.

[5] 张杰,邓晓红,郭鑫,等.地—井 TEM 在危机矿山深部找矿中的应用实例[J].物探与化探,2013,37(1):30-34.

[6] 段书新,汪硕,万汉平,等.井中瞬变电磁法在探测火山岩中良导电体的应用研究—以铀矿科学深钻 CUSD3 为例[J].世界核地质科学,2016,33(4):223-228.

[7] 蒋邦远.实用近区磁源瞬变电磁法勘探[M].北京:地质出版社,1998.

[8] Woods D V. A model study of the crone borehole pulse electromagnetic(PEM)[R].M. Sc. thesis,Queen's Univ. , Kingston,Ontario. 1975.

[9] Eaton P. A,Hohmann G. W. The influence of a conductive host on two-dimensional borehole transient electromagnetic response[J].Geophysics,1984,49(7):861-869.

[10] West R. C,Ward D. H. The borehole transient electromagnetic response of a three-dimensional fracture zone in a conductive half-space[J].Geophysics,1988,53(11):1469-1478.

[11] 戴雪平.地—井瞬变电磁法三维响应特征研究[D].北京:中国地质大学,2013.

[12] 张杰,吕国印,赵敬洗,等.地—井 TEM 向量交会技术的实现和应用效果[J].物探化探计算技术,2007,29 (S1),162-165.

[13] 杨毅,邓晓红,张杰,等.一种井中瞬变电磁异常反演方法[J].物探与化探,2014,38(4),855-859.

[14] 王鹏.井—地瞬变电磁法浮动系数空间交汇与等效电流环反演方法研究[D].北京:中国地质大学,2017.

[15] 张杰.地—井瞬变电磁异常特征分析及矢量交会解释方法研究[D].北京:中国地质大学,2009.

[16] 段书新,刘文泉,许幼,等.井中瞬变电磁纯异常提取方法及其在热液型铀矿勘查中的应用[J].世界核地质科学,2018,35(4):225-232.

# Vector intersection for measured BHTEM data and its application in hydrothermal uranium and polymetallic exploration

DUAN Shu-xin, LIU Hu, WANG Shuo, LI Hui-yang, HU Yue-bing

(Beijing Research Institute of Uranium Geology, Beijing 100029, China)

**Abstract:** Aiming at the weak anomaly of bore hole transient electromagnetic in the field of hydrothermal uranium and polymetallic exploration, vector intersection technique for BHTEM measured data is carried out. This article introduced polynomial fitting to deal with pure anomalies, reduced the impact of measurement errors, external interference on vector intersect results, enhanced the applicability of vector intersection to small dip plate, and can be used to process BHTEM measured data. After model verification, the spatial position of the good conductor inferred according to the vector intersection algorithm is consistent with the actual situation, which shows that this method is feasible in theory and accurate in calculation. Using this technology, BHTEM data of ZK71-2 in Zhuguang hydrothermal uranium metallogenic area were processed, hematite center and extension direction of the uranium mineralization alteration zone is inferred, which enhanced the application effect of BHTEM in hydrothermal uranium and polymetallic exploration.

**Key words:** BHTEM; Weak anomaly; Vector intersection; Hydrothermal uranium and polymetallic

# 核桃坝地区流纹斑岩空间展布特征及铀成矿关系浅析

李天瑜，蒋孝君，李东鹏，杨　勇，张海云，李华明

(核工业二〇八大队,内蒙古 包头 014010)

**摘要**:核桃坝地区流纹斑岩是晚侏罗世满克头鄂博期火山喷发结束、火山口崩塌后,火山活动残余岩浆沿环状裂隙充填的产物,呈环状沿墙产出。该环状流纹斑岩脉与铀成矿关系极为密切,是研究区内重要的铀成矿标志,形成以后作为一道天然屏障使得岩浆热液运移至环状斑岩脉附近后就停歇下来,不再向上运移,尔后经本期及晚侏罗世玛尼吐、白音高老、早白垩世义县期等多期次的火山作用残余岩浆热液不停与环状流纹斑岩脉及围岩发生地球化学作用,使得铀元素不断活化迁移进入溶液中富集并最终在环状流纹斑岩脉附近次级裂隙内沉淀成矿。

**关键字**:核桃坝;流纹斑岩脉;铀成矿标志;岩浆热液;次级构造

　　核桃坝地区位于沽源-红山子铀成矿带中西段,该带内现已发现火山岩型铀矿床 3 个,分别为位于研究区北东部红山子地区的 470 铀矿床和南西部沽源地区的 460 铀矿床、534 铀矿床;同时区内也分布有大量航放异常,具有极大的铀成矿潜力,基于此,核工业二〇八大队区自 2009 年以来一直在区内从事铀矿勘察、研究工作,现已探明铀矿体共二十几个,已查清铀矿体主要赋存在晚侏罗世流纹斑岩内或是其两侧的上侏罗统满克头鄂博组酸性火山碎屑岩内。研究区内第四系覆盖较为严重,多年来主要进行钻孔查证工作,尽管已投入大量钻探工作,但由于区内地质构造背景较为复杂,因此作为研究区内主要控矿因素的流纹斑岩的空间展布形态至今仍未能完全查明。基于此,笔者综合整理、对比研究区内已有地质、物化探测量及钻探资料,以期能查清研究区流纹斑岩的空间展布形态,为今后查证工作提供理论支持。

## 1　区域地质背景

　　核桃坝地区处于华北板块北缘,位于大兴安岭岩浆活动带南部(见图 1)。区域上出露地层以中生

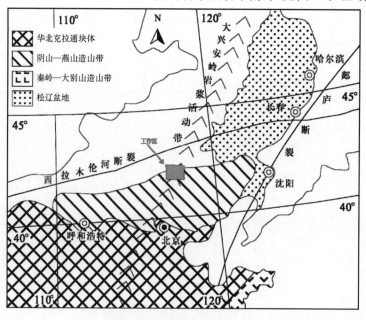

图 1　研究区区域构造简图

作者简介:李天瑜,男(1989—),硕士,现主要从事铀矿地质工作

代火山岩系为主,其次为零星的古生界、前寒武纪地层,中生代地层包括上侏罗统满克头鄂博组、玛尼吐组、白音高老组、下白垩统义县组等火山岩地层;古生代地层主要为下二叠统三面井组和额里图组。区域上构造也极为发育,著名的温都尔庙-西拉木伦河断裂即位于研究区北部;区内岩浆活动较为频繁,古生代期间古亚洲洋的拉开、俯冲、闭合及中生代期间蒙古-鄂霍次克洋闭合后的造山伸展作用都伴随有多期岩浆活动,使得区内铀元素一次次富集而最终成矿。

## 2 研究区地质特征

研究区位于多伦火山喷发盆地北西部。区内出露地层主要为上侏罗统满克头鄂博组,岩性以灰紫色流纹质岩晶屑熔结凝灰岩为主,局部夹有灰紫色流纹质岩晶屑凝灰岩、灰紫色流纹质含角砾岩晶屑凝灰岩等;区内断裂构造极为发育,多成北西向展布,主要有F2、F4、F6、F8、F9等断层,其次北东向延展的F3、F5等断层,F2、F8、F9等断层规模较大,切割并错断F3、F5、F6等断层,F3、F4、F5、F6等断层具有较为明显的环状特征,区内岩浆岩主要为火山作用末期侵入的晚侏罗世花岗斑岩(见图2)。

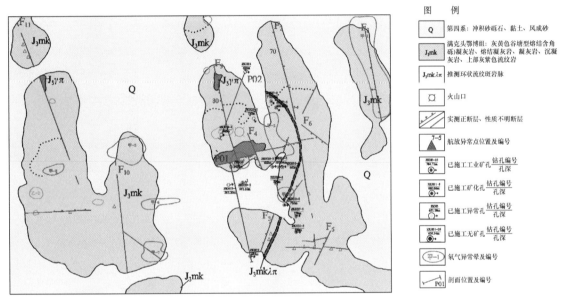

图2 研究区地质简图

## 3 流纹斑岩空间展布特征

前人在工作研究中,早已发现研究区内流纹斑岩与铀矿体空间上耦合极好,但对于流纹斑岩的空间展布特征及其与铀成矿的具体关系并未作较深入的研究,仅是笼统的将区内流纹斑岩定为流纹斑岩体、将流纹斑岩体与铀成矿关系模糊的定义为极为密切。因流纹斑岩空间展布特征不明,区内铀矿地质调查工作开展的往往较为被动,铀矿体成因也一直未能查清。

本文结合本年度区内施工钻孔岩性特征,重新梳理流纹斑岩与其上下层岩层的接触关系,并初步总结出其呈环状脉岩产出。据 ZKH17、ZKH20 钻孔揭露岩性(见图3),流纹斑岩出露视厚度约100 m,在 ZKH17 孔内揭露标高 1 207 m,在 ZKH20 孔内揭露标高 970 m;流纹斑岩发育明显的冷凝边,斑岩中部含有大量晶形较好的肉红色正长石斑晶,斑晶粒径普遍在 3~6 mm 之间,含量约 20%,至中部向两侧,斑岩内斑晶含量锐减,粒径也显著变小至 1~3 mm,具有明显的侵入特征;但是该两孔虽然相隔三百多米,且钻进方位一致,其内流纹斑岩上下侧围岩却出奇的一致,上侧岩性皆为珍珠岩、流纹质晶屑熔结凝灰岩,下侧岩性皆为灰白色流纹质晶屑浆屑熔结凝灰岩。对该侵入接触关系较为合理的解释应是协调侵入,但是流纹斑岩在该两孔的揭露标高差近 200 m,因此协调侵入接触也不可用。鉴于上述原因,笔者再次对研究区钻孔、地面资料的进行整理、归纳,最终发现研究区应为一小火山机构,前人地质调查工作中实测的 F3、F4、F5、F6 等断层具有较为明显的环状特征,本年度施工的 ZKH18、ZKH39-1 钻孔内揭露有较厚的火山通道花岗斑岩体(见图 4),加之火山喷发形成的火山岩层多呈环状展布,因此火山口崩塌形成环状裂隙时,裂隙上下侧岩性也即环状流纹斑岩脉的围岩沿裂隙或是脉岩延展方能稳定,因此 ZKH17、ZKH20 钻孔揭露的流纹斑岩脉上下围岩才能一致。

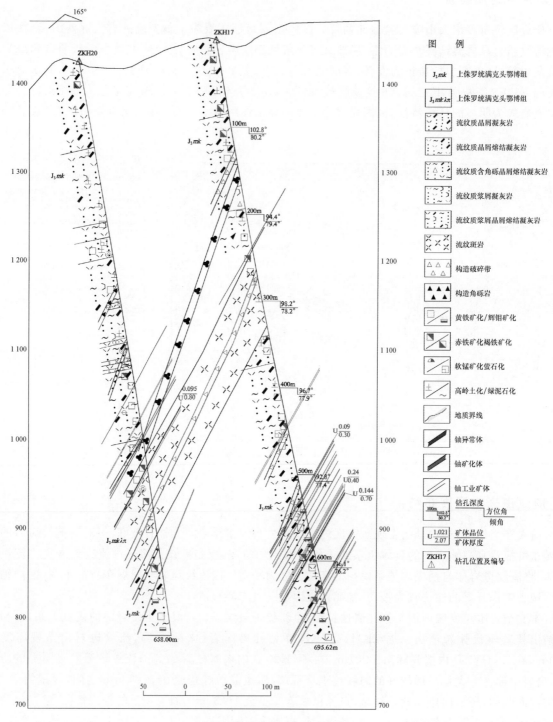

图 3　流纹斑岩空间出露简图

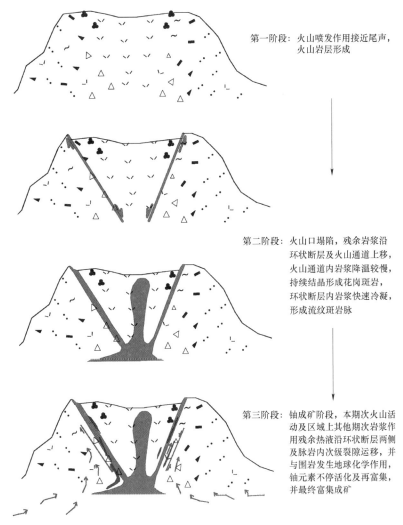

第一阶段：火山喷发作用接近尾声，火山岩层形成

第二阶段：火山口塌陷，残余岩浆沿环状断层及火山通道上移，火山通道内岩浆降温较慢，持续结晶形成花岗斑岩，环状断层内岩浆快速冷凝，形成流纹斑岩脉

第三阶段：铀成矿阶段，本期次火山活动及区域上其他期次岩浆作用残余热液沿环状断层两侧及脉岩内次级裂隙运移，并与围岩发生地球化学作用，铀元素不停活化及再富集，并最终富集成矿

图 4　流纹斑岩空间展布特征与铀成矿关系简图

## 4　流纹斑岩与铀成矿关系

　　研究区自 2009 年开展铀矿调查工作以来，已探明铀矿体空间展布与环状流纹斑岩脉的出露吻合度极高，或是位于环状流纹斑岩脉上下侧围岩内，或是直接位于环状流纹斑岩内，但又与常见斑岩型矿床明显不同，研究区内铀矿体普遍产于一些较小的次级断裂内，因此一直以来，研究区内铀矿地质调查工作皆笼统的将该流纹斑岩与铀成矿的关系定义为密切，具体如何密切并未做深入的研究。

　　为判定该环状流纹斑岩脉与铀成矿的关系，本文选取流纹斑岩内稀有元素及铀矿体内的稀有元素（见表 1）进行轻重稀土比值比较，以确定二者岩浆来源及成矿物质来源是否一致。结果显示，环状流纹斑岩脉内 Ce / Y 值是原始地幔 Ce / Y 值的 8 倍多，显示环状流纹斑岩脉岩浆源区应为地壳；而铀矿体内 Ce / Y 值是原始地幔 Ce / Y 值的 2 倍多一点，表明铀矿体的形成应有地幔热液的参与，这与蒋孝君等人所测的环状流纹斑岩脉（143 Ma）与铀矿体（81 Ma 和 113 Ma）的形成年龄也相符，而且研究区临近区域也见有早白垩世中基性火山岩、脉岩出露，这些基性岩的形成时代与研究区现有铀成矿年龄较为相近，此外李子颖、胡瑞忠等人对江西相山铀矿田进行流体包裹体研究也得出类似的结论，即铀成矿作用有来自幔源的热液参与。显然，铀矿体虽然空间上与环状斑岩脉耦合极好，可成矿物质却并非来自环状流纹斑岩脉，至少不是全部来自环状流纹斑岩脉。

**表1 核桃坝地区环状流纹斑岩脉及铀矿体 Ce、Y 元素含量表**　　　　wt%

| 流纹斑岩 | 样号 | 1 | 2 | 3 | 4 | 5 | 6 | 7 | 均值 |
|---|---|---|---|---|---|---|---|---|---|
| | Ce | 0.018 2 | 0.020 1 | 0.020 4 | 0.017 1 | 0.011 9 | 0.009 9 | 0.021 4 | 0.017 0 |
| | Y | 0.007 32 | 0.006 21 | 0.005 22 | 0.005 85 | 0.004 63 | 0.005 54 | 0.006 64 | 0.005 9 |
| | Ce/Y | 2.49 | 3.24 | 3.91 | 2.92 | 2.57 | 1.79 | 3.22 | 2.87 |
| 铀矿体 | 样号 | 1 | 2 | 3 | 4 | 5 | 6 | 7 | 均值 |
| | Ce | 0.692 | 0.692 | 1.247 | 0.717 | 0.768 383 | 0.760 | 0.700 | 0.796 |
| | Y | 0.638 | 0.701 | 0.677 | 0.748 | 0.709 | 0.788 | 0.599 | 0.690 |
| | Ce/Y | 1.084 | 0.99 | 1.84 | 0.96 | 1.08 | 0.97 | 1.17 | 1.16 |

那为何二者在空间上却是如此相近呢?笔者认为这或许与研究区特殊的地质构造背景有关,前文已述及,研究区实为一小型火山机构,火山口为区内现在花岗斑岩体出露处,而早期火山口坍塌形成的环状裂隙则被流纹斑岩充填(见图4),环状流纹斑岩脉与火山口中心的花岗斑岩体皆为火山作用末期残余岩浆冷却结晶而成,只是两者冷凝环境不同从而使得花岗斑岩体结晶程度更高。在花岗斑岩体及环状流纹斑岩脉就位后,岩浆演化末期热液向上运移的通道也就被封堵住了,因此火山作用末期残余岩浆热液就只能迁移至环状流纹斑岩脉附近次级裂隙内,这既包括本期次火山作用的残余岩浆热液,也含有往后玛尼吐期、白音高老期直至早白垩世义县期等多期次的,这些残余岩浆热液不断与环状流纹斑岩脉及其附近酸性熔岩发生地球化学反应,使得铀元素不断活化迁移再富集并最终沉淀成矿。

## 5 结论

(1)核桃坝地区流纹斑岩呈环状沿墙产出,是晚侏罗世满克头鄂博期火山喷发结束、火山口崩塌后,火山活动残余岩浆沿环状裂隙充填的产物。

(2)该流纹斑岩与铀成矿关系更多是作为一道天然屏障使得岩浆热液运移至环状斑岩脉附近后就停歇下来,不再向上运移。

(3)流纹斑岩脉及铀矿体地球化学特征及年代学研究表明,研究区铀矿体是多期次岩浆热液(包括幔源岩浆热液)作用的产物。

**参考文献:**

[1] 李洪军,等.内蒙古镶黄旗—多伦地区铀资源潜力评价报告[R].2012:1-16.

[2] 李洪军,薛伟,剡鹏兵,等.内蒙古镶黄旗-多伦地区铀资源潜力评价报告[R].2013:12-90.

[3] 薛伟,剡鹏兵,等.内蒙古化德—多伦地区铀矿资源调查评价报告[R].2015:4-24.

[4] 薛伟,剡鹏兵,等.内蒙古多伦县核桃坝地区铀矿预查报告[R].2016:7-11.

[5] 薛伟,白志达,等.内蒙古镶黄旗—多伦地区火山机构及其与铀矿化关系研究报告[R].2016:110-165.

[6] 蒋孝君,等.内蒙古核桃坝地区流纹斑岩的地球化学特征及与铀富集的关系岩石学[J].地质出版社,2017,31(02):228-229.

[7] 薛伟,等.沽源—红山子铀成矿带核桃坝铀矿床矿相学和成矿年代学研究[J].岩石学报,2019,35(04):1088.

[8] 路凤香,等.岩石学[M].北京:地质出版社,2001:75-92.

# Rhyolitic porphyry spatial distribution characteristics of Hetaoba area and its relationships with uranium mineralization

LI Tian-yu, JIANG Xiao-jun, LI Dong-peng, YANG Yong,
ZHANG Hai-yun, LI Hua-ming

(CNNC Geologic Part. 208 Baotou, Inner Mongolia)

**Abstract**: Rhyolitic porphyry of Hetaoba area is volcanic activity product of late Jurassic volcanic eruption residual magma filled along the circumferential fissure formed after crater collapse when volcanic eruption ending, which emergenced cricoidly. The rhyolitic porphyry had close relationships with uranium mineralization, which is the important uranium mineralization marks of Hetaoba area. It is a natural barrier that make the magmatic hydrothermal from this period and late Jurassic volcanic eruption such as Manitu period, Baiyingaolao period and Cretaceous Yixian period migrate near the dike, no longer migrate upward. The magmatic hydrothermal constantly react geochemically with the rhyolitic porphyry vein and surrounding rock, making uranium element out and gathering and deposited lastly in the secondary fractures.

**Key words**: Hetaoba area; Rhyolitic porphyry; Uranium mineralization marks; Magmatic hydrothermal

# 鄂尔多斯盆地北东部砂岩型铀矿床古层间氧化带地球化学特征

陈　霜,刘鹏兵,李荣林,苗爱生

(核工业二〇八大队,内蒙古 包头 014010)

**摘要:**鄂尔多斯盆地是我国重要的能源基地,在野外工作和资料整理的基础上,本文从铀成矿地带氧化还原环境出发,对鄂尔多斯盆地北东部砂岩型铀矿床古层间氧化带宏观和微观识别标志、地球化学环境指标特征进行研究。结果表明,研究区砂岩型铀矿化受成岩后期经历的二次还原改造影响,主要产于绿色与灰色砂岩分界附近的灰色砂岩中;各分带的地球化学指标具差异性,不同颜色的砂岩代表了不同的地球化学环境,不同的地球化学特征对铀成矿起着不同的控制作用;研究区古层间氧化带岩石地球化学类型直接受沉积、成岩环境控制,分为原生、后生岩石地球化学环境。研究结果为下一步找矿工作提供了依据。

**关键字:**鄂尔多斯盆地;古层间氧化带;地球化学特征

鄂尔多斯盆地位于华北地台西部,是一个多能源共存的沉积盆地,蕴含着丰富的石油、天然气、煤炭和铀矿资源,是我国重要的能源基地[1-4],也是我国战略性能源—铀资源的主要基地之一[5]。近年来,通过系统地调查评价和勘查工作,鄂尔多斯盆地找矿成果不断扩大,相继发现了皂火壕、纳岭沟、大营等铀矿床,对成矿地质条件、地层系统划分和控矿因素也有进一步的研究,但由于鄂尔多斯盆地工作面积较大,构造演化复杂,控矿因素多,对目的层位的氧化还原环境、岩石地球化学环境等方面的研究还远远满足不了砂岩型铀矿找矿的需求,因此,有必要研究氧化带特征以及目的层岩石地球化学环境,揭露其与铀成矿、沉积、成岩环境的关系,进一步有效指导后期找矿。

## 1　研究区地质特征

研究区位于发育一系列相互交织的基底断裂,构造破碎、复杂和凹凸不平。由中生界、新生界组成沉积盖层,包括三叠系(T)、侏罗系(J)、白垩系下统($K_1$)、新近系上新统($N_2$)、第四系(Q)[6]。各地层在横向和纵向上发育差异较大,其中三叠系、侏罗系和白垩系是沉积盖层主体[7-8],由辫状河和辫状河三角洲沉积组成的中侏罗统直罗组($J_2z$)是鄂尔多斯东北部主要铀矿赋矿目的层位。

研究区砂岩各类岩石学指标差异性较小,但由于沉积环境的变化及成岩作用的改造,致使各层位的砂岩在成分、粒度、磨圆等方面仍存在差别,碎屑物平均含量约为90%,成分以石英、长石为主,少量岩屑、云母及重矿物,填隙物主要由杂基组成,见少量胶结物。

## 2　古层间氧化带地球化学特征

### 2.1　宏观地球化学标志

通过研究厘定了目的层砂岩的氧化色及原生色,并结合样品分析结果,确定了氧化砂岩与原生砂岩微观识别标志以及古层间氧化带的地球化学环境指标,主要的别标识有:

古氧化残留砂岩:颜色呈现紫红色、砖红色(见图1和图2),粒度一般较细,为细—粉砂岩,胶结程度较强,大多与绿色砂岩呈包裹或被包裹状产出[9-12]。不发育炭屑、黄铁矿等还原性物质,表现出较强烈的氧化环境。

---

**作者简介:**陈霜,女,硕士,高级工程师,长期从事铀矿勘查与科研工作

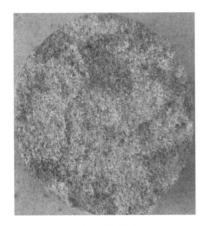 

图1 古层间氧化带残留砂岩1　　　　　　图2 古层间氧化带残留砂岩2

古层间氧化(二次还原)砂岩:颜色表现为不同程度的绿色、灰绿色,所含泥砾有残留的氧化边(见图3),粒度一般为细—粗砂岩,砂质疏松胶结较弱。

(a)　　　　　　　　　　　　　　(b)

图3 古层间氧化(二次还原)砂岩

富矿带砂岩:一般产于古氧化砂岩的上、下翼,在氧化—还原界面灰色砂岩一侧及酸碱的中和部位形成铀矿化。富矿带砂岩呈灰色、暗灰色(见图4),胶结程度整体较差,砂质较为疏松,多见炭屑与细晶状黄铁矿伴生,镜下可见褐铁矿化及赤铁矿化。

原生(还原)砂岩:为未经历过早期古层间氧化作用的砂岩。颜色表现为不同程度的灰色(见图5),粒度分布范围广,胶结程度整体较差,砂质较为疏松,但在局部见有钙质胶结砂岩,砂质坚硬,由于未遭受氧化作用,含有较多的炭屑及团块状黄铁矿等还原介质。

图4 富矿带砂岩　　　　　　　　　　图5 原生(还原)砂岩

## 2.2 微观地球化学标志

不同颜色的砂岩代表着不同的地球化学环境分带,紫红色砂岩为古氧化残留砂岩,代表了古氧化环境;绿色砂岩虽本身指示的是还原环境,但其反映的是早期经历了古氧化后又经历了二次还原的过程,因此其属于古氧化砂岩;灰色砂岩为原生还原砂岩,代表的是原生还原环境;含矿砂岩则代表的氧化还原过渡环境。

通过对研究区不同砂岩的矿物特征及岩石地球化学特征的对比分析(见表1),得出不同地球化学分带的地球化学指标具有以下特征。

表1 研究区地球化学分析结果统计表

| 地球化学指标 | | 古氧化残留砂岩 | 古层间氧化砂岩 | 矿化砂岩 | 原生砂岩 |
|---|---|---|---|---|---|
| $U(\times 10^{-6})$ | 分布范围 | 1.26~24.2 | 2.15~75.9 | 110~5 000 | 1.53~95.2 |
| | 平均值 | 7.84 | 17.79 | 1 734.74 | 26.77 |
| 全岩 S/% | 分布范围 | 0.01~0.99 | 0.01~0.11 | 0.02~1.89 | 0.01~3.88 |
| | 平均值 | 0.03 | 0.11 | 0.39 | 0.42 |
| $Fe^{3+}/Fe^{2+}$ | 分布范围 | 0.33~1.93 | 0.13~1.67 | 0.23~4.78 | 0~0.87 |
| | 平均值 | 1.11 | 0.51 | 1.1 | 0.48 |
| CaO/% | 分布范围 | 1.06~16.85 | 0.46~8 | 0.73~20.2 | 0.62~18.56 |
| | 平均值 | 9.13 | 2.39 | 6.06 | 3.9 |
| TOC/% | 分布范围 | 0.03~0.05 | 0.03~1.2 | 0.03~2.71 | 0.03~1.91 |
| | 平均值 | 0.04 | 0.18 | 0.59 | 0.3 |
| CH4/(μL/kg) | 分布范围 | 551~1 781 | 168~1 177 | 247~1 982 | 294~1 976 |
| | 平均值 | 1 291 | 604 | 880 | 735 |
| 蒙皂石/% | 分布范围 | 88~92 | 49~85 | 70~96 | 48~87 |
| | 平均值 | 90 | 72.86 | 84.1 | 75.33 |
| 高岭石/% | 分布范围 | 3~5 | 6~25 | 1~28 | 7~49 |
| | 平均值 | 3.67 | 12.29 | 10.1 | 20 |
| 绿泥石/% | 分布范围 | 1~2 | 0~9 | 0~3 | 0~2 |
| | 平均值 | 1.33 | 3 | 1.6 | 1 |
| 伊利石/% | 分布范围 | 3~7 | 5~19 | 2~8 | 3~4 |
| | 平均值 | 4.67 | 9.86 | 3.9 | 3.33 |

注:数据源自研究区各勘查地区样品分析结果综合

(1) U 平均含量表现为氧化—还原叠置带最高,平均含量 1 734.74 μg/g,且古氧化带平均 U 平均含量低于原生还原带,古氧化残留砂岩平均 U 含量最低,为 7.84 μg/g。这与铀成矿过程中,铀的迁移、富集条件相符,同时也反映了铀的富集与古层间氧化作用密切相关。

(2) 全岩 S 平均含量表现为从古氧化—氧化—还原叠置带—原生还原带含量呈逐渐增高的趋势。氧化—还原叠置带全岩 S 平均含量最高,为 0.39%。古氧化残留砂岩全岩 S 平均含量最低,为 0.03%。

(3) $Fe^{3+}/Fe^{2+}$ 表现为氧化—还原叠置带比值在 1 左右;还原带 $Fe^{3+}/Fe^{2+}$ 比值低于 1;古氧化带及还原带比值均在 0.5 左右;古氧化残留砂岩比值最高,为 1.11。古氧化带砂岩与古残留氧化砂岩的差异性,体现了二次还原改造将早期氧化的 $Fe^{3+}$ 还原成了 $Fe^{2+}$ 的作用过程。

(4) 古氧化残留砂岩 CaO 平均含量最高,这类砂岩岩石孔隙中碳酸盐胶结物含量较高、渗透性差,因此不易发生二次还原,得以保留下来。在其他分带中,氧化—还原叠置带 CaO 含量最高,其次是原生还原带,古氧化带平均值最低。氧化—还原叠置带 CaO 含量高的主要原因是成矿过程中钾长石高岭石化释放出的 $Ca^{2+}$ 与表生作用形成的碳酸铀酰络合物发生了方解石与铀矿物的同时沉淀而导致的。

（5）有机C表现为氧化还原叠置带含量较高，平均含量0.59%，且该分带有机C平均含量与古氧化带、还原带差距较大。古氧化残留砂岩有机C含量最低，平均值0.04%。

（6）甲烷气体表现为氧化—还原叠置带含量较高，平均含量880 $\mu L/kg$，氧化—还原叠置带甲烷平均含量明显高于古氧化带、还原带。

（7）黏土矿物含量：氧化—还原叠置带中蒙皂石平均含量明显高于古氧化带及原生还原带[11]，这说明，黏土吸附作用主要以蒙皂石为主。

综合宏观与微观地球化学标志，研究区由结构疏松的绿色、灰绿色砂岩组成，其U含量、全S平均值略高于氧化残留砂岩，而$Fe^{3+}/Fe^{2+}$与还原带近似。

## 2.3 地球化学环境指标特征

研究区岩石的原生地球化学类型直接受沉积、成岩环境控制，不同颜色反映出不同的地球化学特征，划分为原生、后生岩石地球化学环境。

### 2.3.1 原生岩石地球化学特征

岩石的原生地球化学类型受沉积、成岩环境控制，主要表现为灰色砂岩。由于地层中含丰富的有机质、黄铁矿等还原性介质，使得地层本身具有较强的原生还原能力。根据所取环境样分析，灰色砂岩中有机碳、$S^{2-}$含量高，分别为0.13%，0.04%；$Fe_2O_3/FeO$值为0.96%（见表2），表现为还原环境，说明铀矿化与有机质等还原物关系密切[12]。

表2　某地段不同砂岩环境指标特征一览表

| 所在层位 | 宏观分带 | 样品个数 | FeO/% | $Fe_2O_3$/% | C有/% | $S^{2-}$/% | $\Delta Eh$/% | 微量U/$10^{-6}$ | $Fe_2O_3/FeO$ |
|---|---|---|---|---|---|---|---|---|---|
| J2y1 | 绿色（氧化带） | 32 | 1.78 | 2.33 | 0.06 | 0.02 | 36.12 | 0.31 | 1.31 |
| | 灰色（还原带） | 27 | 1.65 | 1.59 | 0.13 | 0.04 | 27.18 | 2.62 | 0.96 |

### 2.3.2 后生岩石地球化学特征

后生岩石主要表现为绿色砂岩，即古层间氧化带砂岩。根据研究区$Fe_2O_3$、FeO含量分析数据统计可知（见表3），绿色砂岩中的$Fe_2O_3$、FeO平均含量均高于灰色及含矿砂岩，印证了绿色砂岩在沉积后经历了较强的后期改造过程。后生还原作用对岩石地球化学环境进行了改造[13]，并且后期改造作用伴有Fe的带入，从而导致绿色砂岩的$Fe_2O_3$及FeO的含量较高，$Fe_2O_3/FeO$值为1.31%，表现为氧化环境，而其他含量均略低于其他岩石。

表3　研究区直罗组下段层间氧化带砂岩环境样品元素含量统计表

| 所在层位 | 宏观分带 | 样品/个 | FeO | $Fe_2O_3$ | C有 | $S^{2-}$ | $S_全$ | $Fe_2O_3/FeO$ |
|---|---|---|---|---|---|---|---|---|
| $J_2z_1$ | 绿色（氧化带） | 98 | 1.87 | 1.03 | 0.12 | 0.04 | 0.05 | 0.51 |
| | 矿石（过渡带） | 69 | 1.60 | 1.67 | 0.15 | 0.32 | 0.44 | 1.10 |
| | 灰色（还原带） | 173 | 1.66 | 1.39 | 0.16 | 0.13 | 0.22 | 0.48 |

岩石比电位（$\Delta Eh$值）从还原带、氧化带、氧化—还原叠置带由低到高[14]，氧化—还原叠置带中$\Delta Eh$值最高，这与氧化—还原叠置带中岩石含有大量的黄铁矿及有机碳有关。

## 3 总结

通过对研究区地球化学环境指标及相关环境样品研究分析，得出结论如下：

（1）研究区铀成矿受古层间氧化带影响，铀矿（化）体多产出于古层间氧化带前锋线附近。

（2）研究区氧化砂岩受其在成岩后期经历的二次还原改造影响，属古层间氧化砂岩。铀矿化主要产于绿色与灰色砂岩分界附近的灰色砂岩中。

（3）研究区岩石的原生地球化学类型受沉积、成岩环境控制；后生岩石地球化学特征证明了绿色砂岩在沉积后经历了较强的后期改造过程，说明其既经历过早期的古氧化作用，又经历了后期二次还原作用。

**参考文献：**

[1] 张更信,苗爱生,李文辉,等. 泊尔江海子断裂带在砂岩型铀矿成矿中的作用[J].东华理工大学学报(自然科学版),2016,39(1):15-22.

[2] 赖小东,王安东. 鄂尔多斯盆地延长组长 7 段地层的富铀作用[J].东华理工大学学报(自然科学版),2015,4(38):358-363.

[3] Ye J R,Lu M D. Geochemistry modeling of cratonic basin:A case study of the Ordos Basin,NW China[J].Journal of Petroleum Geology,1997,20(3):347-362.

[4] Zhang L F,Sun M,Wang S G,et al. The composition of shales from the Ordos Basin,China:effects of source weathering and diagenesis[J].Sendimentary Geology,1998,116(2):129-141.

[5] 陈霜,王文旭,等,鄂尔多斯盆地苏台庙—巴音淖尔地区铀成矿控制因素及找矿标志[J].东华理工大学学报(自然科学版),2019,42(2):142-147.

[6] 陈安平. 鄂尔多斯盆地北部地浸砂岩型铀资源调查评价报告[R].2005:11-15.

[7] 李晓翠,刘武生,等. 鄂尔多斯盆地南部砂岩型铀矿成矿预测[J].铀矿地质,2014,6(30),321-327.

[8] 郭宏伟,戴明建. 鄂尔多斯盆地银东地区层间氧化带特征分析[J].重庆科技学院学报(自然科学版),2012(01),41-43.

[9] 任中贤,申平喜,陈粉玲. 鄂尔多斯盆地南缘砂岩型铀矿地质特征及成矿条件分析[J].世界核地质科学,2014(3):514-518.

[10] 王永君. 呼斯梁地区直罗组下段古层间氧化带特征及其控矿性研究[J].河南理工大学学报(自然科学版),2010(S1):164-169.

[11] 孙晔. 砂岩型铀矿床的有机地球化学分带性及其与铀成矿的关系——以内蒙古皂火壕铀矿床为例[J],铀矿地质,2016(03):129-136.

[12] 王贵,苗爱生,高贺伟. 鄂尔多斯盆地纳岭沟铀矿床矿(化)体岩石地球化学特征[J].铀矿地质,2015(A1):149-158.

[13] 彭云彪,陈安平,李子颖. 东胜砂岩型铀矿床特殊性讨论[J].矿床地质,2006(S1):249-252.

[14] 易超,陈心路,李西得. 鄂尔多斯盆地北东部古层间氧化带砂岩型铀矿成矿特征[J].铀矿地质,2015(增刊):123-133.

# Geochemical characteristics of paleo-interlayer oxidation zone of sandstone-type uranium deposits in the northeastern part of Ordos Basin

CHEN Shuang, YAN Peng-bing, LI Rong-lin, MIAO Ai-sheng

(CNNC. Geologic party NO. 208,Baotou,Inner Mongolia 014010,China)

**Abstract**:The Ordos Basin is an important energy base in China,many uranium deposits have been discovered in the north and east of it. On the basis of field work and data compilation, the macroscopic and microscopic identification signs, also the geochemical environment index characteristics of the ancient interlayer oxidation zone in the study area have got further analysis, which basing on the characteristics of ancient interlayer oxidation zone and redox environment in uranium metallogenic zone. Studies have shown that: Sandstone-type uranium mineralization which affected by the secondary reduction in the later stage of diagenesis, is mainly produced in gray sandstone near the boundary between green and gray sandstone; The geochemical indicators of each zone are different, different colors represent different geochemical environments, and different geochemical characteristics have different control effects on uranium mineralization; The rock geochemical type of the ancient interlayer oxidation zone is directly controlled by the sedimentary and diagenetic environment, is divided into primary and epigenetic rock geochemical environment. The research results above provide a basis for the future prospecting work.

**Key words**: Ordos Basin; Ancient interlayer oxidation zone; Geochemical characteristics

# 鄂尔多斯盆地北部早白垩世沉积特征与盆地演化关系研究

杨丽娟，王永全，杨　蓉，涂　颖，张攀科，张晓玉

（核工业二〇八大队，内蒙古 包头 014010）

**摘要**：鄂尔多斯早白垩世盆地是我国北方重要的能源盆地，沉积相和盆地演化是影响地层发育特征以及铀矿化形成的重要因素。笔者从盆地边界特征、盆地结构、沉积环境背景以及沉积物特征入手，着重探讨了盆地构造演化与早白垩世各组地层的发育特征、分布规律以及沉积相之间的关系。

**关键词**：砂岩型铀矿；沉积特征；盆地演化；早白垩世；鄂尔多斯盆地北部

　　鄂尔多斯盆地是我国北方重要的能源盆地，聚集和赋存着丰富的煤炭、石油、天然气、煤层气、页岩气和铀矿等能源资源。20 世纪 80 年代以来，核工业二〇八大队等多家地质单位先后在鄂尔多斯盆地开展了铀矿地质勘查及研究工作，在盆地北部的侏罗世地层中发现和落实了一批砂岩型铀矿产地和铀矿床，如发现了柴登壕等铀矿产地，落实了皂火壕、纳岭沟、大营等特大型砂岩铀矿床。近年来，随着中国核工业地质局"三新"找矿工作的开展，核工业二〇八大队在盆地北部的早白垩世罗汉洞组和洛河组中发现了新的铀矿化线索，在环河组中落实了新的铀矿产地。前期研究发现沉积相和盆地演化是影响地层发育特征以及铀矿化形成的重要因素。为了进一步扩大鄂尔多斯盆地北部下白垩统的找矿成果，圈定新的铀成矿远景区，笔者从盆地边界特征、盆地结构、沉积环境背景以及沉积物特征入手[1]，着重探讨了盆地演化与早白垩世各组地层分布规律、沉积相之间的关系。

## 1　区域地质背景

　　鄂尔多斯盆地位于华北地台西部，白垩纪时期鄂尔多斯盆地西缘为前陆坳陷，中东部是克拉通内挤压挠曲坳陷型盆地，总面积约 33 万平方公里。盆地北部基底断裂较发育，部分基底断裂在盖层沉积时重新活化，持续活动，控制了鄂尔多斯盆地北部沉积盖层的空间展布。

　　盆地基底由太古界、古元古界变质岩系及中元古界和古生界的寒武系、奥陶系、上石炭统、二叠系组成。盆地沉积盖层主要由中生界的三叠系、侏罗系、下白垩统和新生界的古近系、新近系及第四系组成。其中下白垩统在鄂尔多斯盆地北部较发育且出露面积较大，地层产状较平缓。

　　鄂尔多斯盆地基底及周边蚀源区岩浆岩类型齐全，主要有超基性、基性岩类（辉长岩等）、中性岩类（闪长岩等）、中酸性岩类（花岗闪长岩、花岗斑岩）、酸性岩类（花岗岩等），喷出岩主要有基底式火山岩类（安山岩、玄武岩等）。

## 2　早白垩世地层划分与沉积特征

　　根据最新研究及最新版内蒙古自治区区域地质图，笔者将鄂尔多斯盆地东西部的早白垩世地层进行了统一（见表 1），并重新编制了鄂尔多斯盆地北部铀矿地质图（见图 1）。统一后的下白垩统自下而上包括：宜君组、洛河组、环河组、罗汉洞组、泾川组、东胜组，盆地北部未见宜君组出露。

### 2.1　洛河组（$K_1 l$）

　　为一套河流相沉积地层，以具大型斜层理的砂岩及泥岩为特征，产脊椎动物化石。其不整合于安定组或前白垩纪地层之上，上与环河组整合接触。本组在鄂尔多斯地区分布广泛，但地表主要出露在乌审旗南部（盆地北部零星出露）。在横向上，盆地边缘碎屑岩粒度较粗，向盆地中心逐渐变细；纵向

---

**作者简介**：杨丽娟（1982—），女，河北张家口人，地质高级工程师，硕士，主要从事铀矿地质勘查与研究

上，自下而上有粒度变细的特征，而且向盆地内部厚度增大。本组在各地的岩性变化不大，以水平层理为主。厚度 $50\sim250$ m。

表 1  下白垩统的划分方案对比表

| 本次研究 | | 前人 | | | |
|---|---|---|---|---|---|
| 地层及代号 | 岩性特征 | 地层及代号 | | 岩性特征 | |
| | 盆地北部 | 北西部 | 北东部 | 北西部 | 北东部 |
| 东胜组 K₁ds | 上部为灰绿色砂岩与土红色砂质泥岩互层；下部为黄绿色砾岩、砂砾岩 | 泾川组 K₁j | 东胜组第二岩段 K₁dn² | 灰绿、砖红色泥岩夹细砂岩、泥灰岩、化石较丰富 | 泥砂互层频繁，泥岩呈红色，砂岩多成绿色 |
| 泾川组 K₁j | 下部砂质泥岩，上部砂岩夹砂质泥岩、泥灰岩、灰岩，产鱼化石 | | | | |
| 罗汉洞组 K₁lh | 桔红、紫红、灰紫色具小型斜层理的细砂岩为主，盆地边缘为砾岩 | 罗汉洞组 K₁lh | 东胜组第一岩段 K₁dn¹ | 桔红、紫红、灰紫色细砂岩，具小型斜层理，下部为红色砾岩。含介形类、鳄类化石 | 岩性主要为砾岩，局部夹钙质砂岩 |
| 环河组上段 K₁h² 环河组下段 K₁h¹ | 厚层中细粒砂岩夹粉砂岩、泥岩，砂岩中具有小型斜层理，产大量脊椎动物化石 | 华池—环河组 K₁hc+h | 伊金霍洛组第三岩段 K₁e³ | 灰绿、兰灰色砂岩具中小型斜层理，上部砂岩以橙红色为主，产大量脊椎动物化石 | 岩性主要为褐红色、紫红色砂岩，泥岩夹绿色砂岩 |
| 洛河组 K₁l | 下部主要为褐红、灰绿色砾岩、砂砾岩、砂岩夹少量棕红色泥岩；中部为砖红色具大型斜层理的粉细砂岩；上部为土红、棕红色砂岩、泥岩夹灰绿色砂岩、砾岩薄层 | 洛河组 K₁l | 伊金霍洛组第一、二岩段 K₁e^{1+2} | 红色砂岩，具大型斜层理 | 伊金霍洛组第二岩段主要为具有大型斜层理的褐红色砂岩，第一岩段主要为褐红色砾岩和砂砾岩 |

## 2.2  环河组（K₁h）

是一套杂色陆相碎屑岩序列，在盆地北部主要是冲积扇—河流—三角洲相沉积，主要为棕红、灰绿色具微斜层理的砂岩夹灰色泥岩，盆地边缘为砾岩，产脊椎动物化石。其在鄂尔多斯盆地分布广泛，但仅在鄂托克旗、鄂托克前旗、杭锦旗的东南部有地表露头，其余均为钻孔资料。在本组顶部砂岩中产恐龙和龟鳖类，厚 $30\sim600$ m。与下伏洛河组呈整合接触。是盆地内寻找砂岩型铀矿的重要有利层位，是工作区内的主要找矿目的层。

环河组具有明显的二元结构，视电阻率值上高下低，据此将环河组划分为两个岩段，下段（K₁h¹）、上段（K₁h²）。下段的岩性主要为灰色、紫红色粗砂岩夹泥岩、粉砂岩，厚度 $30\sim130$ m；上段的岩性主

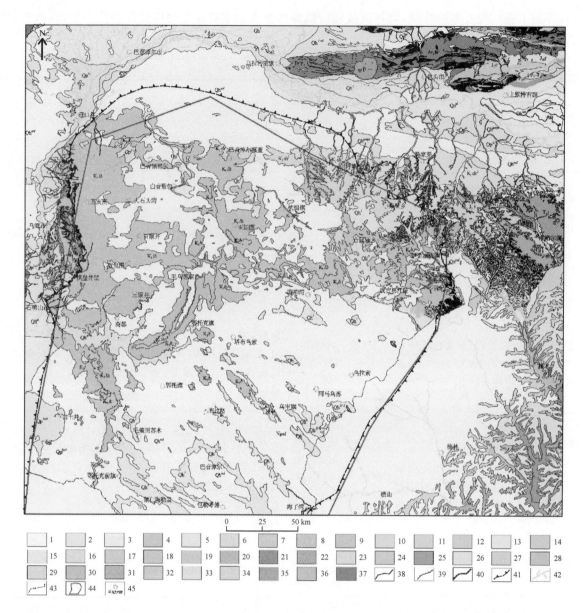

图1 鄂尔多斯盆地北部铀矿地质图

1—第四系全新统;2—第四系更新统;3—新近系;4—古近系;5—东胜组第二岩段;6—东胜组第一岩段;7—泾川组;8—罗汉洞组;
9—环河组;10—洛河组;11—固阳组;12—李三沟组;13—大青山组;14—安定组;15—直罗组;16—延安组;17—石拐群五当沟组;
18—富县组;19—延长组;20—二马营组;21—和尚沟组;22—刘家沟组;23—二叠系上统;24—二叠系中统;25—二叠系中下统;
26—上二叠统—下石炭统;27—奥陶系中统 N;28—奥陶系中下统;29—寒武系上统;30—寒武系中统;31—寒武系中下统;32—上青
白口统—震旦统;33—蓟县系渣尔泰山群;34—长城系渣尔泰山群;35—马家沟群;36—色尔腾山群;37—乌拉山群、千里山群;38—整
合界线;39—角度不整合界线;40—平行不整合界线;41—剥蚀界线;42—水系;43—政区界线;44—工作区范围;45—地名

要为中细砂岩夹泥岩,局部地段有(含砾)粗砂岩,厚度 20～240 m;两个岩段间呈整合接触。上段有
明显的钙质砂岩层,这些钙质分布不均匀,说明该层有明显的构造运动或热地质事件,有不同方向的
构造将热液导入,这些构造可能是铀元素的通道。因此有钙质层位的地段也是铀矿找矿的重点区域。

### 2.3 罗汉洞组($K_1 lh$)

该组出露于成吉思汗陵—毛乌苏庙一线以北及毛乌苏庙—鄂托旗一线以西,呈"厂"字型分布,与
环河组相比继续向西向北超覆。属于干旱、半干旱气候条件下三角洲相沉积,是一套紫红、棕红、暗
紫、土黄色碎屑岩序列,以桔红、紫红、灰紫色具小型斜层理的细砂岩为主,盆地边缘为砾岩。其底以
土黄色砂岩或紫红色砾岩与下伏环河组顶部灰绿色泥质粉砂岩相区别,顶以黄色砂岩与泾川组底部

蓝灰色泥岩或泥灰岩为界,顶底均为整合接触。岩性自东向西粗碎屑物增加,至桌子山东麓相变为红色砾岩。在鄂托克旗和鄂托克前旗一带本组砂岩和泥岩中产介形类、鳄类、鱼类,厚 30～200 m。本组在区域上整合于环河组之上,少数地区(盆地边缘)超覆在安定组之上。本组在鄂托克前旗红井地区见砂岩型铀矿化。

## 2.4 泾川组(K₁jc)

零星出露于工作区西南部白土井东地区和西北部的巴音温都尔北东地区。属滨浅湖相沉积,岩性为蓝灰色、灰绿色、暗棕色、砖红色泥岩夹灰绿、黄灰色钙质细砂岩和泥灰岩为主,厚度一般小于100 m。含有鱼类、叶肢介、双壳类化石。其下与罗汉洞组整合接触,其上与东胜组总体呈平行不整合接触。本组在鄂托克前旗毛盖图地区见泥岩型铀矿化。

## 2.5 东胜组(K₁d)

主要分布在巴音乌苏、高头窑、东胜北至喇嘛湾一线,西起杭锦旗北部、向东经东胜北部、准格尔北部,呈东西向长带状分布。是一套以灰绿色为主的陆源碎屑岩。下部为黄绿色砾岩,上部为灰绿色砂岩与土红色泥质砂岩、砂质泥岩互层,厚度一般小于200 m。岩性自西到东变化不大,仅在清水河县喇嘛湾一带本组底部有一层灰色角砾岩,上部夹灰色泥岩及煤线,含植物化石;在哈什拉川为一套含砾砂岩夹粉砂岩,底部为砾岩层,含恐龙化石。

## 3 盆地构造演化与沉积发育以及岩性分布规律的关系

### 3.1 早白垩世构造运动决定盆地结构形态和地层发育特征

侏罗纪末—早白垩世,燕山运动使鄂尔多斯盆地发生了又一次拗陷,主体拗陷区的长轴方向为南北向。由于盆地边界经历了不同的构造应力,升降作用不均衡,导致盆地西倾,边缘斜坡东缓西陡,沉降中心明显西移。最大沉降区呈南北向带状位于百眼井—白土井一线。

东西向岩层展布总体具有由盆地边部向盆地中心埋深逐渐增大的特征。东部和西部埋深浅,鄂尔多斯以西和西部剥蚀边界地区侏罗系或三叠系直接出露地表。其中在盆地东翼坡降小,盆底地形开阔,岩层产状稳定,结构均匀,厚度均一,主要以洛河组、环河组厚层砂岩沉积为主,进入盆地拗陷区带,下白垩统层系发育洛河组、环河组、罗汉洞组和泾川组,岩性由泥岩、粉砂质泥岩和砂岩组成,泥岩厚度明显较两翼厚,砂岩层变薄;在盆地西翼,从洛河组到泾川组,地层厚度变化大,倾角较陡,岩性组分复杂,颗粒粗,分选差。

在南北向,盆地总体南部坳陷幅度大,北翼宽缓,东部和南部相对平坦。但盆内基底形态起伏不平,其中在北部和西部,基底台坳相间,形态变化复杂,东胜—榆林北—鄂前旗,有隐伏古隆起,所以岩性、岩相、地层厚度变化较大。以洛河组为例,在北部杭锦地区,以砂岩沉积为主夹砾岩,颗粒粗,分选较差,胶结致密;在鄂前旗地区也以砂岩为主,底部见有含砾砂岩及细砾砂岩透镜体,但同时夹有较多的薄层泥岩及泥岩透镜体,说明进入湖相;环河组岩层也存在差异,岩层西厚东薄,颗粒总体北粗南细、外粗内细,西粗东细,北部砂岩以碳酸盐胶结物为主,南部则为硫化物和碳酸盐胶结。

### 3.2 盆地构造演化控制早白垩世不同阶段地层展布范围

早白垩世,盆地发生的同生或者准同生构造运动呈非均衡旋回性抬升下降,同时伴随着湖进湖退,导致沉积相序韵律变化形成了下白垩统洛河—环河组和罗汉洞—泾川组两大沉积旋回。由于早期盆地持续沉降,形成了较厚的洛河组,盆地四周均有清晰的边缘相带;环河组沉积时,虽然湖盆外侵,沉积边界扩大,地层理应广覆于洛河组之上,然而因地层沉积之后盆地遭受强烈的非均衡抬升剥蚀作用,使得东部地层迅速减薄或者缺失尖灭,所以现今残留地层边界明显较早期洛河组西移;到上旋回罗汉洞和泾川组沉积时,上述作用进一步加剧,晚白垩世后期区域性构造抬升运动影响,不仅盆地肢解,造成数个残缺洼地,而且盆内沉积地层和残留厚度均减小,分布范围仅仅局限于西部和北部地区,其他大部分地区缺失。甚至在整个早白垩世之后,区域性的不均衡构造抬升运动仍在继续,造成下白垩统地层东薄西厚,上白垩统以及第三系地层的缺失。

### 3.3 盆地演化影响沉积相带类型及岩性分布特征

沉积相分析表明,白垩系沉积环境既有湖相,也有河流、冲积扇、三角洲以及风成沙漠相,在盆地演化不同阶段,随着沉积环境变化,沉积相类型及岩性组合特征也不断改变。

早白垩世初期,基岩顶面受风化剥蚀以及冲刷作用影响,盆地凸凹不平,沉积体厚度和岩性变化大。盆周缘以及盆内古高地旁附近堆(沉)了洛河组下段坡积、残积物和洪积相砂砾岩相,呈大小不同的砂砾岩扇状、丘状以及透镜体,向盆内迅速相变减薄,或者尖灭。

中期,盆内起伏逐渐夷平,伴随盆地快速不均衡沉降,接受了洛河组上段和环河组的风成相、河流相以及湖泊和三角洲相沉积,沉积厚度大,分布广,砂成有典型的沙漠和沙漠边缘两类沉积组合。沙漠沉积组合分布在盆地内以及盆地东部,以沙丘为主体,带状展布,局部夹有丘间和小型沙漠湖泥质沉积。沙漠边缘沉积组合,沉积序列由旱谷式冲积扇砂砾岩、砾质辫状水道、风成席状砂和砾漠沉积互层构成,主要见于盆地南北台地斜坡边缘;河流相和三角洲平原分流河道相主要分布在盆地北部以及北东缘,进入盆内,主要为三角洲前缘和前三角洲相,砂体发育厚度、形态和伸展范围、空间叠置关系以及侧向迁移规律往往取决于三角洲的进积退积以及湖进湖退演化速度、运动幅度和持续时间。

晚期,盆地全面不均衡隆起抬升,东高西低,罗汉洞组在东部大部分地区没有接受沉积,或者虽然沉积很薄但又被剥蚀,现今仅在西部和西北坳陷带局部有残留,由下段的河流相和上段风成砂岩组成,底部河流相沉积层序中泥岩夹层比风成沉积砂岩中多。泾川组沉积时,盆地内进一步隆洼分隔,沉降中心向北、向西扩展,导致泾川组在西南和西北零星残留湖相杂色砂泥质沉积。

## 4 结论

通过以上分析可知,鄂尔多斯盆地北部早白垩世沉积特征与盆地演化关系如下:

(1)早白垩世构造运动决定盆地结构形态和地层发育特征。由于盆地边界经历了不同的构造应力,升降作用不均衡,导致盆地西倾,边缘斜坡东缓西陡,沉降中心明显西移。东西向岩层展布总体具有由盆地边部向盆地中心埋深逐渐增大的特征。在南北向,盆地总体南部坳陷幅度大,北翼宽缓,东部和南部相对平坦。

(2)盆地构造演化控制早白垩世不同阶段地层展布范围。早期盆地持续沉降,形成了较厚的洛河组,盆地四周均有清晰的边缘相带;环河组沉积时,因地层沉积之后盆地遭受强烈的非均衡抬升剥蚀作用,使得东部地层迅速减薄或者缺失尖灭,现今残留地层边界明显较早期洛河组西移;罗汉洞和泾川组沉积时,上述作用进一步加剧,盆内沉积地层和残留厚度均减小,分布范围仅仅局限于西部和北部地区。

(3)盆地演化影响沉积相带类型及岩性分布特征。早白垩世初期,盆周缘以及盆内古高地旁附近堆(沉)积了洛河组下段坡积、残积物和洪积相砂砾岩相;中期,盆内起伏逐渐夷平,伴随盆地快速不均衡沉降,接受了洛河组上段和环河组的风成相、河流相以及湖泊和三角洲相沉积;晚期,盆地全面不均衡隆起抬升,东高西低,罗汉洞组仅在西部和西北坳陷带局部有残留,由下段的河流相和上段风成砂岩组成,泾川组沉积时,盆地内进一步隆洼分隔,沉降中心向北、向西扩展,导致泾川组在西南和西北零星残留湖相杂色砂泥质沉积。

**致谢:**

笔者在项目研究和本文编写过程中,核工业二〇八大队彭云彪总工、王果总工、苗爱生处长、剡鹏兵处长、申科峰副总、赵金锋副总、李荣林副总等各位领导给予了指导和帮助,项目组的张晓玉、张雪映、张攀科、刘慧娥、王龙辉等各位同事也提供了支持和帮助,在此一并致以最诚挚的感谢。

**参考文献：**

[1] 杨丽娟,等.内蒙古鄂尔多斯盆地北部砂岩型铀矿综合编图与动态评价成果报告[R].2019-2020.

[2] 翟光明,宋建国,等.板块构造演化与含油气盆地形成和评价[M].北京:石油工业出版社,2002.

[3] 高山林.鄂尔多斯盆地西缘中生代构造与地层分析及盆地演化研究[D].中国科学院地质与地球物理研究所,2001:80-127.

[4] 赵红格.鄂尔多斯盆地西部构造特征及演化[D].西北大学,2003:83-119.

[5] 何自新.鄂尔多斯盆地演化与油气[M].北京:石油工业出版社,2003:88-154.

# The relationship between early cretaceous sedimentary characteristics and basin evolution in northern Ordos basin

YANG Li-juan，WANG Yong-quan，YANG Rong，
TU Ying，ZHANG Pan-ke，ZHANG Xiao-yu

（Nuclear industry 208 team，Baotou Inner Mongalia 014010，China）

**Abstract：**Ordos basin is an important basin in China during early Cretaceous. Sedimentary facies and basin evolution are important factors affecting sedimentary development. Based on the studies of basin boundary characteristics, basin structure, sedimentary environment background and sediment characteristics, the author mainly discusses the relationship between basin evolution and stratigraphic distribution and sedimentary facies in Early Cretaceous.

**Kcy word：**Sandstone-type uranium deposit；Sedimentary characteristics；Basin evolution；Early Cretaceous；Northern Ordos Basin

# 大比例尺重力资料在相山中心地区深部结构调查中的应用研究

陈　聪[1]，周俊杰[1]，喻　翔[2]，陈　涛[1]

(1. 核工业北京地质研究院，北京 100029；2. 中国核工业地质局，北京 100013)

**摘要**：在相山盆地中心地区开展岩石物性统计分析与大比例尺重力勘探工作，获得了深部岩石密度特征以及盆地中心地区重力异常的精确形态，认为相山盆地深部地层结构呈现陡变区、平缓区、中心区三阶台阶式逐渐降低的过程；相山中心坳陷形态趋近于三角形，并延伸至主峰南侧；利用界面反演及物性反演推断了研究区基底界面深度，为科学深钻选址提供了依据，并得到深钻成果验证。研究表明，大比例尺重力勘探在划分地层隆起与坳陷、推断深部界面起伏形态及圈定火山通道等方面有较好的应用效果。

**关键词**：火山岩型铀矿；重力勘探；基底界面；深钻

重力勘探是一种传统地球物理勘探方法。随着勘探精度和反演精度的提高，重力资料不仅能够解决大地构造、深部地质结构等问题，在推断局部成矿环境中也能够发挥重要作用。火山岩地区各地层、岩体密度差异较大，利用大比例尺重力资料能够有效地划分局部隆起与坳陷[1]，推断深部密度界面埋深和火山通道位置，为研究深部热液活动及深钻选址提供重要信息。

## 1　研究区地质概况

相山盆地位于扬子准地块与华南褶皱系的过渡地区，赣杭火山岩铀成矿带的南西段，北东向抚州—永丰深断裂与宜黄—安远深断裂及北西向断裂带交汇部位，是我国重要的火成岩型铀矿产地。

盆地的基底主要为新元古代震旦纪变质岩系，主要出露在盆地北、东、南侧，变质岩多属绿片岩相—低角闪岩相，中低变质程度。盆地的盖层由下白垩统的打鼓顶组($K_1d$)、鹅湖岭组($K_1e$)火山岩系和上白垩统红色碎屑岩组成，由陆相沉积碎屑、火山碎屑和中-酸性熔岩组成的沉积火山岩建造[2]。总厚度大于 2 000 m，其特点总体是由沉积到爆发再到喷溢式浸出，由此构成一个大的火山喷发旋回，下部打鼓顶组由砂砾岩、砂岩、熔结凝灰岩、流纹英安岩等组成，上部鹅湖岭组由砂砾岩、晶玻屑凝灰岩和巨厚碎斑熔岩组成[3]。

相山地区及其周边发育的多期次构造活动、岩浆作用表明相山地区是一个长期的热动力活动区，特别是中新生代发育的强烈的多期次构造—岩浆—变质—成矿作用，都是相山热点活动在地壳的表现形式[4]。铀矿床多定位于 NE 向、EW 向构造、推覆构造和环状火山塌陷构造复合部位(见图 1)。

## 2　岩石物性特征

物性参数是地球物理处理解释工作的基础[5]。本次工作分析了相山火山盆地区内大部分钻孔岩性特征，并从中优选出 70 多口代表性钻孔并对其进行了岩心取样[6]。同时，针对相山中心相火山岩和地表变质岩进行了地面采样。共采集岩石样品 2 074 块，包括钻孔岩心样品 1 135 块，地表及坑道岩石样品 783 块以及 156 块科学深钻样品。岩性主要为碎斑熔岩、流纹英安岩、变质岩和花岗斑岩，还包含少量沉积岩、火山碎屑岩、花岗岩等。

经过切割(个别样品切割损坏)、测量、计算，采用求取置信区间的方法，剔除个别奇异值后，得到研究区内主要岩石密度参数情况(见表 1)。

作者简介：陈聪(1986—)，男，山西，高级工程师，硕士，现主要从事重磁勘探应用与方法研究工作

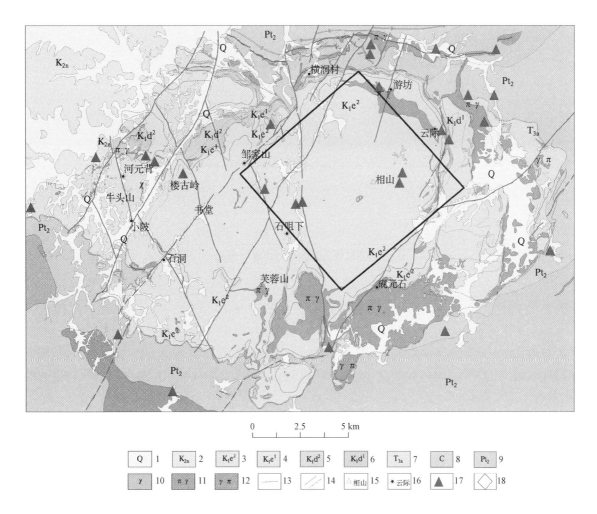

图 1　相山地区地质略图

1—第四系；2—砂砾岩；3—碎斑流纹岩；4—凝灰岩、粉砂岩；5—流纹英安岩；6—煤质粉砂岩；7—砂岩、页岩；8—砂岩；
9—黑云母石英片岩；10—煌斑岩火山；11—斑状花岗岩；12—花岗斑岩；13—地质界线；14—主要断裂构造；15—山峰；
16—地名；17—主要采样位置；18—重力工作区

表 1　相山研究区岩石密度统计表

| 岩石名称 | 地层代号 | 件数 | 密度/(g/cm³) | |
|---|---|---|---|---|
| | | | 变化范围 | 平均 |
| 碎斑熔岩 | $K_1e$ | 670 | 2.51~2.73 | 2.62 |
| 流纹英安岩 | $K_1d$ | 318 | 2.53~2.78 | 2.66 |
| 变质岩 | Pt | 592 | 2.62~2.88 | 2.77 |
| 花岗斑岩 | $\gamma\pi$ | 256 | 2.52~2.69 | 2.63 |

可以看出，火山盖层和花岗斑岩整体密度差异不大，呈现出低密度特征。其中，碎斑熔岩密度均值为 2.62 g/cm³，流纹英安岩密度均值 2.66 g/cm³，花岗斑岩密度均值为 2.63 g/cm³。盆地东部及东南部地表出现少量变质砂岩、泥质千枚岩类等变质岩，呈现出低密度（2.68 g/cm³）特征，其余变质岩在表现为高密度特征，均值为 2.77 g/cm³，特别是在相山西部科学深钻 2 000 m 以深，密度多为 2.80 g/cm³。总之，深部基底变质岩相对于盖层存在 0.15 g/cm³ 左右密度差，表现为明显的高密度特征（见图 2）。

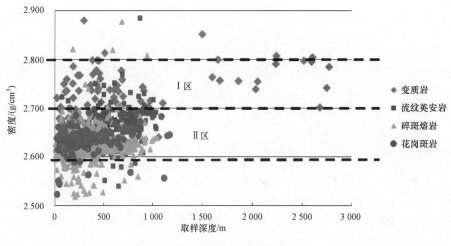

图 2　主要岩石深度与密度分布图

## 3　重力资料处理与解释

重力工作位于相山中心地区,比例尺为 1∶2.5 万(杏树下地区 1∶1 万)。测线方向为北西向,东北部少量地区由于地形险峻采取不规则测网布设[7]。测点定位用天宝差分 GPS 完成,近区地形改正根据研究区地形起伏特点及试验结果,采用八方位双环地改方式,利用激光测距仪进行野外现场实测,记录八方位距离测点 10 m 及 20 m 处高差。

### 3.1　数据预处理

重力数据预处理主要包括固体潮、零漂改正,地形改正,布格改正和纬度改正[8],固体潮与零漂改正通过仪器内部计算完成校正。布格改正以及中区地形改正通过 1∶2.5 万及周边 1∶5 万实测高程数据计算完成,远区地形改正半径为 166.7 km,通过收集 DEM 数字高程数据计算求取改正值。纬度改正采用 1980 年正常场公式计算。

### 3.2　剩余重力异常的求取

布格重力异常所包含的信息是地下所有密度不均匀体的综合反映,因此需要将反映深部场源特征的区域异常从中剥离出去。经过试验对比,采用向上延拓与滑动平均滤波相结合的手段计算区域异常,由此求得的剩余重力异常,能较准确地反映地层隆坳结构特征。

### 3.3　重力异常特征

可以看出(见图 3(a)),相山盆地中心地区布格重力异常幅值变化范围介于 $-32\times10^{-5}\sim-22\times10^{-5}$ m/s² 之间,研究区外围布格重力异常高,中部重力异常低,其中相山中心附近最低。高值表示深部基底抬升情况,说明相山盆地四周基底埋深较浅。低异常呈现以相山为中心的环状特征,其中相山主峰附近中心区域低异常形态近似与三角形,说明该地区被巨厚低密度体覆盖,可能为火山通道。剩余重力异常反映浅部结构,形态与布格重力异常基本一致,呈现环状结构,异常变化相对平缓。异常高值表示变质地层埋深较浅,低值区代表盖层火山岩或花岗斑岩较厚。

### 3.4　基底埋深反演

相山地区碎斑熔岩和花岗斑岩为主要含矿岩性,因此,掌握深部界面起伏形态,寻找火山岩、花岗斑岩发育区域对圈定有利成矿部位、钻探布设工作有重要意义。根据密度资料,碎斑熔岩、花岗斑岩与深部变质岩存在约 0.15 g/cm³ 的密度差,通过重力界面反演能够推断基底界面起伏情况。Parker 迭代界面反演方法是基于频率域的方法,具有适应性强、计算速度快的优点[9],但在界面陡变部位误差较大。本次工作在获得高精度重力数据和物性资料的基础上,利用科学深钻 CUSD1 信息作为初始模型的已知信息开展反演工作,在一定程度上提高了反演结果的可信度。

可以看出(见图3(b)),相山中心基底塌陷明显,向四周发散,塌陷最深处海拔低于－2 500 m,可能与深部连通。王家岭—杏树下地区表现出相对平缓的特征,海拔深度在－1 500～－2 000 m之间,王泥坑—邹家—庙上一带地层起伏较大,呈现明显梯度带特征,基底深度急剧抬升至－1 000 m以浅,北部个别地区甚至出露地表。盆地边缘东北和西南等值线呈现扭曲形态,推测与构造带、破碎带有关。

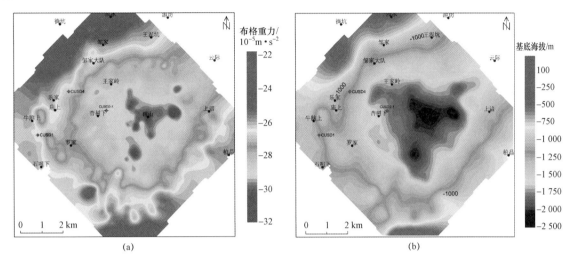

图3  相山研究区布格重力异常及推断基底海拔高度等值线图

(a)布格重力异常图;(b)推断基底海拔高度图

## 3.5  三维密度反演与火山通道推断

物性反演利用Encom软件进行。通过准备观测数据、地形数据后制作初始网格模型,并进行初级反演确定光滑因子等参数。通过三维密度反演获取三维密度模型,并切取靠近两深钻的北西—南东向密度剖面(见图4)。可以看出,相山盆地中心区下方约2 000 m处隐约可见倒漏斗状中低密度体,上部开口处窄,深部逐渐变宽。因此,推测基底界面下方可能存在低密度火山岩或者火山岩与变质岩混合的情况。

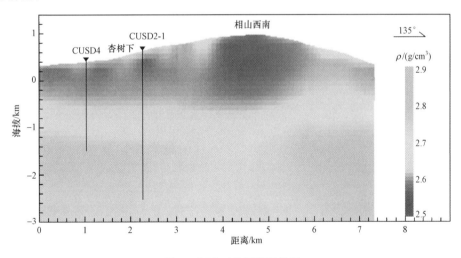

图4  密度三维反演切片图

## 4  深钻对比验证

碎斑熔岩和花岗斑岩为主要含矿岩体,并且呈现相对低密度特征,因此估算火山岩厚度或基底埋深情况对寻找有利成矿地区和深钻选址非常重要。从揭露深部结构的角度,本次重力工作为杏树下地区 CUSD2-1 深钻选址提供了有力支撑。

通过界面反演推测 CUSD4 及 CUSD2-1 基底界面埋深分别为 1 498 m 和 2 178 m,比实际钻探揭露情况略深一百多米(见表 2);而三维密度反演结果中,在反演剖面中以 2.77 g/cm³ 位置估算两个深钻的基底界面深度,可以看出 CUSD4 深度仍然是比实际情况略深,CUSD2-1 推断深度比实际小二百多米。综合比较两种反演方法推断的基底埋深,界面反演结果误差稍小,基本在 10% 的误差范围内。由于深部地质结构复杂,特别是在密度陡变的地区,无论界面反演还是物性反演,只能大致推断基本结构,很难反映精细地质情况。

表 2    推断基底埋深与深钻情况对比表

| 深钻名称 | 高程/m | 界面反演 | | 三维密度反演 | | 钻探揭露 |
|---|---|---|---|---|---|---|
| | | 海拔/m | 埋深/m | 海拔/m | 埋深/m | 埋深/m |
| CUSD4 | 347 | −1 151 | 1 498 | −1 159 | 1 506 | 1 359 |
| CUSD2-1 | 595 | −1 583 | 2 178 | −1 248 | 1 843 | 2 065 |

## 5    结论

(1)本次工作在系统分析相山地区岩石物性特征的基础上,利用 1∶2.5 万重力资料区分了盆地陡变区和中心区,圈定了相山中心地区塌陷的精确形态,推断了基底界面埋深,可为类似火山岩地区有利成矿环境的研究及铀资源潜力评价提供重要信息。

(2)利用重力界面反演方法能够较准确的推断相山研究区基底界面埋深及起伏形态,利用密度反演能够大体获得火山通道特征,为研究深部热液运动及深钻工程布置提供依据。

(3)重力勘探对规模较大的地质体有良好的效果。由于重力场的体效应及反演多解性,在精细构造或地层结构探测中,还需要结合其他物探方法共同进行。

致谢:

在重力资料反演与解释过程中,核工业北京地质研究院郭建博士和周俊杰博士给予了大力帮助和建议,在此向两位的帮助表示衷心的感谢。

参考文献:

[1]    陈聪 . 460 矿床关键控矿要素重磁异常特征及深部结构研究[J].铀矿地质,2019,35(1):27-32.
[2]    林锦荣 . 相山火山盆地组间界面基底界面特征及其对铀矿的控制作用[J].铀矿地质,2014,30(3):135-141.
[3]    李必红 . 放射性物探在相山盆地深部火成岩型铀矿勘查中的应用[J].世界核地质科学,2017,(3):161-166.
[4]    李子颖,黄志章,李秀珍,等 . 相山火成岩与铀成矿作用[M].北京:地质出版社,2014:10-15.
[5]    程纪星 . 相山铀矿田岩石电性特征及其引发的猜想[C].中国核科学技术进展报告第二卷,2011,2:260-266.
[6]    喻翔 . 相山火山盆地岩石电性参数研究[J].地质论评,2017,(S1):105-106.
[7]    曾华霖 . 重力场与重力勘探[M].北京:地质出版社,2005:26-29.
[8]    刘祜 . 全国铀矿资源潜力评价重力数据处理与研究[J].铀矿地质,2012,28(6):370-375.
[9]    冯娟 . 重力密度界面反演方法研究进展[J].地球物理学进展,2014,29(1):223-228.

# Application and research of large scale exploration in deep structure survey of Xiangshan Basin

CHEN Cong[1], ZHOU Jun-jie[1], YU Xiang[2], CHEN Tao[1]

(1. Beijing Research Institute of Uranium Geology, Beijing, China;

2. China Unclear Geology, Beijing, China)

**Abstract**: This paper is mainly about the application of large scale gravity exploration and rocks physical property analysis in the central area of Xiangshan Basin. Study on the density characteristics of deep rock and the accurate form of gravity anomaly in the central area of the basin, it is considered that the deep strata structure of Xiangshan Basin shows a process of gradual decrease of three-order terraces in steep change area, gentle area and central area; The shape of Xiangshan central depression is close to triangle and extends to the south side of main peak; Interface inversion and physical property inversion are used to infer the basal interface morphology and depth in the study area, which provides a basis for scientific deep drilling site selection and is verified by deep drilling results. The research shows that large scale gravity exploration has good application effect in dividing stratigraphic uplifts and depressions, inferring the undulating form of deep interface and delineation of volcanic conduit.

**Key words**: Volcanic type uranium deposit; Gravity prospecting; Basement interface; Deep drilling

# 高精度车载 γ 能谱仪研制

吴　雪[1,2,3]，刘士凯[1,2,3]，李艺舟[1,2,3]，李江坤[1,2,3]

(1. 核工业航测遥感中心 河北 石家庄 0500021；

2. 中核集团铀资源地球物理勘查技术中心(重点实验室)河北 石家庄 050002；

3. 河北省航空探测与遥感技术重点实验室 河北 石家庄 050002)

**摘要：**为满足可移动航空放射性测量模型标准装置的量值溯源、比对、监测等工作需要，本文基于大体积碘化钠晶体设计研制了一套高精度车载 γ 能谱仪。探测器采用 4 条 4.2 L 的大体积 NaI(Tl)晶体，优化组合光电倍增管，实现了针对多个大体积 NaI(Tl)探测器的信号读取和能谱数据采集功能。针对车载 γ 能谱测量安装要求和数据采集的高速特点，主控系统通过优化设备结构、采用低功耗器件，实现了小型化，降低了能谱主控系统的体积、重量和功耗。同时，设计了可针对 4 条能谱探测器的数据通信电路，消除了因数据通信时间延迟导致的多条能谱探测器采样时间，同步实现了 γ 数据采集、存储和控制功能。为满足汽车电源功能及自供电的两种要求以实现车载 γ 能谱仪的移动测量工作模式，本系统配置了 12 V 的大容量电池，并设计了车载供电及充电通道，实现了不同电源电压、不同接口模式的自动切换，完成了稳定的能谱仪供电设计。

**关键字：**高精度；车载；γ 能谱仪；研制

　　车载 γ 能谱测量是 γ 能谱测量的一种，它与航空 γ 能谱测量的区别是将仪器安置在汽车上，按照一定的行车速度，连续测量，在数据采集时间内的行驶路段进行记录，每个记录点可反映出对应空间介质总体的 γ 辐射效应。本文介绍了一种基于碘化钠 NaI(Tl)晶体研制的高灵敏度车载 γ 能谱仪，可用于环境监测和铀矿地质勘查等工作。

## 1　系统总体设计

　　车载 γ 能谱仪系统由数据采集控制系统、系统软件和 2 箱探测器(每箱含 2 条 4.2 L 碘化钠晶体)及连接电缆组成。每条晶体拥有一套独立的高速多道分析器(MCA)和高压电源。将晶体、信号放大、脉冲多道分析、数据缓存等集成在晶体箱内，使探测器与主机之间的信号传输由传统的模拟信号改为抗干扰能力强的数字信号。脉冲信号处理采用数字脉冲处理技术，实现滤波、脉冲成形、脉冲反堆积和基线恢复等功能，在硬件上保证了仪器的稳定性[1]。系统输出 256/512/1024 道单谱数据和全谱数据。通信接口为串口 RS232。系统组成框图如图 1 所示。

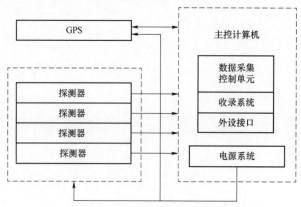

图 1　车载 γ 能谱仪组成框图

**作者简介：**吴雪(1992—)，男，工程师，现主要从事航空物探仪器研发与无人机航空物探系统集成等科研工作

## 2 系统硬、软件的设计与技术指标

### 2.1 系统硬件设计

#### 2.1.1 闪烁晶体和光电倍增管的选型

目前车载 γ 能谱仪的闪烁体大多采用 4″×4″×16″ 大体积长方体的 NaI(Tl) 晶体。NaI(Tl) 的转换效率高,但是容易潮解,一般是在高温高压下制成圆柱型大体积晶体,经加工后,再将单晶闪烁体装入铝壳内,在铝壳内壁上涂上氧化镁(MgO),以利于光线的发射,并能起到防潮作用,然后用剥离密封和光电倍增管的接触面[2]。

光电倍增管输出的信号容易受电磁场干扰,将光电倍增管装在高磁导率的金属屏蔽罩中,能够有效地防止周围电磁场的干扰[3]。同时,屏蔽外壳具有光屏蔽和防撞击等性能。单箱探测器组成如图 2 所示。

图 2　单箱闪烁探测器实物图

#### 2.1.2 系统电源研制

系统电源包括为车载 γ 能谱仪系统各电子器件提供＋5 V 和＋12 V 等低压电源和为光电倍增管提供高达＋1 500 V 的高压电源。

低压电源主要为晶体箱内的 4 个 DP5G 多道数字脉冲处理器、高压电源模块提供＋5 V 和＋12 V 电压。电源模块型号为 35W24S5D12F,24 VDC 宽范围输入。原埋图见图 3。

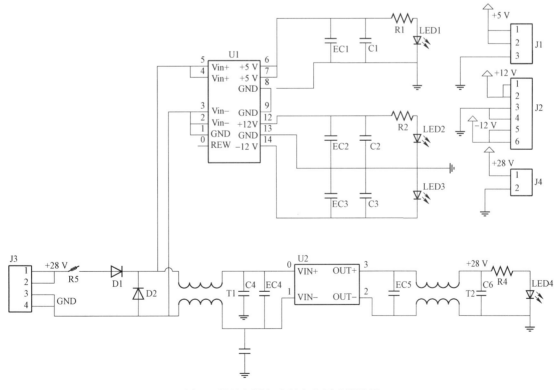

图 3　低压电源电路板电路原理设计图

高压电源主要为光电倍增管提供 600～1 500 V 的高压电源,使用 DW-P152-0.5C165A 电源模块来设计高压电源控制电路,电路原理图见图 4。

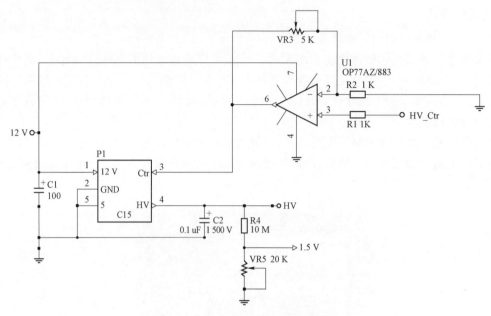

图 4　高压电路板电路原理设计图

高压输出与程控电压的关系为:$V_o = 300 \times HV\_Ctr$。式中 HV_Ctr 为高压控制电压,来自 DP5G 的电压控制输出。通过调节 HV_Ctr 值,电源模块 4 脚高压输出。

### 2.1.3　多道脉冲分析器研发

因模拟多道信号成形时间很长,信号会出现很长的拖尾现象且易于形成堆积和基线偏移,使得测量系统的能量分辨率变低[4]。为达到核信号的最优化处理,本次设计的测量系统基于少量硬件再结合各种数字信号处理方法,完成不同的测量功能以及任务,大幅提高了系统的适应性、抗干扰性及灵活性。由高速 ADC 采集模拟的脉冲信号进入 FPGA,由数字梯形成形实现脉冲幅度分析器,数字梯形成形慢通道用来精准提取脉冲幅度值,数字梯形成形快通道用来作为时基信号,堆积判别和计数率校正恢复,除此以外,也增加了平坦度甄别、基线估计与幅度提取、上升斜率甄别、脉冲间隔判定以及软增益调节功能。数字化多道脉冲分析器组成框图如图 5 所示。

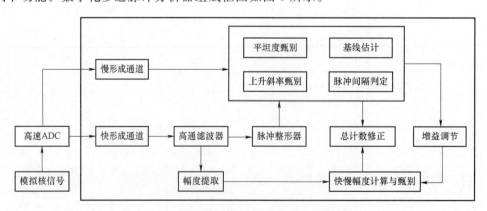

图 5　数字脉冲幅度分析器组成框图

本设计通过研究数字化多道脉冲幅度分析器所涉及的数字滤波成形、基线恢复、堆积识别等关键技术,采用 FPGA 可编程阵列技术将探测器输出的信号数字化,取代了传统模拟能谱系统的成形放大器和 MCA。和传统的系统相比,在性能和灵活性上具有一定明显优势。多道脉冲处理器性能见表 1。

表 1 多道脉冲处理器性能指标

| 增益 | 增益从×1.24 到×8.1 连续可调 |
| --- | --- |
| ADC 时钟频率 | 20 或 80 MHz,12 位 ADC |
| 梯形脉冲整形 | 半高斯成型放大器成形时间为 τ,峰值时间为 2.2τ,梯形成形放大器具有与之相同的峰值时间 |
| 峰形时间 | 0.01~102 μs |
| 平顶时间 | >0.05 μs |
| 最大计数率 | 在峰值时间为 0.2 μs 的情况下,可得到 4 MHz 的信号 |
| 脉冲死时间 | 无 |
| 快速通道脉冲对分辨时间 | 60,120 ns @ 80 MHz,240,480 ns @ 20 MHz |
| 反堆积 | 高于快速通道分辨时间时脉冲独立的,低于 1.05×峰形时间时,脉冲被拒绝 |
| 基线恢复 | 16 个软件可选的速率设置 |

### 2.1.4 数据采集控制主机设计

数据采集和控制主机以高性能机载工控机为平台进行开发,主要包括高性能主板、串口板卡、模拟数据采集板和显示单元等组成部分。工作电压为 28 VDC,数据采集板采用 CPCI 总线结构,具有良好的抗震性和散热功能。数据采集和控制单元用于采集车载放射性、GPS 等各种数据,并对数据进行处理分析[5]。同时,数据采集和控制单元还通过发送命令,控制上述模块的工作。

显示单元采用 KVM 一体化显示器(见图 6),通过 VGA 标准接口连接到数据采集和控制单元上,用于显示系统采集的各种数据和数据形成的曲线图。存储单元采用固态硬盘,通过 SATA 接口连接到数据采集和控制单元,用于实时存储系统采集的数据。

图 6 车载 γ 能谱仪主控计算机

## 2.2 系统软件设计

### 2.2.1 数据采集控制软件

车载 γ 能谱仪数据采集控制软件采用 C 语言开发,完成了数据采集底层动态链接库与友好人机界面的设计,软件操作界面如图 7 所示。

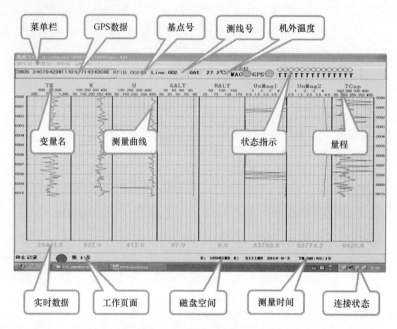

图 7 测量状态界面图

软件实现对 4 条晶体探测器及其数据采集电路的控制、能谱及其他数据实时采集、存储功能,采用自然核素稳峰算法,实时计算谱线漂移量并进行调整,保证工作过程中能谱数据质量[6]。

### 2.2.2 分辨率测试软件

分辨率测试软件的主要功能是:通过运行分辨率测试程序,计算各个晶体探测器对 $^{137}$Cs 和 $^{208}$Th 的分辨率,检查和评价仪器的工作状况(见图 8)。

分辨率计算公式:$R = \Delta h_{1/2}/h_0 \times 100\%$,式中 $\Delta h_{1/2}$ 为特征峰的半高宽,$h_0$ 为特征峰的极大值[7]。

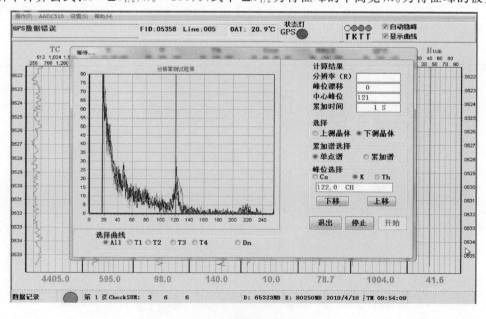

图 8 分辨率测试界面

## 2.3 系统技术指标

车载 γ 能谱仪系统性能指标见表 2。

表 2　车载 γ 能谱仪系统性能指标

| 项目 | 指标 |
| --- | --- |
| 晶体探测器 | 单个 NaI(Tl)晶体体积 4.2 L,系统连接 4 条晶体 |
| 单探测器最大脉冲通过率 | 250 000 cps |
| 晶体分辨率 | 优于 9.5% |
| 能谱峰漂 | 优于±1 道 |
| 通道个数 | 256 道/512 道/1 024 道可选 |
| 线性度 | 优于 0.999 9 |
| 能量范围 | 30 keV～3 MeV,宇宙射线:3～6 MeV |
| 稳定性 | 连续工作 28 h,各能窗计数率变化范围优于 2.5% |
| GPS 定位 | 平面定位精度 1～3 m |
| 采样频率 | 1 Hz |
| 稳谱方式 | 天然核素 K、Th 自动稳谱 |
| 工作电源 | +24/12 DCV |
| 数据存储 | 电子硬盘存储 |

## 3　车载系统集成技术

国内航空放射性测量系统目前大多使用 NaI(Tl)晶体作为探测器,车载 γ 能谱仪与航空 γ 能谱仪有相似性,但是,载体不同,相应的探测器安装方式、体积大小均有不同[8]。将各分离组成部件集成为实用的车载 γ 能谱仪是一项关键研究内容。

### 3.1　分离式安装技术

为适应不同测量监测任务要求,获取多角度探测数据,设计了分离式的探测器箱。探测器箱既可以并列安装组合成四条晶体阵列,也可以分不同部位分离安装并独立采集数据,获取不同视角的监测数据。

一箱探测器与 GPS 天线安装于越野车顶部,另一箱探测器与主机同时安装于后备厢中。安装调试实物图如图 9 所示。

(a)　　　　　　　　　　　　　　　　　(b)

图 9　探测器分离式安装实物图

(a)探测器在车顶集成实物图;(b)探测器与主控计算机在后备厢集成实物图

### 3.2　不间断电源技术

为实现车载 γ 能谱仪的移动测量工作模式,系统应能满足汽车电源功能及自供电两种要求。系统配置了 12 V 大容量电瓶,同时并联了汽车电源,通过切换开关,实现了启动时使用电瓶启动,工作时使用汽车电源,从而实现了车载能谱仪系统的无间断供电,保证了车载能谱仪系统的长时间工作。

### 3.3 系统的一体化设计

针对车载 γ 能谱测量安装要求和数据采集的高速特点,主控系统通过优化设备结构、采用低功耗器件,实现了小型化,降低了能谱主控系统的体积、重量和功耗,软件采用人机友好设计,操作界面直观简洁,硬件结构简单,便于实际工作中的车载操作。完成了车载 γ 能谱仪与越野车的集成,实现了实用化。同时,设计了可针对 4 条能谱探测器的数据通信电路,消除了因数据通信时间延迟导致的多条能谱探测器采样时间,同步实现了 γ 数据采集、存储和控制功能(见图 10)。

图 10　探测系统一体化集成实物图

## 4　车载 γ 能谱仪系统测试

在车载能谱系统装车前,对车载能谱系统的分辨率、峰漂、稳定性等进行了测试。测试时间约 28 小时。在车载能谱系统装车后,对车载能谱系统进行了路面测试,主要测试其出发前后能谱的分辨率、峰漂及路面行驶时能谱仪工作状态等。测试距离约 30.7 km,测试时间约 1 个小时。

### 4.1 车载能谱系统分辨率、峰漂测试

车载能谱系统开机稳定后,对系统的整箱晶体和分条进行了分辨率和峰漂测试,测试方法为:

(1)在室内开机后,能谱仪自动稳谱寻峰约 10 min 左右;

(2)在测量模式下,先记录 1 min 带有 $^{137}$Cs 源时的数据,然后将 $^{137}$Cs 源换成 $^{208}$Tl 源,再收录 2 min 带 $^{208}$Tl 源数据。利用"航空物探综合测量系统数据处理软件"和"Excel"软件分别计算单条、整箱晶体分辨率和峰位漂移;

(3)系统在测量模式下连续工作 28 h 后,再分别用 $^{137}$Cs 源和 $^{208}$Tl 源测试,分别收录 1 min 和 2 min 数据,并做统计,比较前后分辨率变化和峰位漂移。

测试数据如表 3～表 5。

表 3　车载能谱仪单条、整箱晶体分辨率、峰漂测试

| 晶体编号 | 晶体分辨率 | | | | | |
| --- | --- | --- | --- | --- | --- | --- |
| | $^{137}$Cs(中心峰位为 55 道) | | | $^{208}$Tl(中心峰位为 218 道) | | |
| | 分辨率/% | 峰位/道 | 峰漂/道 | 分辨率/% | 峰位/道 | 峰漂/道 |
| A1 | 10.90 | 54.9 | −0.1 | 5.3 | 219.4 | 1.4 |
| A2 | 9.50 | 56.0 | 1 | 4.4 | 218.4 | 0.4 |

| 晶体编号 | 晶体分辨率 | | | | | |
|---|---|---|---|---|---|---|
| | $^{137}$Cs（中心峰位为55道） | | | $^{208}$Tl（中心峰位为218道） | | |
| | 分辨率/% | 峰位/道 | 峰漂/道 | 分辨率/% | 峰位/道 | 峰漂/道 |
| B1 | 7.70 | 55.3 | 0.3 | 4.0 | 219.5 | 1.5 |
| B2 | 7.30 | 54.8 | −0.2 | 4.3 | 217.4 | −0.6 |
| BOX1 | 10.05 | 56.09 | 1.09 | 5.33 | 218.03 | 0.03 |
| BOX2 | 7.33 | 54.90 | −0.10 | 4.74 | 218.33 | 0.33 |
| BOX12 | 9.02 | 54.88 | −0.12 | 5.20 | 217.76 | −0.24 |

表 4 车载能谱仪连续工作 28 个小时后单条晶体分辨率、峰漂测试

| 晶体编号 | 晶体分辨率 | | | | | |
|---|---|---|---|---|---|---|
| | $^{137}$Cs（中心峰位为55道） | | | $^{208}$Tl（中心峰位为218道） | | |
| | 分辨率/% | 峰位/道 | 峰漂/道 | 分辨率/% | 峰位/道 | 峰漂/道 |
| A1 | 12.4 | 54.4 | −0.6 | 6.50 | 218.4 | 0.4 |
| A2 | 8.70 | 56.8 | 1.8 | 5.40 | 217.8 | −0.2 |
| B1 | 7.80 | 55.2 | 0.2 | 4.20 | 218.3 | 0.3 |
| B2 | 7.20 | 54.8 | −0.2 | 4.20 | 217.5 | −0.5 |

表 5 车载能谱仪连续工作 28 个小时后前后分辨率、峰漂变化

| 晶体编号 | $^{137}$Cs 分辨率变化/% | | | $^{208}$Tl 峰漂变化/道 | | |
|---|---|---|---|---|---|---|
| | 测试前 | 测试后 | 差值 | 测试前 | 测试后 | 差值 |
| A1 | 10.90 | 12.4 | 1.5 | 219.4 | 218.4 | 1 |
| A2 | 9.50 | 8.70 | −0.8 | 218.4 | 217.8 | 0.6 |
| B1 | 7.70 | 7.80 | 0.1 | 219.5 | 218.3 | 1.2 |
| B2 | 7.30 | 7.20 | −0.1 | 217.4 | 217.5 | −0.1 |

从表 3、表 4 测试数据可以看出,单条晶体分辨率最大为 12.4%,峰漂最大为 1.5 道。

从表 5 测试数据可以看出,系统连续工作 28 h 后,单条晶体分辨率变化值最大为 1.5%,晶体最大峰漂变化为 1.2 道。

室内、对车载能谱系统进行了长期分辨率和峰漂测试,测试结果如表 6 所示。

表 6 车载能谱仪系统分辨率、峰漂测试

| 测量日期 | $^{137}$Cs（中心峰位为55道） | | | $^{208}$Tl（中心峰位为218道） | | |
|---|---|---|---|---|---|---|
| | 分辨率/% | 峰位/道 | 峰漂/道 | 分辨率/% | 峰位/道 | 峰漂/道 |
| 2019−04−19 | 9.02 | 54.88 | −0.12 | 5.20 | 217.76 | −0.24 |
| 2019−04−23 | 9.10 | 55.24 | 0.24 | 5.17 | 217.77 | −0.23 |
| 2019−04−24 | 9.16 | 55.13 | 0.13 | 4.92 | 217.58 | −0.42 |

从表 4 测试数据可以看出,整套系统晶体分辨率最大为 9.16%,晶体峰漂最大为 0.42 道。

### 4.2 车载能谱系统稳定性测试

开机记录数据 28 h,每小时取一组数据,每组数据的记录时间不少于 10 min。对取得的 27 组数据进行能谱仪稳定性计算。

测试方法为开机记录数据,每小时取一组数据,每组数据的记录时间不少于 10 min。对取得的 28 组数据进行能谱仪稳定性计算,取其中最大和最小的两组数据与另外 26 组数据的平均值进行比较,计算其变化,结果见表 7。

测试结果:航放系统各能窗计数率变化范围在-1.90%～2.25%之间,满足变化不超过±5%的要求。

**表 7  车载能谱仪室内连续工作 28 个小时稳定性测试**

| 组别 | 总窗/<br>计数每秒 | 钾窗/<br>计数每秒 | 铀窗/<br>计数每秒 | 钍窗/<br>计数每秒 |
|---|---|---|---|---|
| 第 1 组 | 3 869.28 | 532.50 | 78.96 | 103.09 |
| 第 2 组 | 3 905.27 | 535.42 | 80.83 | 104.44 |
| 第 3 组 | 3 901.34 | 535.94 | 79.56 | 103.62 |
| 第 4 组 | 3 911.74 | 535.08 | 79.91 | 104.04 |
| 第 5 组 | 3 911.25 | 537.22 | 80.17 | 104.01 |
| 第 6 组 | 3 913.49 | 536.14 | 80.34 | 103.55 |
| 第 7 组 | 3 908.93 | 537.98 | 79.63 | 103.39 |
| 第 8 组 | 3 892.14 | 536.17 | 78.66 | 102.34 |
| 第 9 组 | 3 899.50 | 536.37 | 79.50 | 103.19 |
| 第 10 组 | 3 924.79 | 538.48 | 81.03 | 104.58 |
| 第 11 组 | 3 897.70 | 537.88 | 79.23 | 102.83 |
| 第 12 组 | 3 897.20 | 536.06 | 79.55 | 102.77 |
| 第 13 组 | 3 911.25 | 537.96 | 79.91 | 103.89 |
| 第 14 组 | 3 902.01 | 536.43 | 80.14 | 102.66 |
| 第 15 组 | 3 911.94 | 536.96 | 80.06 | 103.16 |
| 第 16 组 | 3 912.45 | 536.62 | 80.31 | 103.75 |
| 第 17 组 | 3 919.91 | 535.91 | 80.71 | 103.99 |
| 第 18 组 | 3 917.19 | 536.64 | 81.23 | 104.96 |
| 第 19 组 | 3 911.92 | 537.89 | 80.06 | 102.68 |
| 第 20 组 | 3 913.45 | 537.88 | 80.17 | 103.53 |
| 第 21 组 | 3 902.49 | 537.70 | 79.43 | 103.27 |
| 第 22 组 | 3 912.95 | 538.42 | 79.60 | 103.45 |
| 第 23 组 | 3 915.06 | 536.97 | 80.29 | 103.11 |
| 第 24 组 | 3 911.31 | 537.88 | 80.37 | 103.86 |
| 第 25 组 | 3 917.70 | 536.11 | 80.74 | 104.12 |
| 第 26 组 | 3 932.69 | 536.23 | 81.62 | 104.53 |
| 第 27 组 | 3 931.71 | 538.65 | 81.99 | 104.13 |

| 组别 | 总窗/<br>计数每秒 | 钾窗/<br>计数每秒 | 铀窗/<br>计数每秒 | 钍窗/<br>计数每秒 |
|---|---|---|---|---|
| 第 28 组 | 3 932.09 | 539.00 | 81.47 | 104.46 |
| 最大值 | 3 932.69 | 539.00 | 81.99 | 104.96 |
| 最小值 | 3 869.28 | 532.50 | 78.66 | 102.34 |
| 其他 26 组均值 | 3 911.03 | 536.96 | 80.19 | 103.62 |
| 变化上限/% | 0.55 | 0.38 | 2.25 | 1.29 |
| 变化下限/% | −1.07 | −0.83 | −1.90 | −1.24 |

### 4.3 车载能谱系统线性响应

车载能谱系统开机稳定后,同时放置$^{137}$Cs 源和$^{208}$Tl 源进行线性响应测试。测试数据如表 8 所示,线性响应曲线如图 11 所示,可以看出系统线性为 0.999 9。

**表 8 车载能谱仪系统线性测试**

| | 能量/keV | 道值/道 |
|---|---|---|
| $^{137}$Cs | 662 | 55 |
| $^{40}$K | 1 460 | 122 |
| $^{214}$Bi | 1 760 | 147 |
| $^{208}$Th | 2 620 | 217 |

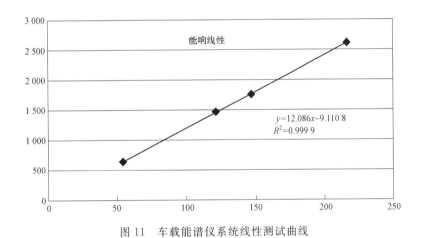

图 11 车载能谱仪系统线性测试曲线

### 4.4 车载 γ 能谱系统路面测试

路面测试开始前,对车载能谱仪系统通电,自动稳谱寻峰约 10 min 左右;

在测量模式下,先记录 1 min 带有$^{137}$Cs 源时的数据,然后将$^{137}$Cs 源换成$^{208}$Tl 源,再收录 2 min 带$^{208}$Tl 源数据。利用"航空物探综合测量系统数据处理软件"和"Excel"软件分别计算晶体分辨率和峰位漂移。

路面测试结束后,在测量模式下,先记录 1 min 带有$^{137}$Cs 源时的数据,然后将$^{137}$Cs 源换成$^{208}$Tl 源,再收录 2 min 带$^{208}$Tl 源数据。利用"航空物探综合测量系统数据处理软件"和 Excel"软件分别计算晶体分辨率和峰位漂移;测试数据如表 9 所示。

表9 车载能谱仪系统分辨率、峰漂测试

| 测量时间 | $^{137}$Cs(中心峰位为 55 道) | | | $^{208}$Tl(中心峰位为 218 道) | | |
|---|---|---|---|---|---|---|
| | 分辨率/% | 峰位/道 | 峰漂/道 | 分辨率/% | 峰位/道 | 峰漂/道 |
| 测试前 | 7.70 | 55.54 | 0.54 | 4.52 | 218.03 | 0.03 |
| 测试后 | 7.62 | 55.33 | 0.33 | 4.54 | 217.85 | −0.15 |

从表 9 测试数据可以看出,晶体分辨率最大为 7.7%,峰漂最大为 0.15 道。

## 5 结论

（1）基于 4 条 4.2 L 的大体积 NaI(Tl)晶体研制出该套车载 γ 能谱仪较国内外现有探测器灵敏度有大幅提高。

（2）主控系统通过优化设备结构、采用低功耗器件,实现了小型化,降低了能谱主控系统的体积、重量和功耗;实现了车载 γ 能谱仪与越野车的集成与实用化。

（3）该套车载 γ 能谱仪可满足可移动航空放射性测量模型标准装置的量值溯源、比对、监测等工作需要,也可应用于铀矿地质勘查及环境监测等工作。

**参考文献：**

[1] 曾国强,杨剑,等. 大体积 NaI(Tl)数字式车载 γ 能谱仪的研制[J].原子能科学技术,2016,50(11):2050-2051.

[2] 吴永康. 工业核仪器应用中的闪烁探测器[J].核电子学与探测技术 2001,21(5):413-415.

[3] 胡孟春. 两种光电倍增管增益与总工作电压的关系研究[J].核电子学与探测技术 2004,24(3):239-241.

[4] 肖无云. 数字化多道脉冲幅度分析器中的梯形成形算法[J].清华大学学报(自然科学版)2005,45(6):810-812.

[5] 吴先亮,刘春生. 基于多线程的串口通信软件的设计与实现[J].控制工程,2004,11(2):171-174.

[6] 胡波. C++ Builder6 编程实例教程[M].北京:北京电子希望出版社,2002.

[7] 刘裕华,顾仁康,等. 航空放射性测量[J].物探与化探,2002,26(4):250-252.

[8] 王红艳,刘森林,等. 车载式 NaI(Tl)大晶体组的多道谱仪[J].原子能科学技术,2004,38:253-254.

# Development of high precision vehicle mounted gamma spectrometer

WU Xue[1,2,3], LIU Shi-kai[1,2,3], LI Yi-zhou[1,2,3], LI Jiang-kun[1,2,3]

(1. Airborne Survey and Remote Sensing Center of Nuclear Industry,
Shijiazhuang of Hebei Prov. 050002,China;

2. Geophysical Exploration Technology Center for Uranium Resources of CNNC(Key Laboratory),
Shijiazhuang of Hebei Prov. 050002,China;

3. Hebei Key Laboratory of Aviation Detection and Remote Sensing Technology,
Shijiazhuang of Hebei Prov. 050002,China)

**Abstract:**In order to meet the requirements of traceability,comparison and monitoring of mobile airborne radioactivity measurement model standard device,a high-precision vehicle mounted gamma spectrometer based on large volume sodium iodide crystal is designed and developed in this paper. Four 4.2 L large volume NaI(Tl)crystals are used in the detector,and the photomultiplier tube is optimized to realize the functions of signal reading and energy spectrum data acquisition for multiple large volume NaI (Tl) detectors. According to the requirements of the installation of on-board gamma spectrum measurement and the high-speed characteristics of data acquisition, the main control system realizes miniaturization by optimizing the equipment structure and adopting low-power devices, and reduces the volume, weight and power consumption of the main control system. At the same time, the data communication circuit which can be used for 4 energy spectrum detectors is designed, which eliminates the sampling time of multiple energy spectrum detectors due to the delay of data communication time, and realizes the functions of Gamma data acquisition, storage and control synchronously. In order to meet the requirements of vehicle power supply function and self supply to realize the mobile measurement mode of the on-board gamma spectrometer, the system is equipped with 12 V large capacity battery, and the vehicle power supply and charging channel are designed. The automatic switching of different power voltage and different interface modes is realized, and the stable power supply design of energy spectrometer is completed.

**Key words**: High precision; Vehicle; Gamma ray spectrometer; Development

# 基于 Micromine 软件的鄂尔多斯盆地巴音青格利矿床品位分布规律研究

彭志强

(核工业二〇八大队,内蒙古 包头 014010)

**摘要:**基于三维模型的矿床地质统计学研究,可以准确反应矿体的空间结构变化和品位的空间变化规律。本文收集整理铀矿钻孔数据,以放射性测井中伽马测点数据作为样品,借助 Micromine 软件建立三维模型,采用普通克里格法进行品位插值发现巴音青格利矿体铀品位分布总体沿方位 170°稳定展布,在 B39 勘探线以南矿化范围与强度有扩大趋势,且矿化强度与厚度呈正相关。采用球状模型变异函数拟合结果表明,铀品位在走向、倾向和厚度方向具有相关性影响的变程为 355 m、210 m、6 m,呈明显的带状各向异性。从地质统计学角度表明研究区勘查网度采用 355 m×210 m 能更好地控制矿体形态分布。在圈定矿体中采用变程值确定矿体在走向、倾向上外推距离较为合理。

**关键词:**巴音青格利;Micromine;变异函数;品位分布

　　近十年来,在鄂尔多斯盆地陆续发现了皂火壕、巴音青格利、纳岭沟和大营等一批砂岩型铀矿床,在进行资源储量估算时,普遍采用传统块段法估算。随着地质统计学、计算机技术,三维建模技术多领域融合发展。先后有黎应书等较多学者基于 Micromine、Surpac 等国外三维矿业软件对多金属矿山运用克里格法和距离幂次反比法进行了储量估算[1-5],针对砂岩型铀矿的地质统计学研究较少。

　　本文以巴音青格利矿床为例,基于 Micromine 软件,对研究区的钻孔工程数据进行空间建模,建立矿体块体模型,以变异函数为工具,运用地质统计学方法探讨矿体铀品位在走向、倾向、厚度三个方向的分布与变化规律;通过矿体块体模型的品位插值,直观准确地揭示矿体品位的空间分布特征,最后通过变异函数模型揭示的矿化分布规律进行勘查潜力预测[6]。基于三维模型的地质统计学方法可以高效、准确、定量的分析研究矿床矿化内在规律及空间分布。采用地质统计学法的研究步骤如图 1 所示。

图 1　Micromine 品位研究流程图

**作者简介:**彭志强(1992—),男,湖南株洲人,工程师,学士,现从事铀矿勘查工作

## 1 矿区地质背景

### 1.1 矿区地质

鄂尔多斯盆地位于华北板块西部,属华北地台的一部分,是中生代发育起来的大型内陆拗陷盆地。印支运动之后,地块抬升遭受剥蚀夷平,侏罗纪时期整体下沉,形成了大型坳陷型内陆盆地[7]。中侏罗统直罗组沉积期区域气候是亚热带-暖温带半湿润到半干旱气候,适宜铀元素的萃取、迁移与富集。中侏罗世晚期后,由北西向南东倾斜渐变为由北东向南西倾斜的缓单斜构造。巴音青格利地区地处盆地北缘伊盟隆起的中北部,铀矿化产于直罗组砂体中,与上覆下白垩统志丹群($K_1$)不整合接触,与下伏延安组($J_2y$)平行不整合接触。根据沉积特征,直罗组分为上、下两段,上段为洪泛沉积的红色细粒碎屑岩建造,砂体相对不发育(见图2),下段是赋矿目的层,以河流相灰色、灰绿色碎屑岩建造为主,铀矿化受控于古层间氧化带(绿色砂体蚀变带)前锋线控制。

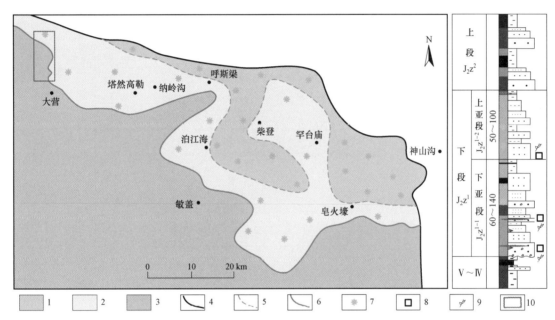

图2 鄂尔多斯盆地北东部岩石地球化学图及综合柱状示意图
1—氧化带;2—氧化—还原叠置带;3—还原带;4—剥蚀边界;5—完全氧化带尖灭界线;
6—氧化带前锋线;7—褐铁矿化;8—黄铁矿;9—炭屑;10—研究区范围

### 1.2 矿体特征

巴音青格利地区在中侏罗统直罗组上、下亚段均有铀矿体产出,铀矿化受古层间氧化带控制。根据铀矿体在剖面上的分布特征以及其所处含矿含水层,共圈出了5个工业铀矿层,分别为Ⅰ、Ⅱ、Ⅲ、Ⅳ、Ⅴ号矿层(见图3)。其中Ⅰ、Ⅳ号矿体为主矿层。

Ⅰ号矿层分布于矿床南部,产出于直罗组下段下亚段绿色古层间氧化带底部,似板状,是该区主矿层之一。沿走向北部连续性差、南部连续性好,受控于由北东向南西氧化作用,东部氧化砂体厚度相对较大,向西逐渐变小,矿体主要产于氧化还原作用的过渡部位,受氧化带前锋线控制明显,矿体厚度、品位、平米铀量整体也存在由东向西由强变弱的趋势。

Ⅱ、Ⅲ号矿层子矿床中部、北部由零星钻孔控制,规模较小。

Ⅳ号矿层分布于矿床北部,产于直罗组下段上亚段。直罗组下段上亚段氧化前锋线在矿体附近呈指状分布,铀矿化主要富集于各氧化指下部,受古层间氧化带控制作用明显,主要为氧化带下翼矿体。矿层呈板状,规模最大,连续性最好,是本区主矿层。

Ⅴ号矿层产于矿床北端,为直罗组下段上亚段最顶层矿体,分布范围较窄。

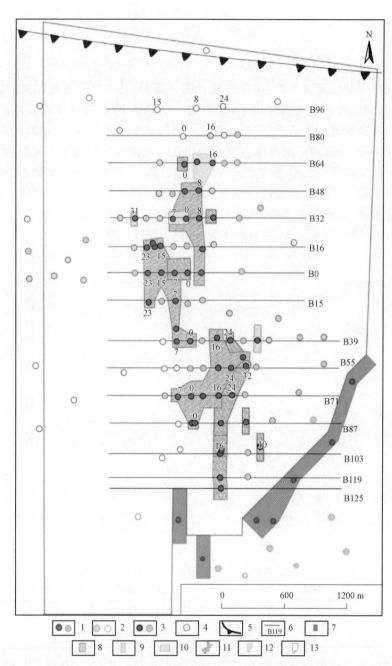

图 3　巴音青格利地区矿体水平投影图

1—工业孔、矿化孔；2—异常孔、无矿孔；3—大营施工工业孔、大营施工矿化孔；4—大营施工的无矿孔；5—直罗组剥蚀边界；

7—大营铀矿体；8—直罗组下段下亚段Ⅰ号矿体；9—直罗组下段下亚段Ⅱ号矿体；10—直罗组下段上亚段Ⅲ号矿体；

11—直罗组下段上亚段Ⅳ号矿体；12—直罗组下段上亚段Ⅴ号矿体；13—工作区范围

## 2　三维地质建模

### 2.1　建立地质数据库与三维模型

地质数据库是进行统计分析、变异函数计算和模型估值的基础。在巴音青格利矿区已有的勘查数据上，收集整理了 87 个钻孔，以 Micromine 数据结构标准建立地质数据库。按照定位表、测斜表、样品表的分类数据结构，以钻孔编号作为索引字段建立各表关系。样品数据采用放射性测井的伽马测点数据，将测点照射量率值转化为解释品位，采用 0.1 m 作为样长。结合对矿体成矿规律的认识，将矿化段范围内的样品纳入品位估值计算，把区域化变量、品位估值限定在符合成矿规律的矿化体范围内,筛选样品数总计5 773个。

矿体边界按照《地浸砂岩型铀矿资源/储量估算指南》规范圈定。根据已建立的标准数据库生成钻孔工程平面视图,依据矿体空间展布和钻探工程的分布情况,按照勘探间距逐一切出剖面,利用各个剖面的矿体轮廓线建立矿体实体线框(见图4)。

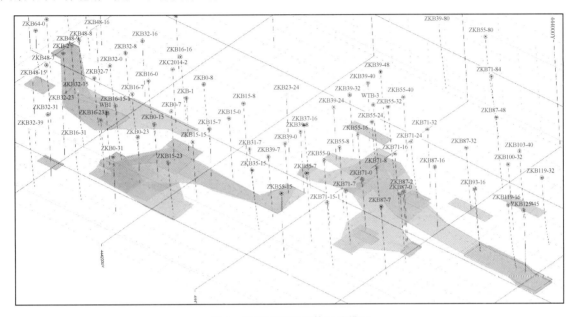

图4 巴音青格利矿体三维模型

## 2.2 样品统计分析与特高品位处理

在对块体模型进行估值之前,为了使参与估值计算的样品品位数据具有等长的权重参与空间品位赋值,确保估值过程不出现偏差,需要对样品长度进行计算处理,使其具有统一的样长。本文采用的样品数据为均一样长的放射性测井测点数据,符合插值要求的均匀离散点。

根据研究区铀矿体产于直罗组下段辫状河砂体中发育的古层间氧化带,受控于砂体非均质性与还原介质的分布,矿体与围岩的品位变化呈渐变过渡特征,表现为"软边界"的条件下,采用矿体边界相邻域的样品数据进行估算符合砂岩型铀矿矿化特征。据此对铀品位大于0.005%的样品数据进行品位统计分析,并纳入插值估算。

原始品位分布柱状图中(见图5(b)),样品品位最大值为1.583%,平均品位为0.028%,标准方差为38.14,品位变化系数为2.146,由于人工剔除了低于0.005%品位样品数据,整体峰态在0.005%品位处呈断崖式,样品不服从标准正态分布,在0.09%到0.24%品位空间内有少量高品位样品分布,样品数据上限值大于均值66倍标准差,表明高品位样品对于该矿床的品位估算的影响不能直接忽略,需要特高品位处理。

国际地质公司对特高样品处理时,通常依据变化系数和西舍尔值来确定累积概率的分位值,一般选择矿体内品位数据的97.5%或99%分位数的数值作为特高品位的下限值。结合累积概率曲线来看(见图5(c)),铀品位大致在99%的分位数附近品位分布明显少,在品位0.03%处对数累积频率曲线有明显的转折。按品位0.03%下限值处理样品后,品位均值变化不大,变化系数从2.14降至1.76,西舍尔值与平均值比较接近,标准差、偏度、峰度值也有大幅改善,故将0.03%定为铀元素品位特异值下限。

## 3 变异函数模型

### 3.1 实验变异函数分析

对矿体品位特征采用平均值、标准差、方差等传统统计指标进行分析时,仅反映变量的大小,概况

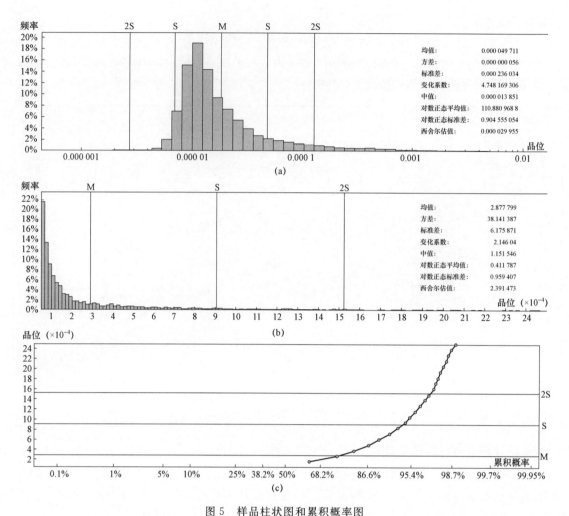

图 5　样品柱状图和累积概率图

(a) 铀元素品位分布柱状图;(b) 铀元素品位分布对数柱状图;(c) 铀元素品位概率分布图

地质体某一特性的全貌,无法表征地质体局部范围和特定方向上地质特征的变化。基于区域化变量的变异函数分析地质统计学,充分考虑矿床中品位变量的空间变化特征,准确、合理地说明了局部范围变量的相关性和随机性。变异函数的表达式为:

$$\gamma(h) = \frac{1}{2N(h)} \sum_{i=1}^{N(h)} \left[ Z(i) - Z(xi + h) \right]^2 \tag{1}$$

式中,$h$ 是滞后距;$Z(xi)$ 为空间点的品位值,$N(h)$ 是 $h$ 滞后距对应的样品数;$\gamma(h)$ 为实验变异函数[8]。

为了体现矿体在三维空间内不同方向矿化程度的变异程度,选取矿体变异程度最低的三个方向来描述矿体变异性,即通过矿体在走向、倾向、倾伏向三个方向上样品数据的变异函数极坐标图来确定。

结合巴音青格利矿床勘查网度(400 m×200 m),在计算实验变异函数时的基本滞后距离取勘探工程的1.1倍,滞后距误差限为勘探工程间距的1/4,即以400 m、200 m分别作为走向、倾向上样品对初始搜索步长,根据矿体走向上空间长度,确定对应步长数,使搜索范围覆盖矿体,具体参数见表1。

走向变异函数图中(见图6(a)),沿方位165°变异程度较低,表明矿化沿此方向延续性好,与区域上矿体受北东向南西的侧向氧化控制相印证,表现为矿化与氧化梯度呈正相关,矿体沿此方向稳定展布,确定为搜索椭球体主轴方向。

倾向变异函数图中(见图6(b)),倾向方向确定为255°,矿化稳定延伸倾角约20°。由于矿体局部受河道分流、砂岩非均质性及构造的影响,见有多层氧化现象,砂岩型铀矿体表现为多矿层非连续离散体。此角度受多层矿化分布与矿体产状综合影响，体现为矿层中相近品位矿段分布趋势，不代表矿化实际展布角度，所以克里格插值角度选取矿层中矿段实际倾角月3°为搜索椭球体次轴倾角。

倾伏向变异函数图中(见图6(b))，矿体沿方位165°倾伏角度约10°。表现为矿体受储层空间展布与北东部构造抬升作用，矿体向南倾伏，同时赋矿层位由直罗组上亚段向直罗组下亚段转换。变异函数图参数表见表1。

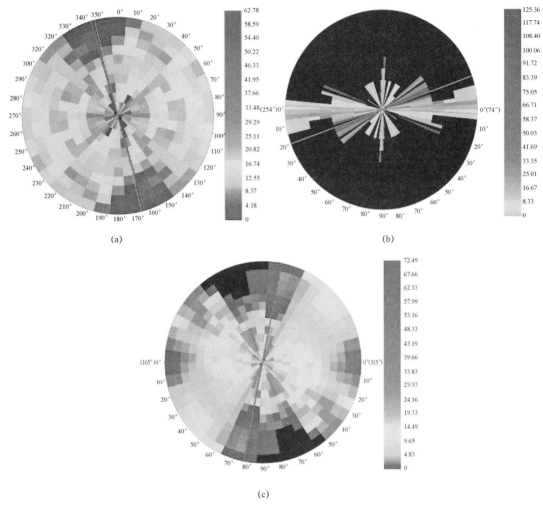

(a)

(b)

(c)

图6　矿体走向、倾向、倾伏向变异极坐标图

(a) 走向变异函数图；(b) 倾向变异函数图；(c) 倾伏向变异函数图

表1　变异函数图参数表

| 类型 | 方位/(°) | 倾角/(°) | 方向 | | | | 步长 | | |
|---|---|---|---|---|---|---|---|---|---|
| | | | 编号 | Overlap (sectors)/(°) | 带宽/m | 区间 | 编号 | | Overlap (lags)/(°) |
| 走向 | 165 | 15.88 | 50 | 0.99 | 800 | 191.08 | 12 | | 1.14 |
| 倾向 | 75 | 90 | 34 | 0 | 1 000 | 200 | 8 | | 1.32 |
| 倾伏向 | 90 | 0 | 36 | 2.29 | 80 | 410 | 10 | | 2.04 |

## 3.2　理论变异函数的拟合

当定量描述矿体时，有关整个矿体的变异结论还必须借助于推断，通过对已计算的实验变异曲线(见图7)配以相应的理论模式，构筑一定模式下得品位变化规律[9]。已计算的三轴方向实验变异函

数曲线的变化特征具有球状模型的变化特点(横轴滞后距逐步增大,变异函数值缓慢增大,最后变为某固定值)。本文以球状模型对三轴方向实验变异函数拟合。

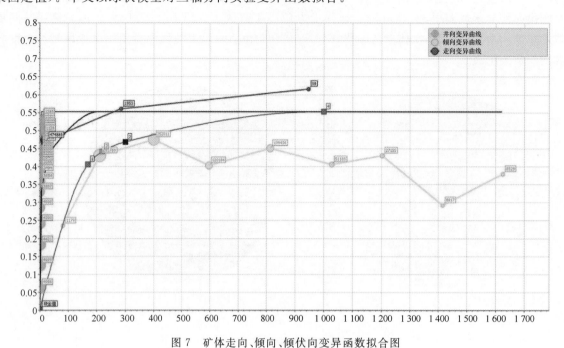

图 7　矿体走向、倾向、倾伏向变异函数拟合图

球状模型理论式为:

$$\gamma(h)=\begin{cases}0,h=0\\C_0+C(\dfrac{3h}{2a}-\dfrac{1}{2}\dfrac{h^3}{a^3}),0<h\leqslant a\\C_0+C,h>a\end{cases}\qquad(2)$$

式中,$r(h)$为实验变异函数;$a$为变程,反映了品位的影响范围;$h$为滞后距,即样品点的间距;$C_0$为块金,样品点间距趋于0时对应的实验变异函数值;$C$为基台值,采样点间距不断增大,实验变异函数值趋向一个稳定的常数,该常数为基台值;$C_0+C$是总基台值,单位均为m。通过球状模型对三轴实验变异函数的拟合研究,得出图8中理论变异函数曲线,拟合参数见表2。

表 2　变异函数拟合参数表

| 元素 | 参数名称 | 计算方向 | | |
|---|---|---|---|---|
| | | 走向 | 倾向 | 倾伏向 |
| 铀 | 块金值 | 0.031 | 0.032 | 0.031 |
| | 基台值 | 0.55 | 0.53 | 0.54 |
| | 变程 | 355 | 210 | 6 |

上述理论变异函数曲线普遍反映出三个方向的变异函数具有不同的基台值及不同的变程,为各向异性,反映了本区呈层带状矿化的实际表现为:

(1)井向变异函数有着样品数量多且连续取样的特点,能够准确计算得出块金常数,0.031的块金值表明品位在较小的范围内变化性较小。

(2)变异函数在一定距离范围内呈直线上升,然后逐步变缓,最终达到水平,表明了各样品之间的相关性随着距离的增大而减弱。走向方向上铀品位在距离大于355 m时已完全不相关;倾向方向上铀品位在大于210 m时已完全不相关;厚度方向上铀品位在距离大于6 m时已完全不相关(见图7)。

（3）变异函数在稳定后达到的基台值表明了样品品位变化的最大程度，在走向向上基台值略高于倾向上品位变化程度基台值表明，矿体在走向上品位变化幅度略大于倾向上品位变化程度。走向、倾向、倾伏向三个方向上的基台值趋近于一致，表现为带状各向异性，可以进行结构套合。

（4）对于铀品位，沿走向上 $a_1 = 355$ m，沿倾向上 $a_2 = 210$ m，沿厚度上 $a_3 = 6$ m，$K = 355 : 210 : 6 = 59 : 35 : 1$。说明在走向方向上样品间距为 355 m 的品位变化强度，在倾向上 210 m 就可以达到，而在厚度方向上 6 m 就可以达到。

### 3.3 建立矿块与赋值

对矿体插值前需要将矿体离散呈尺寸均一的矿块，作为品位赋值的最小单元，来表征铀品位的空间变化特征，同时达到精确控制矿体边界的目的。根据巴音青格利矿体特征，本矿区钻孔间距为 200 m，取样间距为 0.1 m，勘探线间距为 400 m，综合考虑各种因素，确定块的大小为：10 m×10 m×1 m（东×北×高），以矿体三维模型对矿块范围进行约束。建立完成后的矿块，用以变异函数参数建立的搜索椭球体的进行矿块估值，单个矿块赋值时会根据搜索椭球体内的工程样品品位信息对其进行赋值，工程样品离矿块越近，影响越大，反之亦然。

搜索半径：椭球体的三轴半径参数。半径大小由变异函数参数及样品间距决定，具体参数见表 3。第一次设定的值选用勘探线间距作为初始搜索半径的大小，按单工程最少 3 个样品，最多 20 个样品，以 4 扇面分区进行克里格插值。每运行一次后，增加搜索椭球的半径大小来对模型中所有的块插值。每运行一次，先前已经被插值的空块不会被重新写入数据，只有空块才会被插值，一般需要增加半径三次后，才会满足插值需要。将已赋值空块模型根据定义的不同品位区间，赋予颜色域来显示不同部位的品位变化（见图 8）。

表 3　搜索椭球参数表

| 序号 | 参数类型 | 指标 | 参数值 | 说明 |
|---|---|---|---|---|
| 1 | 样品厚度组合 | 采用样品的中值 | 0.10 m | 样品处理 |
| 2 | 特高品位处理 | 采用累积概率 99% 处分线值 | 0.300 0% | |
| 3 | 模块大小 | 线距、孔距、矿体厚度的十分之一 | 10 m×10 m×1 m | 估算最小单元 |
| 4 | 椭球体 | 搜索半径 | 200 m | 克里格插值参数 |
| | | 扇区搜索 | 四方 | |
| | | 扇面点数 | 6 | |
| | | 扇面最少点数 | 2 | |
| | | 方位角 | 165° | 描述矿体产状 |
| | | 倾伏角 | 86° | |
| | | 方位角因子 | 1 | |
| | | 倾角 | 15° | |
| | | 倾角因子 | 0.50 | |
| | | 厚度因子 | 0.50 | |

## 4　品位空间分布规律

通过普通克里格法对已划分的矿体块体模型进行品位空间数据赋值，使每个单元块模型中均含有品位估值信息。对赋值块模型进行品位划分赋色，可得矿体空间品位分布模型，图 9 为矿体空块品位分布模型（以铀品位为矿化指标）。清晰地反映该矿床总体矿化的分布规律和平均强度。

北部直罗组下段上亚段Ⅳ号矿体品位变化在 0.020 1% ～ 0.105 4%，平均 0.045 7%，均方差

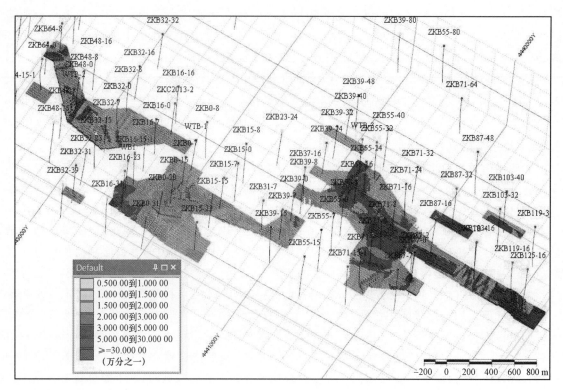

图 8  巴音青格利矿体块体品位分布图

0.02,变异系数 47.45,品位变化较小。从品位分布块体图上来看,品位在 0.020 0%～0.040 0% 之间分布范围最广,面积占Ⅲ号矿层总面积的 80% 以上,品位大于 0.040 0% 区域主要分布在 B16 号勘探线以北,呈窄条带状,北东南西向展布;矿体南部 B71-B103 勘探线,平均品位大于 0.040 0%。品位相对较低区域为 B0—B39 勘探线之间,呈近北东—南西向展布,品位多小于 0.020 0%。

南部Ⅰ号铀矿层产出于直罗组下段下亚段,品位变化在 0.014 9%～0.090 4%,平均 0.040 4%,均方差 0.02,变异系数 57.22,品位变化不大。品位在 0.036 0%～0.047 0% 之间分布范围最广,Ⅰ号矿层沿纵 16 线展布,厚度在 B119 线最大,平米铀量在 B125 线最大,整体从南向北,厚度、平米铀量呈继增的趋势。

在三维模型中对比发现,在矿体厚度较大部位,矿体平均品位多为较高值区,矿体层数和厚度与矿化富集程度呈正相关。矿层总体向南西倾斜,埋深受地层倾向与地形控制明显,总体上显示出由北东向南西逐渐增大的趋势。矿层厚度由南至北逐渐增大,厚度大于 10 m 的区域主要位于 B32 号勘探线以北,勘探线 B48 以北矿体层数较多,最多为 6 层;B16—B15 线之间矿层层数较少,均为单层矿体。因此,矿体层数与矿体厚度具有很好的正相关性,即矿体厚度大的部位,对应矿体层数较多。

## 5  结论及建议

(1)以变异函数为手段,采用球状模型拟合进一步揭示了铀品位在矿体走向、倾向及厚度方向具有明显的几何异向性,铀品位在走向上变化最为连续,各向异性比为 59∶35∶1。矿体沿走向、倾向、倾伏向这三个方向的距离达到分别达到 355 m、210 m、6 m 时,铀品位之间的相关性消失,依据此圈定矿体边界范围较为合理。

(2)我国现有的地质勘查规范仅给出了探矿工程控制网度的参考值,非具体矿床的准确网度。根据变异函数拟合,巴音青格利铀矿走向方向变程值为 355 m,倾向方向变程值为 210 m,从地质统计学角度表明研究区勘查网度采用 355 m×210 m 能较好地控制矿体形态分布,对矿床勘查具有一定指导意义。

(3)通过赋值块体模型分析,铀品位分布沿方位 170°稳定展开,北部矿体较南部矿体铀品位低,矿化基本连续,沿走向方向的连续性好于倾向方向,向南矿化范围和强度有扩大趋势,且在 B39 线以南沿纵 16 线延伸方向,铀品位逐渐增强,呈高品位带状出现。依据铀品位变异程度展布形态,在 B39 线以南,沿方位 170°走向延伸方向,高品位矿化连续性好且矿体未封闭,可作为下一步找矿勘查的靶区。

**参考文献:**

[1] 贾明涛,潘长良,肖智政. 基于三维地质统计学的矿床建模实践研究[J].金属矿山,2002,314(8):42-44.

[2] 黎应书,秦德先,等. 云南省大红山铁矿床三维矿床数学模型探讨[J].矿物岩石地球化学通报,2004,23(4):332-335.

[3] 陈爱兵,秦德先,张学书,等. 基于 MICROMINE 矿床三维立体模型的应用[J].地质与勘探,2004,40(5):77-80.

[4] 罗周全,刘晓明,苏家红,等. 基于 Surpac 的矿床三维模型构建[J].金属矿山,2006(4):33-36.

[5] 程朋根,刘少华,王伟,等. 三维地质模型构建方法的研究及应用. 吉林大学学报(地球科学版),2004.2(34):309~313.

[6] 禹东方,陈学习. 三维地质模型的交互可视化实现方法[J].煤炭科学技术,2006,34(11):52-59.

[7] 剡鹏兵,李华明,等. 内蒙古鄂尔多斯盆地巴音青格利地区铀矿 2018 年度地质报告[R].2018.

[8] 李勇,范立新,刘宇英. 地质统计学在某铅锌矿床地质建模中的应用[J].中国矿山工程,2012,41(6):15-17.

[9] 罗周全,刘晓明,吴亚斌,等. 地质统计学在多金属矿床储量计算中的应用研究[J].地质与勘探,2007,43(3):83-87.

# Study on grade distribution of BaYinQinGeLi deposit in Ordos basin based on Micromine software

PENG Zhi-qiang

(CNNC Geologic Party NO. 208,Second Geological Prospecting Department,Inner Mongolia,BaoTou 014010,China)

**Abstract:** The geostatistics study of ore deposit based on 3d model can accurately reflect the spatial structure change and grade change rule of ore body. Drilling data, this paper collects and uranium deposits in the radioactive logging gamma point data as samples, using Micromine software to establish three-dimensional model, ordinary kriging method is adopted to improve the grade of interpolation found on the Bayin Qingli uranium ore bodies distribution along the direction of 170 ° stable distribution, scope and strength in B39 exploration line south of mineralization had a tendency to expand, and the mineralization intensity and thickness were positively correlated. The fitting results of the ball model variograms show that uranium grade has a correlation influence on the direction of strike, tendency and thickness of 355 m, 210 m and 6 m, showing obvious anisotropy. From the perspective of geostatistics, the exploration network of the study area using 355 m×210 m can better control the ore body shape distribution. It is reasonable to use range value to determine the orebody's extrapolation distance on strike and tendency in delineating orebody.

**Key words:** Bayin Qingli;Micromine;Variogram;Grade distribution

# 巴音戈壁盆地塔木素地区构造特征及其
# 对巴音戈壁组上段砂体发育的影响

王俊林

(核工业二〇八大队,内蒙古 包头,014010)

**摘要:**巴音戈壁盆地是我国北方重要的产铀盆地,塔木素地区位于盆地南西部。砂体研究是砂岩型铀矿研究的关键,本文从构造对含矿砂体的控制这一角度探讨了塔木素地区构造与铀成矿的关系。研究区所处大地构造背景复杂,经历了多期次的构造运动,构造活动比较发育,其中断裂构造是区内构造活动的主要形式,以北东向为主、北西向次之,构造活动经历了拉伸-挤压-拉伸-挤压多次应力反转,形成了复杂的构造系统,将研究区分为 2 凹 1 凸 3 个次级构造单元,断裂严格控制了凹-凸边界。研究区内下白垩统巴音戈壁组上段为一套扇三角洲-湖泊沉积,其沉积分布范围、沉积相带展布受北东、北西向断裂联合控制,其中扇三角洲前缘发育水下分流河道砂体,为成矿最有利部位。

**关键词:**塔木素地区;构造;砂体

　　塔木素地区位于巴音戈壁盆地南西部,北临宗乃山隆起,随着铀矿勘查工作的不断深入,塔木素地区的铀矿规模不断扩大,具有较大的铀资源找矿潜力。

　　巴音戈壁盆地所处大地构造背景复杂,经历了多期次的构造运动,构造活动比较发育,其中断裂构造是区内构造活动的主要形式(见图 1)。白垩系是研究区盖层的沉积主体,其中下白垩统巴音戈壁组上段为主要含矿层。前人对塔木素地区沉积相、层间氧化带与铀成矿作用的关系进行了较为系统的研究,但是对构造与铀成矿的关系研究较少,本文从构造对含矿砂体的控制这一角度阐述了构造与铀成矿的关系。

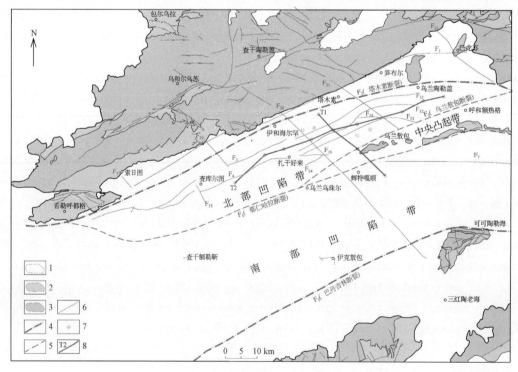

图 1　塔木素地区构造体系图

1—中新生代地层;2—前中生代地层;3—岩体;4——级断裂;5—二级断裂;6—三级断裂;7—钻孔;8—剖面线及编号

---

**作者简介:**王俊林(1982—),男,高级工程师,主要从事铀矿勘查工作

# 1 构造特征

## 1.1 构造分布特征

研究区内的断裂构造可分为三级：一级断层主要有两条，即巴丹吉林断裂和塔木素断裂，下部切入基底，为区域性基底断裂，控制了盆地或坳陷的边界；二级断层主要有两条（$F_5$和$F_6$），下部也断入了基底，控制了研究区内凹陷的形成与演化；研究区内的三级断层发育较多，主要控制了区内盖层的分布和发育，三级断层一般不断入基底中。

从断裂构造的走向方面，研究区塔木素地区断裂构造系统总体上沿袭了区域断裂与控盆断裂构造系统的特点，其构造线的总体走向存在北东向、北西向、近东西向三组，其中以北东向为主，北西向次之。

从断裂构造的性质方面，研究区内主要发育正断层，或以正断层性质为主兼有后期的反转性质，反映了研究区内走滑拉张的构造特点。

## 1.2 构造发育期次

研究区内断裂构造发育，具有多期次的特点，通过利用已有研究成果，将区内断裂构造发育划分为印支—燕山早期（T—J）、燕山晚期第一阶段（$K_1$）、燕山晚期第二阶段（$K_2$）和喜山期（E—Q）四个期次。

印支—燕山早期（T—J）：为区内控盆、控坳构造形成期，主要控盆、控坳构造均在此时形成。受造山期后地幔热柱上拱活动的影响，研究区内发育 NE、NEE 向张性断裂（$F_1$、$F_2$、$F_5$、$F_6$、$F_7$、$F_8$）。侏罗纪末期，受太平洋板块向欧亚大陆的俯冲作用影响，区域应力场以挤压作用为主，断裂性质反转为压性，侏罗系整体抬升遭受剥蚀。

燕山晚期第一阶段（$K_1$）：早白垩世，由于太平洋板块向大陆俯冲作用减弱，全区构造应力状态发生了根本性的改变，由晚侏罗世的走滑挤压变为早白垩世的走滑伸展，并具拉分作用。早白垩世早期，在张扭区域应力场背景下，断裂恢复正断层，盆地深度张裂，在差异重力作用下，在盆地或凹陷的边缘产生 NE 向同生正断层（$F_{11}$、$F_{12}$、$F_{13}$等）。在早白垩世中期，随着阿尔金断裂及其分支断裂的继续走滑，研究区内断裂活动加强，发育 $F_{19}$、$F_{20}$、$F_{21}$等 NW 向断裂，出现了由 NE、NW 向断裂共同控制的拉分地堑。在早白垩世末期，受燕山运动（第Ⅳ幕）的影响，整个盆地发生差异抬升作用，研究区构造活动减弱，停止沉降不再接受沉积，下白垩统遭到不同程度的剥蚀。

燕山晚期第二阶段（$K_2$）：早白垩世末期的岩浆大量喷溢，裂陷作用转化为岩石圈的大幅度拉伸沉降，形成大范围的坳陷。研究区内构造活动减弱，坳陷中部的部分断裂构造已停止活动，只有 $F_1$、$F_2$、$F_8$等控盆断裂进行活动。上白垩统以"填平补齐"方式，覆盖于下白垩统或基底之上。

喜山期（E—Q）：新生代以来，由于印度板块向北俯冲与欧亚板块相撞，研究区的构造应力场由前期引张变为挤压应力状态，从而使盆地形成挤压抬升的构造背景。坳陷边缘的 $F_1$、$F_2$、$F_3$、$F_{11}$等正断层转换为逆断层，强烈的区域性抬升剥蚀作用及逆冲断层掀斜作用，使北部凹陷带已沉积地层被隆升剥蚀地表或抬升到近地表。

# 2 构造对巴音戈壁组上段砂体发育的影响

据研究区内已有资料可知，本区铀矿化有泥岩型和砂岩型两种，其中以砂岩型为主。砂岩型铀矿化发育与层间氧化带关系密切，在成矿机理、空间分布上严格受层间氧化带控制，属层间氧化带型铀矿。层间氧化带砂岩型铀矿是 $U^{6+}$ 以地下水为载体，在砂岩层中迁移，由于氧化还原条件的改变，而在氧化还原界面处富集而形成的。因此，后生蚀变砂体研究是砂岩型铀矿形成的关键。

## 2.1 构造分区控制了目的层的沉积范围

### 2.1.1 构造分区

研究区内断裂控制了凹陷带和凸起带的边界（见图1），可划分为 2 凹 1 凸 3 个次级构造单元。

北部凹陷带：该凹陷带北西部以塔木素断裂为边界，南西侧以那仁哈拉断裂西段为界，与南部凹陷带相邻，南东侧以乌兰敖包断裂为界，与中央凸起带相接，走向与塔木素断裂平行，其基底埋深由北向南逐渐加深。

中央凸起带：该凸起带位于研究区中东部，北西部以乌兰敖包断裂为边界，与北部凹陷带相邻，南东侧以那仁哈拉断裂东段为界，与南部凹陷带相邻，走向与乌兰敖包断裂平行，东部宽西部窄，呈楔形。

南部凹陷带：该凹陷带北西部以那仁哈拉断裂为边界，南东侧以巴丹吉林断裂西段为界，北西段与北部凹陷带相邻，北东侧与中央凸起带相接，南西侧敞开与巴丹吉林盆地连接，走向与北部凹陷带一致，其基底埋深由南向北逐渐加深。

### 2.1.2 目的层的沉积范围

早白垩世，在区域张扭应力场作用下，研究区北部产生的 $F_{11}$、$F_{12}$、$F_{13}$ 等同生正断层，在盆地边缘形成北高南低的坡折带，北部凹陷带开始形成断陷湖雏形，其余地段处于隆起状态。

据核工业二〇开展的钻探揭露（见图2），在北部凹陷带发育下白垩统，且直接出露地表，中部隆起带和南部凹陷带缺失下白垩统，上白垩统以角度不整合覆盖在基底之上或基岩之间出露地表。因此判断，早白垩世研究区内只有塔木素断裂、那仁哈拉断裂西段和乌兰敖包断裂联合夹持的北部凹陷接受了沉积，而中部隆起带和南部凹陷处于隆起状态未接受下白垩统沉积。

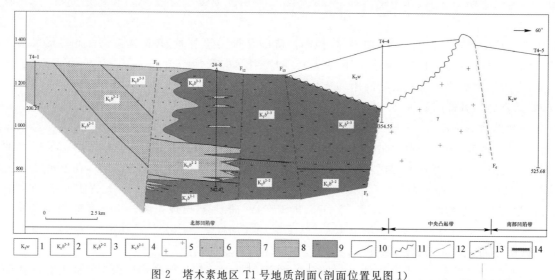

图 2　塔木素地区 T1 号地质剖面（剖面位置见图1）

1—上白垩统乌兰苏海组；2—下白垩统巴音戈壁组上段三岩段；3—下白垩统巴音戈壁组上段二岩段；
4—下白垩统巴音戈壁组上段一岩段；5—花岗岩；6—泥质砂岩、砾岩；7—灰色砂岩；8—黄色砂岩；
9—泥岩；10—地层整合接触界线；11—地层不整合接触界线；12—岩性界线；13—断层；14—铀矿体

因此研究区内下白垩统巴音戈壁组上段的沉积范围严格受构造分区控制，也可以说研究区内断裂构造控制了下白垩统巴音戈壁组上段的沉积范围。

## 2.2　构造分区控制了目的层的沉积相带的分布

### 2.2.1　沉积相带平面展布

塔木素地区下白垩统巴音戈壁组上段为一套扇三角洲-湖泊沉积（见图3），其中扇三角洲中的前缘发育水下分流河道砂体，为成矿最有利部位。

据已有研究成果，区内下白垩统巴音戈壁组上段沉积相带展布与区内构造格架密切相关。以音戈壁组上段二岩段为例（见图3和图4），$F_{20}$ 号断裂以西及 $F_{21}$ 号断裂以东以冲积扇-扇三角洲平原及浅湖沉积为主，不发育扇三角洲前缘；在 $F_{20}$、$F_{21}$ 断裂之间，扇三角洲前缘主要在 $F_{12}$ 号断裂以北，$F_{12}$ 号断裂以南以半深湖沉积为主。因此可以说，有利于铀成矿的扇三角洲砂体主要分布受 NE、NW 向断裂联合控制。

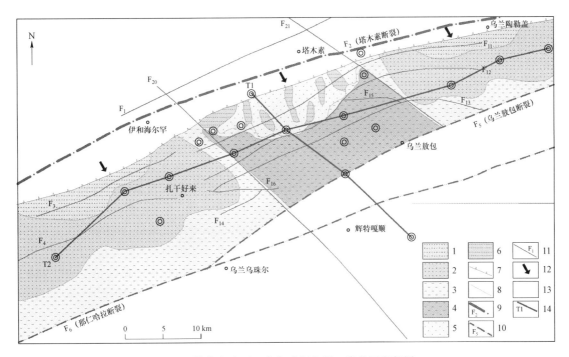

图 3 塔木素地区巴音戈壁组上段二岩段沉积相图

1—冲积扇；2—泛滥平原；3—浅湖；4—半深湖；5—分流河道；6—河道间沉积；7—目的层剥蚀边界；8—岩相界线；

9——级断层及编号；10—二级断层及编号；11—三级断层及编号；12—物源方向；13—钻孔；14—剖面线及编号

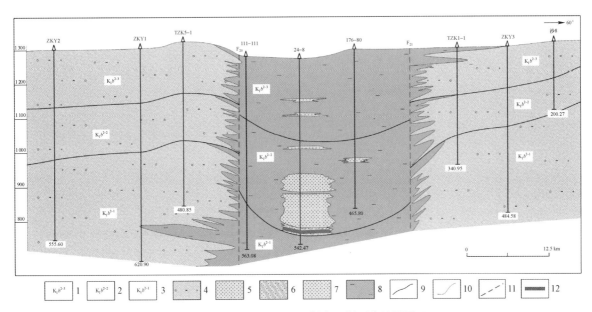

图 4 塔木素地区 T2 号地质剖面(剖面位置见图 1)

1—下白垩统巴音戈壁组上段三岩段；2—下白垩统巴音戈壁组上段二岩段；3—下白垩统巴音戈壁组上段一岩段；4—杂色泥质砂岩、砾岩；

5—灰色砂岩；6—灰色、黄色砂岩互层；7—黄色砂岩；8—泥岩；9—地层界线；10—岩性界线；11—断层；12—铀矿体

## 2.2.2 形成机制分析

在早白垩世，在走滑拉分作用下，研究区内发育半地堑，形成北高南低的宽缓斜坡带，在研究区南部形成断陷湖，碎屑物从北部宗乃山隆起区进入凹陷。

在早白垩世早期，受 $F_{11}$、$F_{12}$、$F_{13}$ 等同生正断层裂陷幅度的限制，且依据岩石中所包含的自生矿物、古生物和孢子花粉类型推断古气候为温暖-半干旱环境，因此水体较浅，接受了一套由低位体系域

冲积扇、水下扇组成的粗碎屑。

在早白垩世中期，盆地进入拉分盆地全面发展期，伴随 $F_{19}$、$F_{20}$、$F_{21}$ 等 NW 向断裂出现的拉分地堑，形成 NW 向带状洼地，在塔木素地区带状洼地位于 $F_{20}$、$F_{21}$ 号断裂之间。$F_{20}$ 号断裂以西及 $F_{21}$ 号断裂以东仍然沿袭了早期的沉积模式，以低位体系域冲积扇及浅湖沉积为主。$F_{20}$、$F_{21}$ 号断裂之间的断陷湖，随着断陷作用的加强，断陷湖水体深度、范围扩大，冲积扇入湖后形成扇三角洲，并且洼地成为的优势水流通道，容易发育分流河道，砂体较两侧更发育。但在不同的时期扇三角洲各相带的发育规模不同：① 在 $k_1b^{2-1}$ 时期，随着区域构造应力场的持续拉伸，$F_{20}$、$F_{21}$ 号断裂之间裂陷幅度还在扩大，表现为欠补偿性沉积，沉积物快速堆积，分异较差，由于快速堆积引起的滑塌以及水下重力流沉积都比较常见，因此该阶段区内断陷湖发育范围最大，扇三角洲前缘砂体不发育；② 在 $k_1b^{2-2}$ 时期，断陷扩张作用减缓，湖面上升，沉积速度平缓，湖水对流体携带物的分异作用加强，该阶段在断陷湖边缘形成了大规模分选中等—好、碎屑物含量高的扇三角洲前缘砂体；③ 在 $k_1b^{2-3}$ 时期，湖泊进入萎缩阶段，水体缩小、变浅，甚至局部地段长期出露地表而形成大面积泥灰岩，此时湖水对流体携带物的分异作用减弱，表现为湖相与扇三角洲平原亚相交替出现，扇三角洲前缘砂体不发育。

目的层沉积之后，研究区内由裂陷作用转化为大范围的坳陷（$K_2$）和整体挤压抬升（$E-Q$）为主，构造活动减弱甚至反转，在区域性抬升剥蚀作用及逆冲断层掀斜作用下，北部凹陷带整体抬升，使 $k_1b^2$ 及上覆地层遭受剥蚀，导致 $k_1b^2$ 导致大面积暴露地表，单从这一角度考虑，目的层沉积之后的构造活动对区内目的层氧化带的发育比较有利；但是区内的构造应力反转，使坳陷边缘的 $F_1$、$F_2$、$F_3$、$F_{11}$ 等正断层转换为逆断层（见图3），断裂带内的断层泥阻隔了蚀源区含铀流体对盆地的补给，据王凤岗、姚益轩等人的研究也证实了塔木素地区地下水以封存水为主，与蚀源区的地下水有较大差别，因此地层本身是否富铀成为铀能否成矿的关键，从这一角度考虑，目的层沉积之后的构造活动对区内目的层铀成矿是不利的。

## 3　结论

（1）研究区断裂构造活动是区内构造的主要特征，以北东向构造为主、北西向次之，构造活动经历了拉伸—挤压—拉伸—挤压多次应力反转，形成了复杂的构造系统。

（2）目的层分布范围、沉积相带受北东、北西向断裂联合控制，砂体发育与两组构造密切相关。

（3）目的层沉积前及同沉积构造对铀成矿较为有利，目的层沉积之后的构造活动对铀成矿较为不利。

**参考文献：**

[1]　黄世杰．层间氧化带砂岩型铀矿形成的条件及找矿判据[J].铀矿地质，1994(1)：6-13.

[2]　田济民，等．内蒙古巴音戈壁盆地航磁航放资料重新处理综合解释报告[R].核工业航测遥感中心，1997.

[3]　王利民，李怀渊，等．内蒙古阿拉善右旗塔木素地区二维地震勘探报告[R].核工业航测遥感中心，2003.

[4]　吴仁贵，等．巴音戈壁盆地中新生代构造演化与白垩系沉积体系研究[R].华东地质学院，2006.

[5]　陈启林，等．银根—额济纳盆地构造演化与油气勘探方向[J].2006，28(4)：311-315.

[6]　刘春燕，等．银根—额济纳旗中生代盆地构造演化及油气勘探前景[J].中国地质，2006，33(6)：1328-1334.

[7]　吴仁贵，等．巴音戈壁盆地塔木素地段砂岩型铀矿成矿条件及找矿前景分析[J].铀矿地质，2008，24(1)：24-30.

[8]　聂逢君，侯树仁，等．巴音戈壁盆地构造演化、沉积体系与铀成矿条件研究[R].核工业二〇八大队，2010.

[9]　李西得．巴音戈壁盆地塔木素地区巴音戈壁组上段沉积相分析[J].河南理工大学学报（自然科学版），2010，29：177-180.

[10]　焦养泉，等．巴音戈壁盆地塔木素地区含铀岩系层序地层与沉积体系分析[R].中国地质大学（武汉），核工业二〇八大队，2012.

[11]　王俊林，张林，等．巴音戈壁盆地因格井坳陷铀矿资源调查评价报告[R].核工业二〇八大队，2014.

[12]　侯树仁，王俊林，等．内蒙古阿拉善右旗塔木素铀矿床 H8-H72 线普查[R].核工业二〇八大队，2014.

[13]　刘杰．巴音戈壁盆地塔木素铀矿床特征及铀来源探讨[D].东华理工学院，2014.

[14] 姚益轩,等 . 塔木素铀矿床含矿层地下水储集和渗流类型分析[J].东华理工学报(自然科学版),2015,38(4): 344-349.

[15] 王凤岗,等 . 塔木素铀矿床地下水化学特征研究[J].铀矿地质,2015,31(6):589-592.

[16] 张成勇,等 . 内蒙古巴音戈壁盆地塔木素地区砂岩型铀矿控制因素与成矿模式[J].地质科技情报 2015,34(1): 140-146.

# Structural characteristics and its influence on the development of sandbodies in the upper member of Bayinggobi formation of Tamusu area in Bayingobi basin

WANG Jun-lin

(CNNC Geological Team No. 208, Baotou Nei Mongol 014010,China)

**Abstract**: Bayingobi Basin is an important uranium-producing basin in North China, The Tamusu region is located in the southwestern of the basin. The study on sandbodies is the key to the study of sandstone-type uranium deposit. The relationship between structure and uranium mineralization is discussed in this paper according to controlling of structure to the development of ore bearing sand bodies. The geotectonic background of the study area is complex. A multi-stage tectonic movement occurred herein. Therefore, the structure is relatively developed. The fault is mainly north-east direction, and the north-west direction is the second. The tectonic activity experienced multiple stress reversals of tension-compressional-tension-compressional that led to form a complex structural system in studied area, which was divided into three sub-tectonic units. Faults strictly controlled the sag-uplift boundary. The upper member of Bayingobi Formation of the Lower Cretaceous in the study area is a set of fan delta-lacustrine deposits. The distribution of sedimentary and facies is controlled by the NNE-NW trending faults. The distributary channel sand bodies of which developed in fan delta front. It is the most favorable site for uranium mineralization.

**Key word**: Tamusu area; Tectonic; Sandstone

# 两亲性分子对纳米颗粒增强 LIBS 的影响的研究

孙亚楼[1]，彭杉杉[1]，李智凡[2]，方开洪[1,2]，沈　洁[2]

（1. 中核四〇四有限公司科学技术研究院，甘肃 嘉峪关 735100；

2. 兰州大学核科学与技术学院 甘肃 兰州 730000）

**摘要：**由于激光诱导击穿光谱（Laser induced breakdown spectroscopy，简写为 LIBS）可实现多种元素同时检测，具有可在恶劣条件下实现远距离在线分析的突出优点，在高放射性活度的核工业正在发挥日益重要的作用。常规 LIBS 系统对环境介质中微量元素的检测限为 PPM 量级，可识别液体中含量接近每升毫克量级的微量元素。为了提高 LIBS 的检测灵敏度，下延其探测下限，利用纳秒激光器系统、高分辨谱仪测量系统，在纳米颗粒中添加了两亲性分子，开展了非放射性元素的 LIBS 检测研究。实验研究了两亲性分子和金纳米粒子之间的库仑作用对 LIBS 的影响，实验结果显示 K-I 766.5 nm 和 769.9 nm 的 LIBS 信号显著增强，直接测量液体微量元素的探测限提升到每升微克量级（PPB 量级），充分展示了 LIBS 应用于液体中放射性核素成分监测的潜在价值，为拓展 LIBS 在核工业领域中的应用提供了新思路和新方法。

**关键词：**激光诱导击穿光谱；纳米颗粒；两亲性分子

激光诱导击穿光谱（Laser induced breakdown spectroscopy，LIBS）作原子发射光谱分析始于 1962 年。它是用激光束激发样品表面产生等离子体，被激发原子在退激过程中发射原子特征谱线，通过用光谱仪测量特征谱线的波长和强度进行定性和定量分析。美国洛斯阿拉莫斯国家实验室（LANL）于 20 世纪 70 年代起致力于 LIBS 分析技术研究，在开展机理研究的同时，于 1987 年将其应用于乏燃料后处理工艺中铀浓度分析，随后又重点应用于宇宙资源开发现场分析[1,2]。德国卡尔斯鲁厄核中心从 20 世纪 90 年代初开始，致力于将 LIBS 应用于高放废液玻璃固化工艺控制分析，取得了很大成功，已进行了模拟高放废液玻璃固化体中 27 种元素的实时定量分析。在继续进行深入开发的同时，还准备将其推广应用于中国 821 厂和美国汉福德高放废液玻璃固化工艺。由于 LIBS 很少或无需制样，具有可在恶劣条件下实现远距离在线分析的突出优点，它在高温冶金工业、高放射性活度的核工业，以及月球资源开发现场分析中，正在发挥日益重要的作用[3-9]。

目前，国内主要研究单位仅能开展特定样品的元素分析，探测灵敏度多为 PPM 量级，远不能满足核工业排放物超痕量成分探测的需求（气溶胶：$<1~\mu g/m^3$；溶液：$<1~\mu g/L$）。如何提高 LIBS 信号强度，极大地下延其探测下限一直是众多科学家关注并积极开展研究的热点问题。目前，LIBS 光谱增强的实验研究主要集中在改进光路技术和制样方法两个方面。从光路技术角度来说，人们主要采用双脉冲 LIBS[10,11]、共振 LIBS[12,13] 以及进行微波激励[14,15] 等方法来提高 LIBS 的探测灵敏度。不仅如此，磁约束[16]、空间约束[17] 等均被用于实现激光诱导等离子体光谱强度的增强，提高 LIBS 的探测灵敏度。另一方面，改进制样方法一般是通过在样品上添加纳米材料以降低材料的 LIBS 击穿阈值，从而达到增强光谱信号的目的，称为纳米增强 LIBS（Nanoparticle Enhanced LIBS，NELIBS）。纳米结构由于表现出强烈的表面等离子体共振特性，很大地增强电场[18,19]，因此能导致 NELIBS 光谱信号的强度增幅达到几个量级。与光路技术改进相比，这种方法的优点不仅在于增强效果更显著，而且在于不需对原有的 LIBS 设备进行复杂地改造，只需改进制样，即可达到增强信号的目标[20-23]。本研究在纳米颗粒中添加了两亲性分子，利用纳秒激光器系统、高分辨谱仪测量系统，开展了两亲性分子对 NELIBS 信号增强的影响的研究。

## 1  材料与方法

### 1.1  样品制备与表征

我们使用柠檬酸钠还原法制备金纳米溶胶[24],使用日立公司的紫外—可见分光光度计(U-3900H, Hitachi)测量纳米粒子溶胶的吸收光谱,使用日立公司的扫描电子显微镜(SEM, Hitachi S-4800)表征纳米粒子的形貌和尺寸。

分别配制 $10^{-7} \sim 10^{-4}$ mol/L(M)浓度的氯化钾(天津大茂,$\geqslant 99.5\%$)溶液,0.01 M 十六烷基三甲基溴化铵(CTAB)(Aladdin,$\geqslant 99\%$)溶液。

硅片(浙江立晶光电,P 型硅,100 晶向,单面抛光)切割成 3 cm×3 cm 大小后,分别用无水乙醇和蒸馏水超声清洗各 20 min 后干燥使用。

### 1.2  LIBS 实验光路

实验光路如图 1 所示,纳秒激光器(Powerlite Precision II 9010,Continuum)产生的纳秒激光脉冲被 1∶1 分束镜 BS 分为两束,使用功率计监测其中一束激光的能量,另一束激光经 532 nm 高反镜反射后由透镜 F1($f=100$ mm)聚焦在样品表面。样品放置在二维位移平台上,使激光脉冲可以作用到新鲜的样品表面。激光单脉冲能量为 80 mJ,能量密度约为 40 J/cm²。等离子体光谱被透镜 F1 收集,由透镜 F2 聚焦到光纤(OF)表面,并耦合到光谱仪中。使用数字脉冲发生器(DG645)同步激光器和光谱仪。

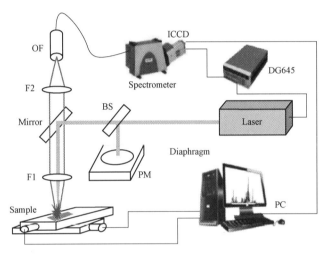

图 1  实验光路图

在测量等离子体光谱随时间的演化时,在入射激光的 45°方向进行信号收集。使用 CMOS 相机(MV3000UC,Microvision)在入射光 90°方向对等离子体进行成像。

测量 LIBS 积分光谱时,光谱仪延迟时间为 400 ns,以减少等离子体初期由韧致辐射和复合辐射引起的连续谱本底,门宽设置为 5 000 ns。测量等离子体光谱随时间演化时,延迟时间依次设置为 40~3000 ns,门宽为 100 ns。实验中,测量 LIBS 光谱和进行等离子体成像时,均采用单发激光烧蚀模式,多次测量以减小误差。

## 2  结果及分析

### 2.1  样品表征结果

图 2 给出了纳米粒子形貌的 SEM (Hitachi S-4800)测试图,可以看到,增加柠檬酸钠溶液体积,纳米颗粒的尺寸逐渐减小,纳米颗粒的直径由 80 nm 左右降低到 20 nm 左右。实验中,我们使用比较稳定的 20 nm 左右直径的金纳米粒子。

使用紫外—可见分光光度计(U-3900H,Hitachi)测量了纳米粒子溶胶的吸收光谱,如图 3 所示。可以看到明显的共振吸收峰,对于氯金酸和柠檬酸钠比例分别为 1∶5 的纳米金,共振吸收峰位于 520 nm 左右,1∶1 的纳米金共振峰位于 530 nm 左右。随着金纳米颗粒的增大,共振吸收峰红移。图 4 给出了使用 DDA 算法计算 16 nm 金纳米粒子吸收光谱的计算结果,可以看到,使用 DDA 算法的计算结果和实验测量结果一致,吸收峰位于 520 nm 左右。

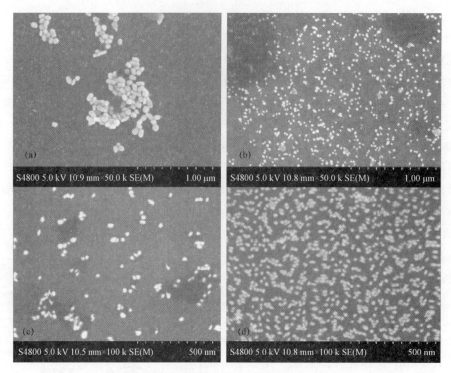

图 2　柠檬酸钠溶液还原氯金酸,制备金纳米粒子形貌的 SEM 测试图
(a)0.4 mL;(b) 2 mL;(c)4 mL;(d) 5mL

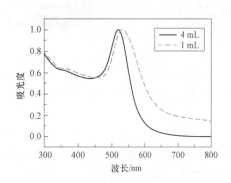

图 3　使用分光光度计测量氯金酸和柠檬酸钠
比例分别为 1∶1 和 1∶5 的纳米金溶胶吸收光谱

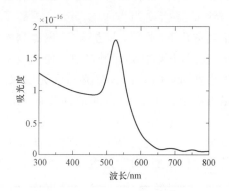

图 4　使用 DDA 算法计算的粒径
为 16 nm 的金纳米粒子吸收光谱

## 2.2　LIBS 实验结果

图 5 给出了分析物为 0.1 mmol/L(mM)KCl 溶液时,不同组分的样品中 K 原子的 LIBS 信号,图中 K 原子光谱波长分别为 766.5 nm($4P_{3/2}$-$4S_{1/2}$)和 769.9 nm($4P_{1/2}$-$4S_{1/2}$)。可以看到,在阳离子型表面活性剂 CTAB 和金纳米粒子(AuNPs)同时存在时,K 的谱线(ii)得到明显增强。

在阳离子型表面活性剂 CTAB 和金纳米粒子同时存在时,K 的信号得到明显增强,并且激光烧蚀更加剧烈。我们认为,这是由于阳离子型表面活性剂 CTAB 和表面带负电荷的金纳米粒子[25]之间存在库仑作用。CTAB 可以作为一个连接剂,在激光照射时将金纳米粒子更好地吸附在基底表面,提高激光烧蚀的效率。

## 2.3　等离子体诊断

为了研究纳米粒子对等离子体特性的影响,我们计算了等离子体温度和密度随时间的变化。分别测量了样品组分为 CTAB+KCl+AuNPs (NELIBS)和 CTAB+KCl (LIBS)样品光谱随时间的演化,如图 6 所示。从图中可以看出,相比传统 LIBS,NELIBS 的等离子体演化得更慢,持续时间更长,

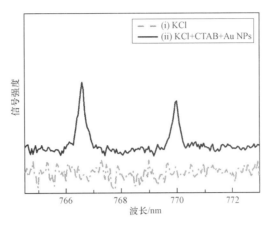

图 5　K 原子的 LIBS 光谱，不同组分的样品沉积在硅基底上

(i) 0.1 mM KCl 溶液；(ii) KCl＋0.01M CTAB＋AuNPs

N-II 谱线（如 567 nm 谱线）的寿命约为 200 ns。另外，以 Na-I 589 nm 和 589.6 nm 双线为例，可以看出在等离子体演化初期，原子谱线较弱，200 ns 左右钠黄线强度达到最大值。这是因为在等离子体初期，由于高密度效应，原子可以布居的能级数目降低，导致复合以及原子能级间的跃迁受到抑制，影响原子态的数密度分布，此时的复合主要是三体复合[31]，Si-I 390.6 nm 谱线也存在这一现象。此外，在演化初期，较低的原子谱线会被连续谱本底淹没，导致原子谱无法分辨。

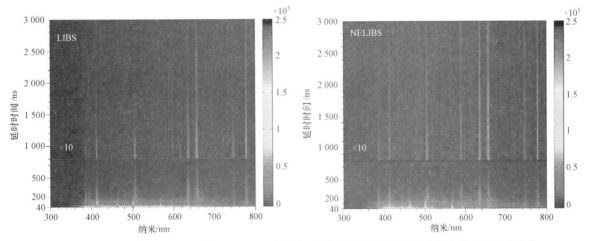

图 6　样品组分为 CTAB＋KCl＋AuNPs(NELIBS)和 CTAB＋KCl(LIBS)下的光谱随时间的演化

因为在等离子体初期原子谱线弱或无法分辨，且线状谱线和连续谱强度的比值法不适用，所以我们利用离子谱线计算等离子体温度。

在等离子体初期，连续谱本底较大，影响谱线的拟合。我们编写了基于统计敏感的非线性迭代剥峰(SNIP)算法[32,33]的程序，扣除连续谱本底后，对关注的谱线进行 Lorentz 拟合。图 7 给出了一个例子，可以看出，SNIP 方法很好的给出了连续谱本底，但是在 400 nm 附近，由于此处光谱成分复杂，包含了 Si-I，Si-II，N-II 等信号，因此的本底误差较大，扣除本底后的信号可信度较低。因而在等离子体演化初期，选择计算等离子体温度所使用的谱线时，舍弃了 400 nm 附近的信号。

在等离子体演化初期，我们使用 N-II 离子谱线计算温度。等离子体演化 200 ns 后，N-II 谱线逐渐消失，使用 Si-II 离子谱线进行温度计算。温度计算中使用的 N-II 和 Si-II 谱线跃迁数据如表 1 和表 2 所示[34]，表中给出了谱线跃迁几率 $A_{ki}(\text{s}^{-1})$，上能级简并度 $g_k$ 以及上能级能量 $E_k(\text{eV})$。我们对同一多重态的谱线进行分组[35]，对于同一上能级的不同简并态，总的简并度表示成 $g_k^G = \sum g_k$，跃迁几率写成 $A_{ki}^G = \sum (g_k A_{ki}) / g_k^G$。

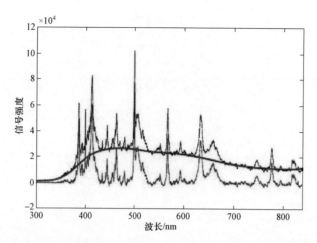

图7 使用 SNIP 算法扣除连续谱本底。图中给出了 LIBS 实验中延迟时间 100ns 时的 LIBS 光谱，以及本地扣除情况

**表1 Boltzmann 点法计算等离子体温度使用的 N-II 跃迁数据**

| 分组波长 | $\lambda/nm$ | $A_{ki}/s^{-1}$ | Acc. | $g_k$ | $E_k/eV$ | 分组波长 | $\lambda/nm$ | $A_{ki}/s^{-1}$ | Acc. | $g_k$ | $E_k/eV$ |
|---|---|---|---|---|---|---|---|---|---|---|---|
| 480 nm | | 1.420 9E+07 | | 35 | 23.242 496 | 548 nm | | 1.510 3E+07 | | 20 | 23.420 191 |
| | 477.424 40 | 3.070 0E+06 | B | 5 | 23.242 271 | | 545.207 00 | 9.820 0E+06 | B+ | 3 | 23.421 752 |
| | 477.972 20 | 2.490 0E+07 | B | 3 | 23.239 295 | | 545.421 50 | 3.700 0E+07 | B+ | 1 | 23.425 232 |
| | 478.119 00 | 1.920 0E+06 | B | 7 | 23.246 033 | | 546.258 10 | 1.110 0E+07 | B+ | 3 | 23.421 752 |
| | 478.813 80 | 2.500 0E+07 | B | 5 | 23.242 271 | | 547.808 60 | 5.220 0E+06 | B+ | 5 | 23.415 329 |
| | 479.364 80 | 7.730 0E+06 | B | 3 | 23.239 295 | | 548.005 00 | 1.440 0E+07 | B+ | 3 | 23.421 752 |
| | 480.328 70 | 3.170 0E+07 | B | 7 | 23.246 033 | | 549.565 50 | 2.660 0E+07 | B+ | 5 | 23.415 329 |
| | 481.029 90 | 4.750 0E+06 | B | 5 | 23.242 271 | 553 nm | | 3.354 3E+07 | | 45 | 27.734 913 |
| 517 nm | | 4.974 3E+07 | | 119 | 30.232 284 | | 552.623 40 | 2.130 0E+07 | C+ | 5 | 27.733 833 |
| | 516.805 00 | 3.060 0E+07 | C+ | 5 | 30.369 653 | | 553.024 20 | 4.040 0E+07 | C+ | 7 | 27.739 182 |
| | 517.015 60 | 6.540 0E+07 | C+ | 3 | 30.368 676 | | 553.534 70 | 6.040 0E+07 | C+ | 9 | 27.745 867 |
| | 517.126 60 | 8.710 0E+07 | C+ | 1 | 30.368 161 | | 553.538 30 | 4.530 0E+07 | C+ | 3 | 27.730 126 |
| | 517.146 90 | 5.810 0E+07 | C+ | 7 | 30.371 039 | | 554.006 10 | 6.030 0E+07 | C+ | 1 | 27.728 235 |
| | 517.234 40 | 6.010 0E+07 | C+ | 5 | 30.126 518 | | 554.347 10 | 3.510 0E+07 | C+ | 5 | 27.733 833 |
| | 517.297 30 | 5.010 0E+07 | C+ | 3 | 30.124 336 | | 555.192 20 | 2.000 0E+07 | C+ | 3 | 27.739 182 |
| | 517.338 50 | 7.360 0E+07 | C+ | 7 | 30.129 743 | | 555.267 70 | 1.500 0E+07 | C+ | 3 | 27.730 126 |
| | 517.446 20 | 5.070 0E+07 | C+ | 5 | 30.369 653 | | 556.525 50 | 3.970 0E+06 | C+ | 5 | 27.733 833 |
| | 517.589 00 | 8.930 0E+07 | C+ | 9 | 30.133 933 | 567 nm | | 2.766 8E+07 | | 26 | 20.651 812 |
| | 517.657 30 | 2.170 0E+07 | C+ | 3 | 30.368 676 | | 566.663 00 | 3.450 0E+07 | A | 5 | 20.653 591 |
| | 517.705 80 | 5.000 0E+07 | C+ | 3 | 30.124 336 | | 567.602 00 | 2.800 0E+07 | A | 3 | 20.646 058 |
| | 517.934 40 | 8.670 0E+07 | C+ | 9 | 30.372 819 | | 567.956 00 | 4.960 0E+07 | A | 7 | 20.665 517 |
| | 517.952 10 | 1.070 0E+08 | C+ | 11 | 30.138 939 | | 568.621 00 | 1.780 0E+07 | A | 3 | 20.646 058 |
| | 518.035 80 | 4.280 0E+07 | C+ | 5 | 30.126 518 | | 571.077 00 | 1.170 0E+07 | A | 5 | 20.653 591 |
| | 518.320 00 | 2.880 0E+07 | C+ | 7 | 30.371 039 | | 573.066 00 | 1.260 0E+06 | A | 3 | 20.646 058 |
| | 518.496 10 | 3.200 0E+07 | C+ | 7 | 30.129 743 | 594 nm | | 3.559 6E+07 | | 23 | 23.241 833 |
| | 518.508 70 | 7.110 0E+06 | C+ | 3 | 30.124 336 | | 592.781 00 | 3.190 0E+07 | A | 3 | 23.239 295 |
| | 518.620 60 | 5.760 0E+06 | C+ | 5 | 30.369 653 | | 593.178 00 | 4.230 0E+07 | A | 5 | 23.242 271 |
| | 519.038 00 | 1.770 0E+07 | C+ | 9 | 30.133 933 | | 594.024 00 | 2.220 0E+07 | A | 3 | 23.239 295 |
| | 519.196 50 | 4.250 0E+06 | C+ | 5 | 30.126 518 | | 594.165 00 | 5.470 0E+07 | A | 7 | 23.246 033 |
| | 519.950 10 | 1.510 0E+06 | C+ | 7 | 30.129 743 | | 595.239 00 | 1.240 0E+07 | A | 5 | 23.242 271 |

表 2　**Boltzmann 点法计算等离子体温度使用的 Si-II 跃迁数据**

| 分组波长 | $\lambda/nm$ | $A_{ki}/s^{-1}$ | Acc. | $g_k$ | $E_k/eV$ | 分组波长 | $\lambda/nm$ | $A_{ki}/s^{-1}$ | Acc. | $g_k$ | $E_k/eV$ |
|---|---|---|---|---|---|---|---|---|---|---|---|
| 385 nm | | 2.75E+07 | | 10 | 10.071 400 | 504 nm | | 8.81E+07 | | 14 | 12.525 316 |
| | 385.366 0 | 5.11E+06 | C | 4 | 10.073 900 | | 504.102 4 | 7.00E+07 | B | 4 | 12.525 262 |
| | 385.602 0 | 4.40E+07 | C+ | 4 | 10.073 900 | | 505.598 4 | 1.45E+08 | B | 6 | 12.525 423 |
| | 386.260 0 | 3.91E+07 | C+ | 2 | 10.066 400 | | 505.631 7 | 2.10E+07 | B | 4 | 12.525 262 |
| 412 nm | | 1.18E+08 | | 20 | 12.839 322 | 634 nm | | 6.16E+07 | | 6 | 10.070 162 |
| | 412.805 4 | 1.49E+08 | B | 6 | 12.839 327 | | 634.711 0 | 5.84E+07 | B+ | 4 | 10.073 880 |
| | 413.087 2 | 1.07E+07 | D+ | 6 | 12.839 327 | | 637.137 0 | 6.80E+07 | C+ | 2 | 10.066 443 |
| | 413.089 4 | 1.74E+08 | B | 8 | 12.839 311 | | | | | | |

　　等离子体温度计算结果如图 8 所示。可以看到,等离子体温度随延迟时间衰减,并且等离子体膨胀初期,NELIBS 的电子温度大于 LIBS,演化后期,二者的电子温度趋于一致。图中实线为使用冲击波模型进行拟合的结果,并给出了拟合公式。根据前文对冲击波模型的分析,可以发现,对于 NELIBS,等离子体膨胀停止的时间更久,约为 400 ns,而在传统 LIBS 测量中,等离子体膨胀停止的时间约为 200 ns 左右,NELIBS 等离子体体积更大。

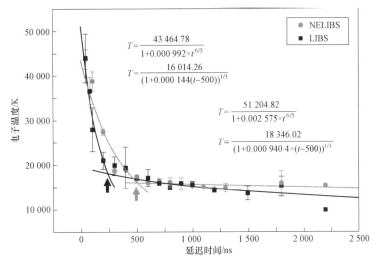

图 8　纳米粒子增强 LIBS(NELIBS)和传统 LIBS 等离子体温度随时间的演化。
图中曲线为使用冲击波模型的拟合结果

　　玻尔兹曼点法适用的条件是等离子处于局域热平衡状态。使用 McWhirter 判据:

$$N_e \geqslant 1.6 \times 10^{12} \cdot T^{1/2} \, \Delta E^3$$

其中 $N_e$ 和 $T$ 分别为等离子体密度和温度,$\Delta E(eV)$ 是计算温度所使用的谱线中的最大能级差。

　　在等离子体初期,使用 N-II 谱线计算等离子体温度时,波长最短的谱线为 480 nm,对应 $\Delta E = 2.58$ eV,则临界密度为 $5 \times 10^{15} cm^{-3}$。在演化后期,使用 Si-II 谱线进行计算,波长最短谱线为 385 nm,对应 $\Delta E = 3.22$ eV,则临界密度仍然为 $5 \times 10^{15} cm^{-3}$ 左右,远小于等离子体密度,因此满足 McWhirter 判据。

**结论**

　　证明了阳离子型表面活性剂 CTAB 和表面带负电荷的金纳米粒子之间的库仑作用对于纳米粒子增强 LIBS 的贡献。同时使用 CTAB 和金纳米粒子可以有效地实现 K 原子 LIBS 信号增强,检测灵敏度更高,检测限达到 ppb 量级。通过对等离子体成像和弹坑形貌测试,发现 CTAB 的库仑作用可以使激光烧蚀更加剧烈。纳米粒子增强 LIBS 的物理机制，主要有一下几点：

（1）CTAB 和纳米金之间的库仑作用使得纳米粒子在激光照射时可以吸附在基底表面，提高烧蚀效率；

（2）K$^+$ 离子在纳米金附近的富集，提高了局部的样品浓度；

（3）纳米金粒子附近局域电场增强，形成"热点"，局域光强升高，提高烧蚀效率；

（4）纳米金粒子的存在，产生了共振吸收现象，入射光在样品中沉积更多的能量。

**参考文献：**

［1］ Joseph, Wachter R, David, et al. Determination of Uranium in Solution Using Laser-Induced Breakdown Spectroscopy［J］. Applied Spectroscopy, 1987, 41(6):1042-1048.

［2］ Coleman A. Smith and Max A. Martinez and D. Kirk Veirs and David A. Cremers. Pu-239/Pu-240 isotope ratios determined using high resolution emission spectroscopy in a laser-induced plasma［J］. Spectrochimica Acta Part B: Atomic Spectroscopy, 2002, 57(5):929-937.

［3］ Han Jung Hyun, Moon Youngmin, Lee Jong Jin, Choi Sujeong, Kim Yong-Chul, Jeong Sungho. Differentiation of cutaneous melanoma from surrounding skin using laser-induced breakdown spectroscopy［J］. Biomedical optics express, 2016, 7(1):57-66.

［4］ Moncayo S, F Trichard, Busser B, et al. Multi-elemental imaging of paraffin-embedded human samples by laser-induced breakdown spectroscopy［J］. Spectrochimica Acta Part B: Atomic Spectroscopy, 2017, 133(1):40-44.

［5］ 李春来,刘建军,耿言,曹晋滨,张铁龙,方广有,杨建峰,舒嵘,邹永廖,林杨挺,欧阳自远. 中国首次火星探测任务科学目标与有效载荷配置［J］. 深空探测学报, 2018, 5(05):406-413.

［6］ 舒嵘,徐卫明,付中梁,等. 深空探测中的激光诱导击穿光谱探测仪［J］. 深空探测学报, 2018, 5(05):450-457.

［7］ Tian Y, Hou S, Wang L, et al. CaOH Molecular Emissions in Underwater Laser-Induced Breakdown Spectroscopy: Spatial-Temporal Characteristics and Analytical Performances［J］. Analytical Chemistry, 2019, 91(21):13970-13977.

［8］ Campbell, Keri R, Judge, et al. Laser-induced breakdown spectroscopy of light water reactor simulated used nuclear fuel: Main oxide phase［J］. SPECTROCHIMICA ACTA PART B, 2017, 133(1):26-33.

［9］ Chan C Y, Martin L R, Trowbridge L D, et al. Analytical characterization of laser induced plasmas towards uranium isotopic analysis in gaseous uranium hexafluoride［J］. Spectrochimica Acta Part B: Atomic Spectroscopy, 2021, 176:106036.

［10］ Babushok V I, DeLucia F C, Gottfried J L, et al. Double pulse laser ablation and plasma: Laser induced breakdown spectroscopy signal enhancement［J］. Spectrochimica Acta Part B: Atomic Spectroscopy, 2006, 61(9):999-1014.

［11］ R Sanginés, Sobral H. Time resolved study of the emission enhancement mechanisms in orthogonal double-pulse laser-induced breakdown spectroscopy［J］. Spectrochimica Acta Part B: Atomic Spectroscopy, 2013, 88(10):150-155.

［12］ Lui S L, Cheung N H. Resonance-enhanced laser-induced plasma spectroscopy for sensitive elemental analysis: Elucidation of enhancement mechanisms［J］. Applied Physics Letters, 2002, 81(27):5114-5116.

［13］ Goueguel C, Laville S, Vidal F, et al. Investigation of resonance-enhanced laser-induced breakdown spectroscopy for analysis of aluminium alloys［J］. Journal of Analytical Atomic Spectrometry, 2010, 25(5):635-644.

［14］ Khumaeni A, Motonobu T, Katsuaki A, et al. Enhancement of LIBS emission using antenna-coupled microwave［J］. Optics Express, 2013, 21(24):29755-29768.

［15］ Y. Meir, E. Jerby. Breakdown spectroscopy induced by localized microwaves for material identification［J］. MICROWAVE AND OPTICAL TECHNOLOGY LETTERS, 2011, 53(10):2281-2283.

［16］ Rai V N, Rai A K, Yueh F Y, et al. Optical emission from laser-induced breakdown plasma of solid and liquid samples in the presence of a magnetic field［J］. Applied Optics, 2003, 42(12):2085-2093.

［17］ Shen X K, Sun J, Ling H, et al. Spectroscopic study of laser-induced Al plasmas with cylindrical confinement

　　　［J］. Journal of Applied Physics，2007，102(9):093301.

［18］ Feng L J，Fan H Y，Yong D，et al. Shell-isolated nanoparticle-enhanced Raman spectroscopy［J］. Nature，2010，464(7287):392-395.

［19］ Ye J Y，Balogh L，Norris T B. Enhancement of laser-induced optical breakdown using metal/dendrimer nanocomposites［J］. Applied Physics Letters，2002，80(10):1713-1715.

［20］ Giacomo A D，Gaudiuso R，Koral C，et al. Nanoparticle-Enhanced Laser-Induced Breakdown Spectroscopy of Metallic Samples［J］. Analytical Chemistry，2013，85(21):10180-10187.

［21］ Giacomo A D，Koral C，Valenza G，et al. Nanoparticle Enhanced Laser-Induced Breakdown Spectroscopy for Microdrop Analysis at subppm Level［J］. Analytical Chemistry，2016，88(10):5251-5257.

［22］ Liu X，Lin Q，Tian Y，et al. Metal-chelate induced nanoparticle aggregation enhanced laser-induced breakdown spectroscopy for ultra-sensitive detection of trace metal ions in liquid samples［J］. Journal of Analytical Atomic Spectrometry，2020，35(1):188-197.

［23］ Wen X，Lin Q，Niu G，et al. Emission enhancement of laser-induced breakdown spectroscopy for aqueous sample analysis based on Au nanoparticles and solid-phase substrate［J］. Applied Optics，2016，55(24):6706-6712.

［24］ Grabar K C，Freeman R G，Hommer M B，et al. Preparation and characterization of Au colloid monolayers［J］. Analytical Chemistry，1995，67(4):735-743.

［25］ Munro C H，Smith W E，Garner M，et al. Characterization of the Surface of a Citrate-Reduced Colloid Optimized for Use as a Substrate for Surface-Enhanced Resonance Raman Scattering［J］. Langmuir，1995，11(10):3712-3720.

［26］ Palik，Edward D. Handbook of optical constants of solids［M］. Academic Press，1985.

［27］ Johnson P B，Christy R W. Optical constants of the noble metals［J］. Physical Review B，1972，6(12):4370-4379.

［28］ Giacomo A D，Koral C，Valenza G，et al. Nanoparticle Enhanced Laser-Induced Breakdown Spectroscopy for Microdrop Analysis at subppm Level［J］. Analytical Chemistry，2016，88(10):5251-5257.

［29］ Topcu T，Robicheaux F. Dichotomy between tunneling and multiphoton ionization in atomic photoionization: Keldysh parameter $\gamma$ versus scaled frequency $\Omega$［J］. Physical Review A，2012，86(5):053407.

［30］ Schertz F，Schmelzeisen M，Kreiter M，et al. Field Emission of Electrons Generated by the Near Field of Strongly Coupled Plasmons［J］. Physical Review Letters，2012，108(23):438-443.

［31］ Giacomo A D，et al. The role of continuum radiation in laser induced plasma spectroscopy［J］. Spectrochimica Acta Part B: Atomic Spectroscopy，2010，65(5):385-394.

［32］ Morháč，Miroslav，Matouek V. Peak Clipping Algorithms for Background Estimation in Spectroscopic Data［J］. Applied Spectroscopy，2008，62(1):91-106.

［33］ 王一鸣，魏义祥. 用于 γ 全谱基线扣除的改进 SNIP 算法研究［J］. 核电子学与探测技术，2012，32(12):1356-1360.

［34］ Kramida A，Ralchenko Y，Reader J，NIST Atomic Spectra Database Team，"NIST atomic spectra database (ver. 5.2)"（NIST，2014）. https://www.mendeley.com/research-papers/nist-atomic-spectra-database-version-52-online/.

［35］ Aguilera J A，Aragón C. Characterization of laser-induced plasma during its expansion in air by optical emission spectroscopy: Observation of strong explosion self-similar behavior［J］. Spectrochimica Acta Part B: Atomic Spectroscopy，2014，97:86-93.

［36］ Griem H R. Plasma Spectroscopy［M］. McGraw-Hill Book Company，1964.

# Coulombic effect of amphiphiles with metal nanoparticles on laser induced breakdown spectroscopy enhancement

SUN Ya-lou[1], PENG Shan-shan[1], LI Zhi-fan[2],

FANG Kai-hong[1,2], SHEN Jie[2]

(1. The 404 Company Limited. , China National Nuclear Corporation, Jiayuguan, Gansu, China;

2. School of Nuclear Science and Technology, Lanzhou University, Lanzhou, Gansu, China)

**Abstract**: [**Background**] Laser induced breakdown spectroscopy (LIBS) is a thriving material analysis technique. This technique has characters of multi-element detection and can achieve real time and in situ analysis, quick measurement, remote sensing. Therefore, LIBS has being widely applied in environment monitoring and nuclear industry. [**Purpose**] The typical detection limit for LIBS is close to PPM. It can only measure the elements with the content above milligram per cubic meter in aerosol. In order to improve sensitivity of LIBS, [**Method**] the nanosecond laser system and high-resolution spectrometer have been used in the experiment of nanoparticle enhanced LIBS (NELIBS), with addition of amphiphiles. [**Result**] The measurement showed an enhanced emission from the K-I lines at the wavelengths of 766.5 and 769.9 nm using nanoparticles and amphiphiles. The detection limit has been improved to PPB level (i. e. $ug/m^3$). [**Conclusion**] The new technique provides an effective method for the improvement of the detection sensitivity of LIBS and demonstrates the potential application in the nuclear facilities.

**Key words**: LIBS; Nanoparticles; Amphiphiles

# 旋翼无人机航空 γ 能谱测量系统研制及试验应用

李艺舟[1,2,3],李江坤[1,2,3],吴　雪[1,2,3],刘士凯[1,2,3],高国林[1,2,3]

(1. 核工业航测遥感中心,河北 石家庄 050002;

2. 中核集团铀资源地球物理勘查技术中心(重点实验室),河北 石家庄 050002;

3. 河北省航空探测与遥感技术重点实验室,河北 石家庄 050002)

摘要:针对小面积、大比例尺铀资源勘查工作需求,开展了旋翼无人机航空 γ 能谱测量技术研究工作。突破了天然核素自动化稳谱技术、数字化多道能谱分析技术和仪器小型化技术等关键技术,采用高强度碳纤维材料、复合保温材料设计了晶体箱,基于 CSI 晶体设计了 γ 能谱探测器,与 SY-120H 无人机集成了旋翼无人机航空 γ 能谱测量系统,重量不超过 35 kg,晶体分辨率优于 10%,能谱峰漂优于 ±1 道,γ 能谱数据采样频率 1 Hz。该系统在石家庄航放标准模型和黄壁庄动态带上完成了系统校准,获取了一套标定参数;在二连浩特地区开展试验飞行,飞行高度约 50 m,飞行速度约 27.57 km/h,快速圈定了 HF-08 和 HF-09 异常的具体位置和异常范围。试验结果表明:无人机航空 γ 能谱测量得到的 K、U、Th 含量结果与地面测量结果基本一致,可为地面不易开展工作地区的地质勘查和放射性环境评价提供一种快速高效的勘查技术装备。

关键词:旋翼无人机;航空 γ 能谱;小型化;研制

无人机航空物探是航空物探技术的新兴分支,无人机航空物探测量系统具有小型化、智能化、重量轻、尺寸小、费用低、续航能力强等特点,便于运输和使用,而且其机动性高,可不受白昼限制进行测量,目前已受到世界航空地球物理公司的广泛关注。无人机航空物探测量系统在部署便捷、应用成本、测量效率和质量、人员安全等方面具有优势,在地质调查和环境监测等领域具有广阔的前景,国内外相关研究方兴未艾[1-3]。

进入 21 世纪后,国际上多个发达国家开展了无人机航空物探装备技术的研发工作,在无人机放射性测量领域,国际上 Exploranium 公司的 GR-460 γ 能谱测量仪、芬兰 STUK 赫尔辛基的放射及核能安全委员会 Patria mini-UAV 无人机放射性监测系统(2005)、日本原子能机构的无人直升机航空辐射测量系统(2012)、美国的无人机 γ 辐射跟踪系统(2013)、俄罗斯的环境辐射监测的无人机系统(2014)以及西班牙 Escuadrone 公司的辐射探测系统等无人机航空物探设备问世,主要应用于辐射环境监测或核应急事件监测领域。

在国内,核工业航测遥感中心 2013～2015 年研制了基于彩虹 3(CH-3)无人机的 UGRS-5 航空放射性测量系统。该系统的探测器由 3 箱 NaI(Tl)探测器组成,总体积 21 L,可探测 γ 射线能量范围 200 keV～3.0 MeV,能谱数据 256 道,具有自动稳谱功能。具有长航时、性能稳定、晶体分辨率高等特点。先后在黑龙江多宝山、新疆克拉玛依、喀什等地区开展了应用示范工作,地质调查的效果明显。

2019 年起,针对小范围、大比例尺铀矿资源绿色勘查的需要,设计了基于旋翼无人机的小型航空 γ 能谱测量系统研制、试验及校准技术研究,为环境条件复杂、地面测量难以实施地区的放射性异常快速圈定提供了先进技术装备。

## 1　总体设计与软硬件开发

基于碘化铯(CsI)晶体设计了小型化的航空 γ 能谱仪,主要包括探测器和系统软件的设计与开发工作,通过与 SY-120H 旋翼无人机的集成,开发了一套可低空作业的高精度旋翼无人机航空 γ 能谱测量系统。

作者简介:李艺舟(1990—),女,湖南岳阳人,工程师,现主要从事航空物探仪器开发工作

## 1.1 无人机平台

SY-120 H无人机由北京华翼星空科技有限公司生产。无人机长 3.2 m,旋翼直径 3.6 m,最大起飞重量 120 kg,任务载荷 35 kg,最大续航时间 2 h,抗风能力 6 级。主要技术指标见表1。

表 1　SY-120 H无人机主要技术指标表

| 参数 | 技术指标 |
| --- | --- |
| 最大有效载荷 | 35 kg |
| 供电 | 直流 28 V,输出功率 800 W |
| 最低飞行高度 | 20 m(相对地面) |
| 航速 | <50 km/h |
| 载荷方式 | 吊挂 |

## 1.2 旋翼无人机航空 γ 能谱测量系统的设计

目前应用于固定翼无人机的航空 γ 能谱性测量的仪器总重量较大,一般的旋翼无人机载荷不够,无法安装。因此,设计了与旋翼无人机能力匹配的 UGRS-10 型无人机 γ 能谱测量系统。

UGRS-10 型无人机 γ 能谱测量系统由探测器、辅助测量设备、电源系统、数据采集和控制系统及系统软件组成(见图1)。探测器由 2.1～4.2 L 的碘化铯晶体、光电倍增管和多道分析器组成,主要用于探测地面的 γ 射线;辅助测量系统包括航空 GPS、温湿度计、气压高度计、雷达高度计等,主要采集位置、高度等相关数据。根据不同配置,系统重量在 19.5～35 kg 之间。

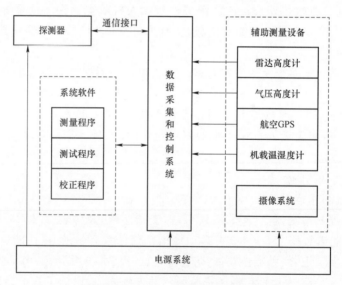

图 1　UGRS-10 型无人机 γ 能谱测量系统设计组成框图

## 1.3 软硬件设计

系统软硬件设计工作主要包括探测器研制和软件开发等内容。

### 1.3.1 探测器设计

优选了碘化铯晶体,设计了多道分析器和电源系统,完成了探测器的方案设计,如图2所示。

(1)闪烁探测器的结构和组成部分

闪烁探测器主要由闪烁晶体、光电倍增管、分压器和屏蔽外壳等组成,用来将探测器探测到的 γ 射线强度转化为相应的脉冲信号送给后续单元。通过理论模拟计算(结构见图3),选择了碘化铯晶体作为闪烁体,B89D01 型光电倍增管作为光电转换器件,采用高磁导率的屏蔽外壳进行封装。

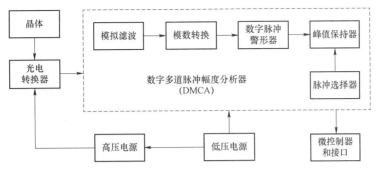

图 2　探测器功能框图

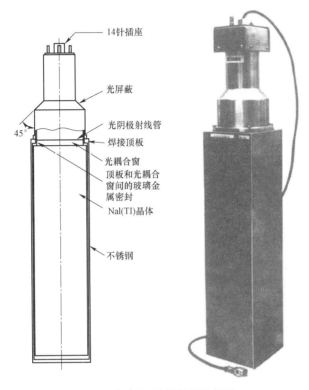

图 3　闪烁探测器结构示意图

（2）多道分析器设计

数字化多道脉冲幅度分析器采用现场可编程门阵列芯片设计完成（见图 2 虚线部分），实现滤波、脉冲成形、脉冲反堆积、零基线恢复等功能，具有体积小、设计灵活，工作稳定等优点[7-8]。

数字化多道分析器包含一个兼容于 8051 单片机的微控制器。通信接口包括 RS232、USB 和以太网口。性能参数表见表 2。

表 2　MCA 性能参数表

| 通道数 | 可控制的 256，512，1 024 道 |
| --- | --- |
| 每通道字节数 | 3 个字节（24 位） |
| 数据传输时间 | 传送 1 K 道数据：USB 接口-6 ms；RS - 232 接口-280 ms |
| 单片机时基 | 10 ms/通道～300 s/通道 |
| 外部 MCA 控制 | 只有接收到外部逻辑信号时，使能端才有效，开始接收脉冲信号，低电平有效或高电平有效 |
| 计数器 | MCA 接收慢通道事件，传入计数（高于阈值的快速通道计数），通过逻辑选择是否为符合脉冲 |

（3）电源设计

设计了系统电源，用于向系统传感器和数据采集单元、存储单元等模块提供工作电源。电源输入端的 VDC28 V 电源经 DC/DC 变换后，提供+5 V、±12 V 和+28 V 的低压电源（见图 4），并向探测器的光电倍增管（PMT）提供 600~1500 V 的高压电源（见图 5）。

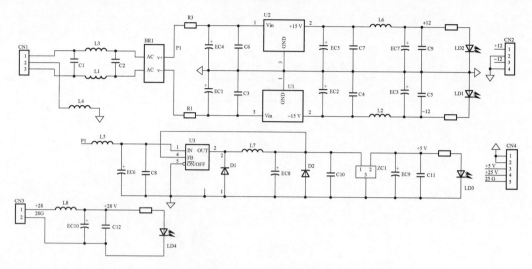

图 4　低压电源设计图

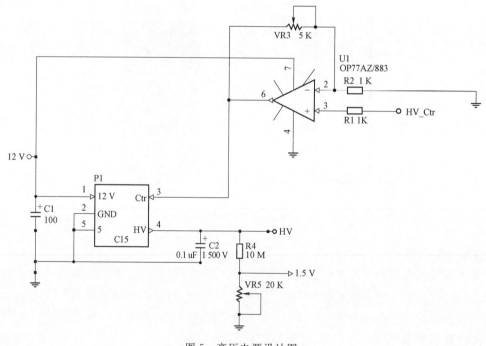

图 5　高压电源设计图

### 1.3.2　系统软件设计

针对基于 CsI 晶体的航空 γ 能谱仪开发数据测量软件，实现对航空 γ 能谱数据及辅助测量信息的实时采集及存储。实现对航空 γ 能谱参数的设置、增益的自动调节、线性校正等功能。主要包括数据测量软件、能谱线性校正程序、分辨率测试程序等。

（1）数据测量软件

完成了数据采集底层动态链接库与友好人机交互界面的设计，可实时接收采集的能谱数据、GPS 坐标、雷达高度、气压高度、温度等信息，并实现数据的实时存储与显示（见图 6）。

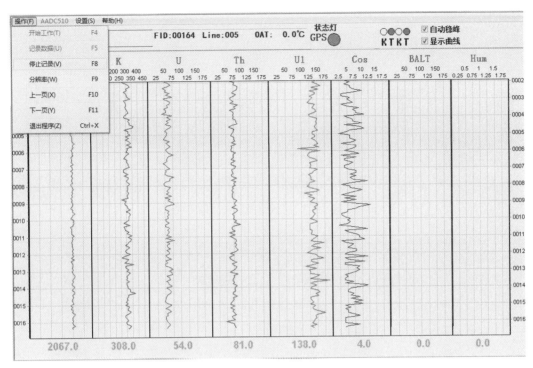

图 6 测量软件界面

（2）分辨率测试软件

γ能谱仪日常检查和作业飞行前后需要对晶体分辨率和能谱峰漂进行检查,通过运行分辨率测试程序（见图 7）,计算各个晶体探测器对[137]Cs和[208]Th的分辨率,检查和评价仪器的工作状况。

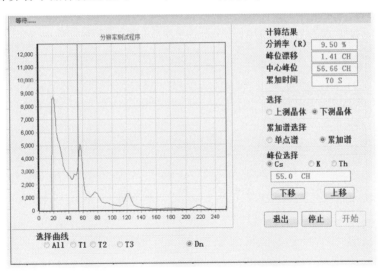

图 7 晶体分辨率测试程序界面

## 2 系统集成设计

根据 SY-120H 旋翼无人机的载荷、重心和外形布局,优化设计航放设备的安装位置、安装结构、安装方式及安装配件。对外置设备采取缓冲减震措施,减轻剧烈冲击情况下对仪器设备造成的损伤。同时,计算了载荷设备的重心,和无人机重心保持一致,最大限度地降低对飞行平台气动性能和操稳特性的影响,避免对无人机飞行性能和飞行安全性的影响。UGRS-10 旋翼无人机航空 γ 能谱仪实物图见图 8,系统与无人机的集成方式见图 9。系统主要技术指标见表 3。

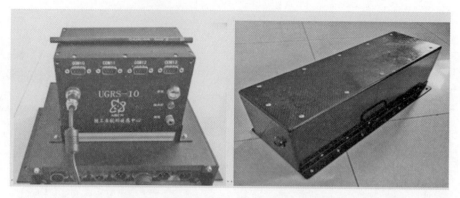

图 8　UGRS-10 主机与晶体探测器实物图

图 9　主机与探测器在赛鹰 120 h 型无人直升机上安装效果图

表 3　UGRS-10 航空伽玛能谱测量系统主要性能指标

| 项目 | 指标 |
| --- | --- |
| 晶体探测器体积 | 2~4.2 L |
| 晶体分辨率 | CsI:10%;NaI(Tl):8.5%($^{137}$Cs 的 0.662 MeV 峰) |
| 能谱峰漂 | 优于±1 道($^{208}$Tl 的 2.615 MeV 峰,256 道) |
| 通道个数 | 256 道 |
| 能量范围 | 0.2~3 MeV,宇宙射线:3~6 MeV |
| 采样频率 | 1 Hz |
| 通讯方式 | 以太网,RS232 |
| 主机电源 | +28 DCV |
| 数据存储 | 电子硬盘存储 |
| 主机操作系统 | Win7 |
| 稳定性 | 无故障工作时间≥8 h(地面测试) |
| 工作温度 | -20 ℃~50 ℃ |

## 3　性能测试分析

　　为研究无人机航空 γ 能谱测量系统的灵敏度、本底、剥离系数等参数,开展了航放模型校准试验、水上飞行测量试验和陆地飞行测量试验等工作。参考国际原子能机构 323 技术报告和航空伽马能谱测量规范,对系统开展了校准测试。

## 3.1 系统能窗设置

参照 IAEA-1363 报告和《航空伽马能谱测量规范》确定系统能窗[13]。其中,K、U1、Th1 的特征能量与现有《航空伽马能谱测量规范》[11]中的对应,并参照该规范确定 TC 的宽度;U2、U3 分别来自于 214Bi 产生 1120.3 keV(14.92%)和 609.3 keV(45.49%)的 γ 特征射线,Th2、Th3 分别来自于 228Ac 产生 911.2 keV(25.8%)和 208Tl 产生的 583.2 keV(85.0%)的特征 γ 射线(见表4)。

表 4　天然放射性核素能窗宽度计算结果

| 能窗名称 | TC | K | U1 | U2 | U3 | Th1 | Th2 | Th3 |
|---|---|---|---|---|---|---|---|---|
| 核素 | — | 40K | 214Bi | 214Bi | 214Bi | 208Tl | 228Ac | 208Tl |
| 特征能量(keV) | — | 1 460.8 | 1 764.5 | 1 120.3 | 609.3 | 2 614.5 | 911.2 | 583.2 |
| 峰位(道) | — | 122.7 | 147.9 | 94.3 | 51.8 | 218.7 | 76.9 | 49.2 |
| 最小能道(道) | 34 | 112 | 135 | 86 | 46 | 200 | 69 | 44 |
| 最大能道(道) | 237 | 133 | 161 | 103 | 57 | 237 | 84 | 55 |

探测器能窗宽度及分布图见图10。

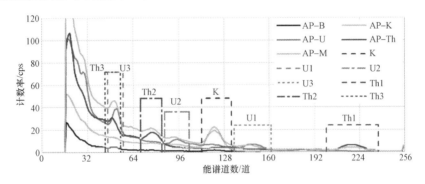

图 10　探测器能窗宽度及分布图

## 3.2 标定测试[10,12]

(1)航放模型测试试验。将航空 γ 能谱仪安装到无人机平台上,分别置于 AP-B、AP-K、AP-U、AP-Th、AP-M 模型上,开展测试试验。每个模型测量 2 次,每次测量 10 min。同时采用 ARD 便携式 γ 能谱仪进行航放模型定值。

(2)水上动态试验。在黄壁庄水库水面上空进行 30 m、50 m、70 m、90 m、120 m 等不同高度的悬停测量,每个高度测量飞行 10 min。并与低本底铅室和水面测量结果对比,分析不同源项的贡献水平。

(3)陆地动态试验在有人机航空 γ 能谱仪动态测试带陆地测线上,选择一条长 600 m、放射性分布均匀的测试带,进行 30 m、50 m、70 m、90 m、120 m、150 m 高度的测量飞行,每个高度飞行 4 次,飞行速度不超过 30 km/h。

## 3.3 数据处理流程

根据无人机航空 γ 能谱测量的能力和实测数据情况,拟对测量原始数据分别进行传统能窗剥离修正、扩展能窗剥离修正、全谱拟合修正等方法进行校准和测量效果分析。其中采用传统的能窗剥离法进行数据处理的流程(见图11)。

## 3.4 测试结果

根据上述标定和数据处理流程,计算探测器地面灵敏度和剥离系数(见表5)。

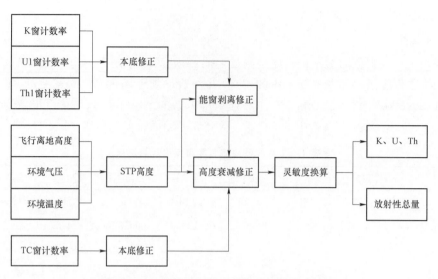

图 11  无人机航空 γ 能谱测量数据处理流程图

表 5  探测器地面灵敏度和剥离系数计算结果

| $s_k$/(cps/%) | $s_u$/(cps/$10^{-6}$) | $s_t$/(cps/$10^{-6}$) | α | β | γ | a | b | g |
|---|---|---|---|---|---|---|---|---|
| 41.69 | 5.20 | 2.23 | 0.456 73 | 0.472 16 | 0.837 57 | 0.072 74 | 0.004 53 | 0.030 21 |

通过地面定值结果计算,STP 高度为 60 m 时,TC、K、U、Th 窗灵敏度分别为 23.3 cps/ur、17.8 cps/%、2.2 cps/$10^{-6}$、1.2 cps/$10^{-6}$,见表 6。

表 6  STP 高度 60 m 的能窗灵敏度修正参数

| | s. TC/(cps/ur) | s. K/(cps/%) | s. U/(cps/$10^{-6}$) | s. T/(cps/$10^{-6}$) |
|---|---|---|---|---|
| 60 m 高度灵敏度 | 23.3 | 17.8 | 2.2 | 1.2 |

## 4  试验飞行

选择内蒙古自治区锡林郭勒盟阿巴嘎旗伊和高勒苏木地区的 2 个航放异常作为试验区,开展了试验飞行。使用 4.2 L 探测器,完成测线飞行 51.4 km,平均飞行高度 49.7 m,平均飞行速度 27.57 km/h,数据采样率 1 Hz。

根据异常区无人机航放测量导航定位数据的投影坐标和 K、U、Th 含量和 TC,采用最小曲率法进行数据网格化,得到了无人机航放 TC 等值图和 K、U、Th 含量等值图。其中 HF-09 TC 等值线图见图 12,该异常区内,U 含量高值主要分布在东北部和西南两个位置,以 5×$10^{-6}$ 和 10×$10^{-6}$ 为边界值圈定异常区范围(见图 13)。

将无人机航空 γ 能谱测量结果与地面测量结果进行了对比(见表 7),结果显示:相同测线段内,无人机测量和地面测量结果的平均值相近,相对偏差在 5.8%~34.4% 之间,Th 含量的相对偏差较大推测与异常区内 Th 含量偏低有关,还需要进一步进行分析。

表 7  测线 8040 无人机测量与地面测量相同范围数据结果统计

| 测量方式 | 数据量 | TC/(ur) | K/% | U/$10^{-6}$ | Th/$10^{-6}$ |
|---|---|---|---|---|---|
| 地面测量 | 14 | 15.5 | 2.6 | 3.1 | 7.7 |
| 无人机测量 | 82 | 16.4 | 2.9 | 3.8 | 10.4 |
| 相对偏差/% | — | 5.8 | 10.6 | 23.5 | 34.4 |

图 12  无人机航放 TC 等值图（HF-09）

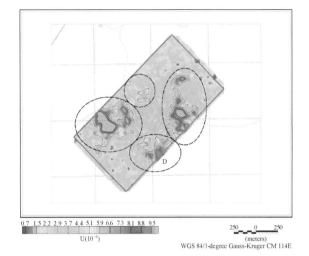

图 13  圈定的 U 异常范围（HF-09）

## 5  结论

通过在二连地区使用自主研制的 UGRS-10 型无人机航空 γ 能谱测量系统开展测量应用试验，确定了 HF-08、HF-09 异常区的具体位置和异常范围，并和地面测量结果进行了比对，验证了无人机航空 γ 能谱测量技术用于开展异常检查工作是有效的，可为地面不易开展工作地区的地质勘查和放射性环境评价提供一种快速高效的勘查技术装备。

**参考文献：**

[1]  李江坤,李艺舟,刘士凯.基于 CH-3 无人机的航空物探（磁/放）测量系统研制及应用[J].核科学与工程,2020(7).

[2]  李文杰,李军峰,刘士凯,等.自主技术无人机航空物探（放/磁）综合站研发进展[J].地球学报,2014,35(4):399-403.

[3]  李怀渊,航空放射性测量在环境检测中的应用[J].物探与化探,2004,28(6):515-517.

[4]  于百川,中国和世界几个主要国家航空 γ 能谱测量评述[J].国外铀金地质,1992(4):64-93.

[5]  倪卫冲,高国林,杨金政,等.三门核电站环境辐射本底航空测量调查报告[R].核工业航测遥感中心.2012.

[6]  李江坤,李艺舟,刘士凯,等.无人机空放射性测量系统研制及试验应用[G].中国核科学技术进展报告（第五卷）,2017.

[7]  王磊.基于 DSP 的数字多道脉冲幅度分析器设计[J].核电子学与探测技术.2009,29(4),880-883.

[8]  葛良全,曾国强,赖万昌等.航空数字 γ 能谱测量系统的研制[J].核技术:2011,34(2):156-160.

[9]  刘士凯,李江坤,李艺舟.基于无人机的航空伽玛能谱数据传输系统的设计[J].科技创新导报,2015,12(3):5-6.

[10]  胡明考,张积运,江民忠等.航空 γ 能谱仪通用校准技术[G].中国核科学技术进展报告（第一卷）,2009.

[11]  航空 γ 能谱测量规范 EJ/T 1032—2018[S].国家国防科技工业局.

[12]  航空 γ 能谱仪检定规程 JJG 26—2012[S].国家国防科技工业局.

[13]  IAEA-TECDOC-1363. Guidelines for radioelement mapping using gamma ray spectrometry data[R]. IAEA, VIENNA,2003.

# Rotor UAV aviation γ development and experimental application of energy spectrum measurement system

LI Yi-zhou[1,2,3], LI Jiang-kun [1,2,3], WU Xue [1,2,3],
LIU Shi-kai [1,2,3], GAO Guo-lin [1,2,3]

(1. Aerial survey and remote sensing center of nuclear industry, Shijiazhuang 050002, Hebei Province;

2. Geophysical exploration technology center of uranium resources of CNNC (Key Laboratory),

Shijiazhuang 050002, Hebei Province;

3. Hebei key laboratory of airborne detection and remote sensing technology, Shijiazhuang 050002, Hebei Province)

**Abstract:** In order to meet the needs of small-scale and large-scale uranium resources exploration, the rotary wing UAV aviation is carried out γ Energy spectrum measurement technology research work. Breaking through the key technologies of natural nuclide automatic spectrum stabilization technology, digital multi-channel energy spectrum analysis technology and instrument miniaturization technology, the crystal box is designed with high strength carbon fiber material and composite insulation material, and the crystal box is designed based on CSI crystal γ The energy spectrum detector is integrated with sy-120 h UAV, which is a rotor UAV γ The weight of the system is less than 35 kg, the resolution of the crystal is better than 10%, and the peak drift is better than 10%±1, γ The sampling frequency of energy spectrum data is 1 Hz. The calibration of the system is completed on the Shijiazhuang airborne standard model and Huangbizhuang dynamic belt, and a set of calibration parameters are obtained; The test flight was carried out in Erlianhot area, with flight altitude of about 50 m and flight speed of about 27.57 km/h. The specific location and abnormal range of hf-08 and hf-09 anomalies were quickly delineated. The test results show that: UAV aviation γ The results of K, u and th content measured by energy spectrum are basically consistent with those measured on the ground, which can provide a fast and efficient exploration technology and equipment for geological exploration and radioactive environmental assessment in areas where it is not easy to carry out work on the ground.

**Key words:** UAV; Aviation γ Energy spectrum; Miniaturization; Development

# 基于⁷Be 峰的航空 γ 能谱稳谱方法研究

李江坤[1,2,3]，李艺舟[1,2,3]，刘士凯[1,2,3]，武雷超[1,2,3]，吴　雪[1,2,3]

（1. 核工业航测遥感中心，河北 石家庄 050002；

2. 中核集团铀资源地球物理勘查技术中心（重点实验室），河北 石家庄 050002；

3. 河北省航空探测与遥感技术重点实验室，河北 石家庄 050002）

**摘要**：航空 γ 能谱稳谱技术是保证航空 γ 能谱测量数据质量的关键技术，通常采用"参考源"或者"参考特征峰"的方法进行稳谱。但在高空飞行或低本底条件下特征峰不明显，无法采用上述方法进行稳峰。为保证航空 γ 能谱仪在高空低本底条件下稳谱效果，提出了一种基于⁷Be 峰的航空 γ 能谱仪稳谱方法。实现途径是：在地面以及高度不高于 1 000 m 的低高度采用⁴⁰K、²¹⁴Bi 或²⁰⁸Tl 特征峰进行稳谱；在高度大于 1 000 m 的高高度采用⁷Be 峰进行稳谱。试验飞行结果表明：使用该稳谱方法保证了在高高度标定飞行时航空 γ 能谱仪谱线峰位正常，峰漂变化在航放测量规范要求范围之内，保证了测量数据质量。同时，对于没有使用⁷Be 峰稳峰的航空 γ 能谱仪，在进行飞机本底标定时，可以通过计算⁷Be 峰位，检查该航空 γ 能谱仪在高高度、低本底、温度变化大的情况下工作是否正常，确保数据质量和准确性。

**关键词**：航空 γ 能谱；稳谱技术；⁷Be 峰

　　航空 γ 能谱仪是开展航空放射性测量的主要测量仪器。我国的航空 γ 能谱测量工作始于 1955 年[1]，最初主要应用于寻找放射性矿产，后来逐步扩展到油气田勘查、地质填图、放射性元素伴生矿勘查等领域，20 世纪 80 年代以来，航空 γ 能谱仪开始应用于环境放射性污染调查、核事故应急航空监测等领域[2-5]。

　　但因为环境温度变化、元器件疲劳效应、高压电源不稳定及外界干扰等多种因素影响，航空 γ 能谱仪普遍存在谱峰漂移现象。通过稳谱技术可以稳定能量刻度曲线，以克服系统的不稳定性[6-8]，例如 GR-800 航空 γ 能谱仪采用恒温稳谱方法，GR-820 航空 γ 能谱仪采用内置参考源方式稳谱。目前国内外仪器制造商大多采用无源稳谱方法进行稳谱，即采用天然核素（如⁴⁰K、²¹⁴Bi、²⁰⁸Tl）的特征峰（见图 1）进行稳峰，保证 γ 能谱的峰位没有漂移。近些年来，这种方法在低高度测量作业中效果明显，取得了高质量的测量数据。但是这种方法的不足是随着飞行高度的增加，特别是在系统本底标定或高高度飞行的过程中（1 000 m 以上），天然核素放射性强度不断减低，以至于不能找到⁴⁰K、²¹⁴Bi、²⁰⁸Tl 特征峰，使仪器失去自稳能力，处于无稳峰工作状态。

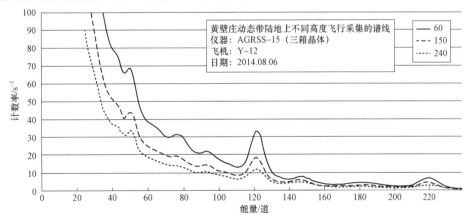

图 1　不同高度实测能谱曲线图

作者简介：李江坤（1983—），男，河北人，高级工程师，硕士，现主要从事航空物探仪器开发工作

为此,研究了历年高高度飞行数据资料,提出了一种基于 $^7$Be 峰的航空 γ 能谱仪稳谱方法,以解决现有技术采用天然核素 $^{40}$K、$^{214}$Bi、$^{208}$Tl 特征峰在高高度不能很好地进行稳峰的问题。

# 1 特征峰稳谱原理

首先,通过对 γ 能谱进行线性刻度,计算出核素的标准峰位,在飞行过程中,通过实时读取谱线峰位,计算实时峰位和标准峰位的峰漂,然后通过程序调整高压和增益对能谱峰位进行调整[9],实现实时稳谱。

## 1.1 线性刻度

射线的能量和多道的道数之间应该是呈线性正比的关系,线性关系越好,最终测量的结果越好。但实际上往往是有非线性的存在,因此能量刻度的公式通常用二次函数来表示。

$$E = C_0 + C_1 m + C_2 m^2 \tag{1}$$

式(1)中 $E$ 能量;$C_0$ 零道对应的能量;$C_1$ 每道能量的增量,即到增量;$C_2$ 非线性度,一般为很小的值。$C_0$、$C_1$、$C_2$ 三个待定系数。只要给定三个参考峰 $(E_1, m_1)$、$(E_2, m_2)$、$(E_2, m_3)$,就可以求出这三个待定系数。

能量的刻度就是在探测器、所加的高压、放大倍数等参数均不变的情况下,利用天然核素(K、U、Th)的峰位所具有的能量特征,算出三个参数。这样就可以通过特征峰,得出谱线的能量关系,最终确定射线的能量特征。

对于 256 道谱数据的能量校正过程如下:

开机运行 30 min 以上,使高压电源充分稳定。

(1)将多道分析器增益调整为可调范围中间值,调整高压,使 Th 峰峰位在 $218 \pm 1$ 道范围内,保存高压值。

(2)调整多道分析器增益值,使 Th 峰峰位在 218 道上,保存增益值。寻找 K、U、Th 特征峰峰位 $m_1$、$m_2$、$m_3$。

(3)按照多项式 $y = C_1 + C_2 x + C_3 x^2$,利用最小二乘曲线拟合法,求出 $C_1$、$C_2$、$C_3$ 三个系数。

(4)利用 $C_1$、$C_2$、$C_3$ 三个系数计算新的 256 道址数组,根据新的道址数组,利用插值法,求出新的 256 道谱数据,完成能量校正。

## 1.2 稳谱方法

一般采用人工放射源或天然放射性元素的特征峰进行稳谱。例如采用天然放射性元素 U、Th、K 作为特征峰进行稳谱,根据不同的环境背景自动选取 U、Th、K 中任意一个为特征峰。

通过谱分析,进行快速寻峰定位,计算实时峰位和理论峰位的漂移,通过软件进行增益或高压调整,实现自动稳谱功能。

调节能谱的峰位主要依靠调节输出高压和增益来完成,因此需要计算高压值与能谱峰位以及增益值与能谱峰位之间的关系。以自主研制的 UGRS-5 航空 γ 能谱仪为例,得出了以下关系式。

(1)多道分析器高压保持不变,测试增益与峰位的对应关系,测试结果如表 1 所示。

表 1　增益值与峰位对应关系表

| 设置高压/V | 调节增益值 | K 峰峰位/Ch |
| --- | --- | --- |
| 988 | 9.999 | 126 |
| 988 | 8.999 | 114 |
| 988 | 7.999 | 100 |
| 988 | 6.999 | 87 |
| 988 | 5.999 | 75 |

利用最小二乘法进行线性拟合 $y=mx+b$，得 $m=12.9$，$b=-2.79$。

（2）多道分析器增益保持不变，测试高压与峰位的对应关系，测试结果如表 2 所示。

表 2　高压值与峰位对应关系表

| 设置增益值 | 设置高压/V | K 峰峰位/Ch |
|---|---|---|
| 7.999 | 900 | 57 |
| 7.999 | 910 | 63 |
| 7.999 | 920 | 66 |
| 7.999 | 930 | 71 |
| 7.999 | 940 | 76 |
| 7.999 | 950 | 81 |
| 7.999 | 960 | 86 |
| 7.999 | 970 | 91 |
| 7.999 | 980 | 97 |
| 7.999 | 990 | 103 |

利用最小二乘法进行线性拟合 $y=mx+b$，得 $m=0.501\ 2$，$b=-394.545$。

## 2　基于 ${}^7$Be 稳谱方法

提供一种基于 ${}^7$Be 峰的航空 γ 能谱仪稳谱方法，以解决现有技术采用天然核素 ${}^{40}$K、${}^{214}$Bi、${}^{208}$Tl 特征峰在低本底情况下不能很好地进行稳峰的问题。

### 2.1　${}^7$Be 参考特征峰

铍是最轻的碱土金属元素，原子序数为 4，是坚硬质轻的金属之一，应用于飞机、火箭制造业和原子能工业中。天然铍有三种同位素：${}^7$Be、${}^8$Be、${}^{10}$Be。由天然同位素能量谱线图（见图 2）可知，${}^7$Be 的能量为 477.5 keV。

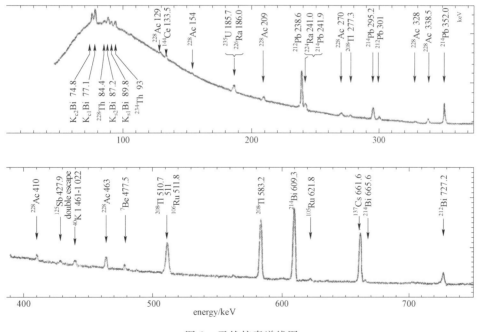

图 2　天然核素谱线图

通过研究测量数据发现$^7$Be峰在高空稳定存在。在地面和低高度（指1 000 m以下的高度）条件下，由于地面背景场较强，$^7$Be峰会被背景场所湮灭。大气氡峰会随着飞行高度的增加而减小，直至消失，而$^7$Be峰随着飞行高度的增加、地表放射性影响的降低而变得明显（见表3）。通过研究近几年高高度标定[10-11]测试数据发现，在不同仪器型号、不同机型、不同地区、不同时间测量的数据中$^7$Be峰都会随着飞行高度的增加而加强，且不受气候的影响，$^7$Be峰形稳定。

表3　$^7$Be峰与大气氡峰特性对比

| 高度 | $^7$Be峰 | 大气氡峰 |
| --- | --- | --- |
| 地面 | 不可见 | 可见（弱） |
| 0～200 m | 不可见 | 可见 |
| 200～1 000 m | 可见（弱） | 可见 |
| 1 000～3 000 m | 可见 | 可见（弱） |
| 3 000 m以上 | 可见 | 不可见 |

由图3～图5可以看出，不同机型、不同仪器、不同时间的高高度飞行测量数据谱线中$^7$Be峰形态稳定，大气氡造成的谱峰不明显。因此，$^7$Be峰是可以用来做高高度稳峰的参考峰的，而大气氡峰是不能使用的。

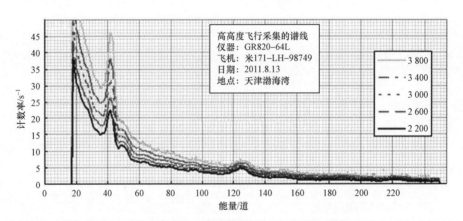

图3　GR-820航空γ能谱仪高高度飞行实测能谱曲线图

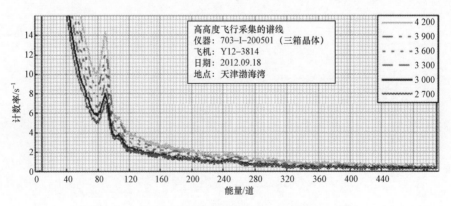

图4　703-1航空γ能谱仪高高度飞行实测能谱曲线图

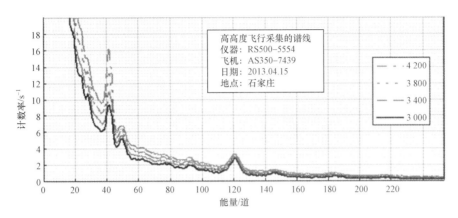

图 5 RS-500 航空 γ 能谱仪高高度飞行实测能谱曲线图

### 2.2 基于 $^7$Be 特征峰的稳谱流程

在高度不大于 1 000 m 的低高度采用 $^{40}$K、$^{214}$Bi 或 $^{208}$Tl 特征峰进行稳谱;在高度大于 1 000 m 的高高度采用 $^7$Be 峰进行稳谱。

以 256 道多道分析器为例,稳谱步骤如下(见图 6):

(1) 开始,初始化(网口、串口、测量参数),启动多道分析器,启动定时器工作 $T=0$。

(2) 读取 256 道能谱数据,并对能谱数据进行累加,同时时间计数 $T=T+1$。

(3) 判断飞行高度 $h$ 是否超过 1 000 m,如果是,则执行步骤 4;如果否,则采用低高度稳峰方法进行稳峰,之后继续执行步骤 2。

采用低高度稳峰方法进行稳峰具体方法是:在 0~1 000 m 高度,采用 $^{40}$K、$^{214}$Bi 或 $^{208}$Tl 特征峰稳谱方法进行稳峰。采用 $^{40}$K、$^{214}$Bi 或 $^{208}$Tl 特征峰稳谱方法进行稳峰的具体过程与下面采用 $^7$Be 特征峰稳峰的过程类似。

(4) 当飞机飞行高度 $h$ 超过 1 000 m 时采用 $^7$Be 特征峰稳谱方法进行稳峰。

当飞行高度 $h$ 超过 1 000 m 后,判断计数器的计时时间是否大于 1 000 s,如果否,则继续执行步骤 2;如果是,则执行步骤 5,采用 $^7$Be 特征峰稳谱方法进行稳峰。

(5) 在第 35~45 道之间寻峰,计算峰位并与 $^7$Be 参考峰比较,计算峰位漂移量 $\Delta ch$(所寻峰位与 $^7$Be 参考峰之间的差值)。在 256 道全谱中 40 道的峰位为 $^7$Be,窗宽为 35~45 道,中心峰位为 40 道。

(6) 判断峰位漂移量 $\Delta ch$ 是否大于 0.125,如果是,则利用公式 $G_1=G_0-\Delta ch\times G_r$ 计算调整增益值 $G_1$;如果否,则执行步骤 2。

$G_0$ 为当前增益值,$G_r$ 为增益调整系数。$^{40}$K、$^{214}$Bi、$^{208}$Tl 的参考峰的增益调整系数在地面利用参考源通过手动改变增益的方法(结合公式 $G_1=G_0-\Delta ch\times G_r$)求出。而 $^7$Be 是在低本底实验室,借助其他同位素(例如镁和钡等),求出其他同位素对应的 $G_r$,再通过拟合插值求出 $^7$Be 对应的 $G_r$。

当谱峰向前漂时,降低增益;当谱峰向后漂时,增加增益。通过改变增益,达到稳峰的目的。向增益放大器输出 $G_1$,$G_0=G_1$ 保存 $G_1$。时间归 0,$T=0$。

增益改变后,谱线随之发生改变,达到了调整峰位的目的,从而保证了航空 γ 能谱仪谱线的稳定。

(7) 判断是否结束,若否,则继续执行步骤 2;若是,则关闭多道分析器、网口/串口和定时器,结束。

## 3 结论

航测数据分析结果表明,在高高度飞行过程中,$^7$Be 特征峰在不同机型、不同仪器、不同时间的条件下特征峰形态稳定,可以用来做能谱稳谱的参考峰。基于此前提,设计了一种基于 $^7$Be 峰的航空伽马能谱仪稳谱方法,在地面以及高度不高于 1 000 m 的低高度采用 $^{40}$K、$^{214}$Bi 或 $^{208}$Tl 特征峰进行稳谱,

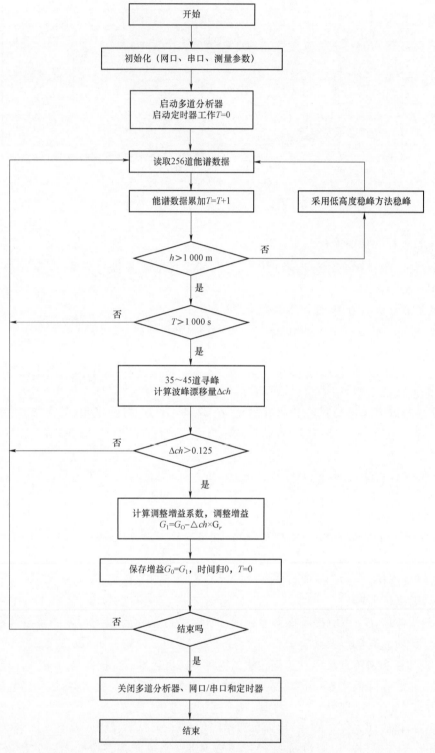

图 6 基于 $^7$Be 特征峰稳谱方法流程图

在高度大于 1 000 m 的高高度采用 $^7$Be 峰进行稳谱。

在自主研制的 AGRSS-15 和 UGRS-5 航空 γ 能谱仪中采用本方法进行稳谱，保证了航空伽马能谱仪在高高度飞行时仪器工作稳定、可靠，从而取得稳定可靠的测量数据，提高了生产效率，降低了生产成本。同时，对于没有使用 $^7$Be 峰稳峰的仪器，在进行飞机本底标定时，可以通过计算 $^7$Be 峰位，来检查该仪器在高高度、低本底、温度变化大的情况下工作是否正常，确保数据质量和准确性。

**参考文献：**

[1] 于百川. 中国和世界几个主要国家航空 γ 能谱测量评述[J].国外铀金地质,1992(4):64-93.

[2] 李怀渊. 航空放射性测量在环境检测中的应用[J].物探与化探,2004,28(6):515-517.

[3] 江民忠. 萍乐坳陷西部地区航测遥感油气预测研究[J].地质科技情报,2002,21(4):60-64.

[4] 倪卫冲. 核应急航空监测方法[J].铀矿地质,2003,19(6):366-373.

[5] 刘裕华,顾仁康,等. 航空放射性测量[J].物探与化探,2002,26(4):250-252.

[6] 吴永鹏,赖万昌,葛良全,等. 多道伽马能谱仪中的特征峰稳谱技术[J].物探与化探,2003,27(2):131-134.

[7] 王磊. 基于DSP的数字多道脉冲幅度分析器设计[J].核电子学与探测技术.2009,29(4): 880-883.

[8] 葛良全,曾国强,赖万昌,等. 航空数字 γ 能谱测量系统的研制[J].核技术:2011,34(2):156-160.

[9] 李江坤,李艺舟,刘士凯,等. 无人机空放射性测量系统研制及试验应用[G].中国核科学技术进展报告(第五卷),2017.

[10] 胡明考,张积运,江民忠,等. 航空 γ 能谱仪通用校准技术[G].中国核科学技术进展报告( 第一卷),2009.

[11] IAEA. TECDOC-323. AIRBORNE GAMMA RAY SPECTROMETER SURVEY[R]. Vienna,1991.

# Study on the method of airborne gamma spectrum stabilization based on [7]Be peak

LI Jiang-kun[1,2,3], LI Yi-zhou [1,2,3], LIU Shi-kai [1,2,3],
WU Lei-chao [1,2,3], WU Xue [1,2,3]

(1. Aerial survey and remote sensing center of nuclear industry, Shijiazhuang Hebei Prov. 050002, China;

2. Geophysical exploration technology center of uranium resources of
CNNC (Key Laboratory), Shijiazhuang Hebei Prov. 050002, China;

3. Hebei Key Laboratory of airborne detection and remote sensing technology,
Shijiazhuang Hebei Prov. 050002, China)

**Abstract**: Airborne gamma spectrum stabilization technology is the key technology to ensure the quality of airborne gamma spectrum measurement data. The method of "reference source" or "reference characteristic peak" is usually used for spectrum stabilization. However, the characteristic peak is not obvious in the condition of high altitude flight or low background, so the above method can not be used to stabilize the peak. In order to ensure the spectrum stabilization effect of airborne gamma spectrometer at high altitude and low background, a method based on [7]Be peak is proposed. The way to achieve this is to use $^{40}$K, $^{214}$Bi or $^{208}$Tl characteristic peaks to stabilize the spectrum on the ground and at low altitudes not higher than 1 000 m, and [7]Be peaks to stabilize the spectrum at high altitudes higher than 1 000 m. The flight test results show that the peak position of the airborne gamma spectrometer is normal and the peak drift is within the range of the requirements of the airborne radiometric specifications, which ensures the quality of the measured data. At the same time, for the airborne gamma spectrometer which does not use [7]Be peak to stabilize the peak, the [7]Be peak position can be calculated to check whether the airborne gamma spectrometer works normally under the conditions of high altitude, low background and large temperature change, so as to ensure the data quality and accuracy.

**Key words**: Airborne gamma spectrum; stabilization technology; [7]Be peak

# 鄂尔多斯盆地纳岭沟砂岩型铀矿流体包裹体特征与铀成矿关系

刘洪军,石　磊,张红林,李言瑞,石安琪

(中核战略规划研究总院有限公司,北京 100048)

**摘要**:为了解纳岭沟铀矿床的铀矿物赋存状态以及成矿因素,对铀矿物进行镜下观察、铀矿物附近沿裂隙分布或呈成群分布的流体包裹体进行温度、盐度和成分分析,得出含矿砂岩中流体包裹体以气烃包裹体及气烃+盐水包裹体为主,约占 90%。盐度、温度特征说明流体纳岭沟地区流体成矿作用是多期次的。通过扫描电镜与能谱分析,得出纳岭沟铀矿床主要以吸附铀和铀矿物为主,呈微细粒浸染状赋存于填隙物处,铀矿物主要以铀石为主,呈微粒集合体形式赋存于石英等矿物颗粒的裂隙中。含矿砂岩中流体包裹体气体成分含量较高的是 $CO_2$ 和 $CH_4$,含有少量的 $H_2$,与铀成矿有关还原性流体主要是天然气,其在含矿砂岩周围沿裂隙分布明显,为铀的沉淀、富集提供了有利的成矿介质环境。

**关键词**:流体包裹体;砂岩铀矿;还原作用;纳岭沟

　　鄂尔多斯盆地位于我国中部偏北,是多种构造、演化阶段、沉积体系盆地叠加的复合克拉通盆地[1]。盆地构造总体以垂向升降为主要运动形式[2],盆地内蕴藏各种类型的矿产资源,特别是石油、天然气、煤、铀大量富集在其中。近年来随着我国加大对铀资源勘查的投入,在盆地北部发现了一系列大型砂岩铀矿如大营、纳岭沟、东胜和杭锦旗铀矿等,为我国铀矿资源的供给提供了保障。在对砂岩型铀矿的研究中,矿床的成矿因素尤为重要,流体包裹体作为成矿流体的一级近似样品[3],一般依据其测得的相关参数可以推断成矿流体的温压和来源特征,对揭示矿床研究中起着其他方法无法替代的作用。流体包裹体主要存在于矿化岩石的形成过程中和新生矿物的晶格缺陷中,或以次生形式存在于早期矿物裂隙中,对揭示矿床成因提供了重要依据。流体包裹体的研究,对认识含油气盆地的热演化也具有重要意义[4-6],纳岭沟铀矿床的形成是多种性质、多期次流体相互作用的产物[7-8]。本文主要对纳岭沟铀矿含矿砂岩中的大量流体包裹体进行了测试及富铀砂岩镜下观察及相关分析,旨在探讨成矿过程中,流体运移与铀成矿之间的联系,为纳岭沟地区砂岩型铀矿的成因提供依据,从而进一步揭示鄂尔多斯盆地北部砂岩铀成矿带分布规律,有助于扩大勘查方向,提高资源勘查利用效率。

## 1　矿床地质概况

　　纳岭沟铀矿床位于鄂尔多斯盆地北东部伊盟隆起南缘,其北为河套断陷,南为伊陕斜坡带,西为西缘逆冲带,东为晋西隆起[9-10]。研究区主要出露中生代地层[11],含矿目的层为侏罗统直罗组,其厚度变化较大,与下伏延安组呈不整合接触,直罗组下段的下亚段是主要的含矿层,为一套灰色、灰绿色中粗粒砂岩,渗透性好,富含有机质、黄铁矿等还原性介质,矿体的分布受灰色—绿色砂岩的过渡界面控制,主要产于分界附近的灰色砂岩中[12]。据前人资料,纳岭沟铀矿床西侧存在一条向南西倾斜,倾角较缓,北西南东向延伸的正断层,东南部黑赖沟附近存在一条北北东向正断层,纳岭沟铀矿床位于上述两个断层的上盘和挟持部位(见图 1),断层切穿下部煤(油)系地层,为深部还原性气体上升提供通道,导致深部还原性气体上升,在局部形成强的还原障,利于铀的卸载和富集成矿[13]。矿床平面上主要产于河道砂体由厚变薄部位和分叉部位,剖面上产于沉积韵律变化部位,受薄层砂岩、泥岩控制作用明显。

作者简介:刘洪军(1990—),男,硕士,工程师,现主要从事铀矿地质及相关政策理论研究

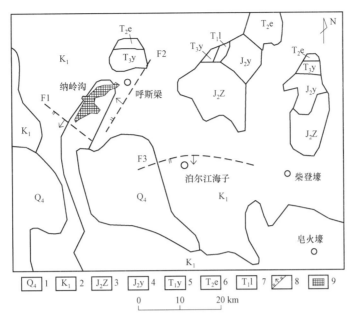

图1　纳岭沟地区地质示意图(据李西得 2012 修改)
1—第四系;2—下白垩统;3—中侏罗统直罗组;4—中侏罗统延安组;5—上三叠统延长组;
6—中三叠统二马营组;7—下三叠统刘家沟组;8—断层;9—矿体范围

## 2　样品与测试

样品主要采自纳岭沟直罗组含矿目的层,重点对直罗组下段含矿砂岩样品进行了岩相观察和流体包裹体测试,分析测试在核工业北京地质研究院分析测试中心完成。

将采集的样品中含矿富样制成流体包裹体薄片后进行扫描电镜观察与能谱分析,使用仪器为TESCAN VEGA3 扫描电镜及 EDAX 能谱仪。根据岩矿与包裹体的显微岩相观察鉴定,划分出包裹体的类型期次,找到方解石矿物中成群分布、纯气体包裹体或富含气体的盐水包裹体,或沿石英碎屑成岩期后微裂隙中与铀矿物、黄铁矿、有机质共生的次生纯气体包裹体、富液盐水包裹体进行激光拉曼分析,使用仪器为 HORIBA LabRAM Evolution 研究级显微激光拉曼光谱仪,扫描范围为 $100\sim$ $4\,200\,cm^{-1}$,仪器分辨率为 $1\,cm^{-1}$。对方解石矿物中成群分布的富液盐水包裹体,或沿石英碎屑成岩期后微裂隙中与铀矿物、黄铁矿、有机质共生的富液盐水包裹体进行包裹体测温,使用仪器为LINKAM THMSG 600 型冷热台,温度测试范围为 $-196\sim600\,℃$,仪器精度为 $0.1\,℃$,升温速率一般为 $10\,℃/min$,临近均一温度升温速率为 $5\,℃/min$。

## 3　分析结果与讨论

镜下观察发现纳岭沟含矿砂岩中均发育与铀成矿密切相关的 $2\sim3$ 期的烃类包裹体、盐水包裹体及少量的液烃包裹体,包裹体以天然气(气烃)包裹体及气烃+盐水包裹体为主,约占 $90\%$,其中盐水包裹体气液比为 $5\%\sim20\%$。其中气体(或气烃)包裹体与铀成矿密切相关,在含油气盆地中往往含有少量的液态烃,矿化作用阶段流体性质为中性或弱酸-弱碱及还原性的,而在 2 次还原或还原作用带流体是强还原碱性的,流体中的含氧地下水是铀元素活化迁移的介质,而天然气中的 $CH_4$ 等烃类气体以及 $H_2$、$H_2S$、$CO$ 等则是铀矿物沉淀的重要还原剂,以晚期油气流体规模最大且主要富集于富铀矿层。

### 3.1　岩矿和包裹体显微岩相特征

从采集样品的流体包裹体岩相学分析来看,大部分富铀砂岩粒间孔隙中富含有机质,UV 激发荧光状态下普遍显示弱浅蓝色或浅蓝绿色的荧光(见图2),可在碎屑颗粒中及胶结物中发现较多的有机流体(油气—煤成气流体)包裹体,表明砂岩碎屑颗粒间或胶结物裂隙中存在大量油气包裹体。部分含铀砂岩成岩作用较强,粒间孔隙中普遍为方解石所胶结(见图3)。

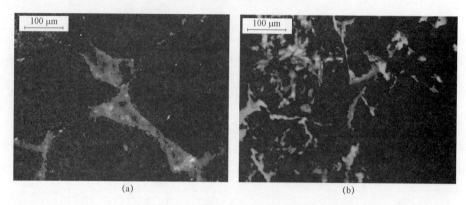

图 2　纳岭沟富铀砂岩粒间空隙显微荧光特征
(a) WTN-8-1-02UV 激发荧光照片;(b) WTN-8-11-11UV 激发荧光照片

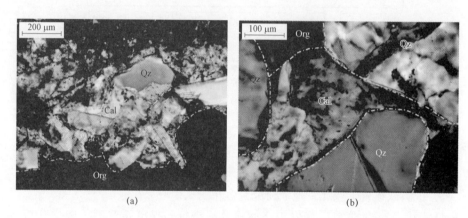

图 3　砂岩粒间孔隙中方解石胶结
(a) 96-55-1-07 正交偏光照片;(b) ZKQ15-7-④-02 正交偏光照片
Qz—石英;Cal—方解石;Org—有机质

　　含铀砂岩整体受构造作用影响,石英矿物较为发育微裂隙。砂岩成岩以后发育至少发育 2 期次包裹体,第 1 期次发育于砂岩方解石胶结物内,主要为呈深灰色的气体(或气烃)包裹体及盐水包裹体(见图 4),第 2 期次发育于砂岩石英颗粒成岩期后微裂隙内,部分石英成岩期后微裂隙中少量发育呈深灰色的气体(或气烃)包裹体及呈无色-灰色的盐水包裹体(见图 5)。

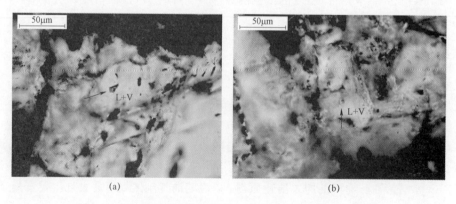

图 4　方解石胶结物内发育气体包裹体及含烃包裹体,单偏光
(a) WTN-8-1-6;(b) 96-55-1-3

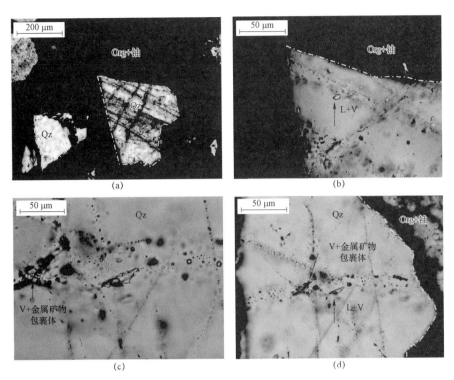

图 5　富铀石英砂岩颗粒微裂隙中分布气体包裹体及盐水包裹体，单偏光
(a) WTN-8-18-1；(b) WTN-8-18-2；(c) WTN-8-1-11；(d) WTN-8-1-12
Qz—石英；Org—有机质

### 3.2　铀矿物的赋存特征

扫描电镜与能谱分析显示($n$ 大于 100)，铀主要以吸附铀和铀矿物为主，吸附铀呈微细粒侵染状赋存于填隙物处、吸附于碎屑矿物表面或碳屑胞腔中(见图 6)，铀矿物主要以铀石为主，呈微粒集合体形式赋存于石英等矿物颗粒的裂隙中。其中，铀矿物密切共生的有黄铁矿(包括草莓状、粒状及细脉状)、钛铁矿等(见图 7)。

### 3.3　与铀矿化相关的包裹体激光拉曼成分特征

方解石矿物由于受极强的荧光效应干扰，致使其中的包裹体气体成本无法被检测出。本次主要测试了石英矿物微裂隙中与铀矿物、黄铁矿、有机质共生的次生纯气体包裹体、富液盐水包裹体气体。其气体成分以富 $CO_2$ 为主，其次含有少量的 $CH_4$、$H_2$、$N_2$ 等(见图 8)，表明铀成矿作用与还原性流体密切相关，成矿作用过程中混入 $CH_4$、$H_2$、$N_2$ 等。

### 3.4　与铀矿化相关的包裹体温度—盐度特征

流体包裹体的测温对象一般首选石英、长石、方解石等颗粒微裂隙中的次生流体包裹体。本次测试主要选择了方解石和石英矿物。方解石矿物中成群分布的富液盐水包裹体均一温度为 $103 \sim 124\ ℃$，平均值为 $116.9\ ℃$，集中于 $110 \sim 120\ ℃$，石英颗粒成岩期后微裂隙中与铀矿物、黄铁矿、有机质共生的富液盐水包裹体均一温度为 $64 \sim 124\ ℃$，平均值为 $92.3\ ℃$，具有两个峰值，分别集中于 $100 \sim 110\ ℃$ 和 $60 \sim 70\ ℃$ (见图 9)。方解石矿物中成群分布的富液盐水包裹体盐度为 $1.74\% \sim 14.77\%$. NaCl. eqv，平均值为 $7.24\%$. NaCl. eqv，集中于 $2\% \sim 6\%$. NaCl. eqv，石英颗粒成岩期后微裂隙中与铀矿物、黄铁矿、有机质共生的富液盐水包裹体盐度为 $1.06\% \sim 8.95\%$. NaCl. eqv，平均值为 $4.84\%$. NaCl. eqv，具有两个峰值，分别集中于 $8\% \sim 10\%$. NaCl. eqv 和 $2\% \sim 4\%$. NaCl. eqv(见图 10)。总体上，各不同微裂隙期次中的次生流体包裹体温度、盐度是多期次的，反映了流体作用的脉动、涌动过程的复杂性。

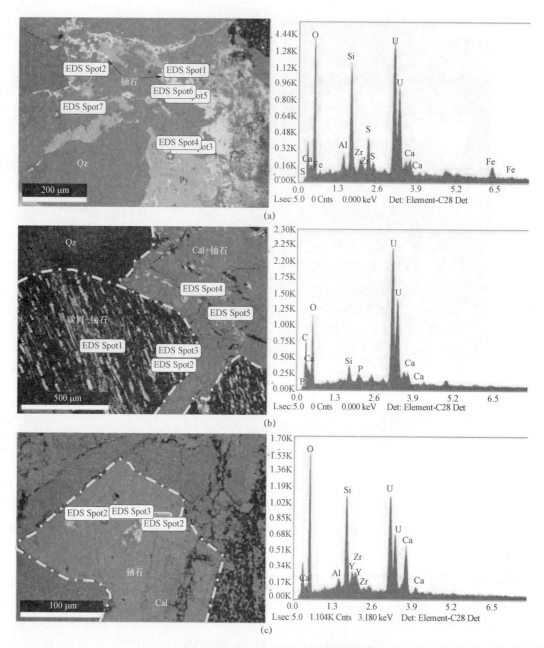

图 6　富铀砂岩电子背散射照片与能谱检测谱图

(a) 赋存于粒间空隙与黄铁矿密切共生的铀石，ZKQ15-7-4-4-2；

(b) 赋存与植物碳屑及方解石胶结物内铀石，ZKQ15-7-4-4-4；

(c) 赋存于方解石胶结物内零星分布的铀石，96-55-1-2

## 4　讨论

砂岩中的胶结物（方解石）和矿物次生生长边（石英的加大边）中存在许多流体包裹体，这类流体包裹体代表沉积成岩之后的流体演化[14-15]。据前人资料发现纳岭沟北部地区发现有大量油砂[16]，下白垩统也可见多处油苗显示[17]，且在钻孔岩心中亦发现构造擦痕中有油斑显示。赵兴奇等（2017）通过对纳岭沟、大营地区铀矿直罗组砂岩的酸解烃及气源对比分析证实烃类气体是有机成因的油型气[18-19]，这一系列证据，都充分说明纳岭沟地区发生过油气的充注还原事件。

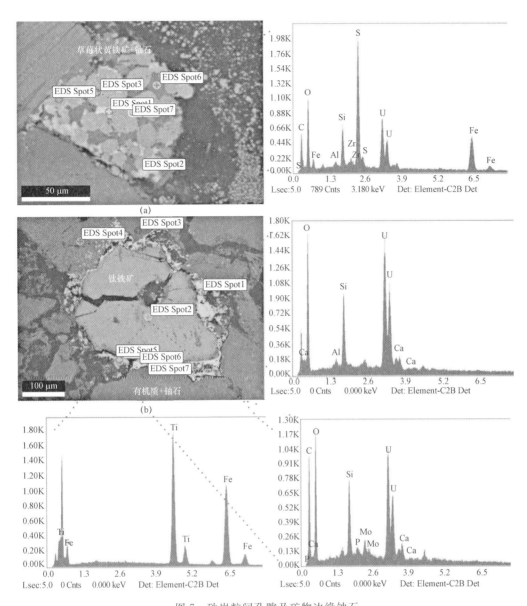

图 7　砂岩粒间孔隙及矿物边缘铀石

（a）草莓状黄铁矿及共生铀石，96-55-1-3；（b）钛铁矿边缘铀石，WTN-8-18

## 4.1　构造裂隙提供油气充注还原通道

　　晚侏罗—白垩纪的构造活化使得纳岭沟地区内产生了大量的构造裂隙，盆地基底之上的沉积盖层产生垂向裂隙及裂隙带，从而为深部油气、煤成气等还原性气体向上涌动提供运移通道，大量的油气流体能够由鄂尔多斯富油气的盆地中心向外运移。运移通道包括宏观断裂构造、中小尺度的小型破碎带及微观裂隙构造，正是这些通道的存在，使得研究区下部丰富的油气得以向上逸失并弥散至含铀矿的层位，在含矿层砂岩营造出相对还原封闭地球化学环境体系，促进铀矿的形成，同时也避免了早期形成的砂岩铀矿床被氧化淋滤破坏，从而更好保存了铀矿床。另一方面，油气流体还可能在外围充当现代成矿条件下的还原剂。

## 4.2　铀矿物主要赋存形式及成因

　　镜下观察发现纳岭沟铀矿床存在大量铀石，主要呈环带状、条带状分布在石英、方解石等碎屑颗粒边缘及裂隙中，铀矿物呈不规则团块状和散点状分布在岩石填隙物中。铀富集与黄铁矿、碳屑、有机质等还原物质关系密切。

　　铀石主要形成于中性—弱碱性、较强还原环境中，且 $SiO_2$ 活度较高。而纳岭沟研究区在古层间氧

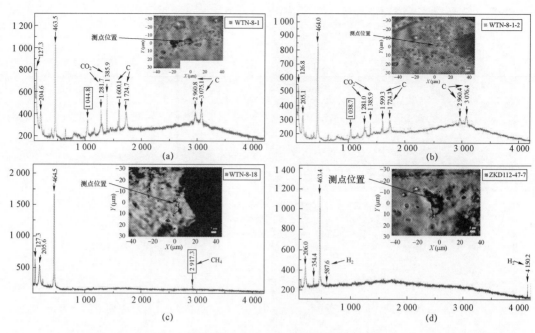

图 8 次生包裹体拉曼光谱成分

（a）石英颗粒微裂隙中与黄铁矿共生的次生纯气体包裹体；（b）石英颗粒微裂隙中与黄铁矿共生的次生纯气体包裹体；
（c）石英颗粒微裂隙中与黄铁矿共生的次生纯气体包裹体；（d）石英颗粒微裂隙中沿微裂隙分布的次生富液盐水包裹体

化发育阶段属于酸性环境，$SiO_2$ 活度极低，铀起初主要被还原形成沥青铀矿，常在炭化植物碎屑、煤屑、黏土矿物和碎屑物颗粒表面被吸附。始新世晚期及以后，受新构造运动的影响，盆地抬升，区内含矿含水层水动力、层间氧化作用减弱，下部层位大量的还原性流体沿构造断裂上升，进入含矿含水层，地球化学环境由酸性变为弱碱性、相对还原封闭，$SiO_2$ 活度增大，部分石英熔融，使早期阶段形成的沥青铀矿转变为铀石，从而铀石成为最主要的铀矿物[20]。

### 4.3 流体包裹体与铀成矿关系

根据显微岩相分析，含矿砂岩碎屑颗粒间和胶结物裂隙中存在大量油气包裹体，油气包裹体在石英或方解石脉中往往以均匀分布或成群分布，推测油气通过断裂或不整合面运移并进入上覆地层中、上侏罗统及下白垩统砂岩层，致使各个砂体发生碳酸盐化。方解石矿物中成群分布的富液盐水包裹体均一温度集中于 110~120 ℃，石英颗粒成岩期后微裂隙中与铀矿物、黄铁矿、有机质共生的富液盐水包裹体均一温度主要集中于 100~110 ℃ 和 60~70 ℃（见图9）。方解石矿物中成群分布的富液盐水包裹体盐度集中于 2‰~6‰. NaCl. eqv，石英颗粒成岩期后微裂隙中与铀矿物、黄铁矿、有机质共生的富液盐水包裹体盐度主要集中于 8‰~10‰. NaCl. eqv 和 2‰~4‰. NaCl. eqv（见图10）。总体上石英和方解石微裂隙期次中的次生流体包裹体温度、盐度是多期次的，反映了流体作用对于纳岭沟地区成矿作用影响是多期次的。

富矿含铀砂岩石英矿物微裂隙中次生纯气体包裹体气体成分富 $CO_2$ 为主，其次含有 $CH_4$ 和极少量的 $H_2$、$N_2$ 等（图8），它们在含矿砂岩周围沿裂隙呈线状分布明显。在这些呈线状分布流体包裹体周围往往富集铀矿和有机质，说明此类富烃流体包裹体与铀成矿关系密切。鄂尔多斯盆地早期燕山运动发生时，其下伏地层已进入生油窗，有机质开始排烃并沿构造裂隙运移，而包裹体中检测到的 $CH_4$ 和 $H_2$ 含量较少，与前人在本地区含矿层位中天然气成分有所差别[21]，推测 $H_2$ 在铀成矿过程中被大量消耗转化为 $H_2O$。$CO_2$ 的富集则是烃类气体（$CH_4$）与含矿层 $U^{6+}$ 氧化还原作用的结果，当油气中烃类气体在向上运移至浅地表环境，由于氧化还原作用，烃类气体物质转化为 $H_2O$ 和 $CO_2$，富集大量的 $CO_2$。同时富 $CO_2$ 的流体又与砂岩中的硅酸盐和铝酸盐矿物反应，生成隐晶质的方解石。纳岭沟直罗组下段下亚段顶板存在一层稳定发育的泥岩，其对深部流体具有良好的屏蔽作用，造成含矿层

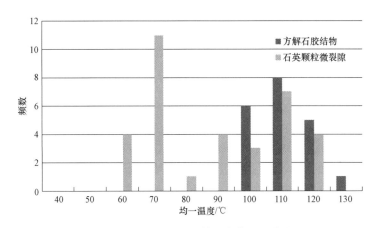

图 9　富铀砂岩成矿期流体包裹体温度直方图

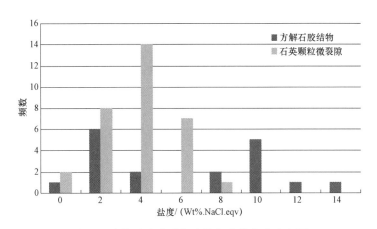

图 10　富铀砂岩成矿期流体包裹体盐度直方图

附近还原能力增强,有利于铀的富集和卸载。

## 5　结论

(1)纳岭沟铀矿床的含矿砂岩中的流体包裹体以天然气(气烃)包裹体及气烃+盐水包裹体为主,约占 90%,其中盐水包裹体气液比为 5%~20%;石英包裹体温度主要集中于 100~110 ℃ 和 60~70 ℃、盐度主要集中于 8%~10%. NaCl. eqv 和 2%~4%. NaCl. eqv;方解石包裹体温度集中于 110~120 ℃,盐度集中于 2%~6%. NaCl. eq,属于低盐度、低温的成矿流体。说明流体纳岭沟地区成矿流体作用是多期次的。

(2)纳岭沟铀矿床主要以吸附铀和铀矿物为主,吸附铀呈微细粒侵染状赋存于填隙物处、吸附于碎屑矿物表面或碳屑胞腔中,铀矿物主要以铀石为主,呈微粒集合体形式赋存于石英等矿物颗粒的裂隙中,铀石的形成可能由前期沥青铀矿转化而来。

(3)含矿砂岩中流体包裹体气体成分含量较高的是 $CO_2$ 和 $CH_4$,含有少量的 $H_2$,与铀成矿有关的还原性流体主要成分是天然气,其在含矿砂岩周围沿裂隙呈线状分布明显,具有多期次充注还原的特点。流体包裹体周围往往富集铀矿和有机质,还原环境为铀的沉淀、富集提供了有利的成矿介质环境。

参考文献:

[1]　何自新.鄂尔多斯盆地演化与油气[M].北京:石油工业出版社,2003.

[2]　彭云彪.鄂尔多斯盆地北部砂岩型大规模铀成矿作用的构造背景[A].中国核学会.中国核科学技术进展报告(第五卷)——中国核学会 2017 年学术年会论文集第 1 册(铀矿地质分卷(上))[C].中国核学会:中国核学会,

2017:9.

[3] 张敏.东胜砂岩型铀矿床流体包裹体成分与成矿流体来源研究[A].中国地球物理学会(Chinese Geophysical Society)、中国地震学会.中国地球物理2010——中国地球物理学会第二十六届年会、中国地震学会第十三次学术大会论文集[C].中国地球物理学会(Chinese Geophysical Society)、中国地震学会:中国地震学会,2010:2.

[4] 陈戴生.我国中新生代盆地砂岩型铀矿研究现状及发展方向的探讨[J].铀矿地质,1994(04):203-206.

[5] 狄永强.试论鄂尔多斯北部中新生代盆地砂岩型铀矿找矿前景[J].铀矿地质,2002(06):340-347.

[6] 李盛富,张蕴.砂岩型铀矿床中铀矿物的形成机理[J].铀矿地质,2004(02):80-84+90.

[7] 吴柏林,刘池洋,王建强.层间氧化带砂岩型铀矿流体地质作用的基本特点[J].中国科学(D辑:地球科学),2007(S1):157-165.

[8] 吴柏林,魏安军,刘池洋,宋子升,胡亮,王丹,寸小妮,孙莉,罗晶晶.鄂尔多斯盆地北部延安组白色砂岩形成的稳定同位素示踪及其地质意义[J].地学前缘,2015,22(03):205-214.

[9] 杨建新,陈安平.鄂尔多斯盆地呼斯梁地区可地浸砂岩型铀矿地质特征及找矿前景[J].铀矿地质,2008(02):96-100.

[10] 戴明建,彭云彪,苗爱生.纳岭沟铀矿床铀成矿主要控制因素与找矿标志[J].矿物学报,2013,33(S2):201-202.

[11] 苗爱生,焦养泉,常宝成,吴立群,荣辉,刘正邦.鄂尔多斯盆地东北部东胜铀矿床古层间氧化带精细解剖[J].地质科技情报,2010,29(03):55-61.

[12] 李子颖,方锡珩,陈安平,欧光习,肖新建,孙晔,刘池洋,王毅.鄂尔多斯盆地北部砂岩型铀矿目标层灰绿色砂岩成因[J].中国科学(D辑:地球科学),2007(S1):139-146.

[13] 李西得.纳岭沟铀矿床矿体特征及其控矿因素分析[A].中国核学会铀矿地质分会、中国核学会铀矿冶分会.全国铀矿大基地建设学术研讨会论文集(上)[C].中国核学会铀矿地质分会、中国核学会铀矿冶分会:中国核学会,2012:6.

[14] 林潼,罗静兰,刘小洪,张三.东胜地区直罗组砂岩型铀矿包裹体特征与铀矿成因研究[J].石油学报,2007(05):72-78+84.

[15] 刘章月,邓华波,董文明,蔡根庆,刘红旭.新疆巴什布拉克铀矿床成矿地球化学环境分析[J].世界核地质科学,2011,28(03):125-131.

[16] 韩效忠,张字龙,姚春玲,李胜祥,苗爱生,杨建新.鄂尔多斯盆地东北部构造特征及其对铀矿化的控制作用[J].铀矿地质,2009,25(05):277-283.

[17] 冯乔,张小莉,王云鹏,樊爱萍,柳益群.鄂尔多斯盆地北部上古生界油气运聚特征及其铀成矿意义[J].地质学报,2006(05):748-752.

[18] 侯惠群,李言瑞,刘洪军,韩绍阳,王贵,白云生,吴迪,吴柏林.鄂尔多斯盆地北部直罗组有机质特征及与铀成矿关系[J].地质学报,2016,90(12):3367-3374.

[19] 赵兴齐,李西得,史清平,刘武生,张字龙,易超,郭强.鄂尔多斯盆地东胜区直罗组砂岩中烃类流体特征与铀成矿关系[J].地质学报,2016,90(12):3381-3392.

[20] 王贵,王强,苗爱生,焦养泉,易超,张康.鄂尔多斯盆地纳岭沟铀矿床铀矿物特征与形成机理[J].矿物学报,2017,37(04):461-468.

[21] 吴柏林,王建强,刘池阳,王飞宇.东胜砂岩型铀矿形成中天然气地质作用的地球化学特征[J].石油与天然气地质,2006(02):225-232.

# Characteristics of fluid inclusions in naringgou sandstone uranium deposit in Ordos basin and their relationship with uranium mineralization

LIU Hong-jun, SHI Lei, ZHANG Hong-lin, LI Yan-rui, SHI An-qi

(China Institute of NuclearIndustry Strategy, Beijing, 100048, China)

**Abstract:** In order to understand the uranium mineral occurrence and mineralization factors of the Nalingou uranium deposit, the uranium minerals were observed under the microscope and the fluid inclusions distributed along the fissures or distributed in groups near the uranium minerals were analyzed for temperature, salinity and composition. The fluid inclusions in the ore-bearing sandstone are mainly composed of gas hydrocarbon inclusions and gas hydrocarbons + brine inclusions, accounting for about 90%. The salinity and temperature characteristics indicate that the fluid mineralization in Nalinggou area is multi-stage. According to scanning electron microscopy and energy spectrum analysis, the Nalingou uranium deposit is mainly composed of adsorbed uranium and uranium minerals, which are infiltrated by fine particles in the interstitial. The uranium mineral is mainly composed of coffinite and occurs in the cracks of mineral particles such as quartz. The fluid inclusions in ore-bearing sandstones contain relatively high contents of $CO_2$ and $CH_4$, and a small amount of $H_2$. The reducing fluid related to uranium mineralization is mainly natural gas, which is distributed in a linear form along the fractures around the ore-bearing sandstone, providing a favorable environment for uranium precipitation and enrichment.

**Key words:** fluid inclusions; sandstone-type uranium; reduction; Nalinggou

# 砂岩型铀矿勘探区可控震源地震
# 资料高分辨率处理技术研究

潘自强,乔宝平,黄伟传

(核工业北京地质研究院,北京 100029)

**摘要**:近年来,地震勘探技术在砂岩型铀矿勘探中得到了广泛应用。本文针对砂岩型铀矿勘探区可控震源地震资料特征,对地震资料处理方法开展了深入研究。通过层析反演静校正、叠前多域组合去噪,地表一致性预测反褶积,地表一致性振幅补偿,速度分析与多次迭代地表一致性剩余静校正,建立了较合理的叠加速度场模型,获得了高信噪比的叠加剖面。最后,以叠加速度模型作为初始偏移速度模型,通过偏移速度分析及 Kirchhoff 叠前时间偏移的多次迭代,对地下地质结构进行了较准确成像,获得了地下真实地质构造形态。本文建立了一套可控震源地震资料处理方法技术流程,最终成果剖面表明,地震数据信噪比和分辨率均得到显著提高,波组特征清晰,地层展布形态合理,为后续地震资料反演解释奠定了良好基础。

**关键字**:砂岩型铀矿;层析静校正;多域叠前去噪;叠前偏移

近十年来,地震勘探技术在北方砂岩型铀矿勘探中发挥了越来越重要的作用,能有效查明勘探区目标地层结构特征并确定有利成矿砂体分布特征。在国外,加拿大学者 Hajnal,E,Pandit,B(2007)在 Athabasca 盆地开展了二维和三维地震勘探,查明了该盆地铀矿目标地层结构特征。国内冯西会等人讨论了高分辨率地震勘探技术在砂岩型铀矿勘探中的数据采集、资料处理和测井约束反演方法。徐国苍、张红建等人研究了砂岩型铀矿勘探中的浅层地震技术,介绍了浅层地震勘探数据采集、处理及解释方法的具体应用。本文在前人研究的基础上,针对二连盆地砂岩型铀矿埋深浅,波阻抗差异小等特征,较深入地研究了可控震源地震资料高分辨率处理方法,形成了一套以提高静校正精度、提高地震资料信噪比和分辨率、地表一致性处理、高精度速度模型建立及叠前偏移成像为主要目标的处理方法流程,得到了较好的处理效果。处理所得成果剖面为后续地质解释及反演奠定了良好基础。

## 1　研究区地震地质条件

研究区位于二连盆地,是一个以高平原为主体,兼有多种地貌的地区,地势南高北低,东、南部多低山丘陵,盆地错落其间,为大兴安岭向西和阴山山脉向东延伸的余脉。地表以草原为主,局部有沼泽、林地、庄稼地,大部分为第四系沉积物。局部地区为低矮丘陵,出露火成岩。地表高程在 1 000~1 200 m,最大高程差为 200 m。低降速带厚度在 5~50 m,低速层速度整体相对较低,大部分区域低速层速度为 500~700 m/s,局部地区相对较高,约 1 000 m/s。

## 2　关键数据处理技术

### 2.1　层析静校正

由于地表高程变化,低降速带纵横向上的不均匀性变化,造成地震原始记录时距曲线形态的扭曲而无法达到动校正后的水平叠加,进而影响叠加剖面质量及后续速度分析精度。为了消除地表高程及低降速带的影响,需要进行静校正处理。由炮检点高程变化情况、地表及近地表地质条件可知,本次数据处理静校正问题较突出,会对地震叠加剖面同相轴产生严重畸变影响。为了解决上述静校正问题,本次采用了先进的基于网格层析反演方法的层析静校正。该方法是一种初至波旅行时反演方

**作者简介**:潘自强(1987—),男,甘肃,高级工程师,硕士,主要从事地震勘探数据采集与资料处理方法技术研究

法。由于初至波旅行时是介质速度函数沿地震波射线路径的积分,层析反演就是在拾取初至波旅行时后来反演地下近地表速度模型。该方法假设将近地表划分为高密度的网格,而假定在每个网格内速度值恒定,对所有穿过速度模型的射线建立层析稀疏线性方程组,利用共轭梯度法迭代反演求解方程组,当正演计算的初至值与实际地震资料拾取的初至值的残差足够小时,就认为迭代反演得到了近地表速度值。再求出各点深度,最后计算得到炮点和检波点的静校正量。图1与图2分别为层析静校正前后的叠加剖面,可以明显看到,层析静校正后的叠加剖面上同相轴连续性得到增强,这表明,层析静校正能很好地消除地表高程和近地表低降速带对反射波带来的畸变影响。

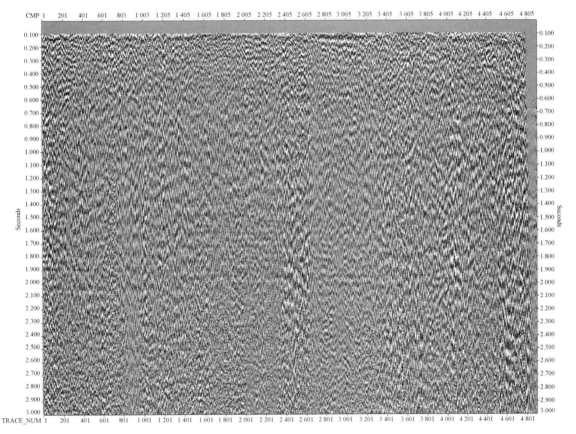

图 1    静校正前叠加剖面

## 2.2    叠前多域组合去噪

### 2.2.1    异常振幅噪声衰减

在单炮记录中,存在异常振幅极大值。异常振幅衰减处理时首先利用动校正速度划分不同时窗,然后针对每个时窗在空间上通过中值滤波宽度(即空间窗口)划分出更小的窗口,再将每个时窗内数据利用傅里叶变换转换到频率域,使用空间中值滤波,如果频带内的平均能量大于门槛能量值,则在这个频带内的振幅被视为异常振幅,这种异常振幅通过给定阈值系数来衰减或通过周围道插值的方法进行衰减。本次处理中所用时窗长度为 300 ms,每个时窗之间重叠 25%,所使用的时间—阈值系数对为(500,100)、(1 000,20)、(3 000,10)。阈值系数越小,对噪声的压制越好。

### 2.2.2    相干噪声衰减

对于线性噪声及面波的衰减,采用 F-X 域相干噪声衰减法。由于线性噪声、面波与有效反射波在视速度、频率、能量方面存在差异,依据此差异来衰减线性噪声及面波。经过分析,线性干扰波视速度为 2 100 m/s,面波视速度为 1 600 m/s,面波主频为 7 Hz。F-X 域噪声衰减方法为利用傅氏变换将时间—空间域地震数据变换到频率—波数域,利用扇形滤波后的最小二乘估算法得到相干噪声分布的频率和速度范围并将噪声减去,最后把数据利用傅氏反变换到时间—偏移距域,这样就实现了相干噪

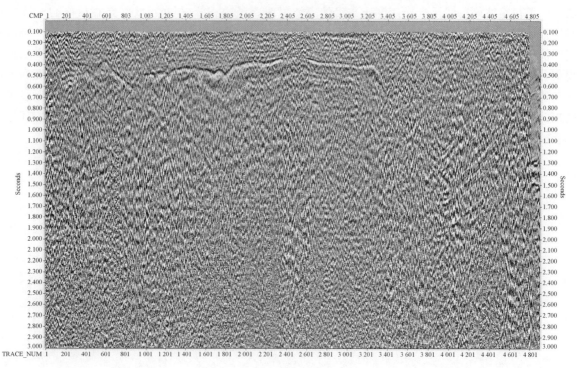

图 2　静校正后叠加剖面

声衰减。

### 2.2.3　地表一致性局部异常振幅衰减

在上一步去噪的基础上,应用地表一致性局部异常振幅衰减方法进一步压制近炮点强能量干扰及异常振幅。首先利用合理的动校正速度建立不同时窗,处理中定义的时窗长度为 200 ms,各时窗重叠率为 50%,在该时窗内基于均方根振幅计算类型进行振幅的统计计算。

第二步为振幅分解。基于高斯—赛德尔迭代法将前一步计算的振幅分解为检波点项、炮点项、偏移距项和 CMP 项。第三步为依据拾取的振幅和分解后的四项来计算振幅应用比例因子,然后通过该比例因子在给定的时窗内调整每一道的振幅值,这样既可达到近一步衰减面波及局部异常振幅的作用。

对比图 3 和图 4 可知,经过叠前多域组合去噪,单炮记录中的面波、线性干扰、声波、极大异常振幅等干扰波得到了很好的压制,资料信噪比得到了显著提高。

### 2.3　地表一致性反褶积

反褶积是压缩地震子波、拓宽数据频带提高地震资料分辨率的有效方法。由于实际地震资料采集过程中,不同震源不同岩性处产生的子波不一致,这样子波与相同反射系数序列在褶积运算后同相轴存在差异,所以需要对子波进行一致性处理。地表一致性反褶积主要分四步。首先利用动校正速度建立时窗,在时窗内对输入地震道进行频谱分析,采用最大熵谱分析法,以对数方式计算每个输入道的对数功率谱,本次处理中所用时窗长度为 3 000 ms。其次,在地表一致性约束下,基于高斯—赛德尔迭代法将对数功率谱分解为炮点分量、检波点分量、CMP 分量和偏移距分量。最后,基于时变和地表一致性方式设计最小相位反褶积算子,在共炮点域和共检波点域应用最小相位反褶积算子与每个地震道进行反褶积,来提高地震资料分辨率,拓宽频带。预测步长是反褶积处理中的关键参数,该参数控制着对地震子波的压缩程度,处理中需要对该参数进行测试,本次测试值分别为 10 ms、14 ms、16 ms、18 ms、20 ms、24 ms、28 ms,通过监控单炮及叠加剖面质量,取预测步长为 20 ms。

### 2.4　地表一致性振幅补偿

地震资料采集时,由于近地表地质结构横向不均匀变化,地表激发条件、接收条件的不一致性,导

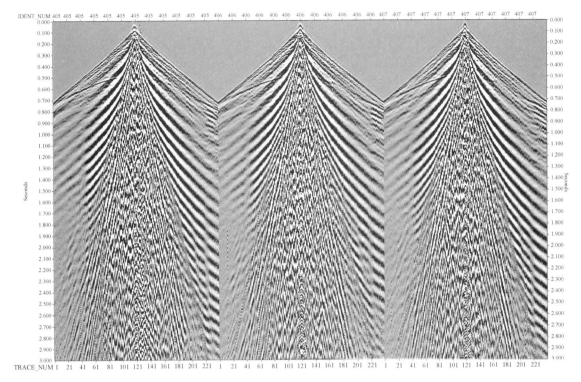

图 3　组合去噪前单炮记录

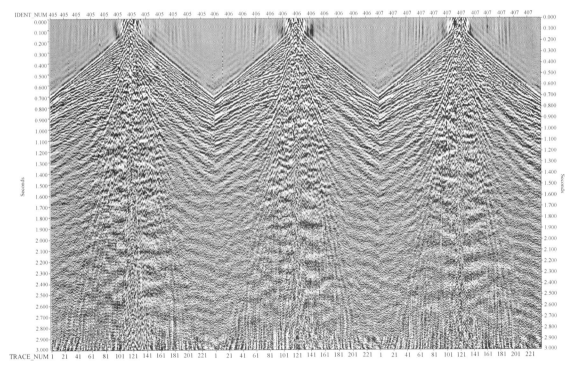

图 4　组合去噪后单炮记录

致地震记录振幅在空间上存在不一致性变化,为了消除上述对振幅的影响,需要进行地表一致性振幅补偿。该方法主要分三步,首先,利用动校正速度建立时窗,本次处理中所用时窗长度为 3 000 ms,在该时窗内计算每个地震道的均分根振幅。其次,由于地表一致性方法假设地震记录是炮点响应、检波点响应、炮检距响应及共中心点响应的乘积,基于高斯-赛德尔迭代法将计算的振幅分解为炮点项、检波点项、炮检距项和 CMP 项,进一步来计算期望的补偿平均能量水平和补偿因子。最后,在各地震道上应用补偿因子进行振幅补偿。

### 2.5 速度分析与剩余静校正的迭代

速度分析与剩余静校正是相互制约的关系,处理中采用了速度分析与剩余静校正的多次迭代。

#### 2.5.1 速度分析

地震数据处理中准确速度场的建立是关键环节。速度准确,则处理后的成果剖面可以正确反映地下地质构造特征,若不准确,则会产生假象,甚至错误的解释结果。速度分析是基于速度谱通过交互速度拾取来实现的,速度分析的准则就是确定合理的速度将 CMP 道集中一次反射波同相轴拉平而实现水平叠加。本次速度分析中,CMP 点间隔为 25 m,即速度分析控制点间隔为 250 m,在某些成像效果不佳地段,还需要加密速度分析控制点。

#### 2.5.2 地表一致性剩余静校正

在层析静校正后,CMP 道集中各道还存在以高频短波长形式出现的剩余静校正量,同样会影响水平叠加效果,因此,还需要进行剩余静校正处理。地表一致性约束下的剩余静校正量计算有以下三步:首先,输入 CMP 模型道集,定义一个时窗,本处理中时窗为 400～2 500 ms,同时限定静态时移范围,本次限定为 24 ms,在时窗范围内 CMP 道集模型道进行互相关来计算得到地震道时差。其次,对时差进行分解。在最小平方意义下求模拟时差与拾取时差残差的最小值,进而转化为对一个线性方程组的求解问题,利用高斯—赛德尔迭代法求解上述线性方程组,将时差分解成检波点项、炮点项、构造项和剩余动校正项。最后,在每个地震道上应用计算的炮点静校正量和检波点静校正量来实现剩余静校正。

### 2.6 Kirchhoff 叠前时间偏移

为了使绕射波收敛,地层准确归位,需要做偏移处理,本次使用 Kirchhoff 叠前时间偏移方法。该方法解决了 CMP 道集反射点弥散问题,实现了真正共反射点叠加,提高了对陡倾角,复杂段块等复杂构造的成像精度。叠前偏移处理中,首先对多轮速度分析后产生的较合理的均方根速度进行平滑处理,建立初始偏移速度场,输入经过处理的较高信噪比、高分辨率的共炮点道集,分偏移距组进行 Kirchhoff 积分法偏移,检查偏移后 CRP(共反射点)道集的同相轴拉平情况,若 CRP 道集同相轴未拉平,反动校正后重新进行偏移速度谱分析,更新偏移速度场,然后重新进行偏移,再次检查 CRP 道集同相轴拉平情况。经过多次偏移速度分析与叠前偏移的迭代,得到合理准确的偏移速度,再经过偏移后叠加及叠后修饰性处理得到最终成果剖面。叠前偏移处理中,偏移孔径、偏移倾角、偏移距分组是关键参数,上述关键参数均需要进行参数试验,依据偏移后叠加剖面成像质量确定最佳处理所用参数。经过参数试验,本次处理中偏移孔径为 2500 m,偏移距分组共 60 组,偏移距增量为 20 m。偏移叠加后最终成果剖面如图 5 所示,剖面上绕射波得到收敛,同相轴准确归位,真实反映了地下构造形态特征。

## 3　结论

通过对二连盆地砂岩型铀矿勘探区可控震源地震资料精细处理,得到如下认识:

(1)解决好静校正问题是提高地震资料品质的基础与关键。层析反演静校正之后,再结合地表一致性剩余静校正,才能很好地解决静校正问题。

(2)受地震地质条件及各种干扰波影响,可控震源地震资料信噪比低。利用叠前多域组合去噪方法,在保护有效信号的前提下充分压制干扰波是提高资料信噪比的关键。

(3)地表一致性处理尤为重要。只有做好地表一致性处理,才能得到高分辨率、高信噪比、能量均衡的地震剖面。

(4)经过多轮偏移速度分析,建立准确的偏移速度模型,并运用叠前时间偏移才能对目标地层地质构造进行真实成像。

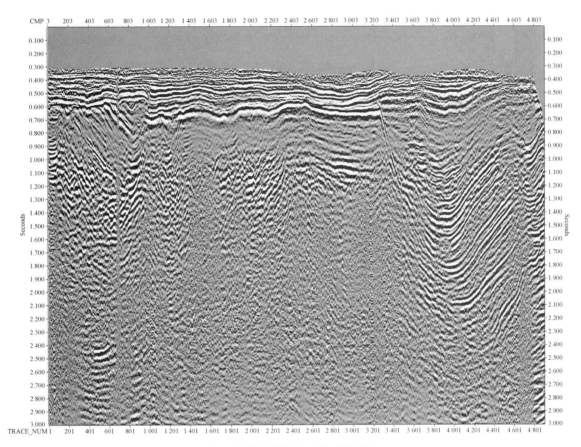

图 5 最终偏移叠加后的成果剖面

## 致谢:

感谢中核集团龙灿二期砂岩型铀矿地震探测技术研究项目对本论文的支持。感谢项目领导李子颖研究员,范洪海研究员,项目组黄伟传、乔宝平对本论文完成过程中提供的支持与帮助,在此一并表示感谢。

## 参考文献:

[1] 藏胜涛,苏勤等,王建华,等. 山地复杂构造带地震资料处理方法[J].石油地球物理勘探,2018,53(增刊):62-68.
[2] 刘西宁,刘司红,杜贤,等. 复杂山地低信噪比地震资料处理方法[J].勘探地球物理进展,2004,27(1):41-44.
[3] 范旭. 准葛尔盆地南缘复杂山地地震资料处理技术和效果[J].石油物探,2002,41(增刊):313-318.
[4] 赵波,钱忠平,王成祥,等. 复杂山地构造综合模型建立与地震波模拟[J].石油地球物理勘探,2015,50(3):475-482.
[5] 齐春艳,陈志德,刘国友,等. 大庆长垣油田近地表模型约束折射波层析静校正[J].石油地球物理勘探,2013,48(1):22-30.
[6] 郭树祥,李建明,毕立飞,等. 频率域地表一致性反褶积方法及应用效果分析[J].石油物探,2003,42(1):97-101.
[7] 曹孟起,刘占族. 叠前偏移处理技术及应用[J].石油地球物理勘探,2006,41(3):286-293.
[8] 牟永光,陈小宏,刘洋,等. 地震数据处理方法[M].北京:石油工业出版社,2012.

# The study on high resolution processing method for vibrator seismic data in sandstone-type uranium exploration area

PAN Zi-qiang, QIAO Bao-ping, HUANG Wei-chuan

(Beijing Research Institute of Uranium Geology, Beijing 100029, China)

**Abstract:** Seismic exploration technique has been widely used in sandstone-type uranium exploration in recent years. According to the characteristics of field vibrator seismic data obtained in sand-stone uranium exploration area, Crucial processing method and techniques for vibrator seismic data are researched. The main processing method includes tomographic static correction, pre-stack combination de-noising in different domain, surface consistent prediction de-convolution, surface consistent amplitude compensation, multiple iteration of velocity and surface consistent residual static correction. The reasonable stack velocity model is established. Meanwhile, the stack section which has high signal-to-noise ratio is obtained. Finally, the stack velocity model is set as initial migration velocity model. After multiple iteration of migration velocity analysis and pre-stack Kirchhoff time migration, the underground target geological structure is reasonable imaged, and the true subsurface stratum distributing feature is obtained. The reasonable processing techniques flow for vibrator seismic data are built. The ultimate seismic section shows that seismic resolution and signal-to-noise ratio are obviously improved. The wave group feature is clear and reasonable as well as stratum feature in stack section. The final high resolution section provide reliable basis for subsequent seismic inversion and interpretation.

**Key words:** Sandstone-type uranium deposit; Tomographic static correction; Combination de-noising in different domain; Pre-stack migration

# 磁异常三维物性约束反演软件开发及在相山铀矿田的应用

周俊杰[1],陈　聪[1],喻　翔[2],陈　涛[1],高玲举[1]

(1. 核工业北京地质研究院,北京 100029;2. 中国铀业有限公司,北京 100029)

**摘要:**磁异常三维反演是探测铀成矿环境的重要技术手段,可分为物性反演和界面反演两类。然而,物性反演倾向于刻画局部异常体,对成层状介质效果不佳;界面反演用于获取地层起伏情况,不适用于不整合等复杂情形。本文研究了基于先验信息约束的磁异常三维反演方法,通过引入已知地质信息降低多解性,使反演兼备物性反演和界面反演的优点,有效恢复出层状模型。开发了配套软件,使先验信息能便捷引入到反演中;设计了友好的人机交互界面,降低了反演的应用门槛。理论模型软件测试表明,该反演结果可靠,操作便捷。在相山铀矿田开展反演应用,结合物性特征和先验信息构建了参考模型,使用约束反演得到三维磁化率数据体。通过与常规反演对比,认为本方法结果分层性更好,且所得层位与钻孔验证结果相符。因此,磁异常三维物性约束反演软件值得在铀矿勘查实际应用中推广。

**关键词:**相山铀矿田;磁异常;先验信息;三维反演

　　磁法勘探是探测铀成矿环境的地球物理方法之一,磁异常三维反演方法是获取垂向磁性分布特征,挖掘磁异常中深层有效信息的重要技术手段。然而,受位场勘探方法本身的"体积效应"影响,磁异常反演往往面临较强的多解性问题[1-8]。磁异常反演方法通常可分为两类,一是物性反演方法,其未知参量是物性参数;二是界面反演,即未知参量是深度几何参数[9]。物性反演通常用于局部强磁、或磁异常较为显著的环境(例如铁矿勘探),其特点是能较好地恢复局部磁性体,适用于大比例尺情况,但对于地层起伏则很难体现[10]。界面反演通常用于深部磁性界面反演(例如结晶基底),其特点是能较好地恢复地层起伏,但不适用于存在局部异常体或不整合地层等情况。对于大比例尺铀矿勘查而言,局部异常体(岩体)和地层起伏(火山盖层或基底)都是关注的重点,因此,需要研究如何能结合两种反演的优势,开发出合适的磁异常反演算法。此外,为了反演的实用化推广,还需要编写配套的软件,使磁异常反演能为铀矿勘查所用[11, 12]。基于此,本文讨论了磁异常的三维约束反演算法,并以此为核心开发了人机交互软件界面,以期满足铀矿勘查需求。利用理论算例和相山铀矿田的实测磁异常数据对该软件进行了测试,验证了反演可靠性,并探讨了软件应用方向。

## 1　磁异常三维约束反演方法

　　磁异常三维约束反演是指利用磁异常数据及相关地质信息,计算地下磁性体的三维分布[13, 14],其基本思想是将地下介质剖分为规则的直立长方体单元网格,每个单元赋予固定的磁性参数,通过求解磁性值来获取地下磁性分布情况[15]。为削弱反演的多解性,需要引入先验信息。因此,反演最优化算法可设计为在满足数据拟合的同时满足模型拟合,目标函数可相应的简写为:

$$\varphi(\boldsymbol{m}) = \| \boldsymbol{W}_d [\boldsymbol{d}_0 - g(\boldsymbol{m})] \|^2 + \beta [\alpha_1 \| \boldsymbol{W}_m (\boldsymbol{m} - \boldsymbol{m}_{ref}) \|^2 + \alpha_2 \| \boldsymbol{D}(\boldsymbol{m} - \boldsymbol{m}_{ref}) \|^2] \quad (1)$$

式中,第一项为磁异常数据拟合目标函数;第二项为磁化率模型目标函数,内含最小模型项和光滑模型项,$\beta$ 为两项目标函数的正则化参数,用于调节求解的正则化程度。$\boldsymbol{W}_d$ 为磁异常数据标准差矩阵,$\boldsymbol{d}_0$ 为磁异常数据向量,$\boldsymbol{m}$ 为待求磁化率向量,$g$ 为从磁化率模型到磁异常响应的正演算子。模型项中,$\boldsymbol{m}_{ref}$ 为磁化率参考模型向量,$\boldsymbol{D}$ 为三维光滑度矩阵,$\alpha_1$、$\alpha_2$ 分别为最小模型项和光滑模型项的权重因子。在数据项和模型项两方面目标函数的共同作用下,反演以迭代的方式进行,所得结果将在满足磁异常数据拟合的基础上,同时符合磁化率参考模型的特征,并具有光滑特性。

**作者简介:**周俊杰(1985—),男,博士,高级工程师,从事地球物理勘探及研究工作

## 2 磁异常三维约束反演软件开发

### 2.1 三维模型设计

按照上述算法,反演首先需要对三维模型进行设计。三维模型参数可分为几何网格和物性矩阵两类。将地下介质剖分为规则长方体网格,每一个单元都赋予磁化率参数。网格可以根据测区区域和所获数据的间隔来确定。一般来说,网格要覆盖磁异常数据所在区域及其周边区域。单元格尺寸需要与数据间距相吻合。网格深度应满足磁性物质在地表能产生噪声水平之上的磁异常,通常可选数据区域的一半为宜。物性参数使用独立于几何参数之外的文件存储,分别记录为参考模型、初始模型和反演结果数据。

### 2.2 三维反演算法设计

磁异常三维约束反演程序是面向物探技术人员的集成数据处理中心,其核心需求是通过输入测区磁异常信息来获取三维反演结果。因此,该过程符合数据流处理模式,如图1所示。程序的出发点和落脚点都是数据,各项功能首先进行数据I/O设计。数据的储存方式分文件存储和内存存储两种,在计算中,数据存储于内存;而查看时,数据使用文件存储。内存数据主要使用句柄结构进行结构化存储,主要有两项:参数项和数据项。参数项包含各类反演参数,如文件名、迭代次数、物性范围等;数据项包含观测数据、网格参量等。在反演时,首先将数据调出,之后用于反演计算。最后,结果保存在句柄结构中。

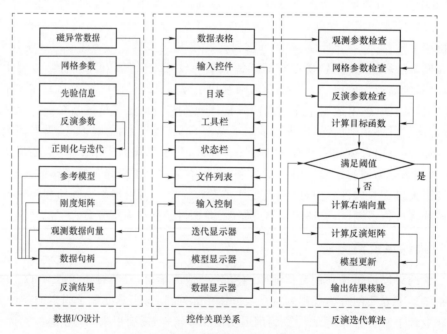

图1 磁异常三维约束反演程序设计

磁异常三维约束反演首先要准备好测区观测数据,包括点位信息、相应的异常数值等,应将其按照数据文件格式整理。之后,依照测区范围创建三维网格,规划三维模型的几何格架。其他变量可以先按照初始默认值进行计算,开展无约束快速反演,之后根据结果对参数进行适当调整,改善反演质量。磁异常三维约束反演的迭代控制参数设置至关重要,每一次迭代都需观察模型变化,需要对模型和数据进行可视化。

磁异常三维约束反演的目标函数能同时满足磁异常数据拟合、模型光滑、参考模型极小的要求,每项权重依靠协方差进行调节,同时也是引入先验信息的接口。图1最右侧虚线框内为对应的流程图。在反演初始化阶段为各项数据的输入与校验,包括磁异常数据、模型网格参数、初始模型和参考模型,并构建相应的协方差矩阵。之后,软件计算初始目标函数值,如果目标函数低于给定阈值,说明反演模型已经达到各项拟合要求,可以直接获得反演结果;如果大于阈值,则进入迭代过程,计算反演方程的矩阵及右端向量,进而得到模型迭代量;完成模型更新后,重新计算目标函数,若小于给定阈值则跳出,如仍大于阈值则继续迭代,直至满足给定阈值为止。

## 2.3 人机交互界面设计

根据程序需求分析和逻辑设计,程序全部功能可包含在目录中。其中,常用的快捷功能可布局在工具栏。反演功能分为四大类,工程类、文件类、数据处理类和帮助文档(见图2)。工程文件包含了当前反演过程的全部输入输出文件信息和参数信息,可实现工程的新建、打开、保存和配置等操作。文件功能用于新建各类反演文件,如数据文件、网格文件等,同时也实现了打开、保存和查看文件。数据处理即是核心的反演功能,根据需求可分为快速反演和标准反演。快速反演采用快速迭代算法,不引入约束信息,用于初期反演;标准反演引入约束信息,其迭代过程比快速反演稍慢。帮助功能提供了软件操作指南等文档,以及软件版权、版本信息。

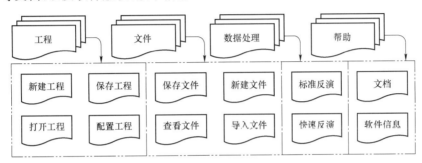

图 2　磁异常三维约束反演软件功能设计

用户界面采用简洁的交互设计,用文件列表区、数据区和功能区三大块(见图3)。其中,文件列表区用于操控反演用到的所有文件,包含输入和输出文件,同时实现对数据表格的切换;数据区用于显示各类文件的数据,采用表格形式呈现;功能区用于操控反演相关操作,协助用户完成处理。软件的

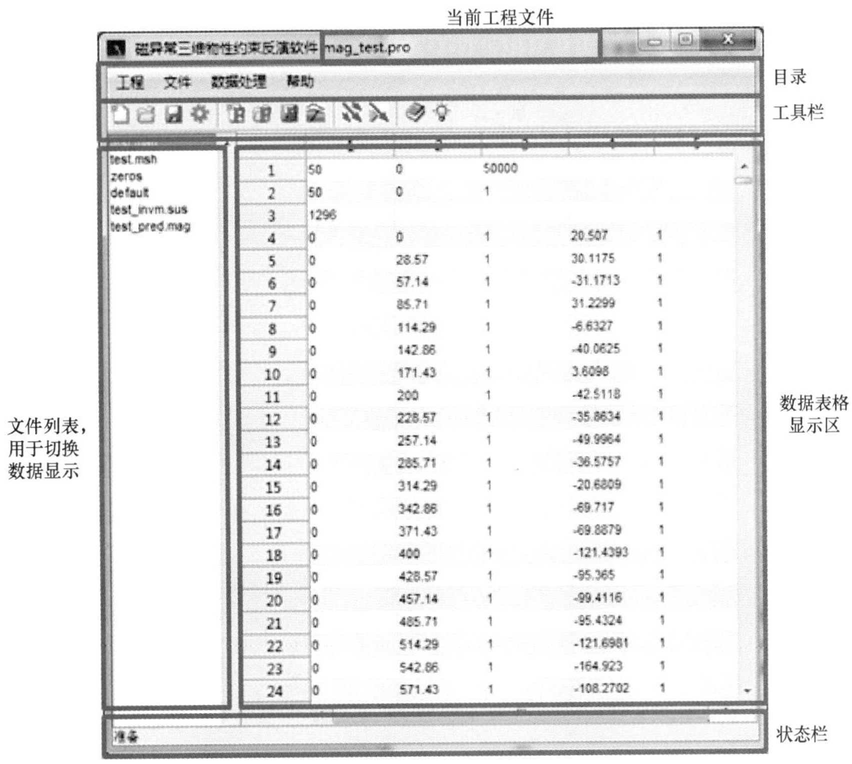

图 3　磁异常三维约束反演软件主程序界面

核心是反演算法,而反演面向的是数据,因此,各项功能都围绕的反演数据展开。加载工程后,在窗口上方显示当前工程名称(见图4b, e, f)。在数据表中,如数据有误,可实时进行更改并保存。如文件有误,也可以通过文件操作打开已有的正确文件,工程文件中相应的文件路径也同时被修改,确保当前文件的正确性(见图4a, g)。除数据表外,也可借助平面图和三维模型查看,本软件调用英属哥伦比亚大学开发的三维网格可视化模块和影像可视化模块予以呈现(见图4c, d)。

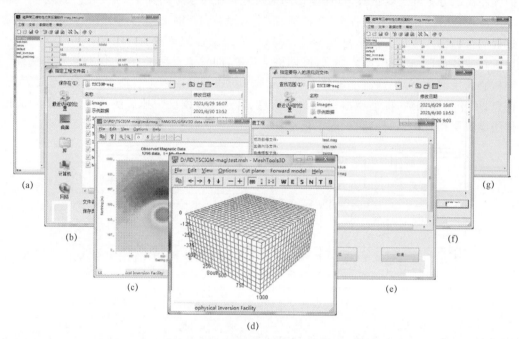

图 4　磁异常三维约束反演软件各功能交互界面
(a) 磁异常数据表;(b) 工程指定面板;(c) 数据可视化;(d) 模型可视化;(e) 工程配置面板;(f) 文件导入面板;(g) 网格数据表

## 3　反演软件测试

通过理论模型可以验证该反演算法以及配套软件是否有效。通常的物性反演结果对局部异常体体现较好,而层状介质效果不佳,因此可采用基底隆起理论模型进行测试。

图5(a)所示为测试所用理论模型,图5(b)所示为常规反演结果,图5(c)所示为磁异常三维物性约束反演结果,可见,本文所述反演结果与理论模型更加接近,可体现出层状模型特征,且层位与真值吻合度较高;常规物性反演结果只能对基底隆起部位有反映,对地层反映并不明显。该理论实例证明了该反演算法及配套软件的可靠性,为实测数据的应用提供了理论支撑。

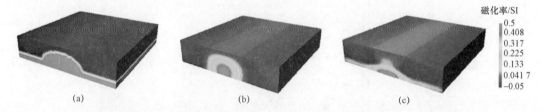

图 5　基底隆起理论模型的磁异常三维约束反演软件测试
(a) 理论三维磁化率模型;(b) 磁异常三维物性反演结果;(c) 磁异常三维物性约束反演结果

## 4　相山铀矿田磁异常反演

相山铀矿田是典型的火山岩型铀矿田,其地层呈现明显的分层结构,且东南部有花岗斑岩体出露。经岩性统计,火山盖层鹅湖岭组磁化率多低于 $200 \times 10^{-5}$ SI,属于偏中高磁性;打鼓顶组磁化率多

低于 $100 \times 10^{-5}$ SI,属于偏低磁性;变质基底整体弱磁,磁化率均值约为 $15 \times 10^{-5}$ SI,花岗斑岩磁性变化较大,整体中等磁性①,可判断组间界面为主要磁性界面。

本次试验采用相山杏树下地区大比例尺高精度磁测资料作为观测数据,其处理步骤为:首先将观测数据网格化并进行去噪处理,根据网格间距设计三维物性网格,并开始初步快速反演;结合已有地球物理解译结果和界面反演结果,制作为参考模型代入反演,最终获得磁化率三维数据体。由于已知信息只能标定大致层位,信息准确度较差,而地表地质信息为准确信息,本次反演设置地表地质属性为强权重、地下界面信息为弱权重,引导反演过程尽量扰动地下磁化率信息,而不扰动地表信息。图 6 所示为三维物性约束反演和常规反演所得结果对比。可见,常规反演成层性不如约束反演,且浅表磁化率分布较为杂乱,与已知信息不符。相比之下,约束反演无论在地表还是深部,都与已知信息相吻合,且满足物性统计结果。可以说,反演结果直接体现出了约束反演的优势,而常规反演虚假信息较多,并不适用于相山铀矿田这样的成层状地区。图 7 所示为约束反演的三维模型切片,其中 CUSD-4 和 CUSD2-1 孔均打到组间界面(黑蓝色圆球位置),其对应位置和磁化率分界面吻合程度很高,且在基底位置磁化率差异不大,再次印证了约束反演的正确性。

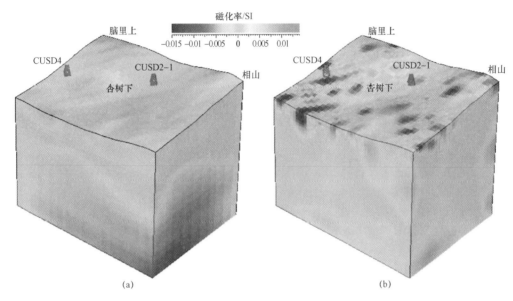

图 6 磁异常三维约束反演结果和常规反演结果对比
(a)三维约束反演结果;(b)常规反演结果

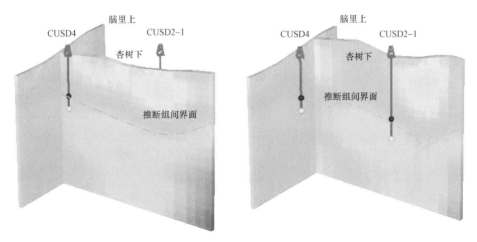

图 7 磁异常三维约束反演垂向剖面切片和钻孔验证结果

① 数据源自中核集团龙灿工程《相山铀矿田高精度物化探勘查报告》

## 5 结论与讨论

本文系统分析了磁异常三维约束反演算法,并以此为核心开发了配套软件,设计了人机交互界面,使约束反演得以实用化。通过理论数据和相山铀矿田的实测案例表明,该方法融合了常规物性反演和界面反演的优点,所得结果具有良好的成层性,反演可靠性得以大幅提高,适用于大比例尺铀矿勘查情形。因此,磁异常三维约束反演算法在探测铀成矿环境方面有很大应用价值,值得继续大力推广。

**参考文献:**

[1] 杨文采.用于位场数据处理的广义反演技术[J].地球物理学报,1986,29(3):283-291.

[2] Li Y G, Oldenburg D W. 3-D inversion of magnetic data[J].Geophysics,1996,61(2):394-408.

[3] 孟小红,刘国峰,陈召曦,等.基于剩余异常相关成像的重磁物性反演方法[J].地球物理学报,2012,55(1):304-309.

[4] 祁光,吕庆田,严加永,等.先验地质信息约束下的三维重磁反演建模研究-以安徽泥河铁矿为例[J].地球物理学报,2012,55(12):4194-4206.

[5] 兰学毅,杜建国,严加永,等.基于先验信息约束的重磁三维交互反演建模技术—以铜陵矿集区为例[J].地球物理学报,2015,58(12):4436-4449.

[6] 陈聪,周俊杰,黄志新,等.460矿床关键控矿要素重磁异常特征及深部结构研究[J].铀矿地质,2019,35(1):27-32.

[7] 周俊杰,陈聪,喻翔,等.矿区重力三维物性反演的参考模型构建方法及应用[J].物探与化探,2020,44(4):878-885

[8] Zhou J J, Meng X H, Guo L H, et al. Three-dimensional cross-gradient joint inversion of gravity and normalized magnetic source strength data in the presence of remanent magnetization [J].Journal of Applied Geophysics. 2015,119:51-60.

[9] 杨文采.评地球物理反演的发展趋向[J].地学前缘,2002,9(4):389-396.

[10] 朱裕振,强建科,王林飞,等.深埋铁矿磁测数据三维反演分析与找矿靶区预测[J].物探与化探 2019,43(6):1182-1190.

[11] Chen Z X., Meng X H, Guo L H., et al., GICUDA:A parallel program for 3D correlation imaging of large scale gravity and gravity gradiometry data on graphics processing units with CUDA [J]. Computers & Geosciences,2012,46:119-128.

[12] 郭良辉,孟小红,石磊.磁异常 $\Delta T$ 三维相关成像[J].地球物理学报,2010,53(2):435-441.

[13] Li Y G, Oldenburg D W. Fast inversion of large-scale magnetic data using wavelet transforms and a logarithmic barrier method[J].International Journal of Geophysics,2003,152:251-265.

[14] 姚长利,郑元满,张聿文.重磁异常三维物性反演随机子域法方法技术[J].地球物理学报,2007,50(5):1576-1583.

[15] 郭志宏,管志宁,熊盛青.长方体 $\Delta T$ 场及其梯度场无解析奇点理论表达式[J].地球物理学报,2004,47(6):1131-1138.

# Software development of 3D physical property constrained inversion of magnetic anomaly and its application to Xiangshan uranium orefield

ZHOU Jun-jie[1], CHEN Cong[1], YU Xiang[2], CHEN Tao[1], GAO Ling-ju[1]

(1. Beijing Research Institute of Uranium Geology. Beijing, China;

2. China National Uranium Co. , Ltd, Beijing, China)

**Abstract**: Three dimensional inversion of magnetic anomaly, which could be divided into two classes: physical property inversion and interface inversion, is an important technical to explore uranium metallogenic environment. However, susceptibility inversion tends to depict local anomalous bodies; interface inversion is used to calculate the undulation of continuous formation interface, but not to deal with the complex situation of unconformity. This paper studied the inversion methodology of 3D physical properties of magnetic anomaly based on prior information constraint. Inversion can effectively restore the layered model by introducing geological information to reduce the multiplicity of solutions. The user interface was designed to simplify prior information introduction, which improves the feasibility of the software. Synthetic inversion example this software validated the reliability and showed convenience operating process. An application of the software in uranium exploration is introduced using magnetic data in Xiangshan uranium orefield. Combined with the characteristics of magnetic anomaly, geological structure and rock physical property in the study area, the 3D magnetic susceptibility data volume with layered characteristics is obtained. By comparing and analyzing the results of constrained inversion and conventional inversion, it is considered that the introduction of prior information in this case can obtain better layered model which was also verified by drill hole results. Therefore, this 3D inversion software of magnetic anomalies is worthy of promotion in the practical application of uranium exploration.

**Key words**: Xiangshan uranium ore field; Magnetic anomaly; Apriori information; Three-dimensional inversion

# 松辽盆地南部常胜地区姚家组下段铀、铁及碳元素分布规律及指示意义

张韶华，翁海蛟，贺航航，佟术敏，郝晓飞，王海涛，张亮亮，武　飞

(核工业二四三大队，内蒙古 赤峰 024006)

**摘要：**通过对松辽盆地南部常胜地区姚家组下段砂岩样品的微量铀、微量钍、铁、有机碳、有机硫含量统计分析，讨论在氧化带侧翼至顶峰位置各元素指标的分布规律，以及其与铀矿化的关系。结果表明，微量铀与微量钍的比值可以很直观的反应铀元素的迁出及富集情况。在 $Fe^{3+}/Fe^{2+}$ 比值可有效指示砂体氧化能力的强弱，数据表明氧化作用并非越强越好，范围在 2.27～3.44 之间更利于铀元素的富集成矿。含铀含氧流体径流具有方向性，因此同一氧化带前锋线中不同部位的氧化强度及铀矿富集能力有所不同，靠近上游的侧翼部位氧化强度相对较弱，但铀元素的迁出能力最强；在下游及中段的顶峰部位，现在氧化强度较强，铀元素主要富集在前锋线的过渡带中，更易形成规模较大的铀矿体。

**关键词：**常胜地区；微量铀、钍；$Fe^{3+}/Fe^{2+}$ 比值；有机碳；铀成矿作用

　　铀矿找矿与氧化带、氧化—还原过渡带密切相关。松辽盆地南部常胜地区铀矿化多赋存于氧化—还原过渡带的灰色系砂岩中，其空间位置与氧化系砂岩有着较为密切的耦合关系。氧化系砂岩中多发育褐铁矿、赤铁矿等蚀变矿物，而含矿灰色砂岩中多发育碳化植物碎屑及细晶黄铁矿等。

　　在野外铀矿找矿工作中，多依据岩石的特征矿物(褐铁矿、赤铁矿、黄铁矿)、颜色以及其在剖面中的相对位置等宏观特征来区分氧化带、过渡带(铀矿富集带)、还原带。这种划分依据是在野外找矿勘查工作的及时性决定的，具有简洁、直观、快速的优点。但由于氧化带前锋线附近的地球化学作用是一个潜移默化日积月累的逐渐过程，肉眼的宏观识别不够精细，可以通过对砂岩地球化学指标数据(主要是 $Fe^{3+}/Fe^{2+}$)分析，进一步准确划分氧化-还原过渡带的范围[1]。

　　其次在野外实际中，富含有机质、黄铁矿的含矿灰色系砂岩往往铀含量更高。有机质与铀结合的机理复杂，其中包括吸附，离子交换，络合及还原作用等[2]，电子探针分析显示，胶结物产出的黄铁矿是吸附态铀的重要载体[3]，因此，研究有机质和铁元素的含量及分布规律对预测铀矿赋存的有利区域意义重大。

　　在砂岩型铀矿床找矿研究中，前人对铁元素、有机质与铀矿化之间的关系已经有了深入的研究工作，详细论述了有机质和铁元素在铀的迁移、沉淀、富集等方面所起的作用[4-10]。以往的研究工作大多集中在鄂尔多斯、伊犁及吐哈盆地等地区，近些年在松辽盆地钱家店铀矿床、宝龙山铀矿床及奈曼—瞻榆地区也开展了相关研究工作。但以往研究多讨论不同元素在平面上的分布特征及其之间的耦合关系，没有对同一氧化带不同位置各元素的分布规律及不同颜色氧化砂体的氧化强度进行深入研究。

　　本文通过研究常胜地区主氧化带中系统的取样结果，对氧化带、过渡带及还原带中有机质、铁元素与微量铀含量的相关性进行分析，探讨同一氧化带内不同位置的氧化强度及各元素指标的分布规律，期望对下一步铀矿勘探和开发提供一定的借鉴意义。

## 1　地质背景

　　松辽盆地是中国东北部的一个大型中、新生代沉积盆地，是当今世界上最大的典型陆相沉积盆地

---

作者简介：张韶华(1988—)，男，工程师，主要从事砂岩型铀矿勘查工作

之一[12],赋存有石油、天然气、煤炭、铀矿等资源。研究区位于松辽盆地南部,横跨开鲁坳陷区,西南隆起区两个二级构造单元,盆地内部发育厚层的白垩纪陆相碎屑沉积地层,其中早白垩世的断陷盆地发育阶段,发育九佛堂组、沙海组及阜新组等,晚白垩世的凹陷期阶段,发育了泉头组、青山口组、姚家组、嫩江组、四方台组、明水组等[11]。

　　研究区处于松辽盆地南部的常胜地区,区内铀矿主要赋存于姚家组下段,矿体在空间上受区域性 A 号氧化带控制,围绕 A 号氧化带已经陆续发现钱家店、宝龙山等铀矿床并在其东翼近 70 km 的氧化带前锋线上发现了铀工业孔及大量铀矿化异常孔,其中在该氧化带的 a、b、c 三个区域就有较好铀矿找矿信息(见图 1)。

　　氧化带内整个姚家组砂体颜色以砖红色、褐红色及褐黄色为主,还原过渡带内垂向多呈“上下氧化,中间还原”的特征,还原性砂体主要为灰色、灰白色两种,而还原过渡带两种类型砂岩均有发育。

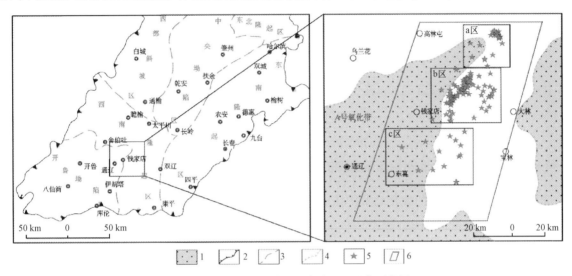

图 1　松辽盆地构造分区和常胜地区地化环境图
1—氧化带;2—盆地边界;3—一级构造单元界线;4—氧化带界线;5—取样钻孔位置;6—研究区范围

## 2　数据来源及分析方法

　　作者在常胜地区筛选了有代表性的 116 口钻孔,在找矿目的层姚家组下段砂体中采集 600 余组环境样品,对地球化学环境指标 $Fe^{3+}$、$Fe^{2+}$、$C_有$、$S_全$、微量铀、微量钍进行测试,测试工作由核工业二四三大队化验室完成。微量铀测试仪器为 MAU 型铀分析仪。

　　微量铀能很好地反映砂体中铀元素的富集沉淀,而自然界中岩石原始状态下铀元素与钍元素含量之间有较稳定的对应关系,铀元素在氧化状态下较钍元素更为活泼,常运移及损耗,而钍元素相对稳定,因此研究氧化砂体及还原性砂体的中微量铀、钍元素的含量,可以很好地反映出铀元素的运移及富集趋势,为预测铀矿附近区提供依据。

　　研究区内有机质主要为碳化植物碎屑及茎秆,其物质成分相对稳定,故沉积物中有机质的丰度大多用有机碳含量来表示[13],有机质和铁元素测试仪器为高频碳硫分析仪。为了找到地球化学元素与铀含量的关系,将岩石样品按颜色分为四类:红色类、黄色类、灰白色类、灰色类进行统计分析(见表 1),目的是说明不同地球化学环境砂体中铁和有机碳元素的分布与铀成矿的关系密切,为圈定成矿远景区提供依据。

　　除此之外,对各类样品按地区进行分类,从氧化带东缘自南向北共划分出 a、b、c 三个区域,分别对应氧化带侧翼、中段及顶峰位置,目前是探讨不同氧化带不同部位各地化元素的变化规律及其与铀成矿的关系。

表1 工作区姚家组下段不同地球化学类型环境指标统计表

| 指标 | 红色类岩石 | | | 黄色类岩石 | | | 灰白色类岩石 | | | 灰色类岩石 | | |
|---|---|---|---|---|---|---|---|---|---|---|---|---|
| | 最大 | 最小 | 均值 | 最大 | 最小 | 均值 | 最大 | 最小 | 均值 | 最大 | 最小 | 均值 |
| $Fe^{3+}$/% | 6.89 | 0.47 | 1.34 | 3.08 | 0.31 | 1.16 | 2.40 | 0.12 | 0.49 | 2.51 | 0.02 | 0.57 |
| $Fe^{2+}$/% | 1.79 | 0.07 | 0.40 | 3.16 | 0.08 | 0.52 | 2.86 | 0.30 | 0.94 | 3.87 | 0.22 | 1.05 |
| $Fe^{3+}/Fe^{2+}$ | 23.13 | 0.32 | 4.39 | 15.33 | 0.23 | 3.10 | 2.27 | 0.07 | 0.69 | 3.44 | 0.01 | 0.64 |
| $C_{有}$/% | 0.60 | 0.01 | 0.07 | 0.71 | 0.02 | 0.08 | 1.00 | 0.03 | 0.13 | 1.08 | 0.01 | 0.15 |
| $S_{全}$/% | 0.29 | 0.01 | 0.02 | 1.58 | 0.01 | 0.04 | 2.51 | 0.01 | 0.12 | 1.66 | 0.01 | 0.12 |
| $CO_2$/% | 22.88 | 0.03 | 2.35 | 7.89 | 0.03 | 1.24 | 16.09 | 0.06 | 3.18 | 13.42 | 0.01 | 2.03 |
| 样品个数 | 138 | | | 92 | | | 63 | | | 219 | | |
| $U(10^{-6})$ | 54.53 | 0.53 | 2.92 | 44.83 | 0.97 | 3.21 | 36.66 | 1.31 | 8.90 | 159.44 | 0.88 | 15.00 |
| $Th(10^{-6})$ | 18.19 | 4.07 | 10.03 | 15.00 | 4.58 | 9.14 | 58.22 | 1.99 | 10.77 | 19.27 | 0.88 | 8.30 |
| Th/U | 20.33 | 0.24 | 5.74 | 10.92 | 0.16 | 4.26 | 8.13 | 0.07 | 2.70 | 10.74 | 0.02 | 1.77 |
| 样品个数 | 273 | | | 101 | | | 53 | | | 246 | | |

## 3 分析姚家组砂体中部分元素含量的变化及其与铀成矿的关系

### 3.1 不同颜色的岩石样品的地化元素特征及其与铀矿化关系

（1）对比不同地球化学类型砂岩 $Fe^{3+}/Fe^{2+}$ 的数值（见表1和图2），可以看出氧化带中红色类砂岩中 $Fe^{3+}/Fe^{2+}$ 的比值最高，平均值分别达4.39，其次为黄色类砂岩，平均值为3.04。这两类岩石比值较高是因为氧化作用将 $Fe^{2+}$ 转变为 $Fe^{3+}$，导致 $Fe^{3+}$ 含量升高。在灰色类砂岩中 $Fe^{3+}/Fe^{2+}$ 的比值最低，平均值为0.64，灰白色类砂岩次之，比值为0.69，代表的还原环境。部分过渡带位置的灰白色、灰色样品 $Fe^{3+}/Fe^{2+}$ 比值达 2.27~3.44，指示了一种混杂的地球化学环境，经过氧化还原作用，部分 $Fe^{2+}$ 被氧化为 $Fe^{3+}$，在此过程中伴随着铀的沉淀。

（2）岩石中有机碳含量是衡量还原能力的重要指标，一般认为其含量大于0.1%时，岩石就具备比较好的还原能力。由表1和图3可知，还原带中灰色类砂岩中有机碳含量最高，最高达1.08%，平均值为0.15%，高于灰白色类砂岩的平均值0.13%。氧化带中红色和黄色砂岩有机碳含量最低，平均值为0.07%和0.08%。

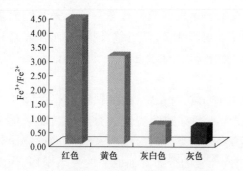

图2 工作区姚家组下段不同岩石 $Fe^{3+}/Fe^{2+}$ 平均值直方图　　图3 工作区姚家组下段不同岩石 $C_{有}$ 平均值直方图

这与宏观上灰色砂岩中可见炭屑，而红色、浅灰白而红色、浅灰白而红色、浅灰白砂岩中少见炭屑是相符合的。造成该现象的原因可能是层间氧化作用所致，红色和黄色砂岩中有机质碎屑被燃烧，转变为有机酸随铀共同迁移，导致含量降低。而灰色砂岩处于还原环境，有机碳保存最好，含量最高，部分灰色矿化砂岩位于氧化还原过渡带，有机碳含量有所下降。

（3）S全在不同地球化学类型砂岩中的含量明显不同（见表1和图4）。灰色类砂岩中的S全含量较高，平均值为0.13%，其次为灰色类砂岩，均值0.12%。红色及黄色氧化砂岩中S全含量最低，平均值为0.01%和0.02%。此外，在矿化样品中可见细晶状、草莓状黄铁矿化，在一定程度上也体现了黄铁矿对铀成矿的贡献。

（4）U为氧化—还原敏感元素，表现为氧化条件下易溶，还原条件下不溶，在贫氧环境中自生富集。工作区姚家组下段不同岩石Th/U值表现出明显的分带性，在红色类砂岩内最高达20.33（见表1），平均值5.74，其次为黄色类砂岩，均值4.26（见图5）。指示沉积水体为富氧水体，氧化强度红色类砂岩大于黄色类砂岩。灰色类砂体中Th/U值明显降低，最低仅为0.02，平均值1.77，其次灰白色砂岩，均值2.70。表明姚家组下段灰色砂岩在自生富集的基础上受后期含铀富氧水的影响，导致Th/U比值变化范围较大。

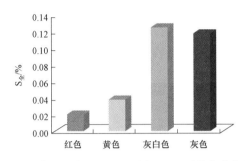 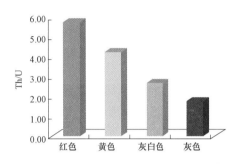

图4　工作区姚家组下段不同岩石S全平均值直方图　　　图5　工作区姚家组下段不同岩石Th/U平均值直方图

## 3.2　不同地区岩石样品的地化元素特征及其与铀矿化关系

研究区内氧化带东翼不同部位砂岩中地球化学类型环境指标既有类似的特征，亦有其变化规律。

### 3.2.1　$Fe^{3+}/Fe^{2+}$变化规律

各地段不同颜色砂岩中$Fe^{3+}/Fe^{2+}$数值较为相似（见图6和图7），具有红色＞黄色＞灰白色≥灰色的特点。纵向比较发现，靠近氧化带顶峰位置的a区、b区氧化作用较强，$Fe^{3+}/Fe^{2+}$平均值大于4.0，而位于侧翼后段的c区氧化作用相对较弱，这表明氧化强度自侧翼向顶峰位置逐渐加强，其顶部的氧化作用最强，侧翼次之。相对的在过渡带中，a区、b区还原容量适中，$Fe^{3+}/Fe^{2+}$含量主要集中在0.4～0.6之间，而c区还原容量较强$Fe^{3+}/Fe^{2+}$平均值在0.8以上。

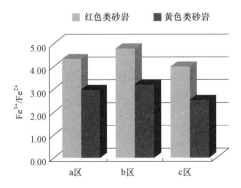 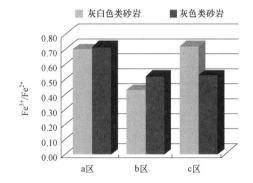

图6　各地段姚家组下段氧化砂岩$Fe^{3+}/$　　　图7　各地段姚家组下段灰色砂岩$Fe^{3+}/$
　　　　$Fe^{2+}$平均值柱状图　　　　　　　　　　　　　　$Fe^{2+}$平均值柱状图

### 3.2.2　$C_有$、$S_全$变化规律

各地段灰色砂体有机碳含量均值范围在0.05%～0.23%，其中a区、b区灰白色类砂岩外均大于0.1%（见图8），表明岩石具一定的还原容量。除此之外，a区与b区灰色砂岩与灰白色砂岩有机碳含量差距明显，说明除了砂体沉积时期各地段含量有所不同外，层间氧化作用的较强，导致其含量降低。

$S_全$在不同地段灰色砂岩中的含量明显不同（见图9）。c区灰白色类砂岩中的$S_全$含量最高，平均值为0.28%,这与宏观上该地段岩心中常见细晶状、草莓状黄铁矿化相吻合。其他地段均值较为接近,规律性不明显。

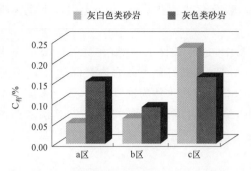

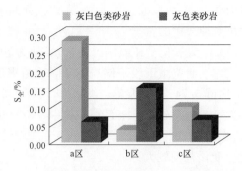

图8　各地段姚家组下段灰色砂岩$C_有$平均值直方图　　图9　各地段姚家组下段灰色砂岩$S_全$平均值直方图

### 3.2.3　Th/U变化规律

研究区姚家组下段不同地段Th/U值有所不同,在氧化带砂岩中均值最高位于氧化带侧翼的C区(见图10),均值为7.17。其他区域均值范围在3.53～4.35之间。该指示表明随着氧化水径流距离越远,对上游区域铀的携带作用越强,其地层自身铀含量下降越多。灰色类砂体中Th/U值明显降低,均值范围在0.45～3.00之间(见图11),说明氧化带侧翼同样具有较强的铀元素富集能力,但相对而言顶峰位置铀元素富集更为明细。

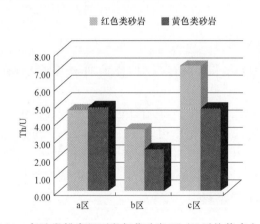

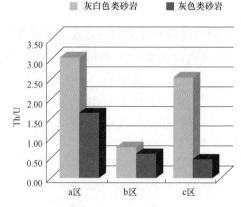

图10　各地段姚家组下段氧化砂岩Th/U平均值直方图　　图11　各地段姚家组下段灰色砂岩Th/U平均值直方图

## 4　结论

(1)研究区$Fe^{3+}/Fe^{2+}$比值最高值位于红色类氧化环境中、黄色类氧化次之,而灰色类及灰白色类以还原环境为主,还原容量基本一致。

(2)研究区$C_有$含量能反应砂体的还原能力,与砂体氧化能力呈负相关关系,整体上表现为灰色砂岩最强,浅灰白色次之,氧化砂体整体较弱。平面上顶峰位置还原性较弱,侧翼位置较强。

(3)Th/U可以反映U元素的迁出/迁入能力,氧化砂岩整体以U元素迁出为主,Th/U数值普遍大于4.0,灰色砂岩整体以U元素入出为主,Th/U数值普遍小于3.0。顶峰位置铀以迁入为主,氧化带侧翼铀元素呈明显迁出特征。

(4)受径流距离影响,氧化带侧翼$Fe^{3+}/Fe^{2+}$比值相对较小,反映其氧化强度较弱,但铀元素迁出量最大,说明在整个铀成矿过程中,随着铀元素的活化,整体氧化能量也在衰减;顶峰位置$Fe^{3+}/Fe^{2+}$比值相对较大,反应氧化强度高,说明铀元素的活化强度已经基本达到饱和,环境中的氧化强度不在衰减,在该区域前锋线位置更易形成厚大矿体。

(5)研究区$Fe^{3+}/Fe^{2+}$含量范围在0.64～4.39之间,但利于成矿的氧化—还原过渡带$Fe^{3+}/$

$Fe^{2+}$含量集中在 2.27~3.44,可见氧化强度并非越高越好,在一定范围内更有利于铀元素的富集。

**参考文献:**

[1] 朱西养,等. 层间氧化带砂岩型铀矿元素地球化学特征—以吐哈伊犁盆地铀矿床为例[D]. 成都理工大学,2005.

[2] 曹清艳,刘红旭,蔡煜琦,等. 伊犁盆地蒙其古尔矿床有机质特征与铀成矿的关系[J].矿床地质,2012,31(增刊): 187-188.

[3] 王贵,苗爱生,高贺伟,等. 鄂尔多斯盆地纳岭沟铀矿床矿(化)体岩石地球化学特征[J].铀矿地质,2015,31(增刊1):274-275.

[4] 马尔科夫 C.H,等. 俄罗斯西西伯利亚和外贝加尔区古河道型铀矿床[J].铀矿地质,2002,18(2):65-76.

[5] 郭庆银,李子颖,王文广. 内蒙古西胡里吐盆地有机质特征及其与铀矿化的关系[J].铀矿地质,2005,21(1): 16-22.

[6] 吴伯林,权志高,魏观辉,等. 吐哈盆地西南缘砂岩型铀矿地质地球化学基本特征[J].矿床地质,2005,24(1): 34-43.

[7] 于漫,欧阳京,第鹏飞,等. 沉积环境有机质及在铀成矿中的作用研究[J].地质找矿论丛,2011,26(3):255-261.

[8] 祁家明,罗春梧,黄国龙,等. 粤北花岗岩型铀矿黄铁矿地球化学特征及对成矿流体的指示作用[J].铀矿地质,2015(2):73-80.

[9] 候惠群,李言瑞,刘洪军,等. 鄂尔多斯盆地北部直罗组有机质特征及与铀成矿关系[J].地质学报,2016(12):3367-3373.

[10] 孙晔. 砂岩型铀矿床的有机地球化学分带性及其与铀成矿的关系—以内蒙古皂火壕铀矿床为例[J].铀矿地质,2016,32(3):129-136.

[11] 马汉峰,罗毅,李子颖,等. 松辽盆地南部姚家组沉积特征及铀成矿条件[J].铀矿地质,2009,25(3):146-147.

# Uranium、iron and carbn elements in ChangSheng area in the south of Songliao Basin and its prospecting significance

ZHANG Shao-hua,WENG Hai-jiao,HE Hang-hang,TONG Shu-min, HAO Xiao-fei,WANG Hai-tao,ZHANG Liang-liang,WU Fei

(Geological Party No.243,CNNC,Chifeng,Inner Mongolia 024006,China)

**Abstract:**With the continuous breakthrough of prospecting results in the main ore belt in the southern of Songliao Basin, it is urgent to predict favorable areas for mineralization in the periphery. In this paper,the content of trace uranium,iron and organic carbon in sandstone samples from the lower part of Yaojia Formation in the study area is tested,and the main metallogenic belt is analyzed by analogy,and then the relationship with uranium metallogenesis is discussed separately, and the favorable uranium metallogenic positions in the periphery are predicted. . The results show that the enrichment degree of uranium element has a relatively direct coupling relationship with the trace uranium content. Secondly, iron and organic carbon play a positive role in the further enrichment of uranium mineralization. Pyrite and organic carbon can increase the reduction capacity of ore-forming sand bodies. Uranium minerals are mostly closely symbiotic with pyrite and organic carbon. After organic carbon is oxidized,the sand bodies can be acidified,thereby promoting the enrichment and precipitation of uranium. The uranium mineralization revealed by drilling in the main metallogenic zone is basically in the oxidation-reduction zone where the ratio of $Fe^{2+}/Fe^{3+}$ is between 1 and 3 and the area where the organic carbon content is between 0.07% and 0.23%. Through the analysis and discussion of the above analogy, it is found that the Baokang area and Shengli area have a metallogenic environment similar to that of the main ore belt, so as to further predict favorable areas for uranium metallogenesis and provide a basis for the next exploration work.

**Key words**: changsheng-jiamatu area; trace uranium; $Fe^{2+}/Fe^{3+}$ ratio; organic carbon; uranium mineralization

# 宝龙山地区姚家组下段地球化学特征及其古沉积环境意义

翁海蛟 ,张韶华,卢天军,贺航航,武　飞

(核工业二四三大队,内蒙古 赤峰 024000)

**摘要**:沉积岩的微量元素对沉积环境的水介质变化有着较高的敏感度,是研究古沉积环境的有效手段。本文通过对宝龙山地区姚家组下段的 31 件样品进行了统计分析,结合宏观沉积特征,探讨古气候演变对铀成矿的影响。研究表明:元素 Sr/Ba、V/Cr、V/(V+Ni)、U/Th 组合指示宝龙山矿床沉积时的古水体介质均为缺氧、极贫氧—贫氧、次富氧的淡水环境,这与部分褐黄色氧化砂岩样品所表现的强氧化有所区别,指示姚家组下段在成岩阶段经历了一定程度的表生流体改造。

**关键词**:微量元素;沉积环境;姚家组;松辽盆地

在砂岩型铀矿成矿过程中,地表水系的沉积作用制约着铀的迁移输送途径[1],并将造山带铀源和沉积盆地联系在一起,因此,开展古水体介质氧化还原条件的研究对揭示铀成矿过程有着重要的意义。

在沉积过程中,对氧化还原敏感的微量元素在水体及沉积物中的分布规律与它们本身的化学性质有关外,还受到沉积介质物理化学条件及古气候条件的支配[2-4],因此沉积物中的微量元素含量记录对古沉积环境的氧化还原状态有着重要的指示作用[5-10],为此,笔者对上白垩统姚家组不同氧化—还原环境的砂岩系统采样,通过微量元素组合在垂向上的变化特征,试图恢复重建古水体、古气候的变迁过程,对揭示古沉积水体条件、古气候条件在盆地南部铀大规模成矿过程中的作用具有重要意义。

## 1　区域地质背景

松辽盆地是在松辽微板块基础上发展起来的中新生代大型陆相克拉通内转化型盆地,演化历程可概括为"前晚侏罗世基底形成与改造阶段""晚侏罗世—早白垩世伸展断陷阶段""早白垩世—晚白垩世热冷却坳陷阶段"及"晚白垩世—新生代构造反转阶段"[11-13]。区内基底以石炭系—二叠系的浅变质岩和海西期花岗岩为主,盖层为中、新生代沉积岩。其中姚家组是松辽盆地南部主要的找矿目的层,在区内具备有利的地层结构、岩性—岩相、砂体及后生改造条件,近年来,随着铀矿勘查程度的深入,在松辽盆地南部发现了钱家店、宝龙山等砂岩型铀矿床(见图 1)。

## 2　样品采集及测试方法

本次采集的 31 个岩心样品位于宝龙山铀矿床兴 33 号勘探线,取样层位为姚家组下段,样品所处的地化环境包括上、下氧化带砂岩及含矿灰色砂岩。样品测试由东华理工大学核资源与环境国家重点实验室完成,分析测试依据 GB/T 14506.30—2010 硅酸盐岩石化学分析方法,在电感耦合等离子体质谱仪(Agilent 7700e)上进行,分析精度优于 2%。

## 3　测试结果分析与讨论

### 3.1　古盐度的判定

用元素地球化学特点推断古盐度是最常用的也是效果较为理想的一种方法,如果运用得当可定量地计算出古盐度,计算古盐度的方法比较多,包括硼法、元素比值法沉积磷酸盐发等。本次研究运用元素比值法对区内古盐度进行初步探讨。

---

作者简介:翁海蛟(1991—),男,硕士,工程师,主要从事铀矿勘查工作

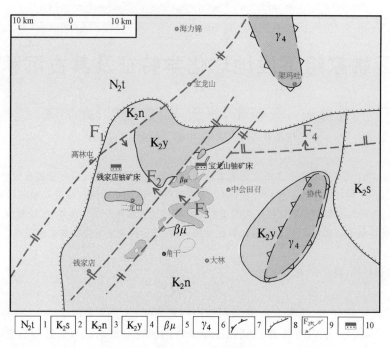

图 1　宝龙山地区构造纲要图

1—上新统泰康组；2—上白垩统四方台组；3—上白垩统嫩江组；4—上白垩统姚家组；5—辉绿岩；
6—海西期花岗岩；7—古隆起边界；8—角度不整合界线；9—断层位置及编号；10—铀矿床

Sr/Ba 比值常用来作为区分淡水和咸水沉积的标志，一般来说，Sr 元素在咸水中含量一般为 $800×10^{-6}～1000×10^{-6}$，在淡水中的含量一般为 $100×10^{-6}～300×10^{-6}$。Sr/Ba 值小于 1 为淡水介质，Sr/Ba 值大于 1 为咸水（海相、咸湖相）介质[14]。

宝龙山铀矿床兴 33 线 Sr/Ba 的比值介于 0.28～1.59（$n=31$），平均值 0.82（见表 1），且各钻孔之间数值差异较小（见表 2），反映了目的层姚家组下段古水体介质整体为淡水介质环境。从垂向变化可以看出（见图 2），在部分位置显示出的盐度增高，可能是由于水体蒸发量增加、水体浓缩所引起，在一定程度上指示对应期间内气温发生小幅度的上升。

表 1　宝龙山矿床兴 33 线姚家组下段微量元素分析及比值计算结果表

| 孔号 | 位置 | 岩性 | Ba | Cr | Ni | Sr | Th | U | V | 盐度 | 古氧相 | | |
|---|---|---|---|---|---|---|---|---|---|---|---|---|---|
| | | | μg/g | | | | | | | Sr/Ba | V/Cr | V/(V+Ni) | U/Th |
| ZK兴33-6 | 272.60 | 灰紫色粗砂岩 | 412 | 8.32 | 8.56 | 604 | 4.75 | 2.89 | 18.20 | 1.47 | 2.19 | 0.68 | 0.61 |
| | 285.20 | 浅黄色粗砂岩 | 472 | 14.70 | 8.57 | 539 | 5.06 | 1.42 | 19.40 | 1.14 | 1.32 | 0.69 | 0.28 |
| | 306.30 | 褐黄色中砂岩 | 501 | 9.29 | 6.42 | 312 | 7.54 | 2.75 | 23.70 | 0.62 | 2.55 | 0.79 | 0.36 |
| | 311.90 | 灰白色中砂岩 | 1 265 | 14.80 | 4.30 | 458 | 7.20 | 31.80 | 39.10 | 0.36 | 2.64 | 0.90 | 4.42 |
| | 319.30 | 浅灰色中砂岩 | 475 | 27.60 | 12.80 | 463 | 13.40 | 737.0 | 101.0 | 0.97 | 3.66 | 0.89 | 55.00 |
| | 322.80 | 浅灰色中砂岩 | 760 | 18.40 | 4.35 | 312 | 7.51 | 97.60 | 47.30 | 0.41 | 2.57 | 0.92 | 13.00 |
| | 323.20 | 浅灰色中砂岩 | 835 | 20.10 | 3.46 | 551 | 8.71 | 42.80 | 37.00 | 0.66 | 1.84 | 0.91 | 4.91 |
| | 328.90 | 浅灰色中砂岩 | 549 | 16.20 | 3.13 | 372 | 9.02 | 72.20 | 42.80 | 0.68 | 2.64 | 0.93 | 8.00 |
| | 329.60 | 浅灰色粉砂岩 | 554 | 36.90 | 10.80 | 551 | 11.6 | 1 397 | 52.00 | 0.99 | 1.41 | 0.83 | 120.43 |
| | 331.30 | 浅灰色细砂岩 | 557 | 15.20 | 4.22 | 384 | 7.38 | 158.0 | 53.70 | 0.69 | 3.53 | 0.93 | 21.41 |
| | 336.70 | 灰白色粗砂岩 | 590 | 12.70 | 5.80 | 479 | 7.66 | 20.70 | 33.20 | 0.81 | 2.61 | 0.85 | 2.70 |
| | 347.90 | 褐黄色中砂岩 | 501 | 18.50 | 9.05 | 548 | 8.63 | 2.86 | 47.20 | 1.09 | 2.55 | 0.84 | 0.33 |

| 孔号 | 位置 | 岩性 | Ba | Cr | Ni | Sr | Th | U | V | 盐度 | 古氧相 | | |
|---|---|---|---|---|---|---|---|---|---|---|---|---|---|
| | | | μg/g | | | | | | | Sr/Ba | V/Cr | V/(V+Ni) | U/Th |
| ZK兴33-8 | 314.00 | 砖红色中砂岩 | 495 | 36.80 | 23.20 | 485 | 11.3 | 9.97 | 95.90 | 0.98 | 2.61 | 0.81 | 0.88 |
| | 324.00 | 灰红色中砂岩 | 533 | 17.80 | 6.30 | 441 | 7.54 | 19.80 | 44.90 | 0.83 | 2.52 | 0.88 | 2.63 |
| | 327.80 | 灰白色中砂岩 | 623 | 33.30 | 21.00 | 343 | 9.21 | 138.0 | 75.20 | 0.55 | 2.26 | 0.78 | 14.98 |
| | 331.80 | 灰色粗砂岩 | 734 | 12.40 | 5.92 | 283 | 7.00 | 33.30 | 38.80 | 0.39 | 3.13 | 0.87 | 4.76 |
| | 352.49 | 灰黄色细粒岩 | 596 | 10.50 | 16.10 | 824 | 4.59 | 4.00 | 36.90 | 1.38 | 3.51 | 0.70 | 0.87 |
| | 361.16 | 紫红色中砂岩 | 487 | 12.30 | 5.61 | 453 | 6.94 | 1.85 | 33.00 | 0.93 | 2.68 | 0.85 | 0.27 |
| ZK兴33B-14A | 320.60 | 亮黄色中砂岩 | 539 | 31.90 | 9.65 | 269 | 9.13 | 2.89 | 55.20 | 0.50 | 1.73 | 0.85 | 0.32 |
| | 333.99 | 灰白色中砂岩 | 707 | 24.60 | 4.46 | 308 | 7.67 | 6.03 | 21.90 | 0.44 | 0.89 | 0.83 | 0.79 |
| | 338.80 | 浅灰色粉砂岩 | 460 | 29.30 | 12.90 | 718 | 11.80 | 55.4 | 51.40 | 1.56 | 1.75 | 0.80 | 4.69 |
| | 347.20 | 浅灰色中砂岩 | 574 | 8.18 | 10.80 | 380 | 7.89 | 278.0 | 18.30 | 0.66 | 2.24 | 0.63 | 35.23 |
| | 348.53 | 浅灰色粗砂岩 | 658 | 15.80 | 5.31 | 446 | 8.15 | 66.40 | 23.90 | 0.68 | 1.51 | 0.82 | 8.15 |
| | 357.10 | 灰白色细砂岩 | 502 | 11.70 | 5.63 | 651 | 8.11 | 2.96 | 26.70 | 1.30 | 2.28 | 0.83 | 0.36 |
| | 362.70 | 褐黄色中砂岩 | 724 | 12.10 | 4.64 | 310 | 5.94 | 2.33 | 22.90 | 0.43 | 1.89 | 0.83 | 0.39 |
| ZK兴33-16 | 329.60 | 褐黄色中砂岩 | 735 | 14.80 | 8.05 | 323 | 6.04 | 4.68 | 47.10 | 0.44 | 3.18 | 0.85 | 0.77 |
| | 333.30 | 灰白色粗砂岩 | 527 | 14.20 | 6.03 | 235 | 8.08 | 2.69 | 67.30 | 0.45 | 4.74 | 0.92 | 0.33 |
| | 341.45 | 浅灰色细砂岩 | 418 | 39.40 | 21.60 | 557 | 12.90 | 671.0 | 245.0 | 1.33 | 6.22 | 0.92 | 52.02 |
| | 349.62 | 浅灰色中砂岩 | 468 | 19.30 | 7.25 | 408 | 8.14 | 17.20 | 33.80 | 0.87 | 1.75 | 0.82 | 2.11 |
| | 357.90 | 浅黄色粗砂岩 | 869 | 10.80 | 6.68 | 244 | 7.56 | 8.54 | 20.70 | 0.28 | 1.92 | 0.76 | 1.13 |
| | 370.40 | 褐黄色中砂岩 | 398 | 39.10 | 14.00 | 632 | 14.40 | 498.0 | 68.50 | 1.59 | 1.75 | 0.83 | 34.58 |

表2 宝龙山矿床兴33线姚家组下段微量元素比值判别指标统计表

| 孔号 | Sr/Ba | | | V/Cr | | | V/(V+Ni) | | | U/Th(剔除含矿样品) | | |
|---|---|---|---|---|---|---|---|---|---|---|---|---|
| | 最大值 | 最小值 | 平均值 | 最大值 | 最小值 | 平均值 | 最大值 | 最小值 | 平均值 | 最大值 | 最小值 | 平均值 |
| ZK兴33-6 | 1.47 | 0.36 | 0.83 | 3.66 | 1.32 | 2.46 | 0.93 | 0.68 | 0.85 | 21.41 | 0.28 | 5.60 |
| zk兴33-8 | 1.38 | 0.39 | 0.84 | 3.51 | 2.26 | 2.79 | 0.88 | 0.70 | 0.81 | 14.98 | 0.27 | 4.06 |
| ZK兴33B-14A | 1.56 | 0.43 | 0.79 | 2.28 | 0.89 | 1.76 | 0.85 | 0.63 | 0.80 | 35.23 | 0.32 | 7.13 |
| ZK兴33-16 | 1.59 | 0.28 | 0.83 | 6.22 | 1.75 | 3.26 | 0.92 | 0.76 | 0.85 | 34.58 | 0.33 | 7.79 |
| 合计 | 1.59 | 0.28 | 0.82 | 6.22 | 0.89 | 2.52 | 0.93 | 0.63 | 0.83 | 35.23 | 2.28 | 4.38 |

## 3.2 古沉积水体介质环境判别

氧化还原敏感微量元素指那些溶解度明显受沉积环境氧化还原状态控制,从而导致其向还原性的水体和沉积物中迁移而自生富集的微量元素。其中,U、V、Mo、Cr、Co氧化—还原敏感元素在沉积环境中表现为氧化条件下易溶,还原条件下不溶,在贫氧的沉积环境中自生富集,成岩作用中几乎不发生迁移,保持了沉积时的原始记录,所以它们可以作为恢复古水介质氧化—还原环境判别指标。Ni、Cu、Zn、Cd金属元素在缺氧条件下常以硫化物形式沉淀,而区别与氧化条件下的溶解状态,对古水体环境也具有一定的指示意义[14]。

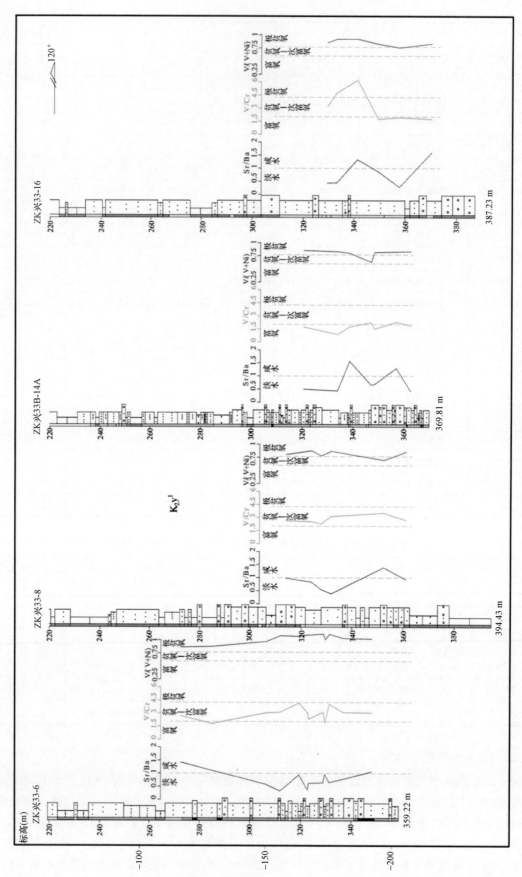

图2 宝龙山铀矿床兴33线姚家组微量元素比值判别图

通过比较诸多参数,结合前人[14]研究发现,U/Th、V/Cr 和 V/(V+Ni)比值为最可靠的参数,由而总结出一套适用于本地区的古沉积水体介质环境判别指标。(见表3)。

表3　古水体氧化—还原环境微量元素判别指标(据 Jones et al.,1994)

| 古氧相 | 含氧量/(mL/L) | U/Th | V/Cr | V/(V+Ni) |
| --- | --- | --- | --- | --- |
| 缺氧、极贫氧 | <0.2 | >1.25 | >4.25 | >0.77 |
| 贫氧、次富氧 | 0.2~2.0 | 0.75~1.25 | 2.0~4.25 | 0.60~0.77 |
| 富氧 | >2.0 | <0.75 | <2.0 | <0.6 |

姚家组下段辫状河道砂体为本区铀矿主要的赋存层位,可能受成岩后含铀富氧水的影响,致使姚家组下段 U/Th 比值变化范围较大(见表1),沉积环境指示受到一定干扰。因此本次用于判定古沉积水体介质环境样品已剔除含矿样品,由此减少后期改造对样品的影响。经统计,姚家组下段各样品 U/Th 比值介于 2.28~35.23($n=28$),平均值 4.38(见表2),表明宝龙山地区姚家组下段沉积时期的古氧化还原环境整体为缺氧、极贫氧环境,且 U 元素表现出自生富集的特点。

V/(V+Ni)比值通常用于判断沉积物沉积时底层水体分层强弱,高于 0.84 分层强,0.6~0.84 之间分层中等,0.4~0.6 之间分层弱[14]。兴 33 线姚家组下段辫状河道砂体 V/(V+Ni)比值变化范围较小(见表1),均介于 0.63~0.93($n=31$),平均值 0.83(见表2),表明沉积期姚家组下段水体呈强—中等分层,环境为循环顺畅的缺氧、极贫氧环境。

V/Cr 比值 V 和 Cr 都是在氧化环境中溶于水,还原环境时易在沉积物中富集,但 V 的还原出现在反硝化作用界线的下部,Cr 的还原出现在界线的上部。因此,V/Cr 比值仍可作为判别古海洋氧化还原环境的一个参数[14]。兴 33 线姚家组下段辫状河道砂体 V/Cr 比值除 ZK 兴 33B-14A 部分样品 <2 外(见表1),其他样品的 V/Cr 比值集中于 2.26~3.66,均反应沉积期姚家组下段水体整体为贫氧、次富氧水体介质。

在本研究区实际应用中,姚家组 $Fe^{2+}/Fe^{3+}$ 这一指标并不能代表其沉积时水体介质的氧化还原性,因区内广泛发育的表生流体作用,致使 $Fe^{2+}$ 氧化成 $Fe^{3+}$。沉积后的这种后生氧化作用导致原始 $Fe^{2+}/Fe^{3+}$ 信息丢失,从而对原古水介质环境的指示意义不大,而更多的代表着成岩时的氧化还原环境。

可见在重建古环境时,应该选择那些来源少,沉积后比较稳定的微量元素作为研究对象,因为以自生为主且保持了初始含量的微量元素才能准确指示其沉积时的环境状况。此外最好采用一套微量元素指标,而不是单个元素指标。

## 4　结论

通过对姚家组下段含矿砂体的微量元素分析,讨论了微量元素及其比值在垂向上的变化规律,得出如下结论:

元素 Sr/Ba、V/Cr、V/(V+Ni)、U/Th 组合指示宝龙山矿床姚家组下段沉积时的古水体介质均为缺氧、极贫氧—贫氧、次富氧的淡水环境,且各钻孔元素比值范围及垂向变化较为相似,这与部分褐黄色氧化砂岩样品所表现的强氧化性有所区别,指示姚家组下段在成岩阶段经历了一定程度的流体改造。

参考文献:

[1]　Jiao Yangquan, Wu Liqun, Peng Yunbiao, et al. 2015 Sedimentary -tectonic setting of the deposition-type uranium deposits forming in the Paleo-Asian tectonic domain, North China. Earth Science Frontiers, 22 (1): 189-205.

[2] Nameroff T J, Calvert S E, Murray J W. 2004. Glacial-interglacial variability in the eastern tropical North Pacific oxygen minimum zone recorded by redox-sensitive trace metals. Paleoceanography 19, PA1010. doi: 10. 1029/2003PA000912

[3] Tribovillard N, Averbuch O, Devleeschouwer X, Racki G, Ribouleau A. 2004. Deep- Water anoxia over the Frasnian-Fennian boundary (La serre, France) : a tectonically-induced Oceanic anoxic event Terra nova, 16: 288~295

[4] Tribovillard N, Algeo T J, Lyons T, Ribouleau A. 2006. Trace metals as paleoredox and paleo productivity proxies: An update. Chem. Geol. , 232:12~32

[5] Werne J P, Lyons T W, Hollander D J, Formolo M J, Sinninghe Damste J S. 2003. Reduced sulfur in euxinic sediments of the Cariaco Basin: sulfur isotope constraints on organic sulfur formation. Chem. Geol. , 195: 159~179

[6] Lyons T W, Werne J P, Hollander D J, Murray R W. 2003. Contrasting sulfur geochemistry and Fe/Al and Mo/ Al ratios across the last oxic-to-anoxic transition in the Cariaco Basin, Venezuela. Chem. Geol. , 195:131~157.

[7] Riboulleau A, Baudin F, Deconinck J F, Derenne S, Largeau C, Tribovillard N. 2003. Depositional the conditions and organic Matter preservation pathways in an epicontinental environment: The Upper Jurassic Kashpir OilShales (VolgaBasin, Russia). Palaeogeogr. Palaeoclima tol. Palaeoecol. , 197:171~197

[8] Sageman B B, Murphy A E, Werne J P, Ver Straeten C A, Hollander D J, Lyons T W. 2003. A tale of shales: The relative Roles of production, decomposition, and dilution in the Accumulation of organic-rich strata, Middle Upper Devonian, Appalachian Basin. Chem. Geol. , 195:229~273

[9] Rimmer S M, Thompson J A , Goodnight S A, Roblt L. 2004. Multiple controls on the preservation of organic matter in Devonian-Mississippian marine black shales: geochemical and Petrographic evidence. Palaeogeogr. Palaeoclimatol. Palaeoecol, 215:125~154.

[10] Algeo T J, Maynard J B. 2004. Trace- element behavior and redox fasies in core shales of Upper Pennsylvanian Kansas-type cyclothems. Chemical Geology, 206:289~318

[11] 蔡建芳,严兆彬,张亮亮,等. 2018. 内蒙古通辽地区上白垩统姚家组灰色砂体成因及其与铀成矿关系[J].东华理工大学学报:自然科学版, 41(04):328-335.

[12] 罗毅,何中波,马汉峰,等.2012. 松辽盆地钱家店砂岩型铀矿成矿地质特征[J].矿床地质, 31(2):391-400.

[13] 余中元,闵伟,韦庆海,等.2015. 松辽盆地北部反转构造的几何特征、变形机制及其地震地质意义[J].地震地质, 37(1):13-32.

[14] Jones B Manning D A C. 1994. Comparion of geochemical indices used for the interpretation of palaeoredox conditions in ancient mudstones[J].Chemical geology, 111 (1~4):111~129.

# Geochemical characteristics of Yaojia formation in Baolongshan area and its paleosedimentary environmental significance

WENG Hai-jiao,ZHANG Shao-hua,LU Tian-jun,HE Hang-hang,WU Fei

(Geological Party No.243,CNNC, Chifeng,Inner Mongolia 024006,China)

**Abstract**: Trace elements in sedimentary rocks are highly sensitive to the changes of water medium in sedimentary environment, which is an effective means to study paleosedimentary environment. Based on the statistical analysis of 31 samples from the lower Yaojia formation in Baolongshan area, this paper discusses the influence of paleoclimate evolution on uranium mineralization. The results show that the Sr/Ba、V/Cr、V/(V+Ni) and U/Th assemblages indicate that the paleo water medium of Baolongshan deposit was anoxic, extremely oxygen poor oxygen poor and sub oxygen rich freshwater environment, which is different from the strong oxidation of some brown yellow oxidized sandstone samples, indicating that the lower Yaojia formation is in diagenetic stage The section has undergone a certain degree of epigenetic fluid transformation.

**Key words**: Trace elements; Sedimentary environment; Yaojia formation; Songliao basin

# 二连盆地伊和乌苏凹陷铀成矿地质特征

李俊阳,乔　鹏,吕永华,黄镝俯,秦彦伟

(核工业二〇八大队,内蒙古 包头 014010)

**摘要:**二连盆地是我国重要的砂岩型铀成矿区,伊和乌苏凹陷作为乌兰察布坳陷上的一个次级凹陷,其中的下白垩统赛汉组下段沉积了一套辫状河三角洲-扇三角洲含煤岩屑建造,具备铀成矿基本条件。通过钻探查证,在凹陷边部圈定了稳定连续的氧化带前锋线,发现了层间氧化铀成矿类型。研究区铀矿化主要受构造-沉积演化、古气候、铀源、铀成矿地球化学环境等多因素控制,建立了层间氧化型铀成矿模式。

**关键词:**二连盆地;层间氧化型;主控因素;铀成矿模式

二连盆地是在海西运动期所形成的兴蒙弧形造山带东翼内侧所发育的断陷盆地[1],它是由许多分散的小断陷盆地组成,这些断陷盆地大都为半地堑或地堑,呈北东向和北北东或北东东向展布[2]。在沉积上分割性强,具有近物源、多物源的特点,其中伊和乌苏凹陷为乌兰察布坳陷上的一个次级凹陷,该区目前工作程度较低,对砂体沉积特征、成矿模式等研究较少。本文结合钻探生产,通过铀矿化特征、岩石地球化学环境、沉积体系等研究,最终总结该区的成矿模型。

## 1 地质背景

伊和乌苏凹陷位于乌兰察布坳陷的南东部,主要夹持于萨如勒庙隐伏凸起与乌尔塔高勒庙花岗岩体之间,根据区内地震测线,在北东向具有"南断北超"的半地堑式发育特征,中部及南西向为地堑式发育,其整体为一呈北东—南西展布形似葫芦状的地堑与半地堑复合型凹陷(见图 1)。

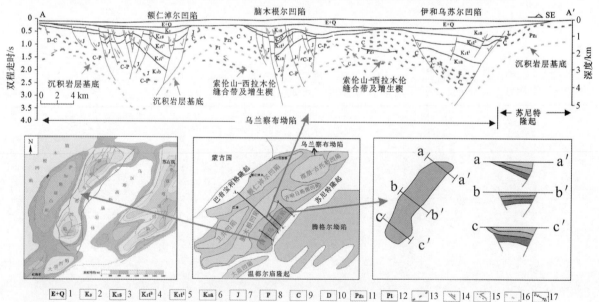

图 1　乌兰察布坳陷典型凹陷结构及位置

1—古近系、第四系;2—上白垩统;3—赛汉组;4—腾格尔组上段;5—腾格尔组下段;6—阿尔善组;
7—侏罗系;8—二叠系;9—石炭系;10—泥盆系;11—下古生界;12—远古界;13—推测地层界面;
14—正断层;15—基底逆冲断层;16—沉积岩层基底面;17—研究区内剖面线

**作者简介:**李俊阳(1992—),男,助理工程师,硕士,现主要从事核地质、铀矿找矿等科研工作

研究区内主要发育近 NE 向基底构造两条,盖层构造多为近平行于凹陷长轴方向,呈 NE 向,少数为 NW 向新构造,随着区域应力场的挤压→张扭→升降的变化而变化。在凹陷内,凹陷中心地表呈明显的相对负地形,钻孔资料证实凹陷边缘发育下白垩统赛汉组下段三角洲沉积地层,局部发育沼化层,地层倾角 3°~5°,产状近于水平。凹陷中部有隐伏隆起使地层发生宽缓的褶曲,并伴随有正断层产生。

## 2 铀成矿特征

### 2.1 铀矿化特征

该地段岩性主要为灰色、深灰色砂质砾岩、中粗砂岩、含砾泥质细砂岩,粘粉质含量相对偏高,并含有大量的炭化植物碎屑,具备较好的成矿和赋矿空间。赋矿岩性主要为泥质中砂岩、(泥质)细砂岩、粉砂岩、炭质泥岩,富含有机质。矿层厚度 1.0~2.6 m 不等,一般矿化埋深在 210~300 m,平米铀量 1.00~2.32 kg/m² 。由于来自乌尔塔岩体的含铀含氧水呈指状向伊和乌苏凹陷流入,因此该地区存在多层矿化。研究区铀矿化的形成主要受层间氧化带控制明显,平面上,矿体呈北东向展布。在剖面上铀矿化主要产于氧化舌的上、下翼或氧化舌的前端,呈板状或透镜状产出(见图2)。

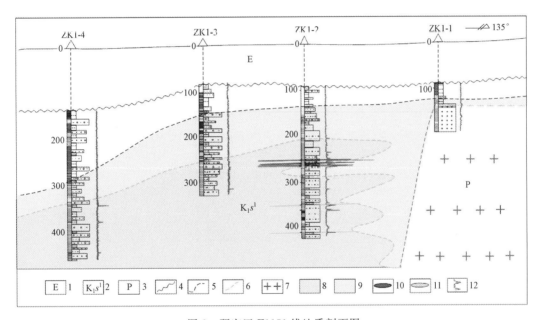

图 2 研究区 E1151 线地质剖面图

1—古近系;2—赛汉组下段;3—二叠系;4—地层角度不整合界限;5—岩性界线;6—氧化前锋线;
7—花岗岩;8—过渡带;9—氧化带;10—工业铀矿体;11—铀矿化体;12—伽马曲线

### 2.2 沉积充填

赛汉组下段沉积时,二连盆地的性质以坳陷为主,赛汉组下段发育的湖泊萎缩乃至消失,河流水系占主导地位,对于伊和乌苏地段主要发育辫状河三角洲沉积体系。伊和乌苏凹陷南缘接近乌尔塔高勒庙岩体处,局部发育冲积扇沉积体系,岩性泥质含量高并含有大量砾石,不利于铀成矿。氧化呈"垛体"型向凹陷中心发育。平面上铀矿化主要集中在氧化—还原过渡带(见图3)。凹陷中的三角洲平原分流间湾等微相中发育的泥岩沼泽也有利于深色泥岩、煤层等富有机质岩系的发育。以 $U^{6+}$ 溶解于水体中的铀被泥岩、煤层中的有机质吸附后进入还原环境中,以 $U^{4+}$ 形式沉淀下来,富集成矿。

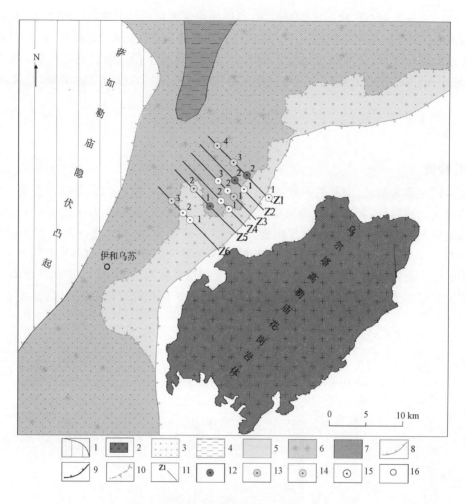

图 3  伊和乌苏赛汉组下段岩性及岩石地球化学图

1—隐伏凸起;2—花岗岩体;3—砂岩;4—泥岩;5—氧化带;6—过渡带;7—还原带;8—蚀源区边界;
9—花岗岩体边界;10—氧化前锋线;11—勘探线;12—工业孔;13—矿化孔;14—异常孔;15—无矿孔;16—地名

## 3  铀成矿条件

### 3.1  构造—沉积演化

沉积砂岩型铀矿的形成需要较稳定的大地构造环境[3]。早白垩世腾格尔期,各次级凹陷稳定沉降,主要发育一套退积式扇三角洲和湖泊沉积层,以大面积发育深湖、半深湖沉积为特点,湖盆两岸扇体规模小,沉积分异差,是主要的生油层,但不利于砂岩型铀成矿作用[4]。早白垩世赛汉期,断陷活动基本停止,乌兰察布坳陷进入坳陷盆地发育阶段,但腾格尔期形成的构造格局仍然制约着赛汉组的沉积作用。沉积速率大于沉降速率湖盆淤浅,发育一套进积型扇三角洲、辫状河三角洲和湖泊沉积层,湖盆两岸扇体向湖泊推进,在构造斜坡带或顺中央潜山带往往发育规模较大砂体,为后生氧化改造砂岩型铀成矿提供了基本条件,同时扇三角洲、辫状河三角洲沉积层中往往发育泥炭或炭化植物碎屑,为铀的沉积富集提供还原介质(见图4)。构造斜坡带或中央潜山主要发育在南东缘,具备铀成矿的有利条件。

### 3.2  铀源

伊和乌苏凹陷位于乌尔塔高勒庙岩体北侧,是位于苏尼特隆起上的次级凹陷,乌尔塔高勒庙岩体由角闪正长岩、二长花岗岩、正长花岗岩组成,并被大量石英脉、花岗岩脉侵入,铀含量高,富铀的花岗岩体在风化过程中为周缘凹陷提供了大量的铀源[5]。研究区西部的巴音宝利格隆起铀含量为 $4.13 \times 10^{-6}$,钍含量为 $18.0 \times 10^{-6}$,铀丢失率为 $80\% \sim 93\%$[6],南部的温都尔庙隆起(包括乌尔塔岩体)岩石

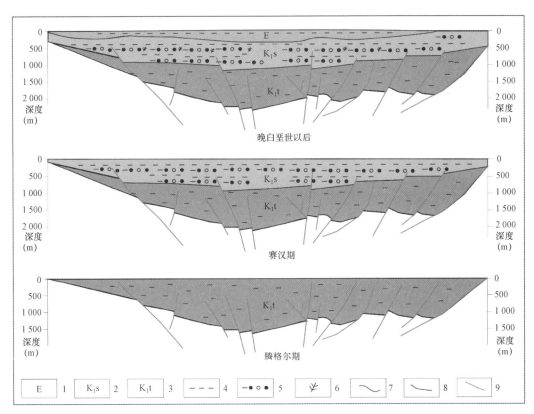

图 4  构造演化图

1—古近系；2—赛汉组；3—腾格尔组；4—泥岩；5—泥质砂岩；6—炭化植物碎屑；

7—地层角度不整合界限；8—地层平行不整合界限；9—断裂构造

原始铀丰度平均 $5.7 \times 10^{-6}$，U 活化丢失 89%[7]。上述蚀源区花岗岩体为研究区铀成矿提供了大量的铀源。

此外通过镜下观察发现含矿目的层赛汉组下段的花岗岩碎屑含量普遍较高，花岗岩碎屑通常以砾石、粗砂级为主，呈次棱角状，反映出近源堆积的特点（见图 5）。

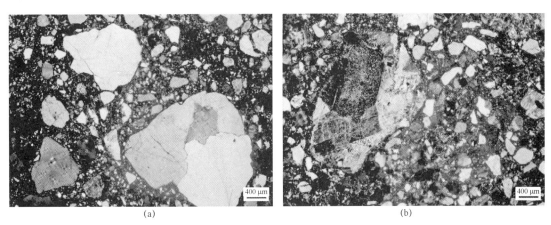

图 5  研究区赛汉组砂岩典型显微结构

## 3.3  岩性岩相

岩相作为沉积相的主要组成部分，被定义为在一定沉积环境中形成的岩石或岩石的组合[8]。根据宏观的钻孔岩心特征将岩相类型划分为 3 类，各类型的特征见表 1。通过综合分析伊和乌苏凹陷赛汉组下段岩石组合规律，归纳出三种岩石垂向组合类型。

（1）辫状河三角洲型：岩相组合类型为中粗砂岩、细砂岩、粉砂岩、泥岩、粉砂质泥岩等，细粒岩石较粗粒岩石泥质含量高，细粒岩石中常见炭化植物碎屑。

（2）扇三角洲型：岩相组合类型为泥质含量较高的砂砾岩、砾岩等，通常发育在凹陷的边缘部分。

表1　赛汉组上段岩相类型及特征

| 岩类 | 岩相类型 | 岩相描述 | 成因 |
| --- | --- | --- | --- |
| 砾岩 | 基质支撑混杂砾岩 | 块状、无序、层理不明显 | 扇三角洲 |
| 砂岩 | 块状含砾砂岩 | 无序，可见冲刷面 | 河床滞留沉积 |
| | 槽状交错层理 | 槽状交错层理 | 河道 |
| | 含泥含砾砂岩 | 含泥砾，可见冲刷面 | 分流河道底 |
| 泥岩 | 红色泥岩 | 水平层理 | 泛滥平原 |

赛汉组下段在伊和乌苏凹陷南东向以辫状河三角洲沉积、扇三角洲沉积为主（见图6），根据可控源剖面及综合分析，认为物源主要由南西向的乌尔塔高勒庙岩体向凹陷中央补给，在沿着花岗岩体近源处的深部可能发育冲积扇沉积体系，虽然能形成砂体，但通常情况下，该类砂体的泥质含量均很高，砂体的渗透性极差，虽然偶尔也见部分少泥质或不含泥质的砂体，然而即使存在这种砂体，一般规模也较小，很难达到铀成矿所需的"三性"要求（即砂体的成层性、渗透性和连通性）。在辫状河三角洲沉积体系中，其粗碎屑沉积主体上是不含泥质的砂体或少泥质的砂体，砂体渗透性好。因此，对本区铀成矿有利的是辫状河三角洲沉积体系形成的砂体，主要表现为辫状三角洲中的平原砂体和前缘砂体。

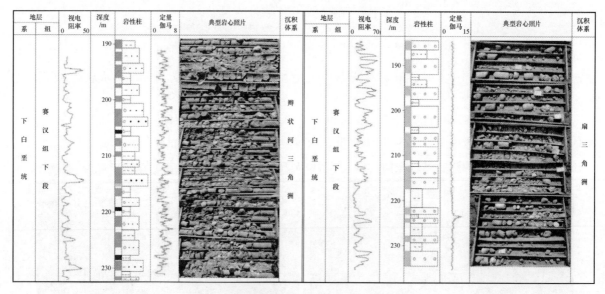

图6　辫状河三角洲沉积、扇三角洲沉积

### 3.4　地球化学环境

赛汉组下段在本区沉积充填序列自上而下划分为2套沉积组合，第一部分为最顶端的泥岩段（见图7（a）），第二部分为大段的泥砂互层段（见图7（b））。下白垩统赛汉组下段处于低位体系域，在凹陷的边缘主要发育辫状河三角洲沉积体系、扇三角洲沉积体系。赛汉组下段古气候处于潮湿环境，利于植物生长，因此砂岩沉积与泥炭、褐煤存在共生，在辫状河三角洲平原分流间湾、沼泽等微相中沉积了大量炭化植物碎屑，为铀的富集提供了丰富的吸附剂和还原剂（见图7（f～h））。当含铀含氧水通过断层进入砂岩中，会在有利于渗透的砂岩中形成氧化作用，将原生砂体氧化（见图7（c～e）），铀经过有机质的吸附进入还原环境进而富集成矿。

图 7 伊和乌苏凹陷赛汉组下段岩石类型

(a) 红色泥岩;(b) 泥砂互层;(c) 氧化岩石地球化学环境下的黄色、亮黄色含砾含泥中砂岩;

(d)(e) 典型氧化砂体断面照片;(f) 还原岩石地球化学环境下的含砾泥岩、含砾泥质中砂岩;

(g)(h) 含砾泥岩、含砾粗砂岩中见大量条带状、粉末状炭化植物碎屑

　　本地区的氧化蚀变主要发育在赛汉组下段的顶部,氧化深度自凹陷边缘的南东向向凹陷中央逐渐递减,其主要表现为高岭土化、褐铁矿化,颜色呈灰白色、黄色、亮黄色、浅红色;还原蚀变主要表现为发育大量炭化植物碎屑,其颜色主要为灰色、深灰色,还原能力强,是铀成矿的良好储层。含铀含氧水沿着氧化—还原接触界面扩散并发生铀的沉淀,氧化前锋线的发育位置决定着铀富集成矿的位置(见图8)。

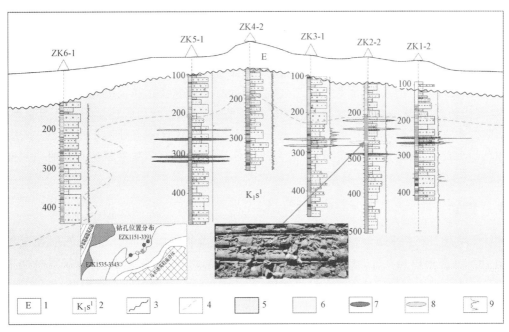

图 8 伊和乌苏纵剖面

1—古近系;2—赛汉组下段;3—地层角度不整合界限;4—氧化前锋线;5—过渡带;6—氧化带;7—工业铀矿体;8—铀矿化体;9—伽马曲线

通过上述分并结合对已有钻孔的统计分析发现,影响铀成矿的主要要素有:氧化深度、氧化颜色及有机质含量,统计结果见表2。

表 2 　铀成矿要素统计表

| 孔号 | 氧化深度/m | 氧化颜色 | 有机质含量 | 矿化类别 |
|---|---|---|---|---|
| ZK3-1 | 105 | 灰白色为主,少量黄色 | 富含有机质 | 矿化孔 |
| ZK3-2 | 55 | 灰白色为主,少量黄色 | 富含有机质 | 无矿孔 |
| ZK3-3 | 5 | 亮黄色 | 富含有机质 | 无矿孔 |
| ZK1-2 | 第一段:60　第二段:20 | 浅灰绿色、灰白色、亮黄色　黄色、灰白色 | 富含有机质 | 工业孔（上翼成矿） |
| ZK1-3 | 90 | 褐红色、灰白色 | 富含有机质 | 无矿孔 |
| ZK1-4 | 30 | 浅灰绿色、灰白色、少量黄色 | 少有机质 | 无矿孔 |
| ZK5-1 | 105 | 灰白色、黄绿色、常见黄色、亮黄色 | 富含有机质 | 工业孔 |
| ZK5-2 | 300 | 浅红色、灰白色、浅黄色、黄色 | 少有机质 | 无矿孔 |
| ZK4-1 | 170 | 灰白色 | 少有机质 | 无矿孔 |
| ZK4-2 | 45 | 灰白色、浅灰色、少量黄色 | 富含有机质 | 无矿孔 |
| ZK2-1 | 150 | 黄色、浅黄色、灰白色 | 少有机质 | 无矿孔 |
| ZK2-2 | 85 | 黄色、浅红色、浅黄色、灰白色 | 富含有机质 | 工业孔 |

通过以上统计可知,当氧化深度达到 85～105 m 时,氧化中见到大段的黄色、亮黄色砂岩并且富含有机质时更容易成矿。氧化深度取决于岩石在当时接受含氧水流过的时间间隔及岩石渗透性,氧化时间长、渗透性好则氧化深度大。黄色、亮黄色说明地层沉积时期富含黄铁矿,与含铀含氧水发生氧化—还原作用,将砂体氧化并吸附大量铀,形成铀的预富集。还原砂体中的碳化植物碎屑对铀进一步吸附进而成矿。

### 3.5 　古气候

古气候是砂岩型铀矿形成的重要条件之一。陈戴生等研究表明,古气候演化的转折期与古气候分带之间的过渡区对砂岩型铀矿的时空分布有着控制作用[9],对铀成矿有利的古气候条件是沉积期为潮湿、半潮湿气候,成矿期为干旱、半干旱气候。赛汉组早期形成时盆地中东部以温暖潮湿气候为主,形成一套河流环境下的灰色、深灰色碎屑岩,普遍含有多层煤线。赛汉组晚期气候逐渐转变为半干旱、干旱气候转态,形成一套以红色泥岩为主的泛滥平原沉积物,后由于地层的抬升遭受剥蚀作用,只有在凹陷的中央存在部分这一时期的沉积物。古近纪以来,该区一直处于干旱、半干旱气候状态,形成的颜色均为黄色、褐黄色、红色等,极少数为灰绿色。因此,该区气候赛汉组形成时以温暖潮湿为主,后期持续以干旱、半干旱为主,具备有利成矿的古气候条件。

## 4 　铀成矿模式

该区铀矿化发育在赛汉组下段的三角洲中,成矿贯穿辫状河三角洲的形成、发展和变化的全过程[10]。在伊和乌苏地段找矿目的层赛汉组下段主要发育潜水—层间氧化带,在赛汉组早期来自蚀源区的含铀含氧水沿着断裂构造裂隙渗入到目的层,顺着泥岩隔水层中的透水砂层径流,经与砂岩中的还原物质反应,形成铀的预富集。赛汉组上段剥蚀后形成的构造天窗有利于含铀含氧水的进一步渗入,在地球化学障的作用下,铀还原、沉淀、富集,进而成矿。古近系沉积的厚层泥岩起到了很好的保矿作用(见图9)。

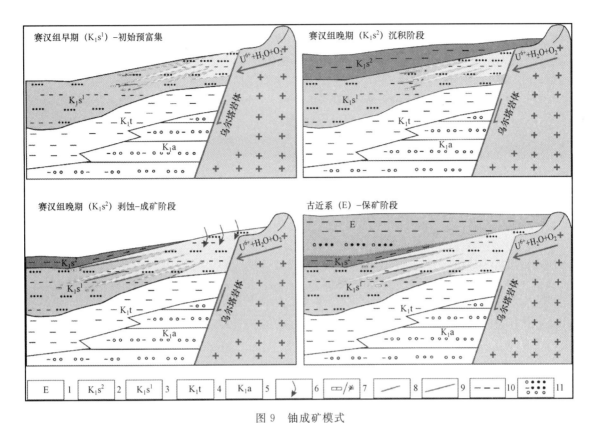

图 9　铀成矿模式

1—古近系；2—赛汉组上段；3—赛汉组下段；4—腾格尔组；5—阿尔善组；6—水流方向；
7—黄铁矿/还原介质；8—铀矿化体；9—铀矿体；10—泥岩；11—砂岩

## 5　结论

（1）铀矿化产于下白垩统赛汉组下段，主要受控于潜水—层间氧化作用，铀矿化呈板状或透镜状产于氧化舌的上、下翼或氧化舌的前端中富含有机质的灰色、深灰色泥质砂岩中、炭质泥岩中。

（2）铀矿化主要受控于构造—沉积演化、铀源、岩性岩相、地球化学环境和古气候。

（3）建立了潜水—层间氧化带型铀成矿模式。构造斜坡带为含铀含氧水的渗入提供了有利的构造背景，赛汉组上段的剥蚀形成了构造天窗有利于含氧水的渗入，多泥砂互层形成了典型的泥—砂—泥结构，遇到还原障时富集成矿。

**参考文献：**

［1］李思田，路凤香，林畅松．中国东部环太平洋带中新生代盆地演化和动力学背景［M］.武汉：中国地质大学出版社，1997.

［2］康世虎，焦养泉，旷文战．二连盆地乌兰察布坳陷含矿目的层沉积背景对铀成矿类型的控制［C］.中国核学会铀矿地质分会、中国核学会铀矿冶分会．全国铀矿大基地建设学术研讨会论文集(上).中国核学会铀矿地质分会、中国核学会铀矿冶分会：中国核学会，2012：707-713.

［3］焦养泉，吴立群，彭云彪，荣辉，季东民，苗爱生，里宏亮．中国北方古亚洲构造域中沉积型铀矿形成发育的沉积-构造背景综合分析［J］.地学前缘，2015，22(01)：189-205.

［4］旷文战，蔡彤，严兆彬．内蒙古二连盆地乌兰察布坳陷白垩系特征及铀成矿类型［J］.东华理工大学学报(自然科学版)，2014，37(02)：111-121.

［5］柳长峰，周志广，张华锋，刘文灿，张磊．内蒙古四子王旗乌尔塔高勒庙岩体的侵位时代及岩石地球化学特征［J］.矿物岩石，2011，31(04)：34-43.

［6］刘波，杨建新，彭云彪，康世虎，乔鹏，鲁超，张锋．二连盆地中东部含铀古河谷构造建造及典型矿床成矿模式研究［J］.矿床地质，2017，36(01)：126-142.

[7] 金若时,覃志安. 中国北方含煤盆地砂岩型铀矿找矿模式层序研究[J].地质调查与研究,2013,36(02):81-84.

[8] 徐强. 沉积型铀矿成矿的构造控制及物理模拟研究[D].中国矿业大学,2018.

[9] 陈戴生,刘武生,贾立城. 我国中新生代古气候演化及其对盆地砂岩型铀矿的控制作用[J].铀矿地质,2011,27(06):321-326+344.

[10] 彭云彪,鲁超. 二连盆地乌兰察布坳陷西部赛汉塔拉组下段砂岩型铀矿成矿模式[J].西北地质,2019,52(03):46-57.

# Geological characteristics of uranium mineralization in Yihewusu Sag, Erlian Basin

LI Jun-yang, QIAO Peng, LV Yong-hua, HUANG Qiang-fu, QIN Yan-wei

(CNNC Geologic Party No. 208, Baotou of Inner Mongolia Prov. 014010, China)

**Abstract**: The Erlian Basin is an important sandstone-type uranium metallogenic area in my country. The Yihewusu sag is a secondary sag on the Ulanchabu Depression. The lower part of the Lower Cretaceous Saihan Formation has a set of braided deposits. The river delta-fan delta is constructed with coal-bearing debris, which has the basic conditions for uranium mineralization. Through drilling and verification, a stable and continuous front line of the oxidation zone was delineated on the edge of the depression, and the type of interlayer uranium oxide mineralization was discovered. Uranium mineralization in the study area is mainly controlled by multiple factors such as tectonic-sedimentary evolution, paleo-climate, uranium source, uranium mineralization geochemical environment, etc., and an interlayer oxidation uranium mineralization model has been established.

**Key words**: Erlian Basin; Interlayer oxidation type; Main controlling factors; Uranium metallogenic model

# 内蒙古满洲里地区火山岩型铀成矿模式探讨

李晓光，赵肖芒

(湖南中核勘探有限责任公司，湖南长沙 410003)

**摘要**：在分析内蒙古满洲里地区铀矿床成矿背景的基础上，对满洲里地区地质演化史、铀矿化特征进行了综合研究，本文建立了多阶段深源区域铀成矿模式，指出了满洲里地区火山岩型铀矿找矿方向。元古代褶皱基底经过多期次岩浆演化作用，构成本区的富铀基底层；中生代由于库拉板块向欧亚板块多次俯冲和伴随的弧后拉张作用，形成了结构复杂，岩性反差明显的富铀火山盖层建造；燕山早期火山塌陷、断陷活动伴有次火山岩侵入，形成有利成矿的火山塌陷和断陷盆地构造；燕山晚期伴随大规模盆地形成和次火山岩的侵入，在火山期后热液作用下形成火山热液型铀矿床。火山塌陷盆地的基底—多韵律的基性—中性—酸性火山—沉积岩系组合互层—NE 向、NW 向深断裂及次一级的断裂构造—多种蚀变复合部位是铀矿找矿有利地段。

**关键词**：满洲里地区；火山岩；成矿模式；找矿方向

　　满洲里地区位于兴蒙造山带东段的中蒙—额尔古纳前寒武纪中间地块上[1]，在区域上与著名的俄罗斯斯特列措夫铀矿田及蒙古多尔诺特铀矿田处于同一构造单元内[2-3]，境内外具有相似的地质演化历史和铀成矿地质条件，在俄罗斯境内圈定的一些铀矿区和铀成矿远景区在靠近我国边界处均未封闭。根据苏联在毗邻地区的找矿经验，满洲里地区具有火山岩型热液铀矿成矿条件。但是截至目前满洲里地区铀矿找矿工作一直未取得突破。目前对该区中生代浆作用与铀成矿关系的研究几乎处于空白。

　　鉴于此，在前人研究的基础上，本论文对满洲里地区地质演化史、铀矿化特征进行了综合研究，在此基础上建立了多阶段深源区域铀成矿模式，指出了满洲里地区火山岩型铀矿找矿方向。

## 1　铀成矿地质背景

### 1.1　区域构造演化

　　前人研究表明，研究区处于西伯利亚板块和中朝板块之间，区域上经历了古亚洲洋构造域（早二叠世闭合）、蒙古—鄂霍茨克洋构造域（三叠世—晚侏罗世）以及太平洋构造域的演化阶段（晚侏罗世—早白垩世），同时也涉及古亚洲构造域的小陆块的拼合、环太平洋构造域地体的增生重大地质过程[4-11]。

### 1.2　基底演化

　　满洲里地区大地构造位置上处于兴蒙造山带东段中亚—蒙古—鄂霍次克造山带的克鲁伦—额尔古纳中间地块上。地块上出露的上太古界门都里河群片麻岩系为最老的地层，测得的锆石年龄为 2 450 Ma，表明该区太古代古陆核的存在[12]。古陆核之上的下元古界兴华渡口群，中元古界佳疙瘩群和上元古界-下寒武统额尔古纳河组和花岗岩构成了本区的褶皱基底。本区零星出露的奥陶系、志留系、泥盆系、石炭系和二叠系地层和古生代花岗岩构成了本区中生代火山盆地的基底。

　　研究区花岗岩基底铀含量具有由老到新逐渐增高的趋势，铀含量：新元古代（$2.06 \times 10^{-6}$）—加里东期（$2.40 \times 10^{-6}$）—海西期（$2.70 \times 10^{-6}$）—印支期（$3.50 \times 10^{-6}$）—燕山期（$3.58 \times 10^{-6}$），而钍含量总体呈现降低趋势，铀钍比值变化较大，说明花岗岩的原始铀发生了迁移，且活化铀增加了（见表 1）。

作者简介：李晓光(1983—)，男，河南，高级工程师，博士，主要从事火山岩型铀矿床等方面的研究工作

表 1 研究区不同时期花岗岩铀钍含量统计表

| 时代 | 样数 | Th($\times 10^{-6}$) | | U($\times 10^{-6}$) | | Th/U | |
| --- | --- | --- | --- | --- | --- | --- | --- |
| | | 范围 | 平均值 | 范围 | 平均值 | 范围 | 平均值 |
| 新元古代 | 2 | 17.41～20.32 | 18.86 | 1.63～2.48 | 2.06 | 8.18～10.67 | 9.42 |
| 早古生代加里东期 | 11 | 3.63～21.80 | 11.72 | 0.64～4.15 | 2.40 | 2.58～10.36 | 5.48 |
| 晚古生代海西期 | 7 | 7.64～21.30 | 15.95 | 1.54～4.06 | 2.70 | 3.34～11.42 | 6.25 |
| 印支期 | 6 | 12.68～35.37 | 19.58 | 2.19～4.65 | 3.51 | 3.62～9.86 | 5.85 |
| 燕山期 | 4 | 14.14～34.87 | 34.87 | 2.14～4.96 | 3.65 | 4.24～8.94 | 6.71 |

　　俄罗斯斯特列措夫铀矿田位于克鲁伦—额尔古纳加里东褶皱带的滨额尔古纳由前寒武纪高级变质岩、绿片岩系及古生代沉积建造组成的基底;前寒武纪变质岩系和前中生代花岗岩组成了蒙古多尔诺特铀矿田的基底。基底岩石的铀含量为 $4\times 10^{-6}$,钍为 $20\times 10^{-6}$[13]。满洲里地区与境外相邻的斯特列措夫和多尔诺特大型铀矿与之有基本相似的基底(见图 1),进一步佐证了该区基底岩石对铀矿化的物质贡献。

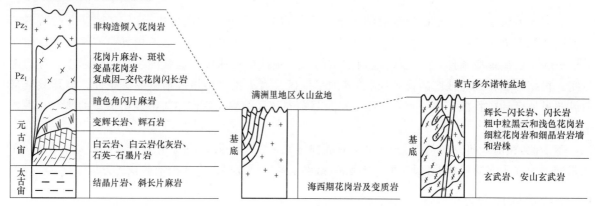

图 1　中俄蒙盆地基底对照图[14]

## 1.3　中生代岩浆作用

　　早-中侏罗世花岗岩中铀含量平均为 $2.88\times 10^{-6}$,而钍含量平均为 $14.77\times 10^{-6}$,而下白垩世花岗岩铀含量平均为 $3.34\times 10^{-6}$,最高可达 $5.69\times 10^{-6}$,钍含量平均为 $28.22\times 10^{-6}$,最高可达 $41.94\times 10^{-6}$,结合前人对该区花岗的研究成果:铀平均含量:海西期($4.58\times 10^{-6}$)—燕山早期($5.82\times 10^{-6}$)—燕山晚期($5.62\times 10^{-6}$),研究区岩浆岩铀钍含量具有由老到新逐渐增高的趋势。

　　通过对满洲里地区灵泉盆地、包格德乌拉盆地野外地质观察及年代学和地球化学取样分析,塔木兰沟组玄武安山岩铀含量为 $1.31\times 10^{-6}\sim 2.47\times 10^{-6}$(平均为 $1.725\times 10^{-6}$),钍含量为 $5.58\times 10^{-6}\sim 13.63\times 10^{-6}$(平均为 $8.73\times 10^{-6}$);上库力组流纹岩铀含量为 $4.30\times 10^{-6}\sim 16.60\times 10^{-6}$(平均为 $7.875\times 10^{-6}$),钍含量为 $22.83\times 10^{-6}\sim 35.44\times 10^{-6}$(平均为 $27.75\times 10^{-6}$);上库力组流纹岩与粗面岩铀含量介于 $2.64\times 10^{-6}\sim 10.82\times 10^{-6}$ 之间(平均为 $5.07\times 10^{-6}$);钍含量介于 $9.16\times 10^{-6}\sim 39.84\times 10^{-6}$ 之间(平均为 $27.13\times 10^{-6}$),而伊列克得组玄武岩的铀含量为 $1.03\times 10^{-6}\sim 3.18\times 10^{-6}$(平均为 $1.71\times 10^{-6}$),钍含量为 $3.61\times 10^{-6}\sim 12.08\times 10^{-6}$(平均为 $6.70\times 10^{-6}$)。这说明中生代岩浆作用带来了大量的幔源成矿物质,岩浆活动后期岩浆岩含铀量明显增加,是较好的铀源层位。

　　多期次岩浆作用的发生和迭加,反映该区地壳深部曾蕴藏着巨大的能源和岩浆源,也存在着不同深度的过渡岩浆室,不但能使一系列不同成分、不同性质的岩浆上涌喷发,并导致了含矿热液体系的不断丰富。因此,含铀丰度较高且活动铀强烈活化的海西期、燕山期花岗岩是本区主要富铀地质体,基底铀的预富集为后期铀成矿提供了物质基础。

### 1.4 构造演化作用

晚元古代至早寒武世,本区形成古老褶皱基底,从早加里东运动开始,得尔布干深断裂形成并长期活动。海西晚期—印支期地壳活化,有大面积花岗岩类侵入。而额尔古纳地块北西侧一直处于活动性增生陆缘,直到早—中侏罗世才通过蒙古—鄂霍茨克缝合带完成与西伯利亚板块的最后拼接,基本处于上升隆起阶段。燕山早期地壳活动极为强烈,形成 NE 向相间排列的火山岩带,并有大规模花岗岩类侵入。燕山中—晚期,随着太平洋板块向欧亚大陆板块的俯冲和蒙古—鄂霍茨克洋的剪刀式逐渐闭合,使本区处于拉张环境,并发生大规模的剪切作用,形成或复活一系列深断裂,导致强烈构造岩浆活动和断陷盆地的形成,成为岩浆作用和铀成矿作用的容矿空间。

本区基底及盖层断裂构造发育,其中早期 NE 向断裂规模相对较大,一般控制了区域上的成矿带;而 NW 向、SN 向和 EW 向断裂规模小、形成稍晚,控制具体矿化点的分布。铀矿发育于北西向断裂和北东向、南北向和东西向断裂结合的部位。许多的铀矿分布在得尔布干断裂带和额尔古纳—呼伦断裂带内,初步认为这两条断裂应是导岩导矿构造,由其派生的北东向和北西向的交汇部位成为容矿构造。

## 2 铀矿化特征

从综合研究区和境外铀矿床的铀矿化特征分析,研究区铀控制因素有以下三方面:

### 2.1 岩石层位控矿

满洲里地区中生代地层层序与红石铀矿田基本一致,满洲里地区铀矿化的产出具有多层位和多岩性的特点。本区绝大多数矿化和异常点又主要受上侏罗统上岩性段中的酸性火山岩控制,这与它们的铀含量高,岩石类型多样,组合复杂,机械物理性质差异明显以及层间构造、裂隙构造发育有关。含矿层(体)为上侏罗统上库力组壳源重熔型中酸性火山岩以及中生代花岗岩。含矿层(体)分布面积广、厚度大、原始含量高、供铀能力强、铀钍演化分异好等特征。铀矿化主要发生在中酸性火山岩的晚期裂隙里(见图2)。

(a)           (b)

图2　中生代上库力组火山岩中晚期裂隙型铀矿化

(a)上库力组流纹岩中铀矿化;(b)上库力组英安岩裂隙中铀矿化

### 2.2 构造控矿

研究区铀矿化受 NNE 向区域断裂-火山喷发带的控制。铀矿化点、异常点、铀高场主要受 NNE 向区域断裂—火山构造带与 NW 向断裂交切复合形成的断裂-火山构造结控制(见图3):① 北东向、北西向深大断裂控制的基底隆起带边缘或基底隐伏隆起带;② 火山岩盆地中北东向、北西向的切穿基底的断裂或其交叉部位;③ 深大断裂旁侧的次级断裂;④ 火山沉积杂岩中的层间破碎带、岩层、岩性过渡带。

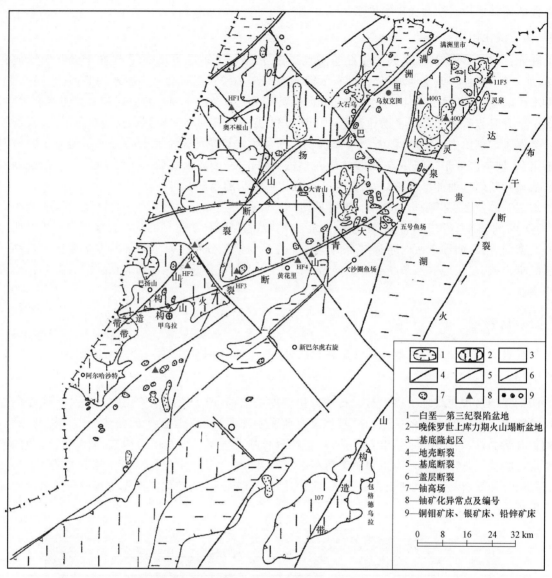

图 3　满洲里地区断裂—火山构造控制铀矿化点、异常带展布规律图[13]

## 2.3　岩浆热液活动控矿

本区中生代发生了侏罗世塔木兰沟期、上库力期和白垩伊利克得期 3 期大规模的火山岩浆活动和印支期、燕山早期和燕山晚期三期岩浆侵入活动。

塔木兰沟期大规模的中基性火山岩浆活动期后的热液体和挥发份,是导致地壳局部重熔的主要热源[15]。上库力期大规模的富铀酸性火山岩喷发后,强烈的酸性火山热液活动是第一期铀成矿的重要的热构造条件。白垩纪伊利克得期张性环境下玄武质岩浆热液活动,是研究区火山盆地晚期铀成矿的重要热液条件。中生代火山塌断盆地中或边部发育的中基性玄武质岩浆作用,为研究区创造了幔源热叠造铀成矿条件。伴随岩浆作用,富含 HF、$H_2S$、Na 等组分的深部流体,沿着 NE 向深大断裂带上升到地壳浅部,在此过程中促进各期次铀源层(体)中的铀的活化。这种流体具有很强的渗透能力,其中 $CO_2$、$F^-$ 和 $Cl^-$ 等都是强矿化剂[16],对铀具有很强的络合作用。

研究区为火山热液铀矿化作用聚集区,虽然到目前为止还没有发现具有工业意义的铀矿化,但是该地区的热液铀成矿作用非常显著。一方面表现为该地区分布有许多铀矿化异常点(带),另一方面反应铀矿化作用的热液蚀变也相当发育,并且具有多期次、多种类的特点。比如与铀矿化作用有关的蚀变有硅化、赤铁矿化、萤石化、绿泥石化、水云母化及黏土化等。

## 3 矿床成矿系列及区域成矿模式

### 3.1 铀矿化类型

本区火山岩型铀矿化按产出部位可划分为产于基底岩石建造中的铀矿化和产于盖层岩石建造中的铀矿化两类(见表2)。产于基底岩石中的铀矿化多分布在中生代火山盆地的周围。产于基底岩石建造中的铀矿化按其产出主岩又可分为:产于不同时代花岗岩内部与云英岩化、硅化破碎带有关的铀矿化(80715等矿化点)和产于花岗岩与前寒武纪变质岩残留体接触带有关的矿化(92401、431等矿化点)两个亚类。前者对铀矿的找矿意义一般不大,后者具有重要的找矿意义。

**表 2 满洲里地区铀矿化的主要类型及特征**

| 铀矿化类型 | | 代表矿化点 | 矿化主岩 | 主要时代 | 矿化产出部位 | 蚀变矿物组合 | 矿化类型 |
|---|---|---|---|---|---|---|---|
| 产于基底建造中的铀矿化 | 产于花岗岩内部与云英岩化、硅化有关的铀矿化 | 苏沁 85715 | 花岗斑岩 | γJ | 岩体内硅化破碎带及与 $J_3S$ 酸性凝灰岩的接触带 | 云英岩化、硅化 | U |
| | 产于花岗岩内部与古老地层残留体有关的铀矿化 | 恩和 431 | 变质砂岩、泥岩 | Pt | 花岗岩体($\gamma Pz_1$)与变质砂岩,泥岩接触部位的硅化破碎带 | 硅化、萤石化、碳酸盐化 | U-Mo-(Pb) |
| | | 下护林 92401 | 大理岩、变质砂岩 | Pt | 大理岩、变质砂岩内部与花岗岩(γJ)的接触带 | 硅化、萤石化、碳酸盐化 | U Mo(Pb) |
| 产于盖层建造中的铀矿化 | 产于火山岩盆地内部与硅化破碎带有关的矿化 | 西旗 HF-2 | 安山岩、玄武安山岩 | $J_3t$ | 安山岩、玄武安山岩内部的硅化破碎带 | 硅化、伊利石化、蒙脱石化、高岭石化 | U-Mo-(Pb) |
| | | 上护林 HF-3 | 熔结凝灰岩 | $J_3s$ | 熔结凝灰岩内部的硅化破碎带 | 硅化、萤石化、赤铁矿化 | U-Mo |
| | 产于火山盆地内部与火山机构有关的铀矿化 | 向阳屯 90501 | 熔岩、熔结凝灰岩、花岗质砾岩 | $J_3s$ | 火山喷发相中的构造裂隙及与花岗岩接触部位的断裂带 | 硅化、伊利石-蒙脱石化、碳酸盐化 | U-Mo |
| | | 灵泉 4002 | 霏细岩、英安岩、火山角砾岩 | $J_3s$ | 近火山口相断裂与区域构造的交切部位 | 硅化、高岭土化 | U-Mo |
| | | 马头山 HF-1 | 凝灰质砂岩 | $J_3m$ | 火山喷发相与沉积岩地层的互层和接触部位 | 硅化、蒙脱石化、磷酸盐化 | U-P |

产于火山岩盖层中的铀矿化目前所发现的数量较多,它是今后找矿的主要目标。产于盖层中的铀矿化按其成矿特征元素可分为铀—钼型(HF-3、HF-2、4002、HF-5 等矿化点)及铀—磷型(HF-1)两个亚类。

### 3.2 区域成矿模式的建立

研究区是中蒙—额尔古纳前寒武纪中间地块边缘褶皱带上经过中新生代活化的火山盆地区。该区盆地的基底和盖层经过吕梁、加里东、海西、和燕山期混合岩化、花岗岩化和壳源重熔火山岩浆作用,形成富铀的花岗岩基底和火山盖层,为铀成矿准备了丰富的铀源。区域上与著名的俄罗斯斯特列措夫铀矿田及蒙古的多尔诺特铀矿田处于同一级构造单元内,在基底、盖层、构造、热液活动和围岩蚀变等方面具有很高可比性,该区是一个很有远景的火山热液型铀成矿区。在综合分析预测工作区区域地质环境、区域成矿地质作用、区域控矿因素、矿床成矿系列特征的基础上,用双混合火山热液铀成矿理论构建了预测工作区区域成矿模式(见图 4)。

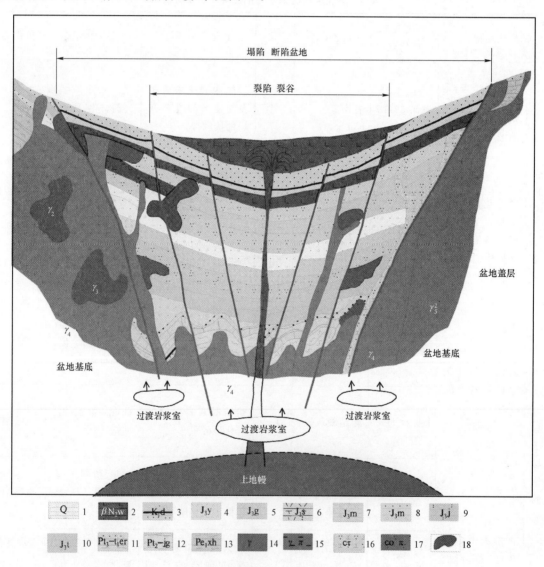

图 4 满洲里地区区域成矿模式图

1—浮土;2—玄武岩、安山岩;3—煤系;4—安山岩、安山玄武岩;5—流纹岩、粗面凝灰岩;6—砂砾岩;
7—安山岩、玄武岩;8—凝灰岩、英安岩;9—安山岩、玄武岩;10—安山岩、玄武岩;11—砂岩、大理岩、片岩;
12—片岩、片麻岩;13—混合岩、片麻岩;14—花岗岩;15—花岗斑岩;16—次粗面岩;17—次石英斑岩;18—铀矿体

研究区太古代门都里河群结晶岩系构成克鲁伦—额尔古纳地块上火山盆地的结晶基底,元古代

的兴华渡口群、佳疙瘩群和额尔古纳群变质岩组成盆地褶皱基底。经过吕梁、加里东期和海西期变质作用、构造作用、交代和壳源重熔作用,形成富铀的变质岩、混合岩和混合花岗岩体,构成本区的富铀基底层。

中生代由于库拉板块向欧亚板块多次俯冲和伴随的弧后拉张作用,使得本区在燕山期多次强烈的壳幔混熔和壳源重熔型岩浆侵入和火山喷发作用,形成了结构复杂,岩性反差明显的富铀火山盖层建造。

燕山早期大规模火山喷发之后,岩浆室形成空腔,发生了补偿性火山塌陷、断陷活动,并伴有次火山岩侵入,形成有利成矿的火山塌陷和断陷盆地构造。

燕山晚期伴随大规模盆地形成和次火山岩的侵入,在火山期后热液作用下,从而形成该区的火山热液型铀矿床。

## 4 找矿标志及找矿应用

找矿标志是对形成矿床的成矿作用从思维定向进行的高度概括[17]。根据本区热液型铀成矿条件,通过在满洲里地区建立铀成矿模式,结合前人资料和境外邻区火山岩型铀矿成矿条件和矿化特征,对满洲里地区火山岩型铀 矿找矿起到指示作用,总结研究区铀矿找矿判据如下:

(1)富铀、富钾的元古代和古生代花岗岩组成本区成矿火山塌陷盆地的基底,发生多期花岗岩化作用。

(2)中生代火山构造盆地或火山断陷构造中充填了具有多韵律的基性—中性—酸性火山—沉积岩系组合互层的火山岩地层盖层。

(3)存在火山塌陷盆地和断陷盆地,且盆地为裂陷成因。

(4)中生代火山岩浆活动、火山盆地发育有 NE 向、NW 向深断裂,并且在盖层火山岩中存在次一级的断裂、裂隙和层间破碎带构造。盖层断裂和深断裂相互交叉,组成了利于铀成矿的控矿、导矿和容矿的构造网络。

(5)火山盆地受到强烈的热液蚀变。多种蚀变复合部位是铀矿化有利地段。

(6)在放射性异常集中分布区,航放能谱铀钾高场区,多种物化探异常晕圈复合迭加部位,是铀矿田所在的地区。

## 5 结论

元古代褶皱基底经过多期次岩浆演化作用,构成本区的富铀基底层;中生代由于库拉板块向欧亚板块多次俯冲和伴随的弧后拉张作用,形成了结构复杂,岩性反差明显的富铀火山盖层建造;燕山早期火山塌陷、断陷活动伴有次火山岩侵入,形成有利成矿的火山塌陷和断陷盆地构造;燕山晚期伴随大规模盆地形成和次火山岩的侵入,在火山期后热液作用下形成火山热液型铀矿床。火山塌陷盆地的基底—多韵律的基性—中性—酸性火山—沉积岩系组合互层—NE 向、NW 向深断裂及次一级的断裂构造—多种蚀变复合部位是铀矿找矿有利地段。

**参考文献:**

[1] 徐美君,许文良,孟恩,等.内蒙古东北部额尔古纳地区上护林-向阳盆地中生代火山岩 LA-ICP-MS 锆石 U-Pb 年龄和地球化学特征[J].地质通报,2011,30(9):1321-1338.

[2] 内蒙古自治区地质矿产局 . 内蒙古自治区区域地质志[M].北京:地质出版社,1991.

[3] 张书义 . 内蒙古新巴尔虎右旗中二叠世花岗岩地球化学特征及其成因[J].铀矿地质,2019,35(6):343-350.

[4] 邵济安,等 . 造山带的伸展构造与软流圈隆起——以兴蒙造山带为例[J].科学通报, 1994, 39(6): 533-537.

[5] 吴福元,等 . 东北地区显生宙花岗岩的成因与地壳增生[J].岩石学报,1999,15(2):181-189.

[6] 葛文春,林强,李献华,等 . 大兴安岭北部伊列克得组玄武岩的地球化学特征[J].矿物岩石,2000a.20(3):14-18.

[7] 葛文春,林强,孙德有,等 . 大兴安岭中生代两类流纹岩成因的地球化学研究[J].地球科学,2000b.25(2):

172-178.

[8]  Kuzmin ML, Abramovich GY, Dril SL and Kravchinsky VY. 2006. The Mongolian-Okhotsk suture as the evidence of late Paleozoic-Mesozoic collisional processes in Central Asia. Abstract of 30th IGC, 1: 261.

[9]  Xu Wenliang ea al.. Spatial-temporal relationships of Mesozoic volcanic rocks in NE China: Constraints on tectonic overprinting and transformations between multiple tectonic regimes. Journal of Asian Earth Sciences, 2013, 74 (18):167-193.

[10]  王伟. 满洲里—额尔古纳地区早侏罗世火山岩的年代学与地球化学研究: 长春: 吉林大学, 2014.

[11]  Tang J, Xu W L, Wang F, Zhao S, Wang W. 2016. Early Mesozoic southward subduction history of the Mongol-Okhotsk oceanic plate: Evidence from geochronology and geochemistry of Early Mesozoicintrusive rocks in the Erguna Massif, NE China. Gondwana Res, 31:218-240

[12]  张振强. 额尔古纳—满洲里地区中生代火山岩与铀成矿地质条件研究[J]. 辽宁地质, 2000, 17(4):263-266.

[13]  罗毅, 王正邦, 等. 额尔古纳—满洲里南部地区超大型火山岩型铀矿成矿区域地质背景研究及找矿靶区优选 [M]. 核工业北京地质研究院, 1994:16-20.

[14]  卫三元, 郝瑞祥, 李晓光, 等. 满—额重点地区构造体系和潜火山岩与铀多金属成矿关系及远景预测[R]. 北京: 核工业北京地质研究院, 2015:166-185.

[15]  宋鹏. 内蒙古建设屯—莫尔道嘎地区铀资源区域评价[R]. 沈阳: 核工业二四〇研究所, 2014.

[16]  罗毅, 王正邦, 周德安. 额尔古纳超大型火山热液型铀成矿带地质特征及找矿前景[J]. 华东地质学院学报, 1997, 1(1):2-11.

[17]  陈毓川, 裴荣富, 邱小平, 等. 中国矿床成矿系列初论[M]. 北京: 地质出版社, 1998.

# Discussion on Metallogenic model of uranium deposits in Manzhouli area, Inner Mongolia

LI Xiao-guang, ZHAO Xiao-mang

(Hunan China Nuclear Exploration Co., LTD, Changsha Hunan Prov. 410003, China)

**Abstract**: Based on the analysis of the metallogenic background of uranium deposits in manzhouli area, and combined with the regional uranium metallogenic characteristics, the geological evolution history and uranium mineralization characteristics in manzhouli area, the paper establishes multi-stage deep source regional uranium metallogenic model, and clarify the direction of uranium exploration. The basement-polyrhythmic basic-neutral-acid volcanic-sedimentary rock-series combination interbedding-NE trending and NW trending deep faults and the secondary fault-structure-multiple alteration complex parts are the favorable areas for uranium prospecting.

**Key words**: Manzhouli area; Volcanic rock; Metallogenic model; prospecting direction

# 芒来铀矿床控矿要素耦合关系探讨及其指导意义

彭瑞强,杜鹏飞,胡国祥,刘国安,任晓平,李曙光

(核工业二〇八大队,内蒙古 包头 014100)

**摘要:**芒来矿床位于二连盆地马尼特坳陷的西部的塔北凹陷中,目前,该矿床已达到中型规模,通过对矿床控矿要素耦合关系研究,得知,砂岩型铀矿床形成不同时期受多种要素耦合作用控制,各要素缺一不可,从而总结古河谷砂岩型铀矿成矿各种要素的控制作用,在此基础上,浅析找矿的基本思路。

**关键词:**芒来铀矿床;控矿要素;砂岩型铀成矿

可地浸砂岩型铀矿成矿受控要素主要有构造、铀源、古气候、地层、砂体、后生蚀变、流体及还原质等,本文基于芒来铀矿床控矿要素分析并对控矿要素耦合关系进行讨论,从而分析古河谷成矿的要素控制作用,浅析古河谷找矿思路。

## 1　区域地质概况

二连盆地位于内蒙古的中北部边陲,是在天山-兴蒙华力西褶皱系基础上发育的中新生代内陆盆地。盆地内由"五坳一隆"六个二级构造单元构成,其内部又分割成多个次级凹陷和凸起。芒来地段位于盆地内马尼特坳陷西部的塔北次级凹陷中(见图 1)。

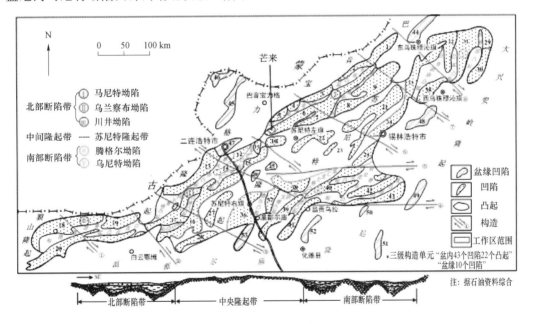

图 1　二连盆地构造分区略图

## 2　芒来铀成矿控矿要素分析

分析芒来铀矿床成矿模式,总结矿床主要控矿要素有构造、铀源、古气候、地层、砂体、地板形态、后生蚀变、成矿流体、有机质。

---

作者简介:彭瑞强(1990—),男,工程师,主要从事砂岩型铀矿研究

### 2.1 构造

芒来矿床主要形成于早白垩世晚期至始新世。早白垩世赛汉早期,古河谷继承了早期的构造特征,基底形态整体呈北东向展布,北西侧的 F1 断裂控制着凹陷的沉积,但总体伸展幅度小,埋深变浅(一般为 400～500 m)(见图 2),早白垩世赛汉晚期,该区以缓慢隆升为主,大部分地段暴露地表接受剥蚀,而在凹陷低凹处形成规模较大沉积砂体。随后地壳继续抬升,该区缺失二连组—古新统沉积。

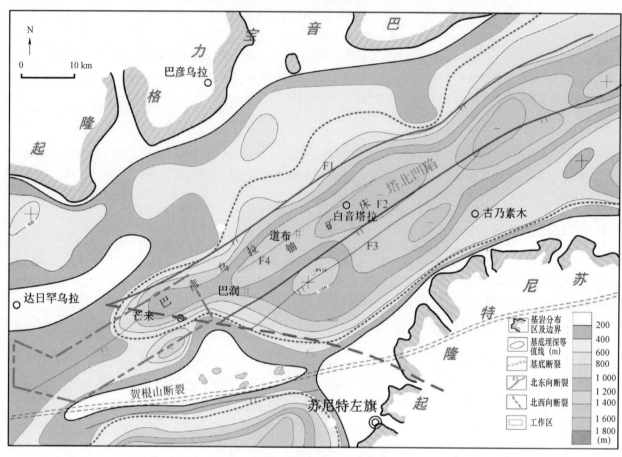

图 2 塔北凹陷白垩统基底结构略图

### 2.2 铀源

芒来地区凹陷长轴部位控制古河谷砂体的发育方向,凹陷南北两侧隆起区大面积分布有二叠纪—侏罗纪中基性—酸性岩浆岩。

(1)内源:指在沉积期填平补齐过程中,周围岩体风化破碎等物理作用下搬运往地盆地沉积过程中的碎屑岩来源,通过对芒来岩屑及目的层含铀性进行分析(见图 3 和图 4),芒来矿床碎屑物主要来自周边花岗岩体,且目的层本底值较高,内源丰富。

研究区岩屑以花岗岩为主,岩屑成分与周边(主要坳陷北部)隆起区出露岩石成分相似,说明沉积物源主要来自周边的蚀源区。

(2)外源:是指在沉积期后,周围岩体风化淋滤等化学作用下 U 元素活化迁移,并随含氧水进入沉积盆地的铀源,芒来铀矿床蚀源区大面积的中酸性侵入岩与火山—沉积岩(见图 5),铀含量高,原始铀含量为 $5.5 \times 10^{-6}$～$8.3 \times 10^{-6}$,活化丢失约 80%。同时,伽马照射量率为 9.55～10.06 nC/(kg·h),有大面积铀的异常场及迁移高场,铀浸出明显,芒来外源主要来自北部巴彦乌拉岩体。

### 2.3 古气候

芒来矿床形成受古气候变化影响大,沉积期的潮湿环境形成大量炭屑等还原质,沉积期后的干旱

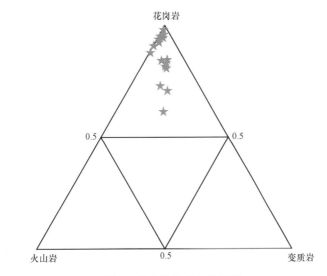

图 3　芒来岩屑成分投影图

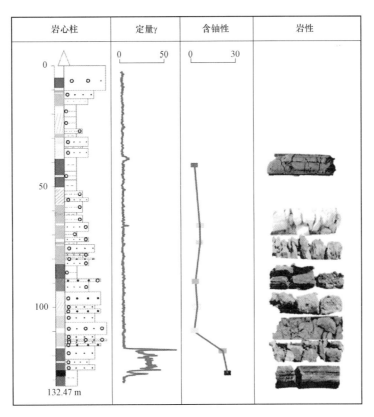

图 4　岩心柱不同岩性含铀性分布

半干旱气候对铀元素活化、迁移、富集影响较大。

　　赛汉组下段及砂体沉积时期,气候主要为潮湿环境,形成的一套河流相、三角洲相、河沼相及湖沼相灰色含煤碎屑岩建造,含黄铁矿,有机质含量也较高。

　　赛汉晚期古气候为温暖潮湿向干旱、半干旱转变时期,即赛汉组上段下部沉积了一套灰(暗)色粗碎屑岩建造,顶部为红色、褐色泥岩所覆盖;晚白垩世及以后该区气候持续以干旱-半干旱为主,赛汉组上段长时期露出地表充分遭受氧化淋滴。

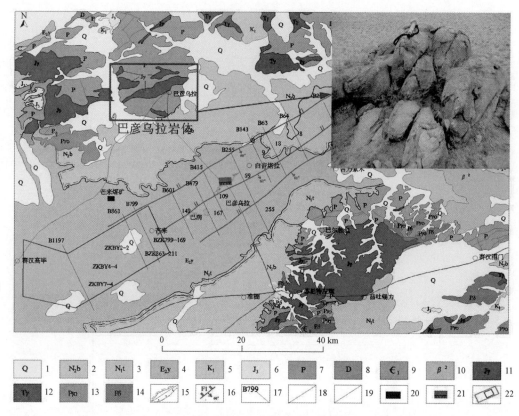

图 5　巴彦乌拉地区铀矿地质简图

1—第四系；2—新近系宝格达乌拉组；3—新近系通古尔组；4—古近系伊尔丁曼哈组；5—下白垩统；6—上侏罗统；7—二叠系；
8—泥盆系；9—寒武系；10—更新世玄武岩；11—燕山期花岗岩；12—印支早期不等粒花岗岩；13—华力西晚期斜长花岗岩；
14 华力西晚期闪长岩；15—平行不整合/角度不整合接触界线；16—断层及其编号、倾角；17—勘探线及编号；
18—工业矿孔/矿化孔；19—异常孔/无矿孔；20—芒来煤矿；21—巴彦乌拉铀矿床及范围；22—勘查区范围

## 2.4　地层发育

根据矿床钻孔揭露,本区自下而上揭遇有:下白垩统赛汉组下段($K_1s^1$)、赛汉组上段($K_1s^2$)、古近系伊尔丁曼哈组($E_2y$),其中赛汉组上段为含矿目的层。

目的层在矿床广泛分布,垂向上,顶部发育红色、浅红色、浅黄色泥岩,构成上部稳定隔水顶板,中下部发育厚层黄色、灰色砂体,总体粒度较粗,局部含泥质,底板为赛汉组下段稳定泥岩或二叠系变质岩,相对稳定(见图 6);平面上辫状河砂体在河谷中部厚,向两侧逐渐尖灭,表现为河谷型盆地沉积特征。

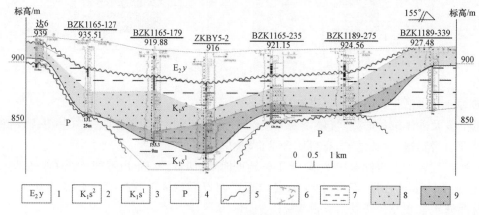

图 6　芒来横向剖面

1—伊尔丁曼哈组；2—赛汉组上段；3—赛汉组下段；4—二叠系；5—地层角度不整合界线；
6—氧化前锋线；7—泥岩层；8—氧化砂体；9—还原砂体

总体来说,芒来矿床目的层发育有稳定泥-砂-泥结构,为后期层间氧化作用流体提供有力导通条件。

## 2.5 砂体

对芒来碎屑物中石英来源分析可知,目的层河道充填组合砂体具多物源性(见图7～图10)。

图7 来自花岗岩的石英含大量气液包体
砂质砾岩(+)BZK1189-223 102.75 m

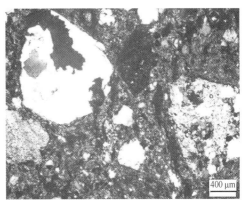

图8 来自火山岩的石英溶蚀交代,边缘呈港湾状,
中粗粒砂状结构(+)BZK1173-239 100.5 m

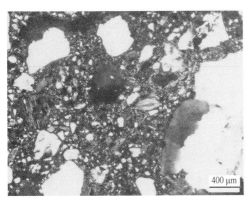

图9 来自变质岩的石英具云状波状消光
含砾中粗粒砂状结构(+)MZK15-3 139.02 m

图10 来自花岗岩的多晶石英
砾质砂状结构(+)BZK1073-139 103.4 m

对矿床已有钻孔数据进行整理分析,赛汉组上段砂体厚度普遍在30～50 m,中部比两侧厚,西侧比东侧厚,且在中部形成心滩,砂体由西向东发育,同时也会使得河道内上游砂体粒度粗于下游砂体粒度,导致河道内砂体出现非均质性,而铀矿化往往位于心滩下游河道厚度变化部位。

赛汉组上段含砂率普遍为80%～95%,并且在分流河道内要高于主干河道,这主要是因为主干河道内基本包含目的层赛汉组上段三个小层序,而分流河道内基本上只包含第一、第二小层序,且层序间泥岩隔层多为缺失。矿体往往位于分流河道内含砂率在94%～100%区域内,且多集中在含砂率变化速率快的区域。

## 2.6 底板形态

目的层底板形态呈底板西高东低,但总体高差在100 m之内(约100 km范围内),且长轴线附近高差差别相对较小,河谷底板(改造后)总体坡降较小(见图11)。

矿体发育受地层底板形态控制明显,总的变化趋势与含矿含水层底板形态基本相似(见图12),矿体发育于770～820 m标高变化速率较大位置。

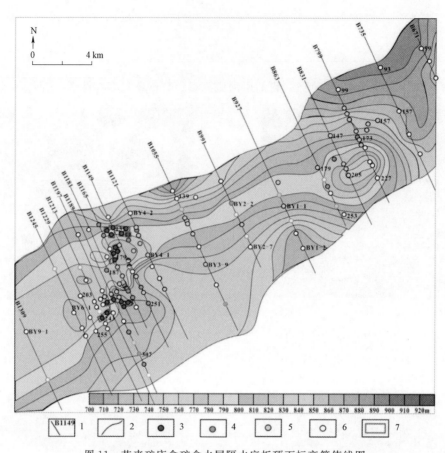

图 11　芒来矿床含矿含水层隔水底板顶面标高等值线图

1—勘探网及编号；2—隔水底板标高等值线；3—工业铀矿孔；4—铀矿化孔；5—铀异常孔；6—无矿孔；7—铀矿体

## 2.7　后生蚀变

研究区目的层氧化带大面积发育，氧化砂岩主要见黄色、亮黄色、浅黄色、浅灰色，还原砂岩见灰色、深灰色、灰黑色、浅灰色，平面上，氧化作用由西向东推进，长约 23 km、宽 4～6 km，发育面积大，矿化主要发育在氧化前锋线附近，靠近还原一侧（见图 13）。

垂向上表现为上黄下灰（见图 14），即氧化砂体沿上部发育，残留的灰色砂体位于底板上，残留厚度较薄，在垂向上形成氧化还原界面，下部残留灰色砂体中富含有机质、黄铁矿等还原介质，发育铀矿化。

## 2.8　成矿流体

目的层赛汉组上段沉积后，从晚白垩世—第四纪更新世，历时 100 多个百万年，地下水动力系统始终保持纵向上从南西向北东迳流、横向上以河谷北西侧补给为主的特征（见图 15），持续稳定的水动力系统是发生后生氧化改造和铀成矿的必备条件，此时处于干旱时期，来自塔木钦及北西向流体铀源充足。因此晚白垩世—第四纪更新世是赛汉组上段古河谷砂体发生后生氧化改造及铀迁移、沉淀、富集成矿的有利时期。赛汉组上段古河谷砂体中控矿灰色钱留体或氧化带前锋线形成及芒来矿床产出可能就是上述含氧含铀水长期定向运移后产生的最终产物。

## 2.9　还原质

芒来矿床常见还原质有碳屑及黄铁矿，其中碳屑较为多见，黄铁矿主要表现为附着于碳屑表面，呈星点状分布。

（1）有机碳：芒来矿床含矿碎屑岩有机碳含量比矿床其他地段的有机碳含量均值高（见图 16）。有机碳与铀矿化有较密切的关系，编录过程中可见芒来勘查区铀矿化段有机质发育，电子探针分析结果显示，铀矿物往往与有机质密切共生在一起（见图 17），因此铀的富集与有机质的吸附作用密切相关。

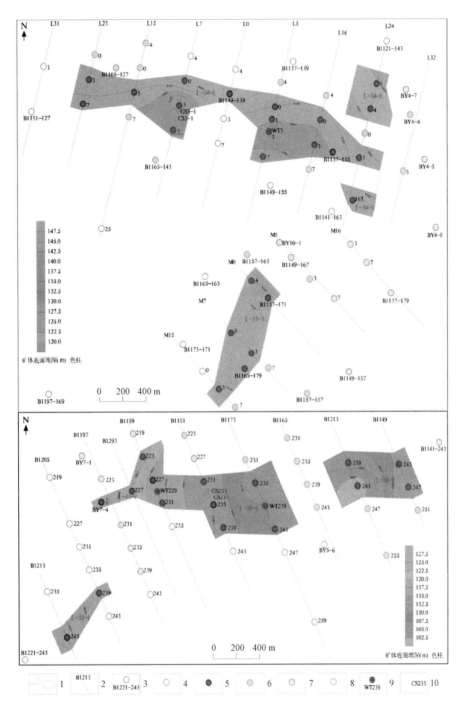

图 12　芒来地段 B1213～B1089 线矿体底界等深图

1—矿体范围编号及类型；2—勘探线及编号；3—钻孔及编号；4—以往施工钻孔；5—铀工业孔；
6—铀矿化孔；7—铀异常孔；8—无铀矿孔；9—物探参数孔；10—水文抽水孔/观水孔

（2）黄铁矿：芒来矿床内黄铁矿分布较广、含量较高，一般 1％～5％，高者可达 10％～28％，黄铁矿与铀矿化关系密切，电子探针分析结果显示，铀矿物往往与黄铁矿密切共生在一起（见图 18），呈胶结物产出的黄铁矿是吸附态铀的重要载体。

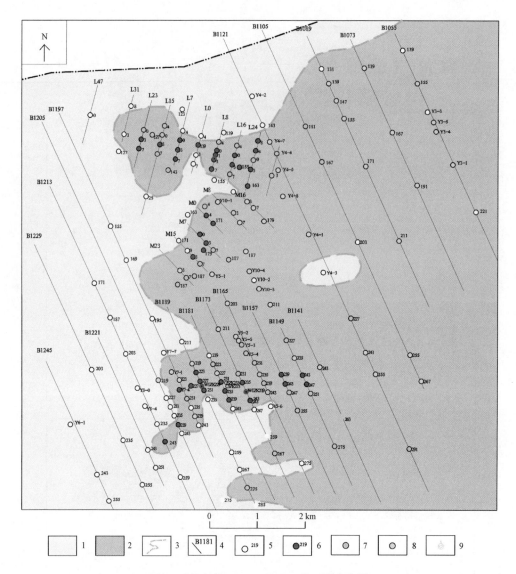

图 13 来矿床 B1245～B1055 线工程分布图

1—完全氧化带；2—还原带；3—氧化前锋线；4—勘探线及编号；5—无铀矿孔；6—工业铀矿孔；7—铀矿化孔；8—铀异常孔；9—水文地质孔

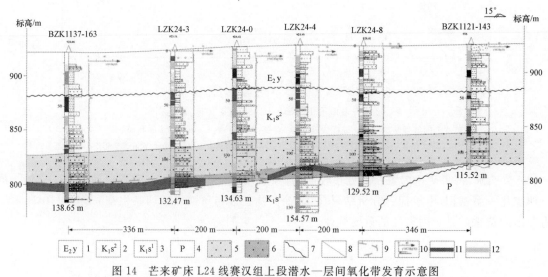

图 14 芒来矿床 L24 线赛汉组上段潜水—层间氧化带发育示意图

1—伊尔丁曼哈组；2—赛汉组上段；3—赛汉组下段；4—二叠系；5—完全氧化带砂体；6—灰色还原带砂体；
7—地层角度不整合界线；8—岩性界限；9—氧化前锋线；10—伽马测井曲线；11—铀矿体；12—铀矿化体

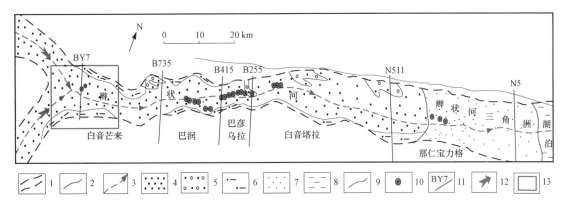

图 15　赛汉组上段沉积相及主水流向图

1—赛汉组上段河谷边界；2—沉积相分界；3—河道中心线及主水流方向；4—主干河道充填；5—侧向河道充填；6—泛滥平原；
7—辫状河三角洲；8—湖泊；9—断层；10—工业铀矿孔；11—勘探线及编号；12—主要物源主向；13—本项目工作区

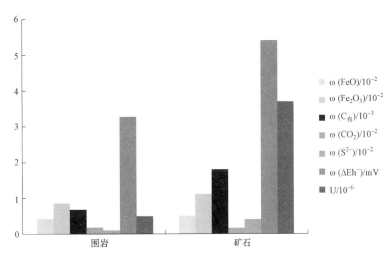

图 16　围岩与矿石地球化学类型环境指标变化特征对比图

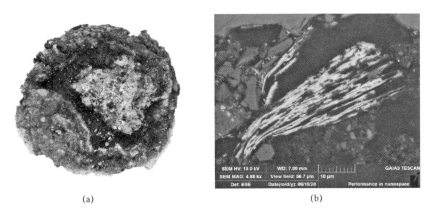

图 17　芒来含矿砂岩中的炭屑

（a）含矿砂体中大量碳屑；（b）铀矿物与有机质共生

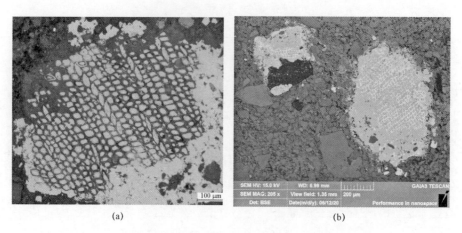

图 18　芒来含矿砂岩中黄铁矿镜下特征

(a) 发育于植物包体内黄铁矿；(b) 铀矿物与有机质、黄铁矿共生

## 3　芒来铀成矿控矿要素耦合关系

### 3.1　成矿早期(沉积期)控矿要素耦合关系

芒来地区早白垩世盆缘构造控制了早期古河谷的发育方向，为古河谷砂体发育提供构架空间，古河谷主要受塔北凹陷控制，凹陷南北两侧隆起区分布有二叠纪—侏罗纪中基性-酸性岩浆岩，规模较大的岩体有苏左旗岩体、红格尔岩体等，原始铀含量较高，两侧隆起区准平原化强烈，为目的层砂体中铀的预富集及提供了丰富的内源，本时期气候主要为潮湿环境，沉积一套灰色建造，发育稳定泥-砂地层结构，砂体导通性好，并存在垂向非均质性，主要发育垂向潜水氧化作用，同时，存在北部含铀含氧水渗入，砂体中富含有机质，本时期为铀成矿预富集时期(见图 19)。

### 3.2　成矿期(成积期后)控矿要素耦合关系

沉积期后持续构造抬升、构造反转、断层活动为成矿流体迁移，氧化还原作用提供动力条件及构造导通条件，周边富铀岩体铀活化迁移提供丰富外源，此时干旱的古气候有利于形成富铀富氧流体，在有利的泥—砂—泥地层结构下发育层间氧化作用，粒级较粗砂体有利于流体导通，在砂体非均质性及还原质影响下，迁移中铀在底板斜坡带残留灰色砂体中富集成矿(见图 20)。

## 4　指导意义

通过对芒来控矿要素分析，得知，砂岩型铀矿床形成不同时期受多种要素耦合作用控制，各要素缺一不可，从而总结古河谷砂岩型铀矿成矿各种要素的控制作用，在此基础上，浅析找矿的基本思路。

### 4.1　古河谷砂岩型铀成矿的要素需求

(1) 构造：早期构造控制古河谷的发育，为砂体发育提供构架空间，后期持续弱构造抬升、构造反转、断层活动为成矿砂体发育、成矿流体迁移，氧化还原作用提供动力条件及构造导通条件。

(2) 铀源：古河谷砂体沉积期碎屑物来源于周边富铀岩体，内源保证；沉积期后周边富铀岩体铀活化迁入，外源保证。

(3) 古气候：沉积期潮湿环境形成灰色还原能力强的沉积建造，沉积期后的干旱—半干旱气候有利于外源元素迁入、内源氧化推进。

(4) 地层：泥—砂地层结构有利于潜水氧化作用，稳定泥—砂—泥地层为层间氧化作用必备条件。

(5) 砂体：砂体为含铀含氧水主要通道，粒度较粗的河谷中央砂体为优质通道，多期次叠加的河道沉积形成的非均质砂体可形成物理减速障，有利于铀的充分吸附沉淀。

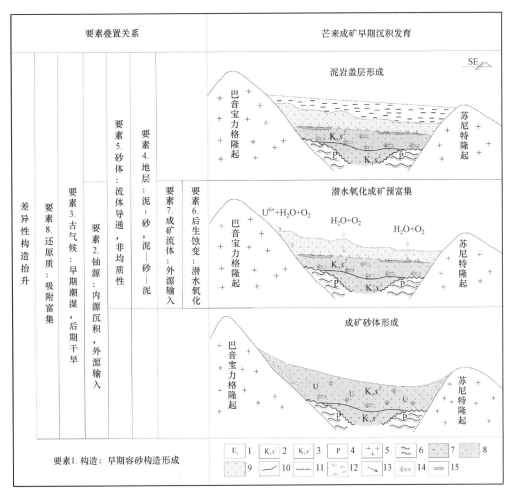

图 19　芒来铀矿床成矿早期(沉积期)要素耦合关系图

1—古近系；2—下白垩统赛汉组上段；3—下白垩统赛汉组下段；4—二叠系；5—蚀源区花岗岩；6—基底板岩；7—灰色泥岩；8—还原砂体；9—氧化砂体；10—地层界线；12—氧化前锋线；13—含铀含氧水方向；14—还原质；15—预富集矿体

（6）底板形态：底板形态继承早期构造形态，中部标高小，两侧标高大，底板低凹缓坡处残留的灰色砂体为主要容矿位置。

（7）后生蚀变：包括后生氧化作用和后生还原作用，氧化作用（潜水氧化作用与层间氧化作用）为铀主要的富集作用，后生还原作用为保矿作用之一。

（8）成矿流体：主要为含铀含氧水，为后生氧化作用推进剂，同时也是外源带入流体。

（9）还原质：主要有有机质、黄铁矿等，表生有机质有助于铀活化迁移，地下有机质为主要还原障，使迁移中铀沉淀。

## 4.2　找矿思路浅析

根据古河谷成矿控制要素分析，古河谷找矿应侧重于以下几点：

（1）找沉积环境

系统收集整理工作区地物水测资料，查找有利构造、铀源、古气候、地层、砂体等条件。

（2）查沉积砂体（目的层）

查明砂体物源、渗透性、均质性、有机质、分布等特征。

（3）追后生蚀变

追索氧化带发育方向，发育规模，氧化前锋线位置。

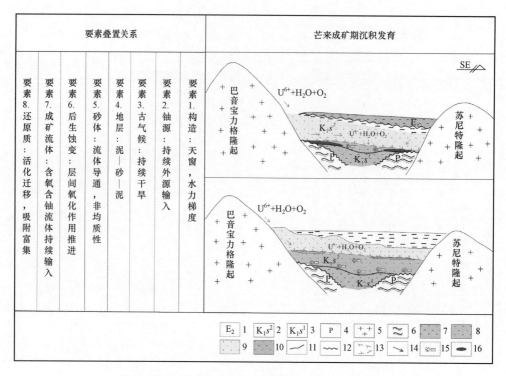

| 要素叠置关系 | 芒来成矿期沉积发育 |

图20 芒来铀矿床成矿期(成积期后)要素耦合关系图
1—古近系;2—下白垩统赛汉组上段;3—下白垩统赛汉组下段;4—二叠系;5—蚀源区花岗岩;
6—基底板岩;7—灰色泥岩;8—灰色砂体;9—氧化砂体;10—红色泥岩;11—地层整合界线;
12—地层不整合界线;13—氧化前锋线;14—含铀含氧水方向;15—还原质;16—矿体

**参考文献:**

[1] 申科峰,于恒旭,等.内蒙古二连盆地乌兰察布拗陷东部 1∶25 万铀矿资源评价年度报告[R].2003.

[2] 杨建新,等.内蒙古苏尼特左旗巴彦乌拉铀矿床及外围普查[R].2015.

[3] 聂逢君,等.二连盆地古河道砂岩型铀矿[M].北京:地质出版社,2010.

[4] 范光,等.二连盆地巴彦乌拉-赛汉高毕地区砂岩型铀矿化特征研究[R].2005.

[5] 张文朝,等.二连盆地下白垩统沉积相及含油性[J].地质科学,1998,33(2):204—213.

[6] 王良忱,等.沉积环境和沉积相[M].北京:石油工业出版社,1996.

[7] 赵澄林,等.二连盆地储层沉积学[M].北京:石油工业出版社,1996.

# Discussion on the coupling relationship of ore-controlling factors in Manglai uranium deposit and its directive significance

PENG Rui-qiang, DU Peng-fei, HU Guo-xiang,
LIU Guo-an, REN Xiao-ping, LI Shu-guang

(CNNC Geologic party NO. 208   Baotou Inner Mongolia. 014100, China)

**Abstract:** The Manglai uranium deposit is located in the Tabei sag in the west of the Manite Depression in the Erlian Basin. At present, the deposit has reached a medium scale. Through the study of the coupling relationship between the ore-controlling factors of the deposit, we known that the formation of sandstone-type uranium deposits at different periods is controlled by the coupling of multiple factors, and each factor is indispensable. From that we summarizes the control effects of various factors of the paleohe valley sandstone type uranium deposit, and on this basis, we roughly analyze the basic prospecting strategy.

**Key words:** The Manglai uranium deposit; Ore-controlling factors; Sandstone-type uranium mineralization

# 巴彦乌拉铀矿床芒来地段镭氡平衡系数的计算及讨论

熊　攀,王　伟,黄镪俯,吴金钟

(核工业二〇八大队,内蒙古 包头 014010)

**摘要:**地浸砂岩型铀矿钻探过程中,由于钻孔内压氡现象的存在,使钻孔内铀矿层的镭氡含量出现暂时的不平衡现象,造成 γ 测井解释的铀含量偏低,最终影响铀矿资源量估算的准确度。本文从分析在地浸砂岩型铀矿中镭氡平衡破坏的原因出发,探讨了镭氡平衡系数的计算方法,并对不同的计算方法进行了讨论。该平衡系数的准确取得,为巴彦乌拉铀矿床芒来地段 γ 测井解释数据的修正、矿体边界的划分、铀资源储量的计算提供了科学依据。

**关键词:**地浸砂岩型铀矿;巴彦乌拉铀矿床芒来地段;γ 测井;γ 测井解释结果修正;镭氡平衡系数

在铀矿地质勘查工作中,为了准确地划分矿体边界和计算铀资源储量,需要对 γ 测井资料进行定量解释。在解释的过程中,需要客观的确定与 γ 测井解释结果相关的一系列物探修正系数:钻探冲洗液和铁套管吸收系数、矿石密度和湿度、铀镭和镭氡的放射性平衡系数及钍、钾干扰元素含量等物性参数[1]。这些物探参数的取得,为测井数据的修正、矿体边界的划分、铀矿资源量的计算提供了科学依据。对于可地浸砂岩型铀矿而言,在钻进的过程中,存在氡气的挤压效应(压氡效应),这种效应大大影响着 γ 测井的结果,因此镭和氡之间放射性平衡状态的研究具有重要意义。本文主要对巴彦乌拉铀矿床芒来地段镭氡平衡系数的研究进行详细的研究和评价。

## 1　矿区地质概况

　　二连盆地位于内蒙古自治区的中北部,在晚中生代东亚大陆扩张时期形成的陆相盆地,是我国重要的煤炭、油气、铀及多金属矿产地。盆地构造单元由五个坳陷和一个隆起组成,分别是北部的马尼特坳陷。乌兰察布坳陷、川井坳陷,南部的腾格尔坳陷、乌尼特坳陷,中央的苏尼特隆起(见图 1)。盆地总体走向为东西向,东西长约 1 000 km,南北宽 20~40 km,总面积约 $11 \times 10^4$ km²。

　　巴彦乌拉铀矿床位于二连盆地中部的马尼特坳陷西部塔北凹陷的中西部,行政上归属内蒙古锡林郭勒盟苏尼特左旗管辖。根据钻孔资料(见图 2),研究区内自下而上揭遇的主要地层有:下白垩统赛汉组下段、下白垩统赛汉组上段、古近系伊尔丁曼哈组,其中赛汉组与伊尔丁曼哈组之间存在地层缺失。矿床及附近地表出露地层为古近系和新近系,且大面积被第四系覆盖,凹陷内以下白垩统为充填主体。下白垩统赛汉组上段为研究区重要的含矿目的层,铀矿化受潜水—层间氧化带界面和赛汉组上段底板形态控制,于含水层中氧化界面下部近底板的残留还原性砂体中近水平板状产出,以单层为主。岩性主要为灰色砂岩、含砾砂岩、砂质砾岩夹泥岩薄层,岩石固结较松散,富含炭屑与细分散黄铁矿等还原介质,主要发育辫状河沉积,以心摊、决口、洪泛、落淤沉积为主。下白垩统赛汉组沉积时期以温暖潮湿的亚热带气候向半潮湿、半干热气候,以低洼、沼泽平地为显著特点的古地理面貌。巴彦乌拉铀矿床受赛汉组上段古河谷砂体控制,古河谷的形成严格受基底构造所造成的负地貌控制[2]。

**作者简介:**熊攀(1988—),男,工程师,主要从事放射性物探工作

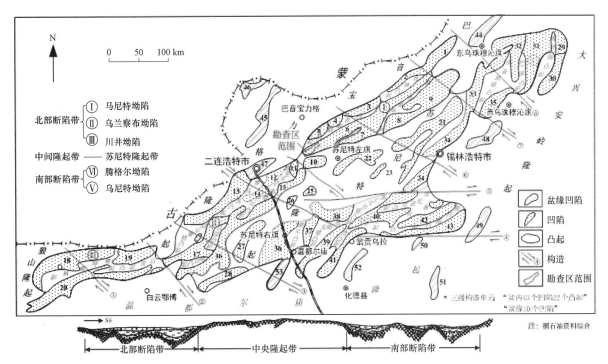

图 1　二连盆地构造分区略图

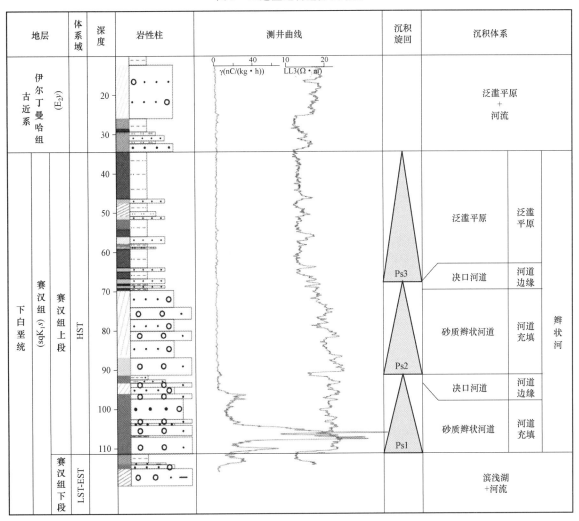

图 2　巴彦乌拉铀矿床地层沉积体系图

## 2 压氡现象对 γ 测井解释结果的影响

γ 测井是利用放射性探测仪器在钻孔内测量来自岩矿石中放射性物质衰变过程中产生的 γ 照射量率来反演铀矿体品位和厚度的物探方法。在放射性系列中,铀系列的铀—镭—氡处于放射性平衡时,γ 测井解释结果能准确反映矿层铀含量的高低。γ 测井记录的 γ 射线大多数能量主要是来自铀系氡($^{222}$Rn)及其短寿衰变子体,占铀系总 γ 射线强度的 90% 以上,而 γ 测井定量解释所计算的是铀含量。所以,当矿石中的铀—镭—氡放射性平衡遭到破坏后,γ 测井计算的铀含量必须做相应的修正。$^{222}$Rn 是一种单原子放射性气体,能溶于水和有机溶剂中,能被强烈的吸附于各种活性物质的表面。氡从镭盐中的释放取决于其物理特性,氡($^{222}$Rn)又是镭($^{226}$Ra)的次级衰变产物,因此温度、压力等外界环境变化非常容易造成氡的迁移或者镭氡放射性平衡的破坏[3]。

可地浸砂岩型铀矿层有较高的孔隙度和水饱和度,其镭氡总是处于动态平衡状态。在铀矿钻探勘查过程中,由于钻井井液循环产生对井壁的压力,使围岩和含矿层均出现了井液侵入带,井液的侵入和气体扩散作用使得铀矿化层的含铀含矿水及溶解于其中的氡($^{222}$Rn)一起被挤压而离开孔壁,这一过程被称为"压氡效应"。"压氡效应"的存在,使得铀矿化层出现了局部的镭—氡不平衡现象,其结果导致终孔后 γ 测井照射量率数值比正常处于镭氡平衡状态下的数值偏低,从而不能客观地评价铀矿层地厚度、品位及铀资源量。因此,在巴彦乌拉矿区进行铀矿 γ 测井时研究和评价镭-氡放射性平衡系数具有非常重要意义。

## 3 镭氡平衡破坏的检查

为了表明巴彦乌拉铀矿床镭氡平衡破坏情况,在芒来地段 CSZK1181-233 水文地质孔中进行了镭氡平衡破坏检查。该孔除观测水位外,一年内未进行过任何其他试验工作,含矿含水层位置上已放置过过滤器。试验方法如下:先进行第 1 次 γ 测井,然后立即注水,注水时间不小于 5 h,注水量为 6 t。注水结束后,待钻孔中的注水液面下降到注水前测定的钻孔中的静水水位深度时进行第二次 γ 测井。整理和统计注水前、后 γ 测井数据,绘制注水前、后测井曲线对比图(见图 3)。

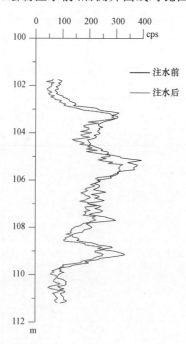

图 3　芒来地段钻孔 CSZK1181-233 镭氡破坏检查曲线图

表 1 数据结果表明,注水后的矿段处的 γ 测井曲线面积明显小于注水前的 γ 测井曲线面积,且两者对比结果为 0.87,小于 0.90,该试验结果表明镭氡平衡遭到了严重的破坏。因此,在定量计算铀资

源储量时,必须对伽马测井解释结果进行镭氡平衡系数修正。

表1 巴彦乌拉铀矿床芒来地段镭氡平衡破坏检查记录表

| 钻孔编号 | 测量时间 | 矿段位置/m | 厚度/m | 与矿段对应的测井曲线面积/ (m·nC·kg$^{-1}$·h$^{-1}$) | 对比结果 | 备注 |
|---|---|---|---|---|---|---|
| CSZK1181-233 | 注水后 | 101.60~111.20 | 9.60 | 3 714.05 | 0.87 | 注水5 h, 注水量6 t |
| | 注水前 | | | 4 292.63 | | |

## 4 镭氡平衡系数计算方法

目前,镭氡平衡系数的计算方法有两种,一种是物探参数孔实测法,另外一种是采用矿心分析与γ测井解释结果计算的方法[4-5]。

### 4.1 物探参数孔实测法

为了定量确定挤压效应的校正值(镭氡平衡系数),需要在安装套管的钻孔(物探参数孔)中通过多次连续γ测井进行恢复情况的观测。钻孔钻进过程中,破坏了含矿含水层镭氡之间的平衡,一般经过氡的10个半衰期后,它们之间的平衡应基本恢复。通过可渗透性铀矿段恢复前后的γ射线强度的比较,就可以得到镭氡平衡系数。

#### 4.1.1 物探参数孔的设计

进行镭氡平衡系数计算的物探参数孔必须设计在工业矿块段,并且保证成井钻孔内有工业铀矿孔。物探参数孔依据参数孔施工设计(见图4)开孔,要求含矿层应一次钻进成井,不应扩孔,以保证终孔测井条件与状态观测条件一致;含矿层矿心采取率应不小于85%,以满足取样分析与测井对比工作的要求。在巴彦乌拉矿床芒来地段的物探参数孔中,套管直径为89 mm,钻孔上部直径$d_1=150$ mm,下部直径$d_1=110$ mm。

终孔测井结束后为了尽可能完整观察氡气的恢复过程,8 h内应完成套管封孔,采用水文地质孔止水方法对含矿含水层的顶板止水,在检查顶板止水的质量合格后,投放填塞物密封套管底部并用符合相应规范的清水冲去套管内的冲洗液,使套管内为清水,然后进行第一次γ测井。止水托盘以上进行水泥封孔,并继续进行间隔性γ测井,水泥封孔后16~24 h后进行井温和成井质量检查测井,检查封孔质量。

#### 4.1.2 物探参数孔的状态观察

从理论上讲,物探参数孔封孔后,经10个半衰期,镭氡即达到平衡,因此应在38 d内进行γ测井状态观测。前4 d因为氡气积累较快,每8 h进行1次γ测井,之后4 d每24 h测量1次,最后每2~3 d测量1次,直到镭氡达到平衡(γ测井的累计次数及间隔时间视观测数据涨落规律而定)。为了前后资料的可对比性并尽可能减少误差,状态观察使用的γ测井仪应与终孔测井(生产)使用同一台机器。状态观测γ检查次数应不少于状态观测次数的10%。

#### 4.1.3 镭氡平衡系数的计算

根据下套管前的γ测井结果,区分出延伸到围岩的且处于渗透性岩石中的铀矿段,计算出矿段内各测点γ照射量率之和($\sum I_0$);根据状态观测结果计算铀矿段内各测点经过铁套管和冲洗液吸收的修正后γ照射量率之和($\sum I_\infty$),以γ照射量率$I$为纵坐标,以测量时间$t$为横坐标绘制$I$-$t$关系图。假定$\sum I_0 = A$,$t=0$,然后把各点用平滑曲线连接起来得到一条曲线,形成氡状态观测曲线图。在渗透性铀矿段中若存在着压氡效应现象,镭氡平衡系数镭氡平衡系数$P_{Rn}$按照公式(1)计算:

$$P_{Rn} = \frac{\sum I_0}{\sum I_\infty} \tag{1}$$

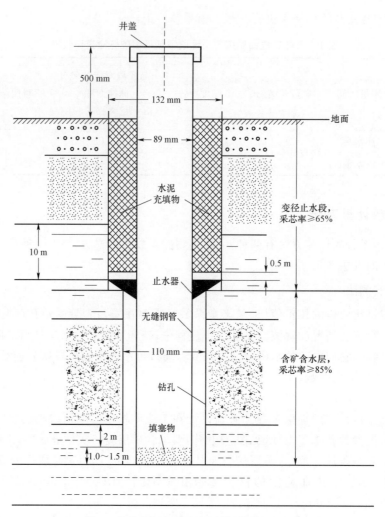

井盖

500 mm

132 mm

地面

89 mm

水泥充填物

变径止水段，采芯率≥65%

10 m

0.5 m

止水器

无缝钢管

110 mm

含矿含水层，采芯率≥85%

钻孔

填塞物

2 m

1.0～1.5 m

图4 芒来地段物探参数孔结构设计示意图

式中：$P_{Rn}$——镭氡平衡系数；

  $I_0$——状态观测曲线图始端各测点 γ 照射量率测量值（nC·kg$^{-1}$·h$^{-1}$）；

  $I_\infty$——状态观测曲线图终端各测点 γ 照射量率测量值（nC·kg$^{-1}$·h$^{-1}$）。

在巴彦乌拉铀矿床芒来地段共施工了 4 个物探参数孔，分别为 WTZK1173-239、WTZK8-3、WTZK1189-229、WTZK15-3-1，对应的状态观测曲线图见图5～图8。

**4.2 矿心分析与 γ 测井解释结果计算的方法**

矿心分析与 γ 测井解释结果计算的方法即根据矿心镭含量分析结果与 γ 测井解释镭含量结果对比计算镭氡平衡系数的方法。也是根据有关规定，对镭氡平衡系数进行验证的方法。镭氡平衡系数的计算公式如下：

（1）单矿段渗透性矿石镭氡平衡系数计算：

$$P_{Rn}^d = \frac{\sum(h_i^r \cdot c_{Rai}^r)}{\sum(h_i^f \cdot c_{Rai}^f)} \tag{2}$$

（2）铀矿床镭氡平衡系数计算：

$$P_{Rn} = \frac{\sum(h_i^r \cdot c_{Rai}^r \cdot P_{Rn}^d)}{\sum(h_i^r \cdot c_{Rai}^r)} \tag{3}$$

式中：$P_{Rn}$——矿床总镭氡平衡系数；

$P_{Rn}^{d}$——单矿段镭氡平衡系数；

$h_{i}^{r}$——$\gamma$ 测井解释的单矿段厚度（m）；

$c_{Rai}^{r}$——经湿度修正后单矿段 $\gamma$ 测井解释的镭含量（%）；

$h_{i}^{f}$——矿心样品分析确定的厚度（m）；

$c_{Rai}^{f}$——经采取率修正后单矿段矿心样品分析的镭含量（%）。

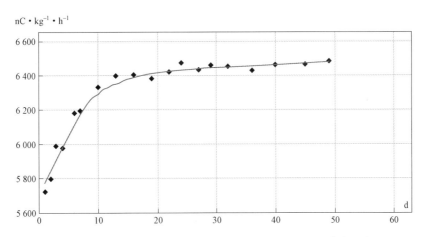

图 5  钻孔 WTZK1173-239 铀矿段镭—氡平衡系数观测曲线拟合图

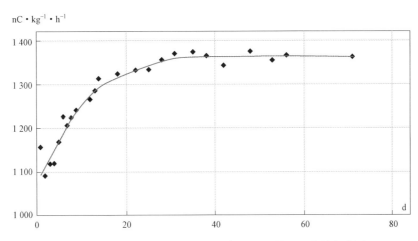

图 6  钻孔 WTZK8-3 铀矿段镭—氡平衡系数观测曲线拟合图

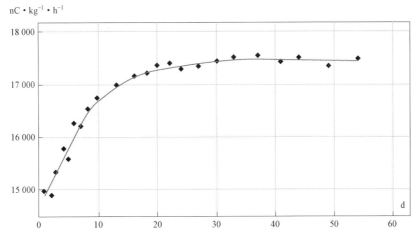

图 7  钻孔 WTZK1189-229 铀矿段镭—氡平衡系数观测曲线拟合图

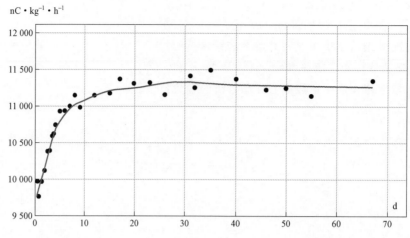

图 8　钻孔 WTZK15-3-1 铀矿段镭—氡平衡系数观测曲线拟合图

参加组合计算的矿段样品遵循以下原则：① 样品分布应具有代表性；② 样品矿段位置应与 γ 测井解释矿段位置相互对应；③ 矿段边缘样品与整个矿段平均镭含量（平衡铀单位）≥0.01％；④ 矿心采取率≥85％；⑤ 剔除不合格矿段数量不应大于符合以上条件矿段总数的 5％。据此，将符合条件的 226 个样品组合成 38 个样段。按照式③求得芒来地段镭氡平衡系数为 0.82，计算结果见表 2。

表 2　镭氡平衡系数计算结果统计表

| 地段 | 矿段个数 | 单矿段镭氡平衡系数 | | | | | | | | | 地段镭氡平衡系数 |
| | | 最小值 | 最大值 | 偏度 | | 峰度 | | 平均值 | 中位数 | 均方差 | 计算值 |
| | | | | 偏度值 | 标准误 | 峰度值 | 标准误 | | | | |
| 芒来 | 38 | 0.41 | 1.51 | 0.671 | 0.383 | 2.108 | 0.750 | 0.90 | 0.91 | 0.201 | 0.82 |

## 5　镭氡平衡系数的确认

根据铀矿工作规范规定，矿床（带）的镭氡平衡系数应根据各专门物探参数孔测量计算的结果取其平均值来确定，并与对比法求得的镭氡平衡系数进行平行验证。芒来地段 4 个物探参数孔的镭氡平衡系数实测结果平均值为 0.87，而样品分析镭含量与 γ 测井解释对比法计算结果值为 0.82，两者相对误差绝对值为 5.75％，符合规范要求不大于 10％。因此，芒来地段铀矿体的镭氡平衡系数采用物探参数孔实测结果平均值 0.87（见表 3）。

引入各物探修正参数后，γ 测井定量解释铀含量的准确性，用物探参数孔 γ 测井最终解释结果与矿心取样化学分析结果对比来验证。芒来地段 4 个物探参数孔修正后的 γ 测井解释结果与矿心取样化学分析结果对比见表 4，对比误差 f 值为 1.08 在 0.9～1.1 之间，符合规范要求。因此，认为该区镭氡平衡系数的确定方法是合理的，修正系数是准确的、可靠的，能满足铀资源储量估算的质量要求。

## 6　镭氡平衡系数计算方法讨论

### 6.1　镭氡平衡系数计算方法对比

从前述的计算结果可以看出，根据物探参数孔实测法、矿心分析与 γ 测井解释结果计算的方法求得的芒来地段镭氡平衡系数分别为 0.87、0.82。采用物探参数孔实测法计算的 4 个物探参数孔镭氡平衡系数变化范围为 0.85～0.89，变化范围较小，数据比较接近，最大值、最小值与均值的相对误差绝对值均为 2.30％；而采用矿心分析与 γ 测井解释结果计算的方法求得的单矿段镭氡平衡系数变化范围为 0.41～1.51,最大值约是最小值的 4 倍,变化范围明显大多了。众所周知,在渗透性砂岩型铀矿钻进中,镭氡平衡系数最大为 1(没有任何压氡效应,这在渗透性砂岩中几乎是不太可能的),但采用矿心分析与 γ 测井解释结果计算的方法求得的单矿段镭氡平衡系数结果大于 1 的矿段却有 8 段,占全部组合样段的 21.05%,同时,单样段镭氡平衡系数特别小的的矿段有 1 段。在巴彦乌拉矿床其他地段的镭氡平衡系数计算中也存在同样的情况。这些因素使得采用矿心分析与 γ 测井解释结果计算的方法求得的矿床镭氡平衡系数结果可信度较低。

**表 3 物探参数孔 γ 测井最终解释结果与矿心取样化学分析结果对比表**

| 钻孔编号 | 矿心取样分析测试结果 | | | | | | γ 测井解释结果 | | | | |
| | 取样位置/m | | 样长/m | 采取率修正后的样长/m | 铀含量/% | 米百分数/m·% | 矿层位置/m | | 厚度/m | 铀含量/% | 湿度修正后的铀含量/% | 米百分数/m·% |
| | 自 | 至 | | | | | 自 | 至 | | | | |
| WTZK1189-229 | 108.55 | 118.55 | 10.00 | 10.00 | 0.028 7 | 0.287 0 | 109.15 | 118.65 | 9.50 | 0.027 9 | 0.030 3 | 0.287 9 |
| WTZK1173-239 | 95.35 | 104.65 | 8.10 | 9.30 | 0.017 7 | 0.164 6 | 94.85 | 104.65 | 9.80 | 0.019 5 | 0.021 2 | 0.207 6 |
| WTZK8-3 | 126.20 | 131.10 | 4.50 | 4.90 | 0.043 2 | 0.211 7 | 126.00 | 130.90 | 4.90 | 0.046 9 | 0.050 9 | 0.249 6 |
| WTZK15-3-1 | 120.70 | 122.70 | 2.00 | 2.00 | 0.051 3 | 0.102 6 | 120.70 | 122.70 | 2.00 | 0.044 2 | 0.048 0 | 0.096 0 |
| | 122.80 | 129.50 | 6.20 | 6.70 | 0.025 1 | 0.168 2 | 122.80 | 129.50 | 6.70 | 0.022 6 | 0.024 5 | 0.164 6 |
| Σ(对厚度与米百分数) | | | | 32.90 | | 0.934 1 | | | 32.90 | | | 1.005 5 |
| 平均值(对含量) | | | | | 0.033 2 | | | | | | 0.035 0 | |
| 相对误差/% | | | 厚度:0 | | 含量:5.14 | | 米百分数:7.10 | | | | | |
| γ 测井解释与矿心取样对比结果 | | | | | | $f = 1.005 5/0.934 1 = 1.08$ | | | | | |
| 表中引入修正参数:湿度 $W = 7.93\%$,镭氡平衡系数 $P_{Rn} = 0.87$,铀镭平衡系数 $K_p = 0.88$ | | | | | | | | | | | |

## 6.2 镭氡平衡系数计算方法分析

通过物探参数孔测量法和矿心分析与 γ 测井解释结果计算的方法均可得出镭氡平衡系数。虽然采用物探参数孔测量法的物探参数孔施工工期和观测周期较长,成本也较高,但物探参数孔测量法因素较少,计算的结果比较科学和合理,而采用矿心分析与 γ 测井解释结果计算的方法成本低,但数据量大,影响因素较多。两种方法影响因素分析如下:

(1)物探参数孔测量法计算镭氡平衡系数比矿心分析与 γ 测井解释结果计算的方法受客观因素较小。矿心分析与 γ 测井解释结果计算的方法在钻探过程中常受矿心颠倒、矿心拉长等人为因素的影响。而物探参数孔测量法计算镭氡平衡系数从终孔测井到状态观测采用同一台 γ 测井仪,消除了仪器的系统误差,同时在测量过程中最大程度地保持了矿层地原始状态,不受测量条件变化的影响。

(2)采取率修正对矿心分析与 γ 测井解释结果计算的方法也会有影响。尽管相应规范要求,采用矿心分析与 γ 测井解释结果计算的方法要求矿段采取率不低于 85%,但对于不是 100% 采取的矿段,总存在没有采上来的矿心。但没有采上来的矿心有可能是铀含量高的矿样,也可能是铀含量低的矿样,对此,一般在计算过程中采用对采取率修正的办法,但无论怎样修正,必然存在用高品位结果代替低品位(未采上来的为低品位)或者用低品位结果代替高品位(未采上来的高品位)的情况,对镭氡平衡系数计算结果都会产生一定的误差。而物探参数孔测量法前后观测数据连续且客观地记录了矿段中 γ 放射性照射量率的变化情况。

## 7 结论

(1)物探参数孔测量法和矿心分析与 γ 测井解释结果计算的方法均可得出相应的镭氡平衡系数。

物探参数孔测量法成本较高,但受主观和客观因素影响较少,方法比较简单、科学、合理,计算结果准确、可靠;而矿心分析与γ测井解释结果计算的方法计算成本低,但数据量大,取样质量要求高,计算结果影响因素较多。鉴于以上的讨论,本人认为物探参数孔测量法和矿心分析与γ测井解释结果计算的方法在地浸砂岩型铀矿镭氡平衡系数计算和研究中都非常重要,缺一不可,两种方法之间可以互相验证。

（2）钻探施工过程中应加强钻探各个环节技术管理,提高矿心采取率,保障矿心质量,降低对铀资源量计算中准确计算物探参数的影响程度。

在矿床储量计算中,镭氡平衡系数的引用及准确计算既保证了γ测井定量解释结果的真实性和确定矿层边界的准确性,又使计算出的铀资源量更接近于实际铀资源量,为最终提交矿床储量计算报告提供了可靠详尽数据。

**参考文献:**

[1]  EJ/T 611—2005,γ测井规范[S]. 2005.

[2]  黄锢俯,等. 内蒙古苏尼特左旗巴彦乌拉铀矿床芒来地段勘查地质报告[R],核工业二〇八大队,2018.

[3]  何辉龙,等. 钻孔中氡的迁移模拟,东华理工大学[D]. 2018.

[4]  EJ/T 1214—2016,地浸砂岩型铀矿资源/储量估算指南[S]. 2016.

[5]  EJ/T 1230—2008,地浸砂岩型铀矿镭氡平衡系数测量规程[S]. 2008.

[6]  黄建国,等. 砂岩型铀矿铀镭及镭氡平衡系数研究[D]. 东华理工大学,2017.

[7]  黄笑,等. 地浸砂岩型铀矿勘查中物探参数孔的实施成果[C]. 中国地质学会,2015.

[8]  邓小卫,等. 可地浸砂岩型铀矿储量计算中的镭氡放射性平衡系数研究[J]. 铀矿地质,2003,19(6):356-359.

# Calculation and discussion of radium radon equilibrium coefficient in Manglai section of Bayanwula uranium deposit

XIONG Pan,WANG Wei,HUANG Qiang-fu,WU Jing-zhong

(NO. 208 Geologic Party, CNNC, Baotou of Iner Mongolia Region. 014010 China)

**Abstract:** During the drilling process of in-situ leached sandstone type uranium deposit, due to the existence of radon pressure in borehole, the radium radon content in the uranium deposit in borehole appears temporarily unbalanced phenomenon, resulting in the low uranium content explained by γ logging, which ultimately affects the accuracy of uranium resource estimation. Based on the analysis of the causes of the destruction of radium radon equilibrium in in-situ leached sandstone type uranium deposit, this paper discusses the calculation methods of radium radon equilibrium coefficient, and discusses the different calculation methods. The accurate acquisition of the equilibrium coefficient provides a scientific basis for the correction of γ logging interpretation data, the division of orebody boundary and the calculation of uranium reserves in Manglai section of Bayanwula uranium deposit.

**Key words:** In-situ leached sandstone-type uranium deposit; Manglai section of Bayanwula uranium deposit; Gamma logging; Modification of γ logging interpretation results; Radium radon equilibrium coefficient

# 乔尔古地段赛汉组上段古河谷砂体岩石
# 地球化学特征及铀成矿关系

刘国安,彭瑞强,任晓平,乔　鹏

(核工业二〇八大队,内蒙古 包头 014010)

**摘要:**乔尔古地段位于乌兰察布凹陷中东部,脑木根凹陷北东部,该区主要含矿目的层为下白垩统赛汉组上段($K_1 s^2$),是一套河流沉积体系,目前在乔尔古地段已经落实了铀矿产地,具有很好的找矿前景。本文通过对乔尔古地段所取样品及氧化带基本类型及特征分析研究,分析总结出乔尔古地段古河谷砂体以长石砂岩为主,砂岩主要为碎屑物和杂基组成,胶结物含量较少,碎屑物中长石含量偏高,显示了近源沉积的特性,砂岩成分成熟度及结构成熟度偏低,岩石碎屑组分具有不均一性;乔尔古地段主要发育为潜水—层间氧化带,矿体主要产于红色、黄色与灰色砂体接触部位,且偏向于灰色砂体中,灰色砂体及矿石中全硫含量均远远高于其他砂体,说明铀成矿与硫化物有着密不可分的关系。

**关键词:**乔尔古;赛汉组上段;层间氧化

## 1　地质概述

二连盆地位于西伯利亚板块与华北板块缝合线的构造部位,是在兴—蒙海西期褶皱基底上发育起来的大型中新生代断—坳复合型裂谷盆地。盆地由川井坳陷、乌兰察布坳陷、马尼特坳陷、腾格尔坳陷、乌尼特坳陷和苏尼特中央隆起等 6 个二级构造单元组成[1]。乔尔古地段主要位于乌兰察布凹陷中东部,脑木根凹陷北东部,该地段目的层赛汉组上段的发育受到两侧凸起和苏尼特隆起的夹持呈北北东向展布(见图 1)。

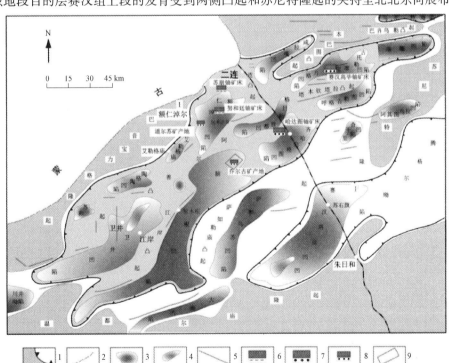

图 1　乌兰察布凹陷构造分区图

1—沉积盆地边界线;2—国界线;3—凹陷 4—凸起;5—断层;6—泥岩型铀矿床;7—砂岩型铀矿床;8—砂岩型铀矿产地;9—乔尔古范围

**作者简介:**刘国安(1988—),男,工程师,现主要从事砂岩型铀矿找矿工作

## 2 乔尔古地段古河谷砂岩岩石地球化学特征

### 2.1 砂岩的主要类型

由于研究区内样品数量少,部分样品数据不全,结合野外实际岩心编录及样品分析数据,认为现有数据具有一定的共性和代表性[2]。根据 Fulk(1965)砂岩分类法,将研究区内样品进行分析投点,在 Fulk 三角图(见图 2)中可以看出研究区砂岩类型包括长石砂岩、岩屑长石砂岩、岩屑砂岩,研究区砂岩主要留在长石砂岩区域中,即砂岩主要类型为长石砂岩。

### 2.2 砂岩的物质组成及成分特征

研究区砂岩主要由碎屑物和杂基组成,胶结物含量较少,砂岩中含砾较多磨圆分选差,填隙物含量较高 11%～17%之间,填隙物以伊利石、高岭土等黏土物质为主,胶结物很少,具体含量见表 1,碎屑物物质成分以石英、长石为主,岩屑次之,云母含量极少,岩屑成分多为花岗岩,偶见变质岩。

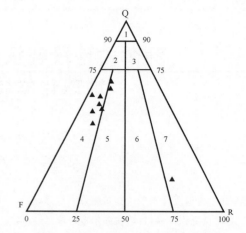

图 2　乔尔古地段赛汉组上段古河谷砂岩 Fulk 图
1—石英砂岩;2—长石石英砂岩;3—岩屑石英砂岩;
4—长石砂岩;5—岩屑长石砂岩;
6—长石岩屑砂岩;7—岩屑砂岩

表 1　乔尔古地段赛汉组上段古河谷砂岩成分统计表

| 砂岩类型 | 碎屑物/% | 杂基/% | 胶结物/% |
|---|---|---|---|
| 红色 | 83.00 | 17.00 | √ |
| 黄色 | 89.00 | 11.00 | √ |
| 灰色 | 86.84 | 13.16 | √ |

注:√表示含量<1%

砂岩填隙物以杂基为主,胶结物次之,杂基成分主要为伊利石、高岭石,个别样品中含少量粉砂,胶结物主要为黄铁矿、褐铁矿。

### 2.3 砂岩的结构特征

本文主要从碎屑物粒度及胶结类型两方面描述砂岩的结构特征,粒度采用筛析法分析。

#### 2.3.1 碎屑物粒度

根据粒度样品分析测试结果统计(见表 2),研究区砂岩平均粒径 Mz 范围$-0.35～2.39\varphi$;标准偏差 σ 在 0.82～1.85 之间,岩石分选性主要表现为较差,个别分选性中等;偏度 SK 主要分布在 0.12～1.42,主要表现为正偏态—很正偏态,反应碎屑沉积物组分偏于粗粒;峰度 KG 在 1.81～4.05 之间,频率曲线形态表现为很尖锐—非常尖锐,结合标准偏差和偏度值,反映了岩石碎屑组分的不均一性,在频率曲线形态上以双峰或多峰为主。粒度概率图中一段型、二段型均可见到(见图 3)。

一段型概率曲线为一条直线,斜率一般小于45°(见图3(a)),说明各粒级总体分异不好,粒级范围宽,同时也反映出了分选性差,为高能环境下的快速沉积,主要反映了河道沉积中不等粒砂岩的沉积特征。二段型概率曲线以跳跃总体为主,其中二段型概率曲线跳跃总体含量占30%～90%,斜率20°～55°,分选性较差-差,细截点较粗(2～4$\varphi$)(见图3(b)和(c))。

表 2　乔尔古地段赛汉组上段古河谷砂岩筛析粒度统计表

| 钻孔号 | 样品编号 | 深度/m | 编录岩性 | 平均粒径 MZΦ | 标准偏差 | | 偏度 | | 峰度 | |
|---|---|---|---|---|---|---|---|---|---|---|
| | | | | | σ | 分选性 | SK | 程度 | KG | 程度 |
| ZK11 | 14-1LNmg005 | 546± | 褐红色砂质砾岩 | 0.99 | 1.28 | 较差 | 0.63 | 很正偏态 | 3.04 | 非常尖锐 |
| ZK11 | 14-1LNmg011 | 698± | 灰色细砂岩 | 2.39 | 0.82 | 中等 | 0.25 | 正偏态 | 3.04 | 非常尖锐 |
| ZK12 | 15L₁-BS011 | 638± | 浅黄色砂质砾岩 | 0.62 | 1.41 | 较差 | 0.60 | 很正偏态 | 2.91 | 很尖锐 |
| ZK12 | 15L₁-BS012 | 645± | 浅红色含砾粗砂岩 | 0.67 | 1.35 | 较差 | 0.63 | 很正偏态 | 3.08 | 非常尖锐 |
| ZK12 | 15L₁-BS014 | 663± | 浅灰色砂质砾岩 | 0.31 | 1.54 | 较差 | 0.69 | 正偏态 | 2.64 | 很尖锐 |
| ZK13 | 15L₁-BS020 | 601± | 灰白色中砂岩 | 1.10 | 1.22 | 较差 | 0.12 | 很正偏态 | 3.37 | 非常尖锐 |
| ZK13 | 15L₁-BS021 | 608± | 浅红色砂质砾岩 | 0.85 | 1.85 | 较差 | 0.49 | 很正偏态 | 1.81 | 很尖锐 |
| ZK14 | 16L₁-BS028 | 409± | 灰色细砂岩 | 2.05 | 1.12 | 较差 | 0.81 | 很正偏态 | 2.77 | 很尖锐 |
| ZK14 | 16L₁-BS029 | 411± | 灰色含砾中砂岩 | 0.99 | 1.66 | 较差 | 0.34 | 很正偏态 | 2.41 | 很尖锐 |
| ZK14 | 16L₁-BS031 | 421± | 灰色砂质砾岩 | 0.08 | 1.57 | 较差 | 1.08 | 很正偏态 | 3.41 | 非常尖锐 |
| ZK15 | 16L₁-BS043 | 478± | 浅红色细砂岩 | 1.90 | 1.27 | 较差 | −0.3 | 负偏态 | 3.75 | 非常尖锐 |
| ZK15 | 16L₁-BS045 | 499± | 浅红色砂质砾岩 | −0.35 | 1.55 | 较差 | 1.42 | 很正偏态 | 4.05 | 非常尖锐 |
| ZK15 | 16L₁-BS046 | 508± | 灰色细砂岩 | 2.31 | 0.98 | 中等 | 0.79 | 很正偏态 | 3.17 | 非常尖锐 |

注：样品由核工业包头地质矿产分析测试中心测试

#### 2.3.2　砂岩的胶结类型

砂岩碎屑物的胶结类型以杂基支撑为主，杂基成分以伊利石、高岭石为主，少见粉砂，胶结类型以基底式胶结为主，杂基主要为原杂基，重结晶程度低，说明后生变化强度较弱，胶结物多为隐晶质结构，成分以黄铁矿、褐铁矿为主。

### 2.4　砂岩的成熟度

砂岩岩石学特征的研究终将归纳到两个成熟度，即成分成熟度和结构成熟度，综合上述研究结构总结乔尔古地段砂岩成熟度特征，研究区砂岩填隙物、岩屑及长石含量都较高，表明砂岩为近源沉积，其成分成熟度总体较低；标准偏差 σ 以 1～2 之间为主，表明其分选性较差，颗粒多为次棱角状—棱角状，主要为杂基支撑，粒级以砾、粗粒为主，反映了砂岩近源沉积特征以及结构成熟度较低特征。

## 3　乔尔古地段氧化带及岩石地球化学特征与铀成矿关系

乔尔古地段主要产铀层位为下白垩统赛汉组上段，灰色砂体为主要含矿层，岩性以灰色含砾细砂岩、含砾中砂岩为主，砂岩中碎屑物分选性、磨圆度均差，成岩度低，富含黄铁矿。矿体在平面上北东向展布，剖面上以板状为主。矿体空间上定位于灰色与黄色砂体接触部位，赛汉组上段砂体发育特征、断裂构造、后生氧化作用及铀源条件等是该地段主要控矿因素[3]。

### 3.1　乔尔古地段氧化带发育特征与铀成矿关系

乔尔古地段氧化带在古河谷中央氧化最为强烈（见图 4），其特征是在含氧含铀水沿着北西侧氧化，在河谷中心部位水动力条件发生变异的部位卸载重力势能，形成地球化学障，形成矿化，且西部氧化强度高于东部，氧化带在平面上为弯曲不规则的带状呈南西—北东向展布（与古河谷展布方向一致），剖面上从北西向南东呈单个舌状体向前凸出，综上乔尔古地段氧化带类型以潜水—层间氧化带为主。

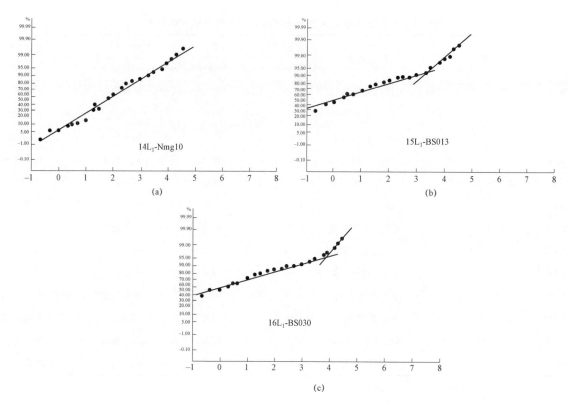

图3 乔尔古地段赛汉组上段古河谷砂岩粒度概率图

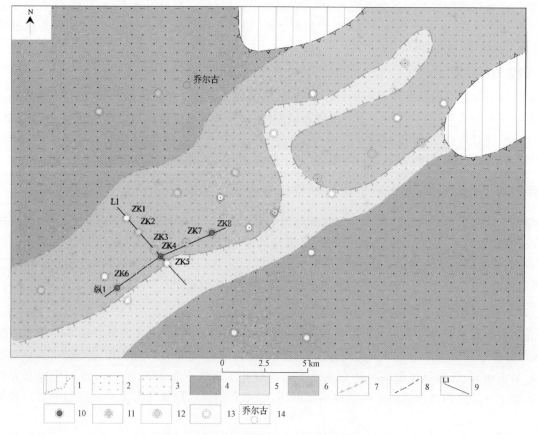

图4 乔尔古地段赛汉组上段沉积体系图

1—隐伏凸起及边界；2—泛滥平原；3—河道填充组合；4—原生红色地球化学类型；5—氧化带；6—氧化—还原过渡带；
7—氧化前锋线；8—岩性—岩相界线；9—勘探线；10—工业矿孔；11—矿化孔；12—异常孔；13—无矿孔；14—地名

由乔尔古地段L1地质剖面(见图5),初步认为乔尔古地段铀矿化与断裂构造有关,古河谷沿着断裂构造脆弱带发育,由于后期受到正断层影响,上盘地层下降,赛汉组上段由于受到拉张作用而发生形变,形成河道北西高,南东低的格局,并发现铀矿化往往位于目的层砂体"陡坡"与"缓坡"变异的部位,即水动力发生变异的部位。结合乔尔古地段纵Ⅰ号剖面(见图6)可知,乔尔古地段铀矿化受黄色氧化舌侧向氧化作用控制,过渡带砂体发育在古河谷的中部,氧化砂体为原生红色、紫红色(见图7)及后生黄色砂体,红色砂岩在电子显微镜下观察到填隙物杂基红色黏土物质周边发育黄色黏土物质,推测为原生红色砂体经过后期还原作用后再次经历了黄色后生蚀变作用;铀矿体常位于黄色—灰色以及经历过黄色后生蚀变的红色与灰色砂体的接触部位且偏向灰色还原带中,完全氧化带中没有铀矿化体产出。

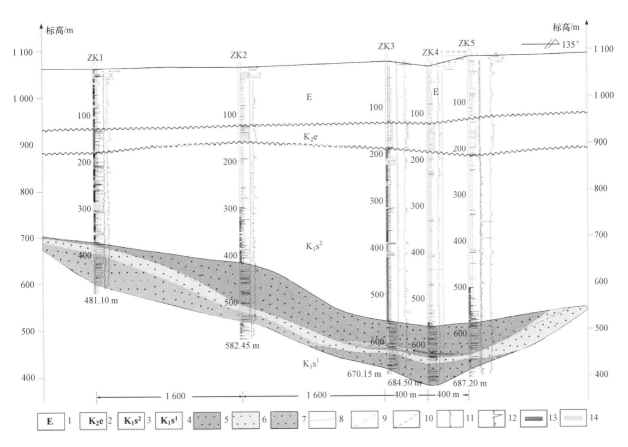

图5 乔尔古地段L1线地质剖面图

1—古近系;2—二叠组;3—赛汉组上段;4—赛汉组下段;5—红色原生氧化带;6—黄色后生氧化带;7—灰色还原带;
8—地层不整合界线;9—氧化前锋线;10—红色砂体尖灭线;11—电阻率曲线;
12—γ测井曲线;13—工业铀矿体;14—铀矿化体

## 3.2 乔尔古地段砂岩岩石地球化学特征与铀成矿关系

### 3.2.1 $Fe_2O_3$ 与 FeO 的含量

铁的价态与砂体的地球化学类型紧密相关,砂体中 $Fe_2O_3$、FeO 的含量及 $w(Fe_2O_3)/w(FeO)$ 能清楚地反映砂体的地球化学类型,指示其地球化学性质。乔尔古地段不同类型砂岩分析测试结果显示,不同类型砂岩中 $Fe_2O_3$、FeO 含量及 $w(Fe_2O_3)/w(FeO)$ 值不同(见表3)。从表3可以看出:不同氧化程度和蚀变的砂体具有不同的 $Fe_2O_3$、FeO 含量,其中黄色砂体中 $w(Fe_2O_3)$ 值及 $w(Fe_2O_3)/w(FeO)$ 的值最大,这主要与砂体的后生氧化作用有关[4]。

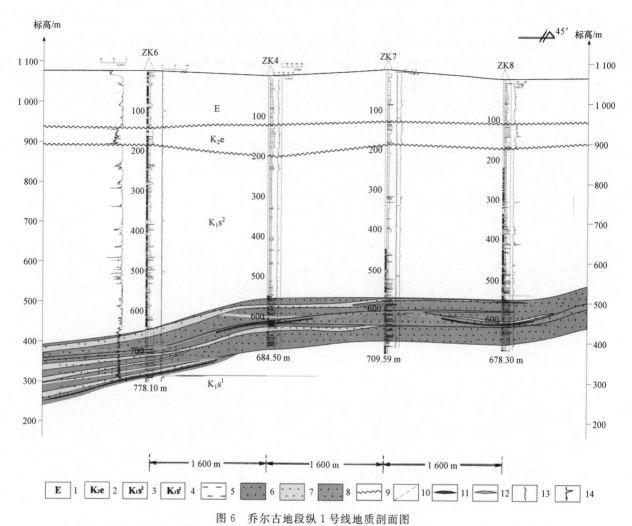

图 6 乔尔古地段纵 1 号线地质剖面图

1—古近系；2—上白垩统二连组；3—下白垩统赛汉组上段；4—下白垩统赛汉组下段；5—泥岩；6—原生红色氧化砂岩；

7—后生黄色氧化带；8—灰色还原砂体；9—地层角度不整合界线；10—氧化带前锋线；

11—工业铀矿体；12—铀矿化体；13—三侧向电阻率测井曲线；14—γ 测井曲线

(a)                              (b)

图 7 乔尔古地段 ZK4 号钻孔 662.30 m 褐红色砂岩及其电子显微镜下照片

表 3  乔尔古地段古河谷砂体地球化学指标分析数据

| 样品类型 | 样品个数 | $w(Fe_2O_3)/\%$ | $w(FeO)/\%$ | $w(Fe_2O_3)/w(FeO)$ | W(S全)/% |
|---|---|---|---|---|---|
| 红色砂体 | 8 | 0.94 | 0.43 | 2.19 | 0.025 |
| 黄色砂体 | 6 | 1.63 | 0.42 | 3.88 | 0.032 |
| 灰色砂体 | 5 | 1.24 | 0.60 | 2.07 | 0.060 |
| 矿石 | 5 | 1.01 | 0.42 | 2.40 | 0.205 |

### 3.2.2  硫元素含量及其特征

黄铁矿($FeS_2$)是重要的硫化物,对砂岩型铀矿床的形成具有重要作用,而单硫化物是比有机质和黄铁矿更有效的铀还原剂,硫的含量在原生古氧化红色砂体中质量分数最低,仅为 0.025%,而在矿化砂体及灰色砂体中其质量分数较高分别为 0.205% 和 0.060%,黄色砂体中硫含量低的原因是该砂体经历了较强的氧化作用,黄铁矿被氧化,硫随地下水溶解迁出,所以硫含量较低,这与红色、黄色砂岩中基本观察不到黄铁矿是一致的,矿化砂体和灰色砂体保存了原来沉积时硫的含量,所以矿化砂体和灰色砂体中硫的含量较高[5-7](见图 8)。

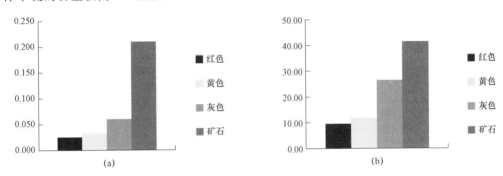

图 8  不同类型岩石地球化学环境
(a) 不同类型砂岩全硫含量;(b) 不同类型砂岩 ΔEh 值

### 3.2.3  岩石比电位

岩石比电位能较好地反映岩石的氧化还原能力,岩石比电位平均值从红色—黄色—灰色—矿石分别为 9.50 mV、11.67 mV、26.40 mV、41.40 mV,这一特点与硫元素在岩石中含量相同,反映出原生古氧化岩石—后生氧化岩石—还原岩石—矿石依次增大的特征,体现出灰色砂岩及矿石具有较强的还原性[8](见图 8)。

## 4  结论

(1)研究区砂岩主要类型为长石石英砂岩,砂岩主要由碎屑物和杂基组成,胶结物含量较少,碎屑物中长石及岩屑含量较高,显示了近源沉积特征,成分及结构成熟度均较低。

(2)研究区砂岩平均粒径 Mz-0.35~2.39 φ,岩石分选性差—较差,偏度以正偏态—很正偏态为主,结合标准偏差及偏度值,反映了岩石碎屑物组分偏粗及不均一性,砂岩碎屑物以杂基支撑,基底式胶结为主。

(3)研究区主要以潜水—层间氧化带类型为主,平面上含铀含氧水沿北西侧氧化,在古河谷中心部位,水动力条件发生变异部位卸载重力势能,形成地球化学障,从而对铀起到富集作用,形成铀矿化;剖面上铀矿化常常形成于氧化—还原界面附近,且多为还原岩石一侧,过渡带岩石中较少。

(4)研究区铀矿化与目的层砂体中硫元素含量及岩石比电位呈正相关,这主要与砂体的还原能力有关,当含铀含氧水遇到含硫高及岩石比电位高的还原砂体后,会使铀沉淀富集。

**参考文献：**

[1] 李华明,等. 马尼特坳陷巴彦乌拉地区赛汉组上段古河道砂岩岩石地球化学特征及其构造背景[J].铀矿地质, 2009,30(1):22-33.

[2] 乔鹏,何大兔,胡国祥,等. 内蒙古二连盆地巴—赛—齐地区铀矿资源调查评价 2015 年年度报告[R].

[3] 张字龙,韩效忠,李胜祥. 鄂尔多斯盆地直罗组砂体地球化学特征及其铀成矿作用[J].世界核地质科学,2008,25 (2):79-85.

[4] 单广宁,秦明宽,刘武生. 二连盆地中部古河道型铀成矿环境地球化学参数特征及应用[J].世界核地质科学, 2015,32(3):59-61.

[5] 凡秀君,聂逢君,陈益平,王维. 二连盆地巴彦乌拉地区砂岩型铀含矿地层时代与古地理环境探讨[J].铀矿地质, 2008,24(3):150-154.

[6] 李思田,解习农,王华,焦养泉. 沉积盆地分析与基础应用[M].北京:高等教育出版社,2004.

[7] 聂逢君,陈安平,等. 内蒙古二连盆地早白垩世砂岩型铀矿目的层时代探讨[J].地层学杂志,2007,31(3): 272-279.

[8] 王思力,聂逢君,严兆斌,等. 鄂尔多斯盆地纳岭沟铀矿床目的层岩石学及铀存在形式[J].中国地质,2018,45 (3):573-590.

# Petrochemical characteristics and uranium mineralization of ancient river valley sandbodies in the upper segmant of Saihan Formation in Qiaoergu area.

LIU Guo-an[1], PENG Rui-qiang[1], REN Xiao-ping[1], QIAO Peng[1]

(CNNC Geologic Party NO.208    Baotou Inner Mongolia. 014010,China)

**Abstract:** The Qiaoergu area is located in the middle-eastern of the Wulanchabu sag and the north-eastern of the Naomugen sag. The main ore-bearing target layer in this area is the upper segmant Saihan Formation of the Lower Cretaceous $(K_1s_2)$, which is a set of fluvial sedimentary system. The Orefield has been confirmed in the Qiaoergu area, which has great prospecting prospects. Based on the analysis and research of the basic types and characteristics of the samples taken from the Qiaoergu area and the oxidation zone, this paper analyzes and summarizes that the ancient river valley sand body of the Qiaoergu area is mainly composed of feldspar sandstone, and the sandstone is mainly composed of clastics and miscellaneous bases. The content of feldspar is relatively small, and the content of feldspar in the clastics is relatively high, which shows the characteristics of near-source sedimentation. The maturity of sandstone composition and structure is relatively low, and the rock clastic components are heterogeneous; the Qiaoergu area is mainly developed It is a phreatic-interlayer oxidation zone. The ore bodies are mainly produced in the contact parts of red, yellow and gray sand bodies, and tend to be in gray sand bodies. The total sulfur content in gray sand bodies and ore is much higher than other sand bodies. Uranium mineralization is closely related to sulfide.

**Key words:** Qiaoergu area;The upper segmant of Saihan Formation;Interlayer oxidation.

中国核科学技术进展报告(第七卷)
铀矿地质分卷　Progress Report on China Nuclear Science & Technology (Vol.7)　2021 年 10 月

# 二连盆地川井坳陷砂岩型铀成矿条件特征及潜力评价

徐亚雄[1]，董续舒[2]，彭瑞强[2]

（核工业二〇八大队，内蒙古 包头 014010）

**摘要**：文章通过对二连盆地川井坳陷砂岩型铀成矿条件特征的分析，认为川井坳陷与砂岩型铀矿成矿密切相关的地质条件包括铀源、构造、古气候、地层及岩性—岩相、水文地质和岩石地球化学条件，这些条件的耦合性直接影响能否形成一定规模的铀矿化。目前在区内已发现较好的工业铀矿化信息以及大量铀矿化异常点（带），主要找矿目的层为赛汉组下段。笔者通过对不同凹陷不同地段的铀成矿条件进行对比分析，指出了桑根达来地段具备形成中型铀矿产地的潜力；苏海布龙、德日斯、巴音杭盖、乌兰呼都格、阿尔呼都格地段找矿潜力和找矿空间较大，为今后区内砂岩型铀矿找矿指明了方向。

**关键词**：川井坳陷；赛汉组下段；砂岩型铀矿

川井坳陷属二连盆地五大坳陷之一，具备形成砂岩型铀矿床的基本条件。通过近两年坳陷内开展勘查工作，在桑根达来地段赛汉组下段中发现了多个砂岩型工业铀矿孔及铀矿化孔，实现了川井坳陷铀矿找矿新进展。在此，笔者根据前人多年来在区内砂岩型铀矿找矿工作经验及综合研究，进一步分析了川井坳陷铀成矿条件及成矿潜力，为今后川井坳陷铀矿找矿提供理论依据。

## 1　区域地质背景

川井坳陷位于二连盆地西部，近东西向展布，东西长 240 km，南北宽 35～80 km，面积约 15 000 km²，东部与二连盆地乌兰察布坳陷隘口相接，西邻宝音图隆起，并与巴音戈壁盆地相隔（见图 1），南部为狼山—白云鄂博隆起，北部为索伦山隆起。

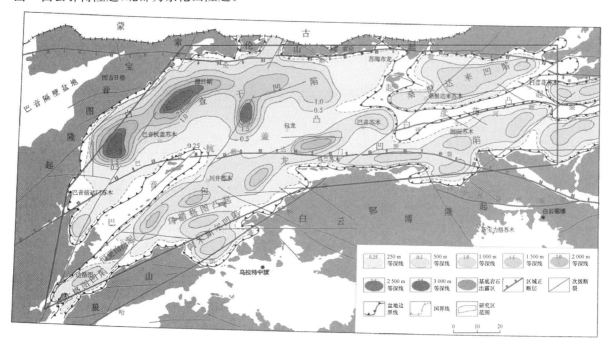

图 1　川井坳陷基底埋深图

**作者简介**：徐亚雄(1990—)，男，现主要从事铀矿勘查等科研工作

川井坳陷基底分割性强,其内部可进一步划分为五个次级构造单元,分别为白音查干、桑根达来、包龙凹陷和巴音杭盖、白彦花凸起。整体东部浅而缓、西部陡而深。两个凸起多为隐伏潜山,局部出露地表。

盖层构造在坳陷一般表现为向盆内缓倾斜的向斜褶皱构造[1-2]。川井坳陷沉积盖层主要有白垩系、古近系及第四系,在地表均有出露。其中白垩系是坳陷的沉积主体,自下而上为阿尔善组($K_1a$)、腾格尔组($K_1t$)、赛汉组($K_1s$)以及二连组($K_2e$)。区内赛汉组为断坳盆地振荡上升阶段接受的一套碎屑岩、泥质岩沉积,砂体较为发育,并富含有机质(炭屑、煤层)、黄铁矿等还原介质,且局部发育后生氧化作用,具备砂岩型铀矿的有利地质条件,目前已在桑根达来凹陷发现有价值的工业铀矿信息,通过近两年的勘查研究,确定赛汉组下段是川井坳陷砂岩型铀矿找矿的主要目的层。

## 2 川井坳陷铀成矿条件特征

川井坳陷内砂岩型(工业)铀矿化类型主要为潜水—层间氧化带型,与砂岩型铀矿成矿相关的地质条件主要包括铀源、构造、地层及岩性—岩相、水文地质和岩石地球化学条件,这些条件环环相扣,缺一不可。因此,铀成矿条件的耦合程度直接影响能否形成一定规模的铀矿床。下面就这些影响或制约铀成矿的条件进行分析。

### 2.1 铀源

川井坳陷周边基底及蚀源区铀源丰富,部分变质岩系、华力西中、晚期及燕山期酸性、中酸性侵入岩铀含量较高,一般为$(3.2\sim5.1)\times10^{-6}$,Th/U 值较大,一般为 4.1~5.2,铀迁出明显,可为区内砂岩型铀成矿提供丰富的铀源。

川井坳陷北部蚀源区主要为海相碎屑岩—碳酸盐岩建造,侵入岩主要为超基性岩体,铀含量均较低,铀源条件不利。而川井坳陷西、南部蚀源区,花岗岩类岩体很发育,尤其是西南的罕乌拉岩体、乌和尔图岩体和南部的狮子头岩体规模较大,铀含量较高(见表1),岩体中有许多铀矿点及矿化点带,表明坳陷南部、西部铀源丰富。

表 1 川井坳陷蚀源区花岗岩特征表

| 时代 | 代号 | 样品数 | U($\times10^{-6}$) | Th($\times10^{-6}$) | Th/U | 总面积/km² | 产状 | 分布 |
|------|------|--------|--------|--------|------|--------|------|------|
| 白垩纪 | Kηγ | 17 | 4.7 | 21.8 | 4.6 | 300 | 岩株 | 西部 |
| 石炭纪 | Cγ | 85 | 5.7 | 4.7 | 0.8 | 2 925 | 岩基 | |
| 中元古代 | Pt2γ | 5 | 2.8 | 34.2 | 12.2 | 75 | 岩株 | |
| 二叠纪 | Pγ | 98 | 3.0 | 15.4 | 5.1 | 2 955 | 岩基 | 南部 |
| 志留纪 | Sγ | 15 | 1.8 | 12.3 | 6.8 | 720 | 岩株 | |

### 2.2 构造条件

川井坳陷受基底断裂的影响,总体上使白音查干凹陷和包龙凹陷形成了南北对称的单断箕状凹陷(见图2),桑根达来凹陷形成了复合型凹陷[3]。

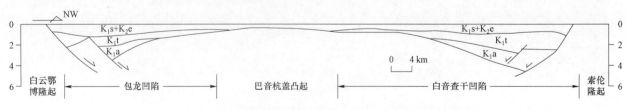

图 2 白音查干—包龙凹陷地震解译剖面图(据石油部门资料修编)

2.2.1 构造形态对含矿建造的作用

不同的凹陷形态对岩性—岩相、地层、氧化带发育等铀成矿条件起着重要作用。区内巴音杭盖和白彦花凸起为隐伏凸起两侧为构造缓坡带,根据目前钻孔揭遇情况看,沿隐伏凸起一侧发育大型的三角洲砂体,其规模较大,控制着目的层砂体的发育。

2.2.2 构造活动对铀成矿的作用

川井坳陷铀成矿与构造活动关系密切,与成矿关键要素有关的构造活动主要为早白垩世晚期构造反转和晚白垩世—古近纪—今整体抬升与差异性沉降。

(1)早白垩世晚期构造反转

在早白垩世早中期(阿尔善期和腾格尔期)是断陷湖盆地发育期,形成众多次级凹陷、凸起,沉积空间不断扩大,形成了工作区沉积主体;早白垩世赛汉组时期构造活动逐渐减弱,断陷沉降、坳陷充填趋于平衡,在盆内形成了大规模三角洲和古河谷。但在赛汉组晚期应力场发生改变,盆地出现短暂挤压抬升,使地层发生褶皱(见图3),形成构造反转,沉积地层出现构造掀斜特征,并形成多个小型逆冲褶皱带,构造背斜高点处大部分遭受到后期剥蚀,构造反转和剥蚀作用对赛汉组进行了强烈改造,在经历了长达二十个百万年的沉积间断后,区内赛汉组上段大部分遭受剥蚀,部分地段赛汉组下段也遭受剥蚀,构造反转直接关系到地表含氧含铀水和地下油气的运移,对后期铀成矿具有非常重要的控制作用。但这次构造事件呈现间歇性特点,整体上并未对区内原物源方向、古地下水的流向造成改变。

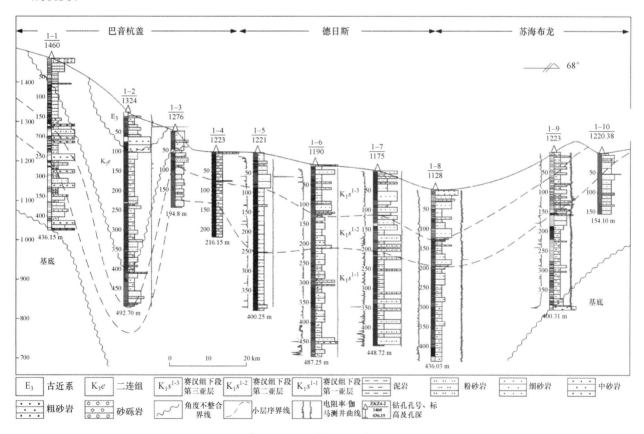

图3 工作区① 号地质剖面图(剖面位置见图6)

(2)晚白垩世晚期—古近纪—今整体抬升与差异性沉降

自晚白垩世末—古近世和始新世—渐新世两个阶段时期,盆地受区域构造的影响,经历了由东向西整体缓慢抬升和由西向东快速抬升,形成苏海布龙地段、白音查干(德日斯)两大剥蚀窗口。剥蚀窗口的形成利于后期含氧含铀水的渗入;中新世至今盆地差异性沉降和整体缓慢抬升,形成现今的蒙古高原。

由此可见,赛汉组末期的构造反转形成利于后生氧化带发育的构造环境,有利于铀矿化的初步形成[4];晚白垩世—古近纪的整体抬升形成了局部的剥蚀窗口,利于后期含氧含铀水的渗入[5],对后期铀成矿也起着重要的作用。

### 2.3 地层及岩性—岩相条件

赛汉组沉积期,古气候环境温暖潮湿,地形地貌相对平缓,大面积河流水系向各沉积凹陷中央快速伸展,湖水退缩,水体相对变浅,发育以浅湖背景的扇三角洲、辫状河三角洲沉积体系(见图4),并在各凹陷形成了相对独立的沉积体系,形成了一套灰色岩系,富含有机质、黄铁矿等还原性介质,使地层本身具有较强的原生还原能力。而有机质对铀有吸收、吸附的作用;目前大部分钻孔均已揭露该地层,从根据岩心、测井及其沉积序列特征来看,赛汉组下段三角洲相砂体发育,局部存在"泥—砂—泥"地层结构,是后生砂岩型铀成矿的有利相带及良好地层结构。其物源供给主要来自南部古隆起区、西部宝音图隆起、隐伏凸起以及部分来自北部的索伦山隆起。

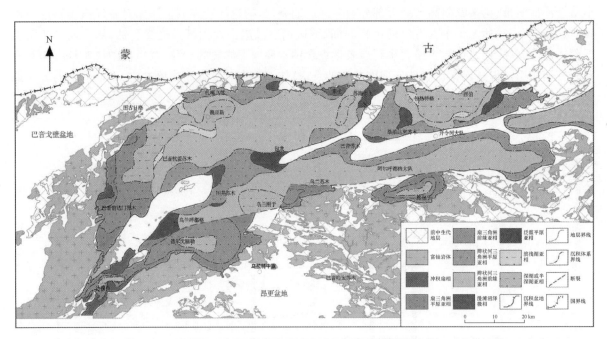

图 4　二连盆地川井坳陷赛汉组下段沉积体系图

### 2.4 水文地质条件

砂岩型铀矿与水文地质条件密切相关,赛汉组沉积时期盆山高差小,该阶段坳陷的古水文动力系统还不是一个完整的体系,而是被中间凸起分割,存在三个相对独立的水动力系统,盆内地下水的活动方向与沉积物的搬运方向一致,以地表径流和潜水为主要活动方式,排泄区则与湖相或沼泽相区相吻合,它们之间可能存在局部的水力沟通。

晚白垩世后,川井坳陷整体地势南高北低,地下水迳流方向是由南向北,地下水主要接受南部蚀源区基岩裂隙水和大气降水的垂直渗入补给。在西部蚀源区,由于地下水分水岭靠近本坳陷一侧,其地下水水量有限,自然含氧含铀水较少;坳陷南部,广大区域多为二连组厚层泥岩覆盖区,仅在巴音呼都格至川井一线和熊包子至桑根达来一线存在富水性、渗透性较好的区带(见图5),相应的含氧含铀水较丰富。来自南部蚀源区的地下水,首先补给上白垩统二连组,再通过该组经过迳流补给下游区赛汉组;在剥蚀窗口地段赛汉组下段直接出露地表,可接受大气降水的垂向渗入补给,如在德日斯和苏海布龙等地。而坳陷北部存在零星分布的基岩裂隙水的补给,但北部蚀源区靠近排泄区,且迳流区较短,所以来自北部的地下水补给较少。

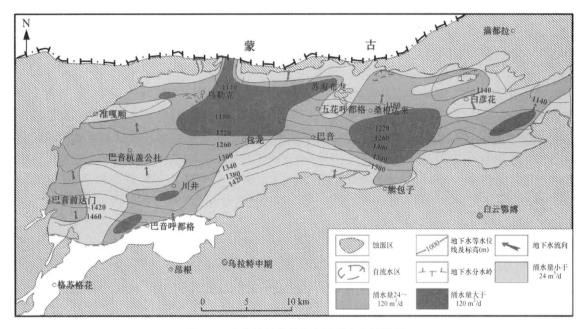

图 5  二连盆地川井坳陷白垩系水文地质图

## 2.5  地球化学条件

### 2.5.1  岩石还原特征

盆内早白垩世赛汉组时期形成一套富含有机质的灰色岩系,并且发育有煤层,在沉积成岩及压实过程中,可以产生甲烷等烃类气体,形成还原剂,使地层本身具有较强的还原能力,对铀进行吸附预富集。此外,深部腾格尔组为石油系统主要生储油层,油气可沿深部断裂或岩石裂隙上升,使上部岩石遭受还原,为后期铀矿物沉淀提供充足的还原能力。

### 2.5.2  岩石氧化特征

赛汉期后,盆地一直处于相对隆升的状态,在不断接受周边蚀源区地下水补给的同时,并接受古潜水氧化作用,潜水氧化作用主要发育在盆地边缘及凹陷内在赛汉组下段出露地表的地段(见图6),

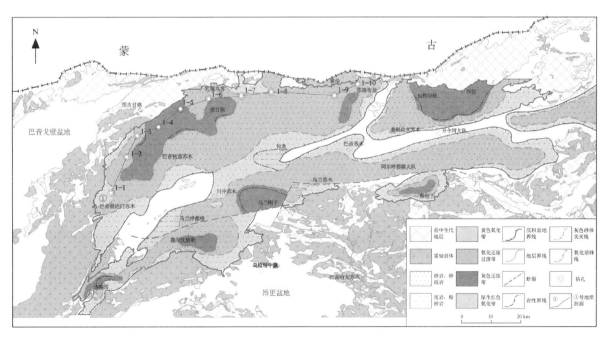

图 6  二连盆地川井坳陷赛汉组下段岩性地球化学图

由蚀源区构造裂隙向盆内运移,形成潜水—层间氧化带;晚白垩世—新近纪,古气候环境干旱炎热,有利于含氧含铀水向深部层位运移进而形成层间氧化带,是后生改造成矿期,并且后生改造成矿时长达60 Ma,具有较大成矿可能性。

本区赛汉组下段潜水—层间氧化带主要沿巴音杭盖隐伏凸起两侧、巴音杭盖西南缘、桑根达来西—南缘边缘部位发育,如桑根达来、开令河、巴音杭盖等地段,潜水氧化作用主要分布在赛汉组下段出露地表的地段,如苏海布龙、德日斯等地段。由于三角洲平原沉积砂体还原能力较弱而形成完全氧化带,三角洲前缘由于砂体粒度变细,且还原地质体丰富,铀往往富集在辫状河三角洲平原与前缘过渡部位的炭质泥岩和褐煤中或富含有机质砂体中,形成潜水—层间氧化带型铀矿床。区内赛汉组下段氧化带一般长 10~50 km,宽 1~15 km,氧化还原过渡带长 10~60 km,宽 1~12 km,不同地段氧化最大深度可达 480~540 m,氧化率平均 1%~62%,其中氧化率在 20%~80% 内最易成矿。

## 3 潜力分析

整体上川井坳陷具备较好的铀成矿地质条件,对于三大凹陷不同地段而言,其成矿条件的耦合程度不同,造成铀成矿具有明显的分布特征。通过上述铀成矿条件的综合研究(见表 2),总体分析如下。

(1)白音查干凹陷苏海布龙、德日斯、巴音杭盖地段,其铀成矿地质条件匹配相对较好,在区内发现大量铀矿化异常,具有一定的找矿前景,值得进一步探索,并同时要注重深部层位的探索。而凹陷北部扎嘎乌苏—苏海布龙北部、德日斯一带目的层仍具备成矿有利的储集砂体及后生氧化作用,但由于凹陷内主要物源及地下水来源于南部和西南部,因此这一带成矿条件匹配较差,潜力较小;在凹陷的西南缘地区由于目的层赛汉组下段抬升较浅全部氧化,不具备铀矿找矿条件。

(2)在桑根达来凹陷南西桑根达来地段目的层赛汉组下段发育良好的构造、地层、砂体及氧化带等条件,赛汉期至今凹陷内地下水流向由南向北,具有独立的补、径、排水力体系,有利于铀进一步富集,同时在该地段见到较好的工业铀矿化信息,具备形成中型铀矿产地的潜力;在开令河地段赛汉组下段埋深变深,砂体规模发育较差,但在氧化前锋线附近见有铀异常显示,具有一定的找矿潜力;桑根达来凹陷北西缘包热特格地段具有储集砂体发育良好的构造形态,沿西部苏海布龙剥蚀窗口向盆内发育强烈的后生氧化作用,但氧化带规模较差,其成矿前景较小,但仍值得进一步探索;凹陷中部西伯地段为大面积湖泊沉积体系,砂体及后生氧化作用发育较差,不具备砂岩型铀矿化的成矿条件。

(3)在包龙凹陷西部乌兰呼都格地段沿巴音杭盖凸起一侧发育三角洲砂体,砂带呈近东西上展布,沿隐伏凸起一侧发育潜水—层间氧化作用,砂体氧化强烈,具有较好的找矿前景;凹陷东部阿尔呼都格地段存在较好的大型斜坡带,南北铀源条件较好,同时易发育稳定的三角洲相砂体以及后生氧化作用,具有成矿有利的地质条件,找矿潜力和找矿空间较大,值得进一步开展工作;凹陷中部乌兰刚干地段为本区沉积、沉降中心,发育湖泊沉积体系。不具备砂岩型铀矿的成矿条件。

## 4 结论

(1)坳陷的南部、西部蚀源区岩体发育,铀含量较高,为区内砂岩型铀成矿提供丰富的铀源。

(2)川井坳陷的构造形态制约着含矿建造的发育,早白垩世晚期构造反转作用和晚白垩世—古近纪—今整体抬升与差异性沉降对后期区内铀成矿起着至关重要的作用。

(3)川井坳陷主要找矿目的层为赛汉组下段,发育一套辫状河(扇)三角洲沉积体系,砂体发育,并含有丰富的还原介质,可为铀矿化富集提供还原屏障,具备后生砂岩型铀成矿的有利铀储集层。

(4)在巴音呼都格至川井一线和熊包子至桑根达来一线水动力条件较好,含氧含铀水较丰富。沿巴音杭盖隐伏凸起两侧、桑根达来西—南缘部位发育潜水—层间氧化带,在苏海布龙—德日斯剥蚀窗口附近发育潜水氧化作用,铀矿化与潜水—层间氧化作用密切相关,铀矿化富集在辫状河三角洲平原与前缘过渡部位的富含有机质砂体中。

表 2 川井坳陷铀成矿潜力评价一览表

| 序号 | 评价内容 | 白音查干凹陷 | | | | | | 桑根达来凹陷 | | | | 包龙凹陷 | |
|---|---|---|---|---|---|---|---|---|---|---|---|---|---|
| | | 苏海布龙地段 | 德日斯地段 | 巴音杭盖地段 | 扎嘎乌苏—苏海布龙北部地段 | 巴音杭盖西南地段 | 德日斯—巴音杭盖地段 | 桑根达来地段 | 开会河地段 | 包热特格地段 | 西伯地段 | 乌兰呼都格地段 | 阿尔呼都格地段 |
| 1 | 构造形态 | 单断箕状（北断南超） | | 单断型 | 单断（北缘为陡坡带） | | | 坳陷型 | 单断箕状（北断南超） | 坳陷型 | 单断（北缘为陡坡带） | 单断箕状（南断北超） | |
| 2 | 构造背景 | 断陷期—坳陷期 | | | | | | | | | | | |
| 3 | 构造演化 | 赛汉组末期主干断裂构造反转，沉积同断造成赛汉组上段被强烈剥蚀，晚白垩世—古近纪构造抬升，赛汉组下段出露地表，形成德日斯—苏海布龙剥蚀窗口 | | | | | | 赛汉组末期主干断裂构造反转，沉积同断造成赛汉组上段被强烈剥蚀；晚白垩世末—古近纪构造抬升，赛汉组下段出露地表，形成窗口 | | | | 不明 | |
| 4 | 铀源 | 较丰富 | | | | | | 丰富 | | 较丰富 | 不丰富 | 丰富 | |
| 5 | 沉积体系 | 以辫状河三角洲、扇三角洲沉积体系平原亚相辫状分流河道，泥炭沼泽微相为主，局部地区剥蚀较弱 | | | | | | 扇三角洲沉积体系平原亚相水下分流河道，次为前缘亚相及湖相过渡部位 | | | | 不明 | |
| 6 | 地层改造强度 | 德日斯—苏海布龙剥蚀强烈，局部地区剥蚀较弱，普遍存在一层古风化壳 | | | | | | 桑根达来地段剥蚀强烈，存在一层古风化壳 | 赛汉组下段顶部剥蚀强烈，存在一层古风化壳 | | 北部 ZK3107 钻孔一带被抬升出露地表 | 不明 | |
| 7 | 砂体规模 | 中 | 大 | 中 | 中 | 大 | 小 | 大 | 中 | 中 | 小 | 中 | 不明 |
| 9 | 砂体渗透性 | 中等—好 | 差—中等 | 差—中等 | 中等—好 | 中等—好 | 差—中等 | 中等—好 | 中等—好 | 中等—好 | 差—中等 | 中等 | 不清 |
| 10 | 岩石还原能力 | 较强 | 强 | 较强 | 较强 | 弱 | 强 | 强 | 较强 | 强 | 强 | 中等—弱 | 不清 |
| 11 | 后生氧化作用 | 潜水氧化、潜水—层间氧化作用 | | | | | | | | | 潜水—层间氧化作用 | 潜水—层间氧化作用 | |
| 12 | 氧化带规模 | 大 | 大 | 大 | 小 | 大 | 大 | 中等 | 中等 | 大 | 弱 | 大 | |
| 13 | 古水动力条件 | 赛汉组沉积期存在三个相对独立的水动力系统 | | | | | | 可能存在局部水力沟通，晚白垩世直到新构造运动古地下水主体流向由南向北 | | | | | |
| 14 | 铀矿化信息 | 潜水—层间氧化型铀矿化 | | | | | | 潜水—层间氧化型铀矿化 | | | 不明 | 潜水—层间氧化型铀矿化 | 不明 |
| 15 | 工作程度 | 低 | 中 | 中 | 中 | 中 | 中 | 中 | 中 | 低 | 很低 | 很低 | 很低 |
| 16 | 找矿潜力 | 中 | 中 | 小 | 小 | 无 | 很小 | 中 | 中 | 中 | 无 | 小 | 小—中 |

（5）整体上川井坳陷具备较好的铀成矿地质条件，不同地段铀成矿条件的耦合程度不同。通过铀成矿条件分析，认为桑根达来地段具备形成中型铀矿产地的潜力；苏海布龙、德日斯、巴音杭盖、乌兰呼都格地段具有一定的找矿前景，值得进一步探索；阿尔呼都格地段找矿潜力和找矿空间较大，值得进一步开展工作。

参考文献：

[1] 徐亚雄,等. 内蒙古二连盆地川井坳陷中西部铀矿资源调查评价[R].内蒙古包头:核工业二〇八大队, 2019-2020.

[2] 郝进庭. 川井坳陷砂岩型铀成矿条件分析及找矿方向[G].中国核科学技术进展报告(第二卷),2011:91-99.

[3] 高怡文,陈治军,于珺等. 二连盆地白北凹陷油气成藏条件研究及有利区带预测[J].石油地质与工程,2015,29 (4):38-41.

[4] 秦明宽等,二连盆地地浸砂岩型铀矿资源潜力综合评价[R].北京:核工业北京地质研究院,2005.

[5] 彭云彪,刘波,秦彦伟,颜小波. 二连盆地川井坳陷构造演化对砂岩型铀矿成矿作用的约束[J].地质与勘探, 2018.54(5):917-926.

# The characteristics of metallogenic conditions and Potential Evaluation in Chuanjing Depression in Erlian Basin

XU Ya-xiong,DONG Xu-shu,PENG Rui-qiang

(Geologic Party No. 208,Bureau of Geology,CNNC,Baotou,014010,China)

**Abstract**：Based on the analysis of sandstone-type uranium mineralization conditions in Chuanjing depression of Erlian Basin, it is considered that the geological conditions closely related to the mineralization of sandstone-type uranium deposits in chuanjing depression include uranium source, structure, paleoclimate, stratigraphy and lithology-lithofacies, hydrogeology and petro chemistry. The coupling of these conditions directly affects whether uranium mineralization of a certain scale can be formed. Good industrial uranium mineralization information and a large number of abnormal uranium mineralization points （zones） have been found in the zone. The main ore-prospecting target zone is the lower section of the Saihan Formation. The author makes a comparative analysis of uranium mineralization conditions in different depressions and different sections. It is pointed out that Sanggendarai area has the potential of forming medium uranium deposits. Suhaebulon, Dres, Bayinghangai, Wulanhudug and Alhudug have great potential and space for prospecting, which lays the foundation of future exploration in this area.

**Key words**：Chuanjing Basin; The lower section of the Saihan Formation; Sandstone type uranium deposit

# 内蒙古核桃坝地区铀成矿地质条件及找矿新思路

刘青占,蒋孝君,李华明,齐彦宏,李天瑜,张海云,李喜彬

(核工业二〇八大队,内蒙古 包头 014010)

**摘要**:核桃坝地区位于内蒙古自治区中部,沽源-红山子铀成矿带的中段,区内发育良好的铀矿化,铀矿化属于火山岩热液型成因,主要赋存在断裂、裂隙和流纹斑岩中。研究表明流纹斑岩的 U 含量较高,最高可达 $966.00 \times 10^{-6}$,属于亚碱性系列岩石,提供必要的铀源;勘探结果显示,北北西向断裂为区内主要的成矿期断裂,如 $F_2$ 断裂,且裂隙对铀矿化具有同等的控制作用;此外,铀矿化赋存地常发育赤铁矿化、萤石化、硅化、黄铁矿化或绿泥石化等热液蚀变,暗示特定热液蚀变与铀的沉淀和演化密切相关。本文主要从勘查角度出发,明确流纹斑岩、断裂、裂隙和蚀变与铀矿化之间的相互联系,为下一步勘探提供新的找矿方向。

**关键词**:核桃坝地区;铀矿化;成矿地质条件;找矿方向

　　沽源—红山子铀成矿带是我国重要的火山岩型铀成矿带,发育多处铀矿床、铀矿点和铀矿化异常点,其中包括张麻井大型铀钼矿床、红山子小型铀钼矿床、大官厂小型铀钼矿床和许多铀矿(化)点[1-2]。核桃坝地区位于该成矿带的中部,主要发育铀矿化,并伴随有钼、铅锌矿化,诸多地质人员在核桃坝地区开展了较多的科研及勘查工作,主要从铀矿化的成因、形成时代和地质背景等方面进行了研究[3-5]。本文从勘查角度出发,通过综合分析流纹斑岩、断裂、裂隙构造与铀矿化的关系和典型蚀变特征,进一步详细总结区内铀矿化形成的条件及特征,提出新的找矿思路,为铀矿地质勘查提供有利的方向。

## 1　区域地质背景

　　核桃坝地区位于内蒙古中部,大地构造位置处于华北克拉通北缘隆起带和包尔汉图-温都尔庙-翁牛特兴凯—加里东—华力西造山带交汇部位[6](见图 1),区内中生代经历了环太平洋构造域的多期次构造与叠加作用,岩浆和火山作用分布广泛,有利于铀及多金属矿产的形成。

　　区域地层具有三层结构,前寒武纪结晶基底、晚古生界褶皱基底、中生代火山岩盖层[3]。太古宇乌拉山群($Ar_3Wl$)和古生界二叠系下统额里图组($P_1e$)和三面井组($P_1sm$)地层为其基底地层。晚侏罗世到早白垩世,大规模火山活动形成巨厚的中酸性—酸性火山堆积物,形成以晚侏罗世—早白垩世满克头鄂博组($J_3m$)、玛尼吐组($J_3mn$)白音高老组($J_3b$)等酸性火山岩和义县组($K_1y$)安山质火山岩为主的中生代火山岩盖层,前两期火山岩地层也是本区铀及多金属矿主要含矿层[3]。

　　区内以火山构造和断裂构造发育为主。火山构造呈环形分布,在遥感影像上显示为著名的"多伦环",为晚侏罗世—早白垩世形成的火山塌陷盆地,整体呈北东向展布。火山盆地内发育的断裂构造包括北东向大二号黑山嘴断裂和正蓝旗—南炮台断裂,北西向沽源—张北断裂和蔡家营—御道口断裂,近南北向西干沟断裂。断裂将盆地切割成一系列北东向的突起和凹陷,形成现在的三凹两凸的构造格架[3,7],并形成西干沟、榛子山、白家营子等火山机构,核桃坝地区位于榛子山火山机构南缘附近。

　　区域内主要出露元古代、古生代和中生代火山—侵入岩岩体,古元古代出露岩体分布零散,呈小岩株、岩脉或岩席状,岩石主要有变质闪长岩、变质花岗岩、斜长岩、二长岩和正长岩。古生代岩体规模大、期次多,以石英闪长岩、花岗闪长岩、斜长花岗岩石英二长岩、黑云母花岗岩和含白云母伟晶花岗岩为主,中生代岩体与区内矿产形成关系密切,其中三叠纪主要包括镶黄旗敖包乌苏序列花岗岩、

---

**作者简介**:刘青占(1992—),男,助理工程师,硕士,现主要从事铀矿地质勘查与科研工作

太仆寺旗东河沿序列花岗岩和正镶白旗学堂地花岗岩体和太仆寺旗窝地花岗岩体,侏罗纪岩体分布在镶黄旗—正镶白旗地区和化德地区,岩石类型主要为石英闪长岩、黑云母花岗闪长岩、角闪花岗斑岩、黑云钾长花岗斑岩、黑云母花岗岩、石英二长岩、石英正长岩和黑云钾长花岗岩等,白垩纪时期侵入岩体在区内出露较少,主要为一些小规模的次火山岩体,岩石类型为花岗斑岩、流纹斑岩、霏细岩和安山玢岩等[4]。

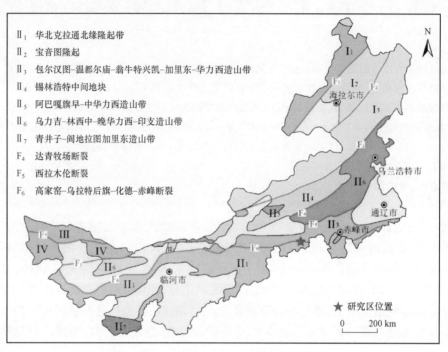

图1　研究区大地构造位置图[6]

## 2　矿区地质

矿区内出露侏罗系上统满克头鄂博组($J_3m$)和白音高老组($J_3b$)及第四系(Q)地层(见图2)。满克头鄂博组由流纹质熔结凝灰岩、流纹质凝灰岩、流纹岩组成。白音高老组主要由流纹岩、流纹质岩屑晶屑凝灰岩、流纹质熔结凝灰岩等岩性组成。

矿区构造以断裂和裂隙为主,按方向断裂可分为北北西向、北东向和近东西向(见图2),且以北北西向为主,查明的断层性质主要为正断,地表及钻孔中皆见有裂隙发育,区内铀矿化主要分布在深部断裂及裂隙中。

矿区内岩浆岩以侵入岩为主,包括晚侏罗世满克头鄂博期浅肉红色花岗斑岩和白音高老期灰黄色流纹斑岩,前者位于矿区中部,呈岩株状侵入到白音高老组地层中,后者位于矿区东部,呈穹窿状产出,且与铀矿化关系最为紧密(见图2)。

## 3　铀矿化特征

核桃坝地区铀矿化属于火山岩热液型成因,铀矿体主要赋存在断裂和裂隙中。

根据钻孔资料,核桃坝地区铀矿体走向为近南北,倾向南西,倾向260°左右,倾角60°~85°,呈透镜状、脉状、扁豆状产出,赋矿岩石为流纹斑岩、流纹质熔结凝灰岩、构造角砾岩及碳质板岩,地表矿体出露极少,多为盲矿体,矿体厚度0.46~3.74 m,品位0.043%~1.021%[8]。

铀矿石主要分为两种,一种为发育赤铁矿化的流纹斑岩型或流纹质熔结凝灰岩矿石,另一种为角砾岩型铀矿石。其中灰黑色角砾岩型铀矿石的含矿岩性为流纹斑岩碎裂角砾岩和含角砾流纹质熔结凝灰岩[3]。

铀矿物以两种存在形式为主,一种为独立铀矿物包括沥青铀矿和次生铀矿物,另一种为分散状态的铀主要存在于含铀赤铁矿、含铀黄铁矿、含铀萤石以及由硅质、黄铁矿、赤铁矿等胶结的构造角砾岩中,含铀矿物以胶结物形式出现,铀矿石品位中等,在深部见星点状或细脉状的沥青铀矿产出[3]。

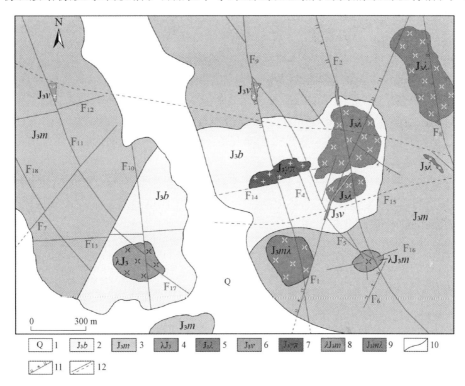

图 2  核桃坝地区铀矿地质图

1—第四系;2—白音高老组;3—满克头鄂博组;4—锈黄色侵出相流纹岩;5—白音高老期流纹斑岩;
6—霏细岩;7—花岗斑岩;8—灰色侵出相流纹岩;9—灰色潜流纹岩;10—地质界线;11—正断层;
12—性质不明断层、推测断层

## 4  讨论

### 4.1  铀源条件

区内与铀矿化关系最为密切的岩体为晚侏罗世白音高老期的流纹斑岩,地表出露于中东部和东北角,出露面积较大(见图 2)。研究表明,该流纹斑岩富硅、富碱,为准铝质-弱过铝质亚碱性系列流纹岩类岩石,属于 A 型花岗岩类型[5],与典型火山岩型铀矿床源岩的岩石地球化学特征一致[9]。流纹斑岩的 U 含量在$(6.66 \times 10^{-6} \sim 966.00 \times 10^{-6})$[5],白音高老组期熔结凝灰岩的铀质量分数为 $4.7 \times 10^{-6}$[3],两者铀含量均较高。区内铀矿化赋存在断裂或裂隙中,断裂中碎裂的含矿岩石为流纹斑岩或熔结凝灰岩,含矿裂隙两侧的流纹斑岩或熔结凝灰岩常发育强赤铁矿化(见图 3(a)和(b)),暗示含铀热液沿断裂或裂隙运移并萃取流纹斑岩和流纹质熔结凝灰岩中的铀,使裂隙或断裂中的铀进一步富集成矿。因此,晚侏罗世白音高老期的流纹斑岩、流纹质熔结凝灰岩皆可为区内铀矿化的形成提供铀源,且以流纹斑岩为主。

### 4.2  铀矿化与断裂及裂隙的关系

核桃坝地区的断裂较发育,北东向包括 $F_1$、$F_6$、$F_7$、$F_{12}$,具有反扭运动特征,断裂内发育构造角砾岩,见铁锰矿化、硅化和碳酸盐化等热液蚀变。近东西向包括 $F_{13}$、$F_{14}$、$F_{16}$,断裂内发育蚀变碎裂岩和褐铁矿化。两组断裂显示多期活动特征,如近东西向断裂面上发育多组擦痕,早期擦线近水平,晚期擦线近直立,晚期均表现为张性断裂特征。北北西向包括 $F_2$、$F_4$、$F_5$、$F_9$、$F_{10}$、$F_{11}$、$F_{17}$、$F_{18}$,断裂延伸较稳定(见图 2),不同地段宽度变化较大,3～20 m 不等,主要呈现为硅化角砾蚀变带,断面陡直,总体西倾,倾角一般在 70°以上。以上断裂晚期主要受来自火山岩浆的上侵作用产生的垂向应力作用的影响,火山岩浆上侵作用的改造使区内各方向的断裂均表现为正断层性质。

区内勘探发现的铀矿化(体)主要赋存在北北西向断裂中,如 $F_2$ 和 $F_9$ 断裂,本文称其为成矿期断裂,即控矿断裂。北北西向断裂中常发育构造角砾岩、碎裂的原岩岩石(流纹斑岩或流纹质熔结凝灰岩)或断层泥等,并伴随有显著热液蚀变现象,此外深部钻孔揭遇的含矿断裂上下的岩石裂隙面发育品位较高的铀矿化(见图 3(a)和(b)),裂隙面较平直,有较好的延伸,在规模大些的含矿裂隙中可见碎裂角砾岩中的角砾呈透镜状,表明含矿裂隙具有"X"型剪裂隙的特征。典型的火山岩热液型铀矿床,如邹家山和居隆庵等铀矿床,矿体皆受裂隙群构造控制[10],表明裂隙群控矿是火山岩热液型铀矿床的一个重要特征。鉴于此,本文认为核桃坝矿体除受断裂控制外,也受裂隙控制,且应该存在含矿裂隙群。裂隙一般与区域应力场和含矿主断裂的活动有关,因此应研究相应的区域应力场和主断裂的活动性质,进一步寻找含矿裂隙群。此外,有研究表明断裂中断层泥中含有的有机质能使 $U^{6+}$ 还原成 $U^{4+}$ 有利于铀的成矿[11],核桃坝 ZKH20 工业钻孔中揭遇的含矿断裂内发育断层泥和含铀矿化碎裂的岩石,断层泥位于铀矿化的上盘位置,铀矿化品位较高,此断层泥可能对铀矿化起到一定的控制作用。因此应对区内发育有断层泥的含矿断裂加以研究。

### 4.3 铀矿化与热液蚀变

因铀通常赋存于副矿物或火山玻璃中,铀源岩发生蚀变、副矿物发生蜕晶化是成矿物质释放的关键,因此围岩蚀变是热液铀矿床的一种重要找矿标志[9]。在核桃坝地区铀矿化常与辉钼矿或方铅矿伴生,与辉钼矿伴生最为常见,钻孔剖面分析表明,铀矿化段的内部常发育赤铁矿化(见图 3(a)和(b))、紫色星点状或脉状萤石化(见图 3(c))、绿泥石化(见图 3(d))、脉状或侵染状黄铁矿化(见图 3(e))、黄绿色水云母化(见图 3(f)),向外围扩展有钾化、硅化、高岭土化蚀变出现,呈现一定的变化规律,其中成矿期蚀变包括水云母化、硅化、紫黑色萤石化和赤铁矿化。以上蚀变常出现在构造活动地段,如断裂破碎带或裂隙密集发育区的附近及外围。蚀变分布比铀矿化的范围广,在剖面上及平面上有一定的范围。因此勘探时发现特定的蚀变,表明距离铀矿化的更进一步。如赤铁矿化是先期形成的铀矿化基础上的低温氧化物,为叠加蚀变,它的出现往往指示高品位铀矿段[3]。

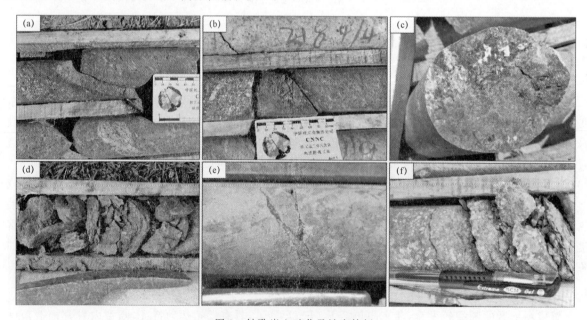

图 3　钻孔岩心矿化及蚀变特征

(a)(b)裂隙中发育较强铀矿化,裂隙两侧岩石发育强赤铁矿化;(c)紫色萤石化、高岭土化蚀变;

(d)绿泥石化蚀变;(e)脉状黄铁矿化;(f)水云母化蚀变

## 5 结论

　　核桃坝地区具有非常有利的火山岩热液型铀矿床形成的条件,区内晚侏罗世白音高老期流纹斑岩和流纹质熔结凝灰岩,具有典型火山岩型铀矿床源岩的岩石地球化学条件及特征,铀含量较高,可为区内铀矿化的形成提供较好的铀源。区内铀矿化主要受断裂和裂隙控制,断裂主要为北北西向,如 $F_2$ 或 $F_9$ 断裂,为区内主要的成矿期断裂,断裂中常发育破碎的岩石、构造角砾岩及热液蚀变,且裂隙控矿较常见,一般以裂隙面上发育铀矿化和钼矿化为特征,两侧岩石发育强赤铁矿化,推测区内存在含矿裂隙群。铀矿化富集区域常发育典型的热液蚀变,如水云母化、黄铁矿化、紫色萤石化,可作为重要的找矿标志。综合以上,应加强含矿裂隙的研究,结合区域应力场,统计含矿裂隙的产状,系统分析最有利的成矿位置,来进行下一步找矿。

**参考文献:**

[1] 张金带,李子颖,蔡煜琦,等.全国铀矿资源潜力评价工作进展与主要成果[J].铀矿地质,2012,28(06):321-326.
[2] 巫建华,丁辉,牛子良,等.河北沽源张麻井铀-钼矿床围岩 SHRIMP 锆石 U-Pb 定年及其地质意义[J].矿床地质,2015,34(04):757-768.
[3] 韩军,薛伟,宋庆年.内蒙古多伦县核桃坝地区火山岩型铀成矿特征及找矿标志[J].吉林大学学报(地球科学版),2015,45(03):772-790.
[4] 薛伟.沽源—红山子铀成矿带中段铀矿地质特征与成矿规律研究[D].中国地质大学,2019.
[5] 蒋孝君,剡鹏兵,薛伟,等.内蒙古核桃坝地区流纹斑岩的地球化学特征及与铀富集的关系[J].现代地质,2017,31(02):225-233.
[6] 毛景文,周振华,武广,等.内蒙古及邻区矿床成矿规律与成矿系列[J].矿床地质,2013,32(04):716-730.
[7] 白志达,顾德林,徐德斌,等.内蒙古多伦环形影像的成因探讨[J].中国地质,2003(03):261-267.
[8] 刘小刚.内蒙古多伦县核桃坝地区铀矿特征及远景预测[D].吉林大学,2018.
[9] 张龙,李晓峰,王果.火山岩型铀矿床的基本特征、研究进展与展望[J].岩石学报,2020,36(02):575-588.
[10] 陈柏林,高允,申景辉,等.邹家山铀矿床含矿裂隙系统研究[J].地质学报,2021,95(05):1523-1544.
[11] 陈光旭.西准噶尔白杨河铀矿床地质特征及成因探讨[D].东华理工大学,2018.

# Uranium metallogenic geological conditions and new ideas for prospecting in hetaoba,Inner Mongolia

LIU Qing-zhan,JIANG Xiao-jun,LI Hua-ming,
QI Yan-hong,LI Tian-yu,ZHANG Hai-yun,LI Xi-bin

(CNNC Geologic Party NO. 208,Baotou City Inner Mongolia 014010,China)

**Abstract:** The Hetaoba area is located in the middle part of the Guyuan-Hongshanzi uranium metallogenic belt in the central part of the Inner Mongolia. Uranium mineralization is well developed in the area,which belongs to volcanic hydrothermal genesis and mainly occurs in fracture,fissures and rhyolite porphyry. Studies show that the U content of rhyolite porphyry is relatively high,up to $966.00 \times 10^{-6}$,belongs to the subalkaline series of rocks and provides the necessary uranium source. The exploration results show that the NNW trending faults are the main mineralization fractures in the area,such as the F2 fracture,and the fractures play an important role in the control of uranium mineralization. In addition,hydrothermal alterations such as hematitization,fluoritization,silicification,pyritization or chloritization often occur in the periphery of uranium mineralization, suggesting that specific hydrothermal alterations are closely related to the precipitation and evolution of uranium. Based on the respect of exploration, this paper clarifies the relationship between rhyolite porphyry, fracture, fissure and alteration and uranium mineralization, so as to provide a new prospecting direction for the next exploration.

**Key words**: Hetaoba area; uranium mineralization; Geological conditions of mineralization; Prospecting direction

# 铀矿冶
# Uranium Mining & Metallurgy

# 目  录

1

# 溶样方法对激光荧光法测定土壤中铀元素的影响

何雨珊

(核工业理化工程研究院,天津 300180)

**摘要:**针对 WGJ-Ⅲ型微量铀分析仪测定微量铀元素含量简便快捷的优势,探究了电热板消解法和微波消解法两种溶样方法对测定土壤中微量铀元素的影响。结果表明:电热板消解法由于是高温常压且敞口处理样品,因此存在的操作步骤繁琐、样品处理时间长、消解不完全等问题;采用微波消解技术对土壤样品进前处理;结合微量铀分析仪测定铀元素含量的方法,通过对国家标准物质 GBW(E)070009 的测定,确定使用硝酸-双氧水-硫酸作为样品的消解溶剂体系,检出限为 $0.017~\mu g/mL$,方法的平均测定下限为 $0.058~\mu g/mL$,校准曲线线性相关系数$>0.999$,相对标准偏差(RSD,$n=6$)小于 5%,回收率为 100%。实验还考察了 pH 对土壤标准物质中铀含量测定结果的影响,通过加入氢氧化钠与痕量铀分析抗干扰专用荧光试剂的混合液,确定最佳 pH 条件 7~10,消除了土壤中无机物对铀含量测定的干扰。

**关键词:**土壤;铀;微波消解

　　铀是一种天然具有放射性的元素,也是重要的核原料之一。随着土壤的迁徙,从而造成环境污染,影响人体健康[1]。因此为保障环境安全和人体健康,需要对土壤中铀进行监测。

　　目前广泛应用的铀元素的测定方法有重量法[2-3]、容量法[4]、极谱法[5]、分光光度法[6]、电感耦合等离子体质谱法、固体荧光法[7]以及液体激光荧光法[8]。由于土壤中的成分复杂,含有大量的无机盐和有机物,样品前处理方式较为困难。前处理直接影响样品测定的准确性和稳定性。近年来,微波消解由于用酸量少、消解效率高、污染少等特点,已广泛应用于环境、地质、生物样品中元素分析。激光荧光法具有灵敏度高、能快速准确的分析出土壤中铀的含量。本文选择硝酸-双氧水-硫酸为溶解酸,利用微波消解技术,实现了荧光法测定土壤中铀含量的测定。

## 1　实验部分

### 1.1　主要仪器及工作参数

　　微量铀分析仪(杭州大吉光电仪器有限公司)

　　电热板(莱伯泰科有限公司,北京)

　　电子天平(METTLER AE240 型)

　　微波消解化学平台(屹尧科技公司,北京)

### 1.2　试剂

　　过氧化氢(30%)、硝酸(优级纯)、硫酸(优级纯)、氢氧化钠(分析纯)、国家土壤标准物质 GBW(E)070009(铀含量 $7.45~\mu g/g$)、$10~\mu g/mL$ 铀标准溶液 GBW(E)080173(北京华工冶金研究院)、痕量铀分析抗干扰专用荧光试剂(核工业北京地质研究院)、实验室用水去离子水。

### 1.3　铀标准使用溶液的配制

　　取 $10~ug/mL$ 铀标准溶液 1 mL 到 100 mL 的容量瓶内,用 pH=2 的硝酸溶液,将铀标准溶液稀释至刻度,标准使用液的铀的质量浓度为 $0.1~\mu g/mL$。

### 1.4　混合液的配制

　　称取 NaOH 0.25 g±0.002 g 于 100 mL 容量瓶内,加入 10 mL 痕量铀分析抗干扰专用荧光试剂,用去离子水稀释至刻度[9]。

### 1.5　实验方法

　　称取 0.1 g±0.002 g 土壤成分分析标准物质 GBW(E)070009,将标准样品置于聚四氟乙烯微波消解罐内,加入 5 mL 硝酸(1+1)2 mL 过氧化氢 2 mL 硫酸(1+1),拧紧消解罐盖子,置于微波消解仪中设定程序加热消解。待温度降至约 35 ℃时取出密闭消解罐。将消解液转入 50 mL 容量瓶中,用去离子水洗涤消解内杯 3 次,洗液合并于瓶中,定容至刻度并充分混匀。

## 2 结果与讨论

### 2.1 消解方式

由于土壤样品中成分较为复杂,腐殖质跟有机物质含量相对较高,需要使用多种酸组合才能完全将样品消解,常规电热板加热酸溶法(敞开体系),主要消解步骤依照标准《HJ840—2017 环境样品中微量铀的分析方法》[10],由于高氯酸属于危险化学品,因此本实验室采用 0.5 mL HF+4 mL HNO₃+1 mL H₂O₂ 作为溶解酸,样品需要蒸干或白烟冒尽,然后用 5%(体积分数)的硝酸溶解可溶性盐。使用微波消解法,消解样品时间短,试剂用量少,采用高温密闭系统,减少样品污染。

按照上述实验方法,称取 0.1 g±0.002 g 土壤成分分析标准物质 GBW(E)070009,分别考察了不同的消解方式和消解体系。结果见表 1。

表 1　GBW(E)070009 样品两种消解方式的测定值

| 消解方式 | 编号 | 标准值/(mg/kg) | 测量值/(mg/kg) | 误差/% | 标准方差/RSD% | 消解效果 | 消解时间 | 消解过程 |
|---|---|---|---|---|---|---|---|---|
| 电热板消解 | 1 | | 4.45 | 3.00 | | 淡黄绿色液体,底部少量残渣 | 21 h | 不易溶解 |
| | 2 | 7.45 | 6.85 | 0.60 | 1.61 | | | |
| | 3 | | 7.50 | 0.05 | | | | |
| 微波消解 | 1 | | 7.25 | 0.20 | | 溶液呈乳白色,略有沉淀 | 27.31 min | 容易溶解 |
| | 2 | 7.45 | 7.50 | 0.05 | 0.14 | | | |
| | 3 | | 7.50 | 0.05 | | | | |

通过表 1 可以看出,电热板加热的数值波动性比较大,因为是敞口高温常压消解,在加热过程中液体飞溅容易造成样品流失和引入杂质,所以导致测量不准确。微波消解由于是密闭环境,所以样品不会损失的数值比较稳定,测量误差小,准确度高,耗时短。

采用 0.5 mL HF+4 mL HNO₃+1 mL H₂O₂、4 mL HNO₃+1 mL H₂O₂+1 mL H₂SO₄ 两组消解体系的溶样效果。试验结果发现:两组消解体系对国家标准物质 GBW(E)070009 进行微波消解,含有氢氟酸的消解液经去离子水溶解时,溶液成的淡黄色,定容后的溶液底部有极少量深黄色不溶物。在测量分析过程中发现因消解溶液中含有氟离子,测定干扰较大,不利于测量,因此排除。含有硫酸的消解液经去离子水溶解后有少量白色沉淀和黑色晶体。在测量过程中得到的数值与国家标准物质的标准值存在误差较小。实验最终确定 4 mL HNO₃+1 mL H₂O₂+1 mL H₂SO₄ 为消解酸,采用微波消解法进行溶样。

### 2.2 干扰与消除

#### 2.2.1 不同 pH 环境的测量值

在消解后样品溶液的测量中发现,溶液的 pH 对测量结果有很大的影响,因此 pH 的调节是很重要的,为了确保所得样品测量值的准确性,我们对不同 pH 下的土壤标准样品进行测试。不同 pH 下的测量值见表 2,pH 的影响图见图 1。

表 2　不同 pH 下的测量值

| PH | 标准值/(mg/kg) | $F_0$ | $F_1$ | $F_2$ | 测量值/(mg/kg) |
|---|---|---|---|---|---|
| 1 | | 11 | 11 | 11 | — |
| 2 | | 19 | 15 | — | — |
| 3 | | 48 | 28 | — | — |
| 4 | | 21 | 32 | 112 | 1.38 |
| 5 | | 27 | 40 | 65 | 13.0 |
| 6 | | 27 | 42 | 65 | 13.2 |
| 7 | 7.45 | 20 | 81 | 293 | 7.25 |
| 8 | | 15 | 93 | 355 | 7.50 |
| 9 | | 14 | 87 | 322 | 7.50 |
| 10 | | 14 | 89 | 332 | 7.50 |
| 11 | | 10 | 07 | — | — |
| 12 | | 23 | 13 | — | — |
| 13 | | 25 | 15 | — | — |
| 14 | | 23 | 12 | — | — |

注:"—"代表未检出

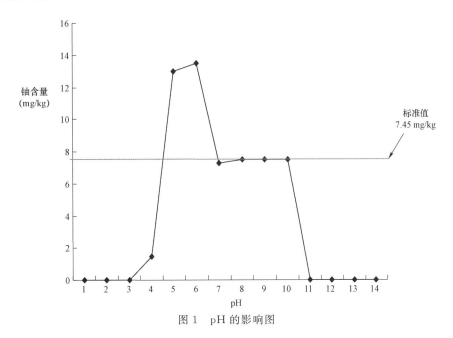

图 1　pH 的影响图

如图 1 所示,标准物质的含量为 7.45 mg/kg,其中与测定值最为接近是溶液的 pH 为 7~10 的样品,因此我们在进行测定样品时需要调整溶液的 pH 到 7~10 这个范围内。

2.2.2　pH 影响的消除

为了消除 pH 对分析环境的影响,特别配制混合液见 1.4,用来调节 pH,使原来样品处于酸性条件下转化为弱碱性条件,从而消除 pH 酸度值对分析环境的影响,更利于样品的测定。

**2.3　方法检出限和精密度**

按照微波消解条件,使用激光荧光法对测定土壤中的铀,结果表明,铀含量与其对应的强度呈线性关系,其相关系数>0.999。对按照消解条件处理的空白溶液进行连续 11 次测定,计算强度值的标准偏差,以该标准偏差的 3 倍所对应的浓度为方法检出限,以该标准偏差的 10 倍所对应浓度作为方法测定下限[11]。最终经计算得到方法检测下限为 0.016 $\mu g/mL$，方法测定下限为 0.064 $\mu g/mL$。对土壤标准样品 GBW(E)070009 进行测量，计算回收率和精密度，实验结果见表 3。

表 3　土壤标准物质 GBW(E)070009 分析结果

| 消解方式 | 编号 | 认定值/(mg/kg) | 测量值/(mg/kg) | 回收率/% | RSD/%($n=6$) |
|---|---|---|---|---|---|
| 微波消解 | 1 | 7.45 | 7.50 | 101 | 2.54 |
| | 2 | | 7.50 | 101 | |
| | 3 | | 7.25 | 97 | |
| | 4 | | 7.50 | 101 | |
| | 5 | | 7.75 | 104 | |
| | 6 | | 7.25 | 97 | |

由表 3 可得，测量结果与认定值基本一致，相对标准偏差为 2.54%，回收率在 97%～101% 之间。

## 结语

本文建立了一种快速、准确的分析测量土壤样品中微量铀的方法，该方法缩短了样品前处理时间，同时提高了样品准确度，回收率可达到 95% 以上。

采用硫酸-硝酸-双氧水消解体系消解样品，这种消解体系能够完全消解土壤中的铀，而且引入杂质少。配制混合溶液消除了 pH 对实验的影响，从而更加准确的测定出铀的含量。

该方法检测下限 0.016 $\mu g/mL$，方法测定下限为 0.064 $\mu g/mL$。满足对环境样品监测分析的要求，可以应用于实际环境土壤样品中微量铀的分析。

**参考文献：**

[1] Di Lella LA, Frati L, Loppi S, et al. Environmental distribution of uranium and other trace elementaatselected Kosovosites[J]. Chemosphere,2004,56(9):861-865. DOI:10.1016/j. chemosphere. 2004.04-036.

[2] 刘立坤,郭东发,黄秋红. 岩石矿物中铀钍的分析方法进展[J]. 中国无机分析化学,2012,2(2):6-9.

[3] 尹明,李家熙. 岩石矿物分析[M]. 北京：地质出版社,2011:685-748.

[4] 刘权卫,罗中艳,朱海巧. 自动电位滴定法精度测试小量铀[J]. 原子能科学技术,2007,41(5):546-549.

[5] 谢宗贵,二次倒数脉冲极谱法直接测定海水及天然水中的痕量铀[J]. 海洋学报,1987,9(1):45-50.

[6] 王琛,赵永刚,张继龙,等. 流动注射-电感耦合等离子体质谱联用分析土壤样品中的铀[J]. 质谱学报.2010,31(1):34-38.

[7] 贾亮亮,尹红云,张敬滨. 新乐工业新区土壤中多种元素的测定,中国无机分析化学,2013,1,47-49.

[8] 张继龙,王林博,等,土壤样品的微波消解及其痕量铀的分析,核化学与放射化学,2003,4,224-227.

[9] 何雨珊,张桂芬,关宁昕,等. 微波消解荧光法测定土壤中的微量铀[P]. 中华人民共和国国家知识产权局,公开号(104359751A).

[10] 中华人民共和国环境保护标准,环境样品中微量铀的分析方法 HJ840-2017[S]. 环境保护部,2017.

[11] 全国化工标准物质委员会. 分析测试试质量保证[M]. 辽宁大学出版社,2004:56-57.

# The influence of sample dissolving method on the determination of uranium in soil by laser fluorescence method

## HE Yu-shan

(Institute of Physical and Chemical Engineering of Nuclear Industry, Tianjin, 300180)

**Abstract:** Aiming at the advantages of simple and quick determination of trace uranium element content by WGJ-Ⅲ trace uranium analyzer, the influence of two sample dissolving methods, electric hot plate digestion method and microwave digestion method, on the determination of trace uranium element in soil was explored. The results show that the electric heating plate digestion method is high temperature and atmospheric pressure and open treatment of samples, so there are problems such as cumbersome operation steps, long sample processing time, incomplete digestion, etc. ; microwave digestion technology is used to pre-treat soil samples; combined with trace uranium The method for determining the content of uranium by the analyzer is to determine the use of nitric acid-hydrogen peroxide-sulfuric acid as the digestion solvent system of the sample through the determination of the national standard material GBW(E)070009, the detection limit is 0.017 $\mu$g/mL, the average determination of the method The lower limit is 0.058 $\mu$g/mL, the linear correlation coefficient of the calibration curve is greater than 0.999, the relative standard deviation (RSD, $n=6$) is less than 5%, and the recovery rate is 100%. The experiment also investigated the influence of pH value on the determination results of uranium content in soil standard materials. By adding a mixture of sodium hydroxide and trace uranium analysis anti-interference special fluorescent reagent, the optimal pH condition 7~9 was determined, which eliminated the soil The interference of inorganic substances on the determination of uranium content.

**Key words:** Soil; Uranium; Microwave digestion

# CO₂＋O₂地浸矿山铀水冶工艺有机物去除方法探究

徐　奇，李　鹏，王如意

(中核内蒙古矿业有限公司，内蒙古呼和浩特，010010)

**摘要**：纳岭沟地浸采铀矿山，采用 $CO_2＋O_2$ 原地浸出工艺，抽注液闭路循环系统运行。在铀水冶工艺中，出现合格液酸化耗时长、沉降速度缓慢、产品质量变差等问题。通过理论分析及有机物含量检测，确定了有机物的大量富集是造成问题的根本原因。为有效地去除有机物，开展合格液、淋洗剂内有机物去除试验。确定了采用新鲜淋洗剂周期性配制，来降低淋洗剂及合格液内的有机物含量的方法。实现了缩短酸化、沉淀浆体老化时间，提高压滤效率及产品质量的目的，确保了离子交换及后处理工序的稳定运行。

**关键词**：有机物富集；合格液；新鲜淋洗剂配制

纳岭沟地浸采铀矿山，采用 $CO_2＋O_2$ 原地浸出工艺，在铀水冶工艺合格液酸化时泡沫大量聚集，严重影响酸化速度。据统计，每酸化 10 m³ 合格液平均耗时 25.2 h，酸化合格液在静置老化沉淀过程中，老化时间由 24 h 逐步增加至 48 h。产品压滤平均每板重量降至 26.33 kg，下降率 40.16%，压滤效率明显降低；烘干后的产品颜色呈红褐色(见图 1)，产品质量差且颜色失真。酸化及沉淀工艺耗时长、压滤效率低致使后处理工作进度缓慢，严重影响水冶工艺的正常运行。

图1　烘干后产品外观颜色

## 1　中性浸出工艺

### 1.1　浸出工艺

纳岭沟铀矿床采用 $CO_2＋O_2$ 中性原地浸出采铀工艺，抽注液采用闭路循环系统，即抽液钻孔将浸出液抽出地表，在地表抽液主管路汇集后，输送至水冶厂吸附，吸附尾液通过增压泵注入地下。

### 1.2　矿石成分

该铀矿床矿石以碎屑物为主，平均含量为 89%，碎屑主要由单矿物碎屑构成，见少许岩屑。填隙物由杂基和胶结物两部分组成，杂基主要成分为水云母和高岭石，胶结物以方解石、黄铁矿、针铁矿为主。矿石中碳酸盐含量偏高，黄铁矿及铁质含量偏低，以有机物为代表的烧失量偏高(见表 1)。

表 1　矿石中各组分含量　　　　　　　　　　　　　　　　　%

| U | SiO₂ | Al₂O₃ | K₂O | Na₂O | CaO | MgO | P₂O₅ | CO₂ | FeS₂ | ΣFe | FeO | 烧失量 | 合计 |
|---|---|---|---|---|---|---|---|---|---|---|---|---|---|
| 0.081 | 70.19 | 10.41 | 2.99 | 2.07 | 2.36 | 1.08 | 0.193 | 1.29 | 0.33 | 2.07 | 0.85 | 5.04 | 98.95 |

通过对该矿床矿石电子探针分析,铀矿物以铀石为主,见少量的晶质铀矿、铀钍石、方钍石及次生铀矿物。

### 1.3 离子转换机理

$CO_2+O_2$ 氧化浸出时铀的主要反应为:

$$UO_2+1/2O_2+CO_3^{2-}+2HCO_3^-=UO_2(CO_3)_3^{4-}+H_2O \tag{1}$$

浸出铀的同时,矿石中的长石、有机质、黄铁矿等脉石矿物发生反应,造成 $Fe^{3+}$ 及有机质的溶解,生成的可溶性有机物及胶体等杂质随浸出液进入系统。

$$4FeS_2(s)+15O_2+2H_2O=4Fe^{3+}+8SO_4^{2-}+4H^+ \tag{2}$$

$$Fe^{3+}+3H_2O=Fe(OH)_3\downarrow+3H^+ (铁离子水解沉淀) \tag{3}$$

由稳定常数可见,三碳合铀酰的络合强度最大,二碳合铀酰次之,一碳合铀酰最小。

因此,在离子交换树脂来吸附浸出液中铀的过程主要发生如下反应:

$$2RX+[UO_2(CO_3)_2]^{2-}\rightarrow R_2[UO_2(CO_3)_2]+2X^- \tag{4}$$

$$4RX+[UO_2(CO_3)_3]^{4-}\rightarrow R_4[UO_2(CO_3)_3]+4X^- \tag{5}$$

## 2 铀回水冶工艺存在的问题

### 2.1 塔内沉淀物富集

随着试验运行,浸出过程中携带的细泥沙和絮状物在吸附塔累计,造成吸附塔树脂床层堵塞,堵塞物主要为红棕色絮状沉淀物(见图 2 和图 3)。

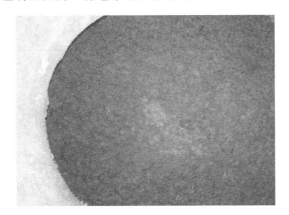 

图 2 离子交换塔内沉淀物　　　　　图 3 贫树脂内沉淀物

通过对树脂层内沉淀物含量进行分析得出,该沉淀物主要成分为有机质、铁和铝化合物及二氧化硅(见表 2)。

表 2 树脂间沉淀物各组分含量

| 组分名称 | 烧失量 | $SiO_2$ | FeO | $TFe_2O_3$ | $Al_2O_3$ | $TiO_2$ | MnO | CaO | MgO | $P_2O_5$ | $K_2O$ | $Na_2O$ |
|---|---|---|---|---|---|---|---|---|---|---|---|---|
| 含量/% | 20.45 | 31.53 | 3.30 | 23.90 | 15.21 | 0.36 | 0.10 | 1.06 | 0.40 | 0.11 | 1.36 | 4.81 |

### 2.2 酸化沉淀耗时长

酸化 10 $m^3$ 合格液平均耗时为 25.2 h,酸化合格液在静置老化沉淀过程中,沉降速度逐渐变慢,老化时间由之前的 24 h 逐步增加至 48 h。酸化和沉淀工艺耗时长致使后处理工作进度缓慢,严重影响水冶工艺的正常运行。

### 2.3 产品质量下降

产品明水现象突出,产品压滤每板重量不足 30 kg,与前期 44 kg/板相差较大;产品含水率由

25％提高至35％～37％；产品取样烘干后，颜色呈黑褐色等情况。产品外观颜色不佳及含水量偏高，严重影响产品质量，同时单板产品质量降低，增大了压滤操作次数，在一定程度上影响了后处理工作进度。

## 3 原因分析

### 3.1 理论分析

根据离子交换塔内富集沉淀物的成分含量分析结果，结合碱法淋洗剂成分，淋洗过程中，铁铝沉淀物、碳酸盐硅酸盐等杂质均不与淋洗剂发生反应，仅有机物在淋洗过程中被碳酸钠溶解而进入合格液内。而淋洗合格液其中含有的有机物一部分与产品结晶颗粒团聚，另一部分则残留在沉淀母液中，沉淀母液返回配制淋洗剂进行下次淋洗，如此循环，造成合格液内有机物含量不断升高，致使合格液在酸化过程中起泡，泡沫大量聚集，严重影响酸化速度。酸化、沉淀后形成的沉淀母液重新进入淋洗剂配制槽进行淋洗剂配制，如此不断循环，导致合格液中的有机杂质不断叠加富集。

### 3.2 有机物含量测定

为验证上述理论分析理论，对浸出液、溶浸液及合格液中可溶性有机物含量进行分析；浸出液内含量为10.0 mg/L溶浸液内含量为9.5 mg/L，合格液中可溶性有机物含量为3.55 g/L，溶液中有机物含量总体偏高。综上可得出，在碱法淋洗过程中，存在酸化沉淀耗时长、产品质量变差等问题。

## 4 有机物影响机理

### 4.1 有机物对吸附工序影响

以腐植酸为主的有机物一旦被树脂吸附而富集后，腐植酸分子间距就大大接近，会通过氢键逐步地连接成更大的分子，从而堵塞树脂孔道。而且腐植酸还可通过络合（螯合作用），与钙、镁等碱土金属及重金属离子结合，使一部分腐植酸转化为难溶性的腐殖酸盐，沉积在树脂孔道内并紧紧地填充在树脂孔道中。因此，腐植酸一旦被树脂吸附，便逐渐累积在树脂中，从而使树脂的交换容量大大降低。

塔内沉积的铁、铝及有机物沉淀物多以絮状物形式存在，具有较强的粘附性，部分沉淀物粘附在树脂表面，在一定程度上影响了树脂与溶液的接触，缩短了溶液与树脂的接触时间，从而影响铀的吸附，造成吸附尾液提前跑高，降低了树脂的交换容量。

### 4.2 有机物对后处理工序影响

有机物中的腐殖质是团聚体的主要胶结剂，而有机胶体又可形成水稳性团粒结构的胶结物质，从而改变了沉淀浆体孔隙状况，创造疏松的环境。因此合格液酸化过程中产生的气泡会在有机物的胶结作用下变浓，从而影响酸化速度。有机物还有较强的粘附性，在沉淀浆体静置老化沉淀及结晶颗粒的不断增长过程中，有机物在沉淀结晶颗粒上不断粘附并长大，形成水稳性团粒结构的胶结物质并使产品颗粒疏松，造成产品含水率升高；在此过程中，产品形态虽然变大，但由于附着较多的有机物，会使沉淀颗粒密度降低，从而影响沉淀浆体的沉淀速度及产品质量。

## 5 有机物去除方法研究

### 5.1 合格液有机物去除试验

#### 5.1.1 树脂清洗再淋洗

为降低淋洗合格液有机杂质富集，对饱和树脂淋洗前进行清水与压缩空气联合反冲，冲洗出塔内部分沉淀物（见图4和图5），可在一定程度上减少合格液中有机物的累积。

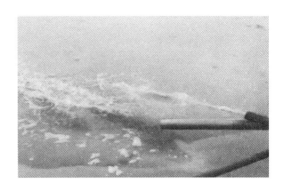

图 4　离子交换塔饱和树脂开始反冲出水　　　　　图 5　离子交换塔饱和树脂反冲终止出水

### 5.1.2　淋洗方法优化试验

根据有机物与酸不发生反应的原理,若采用盐酸作为淋洗剂淋洗饱和树脂,可将有机物留在树脂中,淋洗出不含有机物的合格液。为验证酸化淋洗的工业适用性,开展室内试验初步验证其淋洗效果及对后处理工序的影响。

在实验室内采用不同浓度的盐酸对离子交换塔中饱和树脂进行酸法淋洗试验。饱和树脂柱中先加入浓盐酸浸泡,待反应充分后,用稀盐酸进行淋洗;采用清水配制浓度为 90 g/L NaCl＋20 g/L Na₂CO₃＋20 g/L NaHCO₃ 的淋洗剂对饱和树脂柱开展平行淋洗试验。通过试验发现,在以盐酸作为淋洗剂浸泡过程中,$H^+$ 与树脂上吸附碳酸铀酰发生反应,淋洗会产生大量气体,淋洗出不含有机物的合格液。

通过酸法淋洗、碱法淋洗合格液颜色对比,验证了酸法淋洗可避免合格液内有机物的富集。

但因饱和树脂无法采用解堵剂进行浸泡处理,导致树脂层内存在大量的铁、铝及碳酸盐等沉淀物,均会与盐酸发生反应,溶解在合格液内。可以初步认为,在塔内淋洗环境较差的情况下,若采用酸法淋洗,同样会造成产品质量问题。

### 5.1.3　超滤过滤试验

超滤是一种流体切向流动和压力驱动的过滤过程,并按分子量大小来分离颗粒。超滤膜的孔径在 0.002～0.1 μm 范围内,可以去除水中高分子量的有机物。

试验取 7.8 L 原始合格液样经双重超滤装置过滤,其浓缩样体积为 0.9 L,渗透样为 6.9 L。原始样、浓缩样及渗透样分析结果见表 3。

表 3　试验前样品分析数据

| 类别 | 样品名称 | 样品体积/ L | 有机物浓度/ (g/L) | U/ (g/L) | $CO_3^{2-}$/ (g/L) | $HCO_3^-$/ (g/L) | 金属量/ g | 金属量占比/ % |
|---|---|---|---|---|---|---|---|---|
| 处理前 | 原始样 | 7.8 | 3.5 | 11.06 | — | — | 86.28 | 100.00 |
| 处理后 | 第一阶段渗透样 | 6.9 | 1.6 | 4.0 | 1.4 | 11.1 | 27.6 | 31.99 |
| | 第二阶段渗透样 | | | 4.0 | 1.4 | 13.8 | | |
| | 浓缩液 | 0.9 | 18.1 | 65.2 | 4.1 | 109.3 | 58.68 | 68.01 |

由表 3 分析可得:采用超滤过滤分离法在分离有机物的同时会将合格液中 68.01% 的铀分离至浓缩液,浓缩样中有机物含量由浓缩前的 3.5 g/L 升至 18.1 g/L,渗透样中有机物含量则下降至 1.6 g/L,但其铀含量只占总量的 31.99%。

### 5.1.4　芬顿去除试验

Fenton 试剂具有极强的氧化性(氧化性仅次于 $F_2$),其氧化反应机理是采用 $H_2O_2$-$Fe^{2+}$ 催化协同氧化。

Fenton 试剂通过催化分解产生羟基自由基（$HO^-$）去进攻有机分子，并使其氧化成 $CO_2$ 与 $H_2O$ 等无机物质。生成 $HO^-$ 的反应方程式：

$$Fe^{2+} + H_2O_2 + H^+ \rightarrow Fe^{3+} + H_2O + HO^- \tag{9}$$

试验采用按七水硫酸亚铁与过氧化氢质量比为 1:4、1:6、1:8、1:10 配制的芬顿试剂分别氧化合格液内有机物。合格液底部会形成大的铁泥（见图 6），合格液内引入大量的 $SO_4^{2-}$ 离子，形成新的产品质量问题，为确保产品杂质含量，不适合现场应用。

图 6　芬顿试剂去除试验

### 5.1.5　$ClO_2$ 氧化试验

$ClO_2$ 是一种强氧化剂，其有效氯是氯气的 2.6 倍，与有机物能发生强烈反应使之分解成 $CO_2$ 气体的同时，又不在合格液中额外引入其他杂质离子。

取饱和树脂样，并在实验室内采用清水配制浓度为 90 g/L NaCl＋20 g/L $Na_2CO_3$＋20 g/L $NaHCO_3$ 的淋洗剂对饱和树脂样开展柱状淋洗试验，在淋出的合格液中缓慢加入 $ClO_2$，至颜色无变化后，开展加入 $ClO_2$ 前后酸化、沉淀对比试验，每次沉淀后的上清液用于配置淋洗剂，用于下一塔内样品的淋洗。通过对比发现，在进行至第 6 次淋洗循环后 $ClO_2$ 消耗量达到平稳（见表 4），第 9 次淋洗循环后对浆体沉淀效果造成影响。

表 4　合格液有机物去除试剂消耗表

| 循环次数 | 序号 | 合格液体积/ mL | 合格液浓度/ (g/L) | 消耗二氧化氯质量/ g | 酸耗/ (g/gu) | 碱耗/ (g/gu) |
|---|---|---|---|---|---|---|
| 第一次循环 合格液 | 1 | 100 | 40 | 0 | 1.72 | 0.41 |
|  | 2 |  |  | 1.39 | 1.64 | 0.45 |
| 第三次循环 合格液 | 1 | 100 | 36 | 0 | 2.61 | 0.51 |
|  | 2 |  |  | 6.95 | 2.12 | 0.62 |
| 第五次循环 合格液 | 1 | 100 | 30.0 | 0 | 2.08 | 0.55 |
|  | 2 |  |  | 7.83 | 1.69 | 0.60 |
| 第六次循环 合格液 | 1 | 100 | 35.6 | 0 | 2.02 | 0.54 |
|  | 2 |  |  | 8.34 | 1.65 | 0.59 |
| 第七次循环 合格液 | 1 | 100 | 34.4 | 0 | 2.23 | 0.51 |
|  | 2 |  |  | 8.34 | 1.92 | 0.62 |
| 第八次循环 合格液 | 1 | 100 | 30.4 | 0 | 2.32 | 0.50 |
|  | 2 |  |  | 8.34 | 1.98 | 0.65 |

试验过程中,通过对比试样样品颜色、酸化过程泡沫反应情况以及沉淀后沉降浆体层高度等进行观察(见图7～图10)。

图 7  有机物去除后颜色对比

图 8  原始样酸化情况

图 9  加入 $ClO_2$ 后酸化情况

图 10  沉淀效果对比

合格液中加入 $ClO_2$ 后,其颜色明显变浅;酸化过程中,加入 $ClO_2$ 的合格液前期气泡较慢,后期集中出现大量气泡,但泡沫消失速度快,每酸化 100 mL 合格液平均耗时 0.25 h;而未处理的合格液整体起泡速度较为均匀,但泡沫较浓且难以消除(停止加酸约 0.4 h 后泡沫基本消除),每酸化 100 mL 合格液平均耗时 1 h。通过观察沉淀浆体层高度,发现未处理的合格液沉淀层较为疏松,浆体层高度较高;而加入 $ClO_2$ 后的合格液沉淀浆体层更为密实,浆体层高度较低。但会造成沉淀母液中 $Cl^-$ 含量上升,导致蒸发池外排量增大,增加蒸发池运行压力,不适合现场应用。

## 5.2  淋洗剂有机物去除试验

为缓解产品质量问题,结合前期碱法淋洗室内试验结果,采用配制新鲜淋洗剂的方式来降低淋洗剂内有机物的含量,并于 2019 年 7 月开展工业性淋洗剂更换试验。

同时对更换淋洗剂后的酸化、沉淀速度及压滤效率和产品质量进行了跟踪记录(见表5)。期间沉淀母液共循环使用 12 次,在沉淀母液循环使用至第 9 次时,产品质量变差,符合室内 $ClO_2$ 氧化去除试验规律。

通过对产品质量跟踪发现,更换淋洗剂后压滤所得产品较以往更加密实,产品压滤效率及产品形态均有明显改善(见图11和图12)。

表 5  后处理工艺更改后使用效果

| 循环使用次数 | 酸化合格液体积/m³ | 金属/kg | 酸化总耗时/h | 酸化平均耗时/(h/10 m³) | 沉淀总耗时/h | 沉淀平均耗时/(h/10 m³) | 压滤次数 | 平均单板重量/kg |
|---|---|---|---|---|---|---|---|---|
| 1 | 22.53 | 819.19 | 18.6 | 8.26 | 56 | 24.86 | | |

| 循环使用次数 | 酸化合格液体积/m³ | 金属/kg | 酸化总耗时/h | 酸化平均耗时/(h/10 m³) | 沉淀总耗时/h | 沉淀平均耗时/(h/10 m³) | 压滤次数 | 平均单板重量/kg |
|---|---|---|---|---|---|---|---|---|
| 2 | 23.68 | 841.82 | 19.3 | 8.15 | 54 | 22.80 | | |
| 3 | 22.05 | 972.63 | 23.7 | 10.75 | 52 | 23.58 | | |
| 4 | 23.11 | 928.79 | 24.5 | 10.60 | 55 | 23.80 | 1 | 38.71 |
| 5 | 22.94 | 976.56 | 25.7 | 11.20 | 53 | 23.10 | 2 | 39.32 |
| 6 | 23.60 | 828.12 | 25.2 | 10.68 | 61 | 25.85 | 2 | 37.65 |
| 7 | 22.72 | 736.81 | 22.4 | 9.86 | 59 | 25.97 | 1 | 38.22 |
| 8 | 23.05 | 844.78 | 25.9 | 11.24 | 63 | 27.33 | 2 | 36.69 |
| 9 | 22.33 | 854.35 | 27.1 | 12.14 | 65 | 29.11 | 1 | 36.43 |
| 10 | 22.14 | 753.20 | 27.6 | 12.47 | 71 | 32.07 | 1 | 35.28 |
| 11 | 22.67 | 868.49 | 29.7 | 13.10 | 70 | 30.88 | 2 | 34.36 |
| 12 | 22.27 | 797.92 | 32.8 | 14.73 | 74 | 33.23 | 1 | 32.87 |

图 11　淋洗剂更换前压滤产品

图 12　淋洗剂更换后压滤产品

## 6　经济分析

经测算,每更换一次淋洗剂,吨金属试剂消耗为 0.65 t/tU,成本为 0.044 万元/tU,全年成本 0.9 万元/a。压滤一次金属量由 0.433 t 左右提升至 0.617 t 左右,压滤次数约减少 17 次,压滤过程中所用设备功率及工作时间为:空压机 22 kW,工作 24 h/次;浓浆泵 5.5 kW,工作 1 h/次,压滤工序全年共节约电费＝22 kW×24 h×17×0.55 元/kW·h＝0.494 万元/a。按酸化、沉淀一次金属量 0.374 t 核算,全年酸化次数约为 69 次,酸化所用设备及工作时间为:酸化搅拌电机 13 kW,平均工作时间 10.09 h,全年共节约电费＝13 kW×(25.20－10.09)h×69×0.55 元/kW·h＝0.745 万元/a。合计节约电费＝0.494＋0.745＝1.239 万元/a,合计节约成本＝1.239－0.9＝0.339 万元/a。

## 7　结论

(1)确定了淋洗前对饱和树脂采用清水反冲清洗,可在一定程度上减缓合格液中有机物的富集。

(2)明确超滤、芬顿试剂去除及 $ClO_2$ 氧化均不适宜现场开展。

(3)通过每 3～4 个月配制一次新鲜淋洗剂,可减缓淋洗剂与合格液中有机物富集速度,确保水冶工序的正常运行。

(4)通过周期性配制新鲜淋洗剂,年节约成本为 0.339 万元。

参考文献：

[1] 高锡珍. $H_2O_2$同$Fe^{2+}$反应的新研究[J]. 湿法冶金,1997,16(3):17-21.

[2] 陈法正,等. 内蒙古杭锦旗-东胜地区砂岩型铀矿成矿地质条件研究及编图报告[R],核工业二〇八大队,2001.

[3] 张建国,王海峰,等. 美国碱法地浸采铀工艺技术概况[J]. 铀矿冶,2005,24(1):6-13.

[4] 彭云彪,陈安平,等. 东胜砂岩型铀矿床特殊性讨论[J]. 矿床地质,2006,25:249-251.

# Study on the removal method of organic matter in uranium hydrometallurgy process of $CO_2＋O_2$ in-situ leaching mine

## XU Qi，LI Peng，WANG Ru-yi

(Inner Mongolia Mining Co. ,Ltd. ,CNNC,Hohhot,010010,China)

**Abstract**：In Nalinggou in-situ leaching uranium mine,$CO_2＋O_2$ in-situ leaching process is adopted, and the closed-circuit circulation system of pumping liquid is operated. In the recovery process of uranium hydrometallurgy,problems such as long acidizing time,slow settling speed and poor product quality appear. Through theoretical analysis and organic matter content analysis,it is determined that a large amount of organic matter enrichment is the root cause of the problem. In order to remove organics effectively,the test of removing organics in qualified liquid and eluent is carried out. In order to reduce the content of organic matter in the eluent and the qualified solution,the method of periodic preparation of fresh eluent was determined. The purpose of shortening the aging time of acidification and precipitation slurry,improving the efficiency of pressure filtration and product quality is realized,and the stable operation of ion exchange and post-treatment process is ensured.

**Key words**：Enrichment of organic matter；Qualified solution；Preparation of fresh eluent

# 一种中性地浸采铀钻井内沉淀物的清洗
# 装置研制与应用

王　飞，郑文娟，杨　敬，李　鹏，张传飞，牛　奔，徐　奇，任保安

(中核内蒙古矿业有限公司,呼和浩特内蒙古,010010)

**摘要:**针对地浸采铀矿山工艺孔易堵塞、沉淀物清洗困难的问题,基于机械除污原理,设计研发了一套适合清除地浸采铀矿山井场工艺孔内沉淀物的机械式清洗装置。装置由井下伸缩式夹壁、电动机密封、机械清洗等模块组成,可连续、可靠地在孔径为 80～128 mm、井下 400 m 或同等环境压力条件下的井管内工作。文章重点介绍了装置的主要构件和功能模块设计部分,并结合室内试验验证了装置的可行性及安全性。

**关键词:**地浸采铀;机械;清洗装置

原地浸出采铀是将按一定配方配制好的溶浸液经注液钻井注入到天然的含矿含水层中,在水力梯度作用下沿矿层渗流,通过对流和扩散作用,选择性地氧化和溶解铀,形成含铀溶液,经抽液钻井提升至地表,再进行水冶处理得到铀产品。

在浸出铀的过程中,溶浸液在矿层内部发生各种物理、化学反应,在矿层孔隙中形成的化学残余物以及在工艺孔内过滤器上形成的沉淀结垢物等均对钻井的实际工作能力产生很大影响。在实际生产过程中频繁出现的较为严重的物理堵塞和化学堵塞,严重影响到工艺钻井的抽、注液能力,从而影响矿产资源的有效开采。为有效清除工艺孔内堵塞物,提升钻井的抽注液能力,研发一种自动化程度高、清洗效果好、可靠性高的地浸工艺孔清洗装置十分必要。

## 1 纳岭沟地浸采铀扩大试验钻井堵塞类型与分析

### 1.1 浸出液量变化情况

纳岭沟地浸采铀扩大试验采用 $CO_2 + O_2$ 地浸采铀工艺。自 2015 年试验运行以来,浸出液量呈缓慢下降趋势,由运行初期稳定在 200 $m^3/h$ 左右,到 2019 年逐步下降至 150 $m^3/h$ 左右,整体下降幅度为 25%;与单孔运行以来的最大流量相比,单孔的抽液量下降幅度为 8.14%～83.22%,平均下降幅度为 47.06%。

### 1.2 钻井堵塞情况

通过电视测井设备对 1-0-2C、syc-2、1-12-9C、1-12-2C、1-10-11Z、1-18-11Z(见图 1～图 6)等钻井进行了监测,基本探明了工艺孔堵塞附着情况。根据电视测井视频显示,抽液孔液面上悬浮着少量红褐色絮状物,镜头入水后,水质较浑浊,井管管壁相对较为光滑,管壁附着着部分红褐色絮状物,随探头下降而剥落,部分抽液孔过滤器位置附着着条带状的悬浮物,且过滤器空洞堵塞严重;注液孔液面上少见悬浮物,液面水质较脏,液面以下悬浮着少量颗粒物,过滤器孔洞被水垢堵塞严重。

对钻井堵塞物样品进行扫描电镜能谱分析(见表 1),分析结果显示,样品中含量超过 10% 的元素有:C:16.16%、O:31.16%、Si:12.85%、S:14.53%、Fe:20.12%。结合 $CO_2 + O_2$ 浸出工艺条件及沉淀物反应机理,优先对 $CaCO_3$、$SiO_2$、$Fe(OH)_3$ 沉淀物进行考虑,经计算(见表 2),在 $CaCO_3$、$SiO_2$、$Fe(OH)_3$ 沉淀成分去除后,在沉淀物中 Ca、Si 剩余量基本为零,但 C、Fe、Na、Al 等元素剩余含量仍较高。判定堵塞物主要由 $CaCO_3$、$SiO_2$、$Fe(OH)_3$、有机物、粘土矿物、铁铝胶体构成,而有机质密度小,一般小于水的密度,因此确定抽液孔液面悬浮物、过滤器处条带状悬浮物主要为有机物。

---

作者简介:王飞(1989—),男,学士。工程师,主要从事砂岩型铀矿地浸开采工作

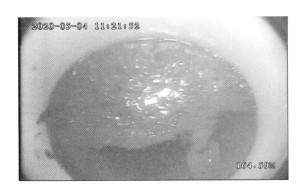

图 1　1-0-2C 液面悬浮物

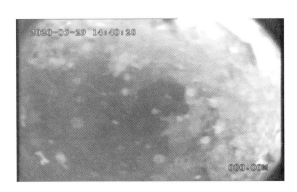

图 2　SYC-2 过滤器附着物

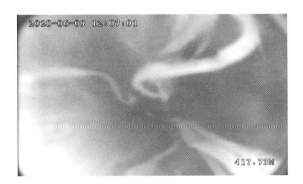

图 3　1-12-9C 过滤器漂浮物

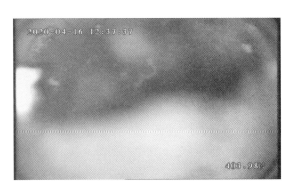

图 4　1-12-2C 过滤器堵塞情况

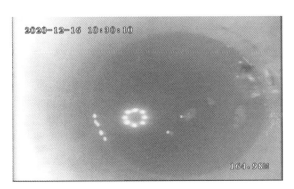

图 5　1-10-11Z 洗井前液面

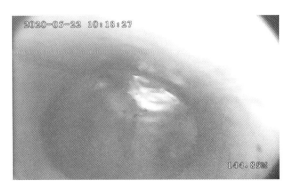

图 6　1-18-11Z 洗井前液面

表 1　堵塞物电镜能谱扫描分析结果　　　　　　　　　　　　　　　%

| 化学元素 | 最小值 | 最大值 | 平均值 | 化学元素 | 最小值 | 最大值 | 平均值 |
|---|---|---|---|---|---|---|---|
| C | 6.94 | 42.12 | 16.16 | Cl | 0.51 | 3.79 | 1.44 |
| O | 8.45 | 44.77 | 31.16 | Ca | 0.69 | 41.29 | 4.47 |
| Na | 0.68 | 28.98 | 9.08 | Mn | 0.62 | 16.64 | 5.58 |
| Al | 0.55 | 17.48 | 4.87 | Fe | 0.72 | 57.59 | 20.12 |
| Si | 1.27 | 34.46 | 12.85 | Mg | 0.52 | 2.01 | 1.19 |
| S | 4.58 | 21.96 | 14.53 | K | 0.68 | 7.41 | 3.3 |

表 2　堵塞物含量理论计算结果　　　　　　　　　　　　　　　Wt%

| 序号 | 元素 | 初始化学成分 | 生成 $CaCO_3$ 剩余化学成分 | 生成 $SiO_2$ 剩余化学成分 | 生成 $Fe(OH)_3$ 剩余化学成分 |
|---|---|---|---|---|---|
| 1 | C | 16.16 | 15.35 | 15.35 | 15.35 |
| 2 | O | 31.16 | 27.96 | 16.07 | 14.84 |
| 3 | S | 14.53 | 14.53 | 14.53 | 14.53 |
| 4 | Si | 12.85 | 12.85 | — | — |
| 5 | Fe | 10.12 | 20.12 | 20.12 | 19.84 |
| 6 | Na | 9.08 | 9.08 | 9.08 | 9.08 |
| 7 | Ca | 4.47 | — | — | — |

### 1.3　钻井清洗方法

为缓解钻井堵塞,稳定和提升浸出液量,主要采用微酸增注、空压机洗孔、微酸空压机洗孔等方法对钻井进行清洗。

微酸增注是利用注液管将少量盐酸混合浸出剂注入地下,通过改变地下水 pH,达到溶解堵塞物质,疏通矿层孔隙的目的;空压机洗孔是将压缩空气通过风管送入井管,管内混有气体的水溶液逐渐上升直至排出孔口,井管内的泥沙和堵塞物被随之带出地表,达到洗孔的目的;微酸空压机洗孔是向钻井内加入盐酸,充分溶解过滤器及其附近的碳酸盐等沉淀物后,利用空压机将压缩空气通过风管压入钻井过滤器底部,靠地层压力和孔内负压作用将气水混合物带至地表。

实践表明,微酸增注、空压机洗孔、微酸空压机洗孔,均能在短时间实现流量的提升,但存在流量提升幅度小、稳定期短等问题。

## 2　机械式清洗装置的设计

### 2.1　设计思路及要求

在现代化工业清洗过程中,机械式清洗技术经历了人工捅刷、PIG 清洗、技术集成三个发展阶段,具有成本低、操作简单、作业周期短、劳动强度低、人力消耗较小、作业设备简易且没有污染等优点,可以除去碳化垢和团状沉淀物等化学方法不能去除的结垢物,被应用于化学清洗方法不能解决的场合和环境。

针对纳岭沟地浸采铀扩大试验工艺孔易堵塞、沉淀物清洗困难、常规洗孔方法清洗效果不佳等的技术难题,突破传统思维,基于机械除污原理,充分利用机械式清洗技术,设计研发一套适合清除井场工艺孔内沉淀物的机械式清洗装置。

纳岭沟铀矿床静水位在 $130\sim160$ m 之间,地浸采铀扩大试验工艺孔过滤器在 400 m 左右,钻井最大深度为 430 m,井管有两种型号,其中注液井井管内径为 80 mm,抽液井井管内径为 128 mm。机械式清洗装置需在孔径为 80 mm 和 128 mm、深度为 400 m 的深积水的地浸采铀井管内工作,并满足以下要求:

（1）在 $0\sim3$ MPa 的压力环境下正常工作;

（2）可以在工艺孔井管内固定,并进行定深清洗;

（3）具有良好的模块化、通用化设计。

### 2.2　主要构件

机械式清洗装置主要由吊装平台、清洗刷、收缩架、旋转机构、防水轴承组成。

#### 2.2.1　吊装平台

采用钢丝绳电缆代替钢丝绳吊装,电缆送电的结构,有效确保电缆基本不受力。在满足吊装重量

（≤300 kg）的情况下，通过对比，确定采用 HNYF46G54R 3C1.5 型号的钢丝绳电缆，该钢丝绳电缆从内到外由 3 芯 1.5 mm² 铜导体、0.7 mm 厚的绝缘橡胶、HDPE 护套、24 根 1 mm 的内层铠甲钢丝、24 根 1.26 mm 的外层铠甲钢丝构成，最大拉断力达 80 kN，最小弯曲半径为 504 mm，总长度为 600 m。钢丝绳一端连接机械式清洗头，另外一端穿过滑轮吊钩、立式马丁计米器固定在现有的绞盘车上，利用绞盘车进行吊装作业（见图 7）。

图 7　吊装工作平台

### 2.2.2　清洗刷

对尼龙材质、塑料材质、海绵材质、钢丝材质的清洗刷进行选型，确定采用尼龙材质的清洗刷。尼龙化学名称又称聚酰胺（PA），由于其为结晶性聚合物且结晶性高，抗拉强度、硬度、弹性及耐磨性均高于其他塑料，同时尼龙又具有良好的耐化学腐蚀性，尤其是耐油性优异并能耐弱酸、弱碱和一般溶剂，且摩擦系数低，质轻、机械强度适宜，易于加工，满足项目需求，因此确定采用尼龙作为清洗刷。抽液孔清洗刷（见图 8）刷头直径为 138 mm，长度 0.5 m，钻井内径为 128 mm，注液孔清洗刷刷头直径为 90 mm，长度 0.5 m，钻井内径为 80 mm，确保刷头可以紧紧贴在井壁上。

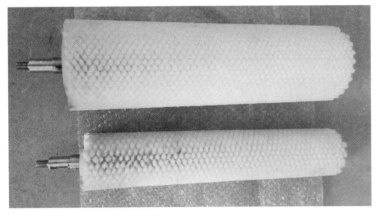

图 8　抽注液孔清洗刷

### 2.2.3　收缩架

为了确保机械式地浸工艺孔洗孔装置刷头在电机的驱动下有效清洗管壁和过滤器，刷头工作时需对清洗头进行固定，设计了弹性夹壁收缩架机构。

弹性夹壁收缩架包括滑轮支撑架、滑块管道上连接板、无缝钢管、连杆、弹簧及滑轮（见图 9 和图 10），主要特点如下：

（1）滑轮支撑架呈一定角度撑开，滑轮外部有橡胶垫，滑轮呈径向均匀分布，以实现自定心要求；

（2）在支撑装置的作用下，行走轮被紧紧压在管道内壁上，具有较强的适应性，解决了装置在井管内的滑动和固定困难的问题；

（3）机构设计利用对称性，抵消了机械式清洗装置在运动过程中不平衡力偶的干扰，使所有的力集中到电机运转轴线所在的竖直平面上；

（4）在通过电机轴线的竖直平面上保证机械式清洗装置的重心与电机运转轴心之间保持适当的距离，保证整个机械式清洗装置运行过程中的平稳性。

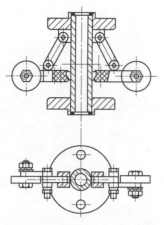

图 9　伸缩式夹壁模块设计图　　　　　　图 10　伸缩式夹壁模块实物图

#### 2.2.4　旋转机构

井下电动机是机械清洗装置主机的关键部件,选用普通电动机,额定电压为 DC24 V,额定力矩为 10 N·M,功率为 5.5 kW 的电机,开展减速电机的选型及设备采购工作。在初始条件相同的情况下,在 10~100 r/min 转速范围内,以每 10 r/min 为速度梯度设置实验组,观察不同清洗刷的转速下的清洗效果,转速的改变对清洗效果基本没有影响,都能够清理掉管壁的污垢,在保证清洗效果的前提下,为了防止电机清洗头自转动,确定清洗电机转速为 10 r/min(见图 11 和图 12)。

图 11　清洗电机　　　　　　　　　　图 12　电机转速确定实验

#### 2.2.5　耐高压、防水轴承的研究

清洗装置的工作环境是在地浸工艺孔中(即水下环境),需要长期、持续的承受 0~3 MPa 的水压,若电机的机轴直接伸出密封壳体与清洗部件连接,将会直接承受水压,容易造成电机损坏;考虑到清洗装置工作环境的特殊性,故对电机有针对性地进行了耐压设计,在电机输出轴与清洗部件之间设置有延长轴,并在延长轴上安装两个 51105 型推力球轴承,采用了聚四氟乙烯 O 形密封圈对端盖进行静密封,采用聚四氟乙烯格莱圈对旋转轴进行动密封,确保轴承能耐高压、防水(见图 13 和图 14)。

图 13　51105 型推力球轴承

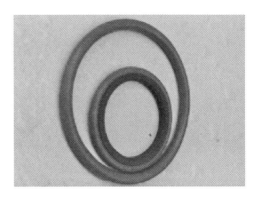

图 14　密封圈

## 2.2.6　机械式地浸工艺孔洗孔装置整体重量的优化

在满足机械式地浸工艺孔洗孔功能和装置下井条件的前提下,选择电机密封外壳进行了耐压分析。已知:工作压力 $P=3$ MPa,密封外壳外径为 $D_0=63$ mm,长度 $L=278$ mm。密封外壳采用流体运输用不锈钢无缝钢管(GB/T 14976—2012),标准牌号为 $022Cr_{17}Ni_{12}Mo_2$。该装置的最大工作压力 $P=3$ MPa,取安全系数 $=1.3$,得到设计压力 $P_c=1.3\times3=3.9$ MPa,取整后设计压力为 4 MPa;由于地浸采铀矿井的平均深度为 430 m,通过查阅相关文献,地下 $0\sim1\,000$ m 范围内的水温在 $0\sim25$ ℃,当材料为 $022Cr_{17}Ni_{12}Mo_2$ 时,查相关文献得该材料在设计温度下的许用应力 $[\sigma]^2=117$ MPa。则密封外壳计算厚度 $\delta$ 为:

$$\delta=1.06D_i\left(\frac{P}{E}\times\frac{L}{D_i}\right)^{0.4} \tag{1}$$

将数据代入式(1)得到密封外壳得壁厚为 1.44 mm,取腐蚀余量 $C_1=1.5$ mm,制造负偏差 $C_2=0.625$ mm,选定密封外壳的名义厚度 $\delta=5$ mm,得到的密封外壳的规格参数如表 3 所列。

表 3　密封外壳参数

| 材料 | 长度/mm | 外径/mm | 壁厚/mm |
| --- | --- | --- | --- |
| $022Cr_{17}Ni_{12}Mo_2$ | 278 | 63 | 5 |

用 ANSYS Workbench 进行求解,得到密封外壳压力的等效应力图和总形变图(见图 15 和图 16)。

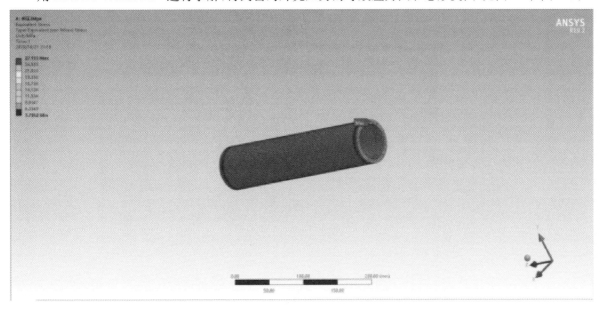

图 15　密封外壳压力的等效应力图

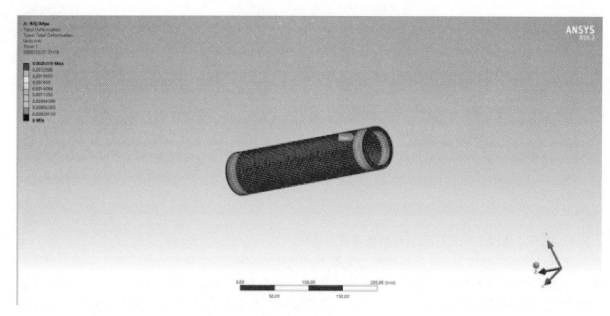

图 16 密封外壳总形变图

从图 16 中看出当密封外壳承受水压达到 3 MPa 时,最大应力出现在上端管口处,与总形变图保持一致,最大应力为 27.13 MPa,低于该材料在设计温度下的许用应力 117 MPa;密封外壳的最大形变量为 0.002 5 mm,形变量可忽略不计,不会对密封外壳造成影响,达到实际使用工况,优化后机械式清洗装置总体设计如图 17 所示,实物图如图 18 所示。

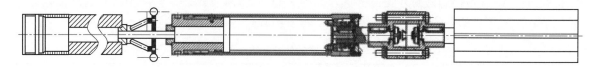

图 17 机械式清洗装置总体设计图

图 18 机械式清洗装置实物图

## 3 装置设计的创新点及应用效果

### 3.1 创新点

装置的设计有两个创新点:一是设计了伸缩式夹壁模块,该模块为机械式弹簧设计,运行时行走轮被紧紧压在管道内壁上,具有较强的适应性,解决了装置在井管内的滑动和固定困难的问题,同时,在通过电机轴线的竖直平面上保证机械式清洗装置的重心与电机运转轴心之间保持适当的距离,保证了整个机械式清洗装置运行过程中的平稳性,与电磁铁等固定装置相比,具有故障率低,稳定性好的优点;二是设计井下电动机的设计,井下电动机选用了普通直流有刷电动机封装成水下电动机的方法完成设计,密封装置采用静密封和动密封设计,有效解决了井下电动机的密封问题。

### 3.2 应用效果

对水下电动机和机械除垢装置整机进行室内试验,结果表明该装置可以连续可靠地在水下环境工作,清洗效果满足设计要求。

针对以往采用空压机洗井、微酸洗井效果不佳的钻孔,开展了机械式清洗装置联合空压机清洗工作,并对清洗效果进行了分析。机械式清洗装置联合空压机洗井后,流量增幅为 $75\%\sim486.05\%$,且钻孔流量下降至 $2 \ m^3/h$ 时,持续时间将近 60 日,总体洗井效果较好(见表4)。

表 4 洗井情况

| 孔号 | 洗井前/($m^3/h$) | 洗井后/($m^3/h$) | 增量/($m^3/h$) | 增幅 |
| --- | --- | --- | --- | --- |
| 1-3-14C | 2.12 | 3.71 | 1.59 | 75.00% |
| 1-1-16Z | 0.86 | 5.04 | 4.18 | 486.05% |
| SYZ-5 | 1.87 | 3.43 | 1.56 | 83.42% |

## 4 结论

(1)通过电视测井设备监测,基本确定有机物主要存在于抽液孔中,分布于抽液孔液面、管壁和过滤器处,注液孔中未见絮团状有机物,抽注液孔过滤器孔洞中结垢严重;通过对样品进行电镜能谱分析,判定堵塞物主要由 $CaCO_3$、$SiO_2$、$Fe(OH)_3$、有机物、黏土矿物、铁铝胶体构成。

(2)针对地浸采铀工艺孔硬质污垢、有机物堵塞的情况,设计了一种机械式清洗装置,装置主要包括吊装平台、清洗刷、收缩架、旋转机构、耐高压防水轴承构成。主要创新点在于收缩架采用机械式伸缩装置制作,达到了装置在井管内的滑动和固定的目的,保证了整个机械式清洗装置运行过程中的平稳性;井下电动机选用普通直流有刷电动机,封装成水下电动机,有效解决了密封难题,其中壳体采用静密封,电动机输出轴采用动密封。

(3)机械式清洗装置联合空压机洗井后,流量增幅为 $75\%\sim486.05\%$,且钻孔流量下降至2$m^3/h$时,持续时间将近 60 日,总体洗井效果较好。

参考文献:
[1] 刘刚,陈雷,张国忠,等.管道清管器技术发展现状[J].油气储运,2011,30(9):646-653.
[2] 吴同锋.管道自进式清洗装置设计及水力学分析[R].北京石油化工学院,2016.
[3] 王帅,谢瑞宁,蔡晓君,等.基于大管径的管道清洗装置设计研究[J].新技术新工艺,2020(3):31-34.
[4] 王新超,杨永康,李承业,等.水力清管技术在发电厂管道除垢中的应用[J].河南电力,2000(2):13-16.

# Development and application of a cleaning device for sediments in a neutral in-situ leaching uranium drilling well

WANG Fei, ZHENG Wen-juan, YANG Jing, LI Peng,
ZHANG Chuan-fei, NIU Ben, XU Qi, REN Bao-an

(Inner Mongolia Mining Co. ,Ltd. ,CNNC,Hohhot 010010,China)

**Abstract**: Aiming at the problems that the process holes of in-situ leaching uranium mines are easy to be blocked and the sediments are difficult to clean, based on the principle of mechanical decontamination, a mechanical cleaning device suitable for removing the sediments in the process holes of in-situ leaching uranium mines has been designed and developed. The device is composed of downhole telescopic wall clamping, motor sealing, mechanical cleaning and other modules. It can work continuously and reliably in well pipes with a hole diameter of 80~128 mm,400 m downhole or the same environmental pressure. The article focuses on the design of the main components and functional modules of the device,combined with indoor tests to verify the feasibility and safety of the device.

**Key words**: In-situ leaching of uranium; Machinery; Cleaning device

# 测定含铀 TBP 和磺化煤油有机相中的钌 电感耦合等离子体原子发射光谱法

周　峰，杨理琼，陈　洁

(中核二七二铀业有限责任公司,湖南省衡阳市,421002)

**摘要:**测定含有铀的 TBP 和磺化煤油组成的有机相中钌含量,通过前处理降低铀对测量钌的干扰,使用 5 mL 的 5%
$Na_2CO_3$ 水溶液萃取 1 mL 样品得 5 mL 水相和 1 mL 有机相,原样品中 96%以上的铀进入 5 mL 水相,水相经浓硝酸
酸化后、用萃淋 TBP 树脂过柱分离铀后得溶液 S1;1 mL 有机相用浓硫酸和双氧水消解后得到溶液 S2,将溶液 S1 和溶
液 S2 混合定容得到溶液 S3,用等离子体原子发射光谱法测定溶液 S3 中钌含量,再换算得到样品中钌含量。该方法测
定钌回收率在 86.7%~106.4%,RSD($n=11$)为 2.99%。

**关键词:**铀、钌、萃取,有机相

　　在乏燃料后处理 Purex 流程中,铀液中少量钌的定量分离是纯化铀的重要问题之一,有关铀、钌
的分离主要用的方法有溶剂萃取法和离子交换法[1]。目前,测定钌的主要方法有分光光度法[2]、氢还
原重量法[3]、原子吸收光谱法[4]、电感耦合等离子体原子发射光谱法[5]。其中电感耦合等离子体原子
发射光谱法具有简便、快速、精密度高等特点。

　　直接测量有机相样品对 ICP 光谱仪进样系统污染严重,甚至在矩管中产生爆燃现象损坏矩管,因
此需将有机相进行消解后方可上机进行测定。同时,在 ICP 光谱仪直接测定时铀基体对钌元素的测
量干扰严重,所以较普遍的做法是将铀进行分离。选用 5%碳酸钠溶液将铀从有机相中反萃出来,再
用 TBP(磷酸三丁酯)柱上分离技术分离铀与待测元素,解决铀基体干扰问题。反萃后有机相消解成
水相,与柱上分离后水相合并,在等离子体原子发射光谱仪上测量钌含量。

## 1　实验部分

### 1.1　仪器与工作条件

　　(1) ICP-AESThermoiCAP6300(美国 Thermo Fisher Scientific 公司),功率 1 150 W;等离子体
和载气流量:1.00 L/min;辅助气流量:0.50 L/min;蠕动泵进样速率:50 r/min。

　　(2) 萃取色层柱:内径为 10 mm,长 300 mm,石英材质;CL-TBP 萃淋树脂,80~120 目,$W_{TBP}$ 为
60%,每根柱子的树脂装填量为 10 cm 左右,树脂装填后应做到无间隙,无气泡,否则不可使用。

### 1.2　试剂和材料

　　(1) 试验用一级水,符合 GB/T 6682 中一级水的规定(电导率≤0.01 mS/m)。

　　(2) 双氧水($H_2O_2$),优级纯,市售。

　　(3) 浓硫酸($H_2SO_4$),优级纯,市售。

　　(4) 浓硝酸($HNO_3$),优级纯,并经过蒸酸装置二次提纯。

　　(5) 优级纯无水碳酸钠,配成 5% $Na_2CO_3$ 溶液。

　　(6) 钌标准溶液(100 $\mu g/mL$),光谱纯,然后分别配制成 1 $\mu g/mL$、2 $\mu g/mL$、5 $\mu g/mL$ 和 10 $\mu g/mL$,
以 3 mol/L 为硝酸介质的工作标准溶液以备测样使用。

　　(7) 可控温电热板。

**作者简介:**周峰(1980—),男,湖南,化工冶金工程师,学士,现主要从事光谱仪器分析研究工作

### 1.3 样品处理

（1）取 5 mL 的 5% $Na_2CO_3$ 溶液于 100 mL 分液漏斗中，用移液管准确加入有机相样品 1.0 mL，震荡 5 min，直至样品与 $Na_2CO_3$ 溶液萃取均匀。

（2）静置 5 min，观察到有明显分层。用 50 mL 烧杯承接水相，用 250 mL 高脚烧杯承接有机相，然后用少量 10% $HNO_3$ 溶液冲洗分液漏斗中残留有机相。

（3）向水相中加入 5 ml 浓硝酸，酸化后，将水相转移到 TBP 树脂柱分离铀，用 3 mol/L 硝酸溶液作为淋洗液，少量多次加入，洗出液用 100 mL 容量瓶承接，淋洗体积 50 mL 左右，得到溶液 S1。

（4）将有机相在低温电热板上蒸至近干，取下冷却，加入 1 mL 浓硫酸（$H_2SO_4$），继续在 250 ℃ 电热板上加热至试样呈炭黑色，取下稍冷后，向其中滴加双氧水（$H_2O_2$）溶液，继续置于电热板上蒸至体积 2 mL 左右。如溶液清亮透明不变色，则有机相消解完全；如溶液颜色依然是棕黑或黑色，则重复上述消解步骤，直至溶液变透明清亮，得溶液 S2。

（5）将溶液 S2 转移至装有 S1 溶液的 100 mL 容量瓶中，用 3 mol/L 硝酸溶液定容到 100 mL，得溶液 S3，同时根据过程和试剂用量做试剂空白，上机测溶液 S3 中的 Ru 含量，再经过计算，得到含铀 TBP 和磺化煤油有机相中的钌含量。

### 1.4 分析谱线的确定

U 为广谱元素，对大部分金属元素的测定造成光谱干扰，Ru 的测定更是如此，从试样摄谱的谱图来看有几十条甚至上百条谱线对其干扰，特别是铀含量较高。分析线的选择通常遵循以下原则：

（1）尽量选择没有干扰或干扰小的谱线，对于干扰的大小可以通过分析线和干扰线的自身发射强度及在样品中的相对含量来判断。

（2）选择灵敏度高的谱线。

（3）自吸收效应小的谱线，特别是在分析元素含量比较高时更是如此。如果被测元素的含量很高，这时可以选择次灵敏线。如果被测元素是样品中的大量或主量元素，甚至都可以考虑选用非灵敏线。

（4）选择仪器背景噪声小的谱线。

（5）选择对称性和峰形好的谱线。

用 Ru 元素标准溶液（质量浓度为 10 μg/mL）对 ICP-6300 仪器推荐的几条 Ru 谱线进行摄谱，根据以上原则，选取谱线图中 Ru 245.657 nm 为分析谱线。

### 1.5 雾化气流量的确定

雾化器的雾化气流量主要影响试样的雾化效率和雾化程度，进而影响待测元素在 ICP 火焰通道的停留时间，对方法灵敏度影响较大。

雾化气流量的设置在仪器软件中分为 0.00 L/min、0.25 L/min、0.50 L/min、0.75 L/min、1.00 L/min、1.25 L/min、1.50 L/min 共 7 个设置值，仪器默认流量为 0.75 L/min，流量越大，即雾化效率越高，试样雾化程度也越高，但相应的待测元素在火焰中激发的时间越短，单位时间内干扰元素浓度也越高。在功率为 1 150 kW 条件下，对雾化气流量进行条件试验，以 Ru 元素测定积分峰净信号与背景噪声的比值，即信背比作为结果见表 1。

表 1 雾化气流量试验

| 雾化气流量/(L/min) | 0.50 | 0.75 | 1.00 | 1.50 |
| --- | --- | --- | --- | --- |
| 信背比 | 22.1 | 24.4 | 26.3 | 23.9 |

根据表 1 数据，在雾化气流量为 1.00 L/min 时测量得到最佳信背比，实验选定仪器雾化气流量为 1.00 L/min。

## 1.6 铀干扰试验

在等离子体原子发射光谱仪测定中,U 对 Ru 的测定存在基体干扰,主要体现在 U 浓度高情况下,U 原子的发射信号强度较大,对 Ru 的干扰程度增高,造成 U 和 Ru 的谱线部分重叠或掩盖 Ru 元素信号,使得测定结果发生偏离。

配制 7 个浓度均为 8.0 $\mu g/mL$ 的含 Ru 溶液,分别向其中加入不同量的 U 溶液,使溶液中 U 浓度分别为 0 g/L、0.4 g/L、0.8 g/L、2.0 g/L、4.0 g/L、8.0 g/L、16.0 g/L。在 ICP-AESThermoiCAP6300 仪器上测定 Ru 含量和 U 含量。测量结果见表 2。

表 2　U 含量对测 Ru 的影响

| 溶液编号 | 1 | 2 | 3 | 4 | 5 | 6 | 7 |
|---|---|---|---|---|---|---|---|
| 理论 Ru/($\mu g/mL$) | 8.0 | 8.0 | 8.0 | 8.0 | 8.0 | 8.0 | 8.0 |
| 测得 Ru/($\mu g/mL$) | 7.9 | 8.1 | 8.0 | 7.9 | 8.0 | 5.9 | 3.6 |
| 理论 U/(g/L) | 0 | 0.4 | 0.8 | 2.0 | 4.0 | 8.0 | 16.0 |
| 测得 U/(g/L) | 0 | 0.39 | 0.79 | 1.98 | 4.00 | 7.98 | 15.84 |

实验数据表明:当待测样品中 U 含量在 4 g/L 以下时,对含量在 8.0 $\mu g/mL$ 左右的 Ru 测定无明显干扰;当 U 含量大于 4 g/L 时,Ru 含量开始偏离,测得的 Ru 含量低于实际加入量,且铀含量也因为谱线自吸现象而低于真实含量。

## 1.7 萃取分离铀试验

当 pH>8.0 时,$UO_2^{2+}$ 离子与过量的 $CO_3^{2-}$ 离子形成稳定的配合物 $UO_2(CO_3)_3^{4-}$,配合物的稳定常数 $lg\beta13$ 达到 19.8。$CO_3^{2-}$ 离子浓度的增加对配位化合物组成影响不大[6]。5% 的 $Na_2CO_3$ 溶液满足 pH>8.0 要求,可用 5% $Na_2CO_3$ 溶液从有机相中反萃取 U,达到 U 和有机相分离目的。通过对 6 组不同 U 含量的样品进行试验,在 65 mL 分液漏斗中加入 5 mL 5% $Na_2CO_3$ 溶液,再分别加入 1 mL 有机相样品,充分震荡后,静置,分离水相和有机相,分别测定有机相中萃取前和萃取后的铀浓度。结果见表 3。

表 3　不同 U 浓度的萃取分离

| 有机相样品 | 1 | 2 | 3 | 4 | 5 | 6 |
|---|---|---|---|---|---|---|
| 萃取前铀含量/(g/L) | 90.85 | 68.62 | 44.25 | 31.25 | 19.90 | 9.70 |
| 萃取后铀含量/(g/L) | 0.55 | 0.47 | 0.34 | 0.40 | 0.31 | 0.38 |
| 萃取率/% | 99.39 | 99.32 | 99.23 | 98.72 | 98.44 | 96.08 |

由表 3 可知:用 5 mL 5% $Na_2CO_3$ 溶液从 1 mL 有机相中一次萃取铀,可以使铀含量在 10～100 g/L 的有机相中 96% 以上的铀进入水相,有机相中铀含量降低到 0.6 g/L 以下,对 ICP-AES 测量 Ru 不造成影响,采用该方法从有机相中分离铀是可行的。

## 1.8 钌的淋洗曲线试验

事先配置好含有 10 $\mu g/mL$ 钌的水溶液,转移约 5 mL 钌溶液至预先用 3 mol/L 硝酸溶液平衡过的 TBP 树脂柱中,用 3 mol/L 硝酸溶液淋洗(流速约 2 mL/min),每 2 mL 收集一份,共 25 份,在 ICP-AES 光谱仪上测量 Ru 元素的强度。淋洗曲线见图 1。

结果表明,Ru 元素主要集中在 12～48 mL 的淋洗液中,实际样品分离时,收集 50 mL 样品。铀被吸附在 TBP 萃淋树脂上,而 Ru 元素被浓度 3 mol/L 硝酸溶液淋洗下来,从而达到从水相中分离铀的目的。

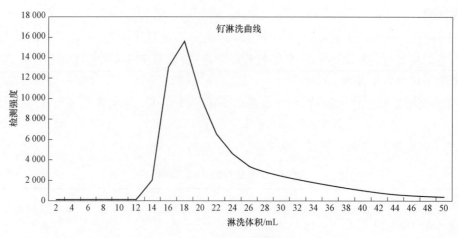

图 1  Ru 的淋洗曲线图

### 1.9  方法检出限试验

在上述选定的仪器测试参数条件下,对试剂空白连续测定 11 次,以空白值的 5 倍标准偏差作为方法的检测下限。测定结果见表 4。

表 4  方法检测限

| Ru 元素 | 空白值范围/ ($\mu g/mL$) | 平均值/ ($\mu g/mL$) | RSD/ % | 标准偏差 S | 方法检出限/ ($\mu g/ml$) |
|---|---|---|---|---|---|
| 245.657 nm | 0.027~0.032 | 0.029 | 7.9 | 0.002 | 0.010 |

方法检测限为 0.01 $\mu g/mL$,可以满足 ICP-AES 对 Ru 元素的测定要求。

### 1.10  精密度试验

按照试验方法,平行测定一份样品 11 次,统计精密度,结果列于表 5。

表 5  方法精密度

| 测定值/($\mu g/mL$) | 平均值/($\mu g/mL$) | RSD/% |
|---|---|---|
| 9.56,9.68,10.02,9.78,10.10,9.34, 9.22,10.03,9.55,9.45,9.68 | 9.67 | 2.99 |

结果显示,对一份样品 11 次独立测定的 RSD 为 2.99%,相对标准偏差小于 5%。

### 1.11  加标回收率试验

按试验方法进行加标回收试验,取有机相样品 3 份,分别加入一定浓度和体积的 Ru 标准溶液,混匀,根据样品处理步骤处理样品。在 ICP-AES 光谱仪上测试液中 Ru 元素浓度,计算加标回收率。结果见表 6。

表 6  加标回收实验

| 试样值/($\mu g/mL$) | 加标量/($\mu g/mL$) | 测量值/($\mu g/mL$) | 回收率/% |
|---|---|---|---|
| 11.80 | 5.0 | 17.12 | 106.4 |
| 11.80 | 10.0 | 20.47 | 86.7 |
| 11.80 | 15.0 | 25.20 | 89.3 |

由表 6 可知,Ru 元素的加标回收率在 86.7%~106.4% 之间。

## 2 结论

本工作用 $5\%$ $Na_2CO_3$ 溶液从有机相中萃取铀,用 TBP 树脂分离含铀较高的萃取后水相去除铀,用浓 $H_2SO_4$-$H_2O_2$ 消解含铀较低的萃取后有机相,最后合并样品,在 ICP-AES 光谱仪上机测定 Ru 含量。分析结果表明 Ru 元素可获得较低的检出限,通过回收率和精密度试验对方法进行了验证,方法回收率在 $86.7\%\sim106.4\%$ 之间,相对标准偏差($n=11$)小于 $5\%$,满足分析要求,可用于含铀 TBP 和磺化煤油有机相中钌的测定。

**参考文献:**

[1] 江林根,霍敏,范礼. 铀中钌的萃取分离研究 [J]. 核科学与工程,1990,2(10):150-153.

[2] 董守安. 现代贵金属分析[M]. 北京:化学工业出版社,2006:233-234.

[3] 朱武勋,管有详,李楷中,等. 氢还原重量法测定三氯化钌中 Ru 含量 [J]. 贵金属,2007,28(1):55-57.

[4] 袁红伟. 钌炭催化剂分析方法解析 [J]. 河北化工,2010,33(3):58-59.

[5] 周恺,孙宝莲,禄妮,等. 电感耦合等离子体原子发射光谱法测定钛合金中钌 [J]. 冶金分析,2015,35(4):68-72.

[6] 李英秋,蔡定洲,廖俊生. 铀酰离子与碳酸根离子配位作用研究 [C]. 第七届全国核化学与放射化学学术讨论会,中国广东珠海,中国核学会,2005-04,136.

# Determination of ruthenium in organic phases of TBP and sulfonated kerosene containing uranium-Inductively coupled plasma atomic emission spectrometry

ZHOU Feng,YANG Li-qiong,CHEN Jie

(China National Nuclear Corporation 272 Uranium Industry Co. Ltd,Hengyang Hunan,China)

**Abstract:**the ruthenium content in organic phase composed of uranium containing TBP and sulfonated kerosene was determined. The interference of uranium on ruthenium measurement was reduced by pretreatment. 5 mL $5\%$ $Na_2CO_3$ aqueous solution was used to extract 1 mL sample to obtain 5 mL aqueous phase and 1 mL organic phase. More than $95\%$ of uranium in the original sample entered 5 mL aqueous phase. The aqueous phase was acidified by concentrated nitric acid and separated by leaching TBP resin through column to obtain solution S1;1 mL organic phase was separated by concentrated sulfuric acid After digestion with hydrogen peroxide,solution S2 was obtained,and solution S3 was obtained by mixing solution S1 with solution S2 at constant volume. The ruthenium content in solution S3 was determined by plasma atomic emission spectrometry,and then the ruthenium content in the sample was obtained by conversion. The recovery of ruthenium was $86.7\%\sim106.4\%$,RSD($n=11$) was $2.99\%$.

**Key words:**Uranium;Ruthenium;Extraction;Organic phase.

# 无轨开采在南方某铀矿的运用与研究

张荣荣，王　伟

(中核韶关锦原铀业有限公司,广东 韶关 512026)

**摘要**:通过对南方某铀矿无轨开采生产现场的调研,技术经济指标的收集分析,设计经验的总结,运行成本、经济效率等方面的研究,以及对常规开采和无轨开采各方面存在的优缺点进行比较,进一步了解和认识无轨开采在南方某铀矿运用的效果和往后改进的方向。

**关键词**:无轨开采；运用分析

南方某铀矿井围岩主要有燕山期的中粒黑云母花岗岩,细粒黑云母花岗岩、二云母花岗岩、细粒不等粒黑云母花岗岩、花岗斑岩和印支期中粒小斑状二云母花岗岩。其中以中粗粒的二云母花岗岩和黑云母花岗岩分布最为广泛。

矿井围岩蚀变普遍而强烈,自岩浆晚期的自变质直至岩浆期后的高、中、低温蚀变作用均很发育。各类蚀变主要受近南北向断裂构造控制,特别是中低温热液蚀变,具有显著的水平分带性。自构造带中心向两侧依次为硅化、赤铁矿化、绢云母化、绿泥石化、高岭石化直至正常花岗岩,而在垂直方向上的分带性不明显。与铀矿化关系密切的蚀变主要是硅化、赤铁矿化、黄铁矿化及紫黑色萤石化。

矿井内主要含矿脉沿 320°~350° 的方向展布。浅部矿体不连续,矿体形态、产状变化大,呈脉状、透镜状、豆荚状产出,尖灭再现。中深部矿体形态稳定,呈脉状或扁豆状产出,矿体较连续。矿体长度不等,矿体厚度与品位沿倾向的变化无规律性。

矿井自投产以来,一直采用常规上向水平分层干式充填法采矿,人工凿岩,电耙出矿,只满足最基本的安全环保标准,机械化、自动化、信息化水平低,生产设备设施、技术水平落后,与国内外先进矿山存在较大差距。

从 2018 年开展无轨机械化开采技术改造,到 2019 年 7 月转入无轨开采试生产,到 2020 年年底通过运行一年多以来,无轨开采的优势逐步体现出来,本质安全得了提升。但同时也暴露出一些问题,如生产成本加大、维修费用增加、火工品单耗高等。通过此次对无轨开采在实际生产中的运行研究,总结经验,解决存在的问题。进一步完善无轨开采,提高生产效率,降低运行成本。

## 1　无轨开采运行分析

### 1.1　无轨开采采准工程设计

无轨开采采准工程设计,根据采场矿体赋存条件及无轨设备参数,设计采用脉外折返式斜坡道采准工程。采准工程主要包括采场斜坡道、联络道、溜矿井。采场斜坡道设计坡度在 15%~18%,规格为 2.6 m×2.6 m 的三心拱,巷道断面 6.28 m²,折返式斜坡道主要作为无轨设备运行和人员的安全通道;采场通过联络道与斜坡道连通,联络道规格为 2.6 m×2.6 m,在斜坡道中间位置设计集中溜矿井,溜矿井下口与下部运输巷道联通,并施工混凝土放矿漏斗,溜矿井规格 2.0 m×2.0 m,斜坡道每层道与溜矿井贯通,形成出矿系统;充填和回风系统利用采场原有天井工程。无轨开采采准工程设计见图 1。

### 1.2　采矿工艺

无轨开采工艺流程(见图 2):凿岩→充填→围壁找边→爆破→通风排险→出矿放矿→进入下一循

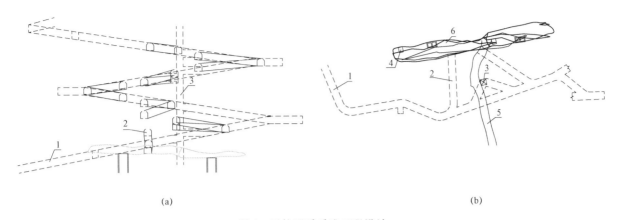

(a)　　　　　　　　　　　　　　　(b)

图 1　无轨开采采准工程设计

1—采场斜坡道;2—联络道;3—溜矿井;4—充填回风井;5—出矿运输巷;6—采场

环作业。采取"一采一充",采场空顶高度控制在 4 m 内。根据矿体情况,每两个循环,充填高度达 4 m 左右对采场顶板进行地质编录一次。

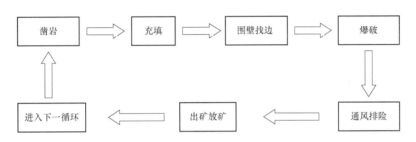

图 2　无轨开采工艺流程

常规向上水平分层干式充填法(有轨开采)开采工艺使用 YT-28 风动凿岩机凿岩爆破,在落矿高度 4 m 后,通过电耙将矿石耙入顺路井放矿格进行出矿,充填时先对顺路井进行升砼,再通过充填井下放充填料,采用电耙耙料平场,施工砂浆垫板,然后进行地质编录进入下一循环作业(见图 3)。

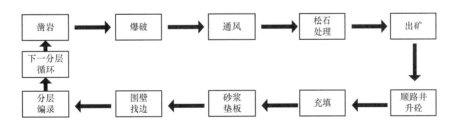

图 3　常规充填法开采工艺流程

## 1.3　生产环节对比

(1)凿岩:无轨开采采用凿岩台车凿岩布孔,有轨开采采用 YT-28 风动凿岩机凿岩布孔(见图 4)。在采场回采过程中,凿岩台车可实现采场顶板集中凿岩,分区域爆破。采用 YT-28 钻机需每班进行凿岩爆破,爆破频繁。在布孔效率上,施工一个 2.5 m 深的炮孔,凿岩台车只需要 1 min 30 s,一个工班可布置 110 个孔。而 YT-28 钻机需要约 6 min,每个工班布孔数为 37~42 个。在断面为 2.8 m×2.8 m 的巷道掘进中,采用 YT-28 钻打钻需要 4 个小时,而凿岩台车只需要 2 个多小时就可以完成布眼,大大缩短了作业时间,降低了作业人员劳动强度,提高了凿岩效率。

图 4  凿岩台车现场作业

（2）充填：无轨开采采场充填时，一部分充填料从采场内充填井下放，另一部分通过铲运机和卡车直接将掘进面的废渣拉至采场内，然后用铲运机进行平场。有轨开采采场充填时，先下放砂石水泥对采场顺路井进行升砼，然后通过充填井下放充填料，用电耙耙料平场。有轨开采中顺路井的养护难，养护时间长，充填工序多，周期长。无轨开采缩短了充填周期，降低了劳动强度。

（3）爆破：原常规开采每班都要进行凿岩爆破，对顶板振动影响大，炮孔布置较随意，大块产出率高，而且不容易控制采高，使得最后顶板容易超高且不平整。无轨开采采取了分区域集中爆破，逐排微差起爆，减少了爆破振动对顶板的影响，通过对爆破参数的调整可有效地控制矿石大块产出率。一个 100 m 长的采场，只需分两个区域进行集中爆破，便可完成一个分层落矿量，分层回采周期明显缩短。

（4）出矿：利用铲运机加集中溜矿井出矿，淘汰了电耙加顺路井的出矿方式，提升了本质安全（见图 5）。

图 5  铲运机现场出矿作业

## 1.4  工业技术经济指标

常规开采和近两年无轨开采技术经济指标数据见表 1。

表 1  常规开采和无轨开采工业技术经济指标

| 序号 | 指标名称 | 单位 | 常规开采数据 2018 年 | 无轨开采数据 2019 年 | 无轨开采数据 2020 年 |
|---|---|---|---|---|---|
| 1 | 采矿直接工效 | t/工班 | 5.88 | 8.04 | 9.47 |

| 序号 | 指标名称 | 单位 | 常规开采数据<br>2018 年 | 无轨开采数据<br>2019 年 | 无轨开采数据<br>2020 年 |
|---|---|---|---|---|---|
| 2 | 凿岩工效 | m/台班 | 0.47 | 0.49 | 0.62 |
| 3 | 凿岩台车台班效率 | t/台班 | | 104.5 | 105.9 |
| 4 | 铲运机台班效率 | t/台班 | | 101.5 | 99.3 |
| 5 | 炸药消耗 | kg/kt | 504 | 597 | 554 |
| 6 | 雷管消耗 | 发/kt | 503 | 582 | 561 |
| 7 | 导爆管消耗 | m/kt | 242 | 434 | 408 |
| 8 | 钢钎消耗 | kg/kt | 43 | 2 | 16 |
| 9 | 钻头消耗 | 个/kt | 27 | 7 | 4 |

从表 1 可见,2018 年的常规开采采矿直接工效为 5.88 t/工班,而实行无轨开采以后采矿直接工效为 9.47 t/工班。无轨开采较有轨开采优势明显,开采效率高,安全度大,凿岩效率高。每分层回采周期短,一个分层落矿无轨开采只需要 20 天左右,而有轨开采需要 45 天左右。

实现了无轨开采之后,采场作业人员从原来的 100 多人减少到 35 人,降低了劳动强度,提高了机械化水平。

## 1.5 设备投入

无轨开采工投入设备共计 11 台,其中凿岩台车 3 台,内燃铲运机 5 台,地下运矿卡车 2 台,撬毛台车 1 台。详见表 2。

有轨开采无大型设备投入,主要为 YT-28 风动凿岩机、电耙、装岩机,投入相对无轨设备简单,成本低。

表 2　无轨设备台账表

| 序号 | 名称 | 型号/规格 | 数量 | 制造厂或制造国别 | 出厂时间 | 引进方式 |
|---|---|---|---|---|---|---|
| 1 | 凿岩台车 | ROCKET BOOMER 104 | 1 | 阿特拉斯科普柯建筑矿山设备有限公司 | 2009 | 调拨 |
| 2 | 凿岩台车 | BOOMER K41 | 1 | 阿特拉斯科普柯建筑矿山设备有限公司 | 2012 | 调拨 |
| 3 | 凿岩台车 | BOOMER K41 | 1 | 安百拓(南京)建筑矿山设备有限公司 | 2020.7 | 新购 |
| 4 | 内燃铲运机 | SCOOP TRAE ST2K | 1 | 阿特拉斯科普柯建筑矿山设备有限公司 | 2012 | 调拨 |
| 5 | 内燃铲运机 | WJ-1 | 2 | 山东德瑞矿山机械有限公司 | 2018.09 | 新购 |
| 6 | 内燃铲运机 | ACY-15A | 1 | 北京安期生技术有限公司 | 2013.12 | 调拨 |
| 7 | 内燃铲运机 | WJ-2A | 1 | 安徽铜冠机械股份有限公司 | 2020.10 | 新购 |
| 8 | 撬毛台车 | XMPYT-45/450 | 1 | 湖北天腾重型机械股份有限公司 | 2019.10 | 新购 |
| 9 | 运矿卡车 | UK-8 | 1 | 山东德瑞矿山机械有限公司 | 2020.6 | 新购 |
| 10 | 运矿卡车 | UK-8 | 1 | 山东德瑞矿山机械有限公司 | 2020.6 | 新购 |

2020 年无轨设备在生产运行过程中,日常运行消耗和维修保养费用见表 3。

表 3  耗材消耗统计表                                                                                            元

| 月份 | 运行消耗费用 | | | | | | | | 无轨维修费用 | | | 总计 |
|---|---|---|---|---|---|---|---|---|---|---|---|---|
| | 钎头 | 钎杆 | 其他 | 轮胎 | 柴油 | 液压油 | 其他油料 | 耗材费用 | 设备配件 | 材料及工具 | 维修费用 | |
| 3 月 | 725 | 2 454 | 44 708 | 350 | 18 356 | 0 | 0 | 66 593 | 3 459 | 552 | 4 011 | 70 604 |
| 4 月 | 12 539 | 7 690 | 8 617 | 66 992 | 25 013 | 13 950 | 3 900 | 138 701 | 34 781 | 17 372 | 52 153 | 190 855 |
| 5 月 | 17 106 | 12 980 | 6 290 | 23 264 | 38 480 | 39 783 | 21679 | 159 582 | 206 369 | 3 420 | 209 789 | 369 371 |
| 6 月 | 8 465 | 4 472 | 4 549 | 55 128 | 37 569 | 0 | 1769 | 111 952 | 21 560 | 9 789 | 31 349 | 143 301 |
| 7 月 | 6 265 | 5 290 | 5 843 | 8 700 | 55 748 | 28 704 | 3543 | 114 093 | 31 053 | 18 678 | 49 731 | 163 824 |
| 8 月 | 15 415 | 9 762 | 11 749 | 54 950 | 37 094 | 58 392 | 7228 | 194 590 | 59 295 | 15 463 | 74 758 | 269 348 |
| 9 月 | 15 243 | 8 645 | 5 493 | 51 210 | 23 276 | 44 244 | 120 | 148 231 | 47 649 | 1 316 | 48 965 | 197 196 |
| 合计 | 75 758 | 51 293 | 87 249 | 260 594 | 235 537 | 185 073 | 38239 | 933 742 | 404 166 | 66 591 | 470 757 | 1 404 499 |
| 总占比 | 5.4 | 3.7 | 6.2 | 18.6 | 16.8 | 13.2 | 2.7 | 66.5 | 28.8 | 4.7 | 33.5 | |

根据对以上数据分析,2020 年无轨设备运行 7 个月消耗和维修费用在 140 万元,运行消耗费用占比 66.5%,维修费用占比 33.5%。而消耗费用中轮胎占比 18.6%,柴油占比 16.8%,液压油占比 13.2%。无轨开采机械化程度高,采矿工效高,但也存在投入成本大,运行费用高的问题,增加了公司生产经济成本。

## 2  运行中存在的问题

通过一年多的运行,对无轨开采过程中各环节的研究,各项数据的统计分析,在展示无轨开采优势的同时,也暴露出如下问题。

(1)在斜坡道设计中,斜坡道转弯时,设计为带坡度转弯。在施工时,受作业人员的技能水平及设备参数的影响,难以保证转弯弧度和坡度同时满足设计要求。

(2)斜坡道位置与采场间隔距离近,虽然减少了出矿运距,但对联络道的影响比较大,使得联络道布置受到距离和高度等限制,导致联络道的位置不能优越化布置,联络道的利用率不高。

(3)无轨设备操作人员和维修人员经验不足,技能水平不高,对铲运机和凿岩台车的性能、使用、维修只是初步了解就上岗,导致设备故障率高以及维修保养时间长。

(4)个别采场矿体厚度较窄,集中爆破时受夹制作用较大,影响爆破效果,增加了炸药单耗。

## 3  解决及改进措施

(1)优化设计方案,在深部中段采场无轨开采设计中,吸取以往经验,综合考虑各方面因素。使得斜坡道和采场的距离更优化,以提高联络道的利用率。设计方案更加容易施工,且安全经济有效。

(2)完善相关管理制度,优化维护保养程序,明确了点检和保养要求,责任落实到人。开展无轨设备操作理论培训,强化日常巡检,预判故障点,提前采购备件。

(3)对于受夹制作用的采场,分段分区域进行集中爆破,将采场按不同宽度进行分段爆破,尽量避免夹制作用影响爆破效果。

## 4  结束

某铀矿通过在实行无轨机械化技术改造应用,取得了良好的实际生产应用效果,不仅减少了作业人员,降低了劳动强度,提高了采矿工效,而且在改善作业环境、提高本质安全度方面也取得了显著成效。

但由于应用时间不长,仍然有较大的完善和改进的空间,下一步将通过加大技术创新、鼓励难点攻关等方式继续深化无轨开采技术应用,开展中深孔采矿、无轨设备远程遥控等技术研究,与无轨开采技术相结合,将对某矿井深部开采和公司的可持续发展具有积极的意义。

**参考文献:**

[1]　邓平,谭正中. 华南花岗岩型铀矿成矿规律及成矿远景[J]. 华南铀矿地质,2002,19(1):1-14.

[2]　王合祥. 无轨采矿技术在我国铀矿山的应用与发展思路[J]. 铀矿冶,2006,25(3):116-121.

# Application and research of the south of a uranium mine trackless mining

## ZHANG Rong-rong,WANG Wei

(Shaoguan Jinyuan Uranium Co. ,Ltd. ,CNNC, Shaoguan 512026, China)

**Abstract**:**Abstract**:Through to the south of a uranium mine trackless mining production site investigation, collection of technical and economic indicators analysis, the summary of the design experience, operation cost, economic efficiency, as well as to the conventional mining and trackless mining various aspects to compare the advantages and disadvantages, further understanding and the trackless mining in the south of a uranium mine using effect and improve the direction of the back.

**Key words**:Trackless mining;Application analysis

# 地浸采铀抽注液闭路循环工艺稳定性分析

郑文娟,王　飞,李　鹏,王如意,徐　奇,杨　敬,任保安

(中核内蒙古矿业有限公司,内蒙古 呼和浩特 010010)

**摘要**:地浸采铀工艺是世界经济采铀的主流技术和当前我国铀矿生产的主要工艺,地浸采铀抽注液闭路循环工艺在我国尚属于探索和试验阶段。以首次引入并实现了 $CO_2+O_2$ 地浸采铀抽注液闭路循环系统的自动化联动控制的内蒙古鄂尔多斯盆地某砂岩型铀矿床地浸采铀试验项目为研究对象,结合工艺运行现状,综合分析气体的产生条件及来源、运行状态及危害,研发并成功应用了过滤系统排气及液位平衡控制装置。

**关键词**:地浸采铀;闭路循环;稳定性运行

地浸采铀通过将溶浸液由注液孔注入含矿层与矿石相互作用,形成含铀溶液经由抽液孔提升至地表,再通过离子交换法回收铀金属。地浸采铀技术大多用于难以开采的矿石、砂岩型矿、富矿开采后的尾矿、露天开采后的废矿坑、矿床相对集中且品位很低的矿石等,因效率高、成本低、环境相对友好等优点,已成为世界经济采铀的主流技术和当前我国铀矿生产的主要工艺。

## 1　抽注液闭路循环工艺

在地浸采铀工艺系统中,溶液的输送一般采用开放式的抽注液系统。

抽注液闭路循环工艺是在开放式抽注液系统的基础上,取消了集液池和配液池。通常情况下,浸出液经由安装在抽液孔内的潜水泵提升至地表,在主管路汇集,经袋式过滤器过滤后,通过增压泵输送至吸附塔,利用离子交换法对铀金属进行吸附;吸附后的溶液经袋式过滤器过滤后,通过增压泵输送至井场,由注液孔注入含矿层;在浸出液中的铀含量过低或吸附系统出现故障时,浸出液可不经过吸附塔,直接通过应急管路进入注液系统,实现抽注液系统的连续运行(见图1)。

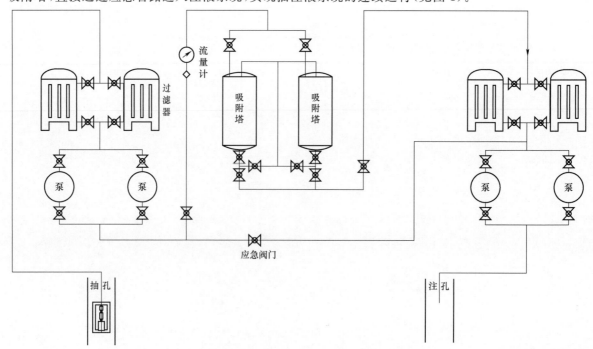

图 1　抽注液闭路循环工艺示意图

与开放式的抽注液工艺相比,取消了集液池和配液池的抽注液闭路循环工艺具有提高能量利用率、改善现场作业环境、降低原材料消耗、缩短项目建设周期、减少征地面积、节约投资成本等显著优势。

## 2 闭路循环工艺运行现状

鄂尔多斯盆地是目前我国最大的铀资源基地,落实铀资源量占全国砂岩型铀资源总量近50%。内蒙古某砂岩型铀矿床是鄂尔多斯盆地计划首个开发的铀矿床,先后开展了条件试验和扩大试验。2015年,为探究抽注液闭路循环工艺在地浸矿山的可行性,在地浸采铀扩大试验建设时引进闭路循环系统,建成国内首个地浸采铀抽注液闭路循环系统。2018年,在原抽注液闭路循环系统的基础上,增加了部分自动化控制设备,实现了抽注液闭路循环系统的自动化联动控制,为系统的安全稳定运行建立了有效的监督、评价手段。

2019年以来,伴随着地下浸出环境变化,钻孔堵塞日益严重,注液压力持续升高,抽注液量下降明显,在切换过滤器、切换离子交换塔、钻孔启停等操作时,系统压力及流量出现大幅波动(见图2和图3),系统运行的稳定性、系统调节难度大等问题日渐突出。

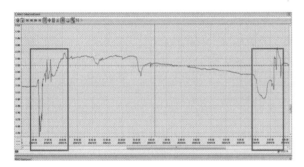
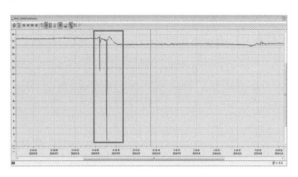

图2 切塔致使塔体压力波动、上升　　　　图3 切塔致使注液流量下降

## 3 系统运行稳定性分析

与广泛应用于高炉、转炉、煤气净化等的闭路循环水系统一样,在运行过程中都普遍存在系统排气不畅、压力波动等问题。研究发现,在抽注液闭路循环系统运行及各环节操作时,气体在系统中的聚集是造成系统压力、流量波动,是导致系统运行稳定性差的主要原因。

(1)注液孔氧气加入浓度和注液压力及注液量有关,在水量不足且管道压力波动较大时,实际加氧浓度高于理论加入浓度,易形成气堵,致使注液压力升高、注液流量下降。

(2)在切换过滤器、切换离子交换塔、钻孔启停等操作时,从过滤器、离子交换塔、注液孔内排出大量气体,通过检测,排出的气体主要成分为氧气。

(3)试验采用的是$CO_2+O_2$浸出工艺,溶液在各工艺环节压力和流速的不同或在机械的扰动的情况下,溶液中溶解的气体易在密闭管道、容器内不断释放、累积,大量的气体在管道内聚集,使管道内溶液处于半空状态,并引起管道内缺水,当气体进入原注液泵泵腔时,压力及流量波动会进一步加大。

(4)当溶液填充了气体所占空间时,密闭管道或容器局部压力集聚下降,当末端压力大于该局部压力时,会造成管道或容器内溶液产生水锤现象,在水锤的反作用力下,造成水量大幅度波动,水锤的反作用力严重时,可造成水流正向流量为零,导致注液系统在一定时间内出现缺水、断流现象。

## 4 气体的产生及危害

### 4.1 气体产生条件

抽注液闭路循环工艺运行过程中,各工序的压力和流速不同,在机械扰动和压力变化的情况下,溶液中溶解的氧气易在密闭管道、容器内析出,并不断累积。大量的气体在管道内聚集,使管道内溶液处于半空状态,并引起管道内缺水,气体进入泵体后,易造成日常运行过程中流量大幅度波动,致使系统运行不稳定。

研究发现,系统管道中的气体来自以下方面:

(1)系统启动过程中,管道内的气体未排干净而存留在系统中;

(2)集配液泵突然停泵、切换离子交换塔、过滤器更换过滤袋等操作中需要快速关闭阀门,导致系统管道内局部产生真空,使管道从排气阀吸入空气;

(3)集配液泵叶轮负压区压力较低,导致溶解在水中的气体释放;

(4)抽注液闭路循环工艺中,溶液溶解的气体在压力降低到某一低值析出。

### 4.2　存气条件

闭路循环工艺管道中产生的气体如不能及时通过排气阀排出,就会随水流运行而逐渐聚积成大气泡或大气团。通常管道中的气体以气团的形式存在于管道上部,在多起伏的管道中,气团多存在于管道的凸起点;在坡度小、较平坦的管道中,气体以众多相互独立的大气团形式分散存在。常见的存气产生在管道的凸起点、渐缩管、水平管段及较平坦的逆坡管段、不全开的阀门等处。

研究发现,该矿床抽注液闭路循环工艺主要存气点为离子交换塔上部空间、过滤器上部、抽注液主管管顶、抽注液主管的变径和转弯处、半开的阀门处等部位。

### 4.3　气体在管道内的运动状态

闭路循环工艺管道内气体的研究,目前还处于理论模型阶段。美国著名的水锤专家马丁教授的研究理论认为,较平坦的供水管路在充水过程中呈现六种气液两相流状态,分别为层状流、波状流、团状流、段塞流、泡沫流和环状流,见图4。

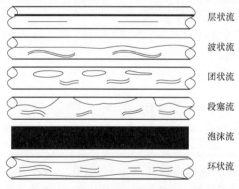

图4　六种气液两相流状态示意图

根据气液两相流理论,管流分析可采用一维模型,其常用分析模型为均质流模型,比较适用于段塞流、团状流和泡沫流,是对管道内气体运行分析的主要流态。

研究发现,抽注液闭路循环工艺管道的充水排气是一个相当复杂的过程。一般情况下,在充水初期,管道的流态多为层状或波状流,排气较为容易,在充水后期则多为段塞流、团状流状态,普通的排气装置排气较为困难。管道中存在的气团大小、数量取决于管道的复杂程度、管径大小、充水的速度和方法等。

### 4.4　气体对闭路循环工艺的危害

闭路循环工艺管道中存在的气团随水流动时,由于管道坡度、管壁粗糙度变化以及管道转弯、变径等各类管件而分散聚合,极易造成气团两端的压差改变,这种微小的压差变化对于几乎不可压缩的水影响不大,对于气体的影响极大。每当气团两端的压差出现变化时,轻者可能使气团体积膨胀,占据管道通水断面,出现断流现象,造成循环系统的压力剧烈波动、通水困难、增大水阻、增加能耗,在管道内形成水锤现象,重者可造成管道爆裂、供水中断。

井场各抽液孔通过潜水泵将浸出液汇至抽液主管,由于地层和抽液主管压力变化,导致气体析出,在抽液主管聚集。在浸出液进入水冶厂房后,由于厂内部的抽注液管道复杂,变径多、转弯多、泵前泵后压力变化大,导致管道内形成大气团,气体在水冶厂房内的离子交换塔、过滤器等密闭容器内聚集。当系统进行调节时,气团体积膨胀,造成溶液断流,系统压力剧烈波动,管路晃动严重,存在一定的安全隐患;当气团出现在集配液泵内时,会对水泵设备造成极大损害,并直接影响系统的正常运行。

## 5 排气措施及运行建议

### 5.1 闭路循环工艺排气措施

为确保系统运行稳定,闭路循环工艺所产生的气体应及时排出。自动排气阀排气是闭路循环工艺普遍使用的排气方法,也是最经济合理的方法。前期,在试验项目集控室抽液主管和水冶厂原注液过滤器上安装了小口径的自动排气阀,因水溶液易结垢并含有颗粒状杂质,自动排气阀的排气腔易结垢或被颗粒状物质堵塞,导致其内部浮球易卡死,需经常人为敲动排气阀使内部浮球下落,自动排气效果不佳。

针对自动排气阀排气效果不佳的问题,研发了过滤系统排气及液位平衡控制装置。通过在袋式过滤器等密闭容器上部安装电磁阀及自动排气阀,在其内部安装可视化液位控制装置,并设置液位波动范围。当容器内液位降至最低设置点时,开启与之联动的电磁阀,使排气阀开始工作排气。当液位升至最高设置点时,关闭与之联动的电磁阀,使排气阀停止工作。由于自动排气阀不直接与溶液接触,排气效果较好。

### 5.2 系统稳定运行建议

优化闭路循环系统操作规程及重要工序的控制方法。在系统启动时建议采取小流量充水,尽可能使系统内的气—液两相保持在层状流状态,便于气体排出系统管道。在闭路循环工艺充水后建议维持低流速运行一定时间,便于段塞流和团状流状态的气团从自动排气阀排出。

## 6 结论

(1)抽注液闭路循环系统在地浸采铀矿山的应用具有显著的优势,但伴随着地下浸出环境变差、钻孔堵塞日益严重、注液压力持续升高、抽注液量下降明显等问题,系统运行的稳定性等问题也将日渐突出。

(2)导致抽注液闭路循环工艺压力、流量剧烈波动、运行不稳定的主要原因为系统中聚集了大量的气体,主要存气点为离子交换塔上部空间、过滤器上部、抽注液主管管顶、抽注液主管的变径和转弯处、半开的阀门处等部位。

(3)在袋式过滤器等密闭容器上部安装电磁阀及自动排气阀,在其内部安装可视化液位控制装置,避免自动排气阀直接与溶液接触,可达到较好的排气效果。

参考文献:
[1] 孙冰,陈世团,等.原地浸出采铀过程中浸出率影响因素分析[J].现代矿业,2020(8).
[2] 孙占学,马文洁,等.地浸采铀矿山地下水环境修复研究进展[J].地学前缘,2021.
[3] 李鹏,赵海军,等.地浸采铀抽注液闭路循环工艺的应用[G].中国核科学技术进展报告(第四卷),铀矿冶分卷,2015.
[4] 孙强.长距离输水管道抗水锤压力罐参数优化研究[D].哈尔滨工业大学,2011.
[5] 盛新一,崔冰.闭路循环水系统排气问题的分析[J].中国水运(下半月),2008(07).

# Stability analysis of closed-circulation process of nalinggou pumping liquid

ZHENG Wen-juan, WANG Fei, LI Peng, WANG Ru-yi,
XU Qi, YANG Jing, REN Bao-an

(Inner Mongolia Mining Co. ,Ltd. ,CNNC,Hohhot 010010,China)

**Abstract**: In-situ leaching uranium mining technology is the mainstream technology for economic uranium mining in the world and the main process of uranium mine production in my country. The closed-loop uranium extraction and injection liquid closed-loop technology for in-situ leaching uranium mining is still in the exploration and test stage in China. Taking the first in-situ leaching of $CO_2 + O_2$ in-situ leaching uranium extraction and injection closed-circuit control system for automatic linkage control,an in-situ leaching uranium mining test project in the Ordos Basin of Inner Mongolia was the research object, combined with the current status of the process, and comprehensively analyzed gas The production conditions and sources, operating conditions and hazards of the filter system have been developed and successfully applied to the exhaust and liquid level balance control device of the filter system.

**Key words**: In-situ leaching of uranium; Closed loop process; Exhaust

# 某地浸采铀深井潜水泵清洗保养方式探究

张　欢，任保安，王　飞，牛　奔，吕学钦，崔　博

（中核内蒙古矿业有限公司,内蒙古 呼和浩特 010010）

**摘要**:以深井潜水泵在纳岭沟铀矿床 $CO_2+O_2$ 地浸采铀扩大试验中的应用为例,针对潜水泵频频出故障、消耗大的问题,统计潜水泵故障率,系统分析潜水泵故障发生的原因,分别采用稀硫酸、草酸、稀盐酸＋双氧水等试剂来配制清洗液对潜水泵进行清洗,结果表明,质量比 1∶20 的草酸溶液可作为最佳的潜水泵清洗剂,该清洗方式在纳岭沟铀矿床现场扩大试验中的应用有效减少了潜水泵的消耗,大幅降低了生产成本。

**关键词**:地浸采铀；深井潜水泵；清洗保养

　　纳岭沟铀矿床是国内新近发现的大型可地浸砂岩型铀矿床,2012 年以来随着试验运行,井场抽液孔潜水泵损坏情况日益严重,呈现逐年增加的趋势,造成生产成本大幅上升。同时,由于矿体埋深达 400 m,潜水泵下放深度均在 220 m 以上,提下泵维修人员劳动强度也随之逐年提高。地浸采铀中,浸出液的提升普遍采用潜水泵提升方式,潜水泵的消耗也就成为地浸采铀生产成本构成中的一个重要因素。因此如何降低深井潜水泵的消耗,也就成为地浸采铀矿山企业节能降耗、降低生产成本的一个重要途径。为了降低运行和维修成本,提高深井潜水泵的使用时长,减少深井潜水泵的消耗和维修频次,同时也为达到节能降耗的目的,探索新型深井潜水泵的清洗保养方式势在必行。

## 1　深井潜水泵运行现状

### 1.1　深井潜水泵运行情况

　　纳岭沟铀矿床 30 组扩大试验至今已运行 6 年,2015 年以来,为探究深井潜水泵选型在地浸采铀项目的可行性,并为工业项目建设提供依据,先后投入使用三种不同型号潜水泵,分别为 6 寸 13 kW、4 寸 11 kW 和 4 寸 7.5 kW（见表 1）。

表 1　深井潜水泵基本参数

| 潜水泵品牌 | 基本参数 | | | | | 技术参数 | |
| --- | --- | --- | --- | --- | --- | --- | --- |
| | 型号 | 功率/kW | 材质 | 转速/(r/min) | 额定电流/A | 扬程/m | 流量/(m³/h) |
| 施得耐 | QY4-E-44 | 7.5 | 304 | 2 850 | 18.5 | 200 | 8 |
| | | | | | | 210 | 7 |
| | | | | | | 223 | 6 |
| 施得耐 | QY6-E-19 | 13 | 304 | 2 850 | 28 | 283 | 8 |
| | | | | | | 263 | 10 |
| | | | | | | 243 | 12 |
| 罗瓦拉 | SV260-340 | 11 | 304 | 3 450 | 24 | 270 | — |
| | | | | | | 150 | — |

作者简介:张欢(1993—),男,助理工程师,现主要从事生产管理、机电设备维修等工作

## 1.2  原有潜水泵维修方式

深井潜水泵已在地浸矿山中大规模的使用,因矿床地质等原因,泵体损坏数量大,潜水泵泵体报废率加剧上升,提高了生产成本。对出现故障的深井潜水泵,提泵后返回机修车间进行故障判断以及拆解维修和清洗。维修方式上,主要依靠更换新旧零部件来完成,对潜水泵已经附着了大量污垢的叶轮、导叶、叶壳等零部件进行拆装和钢丝刷物理清洗处理或更换新的配套零部件,再经组装后投入使用;对于无法修复故障部件,只能进行报废处理,以上维修方式一直延续到2019年。2015—2019年,地浸采铀矿山在深井潜水泵耗费了大量的人力、物力,在一定程度上增加了生产成本。维修方法的落后,严重影响泵体的使用周期,因此,找寻一种潜水泵泵体的维护保养的方法,势在必行。

# 2  深井潜水泵故障分析

## 2.1  深井潜水泵故障原因分析

经统计分析,地浸矿山2019年开展深井潜水泵提泵检修44次,更换潜水泵27台次,深井潜水泵故障率90%,月均消耗2.25台。其故障表现统计如表2所示。

与此同时,抽液孔中潜水泵运行一段时间后,泵体、叶轮、过滤网等位置存在结垢现象,影响深井潜水泵正常运行,问题突出,亟待解决。

表2  2019年深井潜水泵故障统计表

| 序号 | 孔号 | 故障表现 | 时间 |
|---|---|---|---|
| 1 | 1-7-14C | 断轴 | 2019-01-03 |
| 2 | 1-16-9C | 断轴 | 2019-01-07 |
| 3 | 1-0-12C | 断轴 | 2019-01-24 |
| 4 | SYC-2 | 流量下降 | 2019-01-27 |
| 5 | 1-7-14C | 故障过流 | 2019-03-14 |
| 6 | 1-0-8C | 流量下降 | 2019-03-26 |
| 7 | 1-4-1C | 流量下降 | 2019-03-30 |
| 8 | SYC-4 | 流量下降 | 2019-04-04 |
| 9 | 1-7-10C | 潜水泵卡堵,电流较大 | 2019-04-27 |
| 10 | 1-3-10C | 断轴 | 2019-05-01 |
| 11 | SYC-1 | 潜水泵卡堵,电流较大 | 2019-05-09 |
| 12 | 1-0-8C | 断轴 | 2019-05-20 |
| 13 | 1-16-6C | 电流过载 | 2019-05-31 |
| 14 | 1-4-2C | 电流异常 | 2019-06-01 |
| 15 | 1-16-5C | 电流过载 | 2019-06-04 |
| 16 | 1-12-9C | 潜水泵轴套脱落 | 2019-06-06 |
| 17 | 1-0-8C | 潜水泵卡堵 | 2019-06-16 |
| 18 | 1-3-14C | 潜水泵卡堵,电流较大 | 2019-07-03 |
| 19 | 1-8-9C | 断轴 | 2019-08-04 |
| 20 | 1-8-9C | 断轴 | 2019-08-12 |
| 21 | 1-12-2C | 过滤网堵死 | 2019-08-19 |
| 22 | 1-8-9C | 断轴,电机花键磨损 | 2019-09-13 |

| 序号 | 孔号 | 故障表现 | 时间 |
|---|---|---|---|
| 23 | 1-7-6C | 过滤网堵死 | 2019-10-20 |
| 24 | 1-0-2C | 电机花键磨损,轴套断裂 | 2019-10-23 |
| 25 | SYC-6 | 断轴 | 2019-10-24 |
| 26 | 1-8-5C | 无流量 | 2019-11-02 |
| 27 | 1-8-1C | 过滤网堵死 | 2019-11-27 |

经统计,深井潜水泵故障主要表现为断轴、花键磨损、轴套脱落等,研究分析认为,造成潜水泵故障的原因主要有以下几点。

(1)矿床地质原因,浸出液中夹杂着部分颗粒物杂质,杂质进入泵体或附着于泵体后,造成过滤网堵塞,改变了摩擦介质,增大了摩擦系数,加剧了叶轮、导叶以及叶壳的磨损。

(2)材质原因,深井潜水泵电机输出的功率通过泵头的花键传递给泵轴,泵轴采用不锈钢材质,不锈钢材质的花键硬度小,一旦有杂质卡入泵中,电机的输出转矩大于泵轴的最大承受能力,易导致花键磨损,甚至泵轴出现断裂。

(3)采用浓盐酸对深井进行洗井作业,待泵放入后,水中残余盐酸及电解质离子加剧了潜水泵泵轴腐蚀,降低了潜水泵使用强度,容易导致磨损和断裂(见图1)。

综上所述,泵体故障究其原因主要是由于水体内杂质附着而产生的部件磨损和堵塞,因此如何清理潜水泵表面附着的杂质,成为深井潜水泵维护保养方式的主要探究方向。

(a)　　　　　　　　　　　　　　　(b)

图1　深井潜水泵叶轮与导叶之间的磨损

## 2.2 潜水泵附着杂质分析

经过对潜水泵附着沉淀物取样分析的结果表明,杂质的成分主要以铁、铝、硅酸盐、有机物等化合物为主(见表3)。

表3　沉淀物各组分含量

| 组分名称 | 烧失量 | $SiO_2$ | $Al_2O_3$ | $Fe_2O_3$ | $TiO_2$ | $MnO$ | $CaO$ | $MgO$ | $P_2O_5$ | $K_2O$ | $Na_2O$ |
|---|---|---|---|---|---|---|---|---|---|---|---|
| 含量/% | 20.45 | 31.53 | 3.30 | 23.90 | 0.36 | 0.10 | 1.06 | 0.40 | 0.11 | 1.36 | 4.81 |

由于矿石中长石、有机质、黄铁矿含量较高,在$CO_2+O_2$原地浸出采铀浸出过程中,矿石中的长石、有机质、黄铁矿等脉石矿物同时发生反应,形成小颗粒形态和胶体形态的悬浮物,这些悬浮物具有巨大的表面积及很强的吸附力,能在水中吸附悬浮固体形成沉淀。在杂质物质间相互吸附、聚沉作用下,深井潜水泵沉淀物粒径不断增大,逐渐形成结构疏松、体积较大的大颗粒团絮状沉淀物(见图2),

并包裹在深井潜水泵叶轮或堵塞在潜水泵过滤网中,造成潜水泵过滤网堵塞(见图3)、花键卡阻摩擦、电流较大甚至过流等现象,导致深井潜水泵运行效率下降或故障。

图2　深井潜水泵泵体附着物　　　　　　　　图3　深井潜水泵过滤网堵塞

## 3　深井潜水泵清洗方式探究

经过对杂质成分分析和与原有维修方式比对,着手于泵体、叶轮以及导叶大量污垢进行清洗,原有拆装泵体和物理清洗方式人力时间成本较高,且清洗效果不尽人意,因此决定以化学清洗方式为主开展维修方式探究,找出一种适用于高效快捷的维护保养方式,同时降低生产成本。

### 3.1　化学试剂选型分析

针对上文所述的泵体附着杂质的类型和成分,结合现场实际情况和条件,决定采用盐酸、双氧水、草酸作为备选化学试剂进行探究(见表4)。

表4　化学试剂选型分析

| 试剂类型 | 选型依据 |
| --- | --- |
| 盐酸 | 盐酸具有强烈的腐蚀性,且在前期洗井工作中证实其对杂质起到一定作用 |
| 双氧水 | 双氧水属于强氧化剂,具有较强的漂白和防腐功能 |
| 草酸 | 草酸属于有机酸,酸性较弱,工业上一般作为机械设备除锈使用 |

用盐酸、双氧水、草酸分别对深井潜水泵叶轮、泵轴、泵壳进行浸泡清洗(见图4和图5),通过小试发现,双氧水对去除污垢效果不明显(见图6);盐酸和草酸浸泡后均能很大程度上清除叶轮泵壳上的污垢,但盐酸对泵壳腐蚀较为严重,浸泡后泵壳变为黑色(见图7),草酸对泵壳腐蚀较轻(见图8),泵壳颜色基本无变化(见表5)。

图4　深井潜水泵清洗前　　　　　　　　　　图5　化学试剂选型对比实验

图 6　双氧水浸泡后　　　　　　　图 7　盐酸浸泡后　　　　　　　图 8　草酸浸泡后

表 5　化学试剂选型分析

| 试剂 | 浸泡时间 | 浸泡效果 |
| --- | --- | --- |
| 盐酸 | 10 分钟 | 泵壳腐蚀较为严重,浸泡后变为黑色 |
| 双氧水 | 10 分钟 | 去除污垢效果不明显 |
| 草酸 | 10 分钟 | 泵壳腐蚀较轻,泵壳颜色基本无变化 |

综上所述,决定采用草酸作为化学清洗的主要试剂。

### 3.2　草酸配制质量比讨论

经前期现场小试对比结果分析,确定采用草酸粉配制质量比为 1∶6、1∶7、1∶8、1∶20、1∶25、1∶27 等不同比例的草酸溶液对潜水泵叶轮开展清洗试验,确定 1∶20 的草酸溶液为最佳清洗剂(见图 9)。

 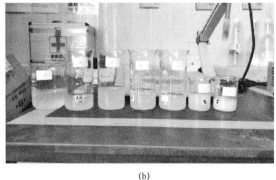

(a)　　　　　　　　　　　　　　　　　　　(b)

图 9　草酸粉配比实验

### 3.3　深井潜水泵清洗效果分析

现场采用直径为 160 mm 的 UPVC 管道焊制了深井潜水泵清洗槽,清洗槽结构为圆柱形,长度为 3.5 m,在清洗槽一段预留了排水阀门。在清洗槽中配制了 1∶20 的草酸清洗液(见图 10),对结垢的深井潜水泵进行清洗采用变频器进行控制,频率为 25 Hz 低频运行,清洗过程中,深井潜水泵不断将清洗液吸入泵体,进行清洗,清洗过程中结垢物与清洗液反应剧烈,不断有泡沫产生(见图 11),清洗 10 分钟后,深井潜水泵表面达到干净,拆卸潜水泵后,深井潜水泵叶轮清洗干净(见图 12)。

清洗前深井潜水泵附着物较多,过滤网堵塞严重(见图 13),清洗后潜水泵上结垢物可全部清洗干净(见图 14)。该深井潜水泵清洗方式更省力,效果好,对泵壳丝扣的损坏小,减少了泵壳的报废数量,降低了生产成本。

图10　配制草酸清洗溶液

图11　圆柱形清洗槽内

图12　清洗后的潜水泵

图13　清洗前过滤网堵塞严重

图14　清洗后的过滤网

## 4　效益分析

### 4.1　经济效益

2020年全年共开展了10台深井潜水泵的清洗工作,采用1∶20的草酸溶液对深井潜水泵清洗后,全年共计消耗潜水泵17台,月均消耗1.42台,与2019年月均消耗2.5台形成明显对比。

此次清洗方式探究打开了整体泵自主维护大门,本年度共计清洗深井潜水泵10余台,对7台清洗后深井潜水泵投入生产运行,截至2020年12月,其运行状况良好,清洗后的潜水泵效率与新泵大体相当。2020年度累计减少约7台深井潜水泵的消耗,可节约成本预计10余万元。

### 4.2　应用前景

目前,通过草酸对深井潜水泵维护保养方式,效果初显。未来将继续开展相关讨论探究。例如改善现有清洗条件,制作立式清洗筒,利用循环水对泵进行清洗,提高清洗效率,提升清洗效果。

## 5　结论

通过开展清洗剂选型、草酸配比试验、深井潜水泵清洗效果分析等措施,确定了深井潜水泵过滤网堵塞、叶轮磨损应对措施,有效解决了深井潜水泵过滤网堵死、叶轮磨损等的问题,降低了生产成本,具有良好的经济效益。而且提高了潜水泵运行效率,获得了较大的经济效益,降低了维修人员劳动强度。不仅为工业项目建设提供重要依据,也为工业项目深井潜水泵清洗提供可行性探究。

参考文献：

[1]　孟嘉嘉．多级井用潜水泵的优化设计[D].浙江：浙江理工大学，2011.

[2]　周夏，白云升．多级离心泵技术综述[J].化工设备与管道，2008(2).

# Research on cleaning and maintenance methods of submersible pump in a deep well of in-situ leaching uranium

ZHANG Huan，REN Bao-an WANG Fei，NIU Ben，LV Xue-qin，CUI Bo

(China Nuclear Inner Mongolia Mining Co.，Ltd.，Hohhot Inner Mongolia 010010)

**Abstract**：Taking the application of deep well submersible pump in the expansion test of $CO_2+O_2$ in-situ leaching uranium mining in nanlinggou uranium deposit as an example，according to the frequent failure and consumption of submersible pump，the failure rate of submersible pump is counted，the causes of the failure of submersible pump are analyzed systematically. The results show that the submersible pump is cleaned by using dilute sulfuric acid，oxalic acid，dilute hydrochloric acid and hydrogen peroxide，The oxalic acid solution with mass ratio of 1：20 can be used as the best cleaning agent for submersible pump. The application of this cleaning method in the field expansion test of Nalinggou uranium deposit effectively reduces the consumption of submersible pump and greatly reduces the production cost.

**Key words**：in-situ leaching of uranium；Deep well submersible pump；Cleaning and maintenance

# 某铀矿山离子交换吸附工艺影响因素试验研究

曹　彪[1]，段海城[1]，董宏真[1]，费亚男[2]

(1. 中核韶关锦原铀业有限公司，广东 韶关 512328;2. 中核(广东)科技有限公司，广东 韶关 512029)

**摘要**：针对某铀矿浸出液离子交换吸附工艺树脂饱和容量低、尾液含量高等问题，通过模拟生产使用的密实移动床，开展室内离子交换吸附条件试验；根据矿石性质和树脂选择性，确定了离子交换吸附工艺的主要影响因素。本次试验主要研究了铀浓度、pH、$Fe^{3+}$浓度和$Cl^-$浓度对树脂吸附效果的影响。试验结果表明：浸出液中铀浓度对树脂吸附效果影响较大，pH、$Fe^{3+}$浓度和$Cl^-$浓度控制在一定范围内对吸附影响较小。通过本次研究，为铀浸出回收工艺控制提供了依据，有利于降低尾液铀浓度，提高吸附效果，保证各工序有效衔接及稳定运行。

**关键词**：铀；树脂；吸附；影响因素

目前从溶液中回收铀主要有溶剂萃取法、离子交换法和化学沉淀法[1]。离子交换法是用选定的离子交换树脂吸附浸出液中的铀，树脂的活性官能团与浸出液中带有相同电荷的离子发生交换反应，可将浸出液中的铀选择性地吸附到树脂上，同时可使用解吸溶液将树脂中的铀交换到溶液中，实现铀的富集和回收。离子交换树脂具有较好的选择性，既能从清液中提取铀，也可从矿浆中提取铀，适用于溶浸采铀法的回收。离子交换法中具有树脂反复使用、材料和化学试剂消耗量少、吸附尾液循环使用等特点，因而离子交换技术得以广泛地应用[2-6]。在铀水冶领域最常用的离子交换设备主要有密实固定床和密实移动床两种类型[7-8]，铀矿山根据吸附原液浊度、铀浓度等选择相应的床层设计生产工艺。

南方某硬岩铀矿水冶厂采用酸法堆浸，浸出液处理采用密实移动床离子交换工艺，四塔串联逆流淋洗，一塔转型，塔内树脂为 408-Ⅱ 强碱性阴离子型。在生产中受原液铀浓度、氯离子、pH 以及其他杂项离子等影响，存在生产工艺参数不稳定的情况，离子交换过程中要时常根据参数变化做出调整，不利于现场管理且影响后续树脂淋洗和产品沉淀工序。因此，需对现有生产工艺系统进行优化改进研究，实现精细化控制，保证系统运行稳定，为自动化控制打下基础。

## 1　试验原理及思路

### 1.1　原液性质

取吸附原液对主要元素分析，结果如表 1 所示。

表 1　原液主要元素分析结果　　　　　　　g/L

| U | ΣFe | Al | Ca | Mg | ΣMn | $SO_4^{2-}$ |
|------|------|------|------|------|------|------|
| 0.327 | 2.03 | 4.78 | 0.56 | 1.73 | 1.47 | 29.78 |

| $SiO_2$ | F | Cl | K | Na | $PO_4^{3-}$ | pH |
|------|------|------|------|------|------|------|
| 2.37 | 2.49 | 1.46 | 0.064 | 1.03 | 0.13 | 1.84 |

---

作者简介：曹彪(1990—)，男，四川，工程师，现从事硬岩铀矿水冶技术管理工作

## 1.2 试验原理

铀在硫酸溶液体系中主要以 $UO_2(SO_4)_3^{4-}$ 络离子形式存在,其次是 $UO_2(SO_4)_2^{2-}$,再其次是 $UO_2SO_4$ 中性分子,而以 $UO_2^{2+}$ 阳离子形式存在最少。因此,铀大部分以 $UO_2(SO_4)_3^{4-}$ 的形式被强碱性阴离子树脂吸附,用强碱性阴离子交换树脂吸附硫酸浸出液中的铀,其化学反应为:

$$4(R_4N)^+X^- + UO_2^{2+} + 3SO_4^{2-} \rightleftharpoons (R_4N)_4[UO_2(SO_4)_3] + 4X^- \tag{1}$$

$$2(R_4N)^+X^- + UO_2^{2+} + 2SO_4^{2-} \rightleftharpoons (R_4N)_2[UO_2(SO_4)_2] + 2X^- \tag{2}$$

而当溶液 pH 提高到 3~4 时,$UO_2^{2+}$ 离子会发生水解反应。

溶液中除了铀离子外,在浸出液中还含有大量的阳离子杂质,如 $Mn^{2+}$、$Fe^{2+}$、$Mg^{2+}$ 等,当用阴离子交换树脂吸附时,这些杂质离子不被吸附。但对同时存在的 $Fe^{3+}$,当它的浓度较高时,能与硫酸根发生以下反应:

$$Fe^{3+} + n\,SO_4^{2-} \rightleftharpoons Fe(SO_4)_n^{(3-2n)} \tag{3}$$

$Fe(SO_4)_n^{(3-2n)}$ 络阴离子子与 $UO_2(SO_4)_n^{(2-2n)}$ 将发生竞争吸附。

## 1.3 研究思路

针对堆浸浸出液的特点,开展室内条件试验研究,通过小型条件试验,确定溶液性的离子交换吸附影响因素及工艺参数。

室内吸附条件试验采用直径 $\phi20$ mm×500 mm 的有机玻璃柱作为离子交换柱,进行动态吸附试验。试验装置主要由吸附柱、吸附原液储槽、恒流泵和自动取样器组成,如图 1 所示。

试验所用树脂型号为 408-Ⅱ 强碱性阴离子树脂,树脂经清洗后量取 50 mL 装入试验柱,试验采用单柱上进液方式,流出液中铀浓度大于等于 5 mg/L 视为树脂穿透,吸附原液采用新堆铀浓度较高的浸出液,再根据各条件试验所需进行稀释。

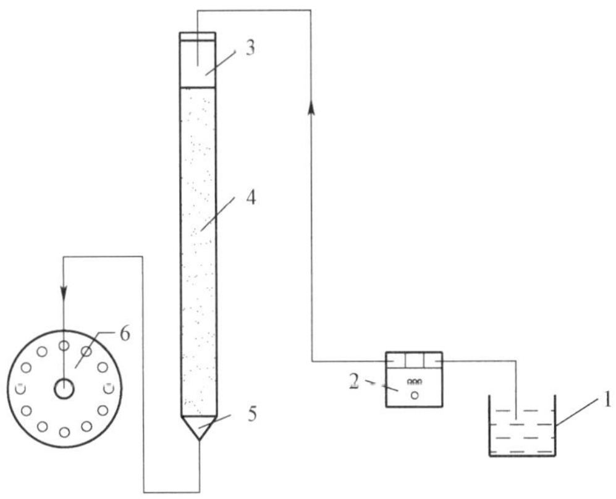

图 1 试验装置示意图

1—储槽;2—恒流泵;3—有机玻璃管;
4—树脂;5—尼龙丝;6—自动取样器

# 2 离子交换吸附条件试验

## 2.1 铀浓度对树脂吸附效果的影响

吸附原液中铀浓度一方面影响树脂铀容量,另一方面也对塔的操作流速产生影响。试验条件:调节吸附原液 pH 为 3.0,控制吸附原液中铀浓度,考察铀浓度对树脂吸附效果的影响。试验结果见表 2 和图 2。

表 2 铀浓度对树脂吸附效果的影响

| 编号 | 铀浓度/(g/L) | 穿透体积/BV | 饱和体积/BV | 树脂穿透容量/(g/L·R) | 树脂饱和容量/(g/L·R) |
|---|---|---|---|---|---|
| 1 | 0.103 | 151 | 256 | 15.24 | 22.32 |
| 2 | 0.206 | 121 | 223 | 22.54 | 36.85 |
| 3 | 0.311 | 105 | 184 | 30.41 | 43.17 |
| 4 | 0.412 | 106 | 162 | 40.11 | 47.64 |
| 5 | 0.498 | 95 | 143 | 44.13 | 53.25 |
| 6 | 0.597 | 84 | 122 | 49.55 | 58.74 |
| 7 | 0.712 | 74 | 104 | 50.26 | 62.45 |
| 8 | 0.795 | 67 | 98 | 51.61 | 65.32 |

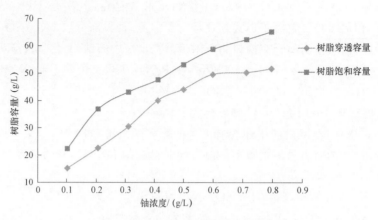

图 2　铀浓度对树脂吸附效果的影响

从表 2 和图 2 可以看出，提高吸附原液中铀浓度，可使树脂吸附铀容量增加，主要原因为原液中铀浓度增加，可以提高硫酸铀酰离子的竞争吸附能力，但随着原液铀浓度的继续升高，树脂穿透容量变化不大。此外，吸附原液铀浓度升高导致树脂穿透体积降低，不利于生产过程控制。因此根据试验结果并结合堆浸生产实际，原液铀浓度控制在 0.4～0.7 g/L 较为适宜。

**2.2　pH 对吸附效果的影响**

原液 pH 主要受矿石浸出的控制，但原液 pH 对树脂吸附效果有影响。试验条件：控制吸附原液铀浓度为 0.417 g/L，通过硫酸和氢氧化钠调节原液 pH，考察 pH 对树脂吸附效果的影响。试验结果见表 3 和图 3。

表 3　pH 对树脂吸附效果的影响

| 编号 | pH | 穿透体积/BV | 饱和体积/BV | 树脂穿透容量/(g/L·R) | 树脂饱和容量/(g/L·R) |
|---|---|---|---|---|---|
| 1 | 1.13 | 82 | 108 | 32.52 | 37.25 |
| 2 | 1.52 | 93 | 117 | 36.41 | 39.12 |
| 3 | 2.04 | 98 | 131 | 38.44 | 42.64 |
| 4 | 2.48 | 103 | 142 | 40.26 | 45.38 |
| 5 | 3.06 | 108 | 158 | 42.47 | 48.65 |
| 6 | 3.64 | 110 | 163 | 42.97 | 49.11 |
| 7 | 4.01 | 110 | 160 | 43.15 | 48.16 |

从表 3 和图 3 中可以看出，随着吸附原液 pH 的升高，树脂穿透容量和饱和容量增加，这是因为溶液 pH 对树脂吸附铀的影响主要与溶液中 $HSO_4^- \rightleftharpoons H^+ + SO_4^{2-}$ 的反应平衡有关。降低溶液 pH，反应向左移动，溶液中硫酸氢根增多，而强碱性阴离子树脂对硫酸氢根比对铀酰络阴离子和硫酸根更有亲和力，对铀的竞争吸附能力强。同时受树脂吸附性能等因素影响，再结合堆浸过程中提高 pH 影响矿石浸出的实际情况，吸附原液 pH 控制在 1.5～3.0 较为适宜。

**2.3　Cl⁻ 浓度对吸附效果的影响**

由于 Cl⁻ 对强碱性阴离子交换树脂是一种很好的淋洗剂，因此树脂在树脂吸附时，需考虑原液中 Cl⁻ 的浓度影响。试验条件：吸附原液铀浓度为 0.415 g/L，加入氯化钠调节溶液中 Cl⁻ 浓度，同时控制 pH 为 2.5，考察 Cl⁻ 浓度对树脂吸附效果的影响。试验结果见表 4 和图 4。

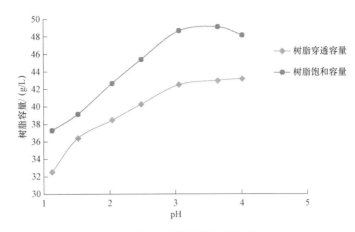

图 3　pH 对树脂吸附效果的影响

表 4　Cl⁻ 浓度对树脂吸附效果的影响

| 编号 | Cl⁻ 浓度/(g/L) | 穿透体积/BV | 饱和体积/BV | 树脂穿透容量/(g/L·R) | 树脂饱和容量/(g/L·R) |
|---|---|---|---|---|---|
| 1 | 0.51 | 101 | 139 | 41.86 | 46.35 |
| 2 | 0.97 | 98 | 129 | 40.27 | 44.43 |
| 3 | 1.55 | 95 | 122 | 39.18 | 43.21 |
| 4 | 2.02 | 84 | 109 | 34.66 | 37.16 |
| 5 | 2.56 | 82 | 101 | 33.85 | 35.24 |
| 6 | 3.08 | 76 | 94 | 31.11 | 33.67 |

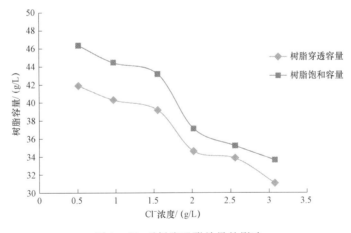

图 4　Cl⁻ 对树脂吸附效果的影响

　　从表 4 和图 4 可以看出,原液中 Cl⁻ 浓度将会降低树脂对铀的吸附效果,特别是 Cl⁻ 超过 1.5 g/L 时出现拐点。其原因主要是 Cl⁻ 作为一种较好的淋洗剂,在树脂吸附过程中,随着 Cl⁻ 浓度增加,会将树脂中的铀淋洗返回溶液中,从而影响树脂的吸附效果。生产过程中会将淋洗后的树脂采用硫酸转型,再用于吸附工序。由于生产过程中会循环使用吸附尾液和转型液作为浸出剂,再加上矿石中会有少量的 Cl⁻ 产生,无法将原液中的 Cl⁻ 完全去除,因此在生产中将原液 Cl⁻ 浓度控制在 1.5 g/L 以内较为适宜。

## 2.4　$Fe^{3+}$ 浓度对吸附效果的影响

　　由于三价铁离子与硫酸根会生成络阴离子,树脂将对其进行一定的吸附,从而影响树脂对铀的吸附效果。试验条件:吸附原液铀浓度为 0.411 g/L,加入硫酸铁调节溶液中 $Fe^{3+}$ 浓度,同时控制 pH 为 2.5 和 $Cl^-$ 浓度为 1.0 g/L,考察 $Fe^{3+}$ 浓度对树脂吸附效果的影响。试验结果见表 5 和图 5。

表 5　$Fe^{3+}$ 浓度对树脂吸附效果的影响

| 编号 | $Fe^{3+}$ 浓度/(g/L) | 穿透体积/BV | 饱和体积/BV | 树脂穿透容量/(g/L·R) | 树脂饱和容量/(g/L·R) |
|---|---|---|---|---|---|
| 1 | 0.55 | 99 | 138 | 40.23 | 43.86 |
| 2 | 1.01 | 96 | 141 | 39.25 | 43.17 |
| 3 | 1.47 | 95 | 144 | 38.79 | 43.21 |
| 4 | 2.03 | 93 | 137 | 37.93 | 42.85 |
| 5 | 2.48 | 84 | 143 | 34.17 | 42.96 |
| 6 | 3.06 | 79 | 140 | 32.20 | 41.69 |

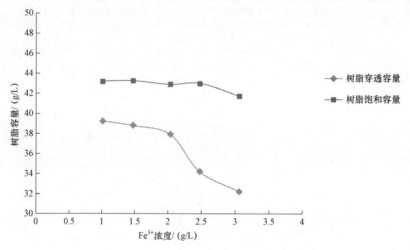

图 5　$Fe^{3+}$ 对树脂吸附效果的影响

从表 5 和图 5 可以看出,随着吸附原液中 $Fe^{3+}$ 浓度升高,树脂穿透容量逐渐降低,但树脂饱和容量变化不大。主要原因是 $Fe^{3+}$ 与 $SO_4^{2-}$ 形成络阴离子 $Fe(SO_4)_2^-$ 和 $Fe(SO_4)_3^{3-}$,络阴离子的吸附速度比硫酸铀酰快,因此树脂与吸附原液接触,首先吸附 $Fe^{3+}$ 络阴离子,占据了树脂的官能团,降低了树脂对铀吸附的穿透容量。但由于硫酸铀酰比 $Fe^{3+}$ 络阴离子对树脂的亲合力强,随着吸附继续进行,树脂中 $Fe^{3+}$ 络阴离子占据的官能团将会被硫酸铀酰替代,最终使树脂对铀的饱和容量保持不变。由于树脂对铀的穿透容量是离子交换生产过程中的关键控制参数,而堆浸生产矿石中的 $Fe^{3+}$ 会被浸出,$Fe^{3+}$ 浓度升高会影响离子交换效果,因此在生产中将原液中 $Fe^{3+}$ 浓度控制在 2.0 g/L 以内较为适宜。

## 3　结论

采用 408-II 强碱性阴离子型吸附酸性体系下的铀时,受树脂性能和生产工艺的影响,控制原液铀浓度 0.4~0.7 g/L、pH1.5~3.0、$Cl^-$ 浓度<1.5 g/L、$Fe^{3+}$ 浓度<2.0 g/L 有利于树脂吸附和工艺控制。

**参考文献:**

[1] 梅里特 R C. 铀的提取冶金学[M]. 北京:科学出版社,1987.

[2] 黄汉嘉,李占春. 离子交换技术在火山热液铀钼类型矿石堆浸生产中的应用[J]. 铀矿地质,2007,23(3): 187-192.

[3] 牛玉清,韩青涛,王肇国. 用阴离子交换树脂从含氯离子较高的硫酸浸出液中回收铀[J]. 铀矿冶,2003,22(2): 84-87.

[4] 张建国,陈绍强,齐静. 离子交换法深度净化铀矿冶废水中铀的研究[J]. 铀矿冶,2000,19(2):96-101.

[5] 张镛,许根福. 离子交换及铀的提取[M]. 北京:原子能出版社,1991.

[6] 王肇国. 用离子交换法从碱性地浸液中回收铀的试验研究[J]. 湿法冶金,1998,66(2):11-13.

[7] 宫传文. 离子交换设备在我国铀提取工艺中的应用(待续)[J]. 铀矿冶,2004,23(1):31-34.

[8] 宫传文. 离子交换设备在我国铀提取工艺中的应用(待续)[J]. 铀矿冶,2004,23(2):78-83.

# The experimental research on influencing factors of ion exchange adsorption process in a uranium mine

CAO Biao[1], DUAN Hai-cheng[1], DONG Hong-zhen[1], FEI Ya-nan[2]

(1. ShaoguanJinyuan Uranium Co. ,Ltd. ,CNNC,Shaoguan 512328,China

2. China Nuclear (GuangDong)Technology Co. Ltd. ,Shaoguan 512029,China)

**Abstract**：Aiming at the problems of low resin saturation capacity and high uranium concentration in the recycled liquid that in the ion exchange adsorption process of uranium in leaching solution,the indoor ion exchange adsorption condition tests were carried out by simulating a packed moving bed used in production. According to the properties of uranium ore and the resin selectivety,the main influencing factors of ion exchange adsorption process were determined. This experiment mainly studied the influence of uranium concentration、pH、$Fe^{3+}$ concentration and $Cl^-$ concentration on the adsorption effect of resin. The results show that the concentration of uranium in leaching solution has a great influence on the adsorption effect of resin,while the pH、the concentration of $Fe^{3+}$ and $Cl^-$ were controlled within a certain range has little influence on the adsorption. Through this experimental research,the basis for the control of uranium leaching and recovery process is provided,which is conducive to reducing the concentration of uranium in the recycledliquid, improving the adsorption effectand ensuring the effective connection and stable operation of each process.

**Key words**：Uranium；Resin；Adsorption；Influencing factors

# 201×7 型树脂解毒工艺的优化探究

张　锋，朱国明，桂增杰，梁大业

(中核内蒙古矿业有限公司,内蒙古 呼和浩特 010010)

**摘要**:文章针对 201×7 型树脂解毒工艺过程中洗酸外排对酸浪费、解毒时间较长等问题,进行了洗酸出液利用和过程优化、解毒剂用量改变和过程等方面进行了研究。结果表明,201×7 型树脂解毒工艺的优化实现了洗酸过程零排放和消除了树脂解毒死角,整个过程时间缩短了 40%。提高了设备的利用率和操作人员的工作效率,在矿山的自动化方面提供了理论依据和基础,同时也为铀矿大基地建设提供技术支撑和进一步提高了矿山安全环保。

**关键词**:201×7 型树脂;解毒;优化;自动化

　　近年来,巴彦乌拉水冶厂吸附尾液持续跑高,井场注液能力持续下降。水冶的吸附效率不断降低,完成产能目标难度较大,增加了生产成本,故此降低吸附尾液铀浓度是当前提高产能的有效途径之一。对此前期开展了较多工作,譬如从降低吸附体积、增加淋洗体积、调整淋洗流量等方面进行探讨,都未能得到良好效果。因此 2019 年生产现场针对该问题再次进行了研究,并通过电镜扫描树脂表面来对树脂进行特征分析。树脂电镜扫描图如图 1 所示,树脂饱和容量如表 1 所示。

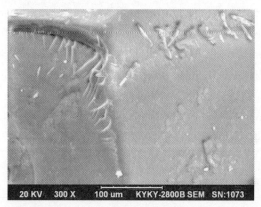

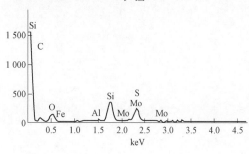
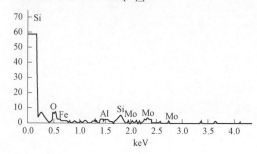

图 1　饱和树脂扫描电镜图

作者简介:张锋(1995—),男,土家族,重庆,助理工程师,学士,现主要从事铀水冶工作

表 1　树脂成分分析表

| 组别 | U/(mg/g 干 R) | | Mo/(mg/g 干 R) | | SiO$_2$/(mg/g 干 R) | |
|---|---|---|---|---|---|---|
| | 饱和树脂 | 贫树脂 | 饱和树脂 | 贫树脂 | 饱和树脂 | 贫树脂 |
| 新树脂 | 7.92 | 0.51 | 1.32 | 0.64 | 4.48 | 0.67 |
| 多次吸附树脂 | 6.23 | 1.97 | 2.77 | 1.95 | 20.88 | 21.03 |

从图 1 中可以看出,长时间循环的树脂表面存在大量的硅、有机物等,占据了树脂大量的吸附位点数,使其循环的树脂表面可利用位点数减少;在表 1 中可以得出,多次吸附的树脂上 SiO$_2$ 明显增多,饱和树脂的饱和容量降低;且贫树脂的残余铀容量较高,淋洗效率较低。

综上所述,在酸法地浸采铀酸化或浸出阶段,用一定质量浓度的 H$_2$SO$_4$ 溶液作为溶浸剂从注液孔注入矿层,在水力作用下,溶浸剂从注液孔周围沿矿层向抽液孔及围岩方向扩散、迁移。矿石与酸接触的过程中,碳酸盐、磷酸盐、长石、黏土、石英、云母等非铀矿物与酸反应,会溶出大量 Ca$^{2+}$、Mg$^{2+}$ 等金属和硅、有机物等非金属杂质随铀一起转移到溶液中[1]。随着浸出液进入吸附过程,201×7 强碱性阴离子树脂不仅对铀酰离子铀较强的吸附效果,而且还对硅、有机物等产生不可逆吸附。在树脂多次循环后,表面的吸附位点数不断被硅、钼和有机物等占据,对铀酰离子的吸附位点数减少,从而导致树脂对铀酰离子的吸附效率降低。需对多次循环吸附的树脂进行解毒,恢复树脂性能,提高吸附效率和淋洗效率。

# 1　解毒工艺现状

国内外地浸矿山基本都采用离子交换设备处理浸出液,如美国的尤拉文铀矿山、格兰茨厂矿水处理厂、加拿大的丹尼森厂及中国的中核内蒙古有限责任公司[2];但在离子交换生产过程中存在中毒等问题。

对于树脂中毒问题,通常采用合适的解毒剂对整塔树脂进行浸泡,但浸泡方式难以实现对树脂的均匀解毒。目前,清洗和解毒没有一个良好的树脂解毒工艺,对劳动力和原材料造成浪费。因此,有必要对解毒工艺进行优化,以解决上述问题。

在吸附淋洗工序中,树脂除了对铀酰离子有较好的吸附,还对硅、钼和有机物等产生不可逆吸附,在多次循环后,树脂表面的硅、钼和有机物等不断累积,从而导致树脂中毒,从而影响树脂性能,导致吸附容量和淋洗效率降低[3-5];因此,树脂的解毒及其重要,不仅能提高吸附容量和淋洗效率,促进产能目标的完成,还能降低生产成本。解毒工艺包含洗酸、解毒、漂洗和转型等过程,具体流程如图 2 所示。

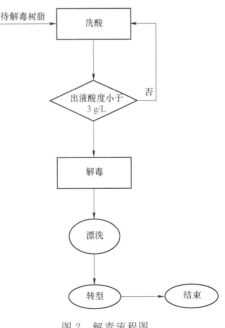

图 2　解毒流程图

（1）工业水洗酸:采用工业水上进下出,持续进液外排至蒸发池,直到出液酸度降到 3 g/L 以下后,压干树脂间的水分备用;

（2）解毒:解毒剂为 3%～5% 的 NaOH,通过化工泵作为动力,对解毒剂进行内循环 48 h,然后压出解毒剂至解毒剂配置槽;

（3）工业水漂洗:工业水采用下进上出方式,对解毒树脂进行漂洗,直到出液清澈为止,然后压干树脂间水分;

（4）原液漂洗和转型:原液的进液采用下进上出,对解毒的树脂表面进一步清洗,并对解毒树脂进行转型。

在传统的解毒工艺过程中,解毒剂消耗量大,外排废液较多,增加了蒸发池处理负担,且在解毒过程消耗时间较长;因此,对解毒工艺优化尤为重要。

## 2 解毒工艺的优化措施与效果

在前期的解毒工艺基础进行了探究,对该工艺进一步优化,分别对剂洗酸、解毒浓度和漂洗等进行了探究和优化,达到了清洗、解毒、漂洗和转型一体化。

### 2.1 洗酸过程的优化

清洗过程由原来的工业水持续进液漂洗外排至蒸发池优化为先将解毒树脂导入吸附线,进行酸度的快速下降,然后再导入解毒塔进行工业水漂洗,出液用于淋洗剂配置。在工业水洗酸过程中,采用了持续进液和间接进液两种方式,首先填塔 26 m³ 用空气反冲洗 20 min 左右后,压入淋洗剂配置槽,然后重复该过程一次,接着用工业水漂洗至酸度为 3 g/L 以下。吸附线单组流量 180 m³/h,具体运行数据见表 2 和表 3。

表 2  解毒树脂接入吸附洗酸过程数据表

| 体积/m³ | 0 | 100 | 200 | 300 | 400 | 500 | 600 |
|---|---|---|---|---|---|---|---|
| 出液酸浓度/(g/L) | 75.49 | 6.95 | 5.12 | 4.94 | 4.79 | 4.58 | 4.56 |

表 3  解毒树脂工业水洗酸持续进液酸度变化数据表

| 体积/m³ | 20 | 40 | 60 | 80 | 100 | 120 | 140 | 160 |
|---|---|---|---|---|---|---|---|---|
| 出液酸浓度/(g/L) | 11.2 | 8.5 | 7.2 | 5.5 | 4.9 | 4.7 | 3.5 | 3.5 |

表 4  解毒树脂工业水空气搅拌洗酸酸度变化数据表

| 体积/m³ | 26 | 52 | 100 |
|---|---|---|---|
| 出液酸浓度/(g/L) | 5.48 | 4.26 | 2.62 |

从表 2 可以看出,在吸附线洗酸过程中,前 100 m³ 出液酸度骤降,低至 6.95 g/L,当体积达到 500 m³ 时,酸度与尾液酸度相同;从表 3 可以看出,当洗酸体积达到 140 m³ 后,出液酸度变化缓慢,且未能达到洗酸的要求;从表 4 可以看出,在空气反冲洗后,总体积达到 100 m³ 后出液酸度低至 2.62 g/L。

综上所述,在洗酸过程中,首先采用导入吸附线快速降酸,然后工业水填塔进行空气反冲洗后压出,再进行持续进液漂洗效果较好。不仅大量缩短了传统的洗酸时间,还实现了洗酸过程零外排。

### 2.2 解毒过程优化

传统的解毒过程是将解毒剂打入解毒塔持续进行内循环 48 h,该过程持续时间较长,解毒树脂容易板结,且存在解毒死角。对此,进行了解毒优化,缩短解毒时间,避免了树脂在长时间的内循环中板结和解毒死角。

在原有的基础上,首先对前期出液含碱量较低的进行外排,直到出液清澈,pH 大于 13 时关闭外排打开内循环,在循环过程中每隔 6 h 压出解毒液 8 m³ 至解毒剂配置槽,然后进行空气反冲洗,每次搅拌 30 min,整个解毒过程为 24 h,搅拌三次。在解毒结束后,将解毒剂压至解毒剂配置槽用于下次解毒剂配置,然后将压干的树脂中加入 10 m³ 工业水,进行空气反冲洗 30 min,对解毒树脂表面和间隙的碱进行清洗,随后压至解毒剂配置槽。

该过程的优化,将解毒时间缩短了一半,节约了碱的用量。

### 2.3 漂洗与转型

传统的漂洗过程采用的工业水持续下进液,对解毒树脂进行漂洗,直到出液清澈;然后进行原液浸泡式转型,每浸泡1 h后将液体压出,直到清澈为止,倒入吸附线,在每次接入后,井场注液压力略有增加,且在清洗注孔时发现有较多硅胶,反映了在解毒后的漂洗过程不够彻底。该工序存在时间长、树脂漂洗不够、耗费劳动力等弊端。针对该问题进行了探究,通过两次工业水漂洗到清澈,中间进行一次空气反冲洗,再进行两次原液进一步漂洗和转型,中间进行一次空气反冲洗,加大了漂洗力度和通过空气反冲洗将附着在树脂表面的杂质进一步洗脱,达到了树脂漂洗的彻底性。

通过该工序的优化,解毒树脂接入吸附后,井场注液压力几乎无变化。为了确保优化解毒工艺的可靠性,进行了吸附和淋洗的生产数据跟踪(见表5和图3)。

表5　树脂成分数据表

| 序号 | 循环数 | 饱和树脂 | | 贫树脂 | |
|---|---|---|---|---|---|
| | | U/(mg/g 干 R) | SiO₂/(mg/g 干 R) | U/(mg/g 干 R) | SiO₂/(mg/g 干 R) |
| 1 | 旧树脂 | 5.15 | 19.76 | 1.79 | 18.15 |
| 2 | 新树脂 | 8.99 | 2.41 | 0.15 | 2.43 |
| 3 | 解毒树脂 | 10.82 | 3.03 | 0.21 | 4.54 |

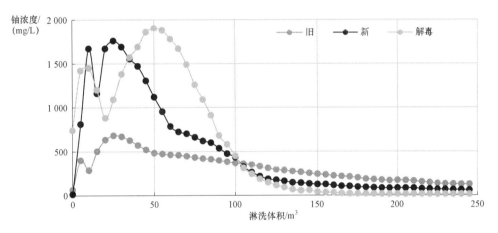

图3　各类树脂单塔淋洗曲线

从图3可以看出,在淋洗过程中,旧树脂出现严重拖尾。由以上结果可知解毒后树脂的吸附淋洗效率得到大幅度提高,吸附-淋洗效果解毒树脂略微优于新树脂,解毒树脂、新树脂的吸附淋洗效果远优于旧树脂。因此,该解毒工艺的优化达到了解毒效果,并提高了解毒效率,减少了废液外排。

## 3　解毒工艺的固化

随着数字化矿山的建设,解毒工艺走向自动化成为必然趋势。通过对解毒工艺的探究,确定了解毒工艺流程(见图4),该解毒工艺优化为自动化提供有利条件,且利于实现自动化。

为实现解毒工艺的自动化,在解毒塔上增设独立空气反冲洗管道,以及相关的气动阀,可以按照设定的时间独立进行空气反冲洗;同时在解毒外排管并联浊度仪和pH计,对外排液状态进行实时监控。

通过在WinCC后台增设控制位点实现气动阀的开关,进而实现相应工序的管线通畅;同时在操作界面上增加形象图和操作流程图,便于操作员直观和准确的进行操作,以及对数据进行实时监控,从而更加精确有效控制工艺系统。

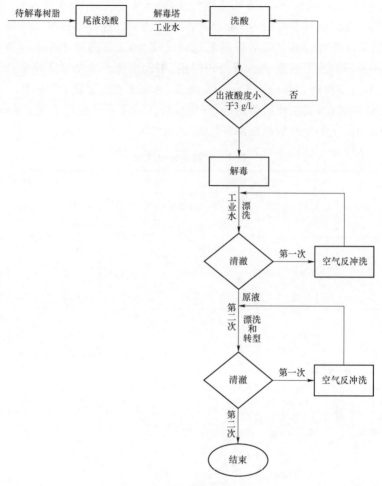

图 4 解毒优化工艺流程图

## 4 应用效果分析

试验证明解毒工艺的优化大幅度地降低了解毒时间,并对生产树脂进行解毒后大幅度提高树脂的吸附淋洗效率;同时自动化的实现,极大地减轻了操作员到现场开关阀门的繁琐事务。通过增加出液去淋洗配置管道,节省洗酸过程外排的硫酸。

按照当前解毒优化的工艺来看,每个塔节约时间 2 d,一共 36 塔节约解毒时间 72 d,按照解毒树脂吸附情况推断,解毒树脂在前 6 个吸附-淋洗循环(一个循环耗时 12 d)其吸附尾液浓度变化幅度不大,在 6 个吸附-淋洗循环的尾液的平均浓度在 1.5 mg/L。在当前的处理量下,从时间上考虑相比传统解毒多吸附了金属 4.43 t。

## 5 结语

为了提高解毒效率、减少成本等,改变各工序方式方法,研究出了清洗、解毒、漂洗和转型一体化的解毒工艺,在单塔解毒工艺上时间缩短了 40%,以及解毒自动化的实现。通过对解毒工艺的优化,得出以下结论:

(1)缩短了洗酸时间,实现了洗酸液零外排。

(2)通过在解毒过程进行间接式空气搅拌,让树脂与溶液充分接触,避免了树脂解毒死角,加强了解毒效果,缩短了解毒时间 50%;同时对解毒剂的回收,节省了解毒的单塔耗碱量。

(3)通过管道改进,避免了间接用气对压缩空气的浪费,以及实现工艺独立性,同时也加强了树脂的清洗度。

（4）通过增加浊度仪和 pH 计，减少了化验分析和劳动力，为自动化控制提供了直接依据。

（5）树脂清洗、解毒和转型一体化工艺技术可行、安全可靠，研究成果不仅可用于酸法地浸采铀矿山，也可应用于其他矿山的固定床及移动床的树脂解毒过程。研究成果可为铀水冶工艺中树脂的清洗、解毒提供技术支持。

**参考文献：**
[1]　朱利明．有关相似相溶规律的讨论[J].大学化学,2003,18(1):45.
[2]　林猛．化学水处理系统离子交换树脂清洗效果差的解决方法[J].设备管理与维修,2008(5):42-44.
[3]　李有铭．纯水制备中离子交换树脂的解毒工艺探讨[J].科技信息,2010(35):699.
[4]　阮志龙,成弘,等．CO₂＋O₂地浸矿山固定床树脂清洗解毒一体化工艺研究[J].铀矿冶,2019(38):263-266.
[5]　闻振乾,姚益轩,等．从酸法地浸液中吸附铀的钼中毒树脂解毒处理[J].湿法冶金,2017(155):397-399.

# Research on optimization of 201×7 resin detoxification process

ZHANG Feng，ZHU Guo-ming，GUI Zeng-jie，LIANG Da-ye

(Iner Mongolia Mining Co. ,Ltd,CNNC,Hohhot,010010,China)

**Abstract**：In view of the problems such as waste of acid and long detoxification time in the detoxification process of 201×7 resin，the utilization of acid solution and process optimization，the change of the amount of antidote and process were studied in this paper. The results showed that the optimization of 201×7 resin detoxification process achieved zero discharge in acid washing process and eliminated the dead Angle of resin detoxification，and the whole process time was shortened by 40％. It improves the utilization rate of the equipment and the working efficiency of the operators，and provides a theoretical basis and foundation for the automation of the mine. Meanwhile，it also provides technical support for the construction of a large uranium mine base and further improves the mine safety and environmental protection.

**Key words**：201×7 resin；Detoxification；Optimization；Automation

# 地下硬岩铀矿山内燃铲运机视距遥控研究

王　伟，张荣荣

(中核韶关锦原铀业有限公司,广东 韶关 512328)

**摘要:**随着我国地下硬岩铀矿山开采深度增加,地热、地压也随之增加,采矿条件越来越恶劣。铲运机作为地下矿山无轨机械化开采的关键设备,为保证其操作人员的安全,通过开展地下硬岩铀矿山内燃铲运机视距遥控研究,对内燃铲运机进行视距遥控改造,使操作人员远离危险区域,在作业区域安全位置通过眼睛和辅助视频监控遥控铲运机在遥控范围内作业,从而减少铲运机操作人员,降低作业劳动强度,提高采场作业本质安全度,对于地下硬岩铀矿山破碎矿体安全开采、深部安全开采和智能化矿山建设具有重大意义。

**关键词:**地下硬岩铀矿山;内燃铲运机;视距遥控

2019 年以来,中核韶关锦原铀业有限公司着力开展棉花坑矿井安全技术条件改造及采矿工艺改进,矿山生产作业方式改革升级—实施无轨机械化开采,凿岩、出矿、充填均实现了机械化作业。但随着向深部开采,受地压影响,采场顶板管理难度加大,为保障作业人员安全,在一些片帮冒顶高风险采场,采用遥控控制铲运机作业成为提高本质安全的重要手段。

国外铲运机智能化的发展经历了视距控制(Line of sight control)、视频遥控(Remote control with video)直到今天的远程控制(Tele-operation)、半自动(semi-autonomous)与自动(Autonomous)控制的阶段,但目前国内遥控铲运机技术还基本处于研究阶段。

## 1　视距遥控系统需求分析

### 1.1　基本功能需求

(1)铲运机保留之前手动驾驶的所有功能,不改变原车的操作习惯和功能。

(2)铲运机同时具有遥控功能,可以使用遥控器进行视距范围内的控制,具体可操控的基本功能如下:

① 遥控系统通过视频辅助,其操控的范围能达到 80 m;

② 控制铲运机大臂的升臂和降臂,同时动作的速度可控;

③ 控制铲运机铲斗的装料和卸料,同时动作的速度可控;

④ 控制铲运机前进、后退、左转、右转,同时动作的速度可控;

⑤ 控制铲运机的发动机的启动和停止;

⑥ 控制铲运机前灯和后灯的开关;

⑦ 控制铲运机脚刹(辅助刹车)和手刹(驻车刹车)的开关;

⑧ 控制铲运机喇叭的开关。

### 1.2　安全保护需求

(1)遥控系统具有安全工作模式,在监测到设备异常或通信异常等情况下,系统会自动进入安全模式工作,既保护设备的安全也保证操作人员的人身安全。

(2)遥控系统具备救援拖车功能,当遥控铲运机在采空区工作时出现故障,操作人员无法进入危险的采空区维修铲运机,此时可以通过启用遥控系统的救援功能,释放铲运机的刹车,然后利用另一台遥控铲运机将故障车拖拽至安全区域维修。

---

作者简介:王伟(1990—),男,湖南人,工程师,学士,现主要从事矿山机电研究工作

（3）遥控系统具备各种保护功能,保护铲运机各关键部件的使用寿命,如针对发动机或电动机的启动保护和熄火保护,针对刹车系统的刹车保护和互锁保护护等功能。

## 2 遥控原理

遥控系统主要由发射机、接收机、机载 PC 和执行器组成。铲运机遥控系统工作原理如图 1 所示,发射机产生所需要的控制指令,通过天线将遥控指令信号发射出去。接收机接收指令信号送到执行控制器,执行控制器来实现必要的控制逻辑和功率放大。由执行控制器输出的控制信号直接驱动执行器——电液比例控制系统,电液比例控制系统控制铲运机前进、后退、转向、工作装置、制动,从而实现无线遥控操作。

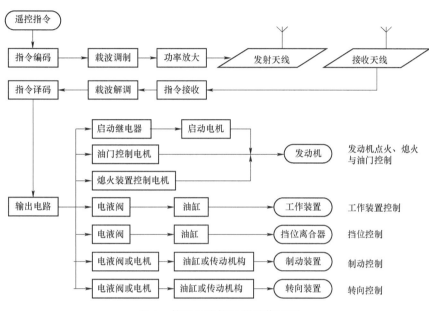

图 1 铲运机遥控系统工作原理

## 3 改装方案设计

本次改装研究对象为 WJ-1 型内燃铲运机。

### 3.1 电控系统改装方案

对于 WJ-1 型内燃铲运机电控系统的改装,其实现方案如图 2 所示。

图 2 中,各遥控动作的输出控制电路基本相同,由遥控接收器输出控制信号,控制外部增加的电磁继电器,然后并入 WJ-1 型内燃铲运机上电控线路的控制节点。

### 3.2 工作系统液压改装方案

WJ-1 型内燃铲运机工作系统为先导液压控制,因此,在先导控制手柄的油路上并入遥控工作电磁阀组即可实现铲运机工作(大臂升降、铲斗倾翻)动作的遥控(见图 3)。

### 3.3 转向系统液压改装方案

WJ-1 型内燃铲运机转向系统为液压转向器控制,加转向主阀和遥控转向电磁阀组即可实现铲运机转向(左转、右转)动作的遥控。

### 3.4 行走系统改装方案

WJ-1 内燃铲运机行走系统为液压先导控制,在油路上并入行走比例控制电磁阀。

### 3.5 制动系统改装方案

WJ-1 内燃铲运机停车制动系统为电控,取其制动系统电控信号即可实现制动的远程控制功能。

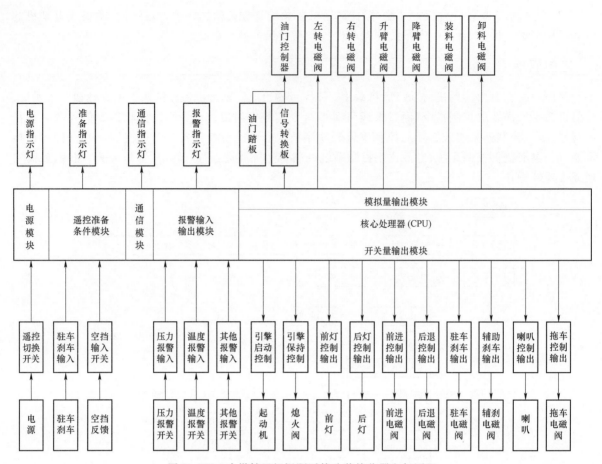

图 2　WJ-1 内燃铲运机视距遥控改装接收器电气原理

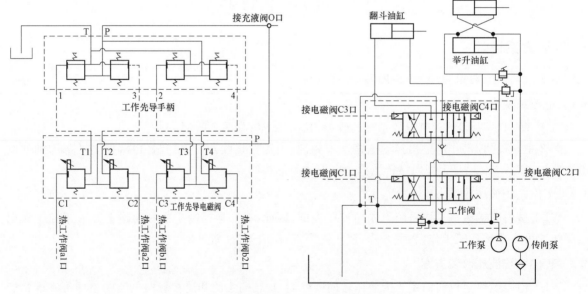

图 3　WJ-1 内燃铲运机工作系统液压改装原理

## 4　改装方案实施及现场试验结果

　　按改装方案,调研采购所需遥控单元和电液比例控制阀块,完成了某矿井一台 WJ-1 型内燃铲运机的视距遥控系统改装。

2020 年 8 月 29 日在某采场完成了初步测试,试验采用视距遥控＋人工操作模式,即采场内采用视距遥控(视频辅助)模式,采场外采用人工操作模式。现场试验主要内容包括遥控动作试验、安全保护试验。经过反复试验运行,该遥控铲运机通过视频辅助其直线遥控距离达 80 m,实现了在发动机不熄火情况下自由切换视距遥控模式和人工操作模式,满足了铲运机视距遥控基本功能需求和安全保护需求。

## 5 结论

通过开展井下铲运机视距遥控研究,对铲运机进行视距遥控改装并试验,能够使操作人员远离危险区域,极大的降低作业人员劳动强度,减少铲运机操作人员,降低作业劳动强度,提高采场作业本质安全度。通过此次研究试验,发现地下矿山遥控、自控和智控要与采场设计相互适应,协同创新发展,才能加快矿山自动化、智能化的建设。此次研究成果可直径应用于地下硬岩铀矿破碎矿体安全开采,同时为地下铀矿开采实现自动化、智能化发展奠定了基础。

**参考文献:**

[1] 张栋林.地下铲运机[M].北京:冶金工业出版社,2002:1-20.

# Research on line of sight control of internal combustion scraper in underground hard rock uranium mine

## WANG Wei,ZHANG Rong-rong

(ShaoguanJinyuan Uranium Co.,Ltd.,CNNC,Shaoguan 512328,China)

**Abstract:** With the increase of the mining depth of underground hard rock uranium mines in China, the geothermal and ground pressure also increase, and the mining conditions become more and more severe. Scraper as the key part of underground trackless mechanized mining equipment, in order to ensure the safety of the operator, through developing underground hard rock uranium mine diesel LHD stadia remote control study, the internal combustion scraper stadia remote renovation, make the operation personnel away from the danger zone, in the work area security position through the eyes and auxiliary video monitoring remote scraper in remote control within the scope of work, Thus, it is of great significance to reduce the operator of scraper, reduce the labor intensity and improve the intrinsic safety of stope operation, which is of great significance to the safe mining of broken ore body and deep mining of underground hard rock uranium mine and the construction of intelligent mine.

**Key words:** underground hard rock uranium mine; internal combustion scraper; Line of sight control

# 离子交换塔内过滤装置的改进与优化

任晓宇，李光辉，徐建民

（中核内蒙古矿业有限公司，内蒙古 呼和浩特 010090）

**摘要：**自内蒙古某铀矿山投运以来，在离子交换塔运行期间，频繁发生树脂泄漏的现象，根据塔内固液流向分析，经开塔逐一排查，发现过滤器套件形态有多处的异常，过滤器局部扭曲变形，整体腐蚀。由此，针对过滤器套件渗漏树脂的难题而开展相关改进与试用，取得了一定的效果。

**关键词：**树脂；泄露；变形；腐蚀

## 1　过滤器套件及其运行环境简介

过滤器作为固液物料分离的过滤装置，主要部件由四个（两上两下）交叉滤水圆柱及主管组成，液体由外表面流向内腔，其结构为不锈钢金属网格焊接成型，有效过水表面积 2.44 m²，塔体尺寸约为 $\phi$3 600 mm×8 500 mm，树脂颗粒≥0.4 mm，介质环境为酸性，其中吸附塔内的介质为弱酸性，淋洗塔内的介质为强酸性。塔内最大压力约为 0.35 MPa，进料口与过滤器标高 6 m，中心偏差±20 mm（省略偏差，可认为过滤器位于进料口的正下方）；结构及工况示意图如图 1 所示。

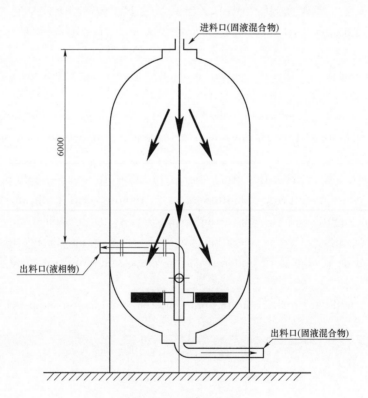

图 1　塔内工况示意图

---

**作者简介：**任晓宇（1990—），男，工程师，学士，现主要从事设备信息采集分析、基本建设安装工程等工作

随着运行时间逐渐增长,开始出现树脂泄漏堵塞尾液过滤器或合格液过滤器的情况,经开塔检查,发现树脂泄漏的主要原因是塔内过滤器套件开始出现下沉、变形乃至于破损的情况,淋洗线的塔内过滤器套件还有过滤器腐蚀的情况发生。而且因为过滤器与离子交换塔塔底的距离较大,导致过滤器以下的树脂成为吸附、淋洗的盲区,盲区内的树脂无法有效地进行吸附,也无法被有效地淋洗,使得树脂的有效吸附、淋洗体积只有实际的吸附、淋洗体积的90%左右。于是针对这些情况展开原因分析及过滤器改进工作。

## 2 过滤器故障原因分析

### 2.1 安装不规范结构不稳定导致过滤器套件倾斜变形

在离子交换塔投用初期,过滤器顶部直接采用法兰与塔体刚性连接,个别螺栓在安装时并未加装平垫,PO层与螺栓接触面积小、压强过大,使得螺栓嵌入PO层;由于物料的冲击、套件的自重、各法兰连接处PO层的塑性变形加重、过滤器底部环形支架变形等因素,日积月累导致过滤器套件整体倾斜下沉,过滤器出液管法兰与塔内出液管法兰连接处缝隙变大(见图2),密封橡胶垫片局部由压紧状态变得松弛,在树脂的冲力及自身重力下向管内收缩,进而导致树脂从缝隙中流入管内,堵塞尾液过滤器或合格液过滤器,影响整条线吸附、淋洗的进行。个别底部环形支架变形严重的,甚至会破坏塔内PO层,使溶液对塔体造成腐蚀,增加了维修的难度和维修时长,影响生产的正常进行。

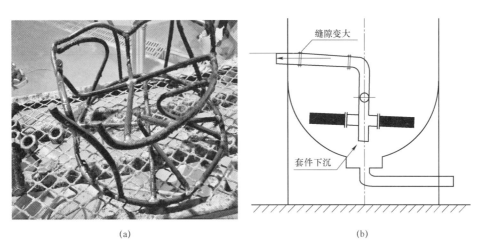

(a)                                        (b)

图 2　底部环形骨架支撑变形导致过滤器套件倾斜下沉

树脂倒运时,由于物料自6 m高空落下,产生的较大的瞬间冲击力,过滤器呈横向安装,仅靠与出液管道连接的法兰盘实现固定,下方未做任何支撑,抗冲力能力差,且越是远离法兰连接处抗冲力能力越差,导致过滤器容易弯曲变形甚至破裂,造成树脂泄漏(见图3)。

### 2.2 过滤器套件材质易腐蚀导致树脂泄漏

过滤器套件由外衬PO层的碳钢管件和不锈钢网格过滤器构成,物料呈酸性,当PO层出现破损时,酸性溶液会从破损处渗入对PO层内部的碳钢管产生腐蚀,进而导致过滤器支撑性能降低,在物料的冲击下发生严重变形,PO层破损后,树脂会从破损处进入出液管道,造成树脂泄漏。同时经室内试验验证,淋洗剂在溶液温度30 ℃以上时会对不锈钢产生较明显的腐蚀,导致不锈钢过滤器网格间隙变大,降低甚至失去对树脂的过滤能力,造成树脂泄漏(见图4)。

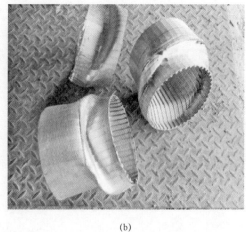

(a)                                              (b)

图 3    过滤器根部扭曲变形示例图

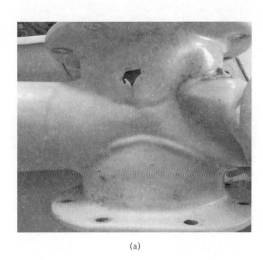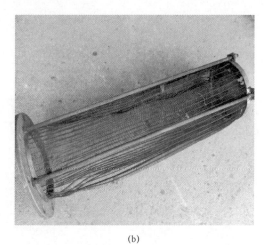

(a)                                              (b)

图 4    过滤器套件腐蚀示例图

## 3    改进措施及分析

### 3.1    增加支撑装置降低变形几率

　　针对过滤器下沉、法兰连接处缝隙变大的问题,首先将过滤器各法兰接处的螺栓加装平垫圈以增加 PO 层和螺栓的接触面积,分散压力,降低螺栓嵌入 PO 层的概率。其次,在过滤器底部环形骨架支撑上配套 2 根自制可调节长度的支撑杆,增强支撑性能,使过滤器套件在受到物料冲击时,套件底部的环形骨架不易因为支撑力不足而产生变形(见图 5)。

　　针对过滤器扭曲变形甚至断裂的现象,根据受力分析(见图 6)可知,受力部位越是远离法兰连接处,所产生的合力便越大,过滤器靠近法兰连接处的部位就越容易产生变形。所以在过滤器底部上方焊接 2 个方形带孔 316L 材质的拉板,制作 2 根一头带螺纹 316L 材质的拉筋,将拉筋带螺纹的一端由拉板上的圆孔穿过,另一端焊接在过滤器的法兰上,然后用螺栓紧固拉筋与拉板(见图 7),增强过滤器的横向拉力。由此缓减过滤器因受力不均而导致扭曲变形的现象。在焊接拉板及拉筋时,做好防护措施,避免飞溅的焊渣对过滤器的网格造成破坏,影响过滤器的过滤性能。

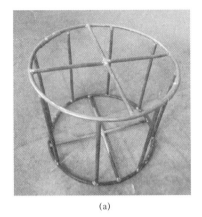
(a)

(b)

(c)

图 5　过滤器底部环形支撑示例图

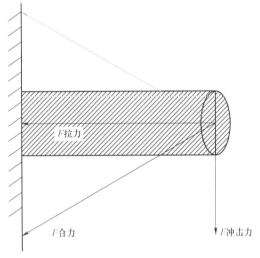

图 6　过滤器冲击受力分析图

图 7　过滤器焊接拉筋示例图

## 3.2　更换防腐材质避免因过滤器腐蚀导致树脂泄漏

为了避免酸性溶液对金属产生腐蚀,决定将 D 线淋洗塔内过滤器管件改为 PE 材质的管件。过滤器选用高分子结构材料 ABS 塔式树脂帽,紧固螺栓选用 PP 螺栓,由此实现过滤器套件全塑料化,避免酸性溶液对金属的腐蚀。

树脂帽尺寸为 $\phi55$ mm×55 mm,呈塔型,单个过水量 $Q=1$ m³/h(即 12 只树脂帽即可满足淋洗流量要求),均匀分布在 PE 管下侧,考虑到碎树脂堵塞树脂帽间隙等问题,将树脂帽数量增至 40 只以保证流量。

相比较不锈钢材质,PE 材质因为质地较软可以发生一定程度的形变而不影响使用,也不会因为形变而产生破裂。如图 8 所示,PE 过滤器套件类似于不锈钢过滤器套件,淋洗线的塔内过滤器套件由 3 根过滤器,1 个四通,1 根出液管,1 个 PE 底座组成,树脂帽分散安装在过滤器及出液管上,安装方向为斜向下以减小树脂帽受到的来自物料的冲击力。过滤器的端帽、出液管的弯头均与塔壁直接接触,以塔壁作为支撑,避免套件过度变形,减轻法兰所承受的载荷,降低法兰破裂的几率。而且树脂帽呈分散式安装,分散范围与塔内直径相仿,有效的增加了液体的流经范围,又因为树脂帽斜向下安装,与塔底的距离较不锈钢过滤器有了明显缩减,可以保证在吸附或淋洗时,溶液流通基本没有盲区,增强了吸附和淋洗的效率。法兰则为 20 mm 厚的 UPVC 板材加工而成的活套法兰,坚实耐用还可自由旋转调节方向。底座由 $\phi300$ 的 PE 管加工而成,底座上部加工 4 个半圆形凹槽用以固定过滤器,侧面开孔以保证塔底的树脂也能正常流通倒运。吸附线则采用 3 根不锈钢过滤器加 PE 四通加 PE 带树脂帽出液管加 PE 底座的组合,既能保证吸附的流量要求,又降低了过滤器套件发生故障的可能。因 PP 螺栓存在紧固不到位或易拧断的问题,所有塔内过滤器均采用 316L 材质的螺栓。

图 8    PE 过滤器套件装配图

## 4    改进后应用效果

自改进投入使用以来,A、B、C、D 四线 41 个离子交换塔内过滤器尚未因套件下沉、扭曲变形而导致树脂泄露,D 线 9 个淋洗塔内过滤器也未出现腐蚀现象,取得了较好的改进效果。

偶有树脂泄露情况发生,经开塔检测,均是因为个别螺栓腐蚀或树脂帽破裂导致,只需更换腐蚀的螺栓或破损的树脂帽即可,维修难度较以前有了大幅度的降低,既降低了维修人员的工作强度,也加快了塔器重新投入使用的速度,有效保障了生产的运行。

同时,因为降低了塔内吸附尾液、淋洗剂的出液点,由此减小甚至消除了树脂吸附、淋洗的盲区。分别对过滤器改进后和过滤器未改进的吸附塔内饱和树脂以及淋洗塔内的贫树脂进行取样,分析对比树脂中的铀浓度,得出结论如表 1 所示,由表 1 可知,过滤器套件的改进对于消除离子交换塔内盲区效果显著,树脂的有效吸附体积或有效淋洗体积较过滤器套件未改进的塔均有明显提升。通过对淋洗合格液进行取样分析,淋洗合格液的铀浓度提升了约 10%,使产能得到了较大的提升。

表 1    不同过滤器的离子交换塔内树脂铀浓度对比

| 取样高度 | 过滤器改进的交换塔 | | | | 过滤器未改进的交换塔 | | | |
|---|---|---|---|---|---|---|---|---|
| | 吸附塔 1 | 吸附塔 2 | 淋洗塔 1 | 淋洗塔 2 | 吸附塔 1 | 吸附塔 2 | 淋洗塔 1 | 淋洗塔 2 |
| 0 m | 3.33 | 3.32 | 0.49 | 0.51 | 2.56 | 2.58 | 1.51 | 1.47 |
| 0.5 m | 3.76 | 3.78 | 0.29 | 0.29 | 3.34 | 3.27 | 1.02 | 0.96 |
| 1 m | 4.01 | 4.08 | 0.15 | 0.18 | 4.13 | 3.89 | 0.33 | 0.32 |
| 1.5 m | 4.08 | 4.08 | 0.17 | 0.21 | 4.11 | 4.07 | 0.22 | 0.21 |
| 2 m | 4.11 | 4.12 | 0.13 | 0.11 | 4.08 | 4.12 | 0.19 | 0.20 |
| 2.5 m | 4.19 | 4.09 | 0.15 | 0.21 | 4.2 | 4.14 | 0.12 | 0.13 |
| 3 m | 4.15 | 4.18 | 0.14 | 0.17 | 4.16 | 4.18 | 0.11 | 0.11 |
| 3.5 m | 4.17 | 4.20 | 0.18 | 0.15 | 4.17 | 4.13 | 0.10 | 0.12 |
| 4 m | 4.15 | 4.15 | 0.21 | 0.15 | 4.15 | 4.12 | 0.11 | 0.11 |

## 5    结论

本次过滤装置的改进创新,取得了以下成果:

（1）解决过滤装置整体下沉和扭曲变形的情况；

（2）在满足工艺要求的前提下，调整过滤装置相对位置和结构布局，大幅缩小了吸附、淋洗盲区，提高了吸附淋洗效率；

（3）选用更符合酸性环境下使用的塑料制品，价格低廉，降低了过滤装置的成本；

（4）通过合理拆分，结构优化，将过滤器套件分解为几个部件进行组装，单个部件体积小、质量轻，易于搬运和更换，降低了维修的难度。

经实际应用证明，本次过滤装置改进不仅延长了使用寿命，节约了成本，而且符合工艺的要求，增强了吸附和淋洗效果，达到了实际生产中稳定运行的积极意义。

## 致谢

在塔内过滤装置的改进中，受到了综合车间主任李光辉和副主任韩军宁的鼎力支持，也得到了王震、羊佳静、刘利军等人的技术支持，在此向几位同事的帮助表示衷心的感谢。

参考文献：

[1] 梁亚运,等 . UPVC 疲劳与损伤性能的研究[J]. 价值工程,2017(6).

[2] 热塑性塑料管材 拉伸性能测定 第 1 部分：试验方法总则：GB/T 8804.1—2003[S].

[3] 王铎,等 . 理论力学[M]. 北京：高等教育出版社,2016.

[4] 齐达,李晶,董力,等 . 200 系列不锈钢耐腐蚀性能研究[J]. 钢铁钒钛,2010(2)：72-76.

# Improvement and optimization of filtration device in ion exchange tower

REN Xiao-yu，LI Guang-hui，XU Jian-min

(Inner Mongolia Mine Co. ,Ltd. ;CNNC,Hohhot Inner Mongolia,China)

**Abstract**：Since the operation of a uranium mine in Inner Mongolia, resin leakage has occurred frequently during the operation of anion exchange tower. According to the analysis of solid-liquid flow in the tower, the abnormal shape of the filter suite has been found in many places through the investigation of the tower opening one by one. The partial distortion and overall corrosion of the filter have been found. As a result, some improvements and trials have been carried out to solve the problem of resin leakage in filter suite, and some results have been achieved.

**Key words**：anion exchange resin; leakage; deformation; corrode

# 353E 树脂从碱性浸出液中综合回收铀铼研究

李大炳，康绍辉，牛玉清，曹令华，曹笑豪，叶开凯，宋　艳，王　皓

(核工业北京化工冶金研究院,北京 101149)

**摘要:** 研究了 353E 树脂对铀、铼的吸附机理和吸附动力学性能,对铀及铼的解吸进行了研究,确定了铀、铼的解吸方法。提出了铀、铼同时吸附—分别解吸的综合回收工艺,进行了动态验证试验。结果表明:该工艺可实现铀、铼的分离和回收,铀回收率 97% 以上,铼回收率 92.5% 以上,解吸液铼浓度达 500 mg/L,较吸附原液富集近 500 倍。该工艺简单可行,能实现碱性铀、铼浸出液中低浓度铼的综合回收,具有较高的应用价值。

**关键词:** 铀;铼;离子交换;碱性浸出液;综合回收

　　铼具有高熔点、高强度、良好的塑性、没有脆性临界转变温度、在高温和急冷急热条件下良好的抗蠕变性能等优点,因而得到广泛应用,成为国防、航空航天、核能等现代高科技领域极其重要的新材料[1-2],是一种重要的军事战略物资。铼在地球上储量很少[3-4],我国铼产量远远无法满足需求,特别是近年我国航空航天技术的快速发展,使得这一供需矛盾进一步加大。据统计,我国砂岩型、火山岩型和碳硅泥岩型铀矿中含有较为丰富的铼资源,综合回收价值较高。针对含铼铀矿资源进行综合回收技术研究,提取天然铀的同时回收其中的铼,不仅可以促进天然铀提取技术的发展;也可进一步增加我国铼产品的供给,为我国国防现代化建设和发展提供稀有紧缺的铼资源,缓解供需矛盾。而且铼作为稀贵金属,经济价值较大,提铀的同时综合回收铼,可以提高铀矿山的经济效益。

　　目前,铼的分离富集方法有溶剂萃取法、离子交换法、液膜分离法、化学沉淀法、活性炭吸附法、电解法及电渗析法等[5-12]。通常铀矿石中伴生的铼元素可以在浸出铀的过程中一起浸出,但由于浸出液中铼浓度极低,富集难度较高;且浸出液中铀、铼浓度比大,难以分离,导致铀、铼综合回收困难。因此,开发适用于含铼铀矿浸出液的选择性高、富集倍数大的分离回收方法显得尤为重要。

　　试验中以典型碱性地浸铀矿山浸出液组成为依据,研究了 353E 树脂对体系中铀及低浓度铼的吸附、淋洗情况,提出了相关的工艺参数,以实现浸出液中铀、铼的综合回收。

## 1　试验部分

### 1.1　试验材料

　　(1) 离子交换树脂。353E 树脂为核工业北京化工冶金研究院自行合成树脂。

　　(2) 吸附原液。吸附原液为人工配制的模拟碱性地浸液,外加一定浓度的铼配制而成。

### 1.2　试验方法

　　(1) 静态试验

　　在三角瓶中加入一定量的树脂,准确移入一定体积的吸附原液,控制所需温度通过摇床震荡一定时间,取吸附尾液分析待测金属离子浓度,根据吸附原液、吸附尾液体积及金属离子浓度确定树脂对金属的吸附容量或树脂对金属的吸附率。树脂对金属的吸附容量、金属的吸附率计算方法如下:

$$Q = (\rho_o - \rho_e)V/m \tag{1}$$

---

作者简介:李大炳(1985—),男,河南,高级工程师,硕士,主要从事铀水冶、铀纯化技术研究

$$E_w = ((\rho_o - \rho_e)/\rho_o) \times 100\% \qquad (2)$$

式中:$Q$ 为树脂吸附容量,mg/g;$\rho_o$、$\rho_e$ 分别为吸附原液、尾液金属浓度,mg/L;$V$ 为吸附原液或尾液体积,L;$m$ 为树脂质量,g;$E_w$ 为金属吸附率,%。

（2）动态试验

采用离子交换柱进行,其中树脂柱内径 6 mm、柱长 1 000 mm、树脂床层高度 750 mm;试验过程监测吸附尾液金属浓度,根据吸附原液、尾液金属浓度及床体积数等确定金属吸附率、吸附容量等参数。

## 2 结果与讨论

### 2.1 353E 树脂吸附机理研究

353E 树脂为带有强、弱碱双官能团的阴离子交换树脂,这种树脂分子组成中,强碱季胺基团和弱碱叔胺基团各占一半,是一种大孔离子交换树脂,对金、银、铼等稀贵金属具有较好的吸附效果。对于碱性铀矿浸出液,溶液中铀通常以 $UO_2^{2+}$ 与 $CO_3^{2-}$ 的阴离子配合物 $UO_2(CO_3)_2^{2-}$ 和 $UO_2(CO_3)_3^{4-}$ 为主,且 $UO_2^{2+}$ 与 $CO_3^{2-}$ 的阴离子配合物十分稳定[13],故 353E 树脂是以 $UO_2(CO_3)_2^{2-}$、$UO_2(CO_3)_3^{4-}$ 的形式对铀进行吸附的。对于碳酸盐浸出液中的铼,通常认为是以简单的高铼酸根离子($ReO_4^-$)形式存在,为进一步确定 353E 树脂对铼的吸附机理,进行了吸附铼前后树脂的红外光谱分析,其 IR 谱如图 1 所示。

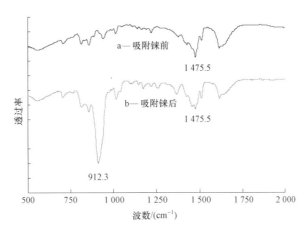

图 1 碱性体系 353E 树脂吸附铼前后红外光谱图

依据图 1,对比吸附铼前(a)和吸附铼后(b)353E 树脂红外谱图,可以发现树脂在吸附铼后,在 912.3 cm$^{-1}$ 处出现尖锐的吸收峰,根据相关文献资料的研究结果[14-16],该峰即属于 $ReO_4^-$ 的 Re-O 键的特征吸收峰,而其他峰值则保持不变,表明铼是以简单的高铼酸根阴离子形式吸附上去的,即树脂对铼的吸附是简单的离子交换过程。

### 2.2 353E 树脂吸附动力学研究

为考察碱性体系 353E 树脂对铀、铼的吸附动力学性能,进行了吸附动力学影响试验。吸附原液组成为 $\rho(U) = 55$ mg/L、$\rho(Re) = 0.95$ mg/L、$\rho(NaHCO_3) = 2.5$ g/L。铀、铼吸附容量随时间的变化曲线分别见图 2 和图 3。

从图 2 和图 3 看出,随着吸附时间的增加,树脂对铀、铼的吸附量均逐渐增加。树脂对铼的吸附速率较快,吸附约 1.0 h 即逐渐平衡,而对铀的吸附则需 2.0 h 以上才达平衡。树脂对铼的吸附速度更快,通过 353E 树脂可实现对浸出液中低浓度铼的优先吸附。

### 2.3 铀、铼浓度比对吸附的影响

对于含铼铀矿浸出液,通常铼的浓度较低,为达到对溶液中低浓度铼的综合回收,要求树脂对铼

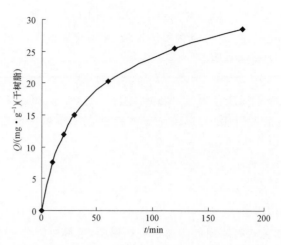

图 2　353E 树脂对铀的吸附吸容量随时间的变化

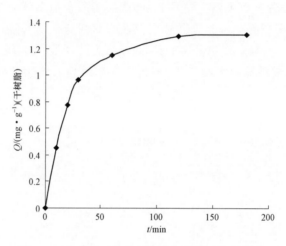

图 3　353E 树脂对铼的吸附吸容量随时间的变化

具有较强的吸附能力,尤其在高的铀、铼浓度比的条件下能实现对铼的高效吸附。试验中配制了不同铀、铼浓度比的碱性吸附原液,其中 $\rho(Re) = 5.0$ mg/L、$\rho(NaHCO_3) = 2.5$ g/L、$\rho(U)$ 不同,考察了 353E 树脂的吸附效果,结果如表 1 所示。

表 1　不同铀、铼浓度比下的试验结果

| 浓度比/$(\rho(U)/\rho(Re))$ | 吸附率/% | |
| --- | --- | --- |
| | U | Re |
| 1 | 99.68 | 99.26 |
| 10 | 99.27 | 99.23 |
| 50 | 54.33 | 98.61 |
| 100 | 34.21 | 98.05 |

从表 1 看出,随着铀、铼浓度比的增加,即随着吸附原液中铀浓度的提高,树脂对铀的吸附率逐渐降低,而铼的吸附率变化不大;当铀、铼浓度比达到 100 时,353E 树脂对铼的吸附率仍达 98%,对铼具有较好的吸附选择性。因此 353E 树脂可以在较高铀、铼浓度比的条件下达到对浸出液中低浓度铼的高效回收。

## 2.4　解吸试验研究

从 353E 树脂对铀、铼吸附的动力学特性及不同铀、铼浓度比下吸附试验结果看出,353E 树脂对铼具有更强的吸附效果,但吸附原液中铀浓度相对较高,树脂在吸附铼的同时不可避免吸附大量的铀,很难通过选择性吸附实现铀、铼的分离。考虑到树脂对铼的吸附能力更强,解吸难度较大,通过不同强度的解吸剂有可能实现铀、铼的分别解吸而分离。因此,合适的解吸剂是铀、铼实现分离回收的关键因素之一,试验中针对铀、铼的解吸剂分别进行了研究,具体过程如下。

（1）铀的解吸试验

对于碱性溶液中的提铀树脂,通常采用碱性氯化钠溶液作为淋洗剂,试验选用了不同浓度的氯化钠＋碳酸氢钠溶液进行铀、铼负载树脂的静态解吸试验,结果见表2。

表 2    不同浓度碱性氯化钠溶液解吸试验结果

| $\rho_B/(g \cdot L^{-1})$ | | 解吸率/% | |
| --- | --- | --- | --- |
| NaCl | NaHCO$_3$ | U | Re |
| 10 | 5 | 54.63 | 2.52 |
| 25 | 5 | 77.29 | 5.07 |
| 50 | 5 | 99.28 | 8.61 |
| 75 | 5 | 99.37 | 10.43 |

从表2看出,碱性氯化钠溶液对铀的解吸率较高,当氯化钠浓度提高到 50 g/L 时,铀的解吸率达 99% 以上,而对铼的解吸较少,解吸率为 8.61%。继续增加氯化钠浓度铼的解吸率继续增加,为避免解吸铀时大量铼被解吸下来,选用 5 g/L 碳酸氢钠＋50 g/L 氯化钠溶液作为铀的解吸剂较合适。

（2）铼的解吸试验

由于树脂对铼的亲和力较强,一般采用硫氰酸铵溶液及高氯酸溶液作为铼的解吸剂。考虑到高氯酸酸性较强,可能会对树脂有较大的破坏作用,试验中采用硫氰酸铵作为铼的解吸剂,考察了不同浓度硫氰酸铵对铼的解吸效果,结果见表3。

表 3    不同浓度硫氰酸铵对铼的解吸试验结果

| 序号 | $c_B/(mol \cdot L^{-1})$ | 解吸率/% |
| --- | --- | --- |
| 1 | 0.5 | 83.17 |
| 2 | 1.0 | 90.81 |
| 3 | 2.0 | 91.26 |

从表3看出,铼的解吸率随硫氢酸铵浓度的增加而提高,当硫氢酸铵浓度提高到 1.0 mol/L 时,铼的解吸率即达 90% 以上,此后变化不大。因此,试验选定 1.0 mol/L 的硫氰酸铵溶液作为铼的解吸剂。

## 2.5    动态验证试验

采用模拟的碱性铀、铼浸出液,分别进行了铀、铼动态吸附试验、铀的动态解吸及铼的动态解吸等试验。模拟吸附原液主要组成为:$\rho(U) = 55$ mg/L、$\rho(Re) = 0.95$ mg/L、$\rho(NaHCO_3) = 1.5$ g/L、$\rho(Na_2CO_3) = 0.5$ g/L、$\rho(SO_4^{2-}) = 0.46$ g/L、$\rho(Cl^-) = 0.41$ g/L。共进行了 3 次循环试验,第 1 次试验先用树脂同时吸附铀、铼,吸铀饱和树脂再用碱性氯化钠溶液解吸铀,解吸铀后的载铼树脂不解吸铼,直接用碳酸钠溶液转型;然后进行第 2 次试验,即将转型后的载铼树脂再次同时吸附铀、铼,吸铀饱和树脂先用碱性氯化钠溶液解吸铀,再用硫氰酸铵解吸铼,解吸铼后的树脂用碳酸钠溶液转型;最后进行第 3 次试验,即将第 2 次循环试验转型后的树脂再次同时吸附铀、铼。

（1）动态吸附试验

3 次循环试验中铀的动态吸附曲线如图4所示。

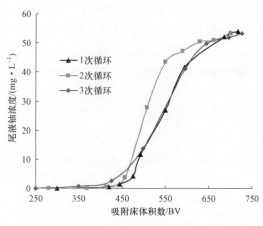

图4　铀的动态吸附曲线

从图4看出,3次试验中吸附约400 BV,尾液铀浓度达到穿透点,吸附约700 BV,铀的吸附达饱和,饱和树脂中铀容量为25 mg/mL(湿树脂),穿透点对应铀吸附率98.5%,实现了对铀的高效吸附。对比第2次和第1次试验吸附曲线,可以看出第2次试验铀的吸附效果稍微变差,但变化不大,这主要是第2次试验树脂上含有一定量的铼,造成对铀的吸附容量稍下降。对比第3次和第1次试验吸附曲线,可以看出树脂对铀的吸附效果基本不变,因此,经硫氰酸铵溶液解吸铼后,树脂恢复了对铀的吸附能力。

试验对3次动态吸附过程中铀穿透前后、饱和前后尾液中的铼进行了监测,结果见表4。

表4　动态吸附试验尾液铼浓度分析结果

| 试验次数 | 1 | | | | 2 | | | 3 | | |
|---|---|---|---|---|---|---|---|---|---|---|
| 床体积/BV | 50 | 400 | 600 | 710 | 410 | 625 | 700 | 350 | 500 | 725 |
| $\rho$(Re)/(mg·L$^{-1}$) | <0.05 | <0.05 | <0.05 | <0.05 | <0.05 | <0.05 | <0.05 | <0.05 | <0.05 | <0.05 |

从表4看出,3次动态吸附试验过程中铀穿透前后及饱和前后,吸附尾液中$\rho$(Re)均小于0.05mg/L,铼的吸附率达94.5%以上,整个过程均实现了树脂对铼的高效吸附。

(2)铀的动态解吸及树脂转型试验

前两次循环试验中对铀饱和树脂进行了动态解吸试验,解吸剂为5 g/L碳酸氢钠+50 g/L氯化钠溶液,动态解吸曲线如图5所示。

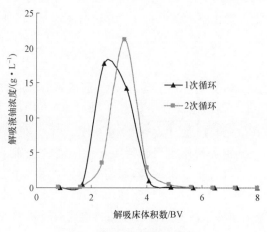

图5　铀的动态解吸曲线

从图 5 看出，经过约 6 BV 的解吸，即可解吸完全，铀解吸率 99% 以上；若取 2~4 床体积的解吸液作为合格液，则 $\rho$(U) 可达 10 g/L。

试验中对解吸铀后的载铼树脂进行转型处理，转型剂为 50 g/L 碳酸钠溶液，转型试验结果表明大约经过 6 BV 即可实现树脂转型完全，转型后的树脂可进行下一吸附循环试验。

试验中对 2 次动态解吸试验及转型试验所得铀解吸液及转型液中的铼进行了监测分析，结果表明：第 1 次解吸试验中铀解吸液中铼平均浓度在 0.05 mg/L 以下，第 2 次解吸试验中铀解吸液中铼平均浓度稍增加，约为 0.2 mg/L，因此铀的解吸过程中铼基本不被解吸，采用碱性氯化物溶液作为铀的解吸剂能实现铀、铼的解吸分离。转型液中 $\rho$(Re) 均在 0.05 mg/L 以下，即采用碳酸钠对解吸铀后的载铼树脂转型，可以在不损失树脂中铼容量的条件下实现对氯离子的有效转型。

（3）铼的动态解吸

第 2 次循环试验中，解吸铀后的载铼树脂进行了铼的解吸试验，解吸剂为 1 mol/L 硫氰酸铵溶液，解吸剂与树脂接触时间为 1 h，铼的动态解吸曲线见图 6。

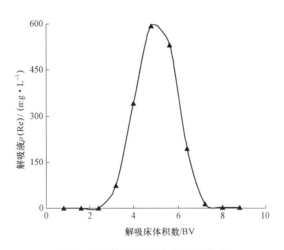

图 6  碱性体系铼的动态解吸曲线

从图 6 看出，硫氰酸铵对铼的解吸效果较好，8 BV 即能将铼完全解吸下来，铼的解吸率 98% 以上，解吸液铼峰值浓度 500 mg/L，较吸附原液富集 500 倍。试验中对铼解吸液中的铀浓度进行了分析，铼解吸液中铀平均浓度约为 1.2 mg/L，达到了铼的富集与分离的目的。

## 3  结论

（1）353E 树脂可实现碱性含铼铀矿浸出液中铀、铼的同时吸附，通过不同的解吸剂可达到铀、铼的分别解吸而分离，最终实现铀、铼的综合回收。

（2）352E 树脂对碱性溶液中铀、铼的吸附机理均为简单的离子交换过程，其对铼的吸附能力强于对铀的吸附能力，可实现对铀溶液中低浓度铼的高效吸附。

（3）下一步可考虑将该工艺用于真实含铼铀矿碱性浸出液，进行铀、铼综合回收验证试验，并针对实际生产情况做进一步优化，以便于工业实施。

**参考文献：**

[1] 杨尚磊，陈艳，薛小怀，等．铼(Re)的性质及应用研究现状[J]．上海金属．2005,27(1):45-49.

[2] 董海刚，刘杨，范兴祥，等．铼的回收技术研究进展[J]．有色金属(冶炼部分).2013,(6):30-33.

[3] 宾志勇，刘景槐，冉俊铭．铼的生产、应用与市场[J]．湖南有色金属．2005,21(3):7-10.

[4] 张文钲．铼的生产与应用研究进展[J]．中国钼业，2008,32(4):5-12.

[5] 林春生．萃取法从钼、铼溶液中回收铼[J]．中国钼业，2005,29(1):41-43.

[6] 王慧,王淑坤,房大维,等. 三仲辛胺萃取铼的热力学研究[J]. 辽宁大学学报(自然科学版),2003,30(3): 224-227.

[7] 宋金如,龚治湘,刘淑娟,等. P350 萃淋树脂吸附铼的性能研究及应用[J]. 华东地质学院学报,2004,26(3): 274-278.

[8] 吴香梅,舒增年. D301 树脂吸附铼(Ⅶ)的研究[J]. 无机化学学报,2009,25(7):1227-1232.

[9] 李玉萍,李莉芬,王献科. 液膜法提取高纯铼[J]. 中国钼业,2001,25(6):23-26.

[10] 周迎春,刘兴江,冯世红,等. 活性炭吸附法分离铼钼的研究[J]. 表面技术,2003,32(4):31-33.

[11] 冯宝奇,郭金亮,马高峰,等. 铼的分离提取技术研究[J]. 中国钼业,2013,37(1):13-15.

[12] 彭真,罗明标,花榕,等. 从矿石中回收铼的研究进展[J]. 湿法冶金,2012,31(2):76-80.

[13] 王德义,谌竞清,赵淑良,等. 铀的提取与精制工艺学[M]. 北京:原子能出版社,1982.21-49.

[14] 吴香梅,熊春华,姚彩萍,等. D201×4 树脂对铼(Ⅶ)的交换性能研究[J]. 离子交换与吸附,2010,26(5): 24-430.

[15] 何焕杰,王永红,王秀山,等. 大孔强碱树脂吸附铼的性能及机理研究[J]. 化工冶金,1991,12(4):313-318.

[16] 何焕杰,王秀山,杨子超,等. 大孔弱碱性树脂吸附铼的性能及机理研究[J]. 信阳师范学院学报(自然科学版), 1991,4(1):54-58.

# Study on comprehensive recovery of uranium and rhenium from alkaline leaching solution by 353E resin

LI Da-bing, KANG Shao-hui, NIU Yu-qing, CAO Ling-hua, CAO Xiao-hao, YE Kai-kai, SONG Yan, WANG Hao

(Beijing Research Institute of Chemical Engineering and Metallurgy, CNNC, Beijing 101149, China)

**Abstract**: The adsorption mechanism and kinetics of uranium and rhenium by 353E resin were studied. The desorption of uranium and rhenium was studied and the desorption method of uranium and rhenium was determined. A comprehensive recovery process of simultaneous adsorption and separate desorption of uranium and rhenium was proposed, and a dynamic verification test was carried out. The results show that the separation and recovery of uranium and rhenium can be achieved, and the uranium recovery above 97%, the rhenium recovery above 92.5%. The concentration of rhenium in the desorption solution reaches 500 mg/L, which is nearly 500 times higher than that in the adsorption solution. The process is simple and feasible, which can realize the comprehensive recovery of low concentration rhenium from alkaline uranium and rhenium leaching solution, and has high application value.

**Key words**: Uranium; Rhenium; Ion exchange; Alkaline leaching solution; Comprehensive recovery

# 新疆某铀矿床浸采末期资源赋存位置的研究

刘红静[1]，高　柏[2]，于长贵[1]，段柏山[1]

(1. 新疆中核天山铀业有限公司,新疆 伊宁 835000；2. 东华理工大学,江西 南昌 330013)

**摘要**：地浸采铀末期,由于长期的浸采作用,铀矿资源产生运移,改变了资源的原始赋存状态,因此分析总结浸采末期资源赋存特征,判断浸采末期采区资源所在位置,能够为生产运行明确重点方向。本文通过新疆某矿床浸采情况分析,从回采率和保有平米铀量、浸采单元的运行现状、耗酸和耗 $Fe^{3+}$ 情况、抽注平衡 4 个方面推断出地浸采铀末期的溶浸单元是否有资源赋存,建立了资源赋存位置的推断方法,并通过现场案例证明了此方法的正确性和可行性,能够为地浸采铀末期生产提供指导方向。

**关键词**：浸采末期；资源赋存位置；研究

铀资源是高度敏感、军民两用、具有放射性的战略资源和能源矿产,对核电以及国防工业的发展具有重要作用[1]。随着硬岩铀矿山的成本偏高,地浸技术发展迅速,地浸铀矿产量的份额持续增加,地浸开采砂岩型铀矿已经成全球天然铀生产的主要方式,基于开采成本考虑和"绿色矿山"建设,中国找铀与采铀重心也逐步转移到地浸砂岩型铀矿[2-5]。

与传统采铀相比,地浸采铀的最重要特点是被浸出的金属在地下具有流动性,铀矿物由化合状态变为溶解状态,铀元素进入液相,其在物理化学水动力学的规律下进行迁移。在这些规律的作用下,铀元素能够随着溶液迁移很远,并部分沉淀,大大改变了铀的原始储量分布、矿层品位和铀的浸采率[6]。在采区浸采前期,生产管理者均以"均衡浸采"理想化观念来管理整个采区的生产进程,以确保采区的浸采状态相同,避免产生溶浸死角,但是由于渗透性各向异性、钻孔质量不同、抽注液能力不同等各种原因,同时伴随着铀的溶解、沉淀、吸附和解吸等物理化学过程[7],改变了资源的原始赋存状态,造成了资源的重新分布。如果此时以资源原始赋存状态来指导生产,确定重点开发溶浸单元,则容易发生偏差,因此,分析浸采末期采区的资源赋存状态成为必需。地浸采铀末期是指随着地浸开采作用的进行,产能高峰期已经结束,铀矿资源大部分已经被开采完毕,铀浓度普遍降低,进入低产能以回收残余资源为目的的阶段。为了摸清资源赋存位置,找到地浸采铀末期开发重点,开展了资源赋存位置推断的研究工作,并总结归纳现场实际应用效果,为地浸采铀末期生产提供指导方向。

## 1　新疆某铀矿床浸采特征

### 1.1　末期采区占比情况

（1）数量占比

新疆某矿床已开拓 16 个采区,其中有 13 个采区在生产,共有 10 个采区的回采率大于 60%,末期采区数量占比较大,有 5 个采区(A#、B#、C#、D#、E#)的回采率大于 75%,且只有少数较经济的浸采单元在运行；有 5 个采区(G#、H#、I#、J#、L#)的回采率在 60%～75% 之间,多数浸采单元的铀浓度、水量已大幅下降；有 3 个采区(F#、K#、M#)的回采率低于 60%,处在浸出金属最佳时期；有 3 个采区(N#、O#、P#)未投入使用。

（2）储量占比

正在退役采区储量占比为 29.2%,面临退役采区,储量占比为 46.3%,合计为 75.5%；生产运行

---

**作者简介**：刘红静(1985—),女,山东临清,工程师,硕士,主要从事地浸采铀技术与矿山环境等方面研究

采区和未生产采区储量占比合计为24.5%,由此可见,处在浸采末期的采区占比较大。

## 1.2 末期采区特征

处在浸采末期的采区主要特点为:

(1)末期生产运行目的是回收残余资源;

(2)钻孔的抽注液能力降低,需开展洗孔工作;

(3)铀浓度普遍降低,甚至有些抽孔的铀浓度已经不适合继续开采;

(4)多数抽液钻孔因生产能力低已被关停,只剩下部分较经济的钻孔在运行;

(5)运行单元不集中,较为分散。

## 2 资源赋存位置推断方法

为最大限度地开采铀矿资源,减少资源浪费,需根据各采区浸采末期特征,找出溶浸死角,继续挖掘有潜力的浸采单元。通过对浸采单元的各个指标的筛选判断,最终确定从回采率和保有平米铀量、运行现状、耗酸和耗$Fe^{3+}$、抽注平衡4个方面来对浸采单元进行综合分析判断,以最终确定浸采单元是否有资源赋存。

### 2.1 通过回采率和保有平米铀量推断

回采率是指浸出金属与原始储量的百分比,能够反应矿石浸出的难易程度、地浸的技术水平、井场管理水平及经济效果。采区和抽注单元在地浸服务年限内的浸采率以及它随时间的变化规律是管理和评价一个采区或抽注单元浸出效果最合理的指标,也是评价地浸技术水平和井场管理水平的唯一标准。酸法地浸采区退役的回采率标准是75%,由于浸出过程不均衡,会出现有些浸采单元已经达到退役标准,有些单元则没有达到,根据回采率资源是否赋存如下:(1)回采率小于75%,则推断有铀资源赋存;(2)回采率大于75%,则推断无铀资源赋存。

保有平米铀量是衡量铀资源是否赋存的另一个重要指标,可以与回采率一起判定是否有资源赋存。(1)保有平米铀量大于1 kg/m²,则推断有铀资源赋存;(2)保有平米铀量小于1 kg/m²,则推断无铀资源赋存。

回采率和保有平米铀量必需相结合推断资源赋存状况,不能单独推断是因为当回采率大于75%时,保有平米铀量仍可能大于1 kg/m²,如当原始平米铀量为10 kg/m²时,回采率如果为75%,这时的保有平米铀量为2.5 kg/m²,仍可推断为有资源赋存。所以当回采率和保有平米铀量的其中一个推断为有资源赋存时即可推断有资源赋存。

### 2.2 通过运行现状推断

运行现状是浸采单元是否有资源赋存的最直接反映。在分析运行现状时,因抽液量可以通过清洗抽孔和周边注孔以提高抽液量,所以不作为参考指标,只以铀浓度为参考指标。经核算,当铀浓度大于10 mg/L时,生产则有经济效益,故铀浓度以10 mg/L为界来推断资源赋存状况。(1)运行现状好,浸出液铀浓度大于10 mg/L时,则推断有资源赋存;(2)运行现状差,浸出液铀浓度小于10 mg/L时,则推断无资源赋存。

### 2.3 通过耗酸和耗 $Fe^{3+}$ 离子情况推断

在酸法地浸采铀中,耗酸和耗$Fe^{3+}$离子是铀矿采出的基本前提,六价铀能够很好地溶于硫酸溶液中,四价铀则不会在一般的酸性或碱性溶液中溶解,它的溶解需在一定的pH条件下,在氧化剂作用下转变成六价铀后再溶解浸出,即需要一定浓度$Fe^{3+}$离子的保障[8]。故通过酸和$Fe^{3+}$离子的消耗,才能使四价铀和六价铀有效浸出。

耗酸情况是指浸出液与浸出剂的酸度差,耗$Fe^{3+}$离子情况是指浸出液与浸出剂的$Fe^{3+}$离子浓度差。(1)既耗酸和$Fe^{3+}$离子,又运行情况良好,则推断此单元有资源赋存;(2)既不耗酸和$Fe^{3+}$离子,又运行情况较差,则推断此单元无资源赋存。

## 2.4 通过抽注平衡推断

抽注平衡是原地浸出正常生产的关键,采场抽注平衡有两个含义:(1)控制整个采区总的抽液量与注液量基本相等,保证注入的浸出剂不流失和抽出的浸出液不被稀释。(2)控制每个抽注单元局部抽注平衡,防止浸出剂分配不均,产生浸出死角[9]。

由于每个浸采单元的抽液量不平衡和水动力作用状态改变,含有铀元素的溶液可能会越流到相邻单元,使铀元素重新分布,或者使部分铀元素在已开采单元再次沉淀富集[10]。所以抽注平衡不能单独推断溶浸单元是否有资源赋存,可以结合回采率、保有平米铀量和运行情况来推断浸采单元是否有资源赋存。

此处的抽注平衡是指单个浸采单元的抽注平衡,首先需计算出浸采单元的抽注液量,再根据此进行推断。(1)抽大于注,回采率大于75%,保有平米铀量小于1 kg/m²,且运行情况良好,则推断其他单元的资源运移到此单元;(2)抽大于注,回采率大于75%,保有平米铀量小于1 kg/m²,且运行情况差,则推断无资源赋存;(3)抽小于注,回采率小于75%,保有平米铀量大于1 kg/m²,且运行情况良好,则推断此单元有资源赋存;(4)抽小于注,回采率小于75%,保有平米铀量大于1 kg/m²,且运行情况差,则推断此单元的资源运移到其他单元。

以上所有推断都是以钻孔完好,过滤器下放位置正确,矿层联通,无沟流情况为基础来推断的,并且由于情况多变复杂,需所有推断方法结合在一起,统一分析判断。

## 3 运用案例

### 3.1 M#采区概况

研究采区为M#采区,位于56勘探线,采区于2007年开拓完毕,开拓面积为29 148.44 m²,矿层埋深229.5～264.1 m,验收水量为2.6 m²/h。采区开拓共58个钻孔,其中抽液钻孔28个(含3个双功能孔),注液钻孔32个,井型为五点式,"抽注"的距离为24.37 m,"抽抽""注注"的距离为35.13 m。2009年6月投入使用,酸化方式为正常酸化,平均浸出液铀浓度26.16 mg/L,液固比2.988,浸采率69.61%,铀浓度为25.12 mg/L。

### 3.2 M#采区浸采末期资源推断

(1)通过回采率和保有平米铀量推断

由表1可以看出,有些单元的回采率在20%以下,有些单元的回采率则已达到100%以上,回采率高的单元在采区内部和采区边缘均有分布,分布极不均匀,且没有规律性。0102、0202、0204、0500、0502、0600、0901、0905、SYC-1这9个单元的保有平米铀量大于1.0 kg/m²,同时回采率小于75%,可以推断这9个单元有资源赋存。另外12个单元的保有平米铀量小于1.0 kg/m²,同时回采率大于75%,可以推断这12个单元无资源赋存。

表1 M#采区回采率和保有平米铀量情况表

| 序号 | 孔号 | 保有平米铀量/(kg/m²) | 资源回采率/% | 资源赋存情况 |
|---|---|---|---|---|
| 1 | 0102 | 2.21 | 46.72 | √ |
| 2 | 0202 | 2.07 | 69.85 | √ |
| 3 | 0204 | 2.76 | 30.82 | √ |
| 4 | 0500 | 1.83 | 35.75 | √ |
| 5 | 0502 | 1.55 | 45.81 | √ |
| 6 | 0600 | 2.38 | 44.60 | √ |
| 7 | 0901 | 1.33 | 47.65 | √ |

| 序号 | 孔号 | 保有平米铀量/(kg/m²) | 资源回采率/% | 资源赋存情况 |
|---|---|---|---|---|
| 8 | 0905 | 1.64 | 10.62 | √ |
| 9 | SYC-1 | 2.41 | 63.17 | √ |
| 10 | 0000 | 0.40 | 92.47 | × |
| 11 | 0104 | 0.02 | 99.33 | × |
| 12 | 0106 | 0.16 | 93.68 | × |
| 13 | 0206 | −0.24 | 113.70 | × |
| 14 | 0501 | −1.92 | 150.98 | × |
| 15 | 0503 | −0.76 | 115.31 | × |
| 16 | 0504 | 0.34 | 79.06 | × |
| 17 | 0902 | −0.42 | 119.54 | × |
| 18 | 0903 | 0.85 | 75.86 | × |
| 19 | 1002 | −1.81 | 146.76 | × |
| 20 | 1303 | 0.44 | 79.33 | × |
| 21 | SYC-3 | −0.02 | 100.43 | × |

注:"√"代表有资源赋存;"×"代表无资源赋存。

(2)通过运行现状推断

① 回采率和保有平米铀量推断有资源赋存,运行现状推断有资源赋存(0202、0901、SYC-1、0600、0905单元),两者推断相符,说明未发生资源运移,或资源运移为正向流入,或资源流出较小,需继续跟踪其回采率和保有平米铀量,以及运行情况;② 回采率和保有平米铀量推断有资源赋存,运行现状推断无资源赋存(0102、0502、0500、0204单元),两者推断不相符,推断为发生资源运移,资源流出较大;③ 回采率和保有平米铀量推断无资源赋存,运行现状推断无资源赋存(0104、0504单元)两者推断相符,说明未发生资源运移,或资源流入或流出较小,未对回采造成较大影响;④ 回采率和保有平米铀量推断无资源赋存,运行现状推断有资源赋存(0000、0106、0206、0501、0503、0902、0903、1002、1303、SYC-3单元),两者推断不相符,推断为发生资源运移,资源流入较大。

在回采率和保有平米铀量推断情况的基础上,通过运行现状继续对资源赋存状况进行推断,发现在回采率大于75%和保有平米铀量小于1.0 kg/m²的单元仍然运行良好的单元,此类型单元理论上已无资源赋存,因其仍有金属产出,所以应继续运行,不再做下一步资源推断,待其铀浓度低于10 mg/L时,予以停止运行(见表2)。

表2　M#采区资源赋存单元运行情况表

| 分类 | 孔号 | 回采率和保有平米铀量推断情况 | 运行现状 | 运行现状推断 |
|---|---|---|---|---|
|  | 0202 | √ | 正在运行,水量 3.2 m³/h,铀浓度 17.6 mg/L | √ |
|  | 0901 | √ | 正在运行,水量 3.1 m³/h,铀浓度 17.4 mg/L | √ |
| 1 | SYC-1 | √ | 正在运行,水量 3.3 m³/h,铀浓度 22.3 mg/L | √ |
|  | 0600 | √ | 停止运行,停时水量 0.3 m³/h,铀浓度 23.1 mg/L | √ |
|  | 0905 | √ | 停止运行,停时水量 0.6 m³/h,铀浓度 29.8 mg/L | √ |

| 分类 | 孔号 | 回采率和保有平米<br>铀量推断情况 | 运行现状 | 运行现状推断 |
|---|---|---|---|---|
| 2 | 0102 | √ | 正在运行,水量 2.5 m³/h,铀浓度 6.2 mg/L | × |
| | 0502 | √ | 停止运行,停时水量 3.6 m³/h,铀浓度 7.3 mg/L | × |
| | 0500 | √ | 停止运行,停时水量 3.5 m³/h,铀浓度 8.1 mg/L | × |
| | 0204 | √ | 停止运行,停时水量 0.7 m³/h,铀浓度 7.9 mg/L | × |
| 3 | 0504 | × | 正在运行,水量 2.6 m³/h,铀浓度 9.3 mg/L | × |
| | 0104 | × | 停止运行,停时水量 2.3 m³/h,铀浓度 9.9 mg/L | × |
| 4 | 0000 | × | 正在运行,水量 4.6 m³/h,铀浓度 18.9 mg/L | √ |
| | 0106 | × | 正在运行,水量 4.6 m³/h,铀浓度 21.4 mg/L | √ |
| | 0206 | × | 正在运行,水量 3.4 m³/h,铀浓度 15.1 mg/L | √ |
| | 0501 | × | 正在运行,水量 3.5 m³/h,铀浓度 25.2 mg/L | √ |
| | 0503 | × | 正在运行,水量 3.6 m³/h,铀浓度 18.9 mg/L | √ |
| | 0902 | × | 正在运行,水量 4.4 m³/h,铀浓度 15.4 mg/L | √ |
| | 0903 | × | 正在运行,水量 1.8 m³/h,铀浓度 20.3 mg/L | √ |
| | 1002 | × | 正在运行,水量 2.3 m³/h,铀浓度 15.9 mg/L | √ |
| | 1303 | × | 正在运行,水量 1.0 m³/h,铀浓度 15.3 mg/L | √ |
| | SYC-3 | × | 正在运行,水量 2.7 m³/h,铀浓度 17.1 mg/L | √ |

注:"√"代表有资源赋存;"×"代表无资源赋存。

(3) 通过耗酸和耗 $Fe^{3+}$ 情况推断

通过耗酸和耗 $Fe^{3+}$ 情况推断,0102、0502、0500 不耗酸、不耗 $Fe^{3+}$,与运行现状的推断相一致,均推断为无资源赋存;0202、0901、SYC-1、0905、0600 有酸和 $Fe^{3+}$ 的消耗,也与运行现状的推断相一致,均推断为有资源赋存;只有 0204 有酸和 $Fe^{3+}$ 的消耗,与运行现状的推断相反,但是由于其回采率为 30.82%,保有平米铀量为 2.76 kg/m²,已开采较少,保有资源较多,故确定为有资源赋存(见表3)。

表3　M# 采区浸采单元耗酸、耗 $Fe^{3+}$ 情况表

| 孔号 | 回采率和保有平米<br>铀量推断情况 | 运行现状推断 | 耗酸情况 | $Fe^{3+}$ 消耗情况 | 耗酸和耗 $Fe^{3+}$ 推断 |
|---|---|---|---|---|---|
| 0202 | √ | √ | 耗酸 2.0 g/L | $Fe^{3+}$ 消耗明显 | √ |
| 0901 | √ | √ | 耗酸 2.0 g/L | $Fe^{3+}$ 消耗明显 | √ |
| SYC-1 | √ | √ | 耗酸 2.0 g/L | $Fe^{3+}$ 消耗明显 | √ |
| 0600 | √ | √ | 耗酸 1.3 g/L | $Fe^{3+}$ 有消耗 | √ |
| 0905 | √ | √ | 耗酸 3.0 g/L | $Fe^{3+}$ 有消耗 | √ |
| 0102 | √ | × | 不耗酸 | 不耗 $Fe^{3+}$ | × |
| 0502 | √ | × | 不耗酸 | 不耗 $Fe^{3+}$ | × |
| 0500 | √ | × | 不耗酸 | 不耗 $Fe^{3+}$ | × |
| 0204 | √ | × | 耗酸 2.0 g/L | $Fe^{3+}$ 消耗不明显 | √ |

注:"√"代表有资源赋存;"×"代表无资源赋存。

以 0500 和 0202 为例对比不耗酸、不耗 $Fe^{3+}$ 和耗酸、耗 $Fe^{3+}$ 的区别。

① 抽液酸度均值为 4.64 g/L,与注液酸度 5.00 g/L 相差不大,基本不耗酸(见图 1)。

② 抽液 $Fe^{3+}$ 离子浓度均值为 336.87 mg/L,与注液 $Fe^{3+}$ 离子浓度均值 341.04 mg/L 相一致,基本不耗 $Fe^{3+}$ 离子(见图 1)。

通过分析,在不耗酸和不耗氧化剂的浸采单元,铀浓度均低于 5 mg/L 左右,基本没有铀产品,失去继续开采价值。

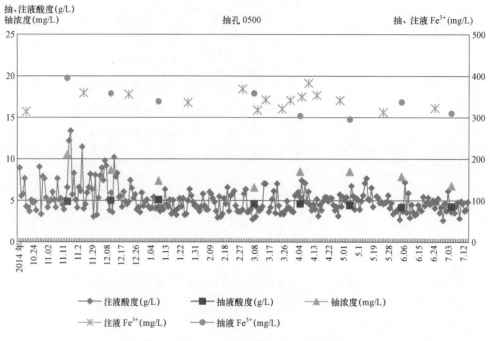

图 1  抽孔 0500 耗酸和耗 $Fe^{3+}$ 离子情况

① 抽液酸度均值为 2.30 g/L,注液酸度均值为 4.32 g/L,耗酸为 2.02 g/L(见图 2)。

② 抽液 $Fe^{3+}$ 离子浓度均值为 164.35 mg/L,注液 $Fe^{3+}$ 离子浓度均值为 307.51 mg/L,$Fe^{3+}$ 离子消耗为 143.16 mg/L(见图 2)。

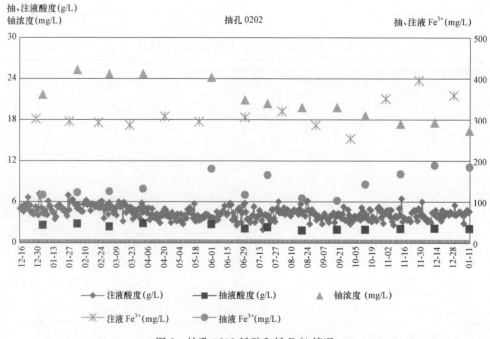

图 2  抽孔 0202 耗酸和耗 $Fe^{3+}$ 情况

通过分析,在耗酸和耗氧化剂的浸采单元,铀浓度在 15 mg/L 以上,开采仍有经济价值,可以继续生产运行。

（4）通过抽注平衡推断

通过回采率和保有平米铀量情况、运行现状、耗酸和耗 $Fe^{3+}$ 情况的综合分析基本能够确定资源赋存状况,抽注平衡可作为资源推断的重要辅助手段(见表 4)。如① 0102、0502 单元虽然回采率和保有平米铀量情况显示有资源赋存,但是运行现状情况差,无耗酸和耗 $Fe^{3+}$,抽小于注,并且周围有抽大于注且回采率高的单元,所以确定 0102、0502 的资源已运移到相邻单元,已无资源赋存。② 0500 单元回采率和保有平米铀量情况显示有资源赋存,但是运行现状情况差,无耗酸和耗 $Fe^{3+}$,抽大于注,经查阅钻孔资料显示 0500 单元有 2 层过滤器,上层平米铀量占全部的 40%(0500 回采率为 35.75%),所以确定 0500 单元只有上层资源被开采,下层资源未被开采到。

表 4　$M^{\sharp}$ 采区浸采单元抽注平衡情况表

| 孔号 | 储量推断 | 运行现状推断 | 耗酸和耗 $Fe^{3+}$ 推断 | 抽注平衡情况 | 抽注平衡推断 | 资源赋存推断 |
|---|---|---|---|---|---|---|
| 0102 | √ | × | × | 抽<注 | × | 资源运移 |
| 0502 | √ | × | × | 抽<注 | × | 资源运移 |
| 0500 | √ | × | × | 抽>注 | √ | 2 层过滤器,上层平米铀量占全部的 40%,只有上层资源被开采,下层资源未被开采到 |
| 0204 | √ | × | √ | 抽<注 | √ | 资源赋存 |

## 3.3　采取措施及效果分析

（1）采取措施

根据浸采末期特征和资赋赋存的判断,针对不同单元采取了不同的措施(见表 5):对于有资源赋存的单元,如果在运行则继续运行,如果未运行则重新运行;对于无资源赋存的单元,如果在运行则进行关闭,如果未运行,则重新运行并观察其各项参数变化,如果运行 2 个月铀浓度仍低于 10 mg/L,则确定资源已经运移,再关闭。对于以上运行单元均开展洗孔工作,以确保抽、注液量,同时保证浸出剂的酸度和 $Fe^{3+}$ 浓度。

表 5　不同浸采单元所采取的措施

| 孔号 | 资源判断结果 | 采取措施 |
|---|---|---|
| 0202 | √ | 继续运行 |
| 0901 | √ | 继续运行 |
| SYC-1 | √ | 继续运行 |
| 0600 | √ | 重新运行 |
| 0905 | √ | 重新运行 |
| 0102 | × | 关闭 |
| 0502 | × | 重新运行 |
| 0500 | × | 重新运行 |
| 0204 | √ | 重新运行 |

注:"√"代表有资源赋存;"×"代表无资源赋存。

（2）运行效果分析

对于继续运行的 3 个抽孔,其水量和铀浓度基本未发生较大变化。重新运行的 5 个抽孔经过约两个月运行以后,溶浸单元各方面参数已较稳定(见表6),对于判断无资源赋存的两个单元(0502、0500),无酸度和$Fe^{3+}$的消耗,并且仍无铀浓度;对于判断有资源赋存的3个单元(0905、0600、0204),有酸度和$Fe^{3+}$的消耗,并且铀浓度也符合经济运行的范围。

运行结果显示:通过回采率和保有平米铀量、运行现状、抽注平衡情况、耗酸和耗$Fe^{3+}$情况等对资源赋存状态的判断均准确。通过推断资源赋存单元,不仅能够停止运行无资源赋存单元,减少不必要的动力消耗,降低生产成本,还能够重新启用资源赋存单元,加快金属浸出,提高产量。

表6　M#采区浸采单元运行效果表

| 孔号 | 运行天数/d | 水量/(m³/h) | 铀浓度/(mg/L) | 耗 $H^+$/(g/L) | Eh/(mV) | 耗 $Fe^{3+}$/(mg/L) |
|---|---|---|---|---|---|---|
| 0502 | 54 | 3.6 | 6.4 | 0.15 | 418 | 0 |
| 0500 | 61 | 2.5 | 4.8 | 0.06 | 427 | 0 |
| 0905 | 53 | 2.0 | 18.0 | 1.43 | 416 | 84 |
| 0600 | 58 | 2.2 | 28.0 | 0.99 | 432 | 32 |
| 0204 | 52 | 1.2 | 24.7 | 1.35 | 415 | 49 |

## 4　结论与建议

(1)新疆某铀矿床末期采区个数占比和储量占比均较高,并且铀浓度和抽注液能力降低幅度较大,多数钻孔因生产能力低已被关停,只剩下部分较经济的钻孔在运行,故运行单元不集中,较为分散。

(2)通过对末期采区的运行现状、回采率、抽注平衡情况、耗酸和耗$Fe^{3+}$情况4个方面对资源赋存位置的推断,能够准确推断出资源赋存单元,找到资源重点开发单元。

(3)通过对末期采区资源赋存位置的推断,能够使管理者及时关注各个溶浸单元的浸采情况,指导生产,如发现浸采速度较落后单元,及时采取措施,加强浸采,这样可以避免产生溶浸死角,达到均衡浸出。

(4)通过确定资源赋存单元,调整浸采单元运行,重新开启了回采率低单元的浸出,避免了资源浪费。

(5)有些单元推断有资源赋存,但是在运行过程中,铀浓度一直很低,浸采效果不理想,可以通过分析其岩芯性质和耗酸、耗氧情况,制定单独加酸或单独加双氧水的方案。

**参考文献:**
[1] 徐浩,任忠宝,等.全球铀矿生产成本及供需形势展望[J].矿业研究与开发,2019,39(10):148-152.
[2] 徐玲玲,杨洪英,等.某砂岩铀矿床矿石中性浸出性能试验[J].有色金属,2020(3):38-44.
[3] 胡鹏华,李先杰,等.中国地浸采铀安全环保现状与展望[J].铀矿冶,2019,38(1):70-74.
[4] 李文,许虹,王秋舒,等.全球铀矿开发现状及投资建议[J].中国矿业,2017,26(03):9-14.
[5] 刘廷,刘巧峰.全球铀矿资源现状及核能发展趋势[J].现代矿业,2017,4:98-103.
[6] 别列茨基,博加特科夫,等.地浸采铀手册[R].核工业第六研究所科技情报室,2000.
[7] 刘正邦,王海峰,等.地浸采铀井场溶液运移特征与抽注液量控制研究[J].矿业快报,2008,472:70-72.
[8] 胡鄂明,胡凯光,等.酸法地浸采铀中U4+的氧化过程研究[J].矿业快报,2008,472:70-72.
[9] 王海峰,苏学斌.新疆伊宁地浸矿山井场抽注平衡问题的刍议[J].铀矿冶,1999,18(3):145-149.
[10] 李宗兴,孙占学.地浸采铀浸出液氧化沉淀法除铁研究[J].世界核地质科学,2008,25(3):183-186.

# Research on the location of the resource at the last stage of in-situ leaching uranium in Xin jiang

LIU Hong-jing[1], GAO Bo[2], YU Chang-gui[1], DUAN Bo-shan[1]

(1. Xinjiang Tianshan Uranium Co. ,Ltd. ,CNNC,XinJiang YiNing 83500;

2. East China Institute of Technology,JiangXi NanChang 330013)

**Abstract**: At the last stage of in-situ leaching uranium, because of long-term leaching, uranium resource occurss migyation, altering the original state of the resource, therefore, analysising and summarizing of resource state at the last stage of in-situ leaching, judging the location of the resource at the last stage of in-situ leaching, can clear the key direction for production and operationg. This paper, analysising leaching situation of deposit in Xin jiang, referring to leaching rate and retaining of uranium per square meter, operating state of leaching unit, acid consumption and ferric ion consumption, pumping out-in balance, the four way deduces resource occurrence of unit at the last stage of in-situ leaching, seting up inference method of location of the resource, and proving the correctness and feasibility of this method, providing direction for production at the last stage of in-situ leaching uranium.

**Key words**: The last stage of in-situ leaching; The location of the resource; Research

# 饱和再吸附在 $CO_2+O_2$ 中性浸出水冶工艺中的应用研究

师振峰[1]，陈箭光[1]，熊　威[2]，赖　磊[1]，路乾乾[1]，何慧民[1]，葛　亮[1]

(1. 新疆中核天山铀业有限公司，新疆 伊宁 835000；

2. 湖南中核勘探有限责任公司，湖南 长沙，430000)

**摘要：**针对某铀矿床树脂老化以及浸出液铀浓度下降等因素造成饱和树脂容量以及合格液铀浓度降低的特点，开展饱和再吸附对树脂吸附铀性能影响的试验研究。研究表明：当饱和再吸附溶液铀浓度≤35.0 g/L，酸度≤18.0 g/L，液固比控制在 2 时，饱和再吸附铀效率达 97%，饱和再吸附后树脂容量增加至 94.72 mg/mL 湿树脂，合格液平均铀浓度增加至 41.50 g/L。采用饱和再吸附工艺，提高了合格液铀浓度，降低了原材料消耗。

**关键词：**中性浸出；饱和再吸附；应用研究

　　某矿山采用"$CO_2+O_2$"中性浸出，密实固定床吸附工艺，浸出液矿化度高。从近 5 年现场使用情况来看，JH-1 树脂在该矿山受各种干扰离子的影响较小，对铀具有很好吸附效果，树脂吸附容量平均在 55.0 mg/mL 湿 R。饱和树脂经转型后，进入淋洗工序。淋洗工艺采用三塔串联清水作为解析剂进行淋洗。

　　随着 JH-1 树脂老化以及受到浸出液铀浓度降低的影响，JH-1 树脂饱和铀容量逐步下降[1]，平均饱和铀容量降至 42.0 mg/mL 湿 R，合格液铀浓度从 30.9 g/L 降低至 24.5 g/L，化工原材料单耗增加，而负载树脂再吸附工艺能够很好地解决上述问题。因此，本文重点介绍饱和再吸附在 $CO_2+O_2$ 中性浸出水冶生产工艺中的应用研究。

## 1　饱和再吸附机理

　　JH-1 树脂从 pH＝6.10～6.60，铀浓度 18.50～21.0 mg/L 的碳酸铀酰溶液中吸附铀时，树脂不仅吸附 $UO_2(CO_3)_2^{2-}$ 和 $UO_2(CO_3)_3^{4-}$ 两种络合状态的铀，同时还吸附 $HCO_3^-$ 和 $CO_3^{2-}$ 等离子，离子交换反应如下：

$$RCl+HCO_3^-=RHCO_3+Cl^-$$

$$2RCl+CO_3^{2-}=R_2CO_3+2Cl^-$$

$$2RCl+UO_2(CO_3)_2^{2-}=R_2UO_2(CO_3)_2+2Cl^-$$

$$4RCl+UO_2(CO_3)_3^{4-}=R_4UO_2(CO_3)_3+4Cl^-$$

　　反应式中 R 表示树脂官能团；此时的树脂饱和容量在 42 mg/mL 湿树脂左右，而 JH-1 树脂理论饱和容量不低于 95 mg/mL 湿树脂。说明在这样吸附条件下，树脂饱和容量空间还很大，离子交换达到平衡，绝大部分官能团被 $HCO_3^-$ 和 $CO_3^{2-}$ 等离子占据。而当吸附条件发生改变，特别是吸附酸性合格液铀浓度时，吸附平衡被打破，$Cl^-$、$UO_2Cl_2$ 将与树脂官能团上的 $HCO_3^-$、$CO_3^{2-}$ 进行交换，把 $HCO_3^-$、$CO_3^{2-}$ 从树脂上交换下来，达到新的平衡[2]。反应如下：

$$RHCO_3+UO_2Cl_2+Cl^-=RUO_2Cl_3+HCO_3^-$$

$$R_2CO_3+UO_2Cl_2+2Cl^-=R_2UO_2Cl_4+CO_3^{2-}$$

$$R_2UO_2(CO_3)_2+4HCl=R_2UO_2Cl_4+2H_2O+2CO_2$$

$$R_4UO_2(CO_3)_3+6HCl=2R_2UOCl_3+3H_2O+3CO_2$$

---

**作者简介：**师振峰(1984—)，男，陕西，高级工程师，主要从事铀矿地浸技术及铀水冶工艺研究工作

在有酸性合格液外力的干扰下,树脂能吸附更多的铀,进一步提高了树脂饱和铀容量,进而提升淋洗后的合格液铀浓度[3]。

## 2　饱和再吸附室内试验

### 2.1　饱和再吸附条件影响试验

#### 2.1.1　合格液与饱和树脂接触时间选择

取合格液(U＝24.28 g/L、HCl＝14.32 g/L、pH＝0.79、Cl⁻＝16.36 g/L)6 份,每份 50 mL,合格液体积与饱和树脂体积比 2∶1 进行试验,将树脂与合格液放入装有锥形瓶中在振荡器上进行振荡,振荡时间分别为 0.5 h、1 h、2 h、2.5 h、3 h 和 3.5 h,时间一到进行液相和树脂分离,根据液相 $\rho(U)$ 的变化情况,计算饱和树脂再吸附的接触时间,试验数据见图 1。

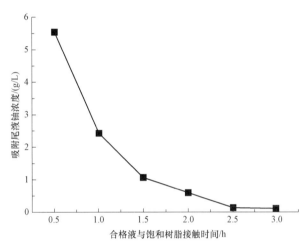

图 1　饱和再吸附时间选择

从图 1 中可以看出,随着合格液与饱和树脂接触时间的增加,液相中的 $\rho(U)$ 越来越低,接触时间由 2.5 h 增加至 3.0 h $\rho(U)$ 的降幅开始变缓,因此接触时间为 2.5 h 较为合理。

#### 2.1.2　合格液与饱和树脂体积比选择

取饱和树脂 6 份,每份 25 mL,合格液与树脂比值分别为 1.0、1.5、2.0、2.5、3.0 和 3.5,将树脂与合格液放入装有锥形瓶中在振荡器上进行振荡,振荡时间为 2.5 h,时间一到进行液相和树脂分离,根据液相 $\rho(U)$ 的变化情况,计算饱和树脂再吸附的接触时间,试验数据见图 2。

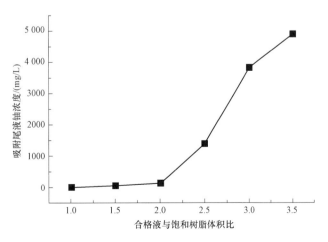

图 2　合格液与饱和树脂体积比选择

从图 2 中可以看出,同等时间下,随着合格液与饱和树脂比值增加,液相中的 $\rho(U)$ 越来越高,合格液与饱和树脂体积比值大于 2 时,液相中铀浓度增幅较大,因此饱和再吸附合格液与树脂体积比在 2 以下较为合理。

### 2.1.3 合格液铀浓度对饱和树脂再吸附的影响

取饱和树脂若干份,每份 25 mL,选取不同浓度的合格液(4.89 g/L、6.45 g/L、8.11 g/L、9.88 g/L、11.44 g/L、19.66 g/L、25.50 g/L、32.40 g/L、35.80 g/L、38.40 g/L、42.40 g/L),合格液体积与饱和树脂体积比 2∶1 进行试验,将树脂与合格液放入装有锥形瓶中在振荡器上进行振荡,振荡时间为 2.5 h,时间一到进行液相和树脂分离,根据液相 $\rho(U)$ 的变化情况,测试不同铀浓度合格液对饱和树脂吸附效率的影响,试验数据见图 3。

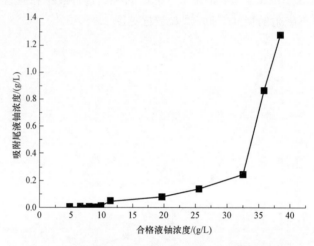

图 3 不同合格液铀浓度对饱和树脂再吸附影响曲线

从图 3 中可以看出,当合格液铀浓度大于 35.8 g/L,JH-1 负载树脂再吸附尾液铀浓度达到 0.87 g/L,吸附效率开始降低,所以建议 JH-1 负载树脂再吸附,合格液铀浓度低于 35 g/L。

### 2.1.4 合格液酸度对饱和树脂再吸附的影响

取饱和树脂 8 份,每份 25 mL,向静态合格液中加入工业盐酸调整 $\rho(HCl)$ 浓度分别为 18.52 g/L、21.82 g/L、28.64 g/L、35.80 g/L、41.53 g/L、46.18 g/L、54.06 g/L,合格液体积与饱和树脂体积比 2∶1 进行试验,将树脂与合格液放入装有锥形瓶中在振荡器上进行振荡,振荡时间为 2.5 h,时间一到进行液相和树脂分离,观察合格液中 HCl 增长对 JH-1 饱和树脂再吸附性能的影响,吸附尾液液相 $\rho(U)$ 变化曲线图见图 4。

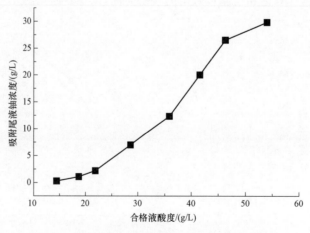

图 4 合格液酸度对饱和树脂再吸附的影响

从图 4 中可以看出,同等时间下,随着合格液 HCl 增加,液相中的 $\rho$(U)越来越高,合格液中 HCl 超过 18 g/L 时,液相中铀浓度增幅较大,因此饱和再吸附合格液酸度控制在 18 g/L 以下较为合理。

## 2.1.5 合格液中 $Cl^-$ 对饱和树脂再吸附的影响

取饱和树脂若干份,每份 25 mL,向静态合格液中加入 NaCl 调节 $\rho$($Cl^-$)22.27 g/L、26.41 g/L、32.02 g/L、36.89 g/L、41.06 g/L、48.02 g/L、55.68 g/L、59.16 g/L、66.12 g/L、69.60 g/L、74.82 g/L、84.39 g/L、95.24 g/L、105.38 g/L、115.42 g/L、125.45 g/L、135.46 g/L、145.28 g/L,合格液体积与饱和树脂体积比 2∶1 进行试验,将树脂与合格液放入装有锥形瓶中在振荡器上进行振荡,振荡时间为 2.5 h,时间一到进行液相和树脂分离,分别观察液相 $\rho$(U)随 $\rho$($Cl^-$)的增长变化趋势,具体数据见图 5。

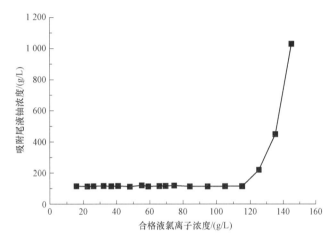

图 5　合格液中 $Cl^-$ 对饱和树脂再吸附的影响

从图 5 可以看出在 $\rho$($Cl^-$)由 16.36 g/L 逐渐升至 120 g/L 时,液相铀浓度变化不是很明显,这说明了 JH-1 树脂在溶液 $\rho$($Cl^-$)在 120 g/L 以下时吸附基本不受影响。

## 2.2 饱和再吸附及淋洗试验

### 2.2.1 饱和再吸附方式

饱和树脂容量 54.77 mg/mL,取 100 mL 饱和树脂 3 份,放入 3 个 250 mL 锥形瓶,分别加入合格液(U=24.28 g/L、HCl=14.32 g/L、$Cl^-$=16.36 g/L、pH=0.79)100 mL、200 mL、300 mL,置于磁力搅拌器进行搅拌吸附,搅拌时间为 2.5 h,分析吸附尾液铀浓度,HCl 含量和 pH。

从表 1 可以看出,饱和再吸附随着合格液体积的增加,饱和树脂容量相应增加,在经过 3 倍合格液体积吸附后的饱和树脂容量可达 121.76 mg/mL 湿 R。

表 1　JH-1 饱和树脂再吸附试验吸附尾液分析

| 体积比 | 吸附时间/h | 铀浓度/(mg/L) | HCl/(g/L) | pH | 饱和树脂容量/(mg/mL) |
|---|---|---|---|---|---|
| 1∶1 | 2.5 | 18.91 | 0 | 5.15 | 78.95 |
| 2∶1 | 2.5 | 120.38 | 0.18 | 4.09 | 91.18 |
| 3∶1 | 2.5 | 3 848.65 | 0.72 | 3.57 | 121.76 |

### 2.2.2 饱和再吸附树脂转型

淋洗用饱和树脂处理过程如下:取饱和再吸附树脂 100 mL＋100 mL 左右酸性合格液(U=13.46 g/L、HCl=6.09 g/L、$Cl^-$=7.82 g/L、pH=1.34),在磁力搅拌器上酸化循环 6 h 用工业 HCl 调节 pH 至 0.70～0.80 左右,具体数据见表 2。

表 2　饱和树脂酸化盐酸加入量以及酸化液成分分析

| 饱和树脂容量/<br>(mg/mL) | 饱和树脂体积/<br>mL | 酸性合格液<br>体积/<br>mL | 盐酸加入量/<br>mL | 酸化液<br>终点 pH | 酸化液终点<br>HCL 含量/<br>(g/L) | 酸化液终点 U<br>含量/<br>(g/L) |
|---|---|---|---|---|---|---|
| 54.77 | 100 | 80 | 30 | 0.70 | 16.24 | 26.26 |
| 78.95 | 100 | 80 | 24 | 0.68 | 17.12 | 40.40 |
| 91.18 | 100 | 80 | 20 | 0.67 | 17.12 | 53.04 |
| 121.76 | 100 | 80 | 15 | 0.70 | 15.62 | 68.26 |

从表 2 可以看出,在经过 3 倍合格液体积吸附后的饱和树脂容量可达 121.76 mg/mL。合格液与饱和树脂体积比越大,树脂 pH 越低,树脂转型用酸越少[4]。未经饱和再吸附树脂的酸耗是 2 倍合格液体积下饱和再吸附树脂酸耗的 1.5 倍。饱和再吸附转型酸耗可以节约 30% 以上。

2.2.3　淋洗试验参数

(1) 树脂 55 mL＋15 mL 酸化液(每柱一样);

(2) 接触时间 30 min;

(3) 流量 $\nu = KV/t = 0.73 (\text{mL/min})$;

(4) 常温;

(5) 淋洗剂采用清水,进料用恒流泵,取样每 0.5BV 取一个样,用部分自动取样器收集样品。淋洗合格液结果见图 6。

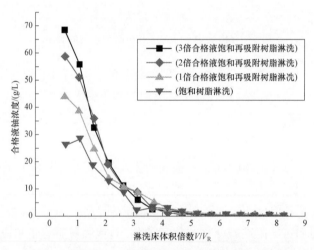

图 6　不同饱和树脂容量同等条件下淋洗曲线对比图

由图 6 可以看出,不同饱和树脂容量用清水淋洗的合格液 $\rho(U)$ 曲线基本一致,都是从开始的峰值逐步降低,淋洗比达到 5 时基本已经淋洗结束,并且可以看出合格液平均铀浓度与取决于饱和树脂容量成正比关系。树脂残余容量见表 3。

表 3　树脂残余容量及淋洗效率

| 序号 | 饱和树脂容量/<br>(mg/mL) | 淋洗后树脂残余容量/<br>(mg/mL) | 液计淋洗效率/<br>% | 树脂容量计淋洗效率/<br>% |
|---|---|---|---|---|
| 1 | 121.76 | 0.22 | 91.69 | 99.82 |
| 2 | 91.18 | 0.39 | 90.95 | 99.57 |
| 3 | 78.95 | 0.44 | 90.27 | 99.44 |
| 4 | 54.77 | 0.17 | 89.22 | 99.69 |

由表 3 数据可知,JH-1 型树脂用清水水直接淋洗,可将其 2R 残余铀容量淋至小到 1 mg/mL,淋洗效率效率达 99% 以上。

## 3 饱和再吸附在水冶生产中的应用

结合实际生产水冶处理,生产应用技术路线为:饱和树脂→反冲脱泥再吸附→淋洗→沉淀→板框压滤→"111"产品的浸出液处理工艺流程。

### 3.1 JH-1 饱和树脂再吸附

生产运行过程中,当首塔出液铀浓度等于或大于原液铀浓度或者末塔尾液铀浓度≥1 mg/L 时,切出首塔。原液下进上出对饱和塔进行冲洗,到流出液没有悬浮物,停止冲洗,并排空树脂中残余溶液,转入合格液饱和再吸附工序[5]。

将双倍树脂床体积合格液(U≤25.0 g/L)通过化工泵泵入饱和塔内,通过上进下出方式进行循环吸附,每隔 1 h 取出液样分析 U、HCl、pH、Cl⁻,直至铀浓度降至 0.1 g/L 时结束。生产采用合格液体积与饱和树脂体积 2:1 条件下进行吸附。

用 36 m³ 合格液(U 25.58 g/L,Cl⁻ 13.31 g/L,酸度 13.96 g/L)进行饱和再吸附试验,吸附曲线见图 7。

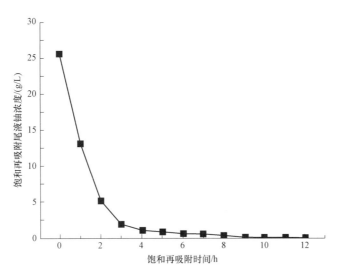

图 7    JH-1 树脂饱和再吸附尾液曲线

从图 7 可以看出,合格液经过饱和树脂吸附 12 h 后,吸附尾液铀浓度 32.23 mg/L,合格液中铀基本完全被饱和树脂吸附。

生产运行采用合格液与 JH-1 饱和树脂体积比 1:1 和 2:1 进行,JH-1 负载树脂再吸附数据见表 4。

表 4    JH-1 饱和树脂再吸附主要参数对比

| 体积比 | 吸附时间/ h | 吸附尾液浓度/ (mg/L) | 吸附尾液酸度/ (g/L) | 吸附尾液 pH | 饱和树脂容量/ (mg/mL) |
|---|---|---|---|---|---|
| 0:1 | — | — | — | — | 42.48 |
| 1:1 | 12 | 18.98 | 0.07 | 4.29 | 68.33 |
| 2:1 | 12 | 32.23 | 0.21 | 3.78 | 94.72 |

从表 4 可以看出,JH-1 饱和离子吸附一倍体积合格液,吸附尾液铀 18.98 mg/L,饱和树脂增容 60.85%,JH-1 负载离子吸附两倍体积合格液,吸附尾液铀 32.23 mg/L,饱和树脂增容 122.98%。

### 3.2 饱和再吸附对淋洗工艺的影响

用 15 m³ 左右低浓度合格液（U≤10 g/L）＋3 m³ 左右工业盐酸（质量浓度≥31.0%）酸化饱和树脂除去树脂上多余的 $HCO_3^-$ 和 $CO_3^{2-}$，浸泡 24 h（若 pH 不够，则补加工业盐酸）；转型液终点酸度控制在 13.0～16.0 g/L，直接用清水解析[6]。三塔串联淋洗工序流程为：淋洗剂由首塔顶部进，合格液由饱和塔底部流出，当出合格液体积约为 $4V_R$ 时，停止淋洗；当下一塔饱和后，最后 $1V_R$ 合格液直接进到下一个塔饱和塔酸化树脂用。在淋洗比达到 4 左右时，停止淋洗，切断首塔，首塔可转入漂洗工序。JH-1 负载树脂吸附不同体积合格液后淋洗曲线见图 8。

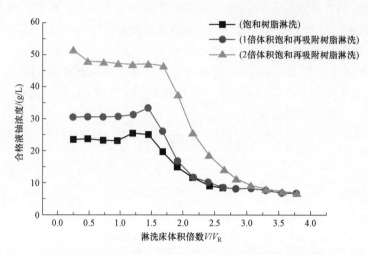

图 8　JH-1 饱和再吸附不同体积合格液树脂淋洗曲线

由图 8 可知，JH-1 饱和再吸附淋洗合格液铀浓度与吸附低浓度合格液体积倍数呈正比关系；淋洗床休积在 3 倍左右时，合格液铀浓度均在 8 g/L，说明饱和树脂容量高低与淋洗的树脂床体积无明显关联性[7]。JH-1 负载树脂吸附不同合格液后淋洗合格液平均铀浓度与生产同期数据对比见图 9。

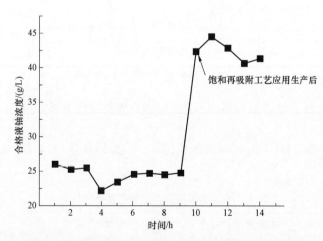

图 9　饱和再吸附工艺应用生产前后淋洗合格液铀浓度

从图 9 可以看出，JH-1 饱和树脂吸附 2 倍体积合格液饱和再吸附后，淋洗合格液平均铀浓度为 41.50 g/L，较之前有大幅度的提高，涨幅达 76.73%。JH-1 饱和再吸附工艺应用前后沉淀合格液体积对比见表 5。

表 5　JH-1 饱和树脂再吸附—盐酸转型—清水解析工艺应用前后参数对照表

| | 去沉淀合格液体积/m³ | 合格液铀浓度/(g/L) |
|---|---|---|
| 饱和再吸附前 | 120 | 24.5 |
| 饱和再吸附后 | 70 | 41.50 |

从表 5 可以看出,JH-1 饱和树脂再吸附—盐酸转型—清水解析工艺应用前后在沉淀金属量基本相同的条件下,去沉淀合格液体积减少 41.67%。

### 3.3　饱和再吸附对漂洗工艺的影响

贫树脂塔漂洗工艺分三步进行。第一步采用 200 m³ 清水进行漂洗,控制漂洗水进液流量 7.0 m³/h;第二步采用 6.0 m³/h 吸附尾液(吸附尾液 $\rho(U)<1$ mg/L)漂洗,以上漂洗液直接进入吸附塔吸附;第三步漂洗液 $\rho(U)\leqslant 2$ mg/L 时进尾液池,当漂洗出液 pH≤5.0 时结束漂洗。饱和再吸附应用生产前后首塔淋洗终点 U 浓度、漂洗曲线如图 10 和图 11 所示。

从图 10 可看出,JH-1 树脂饱和再吸附经盐酸转型、清水淋洗工艺改变后对淋洗首塔终点铀浓度铀一定的影响。淋洗首塔终点铀浓度从 3.82 g/L 降到 0.88 g/L,主要是因为饱和再吸附塔从淋洗末塔到淋洗首塔增加两个床体积倍数淋洗剂。由于淋洗首塔贫液铀浓度降低进而贫树脂残余铀容量降低,有效地解决漂洗拖尾问题(见图 11)。

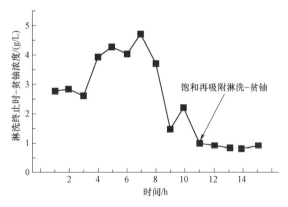

图 10　饱和再吸附工艺应用生产前后-贫铀浓度变化

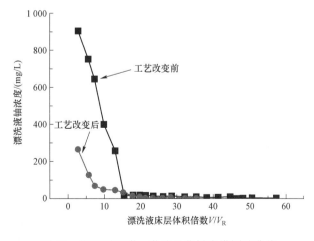

图 11　饱和再吸附—淋洗后贫树脂塔漂洗曲线

### 3.4　原材料消耗及经济评价

JH-1 饱和树脂再吸附工艺应用生产后原材料消耗与应用生产前水冶处理工艺原材料消耗相比

明显降低,详细数据见表6。

表6 两种工艺原材料消耗对照表

| 序号 | 材料名称 | 单位 | 未饱和再吸附淋洗 | 饱和再吸附淋洗 |
|---|---|---|---|---|
| 1 | 工业盐酸 | t/tu | 6.33 | 5.50 |
| 2 | 片碱 | t/tu | 0.65 | 0.43 |

从表6可以看出,JH-1饱和树脂再吸附2倍合格液—盐酸转型—清水解析工艺生产应用后,盐酸、片碱单耗比工艺改变前分别降低0.83 t/tu、0.22 t/tu;盐酸单耗降幅13.11%,片碱单耗降幅33.85%。

## 4 结论

(1)JH-1型树脂既适用于高矿化度弱试剂中性浸出液处理,又适用于饱和树脂再吸附酸性合格液中铀。饱和再吸附溶液铀浓度≤35.0 g/L,酸度≤18.0 g/L,液固比控制在2时,饱和再吸附铀效率达97.38%,饱和再吸附后树脂容量从42.48 mg/mL湿R左右上升至94.72 mg/mL湿R,树脂增容122.98%。

(2)JH-1饱和树脂再吸附工艺很好的解决合格液铀浓度低的问题,沉淀合格液平均铀浓度在41.50 g/L,较应用前提升69.39%。

(3)饱和再吸附工艺应用生产后,淋洗结束后一贫铀浓度从3.82 g/L降到0.88 g/L,降低贫树脂残余铀量,漂洗床体积倍数降低38.42%。

(4)JH-1负载树脂再吸附工艺应用生产后,沉淀合格液体积降低41.67%,盐酸单耗降低13.11%,片碱单耗降低33.85%。

**参考文献:**

[1] 钱庭宝.离子交换剂应用技术[M].天津:天津科学技术出版社,1984.
[2] 张镛,许根福.离子交换及铀的提取[M].北京:中国原子能出版社,1991.
[3] B.B.格罗莫夫.铀化学工艺概论[M].北京:中国原子能出版社,1989.
[4] 王海仓,张玉田.饱和再吸附工艺在某水冶厂的应用[C].中国核学会学术年会,2009.
[5] 阳奕汉,龙红福.负载树脂饱和再吸附工艺的生产实践[J].铀矿冶,2007,26(2):105-109.
[6] 王肇国,林嗣荣,潘海春,等.生产黄饼新工艺的研究—负载树脂再吸附—硝酸铵淋洗—二步沉淀[J].铀矿冶,2001,20(4):273-276.
[7] 王永强,智礼建,王维斌,等.某铀矿离子交换工艺的改进[J].铀矿冶,2015,34(4):266-269.

# Application research of saturated re-absorption in $CO_2$＋$O_2$ neutral leaching hydrometallurgical process

SHI Zhen-feng[1], CHEN Jian-guang[1], XIONG Wei[2],
LAI Lei[1], LU Qian-qian[1] HE Hui-min[1], GE Liang[1]

(1. CNNC Tianshan Uranium Industry Co. Ltd.,Xin jiang Yining 835000 China;
2. Hunan China Nuclear Exploration Co. Ltd., Hunan Changsha 430000)

**Abstract**:In view of the characteristics of resin aging and uranium concentration decreasing in leaching solution of a uranium deposit,the influence of saturated resin capacity and qualified liquid uranium concentration on resin adsorption performance was studied. The results shows that when the concentration of uranium in saturated re-absorption solution is less than 35. 0 g/L, the acidity is less than 18. 0 g/L, and the liquid-solid ratio is controlled at 2, the adsorption efficiency of uranium reached 97%, and the resin capacity increases to 94. 72 mg/mL wet resin, and the average uranium concentration of qualified solution increases to 41. 50 g/L. The uranium concentration of qualified liquid is increased, the consumption of raw materials is reduced by using the saturated re-adsorption process.

**Key words:** Neutral leaching; Saturated re-adsorption; Application research

# 绳索活塞地浸洗井装置的研究与应用

赖　磊，陈箭光，张浩越，陈　立，罗亨敏

（新疆中核天山铀业有限公司，新疆 伊宁 835000）

摘要：针对活塞洗井工艺原理，设计了绳索活塞洗井装置。通过试验研究确定了影响洗井效果的合理控制参数，并在新疆某低渗透性砂岩铀矿床开展了现场洗井应用，取得了良好的应用效果。通过与常规洗井对比，表明绳索活塞洗井工艺能够显著提高钻孔抽注液量，具有作业人数少、洗井效率高和水量维持时间长等特点，具备推广的潜质。

关键词：活塞；洗井；低渗透性；效率

在地浸采铀过程中，钻孔抽液量大小直接影响地浸钻孔生产能力，决定地浸采铀的技术经济指标[1]。

在新疆某低渗透性砂岩铀矿床 $CO_2+O_2$ 地浸采铀过程中，由于注液量较小，未溶解的部分氧气或矿层溶解反应生成的气体将以微气泡的形式存在于矿层孔隙通道中，形成不可避免的气体堵塞现象；随着浸出剂中碳酸氢铵的不断加入，矿层中出现以 $Fe(OH)_3$ 为主沉淀物和方解石再生形成的碳酸盐沉淀物，从而形成化学堵塞；抽注液运行过程中产生细砂、往返带入悬浮物亦会造成物理堵塞[2]。因此，在地浸采铀生产过程中的上述几种情况都会导致矿层渗透性降低，最终导致钻孔抽注液能力下降。

恢复钻孔抽注液量必须进行洗井，洗井工艺主要包括有活塞洗井、压缩空气洗井、空化射流洗井、空气活塞洗井、泥浆泵高压水洗井、液态二氧化碳洗井、盐酸洗井和多磷酸盐洗井等[3-4]。

为了提高新疆某铀矿钻孔抽注液能力在生产中通过开展空压机洗井、钻杆活塞洗井和盐酸浸泡＋空压机洗井等物理化学洗井作业，各种洗井工艺均可在一定程度上缓解堵塞，但均存在水量维持时间较短、作业过程繁琐、作业人数多和作业效率低等局限性及缺点。为解决以上问题，开展了绳索活塞地浸洗井装置研究，并通过生产现场应用，验证了其在洗井作业中的高效性和适宜性。

## 1　绳索活塞洗井工艺原理

绳索活塞洗井装置由钢丝绳连接，利用卷扬机牵引，活塞装置有单向进水孔，当活塞装置下放时，活塞装置内浮球阀打开，钻孔内液体进入活塞装置上部；当活塞装置提拉时浮球阀关闭，活塞装置上部液体无法下降，活塞装置下部形成局部负压区，由于地层水头原因含矿含水层液体通过过滤器流入钻孔内；活塞装置经多次下放、提拉后，活塞装置上部液体不断增加，提拉活塞装置上行至井口过程中，溶液携带泥皮、泥砂以及各种堵塞物流出井口，达到疏通含水层的作用，绳索活塞洗井工艺原理示意图如图 1 所示。

绳索活塞洗井工艺原理：绳索活塞洗井活塞装置在井管内提拉、下放做往复运动，活塞装置下部形成局部"负压"环境和猛烈水流冲击，破坏冲刷井壁的泥皮，扰动及携带过滤器及井段矿层中的细小颗粒及堵塞物，并随洗井液运移至地表，猛烈的水流冲击同时具有将矿层间隙微气泡挤压排出的作用，实现解堵和增大含矿含水层渗透性，提高钻孔涌水量目的[5-7]。

---

作者简介：赖磊（1985—），男，四川，高级工程师，主要从事地浸采铀工作

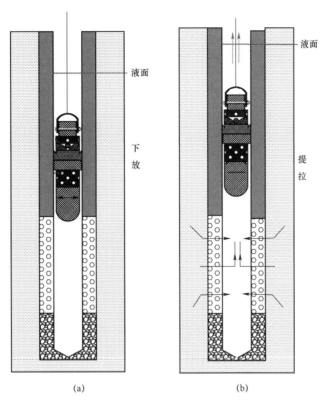

图 1　绳索活塞洗井工艺原理示意图

## 2　绳索活塞洗井装置设计

实现绳索活塞洗井主要包括绳索活塞洗井装置、卷扬机及配套电机、液压系统、变速箱、龙门架和洗井水回收槽等。

### 2.1　绳索活塞洗井装置

经过活塞洗井原理分析,设计并加工了绳索活塞洗井装置,绳索活塞洗井装置结构图如图 2 所示。

### 2.2　橡胶活塞

绳索活塞洗井过程中起到密封和负压效果的关键点在于橡胶活塞的材质、尺寸、形状均对洗井效果产生较大影响,在应用过程中橡胶活塞均由钢管外衬橡胶制作而成,橡胶活塞如图 3 和图 4 所示。

### 2.3　绳索活塞洗井配套设施

绳索活塞洗井配套设施安装在一辆卡车上,绳索活塞洗井装置依靠 HXY-1500 型岩芯钻机配套卷扬,利用 $\phi$12 钢丝绳索引,钢丝绳穿过吊耳利用 2 个 U 型螺栓固定,确保绳索活塞装置不会掉落;依靠离合器实现电机与卷扬机的动力分离,变速箱可以控制活塞装置的提拉速度。

### 2.4　配套设施

绳索活塞洗井工艺配套有井口连接装置、洗井水回收槽、潜水泵和配电系统等。

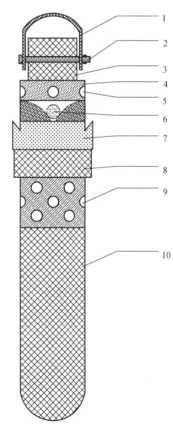

图 2　绳索活塞洗井装置结构图

1—吊耳;2—安全插销;3—连接头;4—空心圆柱;
5—出液孔;6—浮球控制阀;7—橡胶活塞;
8—圆环托盘;9—进水孔;10—配重

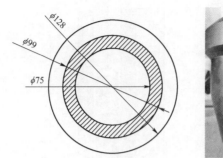

图 3　抽液钻孔橡胶活塞俯视示意图与实物图

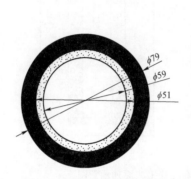

图 4　注液钻孔橡胶活塞俯视示意图与实物图

## 3　绳索活塞洗井工艺参数研究

针对绳索活塞洗井工艺,通过对提拉活塞行程、出液频次、提拉速度和洗井时间等因素对洗井效果进行研究,确定了合理控制参数。

### 3.1　活塞行程对洗井效果的影响

活塞行程的长短直接影响洗井出液量,为了摸索出现场使用最佳行程范围,针对 2#-1-0601 钻孔,在 5 min 条件下以不同活塞行程开展了现场试验,出液量对比见表 1。

表 1　活塞行程与出液量关系

| 活塞行程/m | 10 | 12 | 14 | 16 | 18 | 20 | 22 | 24 | 30 |
|---|---|---|---|---|---|---|---|---|---|
| 出液量/m³ | 0.25 | 0.35 | 0.43 | 0.48 | 0.56 | 0.63 | 0.65 | 0.67 | 0.69 |

从表 1 数据可以看出,随着活塞行程的增加洗井出液量逐渐上升,但当活塞行程超过 20 米后出液量增加幅度变小,因此活塞行程最佳控制范围是 20~22 m。

### 3.2　提拉出液频次对洗井效果的影响

提拉活塞至井口频次太短出液量小洗井效果不明显;时间间隔太长洗井效率低。为了实现高效快速地洗井,形成较大的涌水量,通过对 2#-1-0601 钻孔分别按间隔时间 2 min、3 min、4 min、5 min、6 min、7 min、8 min、9 min 和 10 min 进行现场试验,试验结果见表 2。

表 2　提拉出液频次与出液量关系

| 频次/min | 2 | 3 | 4 | 5 | 6 | 7 | 8 | 9 | 10 |
|---|---|---|---|---|---|---|---|---|---|
| 出液量/m³ | 0.35 | 0.42 | 0.55 | 0.65 | 0.75 | 0.81 | 0.83 | 0.85 | 0.86 |

从表 2 数据可以看出,提拉出液频次为 7 min 出液量已经接近最大值,出液间隔时间继续增加出液量增幅明显变缓,因此选择提拉出液频次为 7 min 可提高洗井效率。

### 3.3 提拉速度对洗井效果的影响

活塞提拉速度对洗井效果有重要作用,活塞装置运行越快"负压"效果越强,水流冲击越猛烈,对周围介质扰动越大,洗井效果越好[9],见表 3。

表 3 卷扬机挡位与速度关系

| 挡位 | 1 | 2 | 3 | 4 | 5 |
|------|------|------|------|------|------|
| 速度/(m/s) | 0.48 | 0.78 | 1.31 | 2.08 | 3.4 |

为了验证提拉速度对洗井效果的关联性,分别选取水量小于 0.5 m³/h 和水量大于 1.0 m³/h 钻孔各三个,以 4 h 洗井时间开展了不同提拉速度洗井效果的对比,数据对比见表 4。

表 4 不同提拉速度洗井效果对比

| 孔号 | 钻孔功能 | 洗井前水量/(m³/h) | 洗井后水量/(m³/h) | 提升水量/(m³/h) | 提拉速度/(m/s) |
|------|---------|------|------|------|------|
| 2#-1-0407-1 | 抽液钻孔 | 0.2 | 0.9 | 0.7 | 0.48 |
| 2#-1-0802 | 抽液钻孔 | 0.5 | 1.8 | 1.3 | 0.78 |
| 2#-1-0902 | 注液钻孔 | 0.2 | 1.9 | 1.7 | 1.31 |
| 2#-1-0605 | 抽液钻孔 | 1.2 | 2.2 | 1.0 | 0.48 |
| 2#-1-0804 | 抽液钻孔 | 2.0 | 3.6 | 1.6 | 0.78 |
| 2#-1-0603 | 抽液钻孔 | 2.0 | 3.9 | 1.96 | 1.31 |

从表 4 数据也可以看出,卷扬机提拉速度越快钻孔提升水量越大,原因有两点:一是提拉速度越快,活塞装置下部负压效果越强,对泥皮及沉淀物破坏力越强;二是同样的洗井时间做功越大,往复洗井次数更多,提升排出钻孔水及其泥皮沉淀物越多。考虑到卷扬机以 4、5 挡速运转时作业人员操作过于频繁,橡胶活塞磨损、钢丝绳断裂或钢丝绳 U 型卡松动造成的活塞装置掉落等异常情况,活塞提拉速度控制为 1.31 m/s 较适合,提拉活塞装置至井口位置时速度控制为 0.48 m/s。

### 3.4 洗井时间对洗井效果的影响

为了摸索绳索活塞洗井工艺最合理洗井时间,确定洗井时间对洗井效果的影响,对 2#-1 采区 2 个钻孔开展了间歇式洗井,其中 0602 为抽液钻孔,0709 为注液钻孔。间歇式洗井开展方式为首先进行 2 h 洗井,然后恢复抽注液运行 1 d,再进行洗井 1 h,直到洗井至累计 5 h,3 个钻孔经间歇式洗井后水量变化情况见表 5。

表 5 不同洗井时间水量变化

| 孔号 | 洗井前水量/(m³/h) | 洗井后水量/(m³/h) | | | |
|------|------|------|------|------|------|
| | | 2 h | 3 h | 4 h | 5 h |
| 2#-1-0602 | 1.2 | 1.7 | 2.5 | 3.4 | 3.6 |
| 2#-1-0709 | 0.8 | 1.2 | 1.9 | 2.5 | 2.7 |

从表 5 可以看出,2#-1-0602 和 2#-1-0709 钻孔随洗井时间的增加水量逐渐升高,但当洗井时间大于 4 小时后水量提升速度变缓,因此选择 4 h 作为洗井时间具有更高的效率。

## 4 绳索活塞洗井工艺应用

为了研绳索活塞洗井工艺在低渗透性砂岩铀矿中洗井效果,选择以活塞行程 20~22 m、提拉频次 7 min、提拉速度 1.31 m/s 和洗井时间 4 h 为控制参数,分别对瞬时流量介于 0~0.5 m³/h、0.6~1.0 m³/h 和大于 1 m³/h 不同功能钻孔各 10 个进行了清洗,洗井数据见表 6~表 8。

表 6  0~0.5 m³/h 钻孔洗井数据统计

| 孔号 | 钻孔功能 | 洗井前流量/<br>(m³/h) | 洗井后流量/<br>(m³/h) | 提升量/<br>(m³/h) | 提升幅度/<br>% |
|---|---|---|---|---|---|
| 2#-1-0405-1 | 抽液钻孔 | 0.2 | 0.9 | 0.7 | 350 |
| 4#-0306 | 注液钻孔 | 0.3 | 1.6 | 1.3 | 433 |
| 4#-0508 | 抽液钻孔 | 0.3 | 1.5 | 1.2 | 400 |
| 2#-1-0901 | 抽液钻孔 | 0.2 | 1.9 | 1.7 | 835 |
| 2#-1-0406-1 | 注液钻孔 | 0.1 | 0.2 | 0.1 | 100 |
| 2#-1-0805 | 抽液钻孔 | 0.5 | 1.8 | 1.3 | 260 |
| 2#-1-0704 | 注液钻孔 | 0.3 | 1.6 | 1.3 | 433 |
| 2#-1-0504 | 注液钻孔 | 0.2 | 3.5 | 3.3 | 1650 |
| 2#-1-0503 | 注液钻孔 | 0.3 | 2.4 | 2.1 | 700 |
| 2#-3-0506 | 注液钻孔 | 0.4 | 1.3 | 0.9 | 225 |
| 平均 | | 0.28 | 1.67 | 1.39 | 496 |

表 7  0.6~1.0 m³/h 钻孔洗井数据统计

| 孔号 | 钻孔功能 | 洗井前流量/<br>(m³/h) | 洗井后流量/<br>(m³/h) | 提升量/<br>(m³/h) | 提升幅度/<br>% |
|---|---|---|---|---|---|
| 2#-1-0601 | 抽液钻孔 | 0.6 | 1.9 | 1.3 | 217 |
| 2#-1-0705 | 注液钻孔 | 0.6 | 2.3 | 1.7 | 283 |
| 2#-1-0506-1 | 注液钻孔 | 0.6 | 1.2 | 0.6 | 100 |
| 6#-3-0603 | 抽液钻孔 | 0.9 | 4.2 | 3.3 | 367 |
| 2#-1-0706 | 注液钻孔 | 0.7 | 2.5 | 1.8 | 257 |
| 2#-1-0502 | 注液钻孔 | 0.8 | 2.8 | 2.0 | 250 |
| 6#-3-0604 | 抽液钻孔 | 0.7 | 2.1 | 1.4 | 200 |
| 6#-3-0605 | 抽液钻孔 | 0.8 | 2.5 | 1.7 | 213 |
| 6#-3-0503 | 注液钻孔 | 0.9 | 2.3 | 1.4 | 156 |
| 6#-3-0504 | 注液钻孔 | 0.7 | 1.8 | 1.1 | 157 |
| 平均 | | 0.73 | 2.36 | 1.63 | 223 |

表 8  1.0 m³/h 以上钻孔洗井数据统计

| 孔号 | 钻孔功能 | 洗井前流量/<br>(m³/h) | 洗井后流量/<br>(m³/h) | 提升量/<br>(m³/h) | 提升幅度/<br>% |
|---|---|---|---|---|---|
| 2#-1-0703 | 注液钻孔 | 1.0 | 1.8 | 0.8 | 80 |

| 孔号 | 钻孔功能 | 洗井前流量/ (m³/h) | 洗井后流量/ (m³/h) | 提升量/ (m³/h) | 提升幅度/ % |
|---|---|---|---|---|---|
| 2#-1-0607 | 抽液钻孔 | 1.2 | 2.2 | 1.0 | 83 |
| 2#-1-0506 | 注液钻孔 | 1.8 | 3.3 | 1.5 | 83 |
| 2#-1-0803 | 抽液钻孔 | 1.8 | 2.3 | 0.5 | 28 |
| 2#-1-0606 | 抽液钻孔 | 2.1 | 2.6 | 0.5 | 24 |
| 2#-1-0806 | 抽液钻孔 | 2.0 | 3.6 | 1.6 | 80 |
| 2#-1-0505 | 注液钻孔 | 2.0 | 3.9 | 1.9 | 95 |
| 2#-1-0604 | 抽液钻孔 | 2.0 | 3.1 | 1.1 | 55 |
| 2#-1-0507 | 注液钻孔 | 3.0 | 3.6 | 0.6 | 20 |
| 6-3-0701 | 注液钻孔 | 1.0 | 1.8 | 1.3 | 73 |
| 平均 | | 1.80 | 2.83 | 1.03 | 57 |

从以上三个表可以看出,经绳索活塞洗井后除 2#-1-0406-1 钻孔因是双层矿的上层矿,没有连续隔水层缺水未体现实际效果,其他钻孔均有不同程度的水量提升。钻孔水量在 0～0.5 m³/h 之间的钻孔 10 个,洗井后水量提升幅度最小为 100%,最大为 1 650%,平均为 540%;水量在 0.6～1 m³/h 之间的钻孔 10 个,水量提升幅度最小为 100%,最大为 367%,平均为 223%;水量在 1 m³/h 以上的钻孔 10 个,水量提升幅度最小为 20%,最大为 95%,平均为 62%。

绳索活塞洗井后钻孔平均水量达到 2.30 m³/h,提升幅度到 272%,相对而言对水量小于 1 m³/h 钻孔,清洗效果更好,不同水量钻孔洗井效果对比见图 5(除去 2#-1-0406-1 孔)。

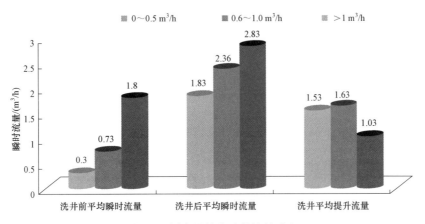

图 5　不同水量钻孔洗井效果对比

通过绳索活塞洗井在现场 30 余个钻孔应用结果表明:绳索活塞洗井工艺在低渗透性砂岩钻孔清洗过程中,钻孔水量提升明显,具有较强的有效性和适宜性。通过绳索活塞洗装置和工艺的研究应用,浸出液日抽液量由 3 500 m³/h 左右提高至 4 300 m³/h 左右,有效地提升了产能;洗井结束半年后,浸出液日抽液量仍然可以达到 3 950 m³/h,水量维持时间较其他洗井方法维持时间明显提升,浸出液日抽液量变化曲线见图 6。

## 5　绳索活塞洗井与常规洗井效果对比

针对新疆某低渗透性砂岩铀矿床,通过绳索活塞洗井与传统洗井数据、操作性、洗井效率等多方面对比,进一步验证了绳索活塞洗井工艺的有效性和适用性。

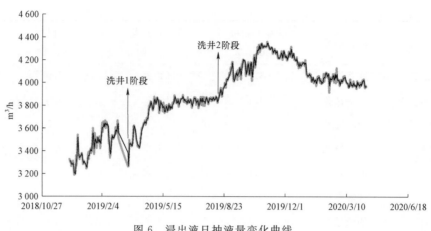

图 6　浸出液日抽液量变化曲线

## 5.1　洗井液对比

与空压机洗井和盐酸＋空压机联动洗井工艺相比,绳索活塞和钻杆活塞洗井能更好地扰动机械堵塞物,堵塞物、泥皮和砂砾等随洗井液一并携带出地表,达到疏通矿层提高涌水量的目的[10]。不同洗井方法洗井出液实景图见图 7。

图 7　绳索活塞洗井、钻杆活塞洗井及空压机洗井效果图

## 5.2　绳索活塞洗井与传统洗井效果对比

通过对 12 个钻孔分别开展绳索活塞洗井、钻杆活塞洗井、空压机洗井和盐酸＋空压机联动洗井效果对比,绳索活塞洗井效果略低于钻杆活塞洗井,优于空压机洗井和盐酸＋空压机联动洗井,具体洗井效果对比见表 9。

表 9　不同洗井方式洗井效果对比

| 孔号 | 空压机洗井水量变化/（m³/h） | | 钻杆活塞洗井水量变化/（m³/h） | | 盐酸＋空压机联动洗井水量变化/（m³/h） | | 绳索活塞洗井水量变化/（m³/h） | |
|---|---|---|---|---|---|---|---|---|
| | 洗井前 | 洗井后 | 洗井前 | 洗井后 | 洗井前 | 洗井后 | 洗井前 | 洗井后 |
| 6-3-0802 | 0.4 | 1.6 | 0.5 | 2.2 | 0.8 | 1.6 | 0.5 | 1.8 |
| 6-1-0602 | 1.1 | 1.5 | 1.0 | 2.5 | 1.0 | 1.3 | 0.7 | 1.9 |

| 孔号 | 空压机洗井水量变化/(m³/h) | | 钻杆活塞洗井水量变化/(m³/h) | | 盐酸＋空压机联动洗井水量变化/(m³/h) | | 绳索活塞洗井水量变化/(m³/h) | |
|---|---|---|---|---|---|---|---|---|
| | 洗井前 | 洗井后 | 洗井前 | 洗井后 | 洗井前 | 洗井后 | 洗井前 | 洗井后 |
| 6-1-0603 | 2.0 | 2.7 | 1.8 | 3.2 | 2.0 | 2.8 | 2.0 | 3.9 |
| 6-1-0604 | 2.0 | 2.8 | 2.1 | 3.5 | 2.6 | 3.0 | 2.0 | 3.1 |
| 6-1-0605 | 1.6 | 2.0 | 1.0 | 2.4 | 1.0 | 2.4 | 1.2 | 2.2 |
| 6-1-0606 | 1.1 | 1.5 | 1.6 | 2.0 | 2.4 | 2.9 | 2.0 | 2.5 |
| 6-1-0802 | 1.2 | 1.5 | 0.8 | 2.2 | 0.8 | 1.6 | 0.5 | 1.8 |
| 6-1-0803 | 1.4 | 1.9 | 0.6 | 2.6 | 2.0 | 2.4 | 1.8 | 2.3 |
| 6-1-0804 | 2.4 | 4.5 | 2.3 | 4.5 | 2.0 | 3.8 | 2.0 | 3.6 |
| 6-3-0701 | 1.0 | 1.6 | 1.2 | 3.2 | 1.0 | 1.6 | 1.0 | 1.8 |
| 6-3-0603 | 0.3 | 1.2 | 1.0 | 3.1 | 1.1 | 2.5 | 0.9 | 4.2 |
| 6-3-0506 | 0.3 | 0.5 | 0.3 | 1.5 | 0.3 | 0.7 | 0.4 | 1.3 |
| 平均 | 1.23 | 1.94 | 1.18 | 2.71 | 1.42 | 2.22 | 1.25 | 2.53 |
| 平均提升 | 0.71 | | 1.53 | | 0.80 | | 1.28 | |

## 5.3 洗井效率评价

与常规洗井工艺相比较,绳索活塞洗井能够以最小的作业人数,在洗井工作量不明显增加的条件下以最短的时间完成洗井,具有更高的洗井效率,不同洗井方法参数对比见表 10。

表 10 不同洗井工艺主要参数对比

| 洗井工艺 | 准备至恢复时间 | 设备或材料 | 工作量评价 | 作业人数 |
|---|---|---|---|---|
| 空压机洗井 | 24 h | 空压机、风管 | 2 级 | 2 |
| 钻杆活塞洗井 | ≥48 h | 钻机、活塞装置、钻杆 | 5 级 | 3~4 |
| 盐酸＋空压机联动洗井 | 36 h | 空压机、盐酸、风管 | 3 级 | 2 |
| 绳索活塞洗井 | 8 h | 车载式绳索装置 | 3 级 | 2 |

注:洗井工作量越大级数越高

## 5.4 钻孔水量维持时间对比

针对 6#-3-0401 注液钻孔开展了绳索活塞洗井,注液量由 1.4 m³/h 上升为 3.5 m³/h,216 d 后该孔注液量恢复到洗井水平,较前期空压机洗井、空压机＋盐酸联动洗井及钻杆活塞洗井维持时间大幅增加,该孔注液曲线见图 8。

通过对比同一钻孔利用不同洗井方式洗井液、洗井效果、洗井效率和水量维持时间的综合性评价,绳索活塞洗井体现出能够以较少的作业人数、较高的洗井效率和较长的水量维持时间等特点,适宜于低渗透性砂岩铀矿钻孔清洗。

在现在应用过程中也发现了一定问题,由于钻孔成井质量不佳,部分注液钻孔管箍连接处不平整有台阶或者井斜过大,造成绳索活塞洗井装置无放入注液钻孔内,对该类钻孔暂时无法开展绳索活塞洗井。

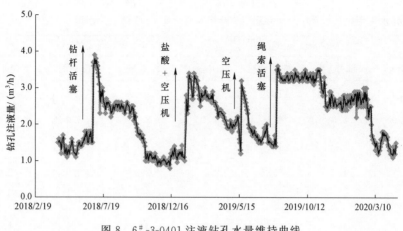

图 8  6#-3-0401 注液钻孔水量维持曲线

## 6  结论

（1）绳索活塞洗井装置在新疆某低渗透性砂岩铀矿床钻孔清洗中得到成功应用，应用过程中性能稳定，达到了钻孔涌水量目的。

（2）通过现场试验及应用研究，摸索出了绳索活塞洗井工艺活塞行程 20～22 m、提拉频次 7 min、提拉速度 1.31 m/s 和洗井时间 4 h 参数较合理。

（3）绳索活塞洗井工艺在低渗透性砂岩铀矿洗井效果良好，钻孔平均瞬时流量提升 1.4 m³/h，提升幅度达到 272%。

（4）绳索活塞洗井工艺较常规洗井工艺体现出作业人数少、洗井效率高和钻孔水量维持时间长等特点，具有进一步推广的潜质。

**参考文献：**
[1]  原渊,苏学斌,李建华,等.世界地浸采铀矿山生产现状与进展[J].中国矿业,2018,27(S1):59-61.
[2]  苏学斌,杜志明.我国地浸采铀工艺技术发展现状与展望[J].中国矿业,2012,21(9):79-83.
[3]  李建东,原渊,利广杰,等.空化射流洗井方法在地浸采铀中的应用[J].铀矿冶,2012,31(2):70-73.
[4]  胡鹏飞,李猛,李光辉,等.自动化压气洗井工艺的研究与应用[J].铀矿冶,2019,38(2):89-93.
[5]  程志忠.几种洗井方法在水文钻井中的应用[J].西部探矿工程,2008,9:104-105.
[6]  俱养社,郭文祥.活塞洗井工艺分析与研究[J].探矿工程,2003,6:37-40.
[7]  李保根.钻井成井中机械洗井方法的适用条件与效果[J].中国煤田地质,2002,14(2):56-61.
[8]  鲁序珍,李小峰.活塞洗井法在粉砂地层应用的一个实例[J].吉林地质,2009,28(3):59-60.
[9]  朱一涵.几种机械洗井方法的适用条件和效用[J].勘察科学技术,1990(5):43-44.
[10]  肖衡.疏松砂岩气田气井携液、携砂机理研究及应用[D].成都:西南石油大学,2017.

# Research and application of rope piston ground immersion well device

LAI Lei, CHEN Jian-guang, ZHANG Hao-yue,
CHEN Li, LUO Heng-min

(Xinjiang Tianshan Uranium Co. ,Ltd. ,CNNC,Yining 835000,China)

**Abstract**: Aiming at the principle of piston well washing process,a rope piston well washing device is designed. And reasonable control parameters affecting the well washing effect were determined through experimental research. On-site well washing applications were carried out in a low-permeability sandstone uranium deposit in Xinjiang,and good application results were achieved. By comparison with conventional well washing,it is shown that the rope piston well washing technology can significantly increase the amount of drilling fluid pumped and injected. It has the characteristics of a small number of operators,hing washing efficiency and long water maintenance time,and has the potential for promotion.

**Key words**: Piston; Well washing; Low permeability; Efficiency

# 超声波洗井技术在某地浸采铀矿山的试验

赵生祥，张万亮，闫纪帆，曹俊鹏，刘佳斌

（中核通辽铀业有限责任公司，内蒙古 通辽 028000）

**摘要：**为了解决传统洗井方式存在的洗井效果较差或阴离子引入的问题，借鉴超声波清洗技术在众多清洗领域（如油气田的解堵、提高采收率）取得的良好的效果，将其应用地浸采铀矿山的生产井的钻孔清洗工作中。通过开展超声波洗井现场试验，验证了超声波洗井在地浸采铀矿生产井使用可行性，同时获取了最优的超声波洗井参数，提升了洗井效果，提高了洗井效率，缩短浸采周期，降低浸采成本。

**关键词：**原地浸出采铀；生产井；洗井；超声波；参数

原地浸出采铀[1]是指在天然产状条件下，通过注液井将按一定比例配制好的溶液注入矿层，注入的浸出剂与矿石中的铀接触，发生化学反应，生成的可溶性铀化合物在扩散和对流的作用下离开化学反应区，进入沿矿层渗透迁移的溶液中。溶液经过矿层后从抽液井提升至地表，通过浸出剂与矿物的化学反应选择性地溶解矿石中的有用成分——铀，并随后在化学反应中提取含铀溶液，而不使矿石或围岩产生位移的集采、选、冶于一体的铀矿开采方法。

在某地浸采铀矿山生产过程中，由于浸出过程的物质析出、化学反应及外试剂的加入伴随的物理颗粒混入，造成矿层段堵塞，导致生产井抽注能力下降，使得矿层浸出效果较差、延长了浸采周期提高了浸采成本。因此有必要进行洗井作业，提高生产井抽注液能力，缩短浸采周期，降低浸采成本。某地浸采铀矿山采用压气洗井[2]及压气加酸洗井[3]两种方式进行洗井作业。采用压气洗井方式清洗后生产井抽注液提升较小，采用压气加酸洗井方式需向钻孔内加入酸，酸中阴离子造成树脂饱和容量降低影响浸出液的后期处理，为提高洗井效果同时不对树脂吸附容量造成影响研究一套适合该地浸采铀矿山的洗井方法，借鉴超声波清洗技术在众多清洗领域（如油气田的解堵、提高采收率）取得的良好的效果开展了超声波洗井试验。

## 1　超声波洗井机理

超声波[4]是一种频率高于 20 kHz 的声波，它的方向性好、穿透能力强、声能集中，在水中传播距离远。超声波是一种机械波，需要能量载体-介质来传播，当声强到达一定强度时，在声波传播过程中将会对介质产生一定的影响或效应，诸如使介质的状态、组分、功能或结构等发生变化，这类变化统称为超声效应。通常把超声效应归结为空化效应、机械效应、热效应、化学效应等。因此，超声波既是一种物理过程，又是一种化学过程。

空化效应是指超声波在介质中传播时会产生一个正负压强的交变周期，存在于液体中的微气核（空化核）在超声场的拉伸和挤压作用下经历振动、生长到收缩、崩溃闭合的过程。在空化泡崩溃湮灭时，会产生瞬间的高温高压微射流和冲击波，并伴随着放电发光等作用，可以引发一系列物理、化学效应。

机械效应是指当超声波频率较低、吸收系数较小、超声作用时间较短时，超声效应并不伴随发生明显热量的产生，主要表现为质点的机械振动作用。

热效应是指超声波在介质中传播时，介质对超声波的吸收会引起自身温度升高，超声波振动频率

作者简介：

越高,热吸收现象越显著。

化学效应主要是由于超声波产生的局部高温高压可使水溶液中分子结合键断裂产生自由基而引发的。

## 2 超声波洗井的工艺

超声波处理洗井系统[5]由地面声波——超声波大功率发生器、特种传输电缆、井孔大功率压电发射换能器[6]3大部分组成(见图1)。作业时,将换能器通过滑轮下放至生产井过滤器位置,由相应的电源提供电能,地面发生机产生脉冲波、超声波和电功率振荡信号,经特种电缆传输给大功率发射型换能器,由换能器将电功率振荡信号转换成机械振动能——声波,由其载体岩石与孔隙水传播,通过空化效应、机械效应、热效应、化学效应,达到解除污染、堵塞,疏通含水层孔隙、裂隙的目的,恢复或提高近井地带含水层渗透性,并通过空压机将井内堵塞物返排至地表,从而提高生产井的抽注能力,实现洗井的目的。

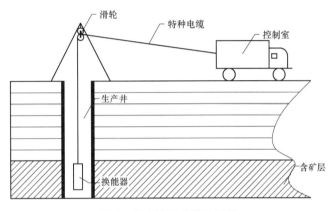

图1 超声波洗井施工工艺

## 3 试验钻孔的选择

根据钻孔投产时的抽注能力及目前的抽注能力选取目前抽注能力相比较投产抽注能力下降30%的且同一矿层的生产井开展洗井试验,共计选取24个注液井作为试验井,开展超声波洗井现场试验。

## 4 现场试验开展情况

### 4.1 现场试验条件的确定

经分析超声波洗井的主要影响因素有两个,分别为功率及过滤器段换能器下放速度,因此本次现场试验主要分为两个阶段,即调节功率超声波现场洗井试验、调节过滤器段换能器下放速度超声波现场洗井试验。

### 4.2 调节功率超声波现场洗井试验

试验将超声波功率由5 kW调节至10 kW每次上调1 kW,每上调一次频率清洗3个试验井,同时为降低过滤器段换能器下放速度对本次试验造成的影响,本次试验将过滤器段换能器下放速度设定为0.5 m/h,本次试验共计开展18个钻孔的超声波洗井现场试验。试验结果见图2。

从图2中可以看出,超声波功率在5~8 kW时洗井效果((洗井后一周瞬时水量-洗井前瞬时水量)/洗井前瞬时水量×100%)随超声波功率的增加不断提升,8~10 kW时洗井效果保持稳定不再上升。超声波功率在8 kW时洗井效果最优且能耗较低。因此超声波功率在8 kW时为超声波洗井的最优功率。

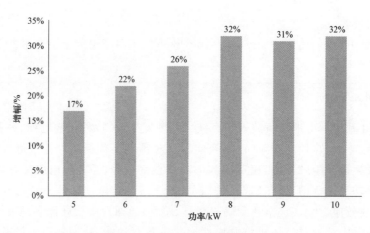

图 2 不同功率洗井效果统计图

### 4.3 调节过滤器段换能器下放速度超声波现场洗井试验

在调节功率超声波现场洗井试验确定的最优功率的基础上,开展过滤器段换能器下放速度调节试验,过滤器段换能器下放速度为 0.5 m/h、1.0 m/h、1.5 m/h 的超声波洗井试验,每调节一次下放速度清洗 2 个试验井,本次试验共计开展 6 个钻孔的超声波洗井现场试验,试验结果见图 3。

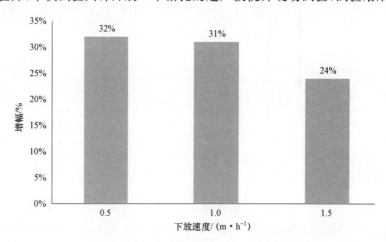

图 3 不同下放速度洗井效果统计图

从图 3 中可以看出,过滤器段换能器下放速度在 0.5 m/h、1.0 m/h 状态下洗井效果相同,当过滤器段换能器下放速度提升至 1.5 m/h 状态下洗井效果明显下降。过滤器段换能器下放速度在 1.0 m/h 时洗井效果较好,洗井速率较快,因此换能器过滤器段下放速度为 1.0 m/h 为过滤器段换能器的最优下放速度。

## 5 超声波洗井与某地浸矿山常规洗井对比

某地浸采铀矿山 2020 年采用压气加酸洗井、压气洗井与超声波洗井效果对比见表 1。

表 1 洗井效果对比表

| 洗井方式 | 洗井效果/% | 洗井时长/h | 工时/h |
| --- | --- | --- | --- |
| 压气加酸洗井 | 30 | 15 | 75 |
| 压气洗井 | 25 | 11 | 55 |
| 超声波洗井 | 31 | 16 | 32 |

注:压气加酸洗井及压气洗井时间为 2020 年某地浸矿山采用两种洗井方式洗井的平均时长,超声波洗井时间=某地浸矿山平均过滤器长度(11 m)×过滤器段换能器的最优下放速度(1 m³/h)+空压机洗井返排时间(5 h),洗井效果为 2020 年某地浸采铀矿山采用不同洗井方式的平均洗井效果

超声波洗井方式相比较压气加酸洗井方式,洗井效果无明显变化,但洗井效率提高了57％,且无需加入化学试剂,减少了对矿层及树脂饱和容量的影响。

超声洗井方式相比较压气洗井方式,洗井效果提升了20％,洗井效率提高了57％。

## 6 结论

(1)超声波洗井技术能够适用于地浸采铀矿山的生产井洗井工作,可在地浸采铀矿山进行推广;

(2)经过现场试验,某地浸采铀矿山超声波洗井的最优功率为8 kW,过滤器段换能器最优下放速度为1.0 m/h;

(3)超声波洗井方式相比较压气加酸洗井方式,洗井效果无明显变化,但洗井效率提高了57％,且无需加入化学试剂,不会对矿层及树脂饱和容量的影响。超声洗井方式相比较压气洗井方式,洗井效果提升了20％,洗井效率提高了57％。超声波洗井方式提升了洗井效果,提高了洗井效率,进而缩短了浸采周期,降低了浸采成本。

**参考文献:**
[1] 王西文. 原地浸出采铀研究[J]. 铀矿冶,1987,2:6-13.
[2] 胡鹏飞,李猛,李光辉,等. 自动化压气洗井工艺的研究与应用[J]. 铀矿冶,2019,2:3-7.
[3] 周庆昌,邵晨,曦梅洋. 盐酸洗井技术实例分析[J]. 山东水利,2020,04:65-66.
[4] 马良. 钻孔超声波洗井技术试验分析[J]. 能源与环保,2018,11:105-109.
[5] 李忠杰,仝珍珍. 超声波在石油工程中的应用现状[J]. 当代化工研究,2020,13:7-8.
[6] 杜志明,廖文胜,赵树山,等. 地浸铀矿大功率超声波解堵增渗技术的应用研究[J]. 中国矿业,2020,52:352-355.

# Test of ultrasonic well washing technology in an in-situ leaching uranium mine

ZHAO Sheng-xiang, ZHANG Wan-liang,
YAN Ji-fan, CAO Jun-peng, LIU Jia-bin

(Tongliao Uranium Co., Ltd., CNNC, Tongliao 028000, China)

**Abstract:** In order to solve the problems of poor well flushing effect or anion introduction existing in the traditional well flushing method, based on the good results of ultrasonic cleaning technology in many cleaning fields (such as oil and gas field plugging removal and enhanced oil recovery), it is applied to the drilling and cleaning of production wells in in-situ leaching uranium mines. Through the field test of ultrasonic well washing, the feasibility of ultrasonic well washing in in-situ leaching uranium production wells is verified. At the same time, the optimal ultrasonic well washing parameters are obtained, which improves the well washing effect, improves the well washing efficiency, shortens the leaching cycle and reduces the leaching cost

**Key words:** In situ leaching of uranium; Production well; Well washing; Ultrasonic; Parameters

# 钒酸铵标准溶液浓度标定的不确定度评定

何兰凤，马志富，周　峰

(中核二七二铀业有限责任公司,湖南 衡阳 421004)

**摘要**:通过钒酸铵标准溶液的浓度标定方法和化学计量关系建立浓度标定的数学模型,由此数学模型来分析钒酸铵标准溶液浓度标定结果的不确定度分量影响因素,并对各分量进行了评估、量化和合成,进而得出钒酸铵标准溶液浓度标定的扩展不确定度。经过分析,发现影响钒酸铵标准溶液浓度标定的不确定度的因素主要来源于五个方面:两次滴定消耗的重铬酸钾标准溶液的体积差、第二次滴定移取的钒酸铵溶液的体积、重铬酸钾标准溶液浓度的不确定度、对标定结果的数据修约和测量重复性。钒酸铵标准溶液的浓度标定结果以对铀的滴定度表示,当标定结果为 5.002 mg/mL、置信度为 95% 时,其扩展不确定度为 0.028 mg/mL。此评定方法可适用于所有以此方法配制的钒酸铵标准溶液标定结果不确定度的评定,且各种实验场合下不确定度结果几乎可直接使用。

**关键词**:钒酸铵;标定;不确定度;评定

　　测量结果的不确定度是表征合理地赋予被测量值的分散性,与测量结果相关联的参数[1]。一份完整的测量报告,必须包括测量不确定度的内容。

　　钒酸铵标准溶液作为低浓度含铀样品中铀含量检测的标准溶液,主要应用于铀化工工艺控制和铀化工中间产品、废渣、废水中铀含量的分析,其不确定度直接影响到滴定分析结果的准确性和可靠性。评定钒酸铵标准溶液的不确定度,对分析结果的质量和溯源均具有重要意义,也是铀化工测量结果可靠性的必须技术需求和质量指标。

## 1　钒酸铵标准溶液浓度标定方法

　　取 10.00 mL 硫酸亚铁铵溶液,加入硫磷混合酸 40 mL,加二苯胺磺酸钠指示剂 5 滴后用重铬酸钾标准溶液滴定,所消耗的重铬酸钾标准溶液的体积为 $V_1$(mL)。另取一个锥型瓶,除上述溶液和指示剂外,另加 5 mL 钒酸铵溶液后用重铬酸钾标准溶液滴定,所消耗的重铬酸钾标准溶液的体积为 $V_2$(mL)。

## 2　建立数学模型

$$T_{\text{U/NH}_4\text{VO}_3} = \frac{(V_1 - V_2) \cdot T_{\text{U/K}_2\text{Cr}_2\text{O}_7}}{V_0}$$

## 3　测量不确定度来源分析

　　由钒酸铵标准溶液浓度标定结果的数学模型可知,浓度标定结果的测量不确定度来源主要有以下五个方面:① 两次滴定消耗的重铬酸钾标准溶液的体积差;② 第二次滴定时移取的钒酸铵溶液的体积;③ 重铬酸钾标准溶液的浓度;④ 对标定结果的数据修约;⑤ 测量重复性。具体分析见图 1。

---

**作者简介**:何兰凤(1983—),女,河南,化工冶金高级工程师,工学学士,现主要从事核化工计量工作

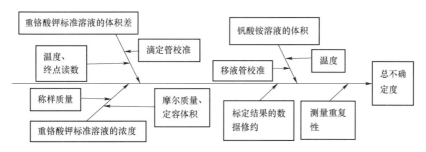

图 1    不确定度分量鱼刺图

## 4    测量不确定度的评定

除重复性为 A 类评定外,其余不确定度分量均为 B 类评定。

### 4.1    重铬酸钾标准溶液的体积差引入的不确定度 $u(V_1-V_2)$

(1)微量滴定管校准 $u_1(V)$

10 mL A 级微量滴定管的最大允许误差为 $\pm0.025$ mL[2],服从均匀分布,则 $u_1(V)$ 为:

$$u_1(V)=\frac{0.025\ \text{mL}}{2\sqrt{3}}\approx0.007\ \text{mL}$$

(2)温度变化引入的分量 $u_2(V)$

实验室温度变化范围为 $(20\pm5)℃$,水的体积膨胀系数为 $2.1\times10^{-4}/℃$,按均匀分布进行估计,则: $u_2(V)=\dfrac{2.1\times10^{-4}\times5\times9.120\ \text{mL}}{\sqrt{3}}\approx5.5\times10^{-3}\ \text{mL}$

(3)终点读数引入的分量 $u_3(V)$

由微量滴定管检定证书可知其在 5 mL 和 10 mL 两个检定点的检定误差分别为 0.015 mL 和 0.020 mL,故微量滴定管两校正点校正值的区间为 [0.015 mL,0.020 mL],按三角分布进行估计。另 10 mL 微量滴定管的分度值为 0.05 mL,按十分之一估读至 0.005 mL,服从均匀分布。因此标定终点读数引入的不确定度 $u_3(V)$ 为: $u_3(V)=\sqrt{\left(\dfrac{a_1}{k_1}\right)^2+\left(\dfrac{a_2}{k_2}\right)^2}=\sqrt{\left(\dfrac{0.002\ 5\ \text{mL}}{\sqrt{6}}\right)^2+\left(\dfrac{0.002\ 5\ \text{mL}}{\sqrt{3}}\right)^2}\approx0.001\ 8\ \text{mL}$

(4)重复性

在总的重复性中考虑。

(5)由于标定过程进行了两次,将上述各分量合并,则两次滴定消耗的重铬酸钾标准溶液的体积差引入的不确定度 $u(V_1-V_2)$ 为: $u(V_1-V_2)=\sqrt{2\left[u_1^2(V)+u_2^2(V)+u_3^2(V)\right]}\approx0.013\ \text{mL}$

### 4.2    第二次滴定移取的钒酸铵标准溶液引入的不确定度 $u(V_0)$

(1)单标线移液管校准 $u_1(V_0)$

5 mL A 级单标线移液管最大允许误差为 $\pm0.015$ mL[2],服从均匀分布,则 $u_1(V_0)=\dfrac{0.015\ \text{mL}}{2\sqrt{3}}\approx0.004\ 4\ \text{mL}$

(2)温度引入的分量 $u_2(V_0)$

同 4.1.2, $u_2(V_0)=\dfrac{2.1\times10^{-4}\times5\times5\ \text{mL}}{\sqrt{3}}\approx3.0\times10^{-3}\ \text{mL}$

(3)移取钒酸铵标准溶液的重复性

在浓度标定结果的总重复性中考虑,此处不再考虑。

(4)将上述各分量合并,则: $u(V_0)=\sqrt{u_1^2(V_0)+u_2^2(V_0)}\approx0.005\ 3\ \text{mL}$

**4.3 重铬酸钾标准溶液浓度引入的不确定度 $u(T_{U/K_2Cr_2O_7})$**

重铬酸钾标准溶液的扩展不确定度为 $U(k=2)=0.008$ mg/mL，则重铬酸钾标准溶液浓度引入的不确定度 $u(T)=U/k=0.004$ mg/mL。

**4.4 移取的硫酸亚铁铵溶液引入的不确定度分量**

主要为 10 mLA 级单标线移液管的示值重复性引入的不确定度分量，我们可以在标定结果的总重复性中考虑，此处可不再考虑。

**4.5 标定结果修约引入的不确定度 $u(r)$**

由标定结果可知其修约值为 0.001 mg/mL，按均匀分布估计，则 $u(r)=\dfrac{0.001\text{ mg/mL}}{2\sqrt{3}}\approx2.9\times10^{-4}$ mg/mL。

**4.6 重复性引入的不确定度 $u(T_{U/NH_4VO_3})$**

按标定方法对钒酸铵标准溶液进行浓度标定，标定结果见表 1。

表 1 钒酸铵标准溶液的浓度标定结果

| 序号 | 滴定消耗的 $K_2Cr_2O_7$ 量 $V_1$ | 滴定消耗的 $K_2Cr_2O_7$ 量 $V_2$ | 加入的 $NH_4VO_3$ 量 $V_0$ | 标定结果 $T_{U/NH_4VO_3}$ | 浓度平均值 | 标准偏差 $s$ |
|---|---|---|---|---|---|---|
| 1 | 9.120 mL | 4.120 mL | 5.000 mL | 5.000 mg/mL | | |
| 2 | 9.120 mL | 4.120 mL | 5.000 mL | 5.000 mg/mL | | |
| 3 | 9.120 mL | 4.115 mL | 5.000 mL | 5.005 mg/mL | 5.002 mg/mL | 0.002 6 mg/mL |
| 4 | 9.120 mL | 4.120 mL | 5.000 mL | 5.000 mg/mL | | |
| 5 | 9.120 mL | 4.115 mL | 5.000 mL | 5.005 mg/mL | | |
| 6 | 9.115 mL | 4.115 mL | 5.000 mL | 5.000 mg/mL | | |

由表 1 的浓度标定数据可知标定结果 $T_{U/NH_4VO_3}=5.002$ mg/mL，其实验标准偏差为 0.002 6 mg/mL，则：$u(T_{U/NH_4VO_3})=0.002\ 6$ mg/mL

## 5 合成标准不确定度

我们将钒酸铵标准溶液浓度标定结果的不确定度各分量量化结果进行汇总，具体见表 2。

表 2 钒酸铵标准溶液浓度标定结果不确定度分量汇总表

| 项目 | 数值 | $u(x)$ | $U_r(x)$ |
|---|---|---|---|
| 滴定消耗的重铬酸钾标准溶液的体积差 $V_1-V_2$/mL | 5.002 | 0.013 | 0.002 4 |
| 移取的钒酸铵溶液的体积 $V_0$/mL | 5.000 | 0.005 3 | 0.001 1 |
| 重铬酸钾标准溶液浓度 $T_{U/K_2Cr_2O_7}$/(mg/mL) | 5.000 | 0.004 | 0.000 8 |
| 标定结果修约 $u(r)$/(mg/mL) | 5.002 | $2.9\times10^{-4}$ | $5.8\times10^{-5}$ |
| 重复性 $T_{U/NH_4VO_3}$/(mg/mL) | 5.002 | 0.002 6 | $5.2\times10^{-4}$ |

由表 2 的数据可合成钒酸铵标准溶液浓度标定结果的相对标准不确定度：

$$u_{relc}(T_{U/NH_4VO_3})=\sqrt{u_{rel}^2(V)+u_{rel}^2(V_0)+u_{rel}^2(V_t)+u_{rel}^2(T_{U/K_2Cr_2O_7})+u_{rel}^2(T_{U/NH_4VO_3})}\approx0.002\ 8$$

则钒酸铵标准溶液浓度标定结果的合成标准不确定度为：

$$u_c(T_{U/NH_4VO_3}) = 5.002 \text{ mg/mL} \times 0.002\ 8 \approx 0.014 \text{ mg/mL}$$

## 6 扩展不确定度

取 $k=2$，$p=95\%$，则钒酸铵标准溶液浓度标定结果的扩展不确定度为：

$$U(T_{U/NH_4VO_3}) = 2u_c(T_{U/NH_4VO_3}) = 0.028 \text{ mg/mL}$$

## 7 结论

当 $T_{U/NH_4VO_3} = 5.002$ mg/mL、置信度为 $95\%$ 时，钒酸铵标准溶液浓度真值在 $(5.002\pm0.028)$mg/mL 范围内。此时钒酸铵标准溶液的浓度标定结果可表示为：$T_{U/NH_4VO_3} = (5.002\pm0.028)$mg/mL，$k=2$。由这一结论我们可以看出：给出了浓度标定结果扩展不确定度的钒酸铵标准溶液，与单一的只给出浓度值的标准溶液相比，明显更加的准确和可靠，具有不可忽视的质量和技术优势。

由评定过程可知：标定过程中所使用的电子天平、滴定管、移液管和容量瓶等仪器所贡献的不确定度分量均是使用最大允许误差来评定，因此，使用不同的测量仪器所评定出的结果是一致的。在实际工作中，我们仅需要在每次标定后重新评定重复性不确定度分量对总的不确定度的影响即可。由表2可以看出：重复性不确定度分量对总的不确定度的贡献通常是较小的，因此我们在日常生产中的大多数情况下可以直接使用此扩展不确定度，无需每次标定后重新评定，在确保了钒酸铵标准溶液准确度的同时也大大提高了工作效率。

综上所述，该扩展不确定度评定结果可适用于相同标定方法时不同试验场合、不同测量仪器条件下的钒酸铵标准溶液。此外，此评定方法也对其他标准溶液不确定度的评定具有参考意义。

## 致谢

感谢公司各位领导和专家的关怀和指导，感谢各位同事在各项实验数据支撑方面的大力支持和配合！

**参考文献：**
[1] 测量不确定度评定与表示：JJF1059—2012[S].
[2] 常用玻璃量器：JJG196—2006[S].

# Evaluation of uncertainty in concentration calibration of ammonium vanadate standard solution

HE Lan-feng，MA Zhi-fu，ZHOU Feng

(CNNC 272 Uranium Industry Co. Ltd. ，Hengyang，Hunan，China)

**Abstract**：Based on the calibration method of ammonium vanadate standard solution and the stoichiometric relationship，a mathematical model is established. By analyzing the influence factors of the uncertainty components in the calibration results of ammonium vanadate standard solution，the extended uncertainty of ammonium vanadate standard solution was obtained. After analysis，it is found that the infiuence factors about the uncertainty of the calibration of ammonium vanadate standard solution mainly come from five aspects：The volume difference of the potassium dichromate standard solution consumed by the double titration, the volume of the ammonium vanadate solution removed by the second titration, the uncertainty of the potassium dichromate standard solution, the data modification of the calibration result and the measurement repeatability. When the calibration result is 5. 002 mg/mL and the confidence probability is 95%, the extanded uncertainty is 0. 028 mg/mL. This evaluation way, we usually use to assess the uncertainty of the calibration result of all ammonium vanadate standard solution prepared by this method, and the results of uncertainty can be directly used in the various experiment situation.

**Key words**: Ammonium vanadate; Calibration; Uncertainty; Evaluation

# 酸法地浸中溶浸剂对矿石的化学性伤害作用机理研究

王立民，廖文胜，许　影

(核工业北京化工冶金研究院,北京 101149)

**摘要:** 对内蒙某砂岩铀矿岩心进行了模拟地层条件下的酸性溶浸剂流动伤害评价实验及其伤害机理研究,评价了酸性溶浸剂对矿石渗透性的影响程度,并描绘了结垢物沉淀—溶解曲线。结果表明,岩心在酸浸过程中主要受到硫酸钙沉淀堵塞导致的渗透率下降,且伤害程度随硫酸浓度的提高而增大。研究旨在找出矿层发生伤害的原因、程度、并提出防治措施,为解决我国砂岩铀矿在浸出过程中矿层堵塞,抽注水量降低等开采难题提供技术支持。

**关键词:** 砂岩铀矿;地浸;伤害;机理

作为地浸采铀的溶浸剂,硫酸因浸出率高,浸出时间短,浸出液铀浓度高,货源广泛,价格便宜等优点而被许多地浸矿山和试验点所采用。由于硫酸属于强酸,与矿石反应选择性差。在浸出铀时,能够与矿石中多种矿物发生反应,如方解石、白云石、黄铁矿、黏土矿物、氧化铁等。在反应过程中随着浸出液的前移,物理化学环境发生改变,将产生如 $CaSO_4$、Fe、Al、Mg 的氢氧化物沉淀,并生成二氧化碳气体,引起化学堵塞和气堵,降低了矿层的渗透性[1]。溶浸剂中的氧化剂 $H_2O_2$ 氧化 $Fe^{2+}$ 为 $Fe^{3+}$,进而氧化 U(Ⅳ)是铀浸出的关键反应,但同时也加重了 $Fe(OH)_3$ 沉淀的生成可能性,在向抽孔运移的过程中,pH 逐渐升高,在抽孔附近累积形成大量沉淀物,将严重影响了抽液量的正常生产[2]。在酸性溶浸剂浸出过程中,溶浸剂浓度、氧化剂浓度、酸岩反应速率、矿石中铁矿物和钙质胶结的含量,以及耗酸矿物和敏感离子的生成,都影响着地层浸出液的酸碱度、氧化还原环境,并影响沉淀物的生成,最终影响铀的浸出效率、耗酸量和抽液量。

本文针对低渗透砂岩铀矿层的特点,选取内蒙低渗透砂岩铀矿床 S 的岩样作为研究对象。对岩心进行了模拟地层条件下的酸性溶浸剂流动伤害评价研究。通过模拟流动反应实验,评价酸性溶浸剂对矿石渗透性的影响程度,并探索其与矿石的相互作用机理,建立反应曲线。为解决酸法浸出过程中的矿层堵塞问题提供科学依据。

## 1　实验矿样及评价装置

矿石的浸出伤害评价是在模拟地层压力条件下,利用酸性溶浸剂,按不同的注液程序注入岩心进行液固相反应,然后比较溶浸剂通过岩心前后及注溶浸剂的过程中,岩心渗透率的变化,结合实验中的现象和浸出残液中离子浓度变化对其过程进行机理研究。

实验矿样选用原始孔隙结构的柱状短岩心,采用浓度为 $1\sim5$ g/L 的硫酸作为溶浸剂,利用室内的多功能砂岩铀矿地浸试验仪进行渗透率的在线测定。并采用计算机对评价装置实施控制和自动记录数据。矿样中的敏感矿物和元素含量如表 1 所示。实验装置如图 1 所示,该仪器为我院自主设计的一台大型仪器,采用三岩心夹持器,可串联、可并联,并可模拟地层压力、地层渗流情况,进行酸化、调剖、敏感性、流动伤害等实验。

**表 1　矿石中敏感矿物和元素含量**　　　　　　　　　　　　　　　　%

| 样品 | U | $SiO_2$ | $CO_2$ | Ca | Mg | Al | $\sum Fe$ | Fe(Ⅱ) | $FeS_2$ |
|---|---|---|---|---|---|---|---|---|---|
| 内蒙 S | 0.005 | 65.70 | 2.24 | 1.97 | 0.92 | 5.69 | 1.52 | 1.05 | 0.5 |

作者简介:王立民(1980—),男,硕士,现主要从事铀矿采冶科研工作

由表 1 数据得知,对于内蒙 S 矿样,总铁元素平均含量为 1.52%,而 Fe(Ⅱ)的平均含量为 1.05%,平均占总铁的 69.14%,局部矿层 Fe 元素氧化程度较高,约为 50%。由于 $FeS_2$ 含量很低,只有局部达到 0.5% 左右,所以 Fe 主要来自绿泥石,但矿层中可见部分黄铁矿胶结较严重,其孔隙度和渗透率明显降低。矿层中 Ca 含量平均为 1.97%,从 0.2%~4% 均有不同程度分布,少量达到 6%~7.5%。Mg 和无机 C 平均含量分别为 0.92% 和 0.61%。

图 1 实验用多功能地浸采铀试验仪

## 2 岩心酸浸伤害评价

实验选用内蒙 S 矿样的柱状原始孔隙结构岩心,在模拟地层压力条件下,以低于临界流速流量,按顺序分别注入模拟地层水、用模拟地层水配制的不同浓度硫酸、模拟地层水,分别测定岩心的初始渗透率、硫酸注入过程中岩心的渗透率变化,以及注酸结束后再注入模拟地层水的渗透率恢复情况。其中模拟地层水为与地层水相同矿化度和 pH 的 $NH_4Cl$ 溶液。最后分析浸出残液中敏感离子的浓度变化,用来评价不同浓度硫酸对岩心的伤害情况,并进行伤害机理研究。

实验过程中渗透率测定结果见表 2。浸出液离子浓度随注入酸液体积的变化见表 3。并以 S43-68 岩心为例,描述了注液过程中岩心渗透率和浸出液中离子浓度的变化,如图 2 所示。

表 2 硫酸伤害实验结果

| 硫酸浓度/ (g・L$^{-1}$) | 岩心号 | 基准渗透率/ mD | 恒速注入硫酸 | | 注入地层水恢复 | |
| --- | --- | --- | --- | --- | --- | --- |
| | | | 渗透率/ mD | 渗透率变化/ % | 渗透率/ mD | 渗透率变化/ % |
| 0.83 | S43-61 | 1.87 | 1.92 | 2.67 | 1.27 | −32.08 |
| | S43-42 | 0.84 | 0.09 | −89.28 | 0.58 | −30.95 |
| | S43-64 | 16.70 | 18.74 | 12.21 | 8.68 | −48.02 |
| 2.81 | S43-58 | 5.32 | 5.53 | 3.94 | 0.78 | −85.33 |
| | S25/38 | 16.62 | 0.25 | −98.49 | 2.78 | −83.27 |
| | S25-1 | 0.52 | 3.50 | 573.07 | 1.37 | 163.46 |
| 4.89 | S43-56 | 4.31 | 15.78 | 266.12 | 1.08 | −74.94 |
| | S43-63 | 3.22 | 0.56 | −82.60 | 0.42 | −86.95 |
| | S43-68 | 10.43 | 14.38 | 37.87 | 5.32 | −48.99 |

表 3　浸出液中敏感离子浓度

| 孔体积 PV | 硫酸浓度/ ($g \cdot L^{-1}$) | 敏感离子浓度/($mg \cdot L^{-1}$) | | | | |
|---|---|---|---|---|---|---|
| | | Fe | Ca | Mg | Al | $SO_4^{2-}$/($g \cdot L^{-1}$) |
| 5 | 0.83 | 0.05 | 17.4 | 7.06 | 0.14 | 1.03 |
| | 2.81 | 0.05 | 227 | 48.8 | 0.05 | 2.93 |
| | 4.89 | 7.32 | 826 | 105 | 1.46 | 4.83 |
| 20 | 0.83 | 0.05 | 220 | 41.8 | 0.05 | 1.1 |
| | 2.81 | 0.4 | 904 | 39 | 0.05 | 2.33 |
| | 4.89 | 41.5 | 718 | 34.7 | 20.4 | 4.65 |
| 30 | 0.83 | 0.05 | 220 | 41.8 | 0.05 | 1.1 |
| | 2.81 | 23.4 | 897 | 27.9 | 7.27 | 2.61 |
| | 4.89 | 40.6 | 288 | 24.9 | 13.9 | 4.72 |
| 40 | 0.83 | 11.1 | 318 | 28.1 | 1.63 | 1.13 |
| | 2.81 | 34.8 | 914 | 21.3 | 11 | 2.62 |
| | 4.89 | 39.7 | 154 | 22.2 | 8.2 | 4.72 |

　　从表 2 中的数据可知,内蒙 S 矿样在注入不同浓度的硫酸时,大部分岩心的渗透率有所提高,提高程度平均为 30%。少量岩心的渗透率有较大程度的下降。但当注入模拟地层水时,随着流出液的 pH 不断升高,几乎所有岩心的渗透率都持续下降,相比岩心的初始渗透率,下降幅度平均为 59%。且随开始注入酸度的提高,岩心渗透率的下降程度也随之增大。

　　从表 3 中的离子浓度可知,浸出液中的主要敏感离子为 $Ca^{2+}$、$Mg^{2+}$ 和 $SO_4^{2-}$,而 Fe 和 $Al^{3+}$ 较少。由此证明,岩心在酸浸过程中主要受到硫酸钙沉淀的影响(图 2 为实验中岩心端面流出的硫酸钙沉淀)。此外,随着注入硫酸浓度的提高,浸出液中的敏感离子浓度也相应提高,且峰值出现的时间提前,造成的伤害随之增大。

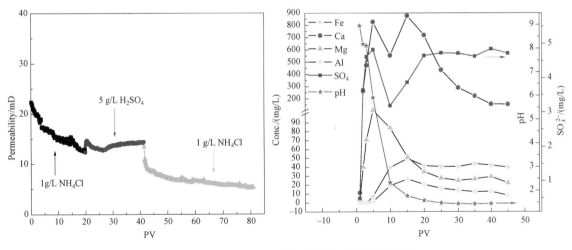

图 2　S43-68 岩心渗透率伤害曲线和敏感离子浓度

　　从表 2 渗透率的数据变化可知,内蒙 S 矿样岩心在注入不同浓度的硫酸时,大部分岩心渗透率都有所提高,但提高幅度较小,平均只有而 30%,而少数岩心提高和降低幅度较大。当注入碱性的模拟地层水时,随着浸出液的 pH 不断升高,几乎所有岩心的渗透率均不断下降,比岩心的初始渗透率约平均下降 59%。显然,不同浓度的硫酸作为浸出剂对内蒙的 S 矿样伤害比较严重。

从表2可知,内蒙S矿样碳酸盐、黏土矿物含量较高,而且局部富含黄铁矿,而溶于硫酸的矿物强弱顺序为:碳酸盐、绿泥石、磷灰石、某些黏土矿物等[3],因此浸出残液中的$Ca^{2+}$、$Mg^{2+}$、$Fe^{2+}$离子浓度也比较高。在酸岩反应的过程中,碳酸盐不断溶解,释放出的钙离子又与硫酸根重新生成硫酸钙沉淀,而硫酸钙沉淀微粒随溶浸液运移,堵塞孔喉。

另一方面,在硫酸开始注入岩心时,岩心浸出液的pH值由入口至出口逐渐升高,其中含有的大量$Ca^{2+}$、$Mg^{2+}$、$Fe^{3+}$离子也在前移的过程中不断累积,形成$Fe(OH)_3$、$Mg(HO)_2$、$CaSO_4$沉淀,从而堵塞岩心孔隙。硫酸钙在低pH下由于存在副反应发生,增进了硫酸钙的溶解,随着溶浸残液前移pH升高,使溶解的硫酸钙重新沉淀。硫酸浸出过程中,浸出残液pH变化如图3所示。由图3可知,对于溶浸剂浓度为1~3 g/L,其浸出残液的前30PV,pH都高于3。而5 g/L浓度的溶浸剂,其前5PV的pH高于5。在这种条件下,浸出液中的钙、镁、铁很容易以溶解—沉淀的反复形式向前运移,最终在岩心后段造成的伤害较大。此外,$CaSO_4$溶度积25 ℃为$4.93×10^{-5}$,通过计算,在实验中,硫酸浸出残液中的硫酸根和钙离子的乘积却比溶度积却大了10倍。所以随着酸岩反应的进行,钙离子浓度不断升高,而氢离子浓度不断降低,则又会生成硫酸钙沉淀。其反应机理为[4]:

$$CaSO_4 + H^+ = Ca^{2+} + HSO_4^- \tag{1}$$

同式(1)有关的势力学关系式有

$$[Ca^{2+}][SO_4^{2-}] = K_s \tag{2}$$

$$\frac{[H^+][SO_4^{2-}]}{[HSO_4^-]} = K_2 \tag{3}$$

式中:$K_s$为硫酸钙的溶度积,25 ℃为$4.93×10^{-5}$;

$K_2$为硫酸的第二离解常数,25 ℃为$1.2×10^{-2}$。

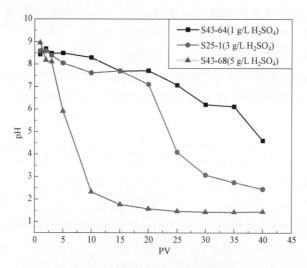

图3　内蒙S岩心浸出液pH变化

设$CaSO_4$的溶解度为$S(mol/L)$,则同(2)式有关的物料平衡式有:

$$S = [Ca^{2+}] = [SO_4^{2-}] + [HSO_4^-] \tag{4}$$

联立式(1)~(4)可得到酸液中$CaSO_4$的溶解度为:

$$S = \sqrt{K_s + \frac{K_s}{K_2}[H^+]} \tag{5}$$

$CaSO_4$的溶解度计算式(3)表明,当硫酸溶浸剂酸度越大时,溶解的Ca离子越多,当酸不断消耗后,氢离子浓度降低,就会形成硫酸钙沉淀。同理,$Fe^{2+}$和$Mg^{2+}$在pH升高后,也会形成氢氧化物沉淀。实验过程中也证明了酸岩反应过程中沉淀的生成,在取样用烧杯底部可以明显看到硫酸钙白色渣样沉淀(见图4)。浸出液在空气中放置氧化的过程中,含$Fe^{2+}$的浸出液颜色由浅绿逐渐变为黄色絮状液,最后聚结成为褐色粒状沉淀(见图5)。

图4　浸出液中白色渣样硫酸钙沉淀

(a)　　　　　　　　　　　　　　　　(b)

图5　浸出液中的 $Fe^{2+}$ 被氧化后的絮状溶液和氢氧化铁沉淀
(a) $Fe^{2+}$ 被氧化后的絮状溶液;(b) 氢氧化铁沉淀

　　被硫酸溶蚀后的岩心,其在溶浸剂流动方向上矿物成分有所变化,利用扫描电镜和能谱鉴定技术分析了岩心在沿流动方向上的矿物成分变化。其中 S43-64,S25-1,S43-68 号岩心的入口端和出口端的能谱分析表明,岩心在溶浸剂流动方向上铁元素逐渐升高,而钙溶失量较大。孔隙中的黏土胶结物溶蚀痕迹较为明显,其扫描电镜观察如图6和图7所示。

## 3　岩心酸浸伤害机理研究

　　在酸岩反应过程中,$Ca^{2+}$ 首先被释放到浸出液中,pH 随之升高。在浸出液前移的过程中,$Ca^{2+}$不断累积,$H^+$ 不断消耗,进而生成硫酸钙沉淀。硫酸钙沉淀部分随浸出液流出岩心,部分存于岩心孔隙中,并随硫酸的注入呈现不断溶解-沉淀的反复过程。实验中的岩心即表现出在注酸过程中,大部分硫酸钙以溶解态存在,导致岩心渗透率增大。而当注入模拟地层水时,pH 升高,硫酸钙大量沉淀,造成渗透率下降。现以 S25-1 岩心为例,对反应过程和机理进行研究,如下所述。

### 3.1　酸岩反应方程

　　(1)硫酸进入岩心后,酸液中的 $H^+$ 与碳酸盐反应释放出 $Ca^{2+}$。

$$2H^+ + CaCO_3 = Ca^{2+} + H_2O + CO_2 \qquad (6)$$

　　(2)随着 $H^+$ 不断消耗,开始产生 $CaSO_4$ 沉淀。

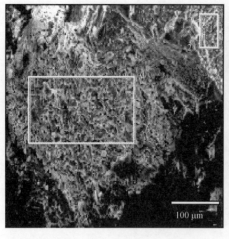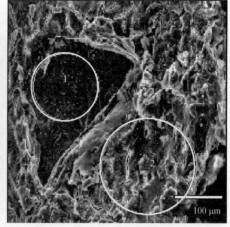

图 6　S25-1 岩心入口端面溶蚀形貌　　　　图 7　S43-64 岩心出口端面的铁沉淀物

$$HSO_4^- = H^+ + SO_4^{2-} \tag{7}$$

$$Ca^{2+} + SO_4^{2-} = CaSO_4 \tag{8}$$

（3）继续注入硫酸，$CaSO_4$ 又重新溶解。

$$CaSO_4 + H^+ = Ca^{2+} + HSO_4^- \tag{9}$$

其中，在硫酸注入岩心的过程中，形成 $CaSO_4$ 沉淀的量与岩心碳酸盐含量、硫酸浓度、反应进度和浸出液 pH 有关。

### 3.2　酸岩反应计算模型

根据反应式 6～式 9，可得出硫酸与岩心的不同反应阶段的反应模型，现分别计算如下：

（1）浸出液为不饱和硫酸钙溶液

在此反应阶段，以硫酸与岩心中的碳酸钙反应为主。设酸岩反应进度为 $\rho$，根据溶解平衡、离子守恒、电荷守恒和质量守恒原理，此时浸出液中存在以下热力学关系式：

$$[Ca^{2+}][SO_4^{2-}] < K_{sp1} \tag{10}$$

$$\frac{[H^+][SO_4^{2-}]}{[HSO_4^-]} = K_2 \tag{11}$$

$$[SO_4^{2-}] + [HSO_4^-] = [H_2SO_4]_0 \tag{12}$$

$$2[Ca^{2+}] + [H^+] = 2[SO_4^{2-}] + [HSO_4^-] \tag{13}$$

$$[Ca^{2+}] = [H_2SO_4]_0 \cdot \rho \tag{14}$$

式中，$K_{sp1}$ 为硫酸钙的溶度积，25 ℃时为 $4.93 \times 10^{-5}$；$K_2$ 为硫酸的第二离解常数，25 ℃时为 $1.2 \times 10^{-2}$。根据式 6～式 9，可得出溶液中 $Ca^{2+}$、$SO_4^{2-}$ 离子浓度和 pH 随酸液反应进度的变化。

（2）生成溶解态硫酸钙分子和沉淀

此时，浸出液中 $Ca^{2+}$ 和 $SO_4^{2-}$ 达到饱和，并陆续生成溶解态 $CaSO_4$ 分子和 $CaSO_4$ 沉淀。将此反应的终点设定在硫酸消耗完全，浸出液为饱和碳酸溶液。此时存在以下热力学关系式：

$$[Ca^{2+}][SO_4^{2-}] = K_{sp1} \tag{15}$$

$$\frac{[H^+][SO_4^{2-}]}{[HSO_4^-]} = K_2 \tag{16}$$

$$2[Ca^{2+}] + [H^+] = 2[SO_4^{2-}] + [HSO_4^-] \tag{17}$$

$$[SO_4^{2-}] + [HSO_4^-] - [Ca^{2+}] = [H_2SO_4]_0 \cdot (1 - \rho) \tag{18}$$

在去离子水中存在的溶解态硫酸钙分子浓度一般为 1.2 g/L，由于溶液中的溶解盐对硫酸钙具有增溶作用，通过计算，浸出液中的硫酸钙分子达到 2.2 g/L。当超过此浓度时，酸岩的继续反应将产生硫酸钙沉淀。

根据化学反应过程中的计算式6～式14,酸岩反应过程中的溶蚀-沉淀可用图8表示。图8中的横坐标表示反应进度,纵坐标分别表示硫酸钙沉淀量和碳酸钙溶失量。

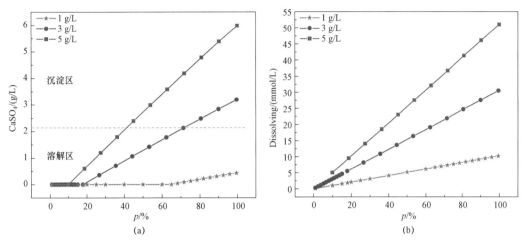

图8 硫酸浓度与硫酸钙沉淀及碳酸钙溶失关系曲线
(a) 硫酸钙沉淀量;(b) 硫酸钙溶失量

图8(a)中虚线以上为硫酸钙沉淀区域,虚线以下为硫酸钙的溶解态区域。从图8(a)中的硫酸钙相态变化曲线可以看出,1 g/L 浓度的硫酸在酸岩反应过程中不产生沉淀。而 5 g/L 浓度的硫酸在酸岩反应过程中生成的沉淀最多。表明硫酸浓度越高,浸出过程所产生的沉淀速度越快,沉淀量也越多。将图8(a)的硫酸钙沉淀曲线和图8(b)的碳酸钙溶失曲线相比,可得出酸浸过程中的碳酸盐溶失量大于硫酸钙的沉淀量,且它们之间的差值总是从某一数值趋于 7 mmol/L,即酸岩完全反应后硫酸钙在浸出液中的溶解度。酸岩反应结束后,其浸出残液多为饱和碳酸溶液,会继续与碳酸钙反应,产生硫酸钙沉淀和碳酸钙沉淀。通过计算得出,当浸出液 pH 由 4.5 升至 6.0 时,产生的硫酸钙沉淀量为 252 mg/L,此时浸出液中不再生成硫酸钙,而以碳酸钙的形式开始形成沉淀。在 pH 从 6.0 到 10.0 的过程中,碳酸钙的沉淀量为 939 mg/L。

从酸岩反应沉淀曲线计算结果得知,对于含碳酸盐胶结的矿床,硫酸作为溶浸剂时的浓度越高,矿层中的浸出液 pH 变化梯度越大,其硫酸钙和碳酸钙产生的沉淀量和产生的速度也越大。对于短岩心,由于溶浸距离短,沉淀可以流出孔道,或敏感离子来不及沉淀。但对于长距离的矿石浸出,沉淀难以完全流出孔隙通道,其伤害难以避免[5]。

## 4 结论

(1)内蒙S矿样含有较多的钙质胶结、富铁绿泥石,以及局部富含黄铁矿,导致该矿样对硫酸具有较强的敏感性。在硫酸浸出过程中,酸可以溶解碳酸盐、绿泥石及部分黄铁矿,且随着酸液的耗尽,浸出液中的铁和铝形成沉淀,这对岩心伤害非常大。

(2)被硫酸溶蚀后的岩心,在溶浸剂流动方向上铁元素逐渐升高,而钙溶失量较大,孔隙中的黏土胶结物溶蚀痕迹较为明显。表明酸化敏感性离子在浸出过程中易累积沉淀,尤其是铁氧化物和黏土胶结物更为明显。

(3)对于含碳酸盐胶结的矿床,硫酸作为溶浸剂时的浓度越高,矿层中的浸出液 pH 变化梯度越大,其硫酸钙和碳酸钙产生的沉淀量和产生的速度也越大。1 g/L 浓度的硫酸在酸岩反应过程中不产生沉淀。而 5 g/L 浓度的硫酸在酸岩反应过程中生成的沉淀最多。表明硫酸浓度越高,浸出过程所产生的沉淀速度越快,沉淀量也越多。

## 致谢

本研究由国家自然科学基金项目(U1967207)资助,特此致谢。

参考文献：

[1]  张绍槐,罗平亚. 保护储集层技术[M]. 北京:石油工业出版社,1993.

[2]  Faruk Civan,Reservoir Formation Damage—Fundamentals,Modeling,Assessment,and Mitigation[M],Houston: Gulf Publishing,2000.

[3]  别列茨基 ви,博加特科夫 лк,沃尔科夫 ни 等. 地浸采铀手册[R]. 衡阳:核工业第六研究所,2001.

[4]  ShuchartC E. Ident-fication of aluminum scalewith aid of synthetically product basic aluminum fluride complexe [J]. PEPE,1993,8(2):291-296.

[5]  何更生. 油层物理[M]. 北京:石油工业出版社,1994.

# Study on chemical damage mechanism of leaching agent to ore in acid in-situ leaching of sandstone uranium deposite

WANG Li-min, LIAO Wen-sheng, XU Ying

(Beijing Research Institute of Chemical Engineering and Metallurgy, CNNC, Beijing 101149, China)

**Abstract**: The flow damage evaluation experiment and damage mechanism of acid leaching agent were studied in a sandstone uranium ore core in Inner Mongolia under simulated formation conditions. The influence of acid leaching agent on ore permeability was evaluated, and the precipitation dissolution curve of scale is described. The results show that the permeability of the core decreases due to calcium sulfate precipitation plugging during acid leaching, and the damage degree increases with the increase of sulfuric acid concentration. The purpose of the study is to find out the cause and degree of the damage of the ore bed, and put forward the prevention measures, so as to provide technical support for solving the mining problems such as the ore bed blockage and the reduction of pumping and injection water volume in the process of sandstone uranium leaching in China.

**Key words**: Sandstone uranium deposite; In situ-leaching; Damage; Mechanism

# 结晶反萃取制备 AUC 工艺及原理研究

叶开凯，周志全，牛玉清，曹令华，任　燕，曹笑豪

（核工业北京化工冶金研究院，北京 101149）

**摘要**：本文采用 P204 体系结晶反萃取工艺流程，研究了反应温度、反萃剂浓度、停留时间等一系列单因素实验条件对反萃取效果的影响，得到纯度较高的 AUC 产品，同时探究了 AUC 结晶原理。结果表明，结晶反萃取反应的优化条件为：反应温度 40 ℃，反萃剂为 100 g/L 碳酸铵溶液，停留时间 30 min。根据优化条件得到可工业化的结晶反萃取设备。

**关键词**：结晶；反萃取；AUC；碳酸铵

现阶段我国酸性地浸水冶工艺进步巨大，主要以离子交换技术和淋萃技术对酸性地浸液进行提铀。目前，国内所有的铀水冶厂生产的都是重铀酸钠，而国外铀水冶厂主要生产八氧化三铀[1]。生产八氧化三铀的优势很多，其存在状态稳定，并且适合接下来的铀纯化流程，这些优势已经让其成为国际铀矿石浓缩物的主要产品形式[2,3]。而生产八氧化三铀所需的原料就是三碳酸铀酰铵（以下简称 AUC）。AUC 本身极易挥发分解，在晶体颗粒内部生产大量细小空间，因此分解产物具有良好的反应性能和烧结性能[4,5]。AUC 为结晶化合物，在结晶过程中可去除较多杂质，起到净化杂质的作用。由此，通过 AUC 制备铀氧化物备受关注。

根据文献调研，AUC 的制备方法有很多，其主要的原料是铀酸盐、铀酰盐，与氨水、碳酸铵、碳酸氢铵等溶液进行反应。刘国宏等人研究了以碳酸氢铵为沉淀剂制备 AUC 的反应机理，指出反应温度、pH、加料速度、搅拌强度、浆体返回次数对沉淀产品的影响[6]。国外研究人员研究了碳酸铵浓度对溶液中碳酸铀酰离子浓度的影响，并对体系中碳酸铀酰离子形成的动力学进行计算。在碳酸铵结晶反萃取静态试验过程中母液铵离子浓度增加，导致晶种生成量增加，从而使细晶增多，低碳酸铵浓度时晶种生成速率减慢，有利于晶体生长并成为单晶[7,8]。

本文采用 P204 萃取—碳酸铵结晶反萃得到 AUC，在实验初期，反萃取过程中贫有夹带 AUC 细晶较多，导致贫有铀含量高，这将会影响贫有机相的返回使用。针对这一问题，本文以 P204 体系萃取后负载有机相为原料进行结晶反萃取，得到 AUC 以及结晶母液，旨在研究 P204 体系碳酸铵结晶反萃取的工艺优化，并对该过程的原理进行简单的探讨。

## 1　试验部分

负载铀有机相组成为 P204＋TRPO＋TBP＋煤油，其含量及铀浓度如表 1 所示。

表 1　负载有机相组成

|  | U/(g/L) | P204/(mol/L) | TRPO/(mol/L) | TBP/(mol/L) |
|---|---|---|---|---|
| 负载有机相 | 9.26 | 0.15 | 0.075 | 0.1 |

实验分析 AUC 晶体取自结晶反萃取试验母液循环四次后得到的产品。取出 100 mL 湿晶体，其中 50 mL 直接抽滤，另 50 mL 湿晶体加入 100 mL 100 g/L 碳酸铵溶液洗涤，磁力搅拌 30 min 后抽滤。洗涤前后 AUC 晶体均 95 ℃烘干。

---

作者简介：叶开凯（1993—），男，江西人，工程师，硕士，主要从事铀矿冶、纯化转化等科研工作

## 2 试验结果与讨论

### 2.1 工艺优化

试验考察了不同反萃剂对结晶反萃取的影响(见表 2)。其中,反萃剂分别为 100 g/L 碳酸铵、200 g/L 碳酸铵、300 g/L 碳酸铵。

表 2 反萃剂组成对结晶反萃取体系铀浓度的影响

| 碳酸铵浓度/(g·L⁻¹) | 结晶母液 U/(g·L⁻¹) | 反萃贫有 U/(g·L⁻¹) |
|---|---|---|
| 100 | 5.48 | 0.029 |
| 200 | 1.6 | 0.303 |
| 300 | 1.02 | 0.392 |

当反萃剂为碳酸铵时,随碳酸铵浓度的增加,有机相及水相的浊度逐渐增加,结晶母液中铀浓度逐渐降低。100 g/L 碳酸铵条件下,各段两相均澄清透亮,当反萃剂为 300 g/L 碳酸铵时,有机相夹带严重,且水相开始变浑浊,母液中 U 浓度由 5.48 g/L 降至 1.02 g/L。由此可见,反萃剂中碳酸铵浓度对结晶反萃取影响较显著,碳酸铵浓度越高,铀的过饱和度越高,越容易产生小颗粒的晶体,不利于分相,导致反萃贫有的浊度增加,结晶母液 U 含量低。反萃剂中碳酸氢铵的存在有利于反萃取的进行,但不利于 AUC 晶体的生成。

试验考察了反应温度为 20 ℃和 40 ℃条件下的结晶反萃取现象(见表 3)。当反应温度为 20 ℃时,各级有机相较浑浊,水相基本澄清;当反应温度升至 40 ℃时,结晶反萃取各级的有机相及水相均澄清透亮。从实验现象可以看出,当温度升高时,有机相夹带晶体量变少,更有利于分相。

表 3 反应温度对碳铵反萃取体系铀浓度的影响

| 反应温度 /℃ | 结晶母液 U/(g·L⁻¹) | 反萃贫有 U/(g·L⁻¹) |
|---|---|---|
| 20 | 2.89 | 0.042 |
| 40 | 5.48 | 0.029 |

由表 3 可知,当反应温度为 20 ℃时,结晶母液中 U 浓度为 2.89 g/L;当温度升至 40 ℃时,结晶母液中 U 浓度升高至 5.48 g/L,反萃贫有中 U 浓度降至 29 mg/L。升高反应温度增加了 U 的溶解,降低了体系的饱和度,更利于晶体的长大,同时提高了分相速度。各级有机相中晶体减少,晶体进入水相,更利于晶体长大。

试验考察了停留时间为 15 min、20 min、30 min、60 min 条件下的结晶反萃取效果。

当停留时间为 15 min 时,分相槽中两相均浑浊,有固体夹带现象;当停留时间为 20 min 时,两相浊度均降低,呈微浑状态;停留时间为 30 min 时,两相均澄清,无夹带;继续延长停留时间至 60 min,两相均澄清透亮无浑浊。由表 4 可知,随停留时间的增加,结晶母液中铀浓度逐渐由 3.76 g/L 增加到 5.52 g/L,反萃贫有中铀浓度较低(20~60 mg/L)。

表 4 停留时间对结晶反萃取体系铀浓度的影响(100 g/L 碳酸铵,40 ℃)

| 碳酸铵浓度/(g·L⁻¹) | 结晶母液 U/(g·L⁻¹) | 反萃贫有 U/(g·L⁻¹) |
|---|---|---|
| 15 | 3.76 | 0.058 5 |
| 20 | 3.95 | 0.026 5 |
| 30 | 5.48 | 0.029 34 |
| 60 | 5.52 | 0.037 7 |

通过结果可知,增加停留时间,反应变缓,铀的饱和度降低,有利于晶体的长大以及分相。当停留时间为 30 min 时,各段两相均澄清透亮,结晶母液 U 浓度高且反萃贫有 U 浓度低,能够满足试验要求。

## 2.2 AUC 制备过程探究

由结晶反萃取得到的 AUC 产品未经洗涤各组分含量均已达到国家标准的限值。经过洗涤,AUC 晶体产品的纯度达到 45.77%。

根据试验结果对工艺进行优化,同时得到优化后的单级多段结晶反萃取装置。如图 1 所示,此单级多段结晶反萃取设备由四个圆桶锥底槽构成,分为三个串联的混合槽和一个分相槽。

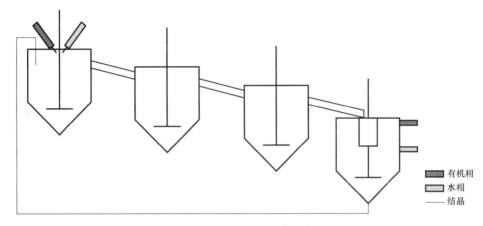

有机相
水相
—— 结晶

图 1　单级多段结晶反萃取装置

在实验第一级装置加入一定比例的负载铀有机相、反萃取剂以及少量 AUC 结晶,第二、三级加入贫有机相和反萃取剂,分别搅拌反应一段时间后,向第一级滴加负载铀有机相和反萃取剂,控制各级停留时间、反应温度、反萃取剂组成及浓度,最终有机相与水相在第四级分相槽中分离,达到反萃取效果。分相槽中累积得到的 AUC 排出并返回第一级槽。

## 3　结晶反萃取原理

根据结晶学理论,过饱和度是结晶成核与生长的驱动力,同时决定晶体长大的尺寸分布[9,10]。成核是新晶核的来源,可以同步从溶液(初级成核)或在现有晶体(二次成核)中产生。晶体生长是指随着溶质从溶液里析出,晶体尺寸增大。在饱和度较低时,晶体生长速度快于成核速度,最终形成尺寸更大的晶体。但在饱和度较高时,晶体成核先于晶体生长,最终使得晶体尺寸变小。对于某些物质来说,当降低反应温度时,晶体的生长速率容易受到影响,生长速率将会变小,如果增加体系的温度,系统中的离子运动速率加快,导致离子的碰撞几率大幅增加,最终使得成核速率加快,因此,随着温度的升高,成核速率加快[11]。为降低成核速率,反应应在温度较低的环境下进行,降低成核速率,有利于增大晶体的粒度。加入晶种可以改变结晶过程中晶体的界面能,当界面能增大时,成核速率降低,晶体的粒径也会增大[12]。

P204 体系的碳酸盐反萃取,以碳酸铵为反萃取剂,对负载铀的有机相进行反萃取。在反萃取过程中游离的萃取剂和铀酰离子均消耗碳酸根,铀酰离子与碳酸根络合生成三碳酸铀酰阴离子进入反萃取液,具体反应机理如式 1 和式 2 所示。

$$UO_2A_2B_{2(o)} + 3(NH_4)_2CO_3 = (NH_4)_4UO_2(CO_3)_3 + 2B_{(o)} + 2(NH_4)A_{(o)} \tag{1}$$

$$H_2A_{2(o)} + 2(NH_4)_2CO_3 = 2(NH_4)A_{(o)} + 2NH_4HCO_3 \tag{2}$$

由式可知,以碳酸铵为反萃剂时,碳酸铵与 P204 反应后会产生额外的 $HCO^{3-}$、$NH^{4+}$,它们的存在会促进铀产生结晶沉淀,且体系中剩余 $NH^{4+}$ 的浓度对晶体的产生影响较大。当反萃液中碳酸铵浓度足够高时,反萃体系中可以直接得到 AUC 晶体。

结晶反萃取 AUC 生成过程如图 2 所示。

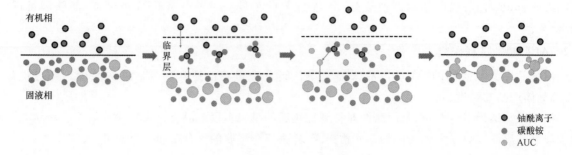

有机相

临界层

固液相

● 铀酰离子
● 碳酸铵
● AUC

图 2　结晶反萃取 AUC 生成过程

## 4　结论

本文研究了 P204 体系结晶反萃取工艺流程,得到纯度较高的 AUC 产品。为了确保单级多段结晶反萃取试验能够稳定运行,通过单因素试验得到了反应的优化条件,试验的工艺参数选择为:反应温度 40 ℃,反萃剂 100 g/L 碳酸铵,停留时间 30 min。在此工艺条件下得到的清澈贫有机相基本不夹带 AUC 细晶,有利于结晶反萃取的进行,得到的 AUC 产品铀含量高。根据优化条件得到了可工业化的结晶反萃取设备。

**参考文献:**

[1]　杨伯和. 铀矿加工工艺学[R].《铀矿冶》编辑部,2002.

[2]　陶德宁. 反萃取结晶过程参数对三碳酸铀酰铵晶体性质的影响[J]. 铀矿冶,1994(03):212.

[3]　黄伦光,等. 气-液反应法制备 AUC 的研究[J]. 铀矿冶,2003,22(1):15-22.

[4]　康仕芳,等. 制备近似球形 AUC 结晶的初步研究[J]. 原子能科学技术,2001(04):64-68.

[5]　潘英,等. AUC 及 UO₂ 的微观结构研究[J]. 核动力工程,1992,13(001):72-77.

[6]　刘国宏,等. NH₄HCO₃ 沉淀法制备优质铀浓缩物的研究[J]. 铀矿冶,2004,22(4):178-182.

[7]　牛玉清,等. 反萃取结晶生产三碳酸铀酰铵的工艺[P]. 中国专利:106507819,2011.

[8]　张钧林. 材料科学基础[M]. 北京:化学工业出版社,2006.

[9]　邵启艳. 二氧化铈结晶动力学及其可控制备[D]. 内蒙古工业大学,2014.

[10]　Huige N J,et al. Nucleation and growth kinetics for the crystallization of ice from dextrose solutions in a continuous stirred tank crystallizer with supercooled feed[J]. Kristall und Technik,1973,8(7):785-801.

[11]　Graziani R,et al. Crystal structure of tetra-ammonium uranyl tricarbonate[J]. Journal of the Chemical Society Dalton Transactions,1972,(19):2059-2061.

# Study on preparing AUC by re-extraction crystallization process

YE Kai-kai,ZHOU Zhi-quan,NIU Yu-qing,
CAO Ling-hua,REN Yan,CAO Xiao-hao

(Beijing Research Institute of Chemical Engineering and Metallurgy,Beijing 101149,China)

**Abstract**:In this paper,high purity AUC products was prepare by re-extraction-crystallization process,and the effects of reaction temperature,stripping agent concentration,and residence time on the stripping effect were studied. The optimal conditions for the re-extraction-crystallization process was showed as following, reaction temperature was 40 ℃ , concentration of ammonium carbonate was 100 g/L, and residence time was 30 min. Uranium content in AUC product was high and impurity elements were removed obviously after washing. According to optimal conditions, industrialized equipment was obtained.

**Key words**: Crystallization; Re-extraction; AUC; Ammonium carbonate

# 某铀矿山危险废物地下填埋场设计

施林峰，吕继民，于宝民

(中核第四研究设计工程有限公司，河北 石家庄 050021)

**摘要：**本文主要介绍南方某关停铀矿山危险废物地下填埋场设计，属于岩硐型地下填埋场，设计首先根据某铀矿山现有地质、水文等建设条件，结合国家相关标准、规范，进行了场址条件适宜性分析。地下填埋场在布局设计上，充分考虑现有铀矿山建设条件，避开了铀矿山矿体范围、地表塌陷区、采矿岩石移动圈、断层、软弱岩层。提出了分区建设和分区填埋的模式，减少填埋工程和掘进工程相互影响。在填埋硐室防渗结构设计上，采用钢筋混凝土防护池与柔性人工衬层相组合的刚性结构。

**关键词：**危险废物；地下填埋场；防渗结构

危险废物是指列入国家危险废物名录或者根据国家规定的危险废物鉴别标准和鉴别方法认定的具有危险特性的废物，它们对生物体、饮用水、土壤环境、水体环境以及大气环境具有直接危害或者潜在危害，这些危害主要包括腐蚀性、毒性、易燃性、反应性、感染性等特性，随意倾倒或利用处置不当会危害人体健康，破坏生态环境，因其环境风险高，对人体的潜在危害大，一直是世界各国、各地区环境管理的重点，我国一直将危险废物作为固体废物环境管理的重中之重[1]。

近年来，危险废物填埋场作为危险废物安全处置的重要手段和设施在全国范围内大量建设。对于危险废物填埋场而言，其安全功能就是隔断危险废物中重金属等有害组分向环境和人体迁移的途径，从而达到危险废物安全处置的目的。安全填埋是最终处置危险废物的一种方法，适用于不能回收利用其组分和能量的危险废物，包括焚烧产生的残渣和飞灰等[2]。地表填埋场在选址要求严格，占用大量土地，有时还常常存在"邻避"效应，遭到当地居民和相关单位的反对和抵制，地表填埋场选址困难重重。而地下填埋场在水文地质条件适宜的情况下，探索建设岩硐型地下填埋场，缓解解决危险废物处置建设场地普遍存在的征地难的问题，在未来有广阔的应用前景。

## 1　工程背景及进展

近些年来，我国经济的快速发展、产业结构的多元化，危险废物的产生量增长迅速，同时随着十九大以后，中央提出了生态文明体制改革建设美丽中国的目标，各地对环保以及危险废物的管理处置越来越重视。本工程所处地区为我国东部沿海发达省份，经济发达，危险废物产生量大，该市化工园区生产过程中产生了大量的化工危废，因此存在较大的处置需求，处置能力存在缺口。而某铀矿自 2016年铀矿山结构调整改革以来，处于关闭封存阶段，现有场地设施闲置，在这种背景下，探索性的在铀矿山建设岩硐型危险废物地下填埋场是个不错的选择。通过本次工程实践，进一步掌握危险废物地下岩硐处置的关键技术，积累经验，从而实现铀矿山地下空间延伸利用，使之进一步发挥环境效益和社会效益，同时也能促进铀矿企业转型升级，可持续发展。2018 年，对拟选场址进行了工程地质、水文地质勘察，对场址进行了适宜性评价，认为通过一定的工程措施能基本满足危险废物填埋场的选择要求，工程启动建设，目前本工程一期已经顺利建成。

---

作者简介：施林峰(1983—)，男，浙江慈溪人，工程师，工学学士，现主要从事的国内外铀矿山、地下工程相关设计、科研工作

## 2 工程概况

### 2.1 建设目标、规模、内容

本工程利用华东某省某铀矿山现有矿山场地、设施建设,拟建设成为区域危险废物处置中心,处理对象为《国家危险废物名录》中 HW18 类(焚烧残渣和飞灰)危险废物,地表新建焚烧残渣年处理能力 10 000 t 的地表固化线及其配套设施;地下初期建成 5 000 m³ 的填埋空间,并形成年填埋 10 000 m³ 残渣固化体能力的井下掘进配置。地下填埋场规划填埋空间约 200 000 m³,设计服务年限 20 a。

工程建设内容为了地表固化工程和和地下填埋场两大部分,地表固化工程利用铀矿山原有工业场地及外部设施,主要包括:固化/稳定化车间、危险废物暂存库、MVR 渗滤液处理车间、洗车台、称量站、淋浴室洗衣房、生活污水处理设施、井口值班室,废石场等。地下填埋场利用铀矿山原有平硐入口以及部分回风巷道,主要包括:填埋硐室及配套分区公共巷道、开拓运输巷道、回风巷道、通风机硐室、变电硐室、渗滤液收集系统、导气系统、掘进涌水(岩壁渗水)收集池以及供配电、照明、供水、压气、通信、监测监控等系统。

地下填埋场处置的危险废物需满足规范要求的废物允许进入填埋区的控制限值,包装采用吨袋填埋。

### 2.2 场址工程地质条件、水文地质条件

地下填埋场利用某铀矿山原 170 m 半硐入口,整个填埋场位于 170 m 标高,属于平巷开拓。

(1)工程地质条件

场址区范围内地层主要为:第四系全新统地层及侏罗系上统磨石山组火山岩及火山碎屑岩。+170 m 标高围岩以微风化流纹岩为主,属于坚硬岩,饱和单轴抗压强度在 88~125 MPa 之间,围岩质量分级以 Ⅱ~Ⅲ 级为主;同时伴有局部绿色层,绿色层岩性复杂,由凝灰岩、熔结凝灰岩、凝灰质砂岩和粉砂岩组成,其中以凝灰岩为主,岩石强度较低,遇水易软化,手掰易碎,风干失水后呈碎块状及土状。

地质构造:场址区填埋层主要发育有北北东组和北西西组断裂,断层性质为压扭性断层,多表现为阻水断层,场址区断层第四纪以来未发现明显活动迹象,初步判定场址内的断层为非全新活动断裂。

另外未发现泥石流、崩塌、溶洞、地裂缝、地面塌陷等不良地质作用,无全新世火山活动迹象。

(2)水文地质条件

根据场址区的岩层的含水性、水理性质、富水程度等特点,地下水类型分为第四系孔隙潜水、基岩风化裂隙潜水、基岩裂隙水、构造裂隙水。场址区岩性主要为流纹岩和绿色层,经过目标层进行压水试验,目标层渗透性见表 1,由表可知,场址区微风化流纹岩、绿色层透水率为 0.23~0.83 Lu,均为微透水。

**表 1　压水试验成果表**

| 试验编号 | 试验段岩性 | 深度/m | | 试段透水率 q/ Lu | 渗透系数/ (cm/s) | 渗透系数/ (m/d) | 渗透性 分级 |
|---|---|---|---|---|---|---|---|
| | | 起 | 止 | | | | |
| ZK1-1 | 微风化流纹岩、绿色层 | 170.00 | 179.80 | 0.77 | $7.7×10^{-6}$ | 0.066 528 | 微透水 |
| ZK2-1 | 微风化流纹岩 | 170.47 | 180.47 | 0.28 | $2.8×10^{-6}$ | 0.024 192 | 微透水 |
| ZK3-2 | 微风化绿色层、流纹岩 | 169.49 | 178.39 | 0.83 | $8.3×10^{-6}$ | 0.071 712 | 微透水 |
| ZK5-2 | 微风化流纹岩 | 169.30 | 179.30 | 0.23 | $2.3×10^{-6}$ | 0.019 872 | 微透水 |
| ZK6-2 | 微风化流纹岩 | 169.73 | 179.73 | 0.25 | $2.5×10^{-6}$ | 0.021 6 | 微透水 |

场址区表层潜水受地形起伏而变化,地下水位埋深在 1.80～16.80 m 之间,水位标高在 198.00～349.27 m 之间。根据 170 m 标高目标层地下水观测结果,目标层在钻孔位置处含水层裂隙不太发育,地下水补给有限,富水性较差。170 m 标高处地下水主要为基岩裂隙水和构造裂隙水,且补给有限,风化裂隙水含水层以中等风化带为底界,与第四系孔隙潜水共同构成一个具有统一地下水位的潜水含水层。潜水水位标高在 198.00～349.27 m 之间,场址勘察区风化裂隙含水层底界标高为 188.87～352.28 m。强风化带的下部依次为中风化带和微风化带,因其风化程度已大大降低,裂隙率逐渐减少,岩石坚硬,透水性差。因此,场址勘察区潜水含水层底板距目标层厚度 18～182.28 m,且中间为透水性差的微风化带,水力联系在垂直方向上并不连续,所以,潜水对目标层影响较小。

### 2.3 场址条件适宜性分析

本项目启动建设时,利用地下空间进行危险废物的填埋处置,国内尚属无先例,根据《危险废物填埋污染控制标准》(GB 18598—2001)对场址的相关要求进行分析和评价。

(1)根据资料,场址区目标层的岩性主要为微风化流纹岩,目标层天然基础层饱和渗透系数为 $2.3 \times 10^{-6}$～$8.3 \times 10^{-6}$ cm/s,小于 $1.0 \times 10^{-5}$ cm/s;另外,微风化层最小厚度＞17.1 m,最大厚度为＞166.0 m,所以目标层天然基础层厚度大于 2 m。因此,场址能充分满足填埋场基础层的要求。

(2)潜水水位标高在 198.00～349.27 m 之间,距目标层厚度 18～182.28 m,且中间为透水性差的微风化带,水力联系在垂直方向上并不连续,填埋目标层位于微风化层,岩体致密、坚硬,节理裂隙发育少,完整性好,渗透系数为 $2.3 \times 10^{-6}$～$8.3 \times 10^{-6}$ cm/s,渗透性弱。潜水层对填埋目标层影响较小,在采取一定工程措施后能满足要求。

(3)本项目场址区虽发育有多条断层,但这些断层为非全新活动断层;同时,在填埋场规划设计上要求填埋硐室均避开断层至少 50 m 的距离,断层对填埋区影响较小。因此基本满足"地质构造相对简单、稳定,没有断层"的要求。

(4)根据勘察资料,场址区未发现泥石流、崩塌、溶洞、地裂缝、地面塌陷等不良地质作用,无全新世火山活动迹象。另外,根据现有地质、采矿资料,地下填埋场虽然利用铀矿山场区建设,但填埋场区域规划布置时避开了铀矿山原有采矿巷道和矿体范围,位于山体非矿脉区。

基于以上分析,本项目场址能基本满足《危险废物填埋污染控制标准》(GB 18598—2001)对场址的相关要求。(注:本项目设计建设时,GB 18598—2019 未发布执行)

## 3 地下填埋场总体布局设计

### 3.1 地下填埋场总体布置原则

(1)避开铀矿山原矿区矿体范围,填埋场区布置在采矿岩石移动圈外侧;

(2)避开地表塌陷区,与原 170 m 采矿中段巷道、地表尾渣库保持一定安全距离;

(3)考虑地表山体覆盖层厚度,填埋硐室布置在微风化岩层并避开绿色层岩等软弱岩层;

(4)考虑填埋工程和掘进工程同步进行,尽量减少相互影响,分区建设和分区填埋;

(5)满足硐室安全稳定性、井下通风、运输等要求,尽量利用原有通风巷道,以节省投资;

(6)兼顾后期工程建设;

(7)根据勘察报告,按填埋硐室与断层平面距离不小于 50 m 布置填埋区,同时要求掘进过程中根据断层揭露情况,使填埋硐室避让断层。

### 3.2 地下填埋场总体规划设计

地下填埋场总体位于＋170 m 标高,平巷开拓,利用铀矿山原有 170 m 平硐扩修后作为入口,主要包括开拓运输巷道、分区公共巷道、填埋硐室、专用回风巷道以及各类辅助配套硐室,根据 3.1 节原则规划布置,规划填埋空间 200 000 m³,规划填埋场内填埋硐室埋深介于 41～400 m。地下填埋场剖面如图 1 所示。

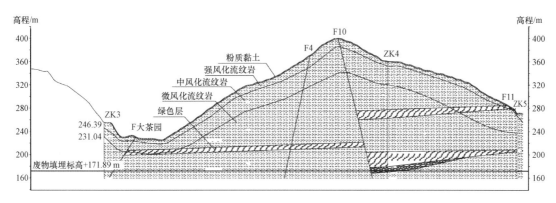

图 1　地下填埋场剖面图

填埋场分为基建期、西北区、东北区、南区(南一区、南二区),开拓运输巷道从 170 m 平硐联通各填埋区域,作为固化体、人员、设备、材料进出的主要通道。每个填埋区域内开拓运输巷道环形布置,内部以分区公共巷道相连,填埋硐室布置在分区公共巷道两侧,鱼刺状布置。

各填埋区域以分区开拓,分区填埋的方式进行。根据填埋场总体布置、初期工程,优先完成初期通风系统,运营期按西北区→东北区→南区(1→4)的顺序进行填埋作业。地下填埋场规划布置如图 2 所示。

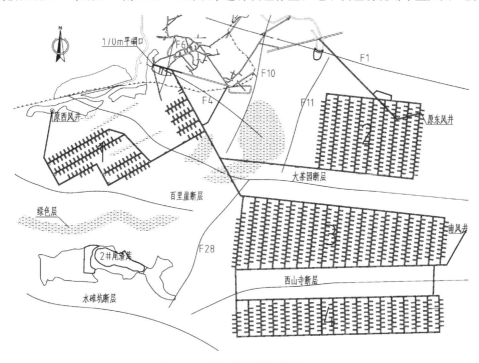

图 2　地下填埋场总体规划布置图
1—西北区;2—东北区;3—南一区;4—南二区

各填埋区域均采用独立通风,初期和东北区利用铀矿山原东风井出风,西北区利用铀矿山原西风井出风,南区后期新建通风斜井连接地表。靠近风井口设置通风机硐室。

渗滤液收集池和涌水收集池设置位置靠近 170 m 平硐口附近,在开拓运输巷道一侧,各填埋硐室渗滤液及涌水通过管路汇集至收集池,泵送至渗滤液处理车间及矿井水处理车间。

开拓运输巷道贯穿填埋场,作为主运输巷道,断面考虑运输车辆通行与人行的安全,人行道宽度不小于 1 m,无轨运输设备之间的间隙不小于 0.6 m,无轨运输设备与支护之间的间隙不小于 0.6 m,并考虑安装渗滤液管路、水沟要求,综合确定开拓运输巷道宽度 4.2 m、墙高 2.1 m,巷道采用三心拱断面,净断面 13.45 m²。填埋区布局由分区公共巷道和填埋硐室组成,各填埋硐室通过分区公共巷道连接,填埋硐室间距为 12 m(2.0~2.5 倍硐径),需满足硐室群整体稳定性要求。

地下填埋场按照矿山安全需求设置供配电,照明、供水、压力、通信、监测监控等系统。

## 4 填埋硐室形式及防渗结构设计

填埋硐室在结构设计上考虑以下因素:

(1) 依据围岩类别确定填埋硐室拱部形式;填埋硐室所在微风化流纹岩质量级别以Ⅱ~Ⅲ级为主,填埋硐室顶部采用三心拱,提高断面利用率。

(2) 填埋硐室的长度考虑填埋硐室内不留人行道的情况下,巡视人员在硐室门口能通视硐室内部的各种状况,同时考虑填埋机械能方便地进出填埋硐室。

(3) 填埋硐室的高度应考虑施工时的掘进机械,同时考虑方便填埋机械操作和满足废物固化体的堆高要求。

(4) 填埋硐室的宽度既考虑方便掘进机械和填埋机械的工作,又要根据围岩类别考虑支护结构的稳定性、减少临时支护、降低支护成本。

(5) 填埋硐室内各种设施的布置考虑最大限度地增大填埋量同时考虑防渗、导气系统、设置截渗沟,清污分流。

(6) 在填埋硐室和填埋分区公共巷道封闭后,将其作为一个导气单元,在分区公共巷道内设导气管路,防止有害气体积聚。

(7) 防渗、清污水分流系统的管路和截渗沟要考虑坡度,使渗滤液和渗水自流到收集池。

(8) 采用刚性结构填埋,设置防护池实现了危废固化体与硐室壁的空间隔离,同时防止了吨袋倾倒,固化体散落,造成污染。

根据以上因素综合确定填埋硐室的净尺寸长×宽×高为15.0 m×4.79 m×4.8 m,直墙三心拱(墙高3.2 m),净断面21.34 m²,内部不设人行道。填埋硐室内设下部为钢筋混凝土+上部为砖墙的防护池,净尺寸长×宽×高为13.65 m×3.99 m×3.06 m;侧壁与围岩之间留有150 mm间隙隔断围岩裂隙水;为防止顶部滴水流到固化体吨袋,吨袋(按0.9 m×0.9 m×0.9 m设计)码堆上覆盖复合土工膜。填埋硐室结构及防渗设计如图3所示。

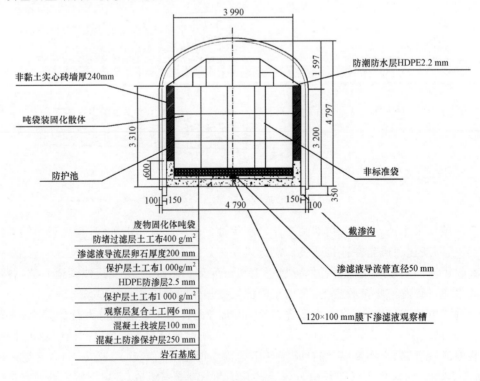

图3　填埋硐室结构和防渗设计示意图

填埋硐室防渗形式采用钢筋混凝土外壳与柔性人工衬层组合的刚性结构。填埋硐室底部防渗结构由下向上依次为：岩石基底、抗渗钢筋混凝土 250 mm、混凝土找坡层 100 mm、观察层复合土工网 6 mm、保护层土工布 1 000 g/m²、HDPE 防渗层 2.5 mm、保护层土工布 1 000 g/m²、渗滤液导流层卵石厚度 200 mm、防堵过滤层土工布 400 g/m²、危废吨袋。侧帮防渗系统由外向里依次为：基岩、结构支护 100 mm 或 250 mm、隔离空间 150 mm、下部地脚 0.6 m、抗渗钢筋混凝土 250 mm 厚上部非黏土实心砖 240 mm 厚砌筑墙体、防水砂浆 20 mm、防护层土工布 1 000 g/m²、HDPE 防渗层 2.5 mm、防护层土工布 1 000 g/m²。

## 5　结论

本工程的设计建造开创了利用地下空间建设岩硐型危险废物地下填埋场的先河，填埋硐室结构方案属于技术首创，同时也证明了，在满足一定工程地质和水文地质下，采取必要的工程措施，建设危险废物地下填埋场是可行的。

在地下空间利用方面，利用铀矿山建设废物地下填埋场，不仅避免占用未来日益珍贵土地资源，减轻公众对危险废物处置场的恐惧心理，缓解危险废物填埋场选址中的"邻避效应"，解决危险废物地表处置建设场地普遍存在的征地难的问题，引领危险废物处置行业新的发展方向，前景广阔。即使在《危险废物填埋污染控制标准》修订后，对刚性防渗结构进一步改进，地下填埋场也依然能开展应用。

## 致谢

在本工程设计中，受到了中核第四研究设计工程有限公司霍晨琛、程光华、段晓恒等人的大力支持，在此向他们表示衷心的感谢。

**参考文献：**

[1]　洪鸿加,吴彦瑜,陈琛,等. 深圳市危险废物污染防治现状及对策研究[J]. 环境与可持续发展,2016,(4)：159-162.

[2]　董学光,苏红玉,范晓平. 沿海工业园区危险废物刚性填埋场设计研究 [J]. 环境卫生工程,2020,28(2):55-58.

[3]　危险废物填埋污染控制标准:GB 18598—2001[S].

[4]　金属非金属矿山安全规程:GB 16423—2006[S].

[5]　核工业铀矿冶工程设计规范:GB 50521—2009[S].

# Design of hazardous waste landfill in a uranium mine

SHI Lin-feng, LV Ji-min, YU Bao-min

(The fourth research and design engineering corporation of CNNC, Shijiazhuang Hebei, 050021 China)

**Abstract**：This paper mainly introduces the design of the underground landfill of hazardous waste in a closed uranium mine, which belongs to the rock cavern type. According to the geological, hydrological and other construction conditions of a uranium mine, combined with the national standards and specifications, the suitability of site conditions is analyzed.

In the layout design of the underground landfill, considering the construction conditions of the existing uranium mine, it avoids the scope of ore body, surface subsidence area, mining rock movement circle, fault and weak rock stratum. In order to reduce the interaction between landfill and excavation, the concept of excavation and landfill in different areas is proposed. The anti-seepage structure of the landfill chamber is designed as a rigid structure, which is composed of reinforced concrete protection pool and flexible artificial lining.

**Key words**: Hazardous waste; Underground landfill; Impervious structure

# 基于 GIS 的铀矿山退役治理效果评价技术研究

## 陈乐宁

**摘要**：本文以某铀矿山为例，通过收集该铀矿山各类设施退役治理前、退役治理后不同时期的卫星遥感影像，采用 GIS 技术对遥感影响进行解译、分析，绘制了铀矿山所在区域的土地利用现状、土壤侵蚀、植被覆盖度等生态图件，并结合生态环境影响评价技术导则对该铀矿山所在区域的整体生态环境质量进行了定量分析，分析结果表明，该铀矿山采取退役治理措施后，其所在区域的生态环境各项指标较退役治理前有了大幅改善，体现了该铀矿山退役治理工程良好的环境效益。

**关键词**：铀矿山；退役治理；遥感技术

铀矿的开采会使山体的地形、地貌、生态系统等遭到巨大的破坏[1]，带来的环境问题主要有耕地植被破坏、水土流失等[2]。随着新中国成立以来核工业的持续发展，我国目前完成退役治理的铀矿地质矿点已有数百个[3]，而铀矿山退役治理的显著效果之一便是降低铀矿设施对周边生态的影响[4]。通过遥感图像可以从时空变化的动态角度研究铀矿山退役治理前后植被覆盖度、土壤侵蚀强度等指标的变化[5]，从而利用遥感技术对退役治理的铀矿山生态环境进行定量评价。

土壤侵蚀作为全世界最严重的环境问题之一，会造成土壤肥力下降，加剧自然灾害的发生[5]，因此，土壤侵蚀强度成为水土流失研究中的常用指标。目前，地理信息系统和遥感技术仍是土壤侵蚀强度最常用的定量研究方法[6]。

植被是生态系统最基础也是最重要的构成，植被覆盖度是评价生态环境变化的重要参数和基本指标，通过遥感技术能获得植被覆盖度的时空变化信息，其中最为常用的是利用像元二分模型和归一化植被指数结合估算[7]。

## 1　研究区概况

该铀矿所在区域以低山脉地形为主，海拔 300～980 m，地形切割中等，在山脚下或河岸边有冲积阶地，地下水主要接受大气降雨和雪水的补给。

该区域属温带湿润气候区，兼有季风和大陆性气候特征，全年四季分明，雨量充沛，年平均气温 6.2 ℃，最高气温 35 ℃，最低气温 -37.9 ℃。全年降雨量 700～1 000 mm，无霜期 110～117 d 左右，年日照时间 2 228～2 411 h。区内森林资源、矿产资源、野生动物资源丰富。

该铀矿区退役环境治理的内容主要包括：尾矿库退役治理、水冶厂退役治理、运矿公路沿线污染地面治理，区域内设施分布图见图 1，本研究以水冶厂为中心 2 km 半径范围为研究区域，包含了尾矿库、水冶厂及部分运矿公路。

## 2　研究方法

### 2.1　数据来源

该铀矿山于 2015 年完成退役治理，为研究其退役治理前后评价区内植被覆盖度、土壤侵蚀强度的变化，本研究选取 2015 年 7 月 9 日和 2020 年 7 月 22 日条带号为 119-32 的美国陆地卫星（Landsat8 OLI）遥感影像以对比时空变化，空间分辨率为 30 m ×30 m，此卫星是目前世界范围内应用最广的民用对地观测卫星[8]。在此日期，研究区域均处于夏季植被生长状况良好时期，有利于植被覆盖度的识别与计算。

---

**作者简介**：陈乐宁（1993—），女，硕士，工程师，现主要从事辐射防护与环境保护专业相关工作

坡度数据选取条带号为 123-40 和 123-41 的 ASTER GDEM 高程影像拼接使用,空间分辨率为 30 m。

图 1　设施位置示意图

### 2.2　数据处理

为从遥感影响中提取信息,本研究采用 ENVI5.3 对下载的遥感图像进行预处理,处理流程包括图像融合、辐射定标、大气校正、影像裁剪等[7],再使用 ArcGis10.2 将预处理后的遥感图像矢量化。

### 2.3　植被覆盖度

本研究利用像元二分模型来计算植被覆盖度,此模型将传感器观测到的遥感图像分为植被覆盖的像元和无植被覆盖(裸地)的像元,再通过计算出的 NDVI 值(归一化植被指数),建立起植被覆盖度和 NDVI 二者的线性转化关系,从而得出研究区域的植被覆盖度[9]。

#### 2.3.1　NDVI 计算

在遥感监测中,由于植被在红光波段和近红外波段分别有一个强烈的吸收带和反射峰,因此可利用二者的组合来进行植被的推算,NDVI 由此定义而来,其计算公式为[10]:

$$NDVI = \frac{NIR - R}{NIR + R} \tag{1}$$

式中,R 为红外波普段,NIR 为近红外波普段,计算得到的 NDVI 值在 $-1$ 到 $1$ 之间,正值越大表示植被覆盖度越高,零值为裸地,负值表示地面被云、雪等覆盖[10],为便于计算,通常将负值去除,归为零值[7]。

#### 2.3.2　植被覆盖度计算

植被覆盖度(Fc)的计算基于像元二分模型,将纯植被覆盖的像元遥感信息 $S_{veg}$ 和纯裸地像元的遥感信息 $S_{soil}$ 通过线性关系转换为 $NDVI_{veg}$ 和 $NDVI_{soil}$,得到植被覆盖度计算公式:

$$Fc = \frac{NDVI - NDVI_{soil}}{NDVI_{veg} - NDVI_{soil}} \tag{2}$$

式中,$NDVI_{veg}$ 为纯植被覆盖像元的 NDVI 值,$NDVI_{soil}$ 为裸地像元的 NDVI 值。在常用 $NDVI_{veg}$ 和 $NDVI_{soil}$ 计算方法中,需获取每一种土地利用类型的阈值,通常根据像元累加数的比重累划分,选取 5% 和 95% 的累积百分比为置信度区间,读取最大值和最小值,再计算 $NDVI_{veg}$ 和 $NDVI_{soil}$[7],但此方法具有一定的局限性,可能导致裸地的 NDVI 值比林地要高,因此本研究在获取 NDVI 阈值时利用 ENVI 的 Cursor Value 功能,主观查询一个统一值,从而计算有效的 $NDVI_{veg}$ 和 $NDVI_{soil}$,再带入式(2)得到研究区域的植被覆盖图。

#### 2.3.3　土壤侵蚀强度

土壤侵蚀强度的计算需要土地利用类型解译结果、坡度分类结果和植被覆盖度计算结果三者结合,使用 ArcGIS 软件进行三次重分类得到结果。本研究根据《土壤侵蚀分类分级标准》(SL190—2007)中土壤侵蚀强度面蚀(片蚀)分级指标(见表 1),增加一项微度分类(见表 2)。

**表 1　土壤侵蚀强度面蚀(片蚀)分级指标**

| 地类 | 地类坡度/(°) | 5~8 | 8~15 | 15~25 | 25~35 | >35 |
|---|---|---|---|---|---|---|
| 非耕地林草覆盖度/% | 60~70 | 轻度 | | | | |
| | 45~60 | | | | | 强烈 |
| | 30~45 | | 中度 | | 强烈 | 极强烈 |
| | <30 | | | 强烈 | 极强烈 | 剧烈 |
| 坡耕地 | | 轻度 | 中度 | | | |

134

表 2　本研究土壤侵蚀强度面蚀(片蚀)分级指标

| 地类 ＼ 地类坡度/(°) | | 0~5 | 5~8 | 8~15 | 15~25 | 25~35 | >35 |
|---|---|---|---|---|---|---|---|
| 非耕地林草覆盖度/% | >75 | 微度 | 微度 | 微度 | 微度 | 轻度 | 轻度 |
| | 60~70 | 微度 | 轻度 | 轻度 | 轻度 | 轻度 | 轻度 |
| | 45~60 | 微度 | 轻度 | 轻度 | 轻度 | 轻度 | 强烈 |
| | 30~45 | 微度 | 中度 | 中度 | 中度 | 强烈 | 极强烈 |
| | <30 | 微度 | 中度 | 中度 | 强烈 | 极强烈 | 剧烈 |
| 坡耕地 | | 微度 | 轻度 | 中度 | 强烈 | 极强烈 | 剧烈 |

## 3　研究结果

### 3.1　植被覆盖度时空变化

通过遥感影像解译得到的研究区 2015 年和 2020 年植被覆盖度结果见图 3 植被覆盖度分布图，以水冶厂为中心 2 km 的范围(包含了水冶厂、尾矿库和部分运矿公路三个重点治理区域)内，总面积为 12.57 km²，除工况\建设用地外，其余土地利用类型均为林地，此范围内植被覆盖度的详细数据见表 3。

表 3　植被覆盖度动态变化

| 植被覆盖度/ 用地类型 | 面积/km² | | 百分比/% | |
|---|---|---|---|---|
| | 2015 年 | 2020 年 | 2015 年 | 2020 年 |
| >75% | 11.170 | 11.596 | 88.87 | 92.27 |
| 60%~75% | 0.109 | 0.000 | 0.87 | 0.00 |
| 45%~60% | 0.014 | 0.002 | 0.11 | 0.02 |
| 30%~45% | 0.008 | 0.000 | 0.06 | 0.00 |
| <30% | 0.012 | 0.002 | 0.09 | 0.02 |
| 工矿/建设用地 | 1.256 | 0.966 | 10.00 | 7.69 |
| 合计 | 12.57 | 12.57 | 100.00 | 100.00 |

由图 2 直观可见研究区域植被覆盖度以＞75％为主。2015 年植被覆盖度类型按面积从大到小排序为：75％以上＞工况/建设用地＞60％～75％＞45％～60％＞45％～60％＞30％以下＞30％～45％；2020 年排序为 75％以上＞工况/建设用地＞45％～60％＝30％以下＞60％～75％＝30％～45％。

2020 年水冶厂所在区域的植被覆盖度较 2015 年显著增加，尾矿库、运矿公路沿线区域的植被覆盖度也有一定幅度上升。由表 3 可知，以水冶厂为中心 2 km 的范围内，有植被覆盖度的区域由 2015 年的 11.313 km² 增加到 11.601 km²，占比由 90％增加到 92.31％，其中增幅明显的是植被覆盖度大于 75％的区域，面积由 2015 年 11.170 km²，占总面积的 88.87％，增加到 2020 年 11.596 km²，占总面积的 92.27％；工况/建设用地面积由 2015 年的 1.26 km² 下降到 2020 年 0.97 km²，占比由 10％下降到 7.69％。

### 3.2　土壤侵蚀强度时空变化

研究区 2015 年和 2020 年土壤侵蚀强度分布图见图 3，由图 3 可见研究区域内土壤侵蚀类型以微度、轻度、剧烈为主，2015 年土壤侵蚀强度类型按面积从大到小排列为：微度侵蚀＞轻度侵蚀＞剧烈侵

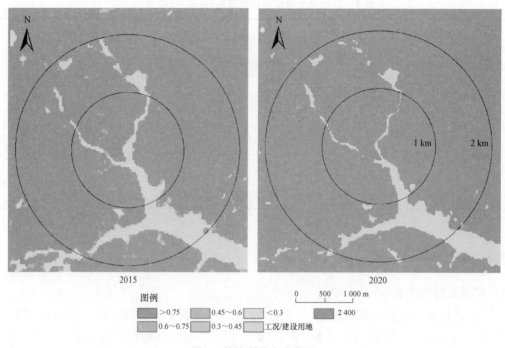

图2　植被覆盖度分布图

蚀＞中度侵蚀＞强烈侵蚀＞极强烈侵蚀;2020 年排序为微度侵蚀＞轻度侵蚀＞剧烈侵蚀＞极强烈侵蚀＞中度侵蚀＝强烈侵蚀。

对比 2015 年和 2020 年的土壤侵蚀强度变化(见表 4),水冶厂区域、尾矿库区域、运矿公路沿线区域的土壤侵蚀强度都有所好转,部分剧烈侵蚀地区转化为微度侵蚀,根据表 3 土壤侵蚀强度的详细数据可知,剧烈侵蚀和微度侵蚀变化较明显,剧烈侵蚀由 2015 年的 1.256 km² 减少至 2020 年的 0.974 km²,所占百分比由 9.99% 下降至 7.75%;微度侵蚀由 8.528 km² 增加至 8.914 km²,所占百分比由 67.83% 上涨至 70.92%。其余强度仅有小幅度浮动,无明显变化。

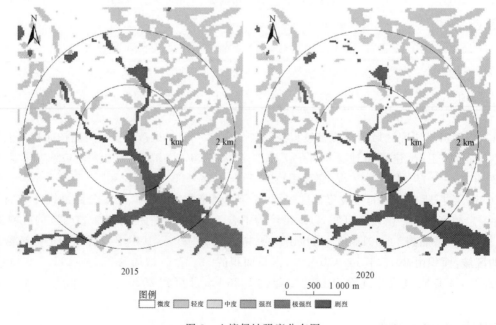

图3　土壤侵蚀强度分布图

表 4　土壤侵蚀强度变化

| 土壤侵蚀强度 | 面积/km² | | 百分比/% | |
|---|---|---|---|---|
| | 2015 | 2020 | 2015 | 2020 |
| 微度 | 8.528 | 8.914 | 67.83 | 70.92 |
| 轻度 | 2.768 | 2.680 | 22.01 | 21.32 |
| 中度 | 0.011 | 0.000 | 0.09 | 0.00 |
| 强烈 | 0.009 | 0.000 | 0.07 | 0.00 |
| 极强烈 | 0.001 | 0.002 | 0.01 | 0.01 |
| 剧烈 | 1.256 | 0.974 | 9.99 | 7.75 |
| 合计 | 12.57 | 12.57 | 100.00 | 100.00 |

## 4　结果分析

通过对比 2015 年植被覆盖度分布图和土壤侵蚀强度图可知,土壤侵蚀剧烈区域与工况/建设用地极度吻合,这一结果表明区域内土壤侵蚀状况的恶化与铀矿山的开采活动不无关联,而植被覆盖度较高的地区,土壤侵蚀程度也较低。

通过对比 2015 年和 2020 年的结果分析,在研究区域内,有 2.31％的工况/建设用地在铀矿山退役治理后被植被覆盖,更有小部分植被覆盖度低的区域在退役治理后覆盖度有所提高;对于土壤侵蚀强度分布来说,有 2.24％的剧烈侵蚀地区得到不同程度的缓解,越靠近重点治理区域(水冶厂、尾矿库和沿线运矿公路)效果越明显。由此可以认为铀矿山的退役治理对治理区域内植被覆盖度的提升和土壤侵蚀强度的缓解有显著效果,对环境治理和生态恢复起到了积极作用。

## 5　结论

本研究以某铀矿山为研究对象,利用 GIS 技术对研究区域内退役治理完成前后的植被覆盖度和土壤侵蚀强度进行了解译分析,得到不同时空的植被覆盖图和土壤侵蚀图强度图,较好地反映了研究区治理前后的变化状况,得到的结果表明此区域内的植被覆盖度在退役治理后有所提高,土壤侵蚀强度有所下降,因此认为铀矿山的退役治理可以对周边环境及生态系统产生积极的影响,对于未来应持续关注铀矿山退役治理后周边生态环境指数的变化。

**参考文献:**

[1]　于坤 . 浅议铀矿山生态环境保护措施重要环节——土地复垦[J]. 中国矿业,2012,21(1):117-120.

[2]　武易 . 我国铀矿山主要环境问题与修复技术[J]. 广东化工,2015,42(2):95-96.

[3]　贝新宇 . 铀矿地质勘探设施退役后分类长期监护工作初探[J]. 铀矿地质,2020,36(3):207-211.

[4]　蒋阳志 . 浅谈铀矿地质勘探退役治理环境修复策略[J]. 中国新技术新产品,2019(22):98-99.

[5]　张骁,赵文武,刘源鑫 . 遥感技术在土壤侵蚀研究中的应用述评[J]. 水土保持通报,2017,37(2):228-238.

[6]　冷宗 . GIS 与遥感技术在水土流失定量评价中的应用研究[J]. 水利规划与设计,2018(10):28-30+52.

[7]　彭文甫,等 . 基于多时相 Landsat5/8 影像的岷江汶川—都江堰段植被覆盖动态监测[J]. 生态学报,2016,36(7):1975-1988.

[8]　徐涵秋,唐菲 . 新一代 Landsat 系列卫星:Landsat8 遥感影像新增特征及其生态环境意义[J]. 生态学报,2013,33(11):3249-3257.

[9]　赵英时 . 遥感应用分析原理与方法[M]. 北京:科学出版社,2003.

[10]　任志明,李永树,蔡国林 . 一种利用 NDVI 辅助提取植被信息的改进方法[J]. 测绘通报,2010(07):40-43.

# Investigating the effect of uranium mine decommission based on GIS technique

CHEN Le-ning

(The Fourth Research and Design Engineering Corporation of CNNC,Shijiazhuang Hebei,050021 China)

**Abstract**: The maps of present land, utilization status, soil erosion and normalized difference vegetation index of a uranium mine are made by geographic information system techniques and remote sensing images before and after the decommission. Through the quantitative analysis based on the technical guidelines for the assessment of ecological environment impact, the results showed that after the decommission, the ecological environment indicators of this uranium mine had improved a lot, which means that the decommission obtained environmental benefit.

**Key words**: Uranium mine; Decommission; Remote sensing

# 中孔炭材料电化学特性研究

陈　乡[1]，田　君[2]，胡道中[2]，邓锦勋[1]

(1. 核工业北京化工冶金研究院，北京 101149；2. 北方汽车质量监督检测鉴定试验所，北京 100071)

**摘要：**本文采用一种模板法加工制成的中孔炭材料作电极，通过循环伏安试验和交流阻抗试验，研究了该材料的电化学特性，为进一步判断该工艺对铀的选择吸附性提供了理论依据。循环伏安法试验结果表明，不同电解液下材料的双电层形成速率是 $AlCl_3 \cdot 6H_2O > CaCl_2 > NaCl$，$Na_2SO_4 >$ 硫酸铀酰 $> NaCl$；双电层容量大小顺序同双电层形成速率一致。交流阻抗试验结果表明电解液的扩散阻力顺序是 $R(Na^+) > R(Ca^{2+}) > R(Al^{3+})$，$R(U) > R(Cl^-)$。尽管材料对离子的吸附能力有所不同，但未发现材料对铀具有选择性吸附行为。电极的吸附能力随着循环次数增加而减小，需要通过增大溶液流速、增大电极板有效面积、增强电极表面活性和缩小极板间距等措施降低极化电阻的影响，提高电极的使用效率。

**关键词：**中孔碳；电化学特性；膜电容去离子

膜电容去离子技术(Membrane Capacitive Deionization)简称 MCDI 技术，它利用活性炭类电极的导电性、吸附性，在外加直流电场的作用下，使阳离子向阴极迁移，阴离子向阳极迁移，从而实现溶液去离子的目的[1-6]。据相关报道[7,8]，采用碳类材料作电极，电吸附工艺可以从水溶液中将铀吸附到电极表面，再通过电脱附回收铀，具有工业化应用前景。基于以上理论，本文采用一种中孔炭材料[9,10]作为电极，通过循环伏安试验和交流阻抗试验，研究了膜电容电极工作的电化学工作原理，分析了炭材料选择性吸附铀的可行性，得到了材料对不同离子的吸附速率顺序以及电极工作可逆程度。

## 1　试验方法

电极材料选用模板法加工制成的中孔炭，单片炭材料有效尺寸 15 cm×15 cm×0.8 cm。电极结构为板式结构，一组材料叠放次序依次为阳极碳纸、活性炭、阴离子交换膜、无纺布、阳离子交换膜、活性炭、阴极碳纸。电极整体由 20 组依次叠放而成，有效材料质量 1 125 g。

电解液分别采用 NaCl、CaCl₂、AlCl₃ · 6H₂O、Na₂SO₄ 和含铀溶液，浓度均为 0.02 mol/L。含铀溶液采用重铀酸铵加酸反溶后稀释制成，溶液中铀主要以 $UO_2(SO_4)_2^{2-}$ 的状态存在，以下简称硫酸铀酰溶液。其他溶液由分析纯药剂配置。

电化学试验设备见表 1。循环伏安试验扫描电压范围为 0.05～1.6 V，扫描速度为 10 mV/s。每组试验扫描 5 组，取中间 3 组数据。交流阻抗试验测试频率范围为 0.01～100 kHz。

表 1　电化学试验材料及设备

| 名称 | 规格型号 |
| --- | --- |
| 电极材料 | 活性炭等复合材料，15 cm×15 cm×0.8 cm |
| 循环伏安(CV)测试设备 | ARBIN 电池测试控制机 BT2000 |
| 电化学交流阻抗(EIS)测试设备 | 电化学工作站 Thales Z3.05 |

作者简介：陈乡(1983—)，女，高级工程师，学士，主要研究方向铀采冶和环境工程

## 2 循环伏安特性

循环伏安试验(CV 图)如图 1 所示。当 $NaCl$、$CaCl_2$、$Na_2SO_4$ 和硫酸铀酰溶液作为电解液时,CV 循环图出现了氧化峰和还原峰,属于准可逆系统;当 $AlCl_3$ 作为电解液时,CV 循环图仅有氧化峰无还原峰,属于不可逆反应。其中 $NaCl$ 溶液的氧化峰(ipa)/还原峰(ipc)比值最高达到 0.96,可逆程度良好;硫酸铀酰溶液的氧化峰(ipa)/还原峰(ipc)比值仅有 0.6,可逆程度弱于 $NaCl$。所有的电流主峰电势偏离电极反应平时电势较小,极化程度不高。

循环伏安图显示,每组溶液随着扫描次数的增加,扫描时间的延长,循环伏安曲线图面积逐渐减小,即比电容逐渐减小,说明随着溶液中离子附着在电极表面,电极的电吸附效果在逐渐降低[11]。不同离子产生的图形对称性均不理想,表明材料吸附离子的可逆程度不佳。从图中还可以看出,循环伏安曲线阳离子溶液电流峰值 I 和扫描面积 S 的大小顺序均为顺序为 $AlCl_3 \cdot 6H_2O > CaCl_2 > NaCl$,阴离子溶液中顺序为 $Na_2SO_4 >$ 硫酸铀酰 $> NaCl$。由于电极双电层的形成速率、双电层电容与循环伏安的电流峰值、扫描环面积成正相关,所以该电极对不同离子的电吸附速率和电吸附容量顺序为 $AlCl_3 \cdot 6H_2O > CaCl_2 > NaCl$,$Na_2SO_4 >$ 硫酸铀酰 $> NaCl$。

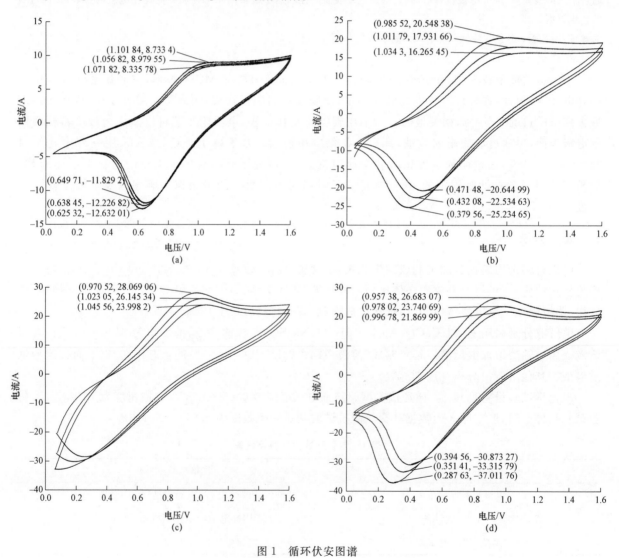

图 1 循环伏安图谱

(a) NaCl 溶液的循环伏安曲线;(b) CaCl_2溶液的循环伏安曲线;

(c) AlCl_3溶液循环伏安曲线;(d) Na_2SO_4溶液循环伏安图

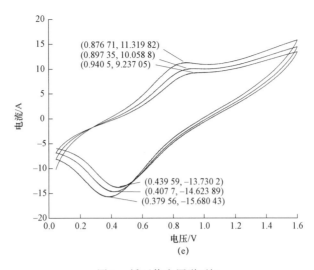

(0.876 71, 11.319 82)
(0.897 35, 10.058 8)
(0.940 5, 9.237 05)

(0.439 59, −13.730 2)
(0.407 7, −14.623 89)
(0.379 56, −15.680 43)

图 1　循环伏安图谱(续)

(e) 硫酸铀酰溶液循环伏安曲线图

## 3　交流阻抗特征

### 3.1　Nyquist 阻抗图谱分析

利用电化学模拟软件 ZSimpWin 对 Nyquist 阻抗图谱拟合分析得到适用于电极工作过程的近似等效电路见图 2,其中电极电阻 $R_1$ 和电解液电阻 $R_2$ 一起构成了等效串联电阻 $R_E$。$C_d$ 为双电层电容,$R_p$ 为极化电阻,$W$ 为韦伯阻抗。

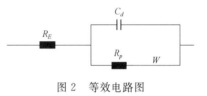

图 2　等效电路图

由图 3 可见,溶液的 Nyquist 图具有相似形状。在高频区可能由于受测试频率的限制,并没形成一完整的半圆。在中频区,阻抗曲线都为一条倾角 30°~45°的斜线,这是多孔电极阻抗曲线的典型特征,斜线在 $Z'$ 轴的投影所对应的 $R$ 代表了孔道中电解液的扩散阻力,其值越小,说明该电解质越容易被吸附[12-16]。根据投影面积大小顺序,可以得到电解液的扩散阻力大小顺序是 $R(\mathrm{Na^+})>R(\mathrm{Ca^{2+}})>R(\mathrm{Al^{3+}})$,$R(\mathrm{Cl^-})>R(\mathrm{U})$。电解液中离子在电极表面吸附量越大,交流阻抗图谱显示的电解液的扩散阻力越小。因此材料对离子吸附能力的顺序是 $R(\mathrm{Na^+})<R(\mathrm{Ca^{2+}})<R(\mathrm{Al^{3+}})$,$R(\mathrm{Cl^-})<R(\mathrm{U})$。这一结果与循环伏安法一致。综上所述,电极在电场作用下对不同离子的吸附能力不同,但是未发现对铀的离子选择性迹象。

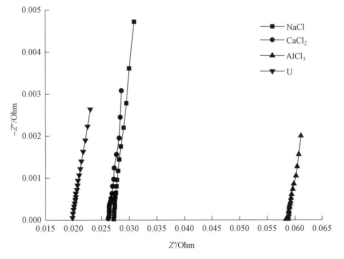

图 3　NaCl、CaCl₂、AlCl₃、铀酰溶液的交流阻抗图

## 3.2 极化电阻 $R_p$ 与 $W$ 阻抗

在 MCDI 工作过程中,电解液即溶液电阻与溶液浓度成反比,因此随着电解液中离子浓度的增大,电极系统的电阻将降低,电极两端电压不变的条件下,模块电流将增大。因此极化电阻 $R_p$ 与 $W$ 阻抗的作用不可忽视。4 种电解液的交流阻抗数据见表 2。

表 2 交流阻抗和相关数据

| 样品 | $R_p/\text{Ohm}$ | $W/(S \cdot S^5)$ |
| --- | --- | --- |
| NaCl | $2.31 \times 10^{-7}$ | 260.6 |
| CaCl$_2$ | $3.701 \times 10^{-6}$ | 249.5 |
| AlCl$_3$ | $1.549 \times 10^{-3}$ | 447.6 |
| 硫酸铀酰 | 0.234 9 | 180.0 |

影响浓差极化与极化电阻的因素主要有电极表面性质(电极活性材料性质)、电极表面积及水力冲击强度等[17]。因此,除需采用措施降低溶液电阻外,也需采取措施减弱浓差极化作用,降低极化电阻,提升脱盐效果并降低能耗。主要措施有增大溶液流速、增大电极板有效面积、增强电极表面活性和缩小极板间距等。

(1)增大溶液流速是指在保证模块内溶液停留时间的基础上,增大溶液流速。在不同的工作电压下,对应的溶液流速可能有所不同。增大流速的目的,是增强电极中电解液的扰动,提高离子的传质速率,进而减小浓差极化作用。

(2)增大电极板有效面积是指在等量电极材料的基础上,尽可能增大溶液与极板的接触面积。从而使电极表面离子浓度趋近于电解液离子浓度,使电流密度降低,电能损耗减少,提高去离子工作效率。

(3)增强电极表面活性是指通过氧化、浸渍、负载和接枝等手段改变电极表面物质活性。从而提高物理化学稳定性、吸附容量、吸附解吸速度等,从而减小差极化作用。

(4)缩小电极板间距是为了缩短离子移动距离,减小溶液电阻,从而减小浓差极化与极化电阻。

## 4 结论

(1)循环伏安法和交流阻抗法试验得到的电化学试验结论一致。电极在不同溶液中的双电层形成速率和双电层容量的顺序,AlCl$_3 \cdot 6H_2O$＞CaCl$_2$＞NaCl,Na$_2$SO$_4$＞硫酸铀酰＞NaCl。

(2)电解液中离子在电极表面吸附量越大,交流阻抗图谱显示的电解液的扩散阻力越小。电解液的扩散阻力大小顺序是 $R(\text{Na}^+) > R(\text{Ca}^{2+}) > R(\text{Al}^{3+})$,$R(\text{Cl}^-) > R(\text{U})$。

(3)材料吸附离子的可逆程度随着循环次数增加而不断减小,电极对各离子没有明显的选择性行为,需要通过增大溶液流速、增大电极板有效面积、增强电极表面活性和缩小极板间距等方式提高电极使用效率。

**参考文献:**

[1] 陈乡,原渊,李宏星. 电容去离子技术在地浸矿山铀水冶领域的研究方向探讨[J]. 铀矿冶,2019,38(1):34-41.

[2] 黄黛诗,张鸿涛,陈兆林,等. 膜/电容脱盐(MCDI)特性研究[J]. 环境科学学报,2015,35(10):3131-3136.

[3] 黄勇强,朱艳,史凯,等. 膜电容去离子复合电极处理自来水[J]. 环境工程学报,2015,9(2):807-811.

[4] 黄勇强. 膜电容去离子(MCDI)净水装置的初步研究[D]. 镇江:江苏大学,2014.

[5] 黄宽,唐浩,刘丹阳,等. 电容去离子技术综述(一):理论基础[J]. 环境工程,2016,34(增刊):82-88.

[6] 陈乡,原渊,李宏星,等. 用膜电容去离子法净化碱法地浸含铀地下水试验研究[J]. 中国资源综合利用,2019,37(05):11-16.

[7] 李兴亮,宋强,刘碧君,等. 炭材料对铀的吸附[J]. 化学进展,2011,23(7):1446-1453.

［8］　吴鹏,王云,胡学文,等．四氧化三铁/氧化石墨烯纳米带复合材料对铀的吸附性能［J］．原子能科学技术,2018,
　　　52(9):1561-1568.

［9］　传秀云,周述慧．模板法合成中孔炭材料［J］．新型炭材料,2011,26(2):151-160.

［10］　黄宽,唐浩,刘丹阳,等．电容去离子技术综述(二):电极材料［J］．环境工程,2016,34(增刊):89-100.

［11］　王新征．碳纳米管电化学特性及去离子电容应用研究［D］．上海:华东师范大学,2006.

［12］　刘希邈,张睿,詹亮,等．活性炭前处理对双电层电容器性能的影响［J］．电子元件与材料,2007,26(1):52-55.

［13］　段小月,常立民,王昕瑶．活性炭电极对不同阳离子电吸附行为的研究［J］．水处理技术,2010,36(4):32-40.

［14］　高湘,林小辉．活性炭纤维对于离子的电吸附选择性能研究［J］．工业安全与环保,2015,41(4):41-44.

［15］　杨常玲,刘云芸,孙彦平．石墨烯的制备及其电化学性能［J］．电源技术,2010,34(2):177-180.

［16］　曹水良,周天祥,莫珊珊,等．介孔炭负载二氧化锰复合材料的电化学的性能［J］．暨南大学学报(自然科学版),
　　　2011,32(1):57-60.

［17］　赵研．强化电容去离子脱盐的实验与机理研究［D］．东北大学,2015.

# Research on electrochemical characteristics of mesoporous carbon materials

CHEN Xiang[1], TIAN Jun[2], HU Dao-zhong[2], DENG Jin-xun[1]

(1. Beijing Research Institute of Chemical Engineering and Metallurgy,CNNC,Beijing 101149,China；

2. China North Industries Group Corporation Limited,Beijing 100000,China)

**Abstract**：In this paper, we used a kind of mesoporous carbon material as the electrode, The electrochemical working principle of membrane capacitor electrode is studied by cyclic voltammetry and AC impedance test. The results show that the formation rate and the order of the capacity of double layer are $AlCl_3 \cdot 6H_2O > CaCl_2 > NaCl, Na_2SO_4 > U > NaCl$. The order of diffusion resistance of electrolyte is $R(Na^+) > R(Ca^{2+}) > R(Al^{3+}), R(U) > R(Cl^-)$. The reversible degree of electrode decreases with the increase of cycle times. It is necessary to improve the electrode efficiency by enhancing the electrode surface activity and adjusting the electrode structure.

**Key words**：Mesoporous carbon；Electrochemical property；Membrane capacitive deionization